サクラの文化誌

サクラノブンカシ

Cultural History of the Japanese Flowering Cherries

岩崎文雄

Dr. FUMIO IWASAKI

北隆館

Cultural History of
the Japanese Flowering Cherries

by Dr. FUMIO IWASAKI

Former Professor, University of Tsukuba

© THE HOKURYUKAN CO., LTD. TOKYO, JAPAN 2018

目　次

序 ……………………………………………………………………… 14
　　サクラと日本人 ………………………………………………… 16
　　サクラは日本の国花であるということについて ……………… 17

第1部　サクラの概説 ………………………………………… 19
Ⅰ．サクラの出現 …………………………………………… 20
　　A．自然科学史上にみられる日本のサクラの出現時期 ……… 20
　　B．古木の樹齢からみたサクラの出現時期 …………………… 21
　　C．古文書・文学書などにみられるサクラの出現時期 ……… 22
　　D．伝説や昔話・民話にみられるサクラの出現時期 ………… 23
Ⅱ．サクラの発生地 …………………………………………… 25
　　A．原寛の「日本のサクラのヒマラヤ起源説」について …… 25
　　B．日本のサクラのヒマラヤ起源説についての疑問点 ……… 26
　　C．サクラの日本・奈良地方発生説 …………………………… 28
Ⅲ．サクラの分布 …………………………………………… 28
Ⅳ．サクラの語源 …………………………………………… 29
　　A．サクラは田の神様を意味している ………………………… 29
　　B．サクラは木花咲耶姫の名前から生まれた ………………… 31
　　　　1．木花咲耶姫について ………………………………… 32
　　C．その他の説 …………………………………………………… 33
Ⅴ．桜という文字 ………………………………………… 33
Ⅵ．サクラの呼び方、とくに英名について ………… 34

第2部　花の文化の中のサクラ ……………………………… 35
Ⅰ．日本歴史上にみるサクラと日本人 …………………… 36
　　　　── 時代によるサクラに対する日本人の対応の変化 ──
Ⅱ．古代における花 ……………………………………… 37
　　　　── 花は野に咲け ──
　　A．古代人における美意識の発露 ── 挿頭（カザシ）について ── … 40
　　B．樹木崇拝の思想 ……………………………………………… 43
　　C．古代人のお花見 ……………………………………………… 45
　　　　1．作物の豊凶を占うためのお花見 …………………… 45
Ⅲ．大和朝の成立とサクラ ……………………………… 46
　　A．お花見の始まり ……………………………………………… 46
　　B．野に咲くサクラを求めて ── 天皇・宮人たちの観桜の開始 ── …… 46
　　C．紀元500年頃に存在したサクラの種類 …………………… 49
　　D．吉野山へのサクラの植樹について ………………………… 49
　　　　1．大海皇子説について ………………………………… 50

—3—

2．役行者と修験者たちの説について ……………………… 50

　　3．役行者について ………………………………………… 51

　E．大和朝時代における植物の利用 ………………………… 55

Ⅳ．奈良時代（710〜784）のお花見 …………………………… 56

　A．身近なところにサクラを植えて ………………………… 56

　B．観桜の諸行事と遣唐使 …………………………………… 57

　C．奈良時代の花と花の文化 ………………………………… 59

　　── サクラの観賞行事の幕開けとウメ・草花などの観賞にみる記・紀の記録 ──

　　1．生活の中にみる花の文化の芽生え …………………… 60

　　　イ．サクラと絵・衣服 ………………………………… 61

　　　ロ．サクラと建築 ……………………………………… 62

　　　ハ．サクラと造園 ……………………………………… 62

　D．奈良八重桜 ………………………………………………… 63
　　　ナラノヤエザクラ

　E．奈良時代のサクラの種類 ………………………………… 64

Ⅴ（A）．平安時代前期（794〜1000）のサクラと日本人 ……… 66

　A．中国文化（唐）の模倣時代 ……………………………… 66

　B．右近の橘・左近の桜について …………………………… 67
　　ウコン　タチバナ　サコン　サクラ

　　1．左近の梅が桜に植え換えられた時期 ………………… 68

　　2．左近の桜の特性 ……………………………………… 73

　C．天皇・宮人たちのお花見 ………………………………… 74

　D．花宴・花合・桜狩・桜会などの開始 …………………… 75

　　1．花宴 …………………………………………………… 75
　　　ハナノエン

　　2．花合 …………………………………………………… 76
　　　ハナアワセ

　　3．桜狩 …………………………………………………… 76
　　　サクラガリ

　　4．桜会 …………………………………………………… 77
　　　サクラエ

　E．天皇・宮人たち以外の人たちとサクラ ………………… 77

　F．平安時代前期の花の文化 ………………………………… 78

　G．平安時代前期のサクラの品種 …………………………… 81

Ⅴ（B）．平安時代中期（1000年〜動乱まで）のサクラと日本人 … 82

　A．著書にみるサクラ ………………………………………… 82

　B．平安時代中期の花と花の文化 ── 日本独自の花の文化の始まり ── … 84

　C．平安時代中期のお花見 …………………………………… 87

　　1．天皇・宮人たちのお花見 …………………………… 87

　　2．庶民とサクラ ………………………………………… 88

　　3．武士の登場 …………………………………………… 88

　D．関東地方などの状態 ……………………………………… 89

　E．平安時代中期のサクラの品種 …………………………… 90

Ⅴ（C）．平安時代末期（保元時代1150〜1192）のサクラと日本人 … 91

　A．天皇・宮人たちのお花見 ………………………………… 91

　B．武士・一般民衆とサクラ ………………………………… 91

C．平安時代末期（保元時代）の花と花の文化 ……………………………92
 1．仏教の中におけるサクラ —— 仏教の絵へのサクラの挿入について —— …92
 2．蓮花の世界 —— 平安時代末期の宮人たちの生活 —— ………………93
D．西行法師（1118〜1190）とサクラ …………………………………94
E．西行法師以外の僧侶とサクラ ……………………………………96
F．平安時代末期（保元時代）の主要著書 …………………………97
G．平安時代末期（保元時代）のサクラの種類 …………………99

VI．鎌倉時代（1192〜1333）のサクラと日本人 …………………100
A．鎌倉時代の花と花の文化 ……………………………………100
 1．源 頼朝の足跡 ……………………………………………100
 2．鎌倉時代の主要著書 ……………………………………102
 3．鎌倉時代の庭園 …………………………………………104
 4．各種芸能の発生 …………………………………………104
 5．鎌倉時代のサクラと芸術 ………………………………105
B．鎌倉時代のお花見 ……………………………………………106
 1．天皇・宮人たち …………………………………………106
 2．武士・庶民 ………………………………………………107
C．関東地方などの動静 …………………………………………107
D．鎌倉時代のサクラの品種 ……………………………………107
 1．狩宿の下馬桜 ……………………………………………108
 2．金王桜 ……………………………………………………108
 3．柏木の右衛門桜 …………………………………………109
 4．白旗桜 ……………………………………………………109
 5．御会式桜 …………………………………………………110
E．盆栽による観賞 ………………………………………………110
F．中尾佐助の「鎌倉時代に里桜が育成されたという説」への疑問 …………111

VII．室町時代（1336〜1573）のサクラと日本人 ………………113
A．室町時代の主要著書 …………………………………………114
B．室町時代の花と花の文化 ……………………………………115
 1．武将の庭園 ………………………………………………115
 2．室町時代の文化・芸能 …………………………………116
 　イ．いけばな（華道）……………………………………116
 　ロ．茶道 ……………………………………………………117
 　ハ．能の成立 ………………………………………………117
 　ニ．能とサクラ ……………………………………………118
 　ホ．狂言 ……………………………………………………119
 　ヘ．謡曲 ……………………………………………………121
 　ト．連歌 ……………………………………………………121
 　チ．衣裳 ……………………………………………………122
 　リ．桜の襲 …………………………………………………122

	ヌ．その他 ………………………………………………………	123
C．	室町時代のお花見 ………………………………………………	123
	1．天皇・宮人たち ………………………………………………	123
	2．お花見の場所 …………………………………………………	124
	3．後醍醐天皇とサクラ …………………………………………	124
	4．武将のお花見 …………………………………………………	128
	5．庶民のお花見 …………………………………………………	129
D．	関東地方などの情勢 ……………………………………………	129
E．	室町時代のサクラの品種 ………………………………………	130
	1．普賢象について ………………………………………………	130

Ⅷ．安土・桃山時代（1573〜1602）のサクラと日本人 …… 132

A．	安土・桃山時代の主要著書 ……………………………………	132
B．	安土・桃山時代の花と花の文化 ………………………………	132
	1．絵 ………………………………………………………………	132
	2．陶器 ……………………………………………………………	133
	3．建築・築庭 ……………………………………………………	133
	4．武具 ……………………………………………………………	134
	5．能・狂言・茶道・花道 ………………………………………	134
	6．衣裳 ……………………………………………………………	134
C．	安土・桃山時代のお花見 ………………………………………	135
	1．天皇・宮人たち ………………………………………………	135
	2．武将 ……………………………………………………………	136
	イ．吉野の花見 ………………………………………………	136
	ロ．醍醐の花見 ………………………………………………	137
	3．武士・庶民のお花見 —— 庶民にお花見の芽生え —— …	138
D．	安土・桃山時代のサクラの品種 ………………………………	139

Ⅸ．江戸時代（1603〜1867）の日本人 ……………………………… 139

Ⅸ（A）．江戸時代前期（1603〜1700）のサクラと日本人 …… 140

A．	江戸時代前期の主要著書 —— 町人文化の誕生 —— ………	141
	1．俳句 ……………………………………………………………	141
	2．川柳 ……………………………………………………………	142
B．	サクラの品種名の記録 …………………………………………	142
C．	江戸時代前期のお花見 …………………………………………	143
	1．天皇・公家たち ………………………………………………	143
	2．将軍・大名 ……………………………………………………	143
	3．武士 ……………………………………………………………	145
	4．庶民 —— 庶民のお花見の夜明け —— ……………………	145
D．	江戸時代前期の花と花の文化 …………………………………	148
	1．盆栽造りの隆盛 ………………………………………………	149
	2．関東地方の状態 ………………………………………………	150

3. 花道の成立	……	154
4. 衣裳・その他	……	155
E. 江戸時代前期のサクラの品種	……	156

Ⅸ（B）. 江戸時代中期（1700～1800）のサクラと日本人 …… 157
- A. 江戸時代中期の主要著書 …… 157
- B. 江戸時代中期の花と花の文化 …… 159
  - 1. 歌舞伎 …… 160
  - 2. 浮世絵 …… 161
  - 3. 俳句・川柳・狂歌 …… 161
  - 4. 花見小袖 …… 162
  - 5. 生花（イケバナ）・お茶 …… 163
  - 6. 江戸の花火 …… 163
  - 7. 桜餅の出現 …… 163
- C. 江戸時代中期のお花見 …… 164
  - 1. 天皇・公家たち …… 164
  - 2. 将軍・大名たち …… 164
  - 3. 武士 …… 165
  - 4. 庶民 —— 庶民のお花見の夢開く —— …… 165
- D. 吉宗のお花見奨励政策について …… 168
- E. サクラの移植とその公開 …… 168
- F. 江戸のお花見と京都・奈良地方のお花見 …… 169
- G. 佐野桜について …… 170
- H. 江戸時代中期のサクラの品種 —— サクラの品種改良の開始 —— …… 170
  - 1. 里桜を創った者は誰か …… 172
- I. サクラ以外の花卉類の登場 …… 174

Ⅸ（C）. 江戸時代後期（1801～1868）のサクラと日本人 …… 175
- A. 江戸時代後期の主要著書 …… 175
- B. 生活の中にみる花と花の文化 —— 庶民の生活の中に入り込んだ花 —— … 176
  - 1. 奇品・珍種の流行 …… 178
  - 2. キクについて …… 179
  - 3. アサガオについて …… 180
  - 4. サクラソウ・その他について …… 182
  - 5. 地方の特色ある園芸品種の出現 …… 182
  - 6. 輝かしい江戸時代後期の花卉園芸 …… 183
  - 7. 江戸時代後期の美術工芸 …… 184
  - 8. いけばな（生け花） …… 184
    - イ. いけばなにおける流派による花材の相違 …… 185
  - 9. 歌舞伎 …… 186
- C. 江戸時代後期のお花見 —— 四民行楽（四民狂乱）の時代に —— …… 187
  - 1. お花見の仕方 …… 188

2．お花見の名所は遊興の場に　……………………………………………　189
　　3．四民狂乱の心底　………………………………………………………　190
　　4．誇るべし、お花見の文化　……………………………………………　190
　D．市民の園芸熱 ── 染井の植木屋 ──　……………………………………　191
　E．江戸時代後期のサクラの品種 ── 八重桜の全盛時代に ──　…………　192
　F．江戸時代のサクラの名所　………………………………………………　193
　　1．御殿山　…………………………………………………………………　194
　　2．上野公園　………………………………………………………………　194
　　　イ．上野のお花見　……………………………………………………　196
　　3．飛鳥山公園　……………………………………………………………　197
　　4．墨堤の桜（向島の桜）　………………………………………………　198
　　　イ．墨田堤への植桜の歴史　…………………………………………　199
　　　ロ．墨堤のお花見　……………………………………………………　199
　　　ハ．墨堤のサクラの種類　……………………………………………　200
　　5．玉川上水　………………………………………………………………　200
　　6．京都・奈良のサクラの名所　…………………………………………　203
　　7．江戸・京都・奈良以外の地方のサクラと庶民　……………………　203

Ⅹ．明治・大正・昭和前期（1868〜1945）のサクラと日本人　…………　204
　A．明治維新とサクラ ── 文明開化の暴挙の嵐が吹き荒れて ──　………　204
　　1．明治維新と城　…………………………………………………………　206
　B．明治・大正・昭和前期のお花見　………………………………………　206
　　1．江北の桜　………………………………………………………………　207
　C．軍国主義者に利用された染井吉野　……………………………………　208
　D．明治・大正・昭和前期の花と花の文化　………………………………　210
　　1．サクラと文学　…………………………………………………………　211
　　2．サクラと音楽　…………………………………………………………　212
　　3．明治・大正・昭和前期の世相の変化を歌でみる　…………………　214
　　4．戦時中の音楽　…………………………………………………………　216
　　5．明治維新以降の芸能　…………………………………………………　216
　　　── 美術・工芸 ──　…………………………………………………　217
　　6．いけばな　………………………………………………………………　217
　　7．明治時代以降の庭園　…………………………………………………　218
　E．サクラの保護者　…………………………………………………………　218
　F．サクラの自然科学的研究の芽生え　……………………………………　219
　G．明治・大正・昭和前期のサクラの品種　………………………………　220

Ⅺ．昭和後期・平成時代（1945〜2010）のサクラと日本人　……………　220
　A．昭和後期の世相　…………………………………………………………　220
　B．高度経済成長の陰で　……………………………………………………　221
　C．平成時代の世相　…………………………………………………………　221
　D．世界に誇った花の文化よ　どこへ行く　………………………………　222

── 8 ──

1. 戦後のお花見	…………………………	222
2. 花の文化の凋落	…………………………	223
3. サクラと文学	…………………………	225
4. 美術工芸	…………………………	226
5. 草木染と日本の色と桜染	…………………………	227
6. サクラと家具類	…………………………	228
7. 日本の伝統芸能	…………………………	229
8. それでも今後の若者に期待する	…………………………	230
E. 戦後のサクラの研究 ── 染井吉野の起源 ──		231
1. サクラの研究者は何故育たないか	…………………………	235
2. 研究素材としてのサクラの素晴らしさ	…………………………	235
F. 戦後のサクラの品種	…………………………	236
G. サクラは庶民に見捨てられたか	…………………………	237
H. 庶民園芸の萌芽か	…………………………	238
1. 花卉類の逆輸入	…………………………	238
2. ガーデニングの流行	…………………………	239
3. 観光農園	…………………………	240
I. サクラと宗教	…………………………	240
J. 日本人にとってサクラとは何か	…………………………	241
K. サクラと外国人	…………………………	241

第3部　サクラの自然科学 ……………………………………… 245

Ⅰ. サクラの学名 ……………………………………………………… 246

Ⅱ. 日本のサクラの起源について ……………………………………… 247

Ⅲ. 世界におけるサクラの分布 ………………………………………… 247

Ⅳ. 日本のサクラについて ……………………………………………… 248

A. サクラの形態学	…………………………	248
1. サクラの木の形	…………………………	248
2. 葉の形・大きさ・欠刻にみられる特色	…………………………	248
B. サクラの分類学	…………………………	250
1. 日本のサクラの分類とその品種名	…………………………	250
イ. ヤマザクラ系：（*Prunus jamasakura* Sieb.）	…………………………	250
ロ. オオヤマザクラ系：（*Prunus sargentii* Rehder）	…………………………	250
ハ. カスミザクラ系：（*Prunus verecunda* Koehne）	…………………………	251
ニ. オオシマザクラ系：（*Pruusu lannesiana* wils. var. *speciosa* Makino）	………	251
ホ. エドヒガン系：（*Prunus pendula* Maxim. form *ascendens* Ohwi）	………	251
ヘ. タカネザクラ系：（*Prunus nipponica* Matsum.）	…………………………	251
ト. チョウジザクラ系：（*Prunus apetala* Fr. et Sav.）	…………………………	251
チ. マメザクラ系：（*Prunus incisa* Thunb.）	…………………………	251
リ. ミヤマザクラ系：（*Prunus maximowiczii* Rupr.）	…………………………	251

2．サクラの品種にみられる特徴　………………………………………　252
　　　イ．サクラの開花時期　………………………………………………　252
　　　ロ．花の色　……………………………………………………………　252
　　　ハ．花の大きさ・花弁の数　…………………………………………　252
　　　ニ．サクラの花粉　……………………………………………………　254
　　　ホ．花粉の形と現在の系統分類学　…………………………………　254
　　　ヘ．サクラの果実　……………………………………………………　256
　　　ト．サクラの香り　……………………………………………………　256
　　　チ．サクラの黄・紅葉　………………………………………………　256
　C．サクラの遺伝学　………………………………………………………　257
　　1．サクラにみられる生態型変異の可能性　……………………………　258
　　　イ．里帰りのソメイヨシノにみられた生態型変異　………………　258
　　　ロ．久保桜について　…………………………………………………　258
　　　ハ．関山（セキヤマ）にみられた変異個体　……………………　261
　D．珍しいサクラ　…………………………………………………………　261
　E．珍奇なサクラ　…………………………………………………………　262
　F．日本の各地にみられるサクラの傾向　………………………………　263
　G．サクラの名所・名木について　………………………………………　265
　H．サクラの寿命　…………………………………………………………　269
　I．サクラの分類学・遺伝学以外の分野の研究　………………………　270
　　1．サクラは何故春に咲くか　……………………………………………　271
　　2．サクラの芽の形態的変化　……………………………………………　271
　　3．サクラの花の開花特性　………………………………………………　275
　　　　　── 花の命は　短くて　苦しき事のみ　多かりき ──
　　　イ．サクラは何故2週間も咲くか　…………………………………　276
　　　ロ．何故に花は散るのだろうか ── 花の寿命を延ばす ──　…………　277
　　4．サクラはなぜシダレルのか　…………………………………………　278
　　5．サクラと排気ガス　……………………………………………………　278
　　6．サクラの化学　…………………………………………………………　279
Ⅴ．サクラの常識を検討する　………………………………………………　279
　A．サクラの施肥について　………………………………………………　280
　B．サクラの元気さの見分け方　…………………………………………　282
　C．サクラの地上環境　……………………………………………………　282
　　1．サクラの株間　…………………………………………………………　285
　　2．サクラと他の植物との競合　…………………………………………　286
　D．サクラの地下部の環境条件　…………………………………………　286
　　1．お花見のときにサクラの根元を踏ませるな　………………………　286
　　2．道路の舗装と養水分の供給　…………………………………………　287
　E．サクラの整枝・剪定 ── サクラ伐る馬鹿、ウメ伐らぬ馬鹿 ──　…………　288
　　1．サクラの盆栽　…………………………………………………………　291

Ⅵ．**サクラの繁殖法** ··· 292

  Ａ．種子による方法 ··· 292

  Ｂ．接木による方法 ··· 293

  Ｃ．挿木による方法 ··· 294

    1．挿床（挿木をする場所）の準備 ······················· 294

    2．挿穂の準備 ··· 295

    3．挿木の実施 ··· 295

    4．挿木の管理 ··· 295

    5．成苗の移植時期とその方法 ····························· 295

  Ｄ．組織培養（生長点培養）による方法 ················· 296

  Ｅ．挿木繁殖法の長所 ·· 296

  Ｆ．取り木による方法 ·· 297

Ⅶ．**サクラの病気** ·· 297

  Ａ．花に発生する花腐病 ·· 298

  Ｂ．葉に発生する病気 ·· 298

    1．白渋病（うどんこ病） ································· 298

    2．さび病（銹病） ·· 298

    3．褐さび病（褐銹病） ···································· 298

    4．穿孔褐斑病 ··· 299
    <small>センコウカツハンビョウ</small>

    5．斑点病 ·· 299

    6．葉枯病 ·· 299

    7．灰星病（モニリア病） ································· 299

    8．煤病 ··· 299
    <small>ススビョウ</small>

    9．黄色網斑病 ··· 300

  Ｃ．枝や幹に発生する病気 ······································ 300

    1．膏薬病 ·· 300
    <small>コウヤクビョウ</small>

    2．胴枯病 ·· 300
    <small>ドウガレビョウ</small>

    3．テング巣病 ··· 301

      イ．ソメイヨシノのテング巣病の特徴 ············· 301

    4．キノコ類による病気 ···································· 304

  Ｄ．根や地際部の病気 ·· 305

    1．根頭癌腫病 ··· 305
    <small>コントウガンシュビョウ</small>

    2．紋羽病 ·· 305
    <small>モンパビョウ</small>

    3．紫紋羽病 ··· 305
    <small>ムラサキモンパビョウ</small>

    4．白紋羽病 ··· 305

Ⅷ．**サクラの害虫** ·· 306

  Ａ．食花害虫 ·· 306

  Ｂ．食葉害虫 ·· 306

    1．オビカレハ（テンマクケムシ） ······················ 306

    2．アメリカシロヒトリ ···································· 306

3. モンクロシャチホコ（フナガタムシ・シリアゲムシ）…………	307
4. サクラヒラタハバチ ………………………	307
5. キバラ・ゴマダラヒトリ …………………	307
6. ヒメクロイラガ ……………………………	307
7. ドウガネブイブイ（カナブンの一種）…………………	307
8. サクラケンモン …………………………	308
9. サクラコブアブラムシ …………………	308
10. ヤマトコブアブラムシ …………………	308
11. ナシグンバイムシ ………………………	308
12. モモハモグリガ …………………………	309
13. コナジラミ類 ……………………………	309
14. ハダニ類 …………………………………	309
C. 枝や幹の害虫 ………………………………	309
1. コウモリガ ………………………………	309
2. ボクトウガ ………………………………	309
3. コスカシバ ………………………………	310
4. シンクイムシ類 …………………………	310
5. カイガラムシ類 …………………………	310
D. 根の害虫 ……………………………………	311
1. 根瘤線虫病 ………………………………	311
Ⅸ. サクラの害鳥 ………………………………	312
Ⅹ. サクラの老化対策について ………………	312
A. 根の重要性 …………………………………	312
B. 根の活性化 …………………………………	313
C. 根の活性化に「天地返し」は？ …………	313
D. 土地の嫌地現象に留意を …………………	314
第4部　日本人の生活の中にみるサクラ ………	315
Ⅰ. サクラと食品 ………………………………	316
A. サクラの花を食べる ………………………	316
1. 桜飯 ………………………………………	316
2. 桜ガユ …………………………………	317
3. 桜茶（桜湯）……………………………	317
イ. サクラの花漬の作り方 ……………	317
B. サクラの葉の利用 …………………………	317
1. 桜餅について ……………………………	317
イ. 桜餅の葉 ……………………………	318
ロ. 桜餅の材料 …………………………	318
ハ. 桜餅の作り方 ………………………	318
ニ. 桜餅の食べ方 ………………………	319

C．サクラの実を食べる ……………………………………………………………… 319

D．桜温寿司 ……………………………………………………………………………… 320

E．お菓子の中にみるサクラ ………………………………………………………… 320

  1．和菓子を育てた茶の湯 …………………………………………………………… 320

  2．和菓子の移り変わり ……………………………………………………………… 321

  3．干菓子の造形 ……………………………………………………………………… 321

    イ．上菓子 ………………………………………………………………………… 321

    ロ．飾り菓子 ……………………………………………………………………… 322

  4．その他のお菓子の中のサクラ ………………………………………………… 322

F．ハムとサクラ ……………………………………………………………………… 322

G．お花見といえば酒 ── 酒なくて　なんの己が　桜かな ── ……………… 323

H．食べ物の中にみるサクラ ………………………………………………………… 323

Ⅱ．サクラと医術 …………………………………………………………………… 324

A．サクラの効用 ……………………………………………………………………… 324

  1．サクラの香り ……………………………………………………………………… 324

  2．サクラの樹皮の効用 ……………………………………………………………… 324

Ⅲ．日常生活の中に咲くサクラ ………………………………………………… 325

A．花卉類にみるサクラ ……………………………………………………………… 325

B．動物の名前にみられるサクラ …………………………………………………… 326

C．シンボルマークとしてのサクラ ………………………………………………… 326

  1．家紋 ………………………………………………………………………………… 327

  2．家紋としてのサクラ ……………………………………………………………… 327

  3．地名・校名・駅名などにみるサクラ ………………………………………… 329

  4．県の花・町の花としてのサクラ ……………………………………………… 329

D．その他 ……………………………………………………………………………… 329

第5部　伝説や昔話・民話などの中にみられるサクラ ……………………… 331

Ⅰ．花咲爺 …………………………………………………………………………… 332

A．昔話の地方による違いについて ………………………………………………… 333

B．枯れ木に咲いた花について ……………………………………………………… 335

C．花咲爺という題名について ……………………………………………………… 336

Ⅱ．サクラが関係している伝説や昔話・民話などの分類 ……………………… 338

Ⅲ．伝説や昔話・民話などにみられるサクラの科学的検討 ………………… 339

A．十六日桜と御会式桜について …………………………………………………… 339

B．杖桜・鞭桜などができる可能性について …………………………………… 340

  引用文献 ……………………………………………………………………………… 342

おわりに ……………………………………………………………………………… 346

資料編「染井吉野の江戸・染井発生説」……………………………………………… 347

序

　サクラと日本人との関係について述べている著書は、日本にはたくさん見受けられる。しかしながら、これらの本の内容に検討を加えてみると、文科系の人たちの書いた2〜3の著書では、古くからのサクラと日本人の習俗、習慣などとの関係が極めて詳細に記述されているが、サクラの自然科学的な事項については、理科系の人たちの記述を誤ったことでも、そのまま引用しているだけのものが多い。

　一方、理科系の人たちの著書では、自然科学的な記述にほとんどが向けられていて、古来から続いているサクラと日本人との関係が述べられていない。それに加えて、自然科学的な立場からのサクラの解明は21世紀に入った現在でも、まったく未解決の分野のみであると言っても過言ではない状態である。そのため、文科系や一般の人たちの著者のサクラについての記述の科学的根拠は、実に曖昧なものになっている。

　これまでのサクラの著書を読んでみると、1950年以前には天皇暦が確定していなかったためか、記述の内容が細部に及ぶと、とくに平安時代、鎌倉時代、室町時代などに起こった事項が歴史年代とは無関係に、ただ事例のみが記述されており、どの時代にどのようなサクラがどのように取り扱われていたか、ということになると、正確に事実を把握することができなかった。

　どのような立派な著書であっても、時代の進展とともに新しく発見される文献や新しい手法による検討などによって数年後には手直しをする必要が生ずるものである。サクラに関するものも、1980年頃には立派な著書が出版されたが、それから20年以上の歳月が過ぎた。その間にサクラに関与している諸事項にも新しい知見が発表されており、これに基づいて旧来の考え方を是正しなければならないことも生じている。ことに、1950年以降に出版されたサクラに関する著書では、他人の著書の誤ったことまで転写しているものが多くみられた。このようなことから、本書では歴史年表にできるだけ正確に記述するように努めた。

　ところが、実際にサクラに関する文科系・理科系の人たちの著書に検討を加えてみると、極めて多岐にわたっており、一朝一夕にはまとめることができない大仕事であることもわかった。それほどサクラと日本人との関係は奥が深いのである。しかも、毎年サクラの花が咲く頃になると、新聞、雑誌などには、サクラのことがたくさん掲載される。しかしながら、著者がこれまでに調べた文献に基づいて、これらの新聞や雑誌の記事を読んでみると、たしかに人々の目を眼を誘う記事にはなっているが、明らかに誤った内容のものや正確さを欠く記事が毎年多数認められる。これらの記事も、それぞれたしかな情報源に基づいて書かれているものと思われるが、これまでのサク

ラに関する記述自体が数少ない文献を読んだだけで、自分の考えに沿うように記述したと思われるものが、余りにも多い。このような誤った記述や不正確な記述が毎年繰り返された場合には、サクラと日本人との真の姿は益々混沌としてくる時期が到来することを危惧するものである。しかし、誰かが正しくまとめない限り、毎年毎年、誤った記事までが、どこかで公表されていくことになる。

　このようなことから、現時点においてサクラと日本人の関係を自然科学、社会科学の両面から、歴史的な諸記録に基づきながら、可能な限り正確に取りまとめることに力点を置いて、その成果を公表することにした。サクラについての著書を調べてみると、理科系の分野のものに比べて、文科系の人たちの記述が著しく多いが、文科系、理科系の人がそれぞれ別途にサクラについて記述を行っており、両者の間には接点がない。このような現状では、太古の昔から日本人とともにこの土地に生き続けて来たサクラの本態を正しく理解することは不可能ではあるまいか。このようなことを考えながら、現在までに解明された事項やサクラの自然科学的な知見を加えて、できるだけ正確に取りまとめて21世紀の人たちに継承する必要があると考え、この著書をまとめることにした。

　筆者は理科系の者であり、見聞するものも理科系のものが多い。しかし、サクラを総合的に取りまとめてみると、自分が文科系の人であるかのようにも思え、理科系の文面が少ないことを淋しく思う。取りまとめた内容にも見落とした文献もあることと思われるが、この本の発行が契機となって、文科系、理科系の研究者が一体となって、日本のサクラの本態の解明を行うことになって欲しいと念願している。

【注】この本では、資料の出所を明らかにするために、著者名の肩に[21]というように示し、最後の引用文献の中から21番目にその著者の原文を探し求めることができるようにした。また、正中3年（1326）は、正中3年の西暦1326年の意味である。詳細を知りたい人はそれらの文献をお読み頂きたい。また、筆者1人では文献を探す能力に限度があり、筆者が発見することができなかった文献も多数あると思われる。それらの内容を本書の内容に添加しながら、サクラと日本人との関係を理解していただきたい。なお、引用文献は本書の中で、重要な表現と思われるところの責任を示す点から記述したが、引用文献として記述していないものでも、「良い文章や良い絵または図」なども使用させていただいた。これらの文献は著者ら[70]が発行した『サクラに関する文献目録』にも掲載してある。

サクラと日本人

　サクラというと日本人は必ず「お花見」を連想する。お花見という場合、平安時代からサクラの花を見ることを意味しており、他の花を見る場合には、梅見、菊見という。このようにサクラと日本人は昔から切り離すことができない関係にある。ところが、「そのお花見はいつ頃から行われてきたのか？」という問いに対して、満足に答えることができる日本人はどのくらいいるだろうか？　筆者も1980年頃までは、「サクラの花は美しいなぁ」という程度にしか関心と知識しかもっていなかった。ところが、1980年頃から「日本花の会」に依頼されて、サクラの研究をすることになり、とにかく、サクラのことを知らなければならないと考えて、サクラという文字が見られる著書や文献を手当たり次第に読み、「東京都内の主要な図書館で、サクラについての文献を90％以上は読破した」と自負している。

　筆者の研究は自然科学の分野に属しているが、サクラの研究のために見た文献は20万編以上にも及ぶ。それらの文献の中で筆者の研究の参考になったものは100編にも及ばなかった。それに対して、サクラについての色々な記述が多いことに驚かされた。このように手当たり次第にサクラに関する文献を読んでいるうちに、「日本人にとってサクラとは一体何なのか？」と考えさせられるとともに、サクラと日本人との関係は他の花卉類とは比較できないほど深い関係があることを知った。サクラは昔から歌に詠まれ、そのお花見は日本の春を彩る一大行事として全国民に親しまれ、文学、芸術、伝説、昔話など、サクラほど日本人の心の中に奥深く根ざした花はない。サクラは日本人とともにこの土地で生き続けてきたものであり、サクラは日本人にとっては、太古の昔から忘れることができない花になっている。そしてサクラほど太古の昔から日本人の心と生活の中に深く刻み込まれてきた花はないとさえいえる。このことを裏付けるかのように、春になると、現代でも日本の社会はサクラの開花を指折り数えて待ちながら賑わい始め、新聞、雑誌などでも特集がなされる。

　このように、サクラと日本人との関係はお花見という習慣に最もよく表わされていることから、本書ではお花見という行事を念頭において取りまとめることにした。なお、これまでサクラに関係する本が発行された場合には、サクラのことだけが述べられている。しかし、日本人の日常生活の中で見られるサクラは、お花見を含めて、多くの花卉類の中にあるサクラという植物を指している。この意味から、本書ではサクラを中心にまとめたのであるが、花の文化の中でのサクラの姿を示すことこそが日本人とサクラの関係を示す最良の方法であると考えて、そのように記述することにした。

サクラは日本の国花であるということについて

　サクラについて書いた本を読んでみると、「サクラは日本の国花であり……」と述べられている場合が多い。ところで、国花という言葉はいつ、どこで言われ始めたのかについては明確ではないが、19世紀の中頃にイギリスで言われ始めたという著書が多い。しかし、アンダーソンは『花々との出会い』という本の中で「バラは古くから愛されてきたが、1236年にイギリスのヘンリー三世がプロヴァンスのエレアノルと結婚した時、彼女は白バラを自分の紋章としていた。これが息子に受け継がれて、やがて国花になった」と述べられている。また、「エジプトでは約8千年前にユリの花を王家の紋章とした国があり、その北にハチ（蜂）を紋章とした国があった。その後、南北が統一してユリとハチを組み合わせた絵文字を紋章とした」という。さらに、フランスではいまでもユリが国花とされているが、それには次のような話が伝えられている。すなわち、5世紀の末にメロビング朝のクロービスが、統一国家フランク王国を建設した。このクロービスは、はじめカエル（蛙）を王朝の紋章としていたが、あるとき聖者が青地に金のユリの花をデザインした旗を王妃に届け、王妃はこれを王に献じた。王がこの旗を軍の先頭に立てて戦ったところ、向かうところ敵なしの全戦全勝であった。そこで王はこのめでたいユリの花を正式な紋章と定めた。この故事によっていまでもユリがフランスの国花といわれている（丸山[114]）。このようなことから、「国花という言葉は19世紀の中ごろにイギリスで言われはじめた」という説は将来訂正されるかもしれない。

　各国で国花と呼ばれている花は、ギリシャはオリーブ、イギリスはバラ、フランスはユリ、ドイツはヤグルマギク、イタリアはヒナギク、中国はボタン、インドはハス、ボダイジュ、エジプトはハス、韓国はムクゲ、オランダはチューリップ、カナダはサトウカエデといわれているが、どの国でも公式に国花として法律で定めた国はない。ところで、日本の国花はサクラまたはキクといわれている。だが、日本人とサクラまたはキクやその他の花との関係を調べた結果から、筆者は日本の国花はサクラであると断定したい。サクラが日本の国花にふさわしいことは、本書を読み終わっていただければ了解していただけるものと思う。

　さて、国花とはどのような花について名付けたものであろうか？　このことについて「国花とは一つの国に於いて国民の最も賞愛する花をいう」と誰かが述べていた。また、「その国の国民の趣味、風尚を表章している花をいう」と述べている人も認められた。しかし、時代が変わり、国語の表現にも変革が起こっている現在、筆者は「国花とはその国において、昔から、国民に最も愛好されてきた花をいう」と表現したい。

国花をこのように表現した場合、明治、大正、昭和と多くの著書の中に認められる「日本の国花はサクラである」という表現は、これから述べるサクラと日本人との関係を明快に示していることを最初に述べておきたい。

また、国花としてのサクラは、大昔から見られているシロヤマザクラが適当であろうという人が多いと思う。たしかに奈良・平安時代から色々な文学に登場しているのはシロヤマザクラであり、このシロヤマザクラの中には神々しいと表現したいほど美しい種類がある。しかし、本書を最後まで読んでいただければわかるように、大和朝から江戸時代中期までは、奈良八重桜(ナラヤエザクラ)や普賢象(フゲンゾウ)などの品種の出現はあっても、お花見の主流は山桜(ヤマザクラ)であった。ところが、江戸時代後期には八重桜(ヤエザクラ)がお花見の中心になり、明治時代以降は染井吉野(ソメイヨシノ)に日本人の心は移っている。このように、サクラに対する日本人の対応の仕方には時代によって変化が認められる。歴史的にはこのような変化が認められながらも、サクラが咲く頃になると、日本中の人たちは今日か明日かとサクラの開花を待っている。この現状から考えると、国花としてサクラの品種を特定する必要がなく、日本人はサクラという名前の花を愛好してきたのだと言いたい。

図1. シロヤマザクラ

第1部　サクラの概説

I. サクラの出現

日本のサクラは、いつどこで出現したのであろうか？　この疑問を解明するために次のような調査を行った。

- A. 自然科学史上にみられる出現時期。
- B. 古木の樹齢にみる出現時期。
- C. 古文書・文学書にみられる出現時期。
- D. 伝説や昔話・民話にみられる出現時期。

以下、これらの調査結果について述べる。

A. 自然科学史上にみられる日本のサクラの出現時期

サクラが地球上に出現した時期は古生代の二畳紀で、紀元前3億年頃であるといわれている（湯浅[246]）。この頃に、キク、ウメとともにサクラが出現した（どこで出現したのかについては述べられていない）。徳永[209]は「日本本土上には3000万年前にはサクラが開花していた。古い地層、とくに石炭層にはサクラだけでなく多くの植物の花粉が原型に近い形で保存されているが、花粉の他に葉の化石も鳥取県と岡山県の県境の峠（179号線）の近くの人形峠や岩手県の3000万年前の地層から発見された」と述べており、山形峠の地層からは「シオリザクラ」に似た葉の化石が発見されている。福井県の三方町の鳥浜遺跡からはサクラの樹皮を巻いた弓が出土している。また、足

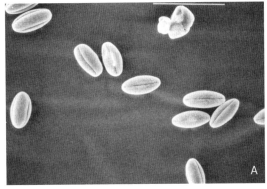 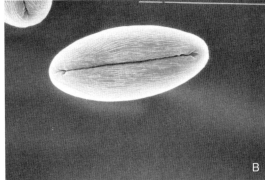

図2．サクラの花粉（ソメイヨシノ）
A：500倍／B：2000倍

田[10] は「300万年前の第4紀の洪積世の地層からはヤマザクラの内果皮の化石が発見され、新石器時代にもヤマザクラの化石が発見されている。さらに前期弥生時代の唐土遺跡からはサクラの材を用いたお椀が出土しており、静岡県の伊豆半島の伊豆高原と修善寺温泉を結ぶ道路の鮎見橋近くにある白岩遺跡や登呂遺跡からもヤマザクラの遺品が出土している」と述べている。

　一方、現代人が地球上に出現した時期は200万年前と蒲生・祖父江[21] が述べているが、現在の日本人の先祖がこの日本の土地に棲みついたのが、いまより10万年前といわれている。このことから、日本人がこの土地に棲みつく前から、すでに日本列島上にはヤマザクラが生えて、花を咲かせていたことだけはたしかである。しかしながら、これまでのサクラの研究家の著書からはサクラの出現時期について納得できる資料を得ることができなかった。このことから、ここでは自然科学的な分野とともに、伝説や昔話・民話および民俗学・文学書などを含む社会科学的な分野の資料にも目を向けて、それらの結果を総括した立場からサクラの出現時期を論ずることにした。

B. 古木の樹齢からみたサクラの出現時期

　サクラの研究家の著書には明確に述べられていないが、伝説や昔話・民話などにみられるサクラの古木についての話から、日本の各地には紀元元年頃にはサクラが存在していたことを知ることができる。その一部を**表1**に示した。表からもわかるように、山梨県の山高の神代桜は樹齢が2000年、岐阜県の淡墨桜は1500年、長野市泉平の素桜

表1. 各地にある古木とその樹齢

所在地	樹木名	樹齢（年）	品種名
山形県	久保桜	1200	エドヒガン
福島県	馬場桜	1000	エドヒガン
福島県	三春　滝桜	1000 以上	ベニシダレまたはエドヒガン×ベニシダレ
埼玉県	蒲桜	700 〜 800	–
東京都	桜株	800	オオシマザクラ
山梨県	山高　神代桜	2000	エドヒガン
岐阜県	淡墨桜	1500	エドヒガン
岐阜県	誓願桜	1400	ヤマザクラ
岐阜県	臥龍の桜	1000	エドヒガン
長野県	素桜神社の神代桜	1200	エドヒガン
岡山県	醍醐桜	1000	エドヒガン

※荒川ら 1988、講談社 1990、その他より引用。

第1部　サクラの概説

神社の神代桜は素戔嗚尊が枝を挿したものが根づいたといわれているが、これらはいずれもエドヒガンで、紀元元年頃には生存していたものである。これまでのサクラの研究家から、これらの古木の樹齢について異論が出されていないが、これらの樹齢の算出方法に誤りがないならば、紀元元年頃には日本本土上にはエドヒガンが存在し、ヤマザクラとともに現在まで花を咲かせ続けていることになる。

C.　古文書・文学書などにみられるサクラの出現時期

　民俗学などの著書で、古代からの日本人とサクラの関係を調べてみると、農耕民族としての日本人は、サクラの開花をその年の穀物の豊作、凶作を占う花として見るとともに、サクラを神木として心の中に位置づけていた。この事実は、北は秋田県や宮城県から長野県、広島県、大分県など、日本の各地に、タウチ桜、タネマキ桜などと呼ばれて、サクラの開花は農耕暦の一つとして、現在も伝えられており、「サクラが咲いたら種籾を準備し、カキツバタが咲いたら田植えをしよう」といわれ、神様がタネマキの時期を教えてくれていると昔から伝えられていた。この「タネマキザクラ」と呼ばれているサクラの数を調べてみると、岩手県から熊本県までの各地に45本ほどが確認されたが、そのサクラの種類は、エドヒガンが35本、ヤマザクラ4本、その他が5本であり、昔から農作業の目安としてエドヒガンとヤマザクラが見られていたことがわかる。なお、タネマキザクラと呼ばれながら、地方によっては野や山に咲くコブシの花を呼んでいるところもある。現在のタネマキザクラなどからサクラの出現した時期を推定することはできない。

　このように、古代から日本人の心の中に位置しているサクラについて、改めて文学書などに認められる日本人とサクラの関係を述べることにする。

　まず、木花之佐久夜昆賣（また木花之開耶姫）のことがある。一説によると、サクラの名前はこの木花之開耶姫の「サクヤ」が「サクラ」になったといわれ、当時の女性の中で最も美しい人が木花之開耶姫であったことから名付けられたといわれている。古文書、文学書などに述べられている事項に、履仲天皇が402年11月に皇妃たちと池に船を浮かべて酒を飲んでいた時に、盃の中にサクラの花弁が落ちてきたことから、サクラの元木を探させ、探した人の名前や住所および天皇の住所までもサクラに関係する名に変えさせたといわれている。しかし、履仲天皇に関係した文章からはサクラの種類を考えることはできない。次は450年ころの衣通郎姫に関する話である。この衣通姫は允恭天皇に寵愛されていたが、天皇が衣通姫の艶麗さをサクラの花の美しさにたとえて歌を詠んでいる。この歌は春の2月に詠んだとの

—22—

ことであるが、エドヒガン系のサクラの存在を推定させる。450年頃にエドヒガンが存在しても不合理ではない。

650年頃から吉野山にサクラが植えられたといわれているが、後日、吉野山のサクラはヤマザクラであることが判明したことから、650年頃にはヤマザクラが存在していたことになる。岐阜県の誓願桜は樹齢が1400年のヤマザクラといわれていることからも、600年頃にはヤマザクラが存在したことはたしかである。

670年頃に天智天皇が近江国大津宮に四季に咲くサクラを植えたといわれている。四季に咲くサクラは、その後、『源平盛衰記』（1273）や『明月記』（1450）に述べられているが、天智天皇が植えたという四季に咲くサクラの種類については不明である。690年頃には持統天皇が再三吉野山へお花見に行ったという記録が認められるが、吉野山のサクラはヤマザクラである。740年頃に聖武天皇（724〜749）が三笠山で奈良八重桜を発見した。この奈良八重桜を久保田（1982）はカスミザクラが八重化したものと思うと述べており、小清水はカスミザクラとオクヤマザクラ（ケヤマザクラ）の雑種と推定しているが、いずれにしろ、その当時、奈良地方にはカスミザクラが野生していることが推定される。800年頃になると、吉野山にシロヤマザクラがあるという記録とともにオオヤマザクラのことが文学書に認められる。

884年、菅原道真が「清涼殿の前に美しい紅のサクラがある」と述べているが、この文章だけではサクラの種類は推定できない。

891年、上野岑雄が藤原基経の死を悲しんで、「深草の　野辺の桜し　心あらば　今年ばかりは　墨染に咲け」と詠んだところ、本当に墨染に咲いたといわれていることから、この頃に墨染桜が存在していたことが推定される。

宇多天皇の892年に鞍馬の雲林院にフゲンゾウらしいサクラがあるという記録がある。フゲンゾウの存在が文書に残っているのは室町時代の1408年であるが、ひょっとすると宇多天皇の頃に出現したのかもしれない。

960年に左近の梅が桜に植え替えられたが、この桜は吉野山のヤマザクラである。989年伊勢大輔が「いにしへの　奈良の都の　八重桜　けふ九重に　にほひぬるかな」と詠んだが、この頃にはフゲンゾウとともに八重桜が2種類になった可能性がある。1000年、『枕草子』に「紅桜」の名がある。

D. 伝説や昔話・民話にみられるサクラの出現時期

日本の伝説や昔話・民話などの中に出てくるサクラの話は非常に多く、明瞭にサクラの名をあげていない話でも、花という場合にはサクラをさす場合が多い。今回は北

第 1 部　サクラの概説

海道地方の伝説や昔話・民話は調査数が少なかったためか、サクラについての話は少なかったが、青森県から沖縄県までの各地には、サクラを含む話が数多く語り継がれていることがわかった。伝説や昔話・民話などの中に出てくるサクラの話から、「そのサクラが出現した時期を推定できるのではないか？」と考えた根拠は、そのサクラに関係した人物が活動していた年月が知られているからである。すなわち、日本の各地に伝えられている伝説や昔話・民話などの中に認められるサクラの名称とそのサクラに関係したといわれている人物の一部を表2に示した。この表からもわかるように、西行が関係したといわれているサクラは西行法師が生存していた1118〜1190年の間から生存していたことを推定させるし、他の人物が関係したといわれるサクラも同様なことが考えられる。一方、伝説や昔話・民話などに登場するサクラに関係する人物には僧侶や武士などに関係する名前が数多く認められるが、これらのサクラをサクラの種類から見た場合には2〜3の例外を除くと、そのほとんどがエドヒガンかヤマザクラおよびその変異個体である。つまり、僧侶や武士などが関係したサクラのほとんどがエドヒガンかヤマザクラ、またはその変異個体であることは、日本の各地には昔からエドヒガンやヤマザクラがたくさん生えていたことを推定させる根拠を与えているといえる。

　以上のように、自然科学史、古木の樹齢、古文書や文学書および伝説や昔話・民話などに登場しているサクラから、日本のサクラの出現した時期を考えてみると、日本本土上には300万年前にはヤマザクラ、紀元元年頃にはエドヒガンが、さらに402年頃には十月桜（または冬桜）の存在が推定され、お花見の風習が定着した奈良時代以降

表 2. 僧侶・武士などが関係したサクラ

樹木名	関係人物名	出典
鞭立桜	室町時代の城主義秀	青森の伝説
三貫桜	源　義経	秋田の伝説
七つ田桜	弘法大師	陸中の伝説
白旗桜	源　義経	福島の伝説
御前桜	有字中将の姫	福島の伝説
静桜	静御前	福島の伝説
墨染桜	西行法師	房総の伝説
御会式桜	日蓮上人	東京の伝説
数珠掛け桜	親鸞聖人	越後の伝説
杖桜	西行法師	信州の伝説
駒つなぎ桜	加藤清正	信州の伝説
杖桜	智通上人	東海の伝説
蒲桜	源　範頼	伊勢・志摩の伝説

—24—

になって、奈良八重桜（740年頃）、墨染桜（891）、フゲンゾウ（892）、糸桜（1120）などが記述されており、僧侶や武士が京都や奈良以外の地方に行くにしたがって、ヤマザクラやエドヒガンの変異個体や突然変異個体が発見されてサクラの品種数が増加していったことがわかる。しかも、これらのサクラの話は地方の情報が他の地域に伝わることが少なかった昔のことであることを考える時、自然科学的な知見と併せて、日本民族がこの土地に棲みついた時にはすでにヤマザクラの花が咲いていたことはたしかであり、日本の各地に語り継がれている伝説や昔話・民話および文学書などに出るサクラは、その地方にサクラが存在したとしても科学的には誤りではない。なお、僧侶・武士が関係したサクラで杖（ツエ）や鞭（ムチ）が根付いたという記述が多いが、筆者が実験した結果、稀にはこのようなことが起こることがわかった。

Ⅱ．サクラの発生地

　ところで、日本に咲いているヤマザクラはどこで生まれ、どのようにしてこの日本の土地で花を咲かせ続けてきたのであろうか？　この問題について、原寛が「日本のサクラのヒマラヤ起源説」を提唱し、研究者にも支持されてきている。

A．原寛の「日本のサクラのヒマラヤ起源説」について

　原寛は「ヒマラヤ東部の生物相が日本のものとよく似ていることは古くから有名な事実である。ヒマラヤは数千万年前は中国を経て日本と地続きであって、そこには同一の植物が広く分布していた。それが、その後の地形の変動によってヒマラヤに高山ができ、また、日本海の成立によって日本は大陸から島として隔離され、とくに氷河期における気候の変化で、ある種は絶滅し、他の地域ではその環境に適応して種の進化が起こり、今日見られるような複雑な植物相ができたと考えられる。このようなことから、ヒマラヤと日本には同一の祖先から進化した種類が生育しており、それらが互いに似ているのは当然のことといえる。日本との関連植物はヒマラヤでは海抜1,500〜3,500mの山地に多い」と述べているとのことである。筆者が知っている原寛の述べたという「日本のサクラのヒマラヤ起源説」についてはこれだけで、原文はまだ読むことができなかった。この原の学説が出た後、本田[36]は「日本のサクラの起源はヒマラヤであるといってもよいのではないか、それは日本列島とアジア大陸が地続きであった時があるからだ」と述べており、小林[96, 97]も本田と同様「数千万年前には日本は大

第 1 部　サクラの概説

陸と地続きでヒマラヤと同じ植物が生えていた。サクラもヒマラヤザクラ、ラルメシアザクラなどがヒマラヤにあるから日本のサクラのルーツはヒマラヤである」としており、川崎[90]は「サクラの原産地はヒマラヤである」と述べているが、その根拠は述べていない。その他の人たちの著書でもまったく同様である。原寛の「サクラのヒマラヤ起源説」は、日本の植物相とヒマラヤの植物相がよく似ているから、「日本のサクラはヒマラヤで生まれたのだ」と述べていることから説得力があり、現代のサクラの研究家のほとんどは原寛の説を信じている。

B.　日本のサクラのヒマラヤ起源説についての疑問点

　すでに筆者[74]が指摘したように原寛の「日本のサクラのヒマラヤ起源説」には次のような疑問点がある。

① 原および本田、小林などが述べている「日本列島がアジア大陸と地続きだった」と述べている時期は、湯浅[246]によると紀元前100万年頃である。ところが、日本列島が地球上に出現したと同じ3000万年前や300万年前の日本の地層からサクラの化石が発見されている。すなわち、日本列島が大陸と地続きだった100万年前より、さらに2000万年以上も前の日本の地層の中からサクラの化石が出土しているのである。この事実を原および本田はもちろん、小林、川崎も述べていないが、このことをどのように考えたらよいだろうか？　年数のズレが100〜200年ではなく、2000万年以上もある。一方、本田[37]は別の著書の中で「サクラがいつ日本に現れたかは今日まではなんとしても立証することはできない」と述べている。原のヒマラヤ起源説自体が自分で実地調査をした結果に基づいての推論ではないのに加えて、原の学説を支持している人たちも自分自身が詳細な研究と調査を行ったうえでの支持のようには認められないのが現状である。

② 日本では3000万年前の地層からシオリザクラの葉の化石とサクラの花粉が発見され、300万年前の地層からはヤマザクラの内果皮の化石が発見されているが（湯浅[246]、徳永[209]）、その頃あるいはそれ以前のヒマラヤの地層からサクラの化石が発見されているのであろうか？　また、同時期に中国大陸で日本のサクラに結びつく資料が存在しているのであろうか？　筆者はいずれの場合の資料をまだ読んでいない。歴史学研究会等編[170]が東大出版会から出版した著書では日本列島が大陸と地続きだっ

—26—

Ⅱ　サクラの発生地

た時期は湯浅[246]と少し異なっているが、いずれにしても上述のような
地層での化石の類似性をあげなければならない。

③ さらに、遺伝学的な立場からは、「ある植物の発生地を決定しようとす
る場合には、その植物に似た各種の野生種がたくさん生えている地域を
中心にして探索、検討を加えていくのが常法」である。木原均はコムギ
の発生地を決定するために、中央アジアの広い地域に野生しているムギ
類を数回に亘って踏破して調査を行ったうえで発生地を決定した。菜類
の場合も中国や地中海沿岸の諸国に調査研究班の人たちが数回訪れたう
えで発生地の決定が行われている。これに対して、サクラの場合はコム
ギや菜類のような調査や研究が行われたという記録はなく、単なる推論
でしかないように思われる。しかも、サクラの自然科学的な立場からの
研究は21世紀に入った現在でもほとんど研究の体制すらできておらず、
コムギや菜類のような体系化された研究は残念ながら認められない。

　なお、湯浅[246]は「一般にウメは中国から渡来したものと考えられているが、日本
にも自生種はある」と述べており、北沢[95]も「茶は中国から渡来したと言われている
が、日本でも足利義満の頃に日向、高千穂その他の西南地方に野生の茶の樹が発見さ
れていた」と述べている。また、現在では「秋の七草の中のアサガオはキキョウである」
ということになっているが、筆者[58]が「アサガオの特性を知らない人がキキョウであ
ると決めたように思う。日本にも野生していたアサガオと呼ばれていた植物がなかっ
たのだろうか？」と疑問点を発表したが、西山[152]や広江[32]その他2～3人の人によって、
「秋の七草のアサガオはキキョウではなく、現在のアサガオである」と述べられてい
る。小清水[104]は「日本ではよく自分の国に同じ在来種があるのに、それを知らないか、
或はそれを忘れて、文化の進んだ国からもってきた種類だと伝えていることが多い」
と述べているが、一考すべき指摘であると思う。サクラの場合も、日本には自生種が
まったくなく、ヒマラヤに起源を求めなければならないのだろうか？　それにしても、
ヤマザクラの学名が「*Prunus jamasakura* Sieb.」なのは何故なのであろうか？　日本
固有のサクラだからこそ、この学名が付けられたのではあるまいか？

　以上、述べたような理由から、原の「日本のサクラの起源はヒマラヤである」とい
う仮説や自分の研究記録も示さないで、原の仮説を支持している本田、小林、川崎ら
の主張は、まだ研究者を納得させる例証が不足していると言わざるをえない。このよ
うに、「日本のサクラのヒマラヤ起源説」には多くの疑問点が認められながらも、何
も進展していないのが現状である。

C. サクラの日本・奈良地方発生説

　現在のサクラの研究家たちのほとんどが、原寛の仮説を支持しているのに対して、学説としては述べていないが、「サクラの原産地は日本の大和地方（奈良地方）ではないか」と小清水[104]は注目すべき指摘をしている。すなわち、小清水によると「大和地方にはサクラの変種が極めて多い。このことを植物の原産地決定の基準から見た場合、"ある植物がある地方にその個体数が多く、自然に分布し、しかもその種がその地方で格別に変化性に富むという事実があるならば、その地方はその植物の原産地とみなす"という条件に大和地方のサクラは一致する」と述べている。奈良の吉野山付近にサクラの変種が多いことは、小清水だけではなく、三好[131]、大村[166]、上田[217]その他によっても報告されている。しかし、専門分野の違いからか、三好、大村、上田、その他のサクラの研究家はサクラの原産地という視点から奈良地方のサクラに検討を加えていない。ただ、山田[225]は「山桜は小清水のいうように原産地は日本の大和地方（奈良地方）であろう」と述べている。

　植物の原産地決定の基準に基づいて、「大和地方がサクラの原産地ではないか」と小清水が指摘し研究報告も行っているのであるが、原寛の仮説を信じて小清水の指摘を取り上げた研究家はほとんどいない。実験結果によるものではないと思われる原寛の「日本のサクラはヒマラヤから来た」という仮説をいう前に、小清水の指摘に検討を加えた上で、「日本列島が大陸と地続きであった時に、日本のサクラがヒマラヤまで行ったのだ」と主張している人がいるかどうかを探したのであるが、まだ文献は認められなかった。ところが、斎藤[174]は「サクラは日本原産とはいえない」と述べている。しかし、斎藤は文科系の者で自分の自然科学的な調査に基づいたものでなく、それまでに発表された自然科学の研究家の不十分な論拠を用いて色々と推論を重ねている。いかに推論の仕方が上手であっても、用いている論拠がサクラの発生地を論ずるには不十分な証拠である以上、「サクラは日本原産でない」と断定することは無理である。これまで述べてきたように、現在までの研究結果ではサクラの原産地を特定するには証拠が不足している。そのために、ここではこれまでの研究経過と問題点を指摘して結論は将来の研究を待つことにした。

Ⅲ. サクラの分布

　サクラは植物学上は、バラ科、サクラ亜科、サクラ属に分類され、サクラ属はヨーロッ

IV　サクラの語源

パからアジア、アメリカに分布している。サクラ亜属はとくに東アジアにその種類が多く、ヒマラヤのネパール以東の山地から、ビルマ、ミャンマーの北部、チベット南部、中国大陸、朝鮮半島、ウスリー、サハリン、千島、日本などにみられ、温帯から亜寒帯の丘陵帯から高山帯の麓の地域に分布している。殊に日本には多くの品種が分化している。ここではこの程度の記述にとどめ、主要なことは「サクラの自然科学」の項で述べることにする。

IV． サクラの語源

「サクラという名前はいつどのような理由でつけられたのであろうか？」という問いについては不明であるが、古代には文字がなかったので古代のことを知るには『古事記』、『日本書紀』や『万葉集』などに頼るしかない。『万葉集』や『和名抄』には「佐久良」、「佐楽」などの言葉が見受けられ、『日本書紀』には「佐区羅」の文字も用いられている。このような事実から考えると「サクラ」という呼び方は万葉時代の昔からあったと考えることができる。日本の先住民族であるアイヌ人のサクラについての言葉はkarimba-ni（カリムバニ）である。ni（ニ）は樹木のことを意味している。林[27]は「krimuba -niはオホヤマザクラのことをいい、東北地方のサクラをいう」と述べている。

ところで、サクラはどのような意味から名づけられたのであろうか？　このことについては2〜3の説がある。

A．サクラは田の神様を意味している

この考え方は、サクラの「サ」の字はサオトメ（早乙女）、サナエ（早苗）の「サ」と同様に田の神様（穀霊）を意味しているものであり、「クラ」は神様の座るところを意味している。つまり、サクラとは神意の発現であるとしている。このことは藤山[17]、桜井[177]、桜井[180]、山田[225]などによっても述べられている。これに対して、このような考え方は折口信夫（オリクチシノブ）の仮説でしかないと斉藤[173]は述べている。しかし、サクラと日本人との関係には次のようなことが知られている。すなわち、農耕民族としての日本人は昔からサクラの開花を農作業の開始時期やその年の作物の豊作、凶作を占うものとして見てきた事実がある。「サクラが咲いたら種籾（タネモミ）を準備し、カキツバタが咲いたら田植えをしよう」ともいわれており、サクラは農業上では大切な樹（指標植物）とされて来ている（岩﨑[52, 63]，環境庁[85]）。1990年以降でも東北地方その他で、ヤマザク

第1部　サクラの概説

表3. 日本各地にあるタネマキザクラ

県名	樹名	系統名	本数
岩手県	タネマキザクラ	エドヒガン	3
宮城県	タネマキザクラ	エドヒガン	3
山形県	タネマキザクラ	エドヒガン	2
山形県	タネマキザクラ	シダレザクラ	2
山形県	タネマキザクラ	ヒガンザクラ	1
福島県	タネマキザクラ	エドヒガン	20
栃木県	苗代桜	エドヒガン	1
栃木県	苗代桜	ヤマザクラ	1
群馬県	麻蒔桜	エドヒガン	1
群馬県	芋植桜	ヤマザクラ	1
新潟県	スズマキザクラ	ヤマザクラ	1
新潟県	タネマキザクラ	エドヒガン	1
長野県	苗代桜	?	1
岐阜県	苗代桜	エドヒガン	1
山梨県	芋植桜	エドヒガン	1
広島県	苗代桜	エドヒガン	1
広島県	苗代桜	?	1
愛媛県	芋種桜	ヤマザクラ	1
熊本県	豊年桜	エドヒガン	1

系統名	本数	合計
エドヒガン	35	
ヤマザクラ	4	44
その他	5	

※この他にも所在地が明確でないタネマキザクラがある。

ラ、コブシ、エドヒガンのことを「タネマキザクラ」といい、青森や秋田地方では「タ
ウチザクラ」とも呼んでいる（タウチとは田んぼの耕起をいい、タオコシともいう）。
また、山形県（庄内）や大分県（国東）ではサクラの花が早く咲く年は豊作、たくさ
ん咲く年やヒガンザクラが上向きに咲く年は作柄が良いといわれており、宮城県では
ヤマザクラが下向きに咲く年、広島県ではヤマザクラが遅く咲く年は凶作だといわれ
ている。福島県の三春地方にもサクラの花が多く咲くと豊作で、少ない年は凶作であ
ると言い伝えられている（田中[206]）。山梨県の須玉町付近では田木畑木という2本のケ
ヤキがあるが、このケヤキのうち田木の萌芽が早い時は田が豊作、畑木の方が早い時
は畑が豊作といわれている。今井[43] によると、タネマキザクラは必ずしもサクラの花
だけではなく、コブシの花もタネマキザクラと秋田県の北秋田郡や仙北郡では呼んで
おり、長野県の上伊那地方ではコブシの花が上を向いて長く咲いていると豊作間違い
なしといわれている。なお、通常コブシという時、山には2種類生えていて、浅い山
に多いのがコブシ、高い山にあるのはニオイコブシの場合が多いという（前川[110]）。

　これらのことは野や山に咲くすべての花が毎日の生活を律する自然暦として、昔の
人たちが生活していくうえでは大切なものであったことを示している。とくに、野や
山に咲く花の移り変わりで季節の推移を実感する傾向は、日本人に際立っていた感性

—30—

であり、このような日本的な感覚は詩歌、俳諧などの発達にも大きな影響を及ぼしている。このような動・植物と農耕民族である日本人との関係を絵にしたものに「花札」がある。この花札の3月の絵札がサクラである（岩﨑[52, 62]）。また、紀州（熊野）の漁師たちは「桜サワラ」といってサクラの花盛りのときはサワラの大漁期でもあるといい、味もよいといっている（芸能史研究会[22]）。愛媛県では「ヤマザクラが咲いたら甘藷の種を伏せよ」という。サクラのみでなく、福岡県では「上茶ツツジ」といわれており、「キリシマツツジの花が咲き始めの頃が上等なお茶の摘み頃だ」ということを伝えている。この他、フジ、キリ、モモ、ナシの花が咲く頃が農業上の暦に用いられて日本の各地に伝承されている。つまり、日本人の1年間の生活のリズムは、花によって形作られてきたといってもよい。この他、伊豆半島の漁民の間には、サクラ、ツバキ、アオキなどの材で船を造ると不漁になるといい、新潟県の佐渡の小木地方では水死した人の死体が発見されないときには、サクラの木で人形を作って棺に入れて葬式をするといわれている（明治大学地方史研究所[121]）。このように、古代人のみでなく現代人であってもサクラを占いの木や神木としてみている点が認められる。つまり、農耕民族としての日本人は、昔から野や山に咲く鮮やかなサクラの花（コブシの花も含む）を田の神様の降臨とみて農業上の大切な指標植物としてとらえ、サクラを聖なる木として位置づけて、この日本の土地で一緒に生き続けてきたのである。

　このように、農耕民族としての日本人とサクラの関係、その他から考えるとき、「サクラという名前」は、藤山、桜井、山田（宗）その他の人たちが指摘するように、サクラの「サ」の字は田の神様を意味し、「クラ」は神様の座るところなどに関連したことから生まれたのではないかと思われる点がある。たしかに折口の考えたように仮説でしかないが、これまで述べてきたことは、折口が仮説を出す前から語り継がれてきていることや農作業上でもそれを裏付けるような根拠が存在する。これに対して、斎藤は折口の仮説を否定したに留まり、自分自身の見解は何も示していない。それのみでなく斎藤[173]は「日本人とサクラの関係は太古の昔からではない」と主張しながら、その同じ著書の中で「古代人は山に咲くサクラを眺め、その咲き具合によってその年の実を占った」と矛盾する記述がなされている。サクラと日本人との関係を論ずる場合には、古代人がサクラの咲き具合を見ていたことも認めなければならないと筆者は考える。桜井[178]も筆者と同様に斎藤の考え方に反論をしている。

B.　サクラは木花咲耶姫の名前から生まれた

　古代人はサクラを神の木、聖なる木とみていたのであるが、「サクラという名前は

第 1 部　サクラの概説

木花咲耶姫という神様の名前から出たものであろう」という説がある。

　木花咲耶姫は絶世の美女であったといわれている。そこで、日本の色々な木の花のうちで最も美しい花の木に咲耶姫の**咲くや**と名前をつけたのであるが、これがサクラに転訛して用いられたのであろうという説である（黒板[108]、麓[18]）。木花咲耶姫という名前だけでは、1945年以降に生まれた人たちには縁もゆかりもない神様の名前であると思われるので、木花咲耶姫について述べることにする。

1．木花咲耶姫について

　木花咲耶姫は富士山の浅間神社の祭神であり、山梨県、静岡県や日本の各地にある富士神社、宮崎県の都萬神社も木花咲耶姫を祭神としている神社である（吉田[238]、黒板[108, 109]）。『古事記』の神話には木花之佐久夜毘売（コノハナノサクヤヒメ）の物語として邇邇芸能命（ニニギノミコト）（瓊々杵尊とも書かれている）が高天原（タカマガハラ）から高千穂の峰に御降臨になったとき（高天原は現在の薩摩半島の野間岬の辺といわれている）、その土地には大山祇神（オオヤマツミ）（芸能史研究会[22]は、大山津見の神と記されている）とその娘の磐長姫（イワナガヒメ）※と木花咲耶姫（コノハナノサクヤヒメ）が住んでいた。磐長姫は醜かったが、木花咲耶姫は絶世の美人であった。邇邇芸能命が大山祇神に木花咲耶姫との結婚を申入れたところ、大山祇神は、喜んで姉の磐長姫と妹の木花咲耶姫の2人を邇邇芸能命のところへやった。ところが、邇邇芸能命は木花咲耶姫を選んで磐長姫を大山祇神のところへ返した。この処置に対して、父の大山祇神は怒って「自分が2人をやったのは邇邇芸能命が一方では永遠に堅固でいられるように、他方では木の花のごとく栄えるようにとの祈りを込めてのことである。それなのに磐長姫を返したとなると、天つ神の御子の寿命は木の花のようにはかないものであるように、永遠を保障できぬものとなろう」と、呪う言葉をいったと伝えられている（黒

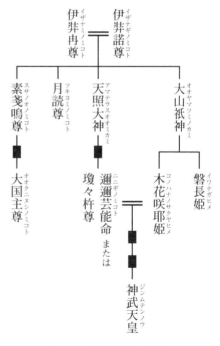

図 3．木花咲耶姫の系統図

※結婚できなかった磐長姫は長野県の浅間山のところに本体が祀られているが、富士山の麓にも祀られている（吉田[238]）。

板[108, 109]、芸能史研究会[22]、広江[31]、山田[225]）。上述の大山祇神が怒って述べたことを黒板は「磐長姫が呪った」と述べている。また、イワナガヒメのことを黒板は「磐長姫」と記しているが、芸能史研究会は「石長姫」、広江[31]は「石長比売」、瀬戸山は日向の伝説で「磐永姫」と記述している。なお、木花咲耶姫は「木花開耶姫・木花之開耶姫」（『日本書紀』）、「木花之佐久夜毘賣」（『古事記』）、「阿多都比賣^{アタツヒメ}」などとも記述されている（山田[230]）。「木の花はウメのことである」という説もあると藤山[17]は述べているが、佐藤[183]、山田[230]は「木花は桜をいう」と述べている。

さらに、邇邇芸能命が木花咲耶姫に出会ったといわれている「笠沙の岬^{カササ}」のことについて、「カササの岬は通説では薩摩半島の笠沙のこととされておるが、博多湾の御笠川が流入するあたりと見るべきである」と山田[225]は述べている。

日本人の元祖といわれている神様の名前とサクラの呼び名を結び付けた説があるところに、われわれの祖先のサクラに対する信仰や尊敬の念がよく表われている。ただ、サクラの語源としての木花咲耶姫の名前が、「古代の一般農民にまで知られていたのだろうか？」という疑問もある。

C. その他の説

この他、本居宣長^{モトオリノリナガ}が「佐久良と称ふ義は万の花の中に優れて美しければ、開光映^{サキハエ}といふ名をおへるなるべし」といい、また、「サクラは「咲麗^{サクウラ}」の約語である」とのべていることを佐藤[183]、藤山[17]は紹介している。貝原益軒^{カイバラエキケン}は「この木の皮が自然に横にサクル（裂ける）ことからサクラになったものである」としており、相関[4]は宮沢文吾、上原敬二、松村任三^{ジンゾウ}の考えも紹介している。

しかし、サクラという言葉が奈良・平安時代の昔から言われていたことから考えると、本居宣長その他の人が述べたという考え方には、その根拠になったことが示されていないので筆者は同調しかねる。筆者は農耕民族としての日本人の古代の世相から「サクラは田の神様を意味している」という1の立場を支持したい。

V. 桜という文字

サクラは『日本書紀』には「佐区羅」の文字が用いられていたが、『万葉集』には、「佐久良、佐具良、作楽」などの文字が見受けられると松崎[120]は述べている。川口[89]は、木花^{コノハナ}、吉野草^{ヨシノグサ}、挿頭草^{カザシグサ}、夢見草^{ユメミグサ}、曙草^{アケボノグサ}などもサクラの別名として用いられていたといい、

居初[50]、荒垣ら[8] は、徒名草の名も挙げ、大都[169] は、佐案も挙げている。これらのことから、「桜」という文字は最初から用いられていなかったと考えてよい。佐藤[183]、藤山[17] によると「桜」という文字がわが国の歴史上に最初に認められたのは『日本書紀』の神功皇后（仲哀天皇の后）の条に、「都二於磐余一是二謂若櫻宮一」と述べられているところであると記述している。しかし、『日本書紀』は奈良時代の720年に発行されたものであり、神功皇后はそれより520年も前の人であることから、神功皇后の時代に「桜」という文字が用いられていたかどうかはわからないと、佐藤、藤山両氏は述べており、佐藤は「後人の追記と見るのが至当であろう」と記している。このようなことから、藤山[17] は「402年に履仲天皇が晩秋に船上で酒宴を行っていたときにサクラの花弁が杯の中に落ちてきたのを喜んで磐余稚桜宮と称し……と『日本書紀』に記されているのが最初である」と述べている。『万葉集』には「桜」という文字が多く用いられている。「これは当時の唐の文学書に桜桃が紹介されているのを日本のサクラに適用させたものであり、この桜桃は中国産のカラミザクラ（またはシナオオトウ）のことで、果実を目的として栽培されているもので、日本では産出しない」と麓[18] は述べている。中国では日本のサクラに似たものは西部の奥地の山間地帯にわずかに見られるだけである。

　以上の史実から、「桜」という文字が最初に用いられたのは402年の履仲天皇のときであるが、日本人の心の中に刻み込まれたのは600〜700年頃といえる。

VI. サクラの呼び方、とくに英名について

　松崎[120] は「日本のサクラは花を見るだけであるが、Cherryはミザクラ（桜桃）を指していることから考えると、日本のサクラはJapanese cherry, Japanese flowering cherryまたはFlowering cherryと呼ぶべきである」と述べている。なお、「チェリー（Cherry）という言葉はイギリスの南部にある地名で、そこでたくさんミザクラ（実桜）がとれることからチェリーになった」と高島[198] は述べている。本田[37] は「Cherry - treeはギリシャ語のサクランボのことであり、日本のサクラをCherry - treeと呼ぶのは誤りであり、日本のサクラはSakuraという以外に言葉はない」と述べている。日本のサクラを調べてみると、他の国に比べてサクラの野生種や品種数が昔から非常に多い。この事実から考えるとき、日本のサクラは本田のいうように「Sakura」が最もふさわしい呼び名であると思う。しかし、自然科学の分野におけるサクラ亜属のこれまでの研究史を考えて、筆者はSakuraまたはJapanese cherry、Japanese flowering cherry、Flowering cherryとして日本のサクラを表している。

第２部　花の文化の中のサクラ

Ⅰ．日本歴史上にみるサクラと日本人

—— 時代によるサクラに対する日本人の対応の変化 ——

　サクラは古代から現代に至るまで、わが国の人たちに愛好されてきている花であるが、サクラと日本人との関係は時代によって微妙に変化している。このことから平泉[33]や広江はサクラと日本人との関係を色々と分けて解説しているが、平泉や広江のみでなく、三好その他の人たちも日本のサクラを論ずるときには、色々と時代を分けて説明を行っている。本書では時代によって微妙に変化しているサクラと日本人との関係を太古の昔から現代までの各時代にサクラに対して日本人がどのような対応をしてきたかについて、社会科学的な記録に自然科学的な見地を日本の歴史に対応しながら、とくに「お花見」を中心にして述べることによって読者自身にサクラと日本人との関係を読みとっていただくことにした。すなわち、サクラと日本人との関係は時代によって微妙に変化しているが、大和朝が成立して日本で国家という組織形態ができるまでの時代を古代として一括して論じた後、表4のように分けて述べることにした。

表4. 日本歴史の時代区分

古代	旧石器時代	BC30 万年
	縄文時代	BC1 万年
	弥生時代	BC100 年
大和時代		300 年
奈良時代		710 年
平安時代		794 年
鎌倉時代		1192 年
室町時代	南北朝時代	1336 年
	室町時代	1392 年
	戦国時代	1467 年
安土・桃山時代		1573 年
江戸時代		1603 年
明治時代		1868 年
大正時代		1912 年
昭和時代		1926 年
平成時代		1989 年

※木下[94]より引用。一部加筆。

Ⅱ. 古代における花

―― 花は野に咲け ――

　野辺に咲く一輪の花、鮮やかな色彩を誇るかのように咲き乱れる庭の花……など、このさりげなく咲いている花のどこに人の心を誘うものが秘められているのだろうか？このような理由を考える必要もなく、ただ、花なるが故に誘かれている人が多いのではないだろうか？　花は大自然の中における一つの姿にしかすぎない。しかし、花は人類がこの世に出現して以来、常に身近なところにあって、喜びにつけ、悲しみにつけ、人間とともにこの世で生き続けて来たものである。このように、人間と自然との接点の中にあり、常に人の眼を誘い、楽しませ、人の心を和らげてくれたのも花であった。そして花からは詩(ウタ)が詠まれ、絵が描かれ、さらには高尚な数々の芸術さえも生み出されて来た。「若し、この世に花がなかったら、地球上は実に殺伐たるもので、果たして今日の文明を築きあげたかどうか」と近藤米吉は述べている。

　このように考えてみると、近代文明の形成過程に及ぼしている花の影響は真に絶大なものといわなければならない。このように、人類の文化の歴史の中で重要な位置を

図4. 名も知れずに野に咲く花

占める花と人間との関係を論ずることは、人類の歴史を述べるのに等しいように思われる。花と人間との関係は、「野にあった花がどのようにして人間の生活の中に入って来たのであろうか？」ということについて顧みる必要もある。

　さて、花と人間との係わり合いは何時の時代から始まったのであろうか？　人間は200万年前に出現したが、それ以来、植物の茎・葉・根、および子実や果実などを利用して生存し続けてきた。このように、古代人と植物との関係に検討を加えてみるとき、人間と植物との関係は人類の発生の原点に遡ることができる。そして、自然科学の視点に立てば、「総ての事象に先立って、食べ物としての植物が人類の前にあった」といえる。人間はそれらの植物を採集したり、自分の力で捕らえることができた、野獣や鳥類・昆虫までも採って生活を続けてきたのである。しかし、採集のみによって一人の人間が生きていくためには、約20km²の土地（原野）が必要であったといわれている。20km²の土地は、東京の山手線内の面積ほどである。この20km²の土地で作物を栽培すれば、現代では6,000人を養うことができるといわれている（岩﨑[53]）。人口の増加によって採集のみで生活を続けることが困難になり、人間は食用に供することができる植物を山野から集めて自分の住居の一部に蓄えることを考えた。そのときに種子の一部が住居のところに落ちて発芽、生育していくのを見て、人間は自分の住居の周りに食用になる植物を植えることを覚えた。これが農耕時代の始まりであり、野生植物から作物への転換の時期でもあった。しかし、植物の茎・葉・根・果実や子実を食べるのは人間だけではない。この意味から農耕時代に入ると、人間は栽植した作物を他の動物から守る必要が生じた。林[27]は「古代の人は畑の周囲に柵をめぐらして鹿の侵入を防いだ。また、作物の豊熟や獣害の除去を目的として各種の呪術も行った」と述べている。ところが、作物の収穫に影響を与えるのは動物のみでなく、台風などの自然の脅威もあり、それとも闘わなければならなかった。このようにして、動物との争いに勝つことができても自然現象との戦いには勝つことができなかったことから、人間は自然現象に神を感ずるようになった。そして、居住地の周りに他の動物の侵入を防ぐことと自然現象の脅威に対するものとして植物を植えたのである（林[27]）。居住地の周りに植物を植えたのは、外敵や自然現象に対峙するためのものであるが、そこに植える植物を選択するときに、美的対象として植物を見る目が生まれる契機になったものと思う。桜井[177]は「農耕生活を営んできた事実に花を見る目の原点がある」と主張している。しかし、筆者は「住居の周りにどんな植物を植えようか？」と考えた時点にも植物観賞の原点を認めたい。このように、住の安定、食の安定を確実にした原始時代においても、すでに人間の心に潜在している美的感覚が目覚めたといっても過言ではない。事実、キリスト教が入る前のセム人は、有用植物の傍らに楽しむための場が確保されていたといわれている。ここに野生植物（または作物）が観賞植物

II　古代における花

へ転換した事実が認められる。

　たしかに、原始時代には20世紀末期の花屋さんの店先にあるような花は生活圏の中にはなかったし、観賞に値する植物も少なく、その頃の文献もない。だからといって原始時代の野や山に花がなかったことにはならない。花はもともと野や山にあったもので、栽培されていたものではなかったからである。それに、帝王の墓の中からは、野や山に生えていた植物が発見されている。この他にも人間の美的感覚を目覚めさせる花がすでに野や山に存在していた事例があり、バラ、キク、ウメ、および多くの顕花植物も人類より1億年以上も前に地球上に出現しているのである。このことは、人間が野や山に食べ物を探し求めていた頃には、すでに野や山にはこれらの花が咲いていたことになる。

　農耕によって食物が安定して得られ、時間に余裕が生じた結果、生活方法に色々と工夫が加えられるようになり、やがてそこに文化が形成したものと考えられているが、このことを示してくれるのが古代人の生活圏であり、古代人たちの残してくれた文化遺産の中にみられる記載である。しかしながら、これらの資料の中から植物に関することを調査してみると、主要作物に関する記述は数多く見受けられるが、花卉および観賞植物についての記述はほとんど見受けられず、各種の文献を詳細に検討して初めて見出される程度である。このことは、花卉や庭木が農作物と異なり、直接生活に関係していないことに原因がある。このようにして調査をしてみると、歴史に残っている各種の文明が形造られる前の各地域には、すでに花卉が存在していたことが知られている。すなわちギイヨは著書の中で、パレスチナ、シリアには、ベニバナ、サフランの他に、リンゴ、サクランボ、プラムが山に生えており、古代のインドには野生のものとして、リンゴ、ナシ、プラム、サクランボがあり、平地には、ハイビスカス、バラおよびハスなどを挙げており、この他、中国、アフリカ、アメリカ大陸にも多くの花卉類が存在したことを記述している。ギイヨが挙げたこれらの花卉類は古代においては農作物に属していたかもしれないが、たとえそうであっても、古代人の美的感覚を刺激するのに役立っていただろうことは容易に推定できる。さらに、紀元前3000年頃に世界最古の文明を誇ったメソポタミアや古代エジプト文明が開花する以前に、すでに人間に花の美しさを観賞する心が目覚めていたように推定される。すなわち、ブレイウッドは「四万年前の時代に、すでに洞穴絵画には抽象的な花の模様が認められる」と述べ、桜井[177]も「古代人は人が住むところを飾り、美化したのは花で作られたものによってである」と述べており、田村[205]は「植栽地の片隅に珍しい草花を植えたのが、進んで庭園や公園になったのだ」と述べている。バビロフも「人間が居住地の周りに花を植えたのは文明開化の前である」と述べている。

　以上のことから考えると、花の観賞は農耕によって食が安定するとともに開始され

—39—

第2部　花の文化の中のサクラ

たものと考えられる。そして、花を観賞する心の発露こそが、古代および現代の文明を築く基礎であったといったら誤りであろうか？　たしかに、古代の日本人は野や山に咲く花を観賞する余暇はなく、それらの花を手近なところに栽植して楽しむまでには至らなかったかも知れない。しかしながら、野や山に咲く花に関心を示していたことは、木花咲耶姫、木花知流比賣などと神の名を花の名で呼んだり、数多くの花の名が出てくる神話が存在することなどからも推定することができる。そして、日本の古代には、サクラ、ツバキ、フジ、ユリ、モモ、ハスなどが存在したことが知られている（松田[115]）。つまり、食と住の安定とともに、日本でも原始時代からすでに美的感覚が目覚め始めていたものといえる。

A.　古代人における美意識の発露
—— 挿頭について ——

　人間は住むところと食べ物が確保された場合には、たとえ原始の時代であっても「自分を美しくして他人にみせたい」という美的感覚は人間の本能として持っているものであり、この美的本能は機会あるごとに自然に湧き出してくるものと筆者は考えている。この事実は、現在でも東南アジアや南アフリカの原住民の女性は、野に咲く花を髪に挿して人前に出てくると欧米の研究者は指摘している。草や木の枝を髪に飾ったり、手に持って踊る原住民についての報告は現代でも認められるが、これらは木々の緑や花を「美しさ」として古代人や原住民が把えていたことを示しているものといえる。古代の日本人がサクラを美しいものとしてみていたかどうかについては後述することにして、少なくとも「万葉の人たちは野や山に咲く、ハギ、ナデシコ、フジ、モミジなどの花を頭に挿して（挿頭）遊んだ」といわれているように、日本の古代人も花を美しいものとしてみる心が潜在していたことを示している。このように、原始人や古代人が植物の花を美しいものとして見ていたこと、つまり人間の心に潜在している美意識の発露こそは、人類が文化を築く基礎だったのである。ここでは日本の万葉の人たちが行っていた挿頭について述べることにする。

　『万葉集』の歌を読むと「挿頭」という言葉が多く目に止まる。「挿頭」は女性が髪に付ける花や木の枝などのことである。明治・大正・昭和時代ではカンザシとも呼ばれていた。この挿頭を付けていたことが認められるのは、日本では古代に遡るし、欧米でも古代に挿頭の風習が認められている。この挿頭のことは平安時代に観桜の習慣が定着するとともに、とくに女性が花を頭に挿して歩く挿頭のことが記録に認められる。すなわち、『伊勢物語』の中で交野の桜狩について述べた文中に「枝を折り、か

—40—

Ⅱ　古代における花

ざしにさして上・中・下、みな歌よみけり……」と述べられている。『万葉集』には「春さらば　挿頭にせむと　わが思ひし　桜の花は　散りにけるかも」（壮士某）とある。この頭に花などを挿すことは、日本の古代の神話にも認めることができる。すなわち、「天照大神が素戔嗚尊の乱暴を怒り、天の岩戸に隠れたために高天原は真っ暗になった。そのとき、その天の岩戸の前で天鈿女命が、サカキ、ササなどを頭に挿して裸になって踊ったので、そこに集まった神々がドット笑った。天照大神は岩戸の中でこの笑い声を聞き、少し岩戸を開けたところ、天手力男命がその手をとって引き出したので、高天原は再び明るくなった」といわれている。

　1950年以降に認められる西山[149]、桜井[177]、足田[10]、山田[225] などの文科系の人たちの著書を読んでみると「この挿頭の行為は神に奉仕する者の心を示すもの」と解説している。その理由として、『古事記』に日本武尊の歌として

　　　命を全けむ人は　たたみこも　平群の山の熊白樫が葉を　髻華に挿せ　その子
　　　　（生命を全うしようとする人は、平群山の聖なる樫の葉を頭髪にカンザシとして挿しなさい
　　　　その子よ）

　つまり、クマカシの葉を頭に挿して、その神性霊力を身に付けなさい、ということであり、挿頭のルーツはこのような呪力、霊力に基づいている、と述べている。山田[225] は「古くは髻華、挿花と名づけて、その土地の神の霊魂を宿していると信じる山の樹の枝を折り取って、髪・冠に挿し、手にかかげてその祝福を得ていた」と述べている。

　たしかに、現代の神社やお祭り（神事）に奉仕する人たちがつける挿頭には、西山、桜井、山田、その他の人たちが述べているような意味が含まれていることは事実であると思う。しかしながら、万葉の人たちや現代の東南アジアや南アフリカなどの原住民の女性が、頭に花を挿して人前に出てくる行為や、現代の日本の女性がお正月の和服姿のときに頭に挿すカンザシは神とは無関係なもので、単に自分を美しく見せたいとする行為であることも明らかである。それに加えて、「『古事記』に日本武尊の歌があるからカザシには呪術的な意味や神に奉仕する者の心を示している」と文科系の人たちは述べているが、日本で神道が成立したのは奈良時代の終わりから平安時代の初期にかけてである。このことから、神道が成立する以前に見られる日本人のカザシの行為は「神に奉仕する」という解説では説明が不十分である（川添[93]）。この他、前述の神話の中に見られる天鈿女命が、サカキやササの葉を頭に挿して踊ったのは、自分を飾ることのみに目的があったように思う。また、『万葉集』などでは自分を美しく見せることとは別に、イトシキ娘という想い（恋の表現）も加えられている挿頭の歌が意外に多い。数例を挙げると、

—41—

第2部　花の文化の中のサクラ

　　春日野の　藤は散りにて　何をかも　御狩(ミカリ)の人の　折りて挿頭(カザ)さむ
　　萩の花　ともに挿頭さず　相か別れむ
　　春さらば　挿頭(カザシ)にせむと　わが思ひし　桜の花は　散りにけるかも

さらに21世紀になった現時点でも、日本の童謡の「靴が鳴る」では「花を摘んではおつむにさせば、みんな可愛い……」とあり、「南国土佐を後にして」の歌では「土佐の高知の播磨屋橋で坊さんカンザシ買うを見た」と唄われており、21世紀の現在では挿頭は神事（お祭り）で見られるように、「神に奉仕するためにつける場合」と「自分を美しく見せるための挿頭」があるといえる。

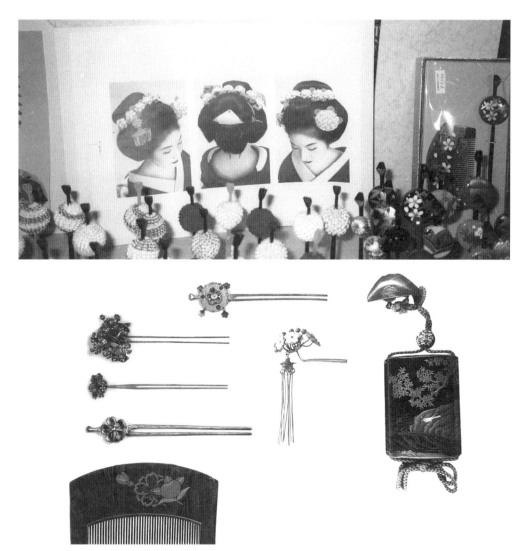

図5．カンザシ

—42—

Ⅱ　古代における花

　このように、頭に花や葉をつけた挿頭のことが知られているが、挿頭に用いられた花にはどのようなものがあるだろうか？　これについて調べてみると、古代、大和朝、奈良時代には、ハギ、ウメ、サクラ、フジ、ヤナギ、ナデシコ、モミジなど、野や山に咲く花や木が用いられていたことが『万葉集』の歌によって知ることができる。平安時代に入ると絹糸で作った、フジ、ウメ、キク、ツバキ、ヤマブキなどの挿頭が登場している。現代でもお正月の和装の女性の髪に稲穂（イナホ）や各種の花が付けられている。とくに京都の祇園の舞妓の花簪（ハナカンザシ）は豪華である。祇園の舞妓の花簪をつけるのには決まりがあり、1月は15日までは鳩の付いた稲穂、15日以降は松竹梅、2月は梅、3月が菜の花、4月が桜、5月がアヤメ、6月は柳、7月は祇園祭でなし、8月はススキ、9月は洋花でも何でも良い、10月は菊、11月は紅葉、12月はモチ花となっている、といわれている（近藤富枝「いとしい髪飾りたち」）。

B.　樹木崇拝の思想

　人間は住むところと食べ物が確保されたときには、たとえ原始時代の人であっても「自分を美しく見せたい」「自分の住んでいるところを綺麗にしたい」という美的感覚は人間の本能として持っているものであり、この美的感覚は機会あるごとに自然に湧き出てくるものと考えられている。しかしながら、人間の本能としての美的感覚の発現と花の観賞とは異なる場合もみられ、サクラに対する古代の日本人の対応には違いが認められる。言い換えると、古代人は野や山に咲くサクラを最初は美しいものとは見ていなかったのである。それは、日本の土地では人間が棲み着く前からヤマザクラが生えていた。そのヤマザクラは春になると花が咲き、花が散ると青葉になり、秋には葉が色づき、やがて木には葉がなくなる。そこで、寒さが過ぎると再び花が咲く。このようなことを毎年繰り返しているのである。このように述べると、最近の小・中学校の生徒から「そんなことは当たり前だろう。そんなことを口にするのは頭が少し変になったのではないか」といわれそうであるが、古代人はこのように植物が、春・夏・秋・冬と四季折々に変化するのは、その樹に神様が住んでいるからだと考えた。一方、マツ、スギ、サカキ、ツバキ、タケなどのように、年間を通じて変化することのない常緑の樹には神の存在をより強く感じていたといわれている（西山[150]）。

　このように、特定の植物が宗教・信仰その他と結び付いている例は世界各地に意外に多く認められている。たとえば、日本の神道とサカキ、仏教とハスの花やシキミ、豆まきとヒイラギ、クリスマスとモミノ木などがあり、神木としては、マツ、スギが多い。オガタマの木を神の木とした記録も『古事記』、『日本書紀』に認められる（日

—43—

第 2 部　花の文化の中のサクラ

本の1円の貨幣の裏面にはオガタマの葉がつけられている)。

　宮沢[126]は、マツ、スギ、サカキなどの常緑樹は「栄え木（サカキ）」、つまり、サカキといわれ、「榊」という文字も作られたと述べている。また、神木は神社の境内にあって、注連（シメ）を引いてある樹木で神霊が宿っている樹であるといわれている。古代から知られているこのような考えを樹木崇拝の思想と呼んでおり、このように神の宿る木や神と人間との間を仲立ちする植物を依代（ヨリシロ）と呼んでいる。すなわち、天から降りて山頂にとどまっている神々を里に迎え降して祭ることは、通常、サカキ（榊）やマツ（松）を依代としているもので、門松もそうである。

　以上のように、古代の日本人は四季折々にみせる樹々の変化に他の民族より敏感で、驚きとともに常緑樹、巨木、巨岩や高い山などに神を感じていたのである。なお、サクラは神性な樹で庭木にはするものでないと、和歌山、山口、佐賀、熊本の地方では言い伝えられており、庭木のサクラが枯れると家が滅びる（愛媛上浮穴）、病人が出て家運が衰える（鳥取）などといわれており、シダレザクラは寺に植えるもので民間には植えない（長野、更埴）などといわれている（足田[10]）。

図6. 注連のついている御神木

―44―

Ⅱ　古代における花

C．古代人のお花見

1．作物の豊凶を占うためのお花見

　日本の本土上には、300万年前にはヤマザクラの花が咲いていたことが確認されており、日本人がこの土地に棲み着いたとき（10万年前）には、多くの樹々に混じってヤマザクラの花が咲いていたのである。このようなことから、日本人はこの土地に棲み着いたときから春は花、秋は紅葉と、野や山の自然が見せてくれる四季折々の変化に無関心でいることができなかったのである。野や山で毎年必ず繰り返されるサクラの開花や、野山に咲く花や四季の変化に神を感じ、怖れと驚きの心で古代人は咲く花を見ていたのであるが、そのうちに、誰が言うともなしに、自分たちの行っている農作業とサクラの開花との関係を発見し、「サクラの開花は田の神様がその年の作物の豊作・凶作を教えてくれているのではないだろうか？」ということになった。さらに、サクラの花の咲き始めの早・晩や咲き方をその年の農作業や収穫の良否と結び付けるようになり、サクラの花がたくさん咲き、しかも長期間に亘って咲き続けるように祈りながらサクラの花を見ていたのである。すなわち、サクラが早く咲くと豊作（山形県庄内、大分県国東）、たくさん咲く年やヒガンザクラが上向きに咲く年は作柄がよく、ヤマザクラが遅く咲いたり（広島）、下向きに咲く年は凶作（宮城県）の兆しといわれており、現代までタネマキザクラと呼ばれて、岩手、福島、広島などの各県で合計44本以上が知られている。さらに、サクラの花が多く、長期間に亘って咲くことをお祈りするためのお祭りも残っている。たとえば、京都の今宮神社では、4月10日（現在は第2日曜日）に行なわれている花祭りは「桜に乗って四方へ悪疫をばら撒く」という疫神を今宮神社の一隅にある小さな祠の中に封じ込めるためのもので、「や、とみくさの花や、やすらえ花や」と花歌を歌うが、これは「桜の花よ、あまりせわしく散るな、ゆっくり散れ」という意味である。

　日本は南北に長い国で、海や山、さらに四季の変化に富んだ国である。このような土地で日本人は数千年の昔から農耕生活を営んできたのである。そして、農耕民族としての日本人は野や山に咲くサクラや四季折々に見せる植物の変化に神を感じながら、豊かな生産への願望を込めて開花を待ち、季節の折り目をそのときに芽吹き、花咲く植物から学び取るとともに、自分たちの生活に関係付けてきたのである。以上のように、古代の日本人は野や山に咲くサクラや樹々の花は見ていたのであるが、現代人のように観賞という立場からはお花見を行っておらず、その年の作物の豊凶を神様が教えてくれているものと考えて、野山に咲くサクラの花を見ていたのである。

—45—

第2部　花の文化の中のサクラ

Ⅲ．大和朝の成立とサクラ

A．お花見の始まり

　紀元300年代になり、日本民族は大和朝によって統一されて国家という体制が成立し、天皇——宮人たち——農民という階層が成立した。この体制が完成した結果、それまで、春になると野や山に咲くサクラの花を見て、その年の作柄を案じていた心配から天皇や宮人たちは解放された。しかしながら、農作業から離れ、秋の収穫を心配する必要がなくなったとはいえ、天皇や宮人たちは、農耕生活を送っていた時代に習慣化したと同じ心象で、春の夜や山に咲くサクラの花を見ていたであろうことは、容易に推定することができる。この件については、『万葉集』の巻八の春の雑歌に、天皇が催された花見の宴で詠んだと思われる歌がある。

　　　国のはたてに　咲きにける　桜の花の　にほひはも　あなに

　この頃はお花見の宴とは言わなかったが、毎年、このようなお花見の宴をやっていたことがこの歌からうかがえる。以上のことから、農民と異なり、農耕から離れた天皇や宮人たちは、野や山に咲くヤマザクラの花を「神の花」としてではなく、ハギ、ナデシコ、その他の花と同様に美しい花として見始めていたといえる。つまり、日本各地に見られた豪族や大和朝の成立以降に天皇や宮人たちの間に行われていたお花見こそは、美的感覚の発現として日本で起こったお花見の起源であると筆者は考える。

B．野に咲くサクラを求めて
—— 天皇・宮人たちの観桜の開始 ——

　大和朝が成立し、農耕作業と無関係になった天皇・宮人たちが、それまでの習慣から春の野や山に咲くサクラなどの花を見ていたことが明らかになった。この事実は、それまでの収穫を占うお花見から離れ、サクラの花を美しいものとして見始めていたことを明瞭に指摘することができる。すなわち、『古事記』、『日本書紀』が発行されなかった奈良時代以前には、まだ文字がなく、人々がどのような生活をしていたかについても、『古事記』、『日本書紀』によってその一端を推察するのみであるが、「允恭

—46—

Ⅲ 大和朝の成立とサクラ

天皇が皇居でサクラを観賞されていた」と『古事記』に記述されている。また、記録に残っているものとしては履仲天皇が最初であるが、これらはいずれも天皇や宮人たちがすでにサクラの花を観賞し続けてきた一時点での記録であると思う。ところで、400年頃の観桜はどこでどのようにして行われたのであろうか？ 先述のように、日本本土上には300万年前からヤマザクラの花が咲いていた。その後、奈良県の唐古遺跡や静岡県の遺跡からは、サクラの椀などが出土している。その他の科学的な報告から考えると、京都や奈良の野や山にはかなりヤマザクラ（現在のシロヤマザクラ）が多かったことが推定される。そのためか、万葉時代にはサクラが建築材や器具を作るのに用いられていたという（松田[115]）。その上、現在のように人口も多くないことから、春には野や山に白いサクラの花がたくさん見ることができたものと思う。それに加えて、700年以前には住居の周りにサクラを植えることも行われていないことから、天皇や宮人たちは野や山に咲いているサクラの花を見に出かけていったのである。

　　見渡せば　春日の野辺に　霞たち　咲きにほへるは　桜花かも　（万葉集・読人不知）

　この歌は700年以前の天皇や宮人たちのお花見の様子をよく表現しているように思う。万葉の歌人は野や山のサクラを詠んでいるものが多い（岩﨑[53]）。

『上代倭絵全史』（ジョウダイヤマトエゼンシ）（高桐書院、1946）には上代ですでに貴族の遊びとして野山の花を観賞する花見が行われていたことが記されている。このようなことから、少なくとも402年の履仲天皇の頃には、花の観賞は貴族の間には定着していたと考えることができる。したがって日本における花の観賞の始まりは402年以前だといえる。

図7. 野に咲くサクラ

第2部　花の文化の中のサクラ

　一方、歴史上にサクラのことが記述されて残っているのは履仲天皇の402年になってからである。なおこの履仲天皇のことを山田[230]は「履仲6年」と述べているが他の多くの著者は「履仲3年」と述べている。大和朝時代に登場するサクラに関係する話には、『日本書紀』に述べられている允恭天皇（インギョウテンノウ）のこともある。允恭天皇の8年（419）の2月に天皇が藤原の衣通郎姫（ソトオリノイラツメ）のところへ行き、井（イ）の傍（ホトリ）の桜の花を見て、

　　　花（ハナ）ぐはし　桜（サクラ）の愛（メ）で　こと愛（メ）でず　我が愛（メ）づる子（コ）ら

同じ愛するならもっと早く愛すべきだったのに惜しいことをした、と詠んだ。

　『日本書紀』には履仲天皇および允恭天皇とサクラとの関係について、このように記述されている。しかし、農耕民族としての天皇・宮人たち以外の人たちはサクラの花を見て、その年の豊凶を占っていたので、花の観賞は行っていなかったのである。このようなことから、斎藤[171, 173]は「昔の人は花を美しいものとは見ていなかった」と述べている。そして、文科系の人たちの著書には「日本人の花を観る習慣は中国の唐の時代に伝えられたものである」と述べられている。だが、花を賞でる習慣は、中国から伝えられて直ちに習慣化できるものであろうか？　筆者は疑問に思う。これまで述べてきたように、天皇や宮人たちの間に見られた400年以前からのサクラについての行動は、遣唐使が中国の文化を伝える前から、ハギ、ナデシコなど野や山に咲く花とともに美しいものと見ていた事実を示している。したがって「昔の人は花を美しいものとはみていなかった」と述べることは誤りであると思う。たしかに文献上で盛んに花の観賞が行われ、「花宴」「桜狩」などが行われ始めたのは遣唐使が帰国した700年代であり、700年代以降を中国模倣時代と記述している著書も認められる。しかし、木花咲耶姫の名は「木の花の中で最も美しいものに付けた名前である」とする木花咲耶姫伝説や402年の履仲天皇が盃の中に落ちたサクラの花びらのことから、その元木を探させた行為などからは、農民は別として、農耕に関与しない天皇や宮人たちの間では、この頃にはサクラや野や山に咲く花を美しいものと見ていたことは確かだといえる。事実、三好[127, 129]は「『日本書紀』で履仲天皇が皇居で桜を観た」と記述されているとし、山田[226]、沼田[158]、佐藤[183]、藤山[17]なども「履仲天皇、允恭天皇のときが花の観賞の初めであり、桜を鑑賞して歌に詠んだのが最古のものだと述べている。さらに、持統天皇（690〜697）は、再三吉野へお花見に出かけたという（松田[116]、安田[237]）。それのみでない、600年頃からは野や山に咲くサクラを眺めるだけでは満足できなくなり、サクラを自宅の周りに植えることが行われている。670年頃はまだ遣唐使の影響が認められていない頃である。これらの事実は、明らかに遣唐使の影響が現れる前からサクラが観賞用として見られていたことを示している。なお、花の観賞は中国文化の影響を受けて開始されたと記述している人たちの著書には、履仲天皇、允

恭天皇の事例やサクラ以外の野や山に咲く花などに対する原始人や日本の古代人の行動などに言及しているものがほとんどないが、花の観賞（美的感覚の表れ）という問題は、サクラ以外の花にも配慮して検討すべきである。田村[204]は「天平時代にはヤマブキ、ハギ、ナデシコ、オミナエシなどの草花が好かれていたが、平安時代には桜が万花を代表するようになった」と述べており、日本人が花を美しいものと見始めたのは遣唐使が帰国する前の300年代、またはそれ以前からであるとみるべきである。

C. 紀元500年頃に存在したサクラの種類

　日本列島には、日本人が棲み着く以前からすでにヤマザクラの花が咲いていたことが確認されているが、統一国家の体制が京都、奈良地方に誕生したのは、漸く500年頃のことであり、当時、どのようなサクラの種類が存在したかについては、まったく文献がない。しかし、科学史その他の史実から言えることは、京都、奈良地方にはシロヤマザクラが存在していたことは事実である。また、ヤマザクラは日本本土上で300万年前に咲いているのが確認されており、紀元500年頃には多くの変異個体が日本各地の野や山に存在していたであろうことは容易に推定できる。古代にヤマザクラ以外のサクラが存在していたことは松田[115]その他によっても述べられている。

　それに加えて、昔話や伝説で伝承されてきて、現在なお生存を続けている古木や名木の中には、樹齢が岐阜県の淡墨桜は1500年、山高の神代桜は2000年というエドヒガン系の個体が存在している。すなわち、500年頃にはシロヤマザクラ、エドヒガンが存在したことは事実といえる。また履仲天皇の史実からは、十月桜または冬桜（多分、十月桜と思われる）の存在も推定される。

D. 吉野山へのサクラの植樹について

　平安時代の吉野山のお花見、豊臣秀吉のお花見と、昔から現代までお花見の場所として知られている吉野山のサクラは、いつ、誰によって植えられたのであろうか？このことについては多くの人たちによって述べられているが、歴史的には次の二つの説になる（郷野[23]）。

　イ．大海皇子（後の天武天皇）の勅命によって植えられたという説。
　ロ．役行者や修験者たちが植樹をしたのだという説。

1. 大海皇子説について

　大海皇子が大友皇子の乱を避けて吉野山に御滞在中、爛漫(ランマン)と桜の花が咲いている夢を見られて、侍僧の光仁にこれを占わせた。光仁の申すには、「実に良い御夢であります。御運も開けて、丁度、桜が咲いたように御願望も達することができるでありましょう」と言上した。果たして翌年、大友皇子を滋賀の辺りに追い、大海皇子が皇位に就かれたということから、桜は瑞兆だ、縁起の良い花だと申し伝えられて増殖されたという説である。

2. 役行者と修験者たちの説について

　有名な山伏道の開祖 役 小角(エンノオズヌ)が来世の衆生を済度するために吉野山よりまた6里（約24km）も山上である大峰山で蔵王権現を感得し、桜の木でその姿を彫んで造り出し、吉野山に一堂を建ててこれを安置された。これが蔵王堂である。その本尊である蔵王権現が桜の木で彫んであることから、昔から吉野の里人は桜の木を大切にし、山中の自生の桜であっても桜と名のつくものは、枯れ枝、枯れ葉であっても燃料にも用いない。つまり、これらを燃やすことは御本尊を焼くのと同様であるとの考えから、桜を愛育し敬意を捧げ、万一これを犯す場合には仏罰が起こるという不文戒律がある（注・役行者が彫んだという金剛蔵王権現は蔵王堂の大きな厨子のなかに安置されている。修験道根本道場の本尊にふさわしい降魔調伏(コウマフンヌ)の忿怒像で、すさまじい迫力がみなぎっ

図8. 蔵王堂と役行者像

ている）。このような訳で、初めは神木と称して敬意を表したのが、やがて蔵王権現への桜の献木ということになったという説である。

大村[166] は「役行者説」をとりたい、と述べている。筆者も基本的には大村氏と同様、「役行者説」を支持したい。しかし、色々と文献を調べているうちに、これまで述べられていることとはかなり違ったことが明らかになり、「役行者と修験者たちによって650年頃から吉野山に桜が植えられた」という考えは訂正しなければならないことが明らかになった。

3．役行者について

役行者と修験者たちの説を訂正するためには、まず役行者のことについて述べなければならない。役行者は、役小角、役君、役優婆塞（半僧半俗の行者）などとして知られている。弘仁13年（822）頃に成立した『日本霊異記』や『続日本紀』などによると、七世紀の末、大和国葛城上郡茅原村の高賀茂の役優婆塞は葛城山の厳窟に籠って修行し、孔雀明王の呪法を用いて鬼神を使って水をくませ、薪を集めさせるなどをし、その命令に従わなければ呪術によって縛るという神通力を発揮した。ところが、弟子の韓国連広足（別名・一言主神）が師をねたみ、役優婆塞が妖術を使って世を惑わし、天皇を滅ぼそうとしていると朝廷にざん訴した。天皇は母を囮にして彼を捕らえて伊豆島（伊豆大島のこと）に配流した（699年5月24日文武天皇3年の年で役小角は66才）。役優婆塞は昼は島に留まっていたが、夜は富士山へ行って修行したという。また、一言主神が役優婆塞を殺すように託宣し、勅使が処刑しようとしたところ、役優婆塞は賢聖ゆえ崇めるようにとの富士明神の表文が現れたので、大宝元年（701）に無罪となったという話が伝えられている。一言主神はいまも役優婆塞に呪縛されたままであるといわれている。

一方、大阪市立美術館[167] が『役行者と修験道の世界』という著書を発行したが、この著書の中には役行者像、修験者のことなどで、これまでとかなり違ったことが述べられている。その中から役行者の来歴のことのみを記すと、

舒明6年（634）　正月1日、大和国葛上郡茅原で役行者は生まれた。
白雉元年（650）　17歳のときに家を出て葛城山で修行。
斉明4年（658）　4月、25歳のとき、箕面滝で龍樹菩薩とまみえ、秘密灌頂を受ける。
天智10年（671）　4月、38歳のとき、大峯山上にて蔵王権現を感得。
文武3年（699）　5月、66歳のとき、伊豆大島へ配流される。
大宝元年（701）　無罪となって帰国。6月7日、母とともに昇天（68歳）。
　　　　　　　　　終焉の地は摂津の箕面山とのこと。

第2部　花の文化の中のサクラ

　以上のことに基づいて「吉野山へ650年頃から役行者と修験者たちがサクラを植えた」
という説に検討を加えてみることにする。

　役行者たちが650年頃からサクラを植えたといわれているが、650年には役行者が17
歳で修行に入ったと記されており、修行に入ったその年からサクラを植え始めたと考
えることはできない。しかも蔵王権現を感得した年が671年であることから考えると、
650年からサクラを植えたとする考えは訂正しなければならない。次に、修験者たち
と植えたといわれているが、修験道は日本古来の山岳信仰が外来の仏教、道教などの
影響を受けて平安時代の後期に一つの宗教の形をとることになったもので、山岳修行
とそれによって得られた験力を用いて呪術、宗教活動をするのを中核としている。役
行者の死後の平安時代になると密教が盛んになり、900年以降には密教の験者のうち「霊
山で修行して験力に秀でたものを修験者と呼ぶようになった」という。つまり、900
年以前には「修験者」と呼ばれたものはいなかったのである。したがって修験者とい
う呼び名の点からも、650年頃に吉野山にサクラを植えたという考えは訂正しなけれ
ばならない。もちろん、修験者と呼ばれた人たちはいなかったが、吉野山では600年
頃から山岳修行を行う人がいた。しかし、天平元年（729）には、山に入って仏法を
修行することが禁止され、宝亀元年（770）には許されたが、延暦18年（799）に再び
禁止された。その後、平安時代の永承7年（1052）頃になると、金峰山に詣でて修行
するものが多くなり、鎌倉時代に入ると、中央の修験霊山で山伏たちが役行者を始祖
として崇めるようになっていった。室町時代に入ると、役行者を開祖に仮託し独自の
役行者伝を生み出したという。なお、修験道は、明治5年（1872）9月、明治政府の修
験道廃止令によって廃止された。

　このように、「役行者は修験道を創唱した教祖ではなく、逆に修験者たちによって
理想的な行者に相応した宗教者として創り出された教祖なのである」と、大阪市立美
術館発行の著書の中で述べられている。つまり、現代まで「吉野山の桜は役行者と修
験者たちによって植えられた」とする考え方は、室町時代に偶像化された「役行者伝」
によるものといえる。

　以上のことを考慮すると、少なくとも900年頃までは修験者による植桜はほとんど
行われておらず、山岳修行を行った人たちも各種の著書で述べられているほどは多く
の人たちが植桜を行っていないように推定された。しかし、平安時代、とくに1052年
頃以降には吉野山に入る人が多くなったという。さらに鎌倉時代に入ると修験道が全
盛期に入り、役行者を山岳修行の始祖とするようになった。この大阪市立美術館発行
の著書の中で述べられている「山岳修行の推移」で大村[166]が述べている吉野山のサ
クラの栽植時期と修験道の全盛期が意外にも一致しているのである。すなわち、大村
によると「吉野山への植桜は次の3期に別つことができる。その第Ⅰ期は鎌倉時代前

—52—

Ⅲ 大和朝の成立とサクラ

図9. 吉野山の中の千本

後より明治維新まで、第Ⅱ期は明治維新より大正15年まで、第Ⅲ期は昭和3年から」としている。このうちの第Ⅰ期が修験道の全盛期と一致している。とくに鎌倉時代以降になると、1,000本、3,000本と献木された事実を大村は挙げている。つまり、1000年頃から鎌倉時代の修験道の全盛時代にかけて修験者による植桜とともに一般人の献木も行われ、吉野山のサクラの数は急激に増加したものといえる。

　だが、ここで一つの問題が生ずる。それは、これまでの著書では「650年頃から修験者たちによって吉野山に桜が植えられて、1000年頃にはお花見に天皇や宮人たちが吉野山に出かけた」という文章があるのに対して、大村や大阪市立美術館の著書で述べられている内容の間に違いがあることである。つまり、吉野山への献木が目立つようになったのは、1000年以降の修験道の最盛期以降であるとした場合、「1000年頃に天皇や宮人たちがお花見をするほど、吉野山にたくさんサクラが存在したのか？」という問題が生ずる。このことについて筆者は次のように考えている。すなわち、1000年頃には吉野山のサクラが天皇や宮人たちの間で話題になっていたということであるが、ヤマザクラは300万年も前から日本本土上で生育を続けてきたものであり、紀元500年頃にはエドヒガンが、1000年頃には奈良八重桜(ナラノヤエザクラ)も出現しており、ヤマザクラの変異個体もかなり存在していたと推定される。それに加えて、三好[131]、大村[166]、小清水[104]その他の文献などから、吉野山には他の山より多くのヤマザクラが自生していたことが推定される。上田[217]は「吉野山の山桜は元来この山地に自生したものが根源となり、多数の自然変種が見られるのであるが、大峰山に近い吉野山の奥山には現今の吉野山

—53—

には見られない程の山桜の巨樹が生育しているところがある」と述べている。そして修験者たちはその吉野山に自生していたサクラを植桜したのだといわれている。このことも吉野山にサクラが多かったことを立証している。では、このように一つの山や地域に多くのサクラが自生することが起こりうるかという問題であるが、このことについては筆者の観察結果を述べる。筆者は1990年頃、ソメイヨシノの発生地の問題を解明するために、伊豆半島の各地に野生しているエドヒガンとオオシマザクラを探して動き回った。1988年に松崎から雲見を経て下田へ向かう道路を通ったとき、雲見近くの山が一面オオシマザクラの花で覆われていたのを見た。オオシマザクラは伊豆大島で発見され、明治時代には房総半島の南端部分と伊豆半島にしか野生していないといわれたものであり、1990年頃に伊豆半島の各地を調査したときでも栽植したオオシマザクラは点々と認められたが、野生しているオオシマザクラはあまり見受けられなかった。ところが、雲見近くでは急な山の一面にオオシマザクラの花が咲いていた。これは人間が植えたのではなく、野鳥の糞によってオオシマザクラの種子が運ばれてきて、自生したものと思われる。つまり、植物はその生育適地のところには急速に繁殖するものである。吉野山のヤマザクラも伊豆半島の雲見付近で見られたオオシマザクラの群生地のように、古くから吉野山とその付近に群生していたようである。このためか、小清水[104]は「ヤマザクラの発生地は奈良の吉野山付近ではあるまいか」とさえ述べている。さらに、役行者が彫んだといわれている蔵王権現の大きさ、とくに横幅からは、700年代にすでに直径1m以上のサクラの巨木が吉野山付近には存在したことが分かる。巨木の存在はサクラだけでなく、源 頼朝や徳川家康が大木の洞に隠れて難を逃れたという伝説もある。

　一方、21世紀の時点で日本各地のサクラの名所の内容に検討を加えてみると、3,000～10,000本のサクラが植えられてサクラの名所と呼ばれているところがある反面、50～100本でも昔からサクラの名所と呼ばれているところもかなり認められる。このような事実から考えると、奈良・平安時代のように、野や山に点々と咲くサクラや住居や神社、寺などに植えられたサクラを見るのとは異なり、吉野山に100本、200本のサクラが群生して花を咲かせていた場合には、天皇や宮人たちの注目する場所になることは当然であると考える。吉野山のサクラは平安時代を待つまでもなく、しかも役行者や修験者たちが植桜する前に、持統天皇（690～697）は689年以降、30回以上も吉野山へお花見に出かけたといわれている（足田[10]、松田[116]、安田[237]）。なお、持統天皇は現在の奈良地方に住んでいたという説がある。

　以上を要約すると、吉野山にサクラを植えたのは役行者や修験者たちが650年頃から植えたのではなく、役行者を開祖者と仰ぐ山岳修行の人や修験者たち、および一般庶民の献木によって行われてきたことは歴史的な事実として認めなければならない。

Ⅲ 大和朝の成立とサクラ

図10. 伊豆半島の雲見近くのオオシマザクラ

しかし、その植桜の開始時期は不明であるが、少なくとも650年からという説は訂正しなければならない。なお、平安・鎌倉時代から植えられてきた吉野山のサクラは、明治維新に総て伐り倒され、現在の吉野山のサクラは明治時代になって植えられたものである（大村[166]）。

E. 大和朝時代における植物の利用

大和朝時代には日本は国内が統一されて大和朝政権が樹立されたのであるが、日常生活を送るための色々な道具が作られていたことが知られている。これらの道具には、マツ、カシ、カエデ、サカキ、トチ、ヤブツバキ、ケヤキ、ヒノキなどが用いられ、サクラも建築用材に用いられていた。しかし、サクラは古代から身近に咲いていたにしては農具や日用品にはあまり用いられていない。一方、大和朝時代の後期には、薬草の研究も行われており、アサの繊維で衣類も織られている。

第2部　花の文化の中のサクラ

Ⅳ. 奈良時代（710 ～ 784）のお花見

A. 身近なところにサクラを植えて

　　ときは木の　しげみに交る　山ざくら　あらはならぬで　花もよろしき

（井上通泰）

　サクラは野や山に咲く自然な姿こそが最も美しいように思う。とくに、マツやスギなどの緑の中に、ひときわ目立つ白い花のサクラの美しさにしばし見とれるのは古代人も現代人も変わりがないものと思う。そして、402年の履仲天皇の記事のように、大和朝時代の天皇や宮人たちは、600年頃までは野や山に咲くサクラを見に出かけていたのである。ところが、600年頃以降になると、それまで野や山に咲いているサクラを眺めに出かけるだけでは満足できなくなり、自分の家の周りや庭にサクラを植えて鑑賞しようとする風潮が認められるようになった。そして奈良時代（710〜784）に入ると、皇居の近くには必ずサクラが植えられ、家に居てお花見をしようという風潮はいっそう盛んになってきた。天平2年（730）頃、越中国府の大伴池主が自宅にサクラを植えて賞翫したという。サクラを野や山から取り、自宅の周りに移植することが可能であることを天皇や宮人たちに教えたのは誰であろうか？　古代には農民が作物を居住地の周りに移植していたことから、天皇や宮人たちがその手法をサクラの移植に用いたことが考えられるが、いずれにしろ、天皇や宮人たちの間では明らかに観賞用としてのサクラの移植が盛んに行われ始めている。すなわち、天智天皇（668〜671）は近江国の志賀に大津宮を造り、その花園に「四季に咲くサクラを植えた」という記録が見られる（日本花の会154)）。これまでの文献によると、身近なところにサクラを植えた、という記録は天智天皇が最初といわれているが、允恭天皇が419年の2月、衣通郎姫のところに行き、井戸の傍らにいまは盛りと咲き誇っているサクラの花をご覧になって、日頃御寵愛になっている衣通郎姫の美しさと比べて歌を詠まれた。この場合、井戸傍のサクラは偶然にそこに自生していたものであろうか？　宮を造ったときにサクラは美しいので伐らなかったのか？　あるいは宮を造ったときに移植したのであろうか？などについては不明である。庭園にサクラを植えることは平安時代に入り、蹴鞠が流行するにつれていっそう盛んになったといわれているが、蹴鞠はそれ以前から行われており、645年頃の中大兄皇子と中臣鎌足が蹴鞠を行っていたことは、昭和初年に生まれた人は歴史で習っている。サクラが田の神の到来と見ていたのは農民だけであり、

—56—

奈良時代の天皇や宮人たちは自宅の周りや庭にサクラを植えており、奈良時代の初めからすでに天皇や宮人たちはサクラを美しいものとして観賞していたのである。

B. 観桜の諸行事と遣唐使

　天皇や宮人たちが居住地の周りや庭園にサクラを植える風潮が650年頃から認められるが、このサクラの花は美しいものという意識を「花の観賞」という行事に変質させたのが、遣唐使の帰朝報告である。538年に仏教が渡来し、630年に最初の遣唐使が唐に渡り、その後、帰朝して唐の文化を日本に伝えた。その中で「唐の国の上流階級の人たちは色々な花を観賞することを行っている」と報告した。この報告を耳にした宮人たちのサクラや花を見る目に明瞭な変化が現れた。とくに、遣唐使たちが持ち帰ったウメの種子を蒔き、それが見事な花を付けるようになった700年頃からは、「唐の国ではウメの花の観賞が盛んである」ということから、日本の上流社会（天皇や宮人たち）の間では、唐から渡来したウメに関心が集まり、ウメの花の観賞が盛んに行われた。このことを示しているのが『万葉集』（759）である。『万葉集』にはウメの歌が110首ほどあるのに対して、サクラの歌は43首ほどである。このことから、700年以降の日本の文化を「中国の模倣時代」と名づけている歴史年表もみられる。このように、遣唐使が帰国してから宮人たちはウメの観賞に熱狂していた。このようなことから、「奈良時代には梅は賞でているが桜は賞でていない。桜は観賞用ではなく、むしろ占いのために植えたのであった」と、斎藤[171, 173, 174] は色々な著書で述べている。斎藤と同じことを述べている者も2〜3認められた。しかし、逆説的ではあるが『万葉集』にはサクラについての歌が43首もあることは、その当時すでにサクラが美しいものとして鑑賞されて歌に詠まれていたことを立証していると思うが、筆者の考え方は誤りであろうか？　美しいと思わなかったら歌には詠まないと思う。なお、松田[115] によると「万葉時代にはウメ、サクラ、ツバキが日本にあった」と述べている。それに、斎藤[171] は「『万葉集』の中の桜の歌は鑑賞した歌でない」と述べているが、同じ『万葉集』の中でウメの歌は鑑賞した歌でサクラの歌は鑑賞した歌でないという主張にも奇妙さを感ずる。鑑賞してもいないサクラの歌をどのような理由で43首も鑑賞したウメの歌の中に加えたのであろうか？　『万葉集』に掲載されているサクラについての歌のうち、数首を挙げて、これらの歌がサクラを美しいものとして鑑賞の対象として詠んだ歌かどうかを読者の方からもお考え頂くことにした。

見渡せば　春日の野辺に　霞たち　咲きにおへるは　桜花かも

　　春日なる　三笠の山に　月も出でぬかも　佐紀山に咲ける桜の　花も見ゆべく

　　我が背子が　古き垣内の　桜花　いまだふふめり　一目見にこね

　　春雨に　争ひかねて　我がやどの　桜の花は　咲きそめにけり

　　春雨は　いたくな降りそ　桜花　いまだ見なくに　散らまく惜しも

　　山峡に　咲ける桜を　ただひと目　君に見せては　何をか思はん

　　あしひきの　山の間照らす　桜花　この春雨に　散りゆかむかも

　斎藤のみでなく高野[197]も「万葉の頃の桜は観賞の対象になっていない」と述べており、山崎[235]は「桜に限らず花を意識的に楽しむ趣味は中国の詩人に教えられたこと」と述べている。だが、これまで述べてきたように、400年頃からは天皇や宮人たちの中には明らかに観桜の行動が認められ、遣唐使の帰国前に天皇や宮人たちの家の周りや庭にサクラが植えられている。これらの行為はサクラを観賞の対象にしていたと認めなければなるまい。また、万葉の時代には、野に咲くハギ、ナデシコ、その他の花も観賞されている。

　しかしながら、どのようなことでも余りにも程度が過ぎると反省期に入るものであり、中国（唐）からの文化の導入で過熱した観梅の風習に反省の機運が高まり、ウメからサクラへと日本人の心が動き始め、『万葉集』（759）ではウメより少なかったサクラの歌が、『古今集』（914）では逆にウメの歌の2倍になっていると記述されている著書が多い。そして、紫宸殿前にあった「左近の梅」が「左近の桜」に植え替えられたのも、「中国（唐）からの移入文化の加熱からの反省からである」と多くの人が述べている。しかし、「左近の梅」が「左近の桜」に植え替えられた時期を詳細に調べてみると（後述する）、「中国からの移入文化が過熱したために反省期に入って梅を桜に植え換えた」というには不自然な点が多い。『万葉集』（759）より『古今集』（914）にサクラの歌が多いことについても、サクラは300万年も前から日本の土地に生えており、京都や奈良の付近には野や山にたくさん咲いていた。したがって、良い花の歌を詠むときには、まだ数が少ない渡来してきたウメの歌を詠むより、身近にたくさんあるサクラの方が適していたのではあるまいか？　つまり、「中国（唐）文化への加熱から反省期に入った」という表現は、後世になって誰かがもっともらしく理屈付けをしたのではないかと思われる点がみられる。

　以上のように、奈良時代には野や山に咲くサクラを見るだけでは満足できなくなり、天皇や宮人たちは自分の家の周りや庭にサクラを植えてお花見を始めた時代である。そして、この時代から遣唐使によって伝えられた唐の文化の影響が現れ始めたのである。ただし、農民は天皇や宮人たちのように、いわゆるお花見を行っていたことは認められていない。

Ⅳ　奈良時代（710～784）のお花見

表 5. 万葉集と聖書に見る植物の登場回数

聖書	万葉集
ブドウ ‥‥‥‥‥ 193	ハギ ‥‥‥‥‥ 138
コムギ ‥‥‥‥‥ 60	ウメ ‥‥‥‥‥ 118
イチジク ‥‥‥‥‥ 52	マツ ‥‥‥‥‥ 81
アマ ‥‥‥‥‥ 47	モ（藻）‥‥‥‥‥ 74
オリーブ ‥‥‥‥‥ 40	タチバナ ‥‥‥‥‥ 66
ナツメヤシ ‥‥‥‥‥ 27	スゲ ‥‥‥‥‥ 44
ザクロ ‥‥‥‥‥ 26	ススキ ‥‥‥‥‥ 43
オオムギ ‥‥‥‥‥ 26	サクラ ‥‥‥‥‥ 42
テレビンノキ ‥‥‥‥ 19	ヤナギ ‥‥‥‥‥ 39
イチジク ‥‥‥‥‥ 8	アズサ ‥‥‥‥‥ 33

（以上、上位 10 種類）松田[115] より

C.　奈良時代の花と花の文化
—— サクラの観賞行事の幕開けとウメ・草花などの観賞にみる記・紀の記録 ——

　大和朝時代から行われていた天皇や宮人たちのサクラの観賞は、仏教の伝来、遣唐使の帰朝報告および仮名文字の発明によって『古事記』（712）、『日本書紀』（720）、『懐風藻』（751）、『万葉集』（759）などに記録され、奈良時代に入ると、それまでの草花やサクラに加えて渡来したウメも加わり、花の観賞は天皇や宮人たちの間では花が開いたと表現しても良い段階に達した。換言するならば、奈良時代は花の文化とともにサクラもその神秘性から脱却して、その美しさのみが強調されるようになり、サクラの文学もその足場を築き、洗練された花の文化へと歩み始めた時代であるといえる。奈良時代の文学を代表するものは『万葉集』であり、『万葉集』には、ハギ、ウメ、マツ、タチバナ、スギ、サクラ、ススキなどが登場しており、『万葉集』は世界の古典の中で最も多く植物名が記述されている本で、なかでもハギは最も多く認められている（松田[115]、中尾[146]）。これまでの多くの著書では、中国文化の渡来以降はウメの観賞が圧倒的であったという表現が用いられているが、『万葉集』で最も多いのが、ハギが141首、ウメが118首であり、総計697首ある。熱狂したといわれているウメは700首ほどの中の118首である。この松田[115] の記述からは余り熱狂的なことは感じられなく、色々な花が観賞されていたことが分かる。たしかにウメの熱狂的な観賞は、天皇や宮人たちの間では外来植物への珍しさから起こったことだが、冷静に奈良時代の風潮に検討を加えてみると、天皇や宮人たちの間では、騒がれてはいるがウメの数は、宮人たち

の家などに植えられたサクラの数に比べると、極めて少ない数であることを直視しなければならない。それより、ウメ、サクラに互して、ハギを初め、フジ、ツバキ、ヤマブキなど、『万葉集』には150余種の野に咲く花の歌がある（松田[116]）。このことは、現代の我々が奈良時代にはウメが大流行したと騒いでいるだけであり、奈良時代の天皇や宮人たちの目は、外来のウメに関心を示しながらも、日本古来の野や山に咲く素朴な花の美しい姿を忘れてはいなかったというべきである。そして、それらの花の自然な姿を素朴な表現として捉えて歌に詠み表わしたところに、万葉文学の特色があるといえる。すなわち、中国（唐）から花の文化を受け入れたが、その優れた花の文化を受け入れると同時に、日本の野や山に咲いていた花の中にその文化を移し入れて、日本独自の花の文化として発達させたのである。このように、原始の日本人の心を失うことなく持ち続けてきた奈良時代の人たちは、花の文化を毎日の生活の中に活かしてさまざまな花を創造し始めている。

1．生活の中にみる花の文化の芽生え

奈良時代に開花したサクラを初めとする花の観賞は文学として歩み始めた一方で、生活の中においても奈良時代は美的感覚の発露が顕著になり始めた時代でもある。つまり、奈良時代は花の文化の誕生とも呼ばれるべき時代になった。すなわち、それまでは野や山に咲く花の自然美を観賞していたところに、中国からとくに仏教が渡来してからは仏への供花の風習が確立され、それが現代の生け花へとわが国独自の花の観賞法を生み出した。衣類を染める手法も奈良時代から本格化しており、平安時代には花を着ると表現されるまでになっている。このように、中国・朝鮮などから強力な文化の影響を受けながらも、日本古来の伝統を見失うことなく、日本独自の花の文化を形成していることに、奈良時代の特色があることを注目しなければならない。そして、日本の自然を抜きにして奈良時代の文化は語ることはできない。さらに奈良時代には物々交換の場として現在の市が開かれており、これは江戸時代に入るとホウズキ市、アサガオ市などになっていった。

Ⅳ 奈良時代（710～784）のお花見

イ．サクラと絵、衣服

　日本人と花とのかかわりは、日本の自然が四季の変化に富むことから、古代から四季に咲く花が人々の心にふれて生活に潤いをもたらしてきた。だが、古代人にとって花は不可思議なもの、霊的なものであった。そして、花は霊的であると同時に花の美しさは人々の心を捉え、怖れとともに親しみを感じさせるものでもあった。このようなことから、花は霊的な世界と現世とを繋ぎ、霊的なものが宿る依代でもあった。大和朝時代に入り、サクラを美の対象として捉え始めるようになったが、このことに拍車をかけたのが、欽明天皇の13年（552）に百済の聖明王から贈られた花で飾られた仏像や仏具である。そして、奈良時代に入ると仏教は花で飾る行為とともに浸透していった。日本人が花を自覚するようになったのは平安時代の後半であり、その頃は日本人の創造力が中国文化の模倣から脱却した時期でもある。なかでも倭絵には日本の四季や12か月の風景に年中行事、または名所などを取り入れた屏風や障子があり、それぞれの絵には内容にちなんだ和歌が書き入れられていた。しかも、それらは自然と人間を対立させているのではなく、人間の生活をその中に展開させ、親しみやすい自然環境として取り上げている。

　衣類の染め方にも変化が起こり始めた。衣類は草や樹の皮を用いてそれを編んで衣服としていたのであるが、その後に、草や樹の皮の繊維を細かくして、布を織ることを覚え、それを水に晒して白い布を得ることにも成功した。そして、灰を用いて布を白く晒す技法をも知った。古代では白は神の色であり、神事には白妙（白く晒したもの）が捧げられた。布を白く晒すために池や沼に漬けたところ、そこにたまたま鉄分が含まれていたために色が付いてしまった。これが泥染の始まりである。日本の古代の色は、赤、白、青、黒であるが、赤は丹土の汁で衣服を染めていた。一方、植物を用いた染色方法としては、カキツバタやツユクサの色を直接衣服に付けつる花摺りやヤマアイの緑を摺り付ける草摺りの方法が行われていたことが、万葉の歌から知ることができる。また、紫色を最高の色とする思想は、中国から伝えられたものだといわれているが、推古天皇の11年（603）12月には、聖徳太子によって初めて日本に6色の12階制が制定された。すなわち、冠の位を12段階に分け、それぞれ色彩によって表示したのである。最高の大徳と小徳の位には紫色が当てられ、以下、青、赤、黄、白、黒の順である。その後、天智天皇、天武天皇、持統天皇と時代によって衣服の色で順位を定めている。奈良の高松塚古墳の壁画にも衣服の色の違いを見ることができる。

ロ．サクラと建築

　サクラを利用するという立場から調べた場合、お花見、食用、薬用、染料、工芸品や建築のための材料などを挙げることができる。そのうち、マツ、スギ、ヒノキ、ケヤキなどは古くから盛んに建築材料として用いられていたが、サクラは建築材料として挙げられてはいるが、ほとんど用いられていない。その理由は不明であるが、幹や枝が、マツ、スギのように真直ぐなものがないことや、マツやスギのように数が多く生えていないことが原因になっているかもしれない。ただ、建築材料の一部として、たとえば一本の木として敷居などに造りあげられたサクラは、実に魅力的なものである。この点から、建築材料というよりは、家具用の材料として重宝がられていたように思われる。

ハ．サクラと造園

　建築用の材料としてのサクラはほとんど役立っていないが、建築に関連している造園とは深い係わりがある。奈良時代以降、天皇や宮人たちが家を建てる場合には、家の周りには必ずサクラを植えたといわれており、平安時代の有名な建築物や寺院、神社などに植えられたサクラは、建築の素材というよりも造園の重要な要因というべきものになっている。この傾向は江戸時代になって、一般大衆がお花見に出るようになったとき、江戸に居を構えた諸大名が大名屋敷や庭を塀で囲んで、そこにサクラを植えてお花見を楽しんでいることに似ている。このようにサクラは、奈良・平安時代の昔からほとんど変わることなく庭用の樹木として重要な位置を占めてきた。しかし「過去に於いても桜は松の如く主宰的な位置を占めたことがなかったのは何故だろうか」と田村は「桜」（2号）で述べている。田村はその理由として「サクラは落葉するので秋から初春にかけては誠に寂しい植物である。第二は樹が伸びても刈り込みや整姿に適さない、これは日本庭園の材料としては最大の欠点である。このようなことから、サクラは庭の主木となって中心的な位置を占める資格に欠けている」と述べている。

　一方、平成の現時点で庭木としてのサクラを考えた場合、東京のように一戸建ての住宅であっても200㎡位の土地にサクラを1本植えただけで、30年後には他の植木類が育たないほどに地上部が繁茂して、とても個人住宅での庭木としてのサクラは適さない。公園や広い庭にあってこそサクラは喜ばれる。

Ⅳ　奈良時代（710〜784）のお花見

D.　奈良八重桜
（ナラノヤエザクラ）

　小清水[104]は「奈良八重桜は聖武天皇（724〜749）が、弥生の頃、三笠山の奥に行かれたとき（746）、谷間にいとも麗しい八重桜が咲いているのをご覧になった。宮廷にお帰りになり、その由を皇后（光明皇后）に詩をもってお伝えになったところ、皇后は非常にお喜びになり、その桜の一枝なりとも見たいとご所望になった。そこで臣下たちをその桜の現場にお遣わしになったが、臣下たちは気をきかせて、その桜を根こそぎ掘り取って宮廷に移植した。それ以来、春毎にその桜花を宮廷で楽しみ続けられた」と記述している。ところが、女帝の孝謙天皇（749〜758）の頃になって、当時、飛ぶ鳥をも落とす勢いの興福寺の僧侶たちは、この桜を宮廷に置くことを喜ばず、権力でもって興福寺の東円堂前（現在の奈良県庁）に移植し、興福寺の名桜として誇っていた。その後、『沙石集』によると、都が京都に遷った寛弘5年（1008）10月頃、一条天皇の中宮彰子のお心を慰め、かつ名桜を心もとない奈良法師に任せておくのは味気ないというので、ひそかに興福寺の別当の了解を得て、これを京都御所に移植する話し合いがまとまった。そこで京都御所から遣わされた役人たちがこの桜を掘り取って車に載せて運び出そうとしたとき、法師たち（僧徒）が騒ぎ出し、「いかに皇后の仰せであってもこの名桜を他に移すことは相成らぬ」と大騒動の挙句、ついにもとの位置に植え返えさせられた。この騒ぎを京都で上東門院（中宮彰子）がお聞きになり、無粋と思われていた奈良法師たちにそれほどまでにこの桜を愛する心やりがあったのかと再認識され、むしろお喜びになった。そして毎年花の盛りの7日間、花守を配せられることになったという。さらに、「衆徒のサクラを愛する心を喜ばれて、伊賀国餘野荘の桜の保護料を衆徒に与えた」という話も伝えられている（名越[137]）。この荘園は花の盛りの7日の間、八重桜の番をさせ、通りがかりの人たちの心ない花盗みを防がせたので、その後、この荘園は花墻庄（花垣荘）と呼ばれるようになったと述べている（沼田[158]、藤沢[16]）。この花守であった人たちは、伊勢国予野庄（三重県名賀郡花垣村大字予野）の者であり、花守の庄を賜ったのである。現在、この庄の中央にある花垣神社の境内には芭蕉の詠んだ「一里は　みな花守の　子孫かや」の句碑が建っており、神社の近くには玉垣をめぐらした奈良八重桜がある。

　なぜ奈良から遠い予野の者に花守を申し付けられたのかという疑問が起こるが、この地に定住している吉住勘元の考証によると、「昔、この地に観音堂があり、境内に美しい八重桜があって観音化体の霊木とされていた。この桜を聖武天皇の天平18年（746）5月、予野の豪士 勝島茂兵衛らが朝廷に献上しようとしたが、当時、田舎の一豪士の献木はまかりならず、致し方なく三笠山の山麓に植えておいたところ、たまた

—63—

ま聖武天皇がそれを見つけたのだ」といっている。真偽の程は別として興味ある話である（注：名賀郡花垣村は町村合併で2000年現在、郵便のポスタルガイドにはない）。

ところで、一般に知られている奈良八重桜はサクラが発見された話より、百人一首の歌で知られていることで有名である。その歌は「一条天皇（986〜1011）の御世に、宮女 伊勢の斎主のむすめ大輔が、奈良の旧都から八重桜を伐り採り、瓶（カメ）に活けて上東門院のもとに初めて出勤して桜を差し出したところ、新参者をからかってやろうと思うのは王朝人も変わらなかったようで、この花を題にして歌を詠めと藤原道長がいたずらに八重桜と硯を大輔に差し遣わせた。人々はこれは面白いことになったと、ことの成り行きを見守っていた。このとき、大輔少しもあわてず、硯を引き寄せ、静かに墨をすり、歌を書いて道長の御前に差し出した。そこには、

いにしへの　奈良の都の　八重桜　けふ　ここのへに（九重）　にほひぬるかな

とあった。その歌を読み、殿をはじめ全員が感歎して宮中が鼓動したと『袋草子』にあると、広江[3]は述べている。名越[137]によると「伊勢大輔はこの歌で才操が認められて一条天皇の中宮彰子（後の上東門院）に宮仕へが叶うことになった」と述べている。伊勢大輔は中臣能宣（ヨシノブ）の孫にして、伊勢の祭主輔親（スケチカ）の女であったので「伊勢大輔」と呼ばれたのである。後に36歌仙のうちに加えられている。

一方、名越[137]は「この奈良八重桜は奈良時代からあったのだろうか。奈良時代からあったのであれば『万葉集』に出ていてもよいはずだが一首もない」と疑問を呈している。しかし、聖武天皇が奈良八重桜を発見したのが天平18年（746）であり、『万葉集』の発行が759年である。その間には10年程しかない。しかも、奈良八重桜が有名になったのが、990年頃の伊勢大輔の歌によるものではないかと考えるとき、『万葉集』に一首もないのは仕方ないように筆者は考える。

E．奈良時代のサクラの種類

大和朝時代には野や山に咲くサクラを見に出かけていたのであるが、600年以降になると、皇居や宮人たちは家の周りや庭にサクラを植えて、野や山だけではなく、自宅に居てもお花見ができるようになった。さて、奈良時代（710〜784）に存在したサクラの種類についてであるが、京都・奈良地方には科学的な立場からは500年以前から存在しているシロヤマザクラがある。なお、現在も生存し続けている樹齢が2,000年といわれている山梨県の山高の神代桜、樹齢1,500年の岐阜県の淡墨桜、樹齢1,200

Ⅳ　奈良時代（710〜784）のお花見

年の長野県・素桜神社の神代桜と山形県の久保桜などは紀元800年頃には生育していたはずである。これらはいずれもエドヒガンであるが、アイヌの住んでいたところにはオオヤマザクラが存在しており、岐阜県の誓願桜は樹齢1400年といわれているヤマザクラであり、700年代には吉野山のヤマザクラの存在も知られている。この他、履仲天皇の402年に天皇の盃の中に落ちたサクラの花びらからは十月桜（または冬桜）の存在が推定されるが、以上のサクラの種類に新しくナラノヤエザクラ（奈良八重桜）とそれに関連するサクラの種類がある。

　奈良八重桜は現在でも有名な品種として認められているが、久保田[105]が「奈良八重桜はカスミザクラが八重化したものと思われている」と述べていることから、奈良八重桜を生んだカスミザクラが存在している可能性がある。平安時代にはカスミザクラが野生していたと本田[38]は述べている。一方、小清水[104]によると「ナラノヤエザクラからとった種子を蒔いて花を咲かせたところ、オクヤマザクラ（ケヤマザクラ）とヤマザクラとナラノヤエザクラになった」と述べている。なお、中尾[146]は「ナラノヤエザクラはオオヤマザクラの八重化したもの」と述べているが、オオヤマザクラはアイヌの住んでいるところで記録が残っているが、奈良地方での記録はなく、奈良地方での存在には疑問がある。

　山田[230]によると、「奈良時代に始められた花合はさまざまな桜があることから、これらの花を比べる遊びが生まれた」と述べられている。だが、現時点で推定できる奈良時代のサクラの種類は、ヤマザクラ、エドヒガンにナラノヤエザクラが加わった数しかなく、山田のいうような「さまざまな桜」の数は考えられない。しかし、ナラノヤエザクラの親とみられているオクヤマザクラやカスミザクラ、さらに小清水[104]は『万葉集』の中にチョウジザクラの歌があることを指摘している。この他、吉野山にはヤマザクラの変異個体も存したことが推定できることから、「さまざまな桜」と当時の人たちにはいえるかもしれない。

　最後に、中尾[144]は「日本のサクラは奈良朝以降に改良された」と述べているが、奈良・平安・鎌倉・室町時代には、人の手によって品種改良が行われた記録がないことから「改良された」という表現は誤解されやすく、適切な表現ではない。

V（A）．平安時代前期（794〜1000）のサクラと日本人

A．中国文化（唐）の模倣時代

　都が奈良から山城の長岡、ついで平安京（現在の京都）へと移り、平安時代の幕開けとなった。平安時代は、源 頼朝が鎌倉に幕府を開いた1192年までのほぼ4世紀の間をいい、いわゆる王朝貴族の文化が開花した時代でもある。本書では1000年頃までを前期、1000年から動乱時代までを中期とし、戦乱の時代を平安時代末期として取りまとめた。

　平安遷都後は天皇や宮人たちの邸宅には庭が造られ、色々な植物とともにサクラを植えない者はいないというほどになり、野や山に咲くサクラのみでなく、家に居てもお花見ができるようになった。なかでも源 高明、藤原良房などが著名な庭園を造ったことが知られている（森[136]）。それとともに、寺院などにもサクラが植えられて、サクラの満開時には天皇や宮人たちは寺院を訪れ、お花見を行ったのもこの時代である。この平安時代の文化的背景には、遣唐使によってもたらされた大陸文化の輸入がある。そのため、700年以降は中国文化の模倣時代とも呼ばれて、唐の文化を真似た行事が行われた。例を挙げると、大和朝時代には天皇と少人数の宮人たちによって行われていたお花見が、平安時代に入ると、多くの宮人たちを集めたお花見の宴が開催されるようになり、それが花宴となり、さらに、花合、桜狩などの行事として定着し、天皇、宮人たちは遊びを求めていったのである。また、中国（唐）ではウメが好かれて歌が詠まれていることを知り、平安時代に入ると上流社会の人たちは家の庭にウメを植えたり、ウメの歌を好んで詠む風潮が認められるようになった。

　一方、サクラは大和朝時代や奈良時代の前期には、ややもすると「桜は御神木」として一般人に認められていた時代でもあったが、平安時代に入ると、花は美しいものとして取り扱われ、サクラもその中に組み入れられた時代である。このように、サクラに対する天皇、宮人たちの見方は完全に変化した。「平城天皇（806〜809）がサクラを見て、サクラの詩を詠まれたが、これが最古のサクラの漢詩である」と沼田[158]は述べている。たしかに、奈良時代の700年以降は大陸文化の影響が色濃く現れており、仏教と漢字を中心とした文化であったが、平安時代に入ると、仮名文字が発明され、1000年頃からは平安文学という華やかな日本文学の幕開けの時代になった。すなわち、平安時代に入ると、2000年の現在でも一般に知られている『竹取物語』（900）、『伊勢物語』（901）、『土佐日記』（935）、『蜻蛉日記』（974）、『枕草子』（1000）および

『源氏物語』（1001）などが次々と発表されている。このように、天皇、宮人たちは唐の文化の影響を受け入れてお花見の宴（後に「花宴」と呼ばれた）を開催するとともに、宅地内に競ってウメを植えてウメの歌を詠むようになった。その結果、『万葉集』ではサクラの歌に比べてウメの歌が多かった。

　しかしながら、「このような天皇、宮人たちの中国文化への過熱した傾注から反省期に入り、日本古来のサクラを省みる心が生まれた」と多くの著書で述べられている。たとえば、「紫宸殿の前には奈良時代に中国文化の影響を受けて桓武天皇が794年に左近の梅、右近の橘を植えた。ところが、平安時代の中頃には左近の梅が桜に植え換えられている。この理由は、外来の花に過熱した宮人たちの中に日本古来の花を省みる心が生まれてきたため」といわれている（山田[230]）。しかし、左近の梅が左近の桜に植え換えられた経過を調べてみると、大正、昭和の文科系の人が指摘している「外来の花に過熱した反省から梅が桜にかえられた」とする考え方には疑問がある。このことについては、左近の桜の項で述べる。

B.　右近の橘、左近の桜について

　左近の桜は現在は京都御所内にある。京都御所は元弘元年（1331）に光厳天皇（北朝）が、土御門東洞院殿を皇居と定めたところで、安政2年（1855）に再興されたものである。京都御所は、東に建春門、西に皇后宮門、南に建礼門、北に朔平門がある。左近の桜は794年に桓武天皇が都を平安京（現在の京都）に移した時、中国（唐）の風習を真似て最初は「左近の梅」と「右近の橘」が植えられたとほとんどの著書で述べられている。しかし、右近の橘は桓武天皇が都を移して紫宸殿を造ったが、「その場所はそれまで橘大夫と呼ばれていた人が住んでいたところで、そこにはたくさん橘の木が生えていた。そのうちの1本を右近の橘として残したものである」と『古事談』や『江淡抄』で述べられている（山田[230]、山田（宗）[224]、足田[10]）。これまでの多くの著書では「桓武天皇が梅と橘を植えた」と強調しているが、生えていた橘をそのまま利用した場合と、植えたという場合では意味が違うので、ここで記述しておきたい。しかも、タチバナは垂仁天皇の90年（61年）にはわが国にも野生していたもので、田中長三郎の『柑橘の研究』（1936）には「タチバナは九州各地の他、徳島、和歌山、山口の各県にはいまも野生しており、昔は茨城県あたりまで分布していた」と述べられている。「橘」はミカンの古い名前といわれ、暖国の初夏を飾る香しい花で、万葉の人たちに最も愛された花の一つで、庭や街路樹などに好んで植えられた。桜井[177]は橘について次のように述べている。「垂仁天皇の90年（61年）、天皇は田道守に常世の国に行っ

第2部　花の文化の中のサクラ

て非時香菓<ruby>トキジクノカグノコノミ</ruby>をとってくるように命じた。田道間守はその国に行って木の実を採り、縵八縵<ruby>カゲヤカゲ</ruby>、矛八矛<ruby>ホコヤホコ</ruby>を持ち帰ったが、それは出国してから10年の歳月が経っており、天皇は崩御されていた。田道間守は、縵四縵<ruby>カゲヨカゲ</ruby>、矛四矛<ruby>ホコヨホコ</ruby>ずつに分けて天皇と皇后の御陵に奉り、叫び泣いて死んでしまった。それから非時香菓は橘と呼ばれるようになった」※。

　田道間守が持ち帰った非時香菓の原木が、紀州の海南市と有田市の中間にある。下津町の橘本神社の宮司宅の庭にある橘は、茎の直径が50〜60cmあり、1980年余りを経た今日でも秋になると光った実をたわわに付けているという（桜井[177]）。

　現在の京都御所の前庭には、東にサクラ、西に橘が植えられている（正面の階段に向かってサクラは右側にある）。紫宸殿<ruby>シシンデン</ruby>は南殿<ruby>ナデン</ruby>とも呼ばれ、昔は即位式をはじめ、宮廷の公式の儀式が行われたところである。儀式が行われる時には、東はこの桜を陣頭として左大将以下、近衛陣が列立し、西は橘を陣頭にして右大将以下、近衛陣が列立していたことから「左近の桜」「右近の橘」の名が生まれたといわれている（山田[230]、広江[31]、竹村[200]）。左近の桜は「南殿の桜」ともいい、和歌のうえでは「御階の桜<ruby>ミハシ</ruby>」とも詠まれている。

　「右近の橘、左近の桜」、この二者を相対して植えたことについて、「ただ色と香りを賞美したに止まらず、タチバナは外来の名ある植物で色より香りが著しいことを賞でられたものであり、実も賞されたうえに常磐木<ruby>トキワギ</ruby>である。是に対してサクラは日本古来の名花で色の麗しさで知られている植物である。このように外来と固有、色と香り、花と実、落葉と常磐木のようにその特性を相対させていたものである」と山田[230]は述べている。他にもこのように述べている著書が見られるが、右近の橘が植えられた経緯や日本にも橘が野生していたこと、および左近の梅が桜に植え換えられた時の逸話などから考えると、山田の記述は山田自身がこのように考えたのであり、「平安時代にこのような考えで、橘と梅（後に桜）が植えられたのだろうか？」と疑問に思う。足田[10]も筆者と似た考えを述べている。

1．左近の梅が桜に植え換えられた時期

　桓武天皇が平安京に都を遷<ruby>ウツ</ruby>された時、紫宸殿の前庭に梅と橘が植えられたとほとんどの著書で述べられている。そして、「承和年間<ruby>ジョウワ</ruby>に仁明天皇<ruby>ニンミョウ</ruby>が梅が枯れたので桜に植え換えた」と述べている著書がほとんどである。これに対して、宮沢[125]は「仁明天皇が植え換えたということは納得できない」と述べている。このようなことから、左

※タチバナが日本各地に野生していたことから、田道間守が常世の国から持ち帰ったものはタチバナではなく、不老不死の霊薬である果物ではないかと考えられている。

Ⅴ（A）　平安時代前期（794〜1000）のサクラと日本人

近の梅が桜に植え換えられた時期について検討を加えた結果、次のことが明らかになった。まず、仁明天皇の承和年間は、834〜847年である。ところが宮沢は承和12年（845）2月に仁明天皇が紫宸殿で宴会を開催し「侍臣に酒を賜り、以って寧楽と為す」と続日本後記第15に書いてある」と述べており、山田[224]もこれが正史に南殿の梅が出る最後の記録であると述べている。

　さらに、宮沢は「仁明天皇の嘉祥元年（848）にも南殿で梅を題にした歌の会が開催されているが、桜のことは全くふれられていない。このようなことから、仁明

表6. 続日本後記・古事談・拾芥抄の文

続日本後紀　第15の文
「承和12年（845）2月の戊寅の朔。天皇（仁明天皇）
紫宸殿に御す。侍臣に酒を賜う。是に於いて
殿前の梅花にのぼり　皇太子及び侍臣ら
頭に挿し　以て寧楽と為す」　　　　　　　山田[224]

古事談　より
南殿桜樹者本是梅樹也。桓武天皇遷都之時所被植也。而及承和年中枯死。仍仁明天皇被改植也。其後天徳四年九月廿三日　内裏焼亡焼失　所被移重明親王式部卿家桜木也。件樹木吉野山桜木　云々……　　山田[224]

拾芥抄　より
桜樹者本梅也。桓武天皇遷都之日所被植也。而及承和年中枯失　仍仁明天皇被改植桜樹也。　　　　入田（1938）

天皇が梅を桜に植え換えたという考えには納得できない」と述べている。では、何故に「仁明天皇のときに梅が桜に植え換えられた」と大多数の著書で述べられているのであろうか？　このことを調べてみると、山田[230]が『櫻史』の中で『古事談』に「改植した」という文があることを、このときに「桜に換えられたと思う」と述べているところに原因があるように思われた。つまり、他の著者は山田の文に検討を加えることなく、そのまま引用している。著書の中には「仁明天皇が天徳4年（960）に梅を桜に植え換えた」と述べているものも認められた[185]（仁明天皇は854年に崩御されており、天徳4年は960年で村上天皇の御代である）。なお、山田[230]が仁明天皇が梅を桜に植え換えた論拠として用いている『古事談』、『拾芥抄』について、山田（宗）[224]は「『古事談』は鎌倉時代の初めの1212年に発行されたもので説話集の史料としてはあまりたしかなものでない。『拾芥抄』は鎌倉時代中期にできたもので、後で合理的に合わせた点がある。正史は『続日本後記』で正確だ」と述べている。『古事談』では仁明天皇が改植したとあり、サクラに植え換えたとは記述されておらず、天徳4年には重明親王のサクラを植えたと述べている。また、西山[150]は「弘仁3年（812）2月に百華宴が始まり、

第2部　花の文化の中のサクラ

このとき南殿の桜が嵯峨天皇の勅命で植えられたとある。つまり、ここで左近の梅が左近の桜に植え換えられたことになったわけで、春の花見は梅から桜に変わった」と述べているが、これは誤りである。

　このように、左近の梅が桜に植え換えられた時期が著書によって違っている中で、注目すべき記述が発見された。それは村上天皇の天徳4年（960）に内裏とともに焼失した時に、次のような逸話が伝えられている（広江[30]）。「村上天皇は洛西にみごとな紅梅があるのを見つけて、それを左近の梅として移植したのであるが、後日、天皇がその紅梅を見たところ、みずくきのあともうるわしい一枚の短冊が下げられていた。天皇がそれを見てみると、

　　　勅なれば　いともかしこし　うぐひすの（鶯）　宿はと問はば　いかが答へむ
　　　（おそれおおい天皇の命であるので　謹んでこの梅の木をさしあげます。しかし、この木に来
　　　なれている鶯が、自分の宿はどうなったのかと聞いたら、どう答えたらよいでしょう）

と書かれてあった。村上天皇はあわれと思し召されて、もとの所有者に紅梅を返して、代わりに桜を植えたという。もとの紅梅の所有者は紀 貫之で、短冊を書いたのは娘の紀 内待であったという。この梅は現在、相国寺林光院にあり「鶯宿梅」と呼ばれている。この紅梅の代わりに植えられた桜は、式部卿 重 明 親王の家にあった桜で、この桜はもと吉野山にあったものであるという（『古事談』のとおり）。これ以降、京都御所の桜は左近の桜といわれた」と広江[30] は述べている。この村上天皇の逸話について山田[230] その他の著者は全く述べていないが、仁明天皇の承和年間にウメがサクラに植え換えられていたとしたならば、100年以上も経た後に左近の桜が焼失した時に、何故に村上天皇がまずウメを探したのであろうか？　真に不自然な行為である。この村上天皇の逸話から考えると、やはり天徳4年（960）までは左近の梅が植えられていたものと筆者は考えた。村上天皇の天徳4年（960）に左近の梅が桜に植え換えられたという者が多い（小清水[104]、山田[224]、広江[30]、荒垣[7]、上野[218]）が、それは『古事談』に記載されていることによる。

　ところが、「康保2年（962）に南殿に桜の移植が完了した祝賀会が紫宸殿で行われた」という記録（宮沢[125]）と、上野[218] の「左近の梅が焼失した後に桜が植えられたのは康保元年（964）12月である」という記録が認められる。たしかに、左近の梅が焼失した時期は天徳4年（960）9月として認められているが、桜を植えた時期に言及しているのは上野だけであった。しかし、上野が「康保元年12月に桜を植えた」とする記述と「康保2年に桜の移植が完了したので紫宸殿で祝賀会を行った」という記録が年度の点から類似していることから、左近の梅のところに桜を植え換えた時期に検討を

Ⅴ（A）　平安時代前期（794〜1000）のサクラと日本人

加えてみた。まず、天徳4年（960）9月に左近の梅が焼失した（『古事談』）。その後、村上天皇の逸話にあるように、一度は紀 貫之のところに花が咲いていた紅梅を左近の梅のところに植えたのである（この時期は961年の春である）。ところが、紀 貫之の娘（紀内待）の歌を見て、天皇はその紅梅を紀 貫之のところに返し、改めて重明親王の家にあった桜を植えたことになる。もし、この推定が正しいとすると、梅が桜に植え替えられたのは、961年12月であり、その翌年の春（962）に紫宸殿で桜の移植の完了した祝賀会が行われたとする記述が極めてよく合致する。筆者はこのように理解している。しかし「康保2年（962）に桜の移植が完了した祝賀会が行われた」とする記録と上野の「梅が焼失して桜が植えられたのは康保元年（964）12月である」という記述は西暦年号が逆転しており、964年ではなく961年12月の誤りである。このことを、歴史年表で調べてみると、天徳5年（961）の年末には応和元年（961）としているものが認められ、西暦年号は別として、日本の天皇歴は、961年末から964年までは不明であることが分かった。このことから本書では西暦年号にしたがって、左近の梅が桜に換えられた時期を考えた。以上のように左近の桜に検討を加えてみると、左近の梅が桜に植え換えられた時期が混沌としているが、その原因はたしかに大正・昭和の桜の研究の第一人者でもあった山田孝雄[230]が『櫻史』の中で「仁明天皇の時代に梅が桜に植え換えられた」とした記述の影響は無視できないが、その他にも2〜3の問題点が考えられる。まず、左近の梅が焼失したために桜に植え換えられたが、諸文献を調べてみると「南殿の桜が焼失した」という文章が、960年の村上天皇の時代より前に数回も認められる。これが正確な判断を誤らせたものと考える。では何回も南殿の桜が焼失したと、何故記述されたのかであるが、その焼失した桜には嵯峨天皇（809〜823）が植えたものがある可能性が考えられる。嵯峨天皇は812年頃から南殿や大覚寺の境内などに多くのサクラを植えたといわれており、1000年頃には、紫宸殿、清涼殿の前、仁寿殿の東庭、常寧殿の東庭、昭陽舎（梨壷）東宮の雅院、建春門、宣秋門の前などにもサクラが植えられていたといわれている。このことが左近の桜の焼失した回数や、左近の梅が桜に換えられた時期を誤らせる原因の一つになっていると思う。

　第二は1000年頃の京都御所の様子を深く追求することなしに、平安時代の京都御所の想像図を作ったことにも原因はあるように思う。石井[241]の監修による平安時代の京都御所の復元図は、区画整理が行われた図が示されていて、紫宸殿の前庭は現在の京都御所と同様に、左近の桜と右近の橘しか図示されていない。しかし諸文献を読んだ限りでは、先述のように、現在の京都御所は元弘元年（1331）に北朝の光厳天皇が皇居とした場所であると述べられていることから、桓武天皇が造った紫宸殿は違う場所に建てられたはずである。このことは多分考慮されたと思うが、それでもなお平安時代の紫宸殿の前庭に、左近の桜と右近の橘しか植えられてなかったとは考え難

第2部　花の文化の中のサクラ

図 11．京都御所の前庭

い。足田[19)]も疑問ありと述べている。それは、紫宸殿の前庭には色々な木が生えており、嵯峨天皇（809～823）によってたくさんのサクラが植えられたことも知られている（入田[46)]）。また、左近の桜と右近の橘との間には、大きな椋(ムク)の木が生えていたことを矢吹[221)]が述べている。この矢吹の論述を立証するかのように、次のような話が『禁秘抄(キンピショウ)』に述べられている。「平治の乱（1159）のとき、賢門の戦いに平重盛が俄かに押し寄せたので、藤原信頼は狼狽して逃げ出した。源義朝は大いに怒り、息子義平にこれを防がせた。義平は大奮闘し、重盛を左近の桜と右近の橘の周囲を7～8回も馬15～16騎で追い回したところ、重盛は漸く外へ逃げ出し、兵500を率いてまた攻めて来た。そのとき、義平は大声で『汝と余とはともに源平の嫡曹である。いざ一騎打ちをやろう』と再び左近の桜と右近の橘を中心にして5～6回も追廻し、遂に退散させた」という。このことは『平治物語』にもある。敵を殺すために追う場合、現在の京都御所の前庭のように左近の桜と右近の橘の間に何も植物がないならば、桜と橘との間で戦えばよいはずであり、桜と橘の周りを追い回す必要はない。以上のようなことから、京都御所の前庭は平安時代から現在のような広々とした広場であったのではなく、相次ぐ火災などによってそこにある植物が焼失し、平安時代末期には、左近衛、右近衛の兵が並ぶことができる広さになった、と考えることはできないだろうか？

なお、南殿の前庭の左近の桜の植え換えられた時期については、天徳4年（960）以降、ほとんどの著書で「幾度か植え換えられた」と述べられている。近世では安政2年（1855）12月、孝明天皇のときに賢礼門院の小丘にあったサクラに植え換えられたと述べられ

V(A)　平安時代前期（794～1000）のサクラと日本人

ている。また、昭和5年（1930）3月8日に賢礼門院にあったサクラを京都苗圃(ビョウホ)に移植して育てていたヒコバエを移植したと矢吹[221]は述べている。しかし、昭和4年に植え換えた（香山[82]）、昭和6年に植え換えた（川崎[90]、品川[185]）という著書もあるが、筆者は矢吹の発表誌が昭和5年（1930）4月発行であることから、矢吹の記述が正しいものと思う。その後、1999年頃にも植え換えられた。

2．左近の桜の特性

『徒然草』（1331）には「吉野の花、左近の桜みな一重にこそあれ……」と述べられており、山田[230]も「左近の桜は古来、山桜が植えられたものにして……」と述べている。矢吹[221]、広江[31]は「左近の桜は樺芽の一重、純白の山桜で花序は三花が常である。花梗は約2cm、花の直径は約3cm、花弁の数は5枚で花弁の長さは約1.5cm、幅1.3cm、花弁の先端は2浅裂である」と述べている。なお、左近の桜の開花時期について述べた著書はなかったが、一般に、ヤマザクラはソメイヨシノより遅く咲くという著書が多い。ところが、筆者が1998年の春に調べた時には、左近の桜はエドヒガンと同じ4月5日頃から開花していた。左近の桜がエドヒガンと同じ頃から咲くヤマザクラである可能性については、坪谷[214]が「吉野の花は陰暦3月14日、いまが花の盛りである」と述べており、小清水[104]も「吉野山には超早咲き、早咲き、中生咲き、遅咲きの山桜がある」と述べている。宮沢[125]は「宮崎県には2月下旬からヤマザクラの花が見られるところがあり、花着きや花の色にもさまざまな変化がある」と述べている。筆者も2000年と2004年に、四国、九州地方や奈良、京都地方には、ソメイヨシノよりも早く咲くヤマザクラが存在することを確認した。

図12．左近の桜とその花

C. 天皇・宮人たちのお花見

　奈良時代の初めは野や山に咲くサクラを見ていたのであるが、700年頃からは天皇や宮人たちは邸内や家の周りにサクラを植えるようになり、平安時代に入るとますます盛んにサクラが植えられた。嵯峨天皇（810〜822）は「弘仁3年（812）に南殿の前庭に色々なサクラを植えた」と『編平記』にあり、嵯峨大覚寺の境内などにも多くのサクラを植えたといわれている。そのような世相の日本に、中国（唐）における花の観賞の文化が伝えられると、中国で愛されていたウメも加わり、日本の天皇・宮人たちは花の観賞に熱中していった。その結果、『後拾遺和歌集』は、花見の歌だけというほどになっている。宇田天皇の寛平年間（889〜897）には、吉野山のサクラを詠んだ歌が知られており、寛平3年（891）正月に太政大臣藤原基経が死去し、これを山城国宇治郡深草（現在の宇治市深草）に葬ったとき、その死を悲しみ、上野岑雄が「深草の　野辺の桜し　心あらば　今年ばかりは　墨染めにさけ」（『古今集』）と歌を詠んだところ、その年の春には墨染めの花が咲いたという（『宝物集』には"この春はかり　墨染めにさけ"とある）。この墨染めの桜の伝説によると、この深草の墨染めの桜は後醍醐天皇のときに、現在の富山市稲荷町に植えられたという。岑雄は僧正遍昭の俗名であり、素性法師は岑雄の子である（今井[42]）。遍昭は桓武天皇の孫で俗名は、良峯宗貞、仁明天皇に仕え、左近衛少将から蔵人頭になったが、850年帝の崩御で叡山に登り、慈覚大師円仁について出家したとも伝えられている。素性法師の名は次の歌で有名である。

　　見渡せば　柳桜を　こきまぜて　都ぞ春の　にしきなりける

　この素性法師の歌のように、平安時代にはあちらこちらにサクラの名所ができ、お花見は遠くは吉野に行き、奈良には八重桜があったが、天皇や宮人たちの邸宅やその周りや都大路にも、ヤナギやサクラが植えられていた。天皇や宮人たちは馬に乗り、あるいは車を連ねてお花見に行くことが定着したのも平安時代に入ってからである。宮中の場合、庭や周りに植えたサクラの花を見て楽しんでいたが、この頃、有名だったのが染殿のサクラで、法会も行われていた。宮人たちの家に行ってもサクラを見ることができ、その華やかな場面は、花宴、花合、桜狩などとして文学書に描かれている。さらに、都のサクラの花が盛りを過ぎると、大原野などの郊外にも自然のサクラの花が見られたことから、そこに出かけたのである。

D. 花宴、花合、桜狩、桜会などの開始

1. 花宴（ハナノエン）

　嵯峨天皇（810〜823）が弘仁3年（812）2月12日、神泉苑（コウニン）（シンセンエン）（現在の京都市中京区の二条城の南側）へ行幸され、花宴を催された。これが花宴の始まりであるといわれている。その後、弘仁6年（815）2月15日、再び神泉苑で花宴を行った。また、弘仁14年（823）2月28日には、賀茂の斎院有智子内親王の山荘に行幸されて花宴を催された。嵯峨天皇は「桜宴」といわずに、ただ「花宴」とだけ名付けたという。このことが後世になって、サクラの花を見ることを単に「お花見」というようになった始まりである。他の花の場合は、「菊見」、「梅見」と呼んでいる。また、皇室の「観桜の会」も、この嵯峨天皇の花宴が最初であるといえる。宮中で花宴を行ったのは、淳和天皇（823〜833）の天長8年（831）2月が最初である。寛平7年（895）2月にも宮中で花宴を行っている（山田[227]）。醍醐天皇（897〜934）の延喜4年（904）、延喜17年（917）、延長4年（926）にも花宴の記録が見られる。延喜17年は常寧殿で、延長4年（926）は2月17日に清涼殿で行っている。また、朱雀天皇の天慶4年（941）3月15日には、承香殿の（ショウキョウデン）東庭で花宴が行われた。その後も村上天皇、円融天皇などによって、仁和寺その他のところで花宴が行われたという記録がある。天皇主催による花宴は、明治以降では明治14年（1881）に吹上御苑での観桜会があり、宮中での観桜会は大正15年（1916）からは新宿御苑（元内藤家下屋敷跡）で行われるようになり、第二次大戦（1945）以降は内閣が主催することに変わって現在も続いている。

　ところで、平安時代から開始された「花宴」とは、どのようなことを行っていたのであろうか？　「花宴」とはサクラのお花見をすることであるが、ただお花見をしているだけではなく、花を見ながら和歌や詩を作ったり、管弦を楽しむ集まりでもあった。これらの花宴は、最初は野や山に出かけて行っていたのである。このことは『源氏物語』の花宴の巻の中で「都の花が散る頃でも、まだ山の桜はこれからで……」と述べられていることからも分かる。「花宴の当日は親王、公卿などが多く集まり、花の下に畳を敷き、文人の座となり、親王以下、詩を献じ、終わると酒饌を賜ふ、このときから楽所の人、管弦を奏す、かくて儒士の一人、その詩を講ず、時として和歌もある」。花宴では、このように必ず詩を賦せしめられたものである。しかし、崇徳天皇（1123〜1140）のときは和歌のみで詩を講ずることがなかったが、これは時代による変化というべきである。花宴は野や山に咲く花を求めて出かけることも行われていたが、1000年頃になると、宮人たちの邸内や寺院などにもサクラが植えられており、

邸内や寺院などでもお花見をすることができた。『伊勢物語』（901）には宮人たちが寺院、庭園および野や山に自生しているサクラを探し求めて眺めていた様子が述べられているが、この頃には　すでにお花見にはお酒は欠くことのできないものになっている。花宴などで詠まれた歌は『古今和歌集』（914）その他で知られている。『古今和歌集』には吉野山のサクラがサクラの名所として記述されている他、現代の人たちにも知られている多くの歌が掲載されている。その一部を記述する。

　　　世の中に　たえてさくらの　なかりせば　春の心は　のどけからまし　（在原業平）

　　　久方の　ひかりのどけき　春の日に　しづ心なく　花のちるらむ　　　（紀　友則）

　『古今和歌集』の中のサクラの歌73首のうち47首が、落花のことを哀惜している無常詠の特色を帯びている。また、『後拾遺和歌集』（1086）はサクラの歌集かと思われるほどサクラの歌が多く掲載されている。中国（唐）から伝えられた花を観賞する行事は1000年頃になると、天皇や宮人たちの春の暦の中に繰り入れられ、サクラも生活の中に入っている。これを示しているのが『源氏物語』（1001）である。同書の中には、盛りの桜、盛りをすぎた桜というように、微妙な時の移り変わりが語られている。

2．花合

　花宴が行われた一方、宮廷においては「花合」という遊びが生み出されていた。花合は人々が左右の二組に分かれて、サクラの花を出し合い比べて遊ぶとともに、その花を和歌に詠んで、その優劣を競うゲームである。この花合は、歌合、扇合、絵合などの遊びからヒントを得て始められたものであるが、この遊びは色々なサクラがあることから、それを比べてみるという趣向から生まれた遊びでもある。鎌倉時代でも行われていたことが『古今著聞集』にも述べられている。この花合は、堀河天皇（1086〜1107）の承徳2年（1098）3月3日に宮中で行われている（山田[230]）。花合に用いる花には、サクラの他、野や庭に咲く、ハギ、アザミ、ナデシコ、ウメなどがあり、花合の遊びは、平安時代の花の文化の代表的な行事の一つになった。

3．桜狩

　平安時代の初めから天皇や宮人たちは、「花宴」と称するサクラのお花見を行ってきたのであるが、1000年頃になると、桜狩も宮人たちの春の行事になった。桜狩とは、

V（A）　平安時代前期（794～1000）のサクラと日本人

1～2泊をしながらお花見をすることをいい、平安時代以降では足利義政の「大野原の桜狩」が知られており、豊臣秀吉の「吉野の花見」、「醍醐の花見」も桜狩である。『伊勢物語』（901）には交野（カタノ）の桜狩のことが次のように述べられている。「……狩はねむごろにもせで、酒を飲みつつ、やまと歌にかかれけり。いま狩する交野の渚の家、その院の桜ことにおもしろし。その木のもとにおりゐて、枝を折りて、かざしにさして、上・中・下（カミ・ナカ・シモ）、みな歌よみけり」とある。また、桜狩については次の歌がある。

　　またや見む　かた野※のみのの　桜狩　花の雪ちる　春の曙　　　（俊成卿：『新古今集』）

4. 桜会（サクラエ）

　嵯峨天皇によって始められた花宴は、その後、益々盛んに行われるようになっていった。仁明天皇もまたサクラを愛された天皇であった。その頃、右大臣藤原良房の邸宅のサクラが素晴らしいという噂を耳にされた天皇が、明年の春には藤原邸に行ってサクラを見ようといわれていたが、急に崩御された。藤原良房はこれを悲しみ、翌年3月にサクラが満開になった時（855年）、法会を行った。これが「桜会」の初めである。桜会は「花供会式（ハナクエ）」ともいい、サクラの花の下で宮人たちや僧侶たちが一同に会し、お祈りをする一種の仏教の会である。つまり、花供会式は明らかに仏教の影響がサクラの観賞の中に入ったものといえる。奈良の東大寺の桜会（法花会）は、天平勝宝8年（756）3月16日に行われている。その後、天徳元年（957）3月15日と天徳4年（960）3月9日に仁和寺（ニンナジ）で桜会が行われている。この他、賀茂社（カモシャ）の桜会、醍醐寺（ダイゴジ）の桜会などが知られている。吉野山では現在、4月11、12日に、花の神にサクラの花を献上して供養する「花供会式」が行われている。

E. 天皇・宮人たち以外の人たちとサクラ

　野や山に咲くサクラを見に行ったり、自分たちの住居や神社、寺院にサクラを植え、その美しさを見て楽しんでいたのは天皇や宮人たちを初めとする一部の上流社会の人たちに限られていた。奈良時代および平安時代の中頃までは、サクラは天皇や宮人たちの花として存在していたと表現できる。

※交野はいまでも大阪府下にその市の名前はあるが、昔はいまの交野市を含めて淀川の左岸寄りの枚方市北方一帯の広い地域を指していたようで、皇室のお狩場であった。

第2部　花の文化の中のサクラ

　一方、天皇・宮人たち以外の庶民たち、とくに農民にとっては、野や山に咲くサク
ラは神秘的な花であり、その年の作柄を教えてくれる神の姿でもあった。そして野や
山に咲くサクラの花が華やかに長期間に亘って咲き続けることは、そのまま豊かな実
りをもたらしてくれるとの考えが生まれ、サクラの花が早く散るのを鎮めようとする
祈りがこの時代に生まれた。鎮花祭とは、花が早く散るのを抑え、一日でも長く咲き
続けるようにと祈るお祭りである。4月10日（現在は、4月の第2日曜日）に行われ
ている京都・今宮の「やすらい花」の行事は、椿、松、柳、桜、山吹を飾った花傘の下で、
6人の少年が赤や黒のしゃぐま（赤熊）を着けた衣裳で、羯鼓や鉦、太鼓のお囃子と
ともに踊る。そして「やすらい花」と唄われる。このお祭りは、鎮花祭の一つであり、
民衆の疫神送りの祭りとして定着し、やがて念仏踊りや盆踊りへと変化している。や
すらい祭は、今宮に限らず、洛中の各所でも行われ、洛外の高雄寺などでも行われて
いた。「やとみくさの花や、やすらい花や」と歌いながら、人々は花の散るのを鎮め
ようと祈っていたのである。日本人の花見には、いまもこの鎮花祭の心性が伝統とし
てひそかに残り続けている。花見とは、桜の花を見ることであり、その花を見つつ、
酒が酌まれ人々は乱舞する。実に花見とは、鎮花祭の名残りなのである。酒は人間を
超える自然の支配者に捧げられるものであり、乱舞もまた神に捧げる舞であるととも
に、大地を支配し、植物を支配する大地母神を踏みしめてその力を鎮める行動であった。
それが現代も花見の折に見られる日本人の振る舞いとなっている。桜を見ることは、
ほかの花を見ることとは全く異質の行為と感じる伝統が、私どもの中に潜んでいるの
である。

　このように、平安時代における天皇・宮人たち以外の人たちとサクラとの関係は、
花の観賞とは無関係なものであった。しかしながら、天皇や宮人たちが群れをなして
野や山にお花見に出かける様子は、一般民衆も見聞することができる。このようなこ
とから、農民や一般民衆の心の中にはサクラに対して、以前と異なる心性が生まれつ
つあったこともまた事実であろう。『源氏物語』と並んで平安文学の代表作といわれ
ている『枕草子』の中には、サクラの花が段々天皇宮人たちの花から一般民衆の花へ
と移り変わろうとする兆しが見受けられる。

F．平安時代前期の花の文化

　大和朝以前から農耕民族として毎日を送ってきた日本人は、大和朝の成立によって
国家としての体制が完成し、天皇・宮人たちと農民の区別が明確になった。その後、
奈良時代になり中国（唐）からの文化の伝来によって、それまでの日本人の生活に変

—78—

Ⅴ（A）　平安時代前期（794〜1000）のサクラと日本人

化が起こってきた。このような変化は平安時代に入って日本人独特の仮名文字の発明によって一挙に開花したとも言える状態になった。仮名文字の発明は、色々な事項が文字として記録され残された他に、平安時代の文化活動に拍車をかける役割も演じている。文学の分野に残された記録は、**表7**からも分かるように、現代でも賞賛されている著書が多く認められる。なかでも、時代が平和であったことを物語るように、平安時代の前期には、花を賞でる歌が多く残されている。ところで、「平安時代にどのような花が当時の人たちに注目されていたのだろうか？」ということだが、『枕草子』には、紅梅、桜、藤、橘、桃、桐、梨などの名が見られ、『源氏物語』では、桜、桐、梅、椿、藤、梨、橘、卯の花、バラ、ツツジ、クチナシ、山吹などがある。サクラはこの他、『伊勢物語』、『大和物語』などの著書にも見られ、サクラに対する当時の人たちの関心の強さが感じられる。その一方で、ハギ、ナデシコ、キキョウ、その他、日本の野や山に昔から咲いている花の自然な姿を記述している点も見逃してはならない。この点から考えると、奈良時代が伝来した仏教を中心として大陸文化を色濃く表わしていたのに対して、平安時代に入ると漸く日本の内部で独自の文化が醸成されて、現れ始めたとも言うべき時代となった。

表7. 平安時代前期の主要著書

発行年	著書名	発行年	著書名
797	続日本記	951	後撰和歌集
900	竹取物語	974	蜻蛉日記
901	伊勢物語	995	扶桑集
913	新撰万葉集	999	拾遺和歌集
914	古今和歌集	1000	枕草子
935	土佐日記	1001	源氏物語

　このような中にあって、花の中でもサクラは、『万葉集』によって日本文学の中での位置を築いたのであるが、サクラを「花の王者」として文学に登場させたのは、平安時代の王朝貴族の文学である。文学上の花として、奈良時代をウメで表現するならば、平安時代の前期にはサクラの時代と表現されるほど盛況になっており、『枕草子』、『源氏物語』などの多くの文学書にサクラが登場している。とくに『古今和歌集』の春の歌の項では134首のうち、100首余りがサクラの歌である。王朝文学は京都の四季の変化によって生み出されたといわれているが、サクラは京都の春を美しく飾った花でもある。京都は日本の中でも四季がはっきりしたところであり、この季節感は京の年中行事とも結び付いて人々の意識決定に関与しているが、その固定化が確立された

第2部 花の文化の中のサクラ

のが、奈良時代から平安時代にかけてである。それは京都の地形が奈良地方に比べて水に恵まれて庭園を造るには絶好の条件を具備していたことにもよる。天皇や宮人たちは、このような自然と人が造った庭園などに囲まれ、四季折々の季節の中で毎日を送っており、『源氏物語』の中での貴族たちの生活の背景としてこれらは極めて重要な意味を持っている。そして、この季節感は現代に至るまで日本人の文化的な伝統、文芸や美術の中で生き続けているのである。

　このような四季折々の美しさに季節感を味わいながらも、平安時代に入ると、仏教の浸透とともに無常観と結び付き、自然の中のサクラの花の咲き方や散り方が、人々の心の中に生きる人間の姿を美しくも哀しく刻み込まれ始めているのである。落花の美しさ、花のはかなさは、平安仏教の無常観に裏打ちされたように人々の感傷を誘っているが、それはやがて「花永かれ」と祈りながらも散っていく生命の姿に限りない感懐を込めるのである。

　　久方の　ひかりのどけき　春の日に　しづ心なく　花のちるらん　　（紀 友則）

　　花のいろは　うつりにけりな　いたずらに　わが身世にふる　ながめせしまに

　　　　　　　　　　　　　　　　　　　　　　　　　　　　　　　　　（小野小町）

　小野小町は秋田県の雄勝町の横堀の生まれといわれ、数多くの遺跡が残されている。小町はその生年や没年はもちろん、その生涯を語る確かな資料もないが、横堀に伝えられている話によると、出羽群司・小野良実が小野居城のときに土地の豪族の娘・大町子と結婚して生まれたのが小町だという。小町が9歳のときに父の任期が満ちて一緒に都に帰り、13歳のときに采女として宮廷に出仕した。そして、康秀・喜撰・業平などの王朝五人男を相手にロマンを繰り広げた後に、再び母の里に帰って90才で生涯を閉じたと伝えられている。

　サクラは春の美しい花としてだけでなく、宮人たちの衣服にも登場している。平安時代には天皇を初め男性の衣服には草花の文様があったといわれている。すなわち、平安時代の花の衣裳について調べてみると、紅桜、桜の匂い、桜萌黄、白桜、桜襲、桜色、葉桜、花桜、萬津桜、薄花桜、樺桜、紅梅、桃染、橘、深縹、青丹、桔梗、浅黄などが知られている。日本の古代の色は、赤、白、青、黒の4色で、奈良時代までの衣類の染色は泥で染めたり、花などを直接衣類に付ける花摺りや草摺りなどの素朴な方法で行われていた。

　この他、宮人たちの間では花合などの遊びとともに、花を瓶に挿して楽しむこともこの頃から行われている。これは後に「生け花」に発展しているが、すでにその萌

—80—

芽が平安時代の前期に認められる。生け花の分野だけでなく、万葉人が野や山に咲く花の自然な姿を歌に詠んでいるに対して、平安時代になると

桜花　さきにけらしも　あしひきの　山のかひより　みゆる白雪

（古今和歌集、紀 貫之）

というように、花を人的な視点で捉えて象徴的なものとする気配が感じられるようになっている。

G. 平安時代前期のサクラの品種

　500年頃までは、ヤマザクラ、エドヒガンの存在が確認され、履仲天皇の市磯の池の話からは、十月桜（または冬桜）の出現が推定された。その後、上野岑雄の伝説からは墨染桜が知られ、『風雅集』には、糸桜、奈良八重桜が登場している。また、「清涼殿前には美しい紅の桜があった」と菅原道真（845〜903）の記憶に認められ、『源氏物語』には「一重桜、八重桜が盛りが過ぎて樺桜が開く」とあり、この他、平安文学には、雲珠桜の名も見られる。「嵯峨天皇が色々な桜を御所内に植えさせた」という文も見られることから、小清水[104]その他の人が指摘しているように、花の名所として注目されていた平安時代の吉野山には、この他にも変種が多く存在していた可能性が考えられる。

表8. 平安時代中期の主要著書

発行年	著書名	発行年	著書名
1001	源氏物語	1086	後拾遺和歌集
1007	拾遺和歌集	1090 頃	栄華物語
1010	紫式部日記	1130 頃	金葉和歌集
1025	新古今和歌集	1151	詞花和歌集
1028	栄花物語	1164	続詞花和歌集
1060	更級日記	1179	宝物集
1077	今昔物語	1183	千載集

Ⅴ（B）．平安時代中期（1000年～動乱まで）の
サクラと日本人

A．著書にみるサクラ

　奈良時代までは2～3冊しかなかった著書も、平安時代に入ると1000年までに10冊ほどが発行されている。その後も続々と発行され、平安時代の末期に起こった動乱が始まるまでに、**表8**に示した著書が発行された。なかでも『源氏物語』、『更級日記』、『今昔物語』など、現代の人にもよく知られている著書が含まれている。ここでは、これらの文学書の中にみられる花と日本人、とくにサクラに関する平安時代中期（1000年以降）の人たちの想いに注目していきたいと思う。松田[115] によると、「日本の古代にはマツ、サクラ、タチバナ、フジ、ハスなどが存在した。允 恭 天皇の歌からはサクラが美しいものとして観賞されており、万葉時代でもウメ、サクラ、ツバキ、スミレ、ハギ、ナデシコなどの花が存在していた」と述べられている。平安時代に入ると、日本の野や山に咲く花の他に、アサガオ、ユウガオが登場している。このように花を見て楽しむ風潮は、春の野や山および身の周りの庭などに咲き乱れる花に、天皇や宮人たちは我を忘れて見とれていたのである。この様子は文学書のあちらこちらに認められる。すなわち、「年毎の桜の盛りには、其宮へなん、おはしましける……、その院の桜、ことにおもしろし……」と『伊勢物語』に述べられており、『古今和歌集』には花を見つめる心の中にも移り行く花に "あわれ" をもよおす文芸が生み出されるようになった。

　　　久方の　光のどけき　春の日に　しづ心なく　花の散るらむ　　　（紀友則）

　『後撰和歌集』には「桜の花の瓶に挿せりけるが、散りけるを見て中務に遣わしける」とあり、この頃になると、野や山、あるいは庭に咲く花を見るだけでは満足できなくなり、瓶の中に桜の枝を挿して観賞することが行われ始めている。このことは『枕草子』にも「勾欄のもとに……」とその様子が記述されているが、この瓶に挿して花を観賞することはやがて「いけばな」という芸道へと発展していくのである。平安時代の中期には、サクラは花の代表者ともいうべき地位になっており、『枕草子』には、4、37、116、149、233、282段にサクラのことが述べられており、『源氏物語』でも第8巻には「花宴」として、南殿の桜の宴の様子が詳細に描かれている。『更級日記』の中でもサクラは記述されている。このように検討を加えてみると、平安時代にはサクラがいか

Ｖ（Ｂ）　平安時代中期（1000 年～動乱まで）のサクラと日本人

に各方面で人々の心と生活の中に根を降ろし、深く係わり合っていたかが分かる。このようにして『万葉集』では、

　　　　ももしきの　大宮人は　いとまあれや　梅をかざして　ここに集へる
　　　　　　「礒城之大宮人者殿有也梅平挿而而頭此間集有」

と詠まれていた歌も、『新古今和歌集』では、

　　　　ももしきの　大宮人は　いとまあれや　桜かざして　けふもくらしつ

表 9. 万葉時代の花（松田 [115]）

春	夏	秋	冬
アシビ	アヤメ（ショウブ）	ハギ	マツ
モモ	ヒメユリ	ナデシコ	モミ
ツツジ	クレナヰ（ベニバナ）	アサガオ（キキョウ）	
フジ	ハマユウ	オギ	
カタカゴ（カタクリ）	アジサイ	オモヒグサ（ナンバンギセル）	
ネツコグサ（オキナグサ）	ナツメ		
ウメ	カキツバタ	オバナ	
ナシ	ワスレグサ（ヤブカンゾウ）	オミナエシ	
ツバキ	ツキクサ（ツユクサ）	ウケラ（オケラ）	
ホホノキ	タチバナ	カラアイ（ケイトウ）	
スミレ	カラタチ	イチシ（ヒガンバナ）	
ネコヤナギ	ネブ	スギなどの常緑樹	
サクラ	ユリ	クズ	
スモモ	ハチス	フジバカマ	
ヤマブキ	カホバナ（ヒルガオ）	サワアララギ（サワヒヨドリ）	
ハネズ（ニワウメ）	ウノハナ	ヤマスゲ	
ツボスミレ	ウマラ	カエデ	
ヤナギ	ヤマチサ（エゴノキ）	ヒノキ	

となっている。そして遂に『後拾遺和歌集』は花見の歌で埋まった状態となった。

このようにして、サクラは花の王者として日本人の心の中に根付くのである。

B. 平安時代中期の花と花の文化
―― 日本独自の花の文化の始まり ――

野や山に咲く花を眺め、身近なところに花を移植していた天皇や宮人たちの間に、それらの花木を自分の手で育てようとする気配が認められ始めたのが、平安時代に入ってからである。すなわち、それまで食用、染色用、建築用など実用に供されていた植物を、花の美しさという観点から見るようになり、花の美しさを歌に詠み、花の色を衣類に染めて楽しむ一方で、「いけばな」にして身近なところで新しく花の美しさを追求する姿勢が見られるようになってきた。このように、「花の文化」は社会の階層化によって、まず上流階級の中で生まれたのであるが、花を賞で、利用することは単なる人間の中に存在する本能によってのみ起こされるものではなく、この行為は明らかに「文化」として表現されるべきものである。そして、そのような文化そのものは民族によって継承されて発達していくものである。したがって、花の文化は民族によって異なるものであり、単なる植物の歴史ではなく、その民族の文化そのものの歴史でもある。すなわち、日本の花の文化は日本文化史の一部として、日本固有の文化として発達してきたものである。確かに奈良時代や平安時代の初期には、主として中国（唐）からの渡来文化の影響を受けて盛んになった日本の花の文化であるが、平安時代の中期になると、他の国には認められない日本独特の花の文化が芽生え始めている。このことを日本の記・紀、その他の古典によって調べてみると、古代の日本には、イネ、アワ、アオナ、アサなどのほか樹木名も認められるが、そのほとんどが実用に供されていた植物名である。サクラ、ツバキ、ハスなどの名もみられるが、花の観賞という観点から見た場合にはまだ花の文化と呼ぶことはできない。ところが、『万葉集』になると166種類の植物がみられ、世界のどの古典よりも植物の数が多くなっている（**表5**参照）。『万葉集』の中には、イネ、アワなど実用的な植物も多く認められるが、日本の野や山に咲く花の名が非常に多く記述されている。すなわち、日本の万葉人は明らかに花を観賞していたのである。この点、万葉時代にすでに日本の花の文化は萌芽したというべきかも知れない。しかし、万葉時代には野や山に咲く花を観賞しているだけに止まっており、身近なものとしているとは認められない。とくに『万葉集』を初め奈良時代に見られる花の文化は、天皇・宮人たちを中心とした文化に止まっていた。ところが、平安時代の中期以降になると、それらの花の文化は、天皇・宮人たちのみでなく武士

Ⅴ(B) 平安時代中期（1000年～動乱まで）のサクラと日本人

階級などへも普及している。さらに、平安時代の中期からは、アサガオ、キクなどの花の栽培が行われるようになった。そして、外来種であったキクは平安時代には宮中での「菊合（キクアワセ）」としても認められ、鎌倉時代に入ると後鳥羽上皇がキクを好み、その紋様を衣服などに付け、皇室の菊の御紋章の起源にもなっている。一方、平安時代の中期に入って見逃すことができないのは、花の分野にも仏教色が色濃く現れ始めていることである。たとえば、ハスは万葉以前の文学では仏教臭は認められないが、万葉以降には著しく仏教臭を帯びたものとなっている。このことは『枕草子』の文中でも知ることができる。『枕草子』には「はちすはよろづの草よりもすぐれてめでたし。妙法蓮華のたとひにも、花は仏に奉り、実は数珠に貫き、念仏して往生極楽の縁とすれば……」と述べられている。

　平安時代に入って著しく変化したものに、衣類の染色方法もある。大和朝時代から続いていた、アカネ、ツバキなどの植物の色素でそのまま衣類を染めていた草木染の素朴な染色方法は、奈良時代に中国から優れた染色の方法が導入されて、日本の染色に革命的な変化をもたらした。その後、遣唐使を派遣しなくなった頃から次第に日本的な文化に移り、平安時代になると、この染色の技術は単なる中国の技術の模倣ではなく、日本的なものが出現し始めた。そして、サクラ、ヤマブキ、ウメなどと、花の名前をつけた衣裳が出現し、「桜の直衣（ノウシ）」や「紅梅の衣」と呼ばれるように、花の色によって花の衣裳を身に纏（マト）うようになったのである。すなわち、平安時代の衣服の色彩は優美なものが風潮で、紫苑色（シオンイロ）、落栗色（オチグリイロ）、菊色（キクイロ）、桜重ね（サクラカサネ）、紅桜（ベニザクラ）、藤色（フジイロ）、薄紅梅（ウスコウバイ）、山吹衣（ヤマブキコロモ）、菖蒲重ね（ショウブカサネ）、撫子色（ナデシコイロ）、女郎花衣（オミナエシコロモ）などの名が『源氏物語』に見られるが、『枕草子』、『紫式部日記』、『更級日記』などにも装束その他の服飾文化が見られる。これによっても衣服の色が複雑化していることが分かる。また、その色彩が花の色彩に基づいていることも注目すべきことである（松田[118]）。着物の一部や全体に、庭に咲くサクラ、ウメや野や山に咲くハギ、ナデシコ、オバナなど、自然の花そのものを花模様として織り、描き、染めて、そ

図13．花模様の着物

—85—

第2部　花の文化の中のサクラ

の着物を着るようになった。このように、平安時代には花を和服、帯などの衣類に染めて「花模様」としていわゆる花を着る（花に包まれる）という中国や西欧では認められない日本的な文化として発展していく足場が築かれたのである。この花を着るという美意識は、やがて「辻が花」や「友禅模様」というような花の衣裳になっていった。この「辻が花」は室町時代末期から桃山時代までの100年間余りに亘ってもてはやされ、日本染色史上最も格調の高い美しさを誇った。この花を着るという日本人独自の文化は、「辻が花」の歴史的な経過を知ってこそ感銘するところが大きいと思う。この「辻が花」については、西山[149]の名著『花―美への行動と日本文化』（NHKブックス、1978）で詳述されているが、ここではその一部を紹介する。「辻が花は、日本の染色工芸界において、古今を通じ、おそらく最も日本的で最も美しい花と開いた日本文化の珠玉であろう。辻が花は日本文化史上に咲きいでた独特の美しい花として大きな価値があるが、いまひとつ、私は辻が花に関連して、日本民族が創造した独特の花の文化を見ておきたい。それは、日本人が、辻が花のように、自然の花をそっくりそのまま着物に染めて、花を着る民族だということである。世界の民族のなかには、花を模様にして、それを着ることは珍しくない。たとえば、中国には金襴や緞子のように牡丹唐草とか蓮花唐草などを織り出したすぐれた織物が早くからできている。しかし、こういうものは何といっても花そのものではなく、自然の花を極めて抽象化し、変形してしまったものである。それに比べると、辻が花は素朴でぎこちないところがあるが、とにかく花や鳥などを絵でかき、それを染め出したものである」と述べている。日本人はこのように花を着る民族であったが、明治時代以降には男性の和服姿は晴れの舞台からは消えてしまった。このような中にあって、野や山に咲く花をそのまま花の着物として身に付けている日本女性の振袖姿は、世界の中で、ただ一国、日本女性だけが「花を着る民族」であることを示しているが、この原点が平安時代にあったのである。

　文学やお花見、花を着る衣裳などの変化とともに、日常生活の面でも現代に伝えられている数多くの諸行事の発生も平安時代に見ることができる。まず、現代の「いけばな」の芽を平安時代に認めることができる。仏教の宗徒には「供花」の風習が伴っていた。その供花は仏に供える花ではあるが、人の心の奥にある美的感覚を揺り動かし、容器の中に花を挿して眺めて楽しむ形に変化していった。本格的な華道は室町時代に形成されたのであるが、その萌芽は奈良時代に認められる。すなわち、大伴家持は天平勝宝2年（750）3月3日、越中国守の官邸で宴を催したときに歌を詠んでいるが、そのときは山からとってきた桜を大きな瓶に挿して立てていたようで、「雅宴で瓶に挿して立てる花の歴史の始まりとみてよいだろう」と、桜井[178]は述べている。『古今和歌集』には「染殿の後の御前に花瓶に桜の花をささせ給へるを見てよめる」と入道前太政大臣が詠んでいる。このことから、900年頃からは明らかに花瓶にサクラ

—86—

V（B）　平安時代中期（1000年〜動乱まで）のサクラと日本人

の枝を挿して観賞することが行われていたといえる。一条天皇（986〜1011）の御代には、伊勢大輔が奈良の旧都から八重桜の枝を伐り、瓶に活けて天皇に献上し、「いにしへの　奈良の都の　八重桜　けふここのへに　にほひぬるかな」と詠んでいる。また、『枕草子』にも「あおき瓶の大きなるをすえて、桜のいみじうおもしろき枝の5尺ばかりなるを、いと多くさしたれば……」とある。さらに、門松、七草の行事、節分の豆まきなどの行事も平安時代に始まったといわれ、樹木の鉢植え、つまり現代の盆栽の栽培法とその観賞法も開始されている。

C.　平安時代中期のお花見

1.　天皇・宮人たちのお花見

　400年頃に芽生え、奈良・平安時代に定着したといえる天皇や宮人たちの観桜の風習は、これまで述べてきたように、花宴、花合、桜狩と色々な行事を生みながら、その変遷の流れの中にあって益々盛会になった。そして、平安時代も1000年以降になると、南には吉野山、京都には嵐山、北山、大原、雲林院、白川院、鳥羽殿、法勝寺などにサクラの名所が生まれ、天皇、宮人たちはその満開のサクラの下で蹴鞠をしたり和歌を詠んで楽しんでいたのである。平安時代中期の天皇、宮人たちが花を賞でたところは、御殿や寺院が多かったが、その一方で、宮人たちの間では自分の家に自然を採り入れることを競って行い、当時は最も贅沢な趣味といわれた庭造りを行っていた。そして、平等院、白河上皇の鳥羽殿、浄瑠璃寺、その他の多くの名園がその頃に造られたのである。このようにして平安貴族と呼ばれた人たちは、自分の家の庭を「浄土」と見立て、花の別世界を造って楽しんでいた。このように楽しみに明け暮れていたように見える平安時代であったが、時代の終わり頃には人と人とが殺し合う血生臭い戦いが行われ、天皇、宮人たちが花を賞でた御殿や寺院の大部分とサクラの名木も戦乱で焼失してしまった。また、戦乱前の世であったためか、平安時代の中期（1100年）頃以降のお花見の情景は各種の文書にも余り残されていないが、武士たちによる戦乱の中にあっても、戦いが行われていない地域では、春になれば宮人たちによるお花見の伝統は絶えることはなかった。記録に残っているものとしては、天治元年（1124）2月12日に白河法皇と鳥羽上皇が一緒に法勝寺にお花見に行ったことが記述されており、『古今著聞集』にも「久寿元年（1154）2月15日に法皇・美福門院御同車にて鳥羽の東殿から勝光門院へ行幸有りて、庭の桜を御覧ぜられけり……」と述べられている。

第2部　花の文化の中のサクラ

2．庶民とサクラ

　天皇・宮人たちは自分の家の庭や寺院などにサクラを植えてお花見を行っていたが、京都の都大路にもヤナギやサクラが植えられていた。その様子は素性法師の歌から知ることができる。

　　見渡せば　柳桜を　こきまぜて　都ぞ春の　錦なりけり

　一方、天皇や宮人たちの風習とは無関係に、この頃から吉野山を初めとする日本各地には次々とサクラが植えられ、1000年頃には吉野山はサクラの名所として記述されており、平安時代の末期には吉野山における天皇や宮人たちのお花見の記録も認められる。天皇や宮人たちのお花見の記録は残されているが、一般の庶民には、まだ花を観賞する余裕はなかったのである。しかし、都大路にヤナギ、サクラが植えられ、春には天皇・宮人たちの華やかなお花見の情景を見聞するに及んで、一般の人たちや農民の心にも少なからぬ影響が起こるのは当然である。その結果、京都では天皇・宮人たちのような遊びの形態ではないが、庶民が都大路に植えられたサクラを見ている姿が記録されている（三好[129]、日本花の会[154]）。この庶民のお花見の行動の中に、農民が加わっていたかどうかは明らかではない。それは、当時の農民にとっては、サクラはまだ「神の木」であったからである。しかし、その年の豊作を祈る「神の木」とは違った観点から、都大路のサクラを見始めていただろうことは想像に難くない。

3．武士の登場

　平安時代の中期以降に目立つ存在になってきたのが武士階級である。平安貴族が花に浮かれていた頃、地方では藤原氏の全盛時代から、荘園・領主に反抗する勢力として百姓たちを武士団として組織する豪族が台頭し始めていた。そして、平安貴族が没落し、武士が台頭した結果、文化は地方に拡散するとともに、サクラについての文化も地方に広まっていった。武士は人を殺すのが職業である。この意味から考えると、日本の歴史上で初めて生死の場にサクラが登場したことになる。武士は宮人たちと同様に農耕に参加していないことから、平和のときには仕えている領主とともにお花見をする機会も多くなった。とくに上級武士は宮人たちとともに和歌を詠むようになり、上級武士になればなるほど文武両道に優れていることが要求されてきた。その代表的な武士に挙げられているのが源　義家である。

—88—

Ⅴ（B）　平安時代中期（1000年〜動乱まで）のサクラと日本人

D. 関東地方などの状態

　古代-大和朝-奈良・平安時代と日本の歴史に沿ってサクラと日本人との関係について述べてきたが、記述のほとんどは、現在の奈良・京都付近のことが中心で、他の地方のことに言及している著書はきわめて稀にしかない。関東地方の場合、倉林[107]によると「縄文時代には東京湾はまだ北に深く湾入していて大宮台地の縁辺には、狩猟・採集生活をしていた人々が棲んでいた。弥生時代には稲作に適した地域に集落が形成されたと推測される。埼玉県に古墳が築かれたのは5世紀頃からで、埼玉古墳群などが築造された。大和朝廷の統治は次第に関東におよび、その中頃には知々夫国造^{チチブノクニノミヤツコ}などが置かれた。大化改新後、政府は多くの帰化人を武蔵に移住させたが、8世紀頃から、これら帰化人を中心に開拓が進められ、外来の新技法を取り入れて、養蚕、機織りなども盛んに行われるようになった。農業だけでなく鉱産物の開発も行われ、慶雲5年（708）には秩父から銅を献上し、それによって和銅開珎が作られ、年号も和銅と改元された。奈良朝末期になると各地に広い私有地と大きな財産を持つ豪族が発生し、自己防衛ために武力をたくわえるものが多かった。これらのものは次第にその勢力を増大し、12〜13世紀頃には武蔵七党（横山・猪俣・野与・村山・児玉・丹・西）などの武士団を形成するに至った。これらのいわゆる武蔵武士は、源平時代にはおのれの土地を守って骨肉あいはむ戦いをくり広げた」と述べられている。このように、700年頃からの関東地方の状態の記述は認められるが、少なくとも徳川家康による江戸の開城までは関東地方は各地の豪族同志による土地の分取り合戦が行われていた様子のみで、山野の植物についての記述はほとんど認められない。しかしながら、昔話や伝説に残されている事項からは、京の人たちが関東の土地に足を踏み入れていたことは事実である。1500年代になっても、千葉・群馬・江戸の一帯は戦乱の世であった。つまり、平安時代の文化の中心は現在の京都であり、関東、その他の地域は大和朝時代と似たような状態だったと思われる。

　一方、サクラの名所について調べてみると、「××城跡」というところが全国で90か所以上も見られる。そのうち、秋田市の高清水公園は大和朝時代の秋田城跡であり、福島県の猪苗代市にある亀が城跡は、鎌倉時代に城がすでに存在したと述べられており、東京都の八王子市の滝山城跡は中世の城跡であることが伝えられている。これらのことから、歴史上では目立った存在ではないが、奈良・平安時代にはすでに日本の各地には豪族が存在していたことを知ることができる。

E. 平安時代中期のサクラの品種

　平安時代の中期には、京の都にはたくさんのサクラが植えられ、まさに栄華の花盛りの感がする時代であった。一方、そこに植えられたサクラの種類を考えてみると、古くから存在しているシロヤマザクラ、エドヒガンとナラノヤエザクラに加えて『源氏物語』などに登場しているカバザクラ、緋桜（ヒザクラ）などがある。『風雅和歌集』（1120年頃）には浄妙寺関白右大臣が、糸桜のさかりに法勝寺をすぐるという題に「立ちよらで過ぬと思へど　糸桜　心にかかる　春のこのもと」と詠んでおり、法勝寺（ホッショウジ）にシダレザクラがあったことが伺える（『日本花の会マニュアル』）。しかし、京の都にたくさんサクラが植えられたことは、吉野山に自生していた各種の変異個体の移植と接木による増殖による2つの方法を考えることができる。

　平安時代の中期以降にみられるサクラの種類で注目されることは、西行法師などの僧侶が関係したサクラが登場していることである。西行は、1118年に生まれ、1190年に没しているが、昔話や伝説によると、西行が関係したといわれている、西行桜、杖桜、墨染桜などが認められる。このようなことから、1150年頃までに僧侶が関係したサクラを調べてみると、西行桜の他、智通上人の杖桜、法然上人の杖桜と逆さ桜、弘法大師の世の中桜と姥桜などが認められる。この場合、杖桜、逆さ桜などはいずれもサクラの枝を挿したものであるが、「サクラの枝の挿木がそんなに簡単にできるものであろうか？」という疑問が生ずる。たしかにサクラの挿木は平安時代では難しいと考えられる。だが不可能ではない。だからこそ挿木が成功した個体に西行桜などと僧侶との関係が記されているのである。古代や平安時代に挿木が可能であったと考えられる根拠については、サクラの伝説・昔話の項で詳述する。このように、平安時代の1100年以降になると、文学書に記述されているサクラ以外に、僧侶が関係したサクラの品種が登場するが、この事例は奈良・平安時代の中期までのサクラは、奈良・京都周辺で発見された品種のみに止まっていたが、1100年頃からは西行、その他の人たちが地方に出かけて行って珍しいサクラを発見していることを示している。その後、1160年には箱根で糸桜が発見されている。このようなサクラの品種の増加について、麓[18] は「元来サクラは原則的に変異性に富む植物であるから多くの変異品種が輩出したのは当然であるが、その記録は意外に新しい」と述べており、三好 学も同様のことを述べている。しかし、植物の中でサクラだけが変異性に富むものではなく、他の花木や果樹類もサクラと同様に変異性に富む遺伝的特性を持っている。だからこそ、現代でも、ナシ、カキ、ブドウなどの増殖は種子からではなく、接木で増やしているのである。

　平安時代のサクラについて述べる際には、この時代にサクラの「接木による繁殖法」が試みられるようになったことを述べておかなければならない。

Ⅴ（C）．平安時代末期（保元時代 1150 〜 1192）の サクラと日本人

A．天皇・宮人たちのお花見

　大和朝から奈良時代にかけて、花への天皇・宮人たちの関心が強まっていたところ
へ、700年頃から入った中国文化によって「花を美しいもの」として見る風潮はいっ
そう拍車をかけられて平安時代に入った。そして、平安時代の天皇・宮人たちの花を
見て遊ぶ行事はその極限に近いものにまでに至っている。一方、平安時代の末期は、
別名を保元時代とも呼ばれた時代である。この1150〜1129年頃には、京都とその周辺
地域は戦争に巻き込まれることがあって大混乱が起こった。しかし、戦いのない地域
では春になると、花宴、花合などが行われていたのである。平安時代末期（保元時代）
のサクラの名所としては、京都の北山と嵐山など、奈良の吉野山の他に『吾妻鏡』には、
志賀の桜、駿河の宇都の山、鎌倉の桜、伊勢の神路山、衣河の桜、出羽の桜など、京都・
奈良以外の地名が登場している。
　この頃に有名なのが桜町の中納言 藤原茂範（フジワラノシゲノリ）の話である。彼はサクラを愛し、自宅
には吉野山からのサクラを植えていた。しかし、サクラの花の寿命は余りにも短い。
そこで庭内に泰山府君（タイザンフクン）という神を祀り、サクラの寿命を永くしてくれるようにお祈り
したところ、花が37日間も萎まなかったという。泰山府君は現在の京都市左京区修学
院の赤山神社の御神体である。このことから藤原成範は、別名を桜町中納言、または
桜待中納言とも呼ばれた。この藤原成範の話から、平安時代の天皇・宮人たちの栄華
ぶりをうかがい知ることができる。

B．武士、一般民衆とサクラ

　天皇・宮人たちとは別に平安時代の中期以降に目立ち始めた武士階級は、平安時代
末期になって戦乱が起こり、戦乱の最中にはお花見を楽しむには至らなかったが、戦
いがない時には、とくに上級武士の間では、この頃から天皇・宮人たちの真似をして
お花見をするようになった。このように、お花見は上級武士から下級武士へと伝わり、
さらには一般民衆もお花見へと進む兆しが見え始めたのである。すなわち、上級武士
の間に行われていたお花見は、下級武士の間にも浸透するとともに、都会から地方へ

第2部　花の文化の中のサクラ

と移り、農民のサクラを見る目に微妙な変化を起こさせ始めたのもこの頃からである。

C.　平安時代末期（保元時代）の花と花の文化

1.　仏教の中におけるサクラ
　　　──── 仏教の絵へのサクラの挿入について ────

　奈良時代以前に日本に渡来した仏教と仏像、そのどれを見ても仏教とハスの花は切り離すことができないものであり、仏様は必ずハスの花の上に座っている。ハスの花は昔から「花果同時」といわれていた。それは、花が開いた時には実を結んでいるという意味である。ハスの花はそのような法理を象徴しており、仏教では人が死ぬと阿弥陀如来が眷属をつれて迎えにくる。そして瞬時にして極楽に迎え入れてくれ、開いたハスの花の上に座らせてくれるのだといわれている。つまり、ハスの花は仏教の真理を端的に象徴していることになる。このことから、平安時代の頃から、ハスの花は極楽浄土※を象徴する花になっていた（仏像を蓮座に置くようになったのは、紀元3世紀の初め頃からだと坂本[176]は述べている）。このためか、平安時代の貴族と呼ばれる人たちの絵には極楽に化生するための美しい花の手が差し伸べられているものが多い。一方、一般庶民もまた、ハスの花は極楽に誕生するための「迎えの花」であると考えていた。つまり、ハスの花は仏の国への「来迎花」と見られていたのである。仏教には「散華」という言葉がある。散華とは、ハスの花びらを撒きながら仏を供養する儀式で、ハスを最も高貴な花とするインドから伝わった風習と考えられている。日本でも奈良の諸大寺では花筥といって、平たい花籠に造花の蓮弁を盛って散華を行う伝統がある。この他、盂蘭盆会の行事の一つとして、平安時代には精霊棚のハスの葉に供物を盛る習慣があった。新潟市の郊外ではお墓参りのときに供物をハスの葉の上に盛っている。なお、極楽浄土には四種類のハスの花が咲いているといわれているが、その色とハスの種類は次のようである（坂本[176]）。青い蓮華（ウトパラ）はスイレンで熱帯性の*Nymphaea stellata*と*N. cyanca*の2種類である。黄色い蓮華（クムダ）もスイレンである。黄色いハスはアメリ大陸にだけしか生育していないので、インド産のアカバナヒツジグサ（*N. rubra*）であろう。赤い蓮華（パドマ）は赤いハス。白い蓮華（プンダリカ）は白いハスである。

※・浄土：仏の住む清浄な国土のことをいう。一般に知られているのは極楽浄土（西方浄土）
　・此岸：彼岸に対する言葉で、この世のことをいう。

Ｖ（Ｃ）　平安時代末期（保元時代 1150 〜 1192）のサクラと日本人

　このように、仏教が日本に渡来した当初には、仏像の絵にはハスの花だけが描かれていた。ところが、日本に渡来し、奈良・平安時代を経て日本人の中に仏教が浸透しているうちに、いつの間にか仏像の絵の中にサクラが描き込まれているのである。大都[169]によると「春日補陀落曼陀羅図」には満開のサクラが描かれている、と述べられている。サントリー美術館所蔵の仏像の絵にもサクラが描き込まれているといわれており、さらに「本来なら蓮華であるべき仏像の処に桜花が用いられている」と上田[217]は述べている。そして、シダレザクラは仏教の世界における天蓋のように枝を広げて開花することもサクラと仏教を結び付けることに役立ったものと思われる。これらの事実からも分かるように、日本に渡来してきた仏教は、日本人の心の中に浸透していくうちに、日本特有な仏教として日本人の心に定着したものといえる。

２．蓮花の世界
── 平安時代末期の宮人たちの生活 ──

　作物の豊凶を占う花であったサクラは、奈良・平安時代には天皇・宮人たちのお花見の花となり、『枕草子』や『源氏物語』の頃になると、桜の直衣、紅梅の衣や藤、山吹、菊などと花の名で呼ばれる衣類に変わり、桜や山吹を着るという「みやびの心」は後に「辻が花」で見られるように、やがて花そのものを染めた織物へと変化していった。戦国時代の武将たちの衣裳には呪花のための花が見受けられる。このように、花の衣裳を身に付けた宮人たちは、四季折々に咲く花を眺めながら花合などを行って毎日を楽しんでいたのである。しかしながら、平安時代の中期以降になると、宮人たちは庭園を造り、この世で極楽の世界を造ることを夢見て、花を植えて別世界を造って楽しんでいた。すなわち、宇治の平等院の壁画や釣仏などに見られるように、広い池を作り、竜頭鷁首※の飾船を浮かべて管絃の遊びを行っていた。そこにはさまざまな花が咲き乱れていたことであろう。なかでも浄土の世界を欣求した宮人たちは、仏前にハスの花を供え、極楽を象徴する蓮花の世界で遊んでいたのである。広大な庭園に花を植え、垣根を囲らして下界と遮断して小さい別世界を造って楽しむという発想は、この楽しさはこの世だけのものでなく、死後の世界にも続いているという発想である。この形式は墓地にも見られており、日本の墓地はこの世の花の別世界そのままであり、

※竜頭鷁首船：この船を池に浮かべて奏楽するという風習は周以来の中国王朝の習慣から日本の貴族たちが学んだ行事である。竜は海中や池沼に棲み、神秘的力を持っているという想像上の動物で、鷁は想像上の水鳥で大空を飛び、また水にも入るという。天子の御船の首にはこの鳥の首を刻むものといわれており、この船の姿は「紫式部日記絵巻」や「年中行事絵巻」などのなかに描かれている（森 蘊[136]）。

サクラ、ウメ、ツバキなどが植えられている。しかしながら、平安末期の戦火のために、平安時代の宮人たちの残した庭園は京都ではそのまま伝えられていないが、東北地方の平泉にある金色堂や平家納経、さらに毛越寺※にある池などには、地上の極楽と浄土に憧れた蓮花の世界のおもかげを偲ぶことができる。このように宮人たちのみに認められた浄土信仰は『今昔物語』にも記述されている。

D. 西行法師（1118 ～ 1190）とサクラ

　平安時代の末期の地獄絵のような惨虐を極めた現世を目前にしながら、宮人たちはなお、夢のような浄土の蓮花の世界に陶酔していたのである。このような世界から脱走して、現世こそ無常そのものであることを痛感した詩人、それが西行である。武士および僧侶の中に見られる無常感をサクラと結び付けて考える時、西行の名は欠かすことができない。

　西行は俗名を佐藤義清（佐藤[183]は憲清と書いている）といい、俵藤太（藤原秀郷）の流れを汲む武士の家に生まれ、若い時は鳥羽上皇に仕えていた北面の武士である。一度結婚して男女二人の子供を持っていたが、保延6年（1140）10月、23歳のときに出家して西行と名乗り、世を行脚して無宿の生活をし、至るところに足跡を残している。晩年は現在の大阪府南河内郡河南町弘川の真言宗弘川寺で文治6年（1190）2月16日に73歳で没した。出家して、浮世を捨てたのであるが、歌は捨てることができず、サクラを愛し、多くの歌を残している。つまり、西行は半僧半俗といわれているように、中途半端という表現がよく当てはまる人である。西行は保延6年に出家して京都の大原野の勝持寺に入り、この寺で剃髪して最初の庵を結んだといわれており、その庵の跡が寺の裏山にある（竹村[200]は最初、鞍馬に入ったと述べている）。歌人西行はここから果てしない旅へと出発したのである。翌、永治元年（1141）東山に移り、双林寺や長楽寺などで庵を結んだ。

　　世の中を　捨てて捨てえぬ　心地して　都はなれぬ　わが身なりけり

※毛越寺は永久5年（1117）藤原基衡によって造られたといわれている。かつて盛観を極めた円隆寺金堂前面に広がる大泉池と呼ばれる園池が残っている。嘉禄2年（1226）に円隆寺と嘉祥寺が焼けたが、現在でも金堂などの礎石が全部残っている。大泉池は東西約180m、南北約90mあり、金堂の正面にあって、池の中央には勾玉状の中島がある。

Ⅴ（C）　平安時代末期（保元時代 1150〜1192）のサクラと日本人

　これは西行が当時の心を詠んだ歌である。その後、西行は吉野山にも入って修行を行っている。その場所は金峰神社からさらに登って、右に折れると、獣道（ケモノミチ）に似た細い下り坂がある。下りきったところに西行が庵を結んだ跡といわれているところがあり、3年間西行はそこに住んだ。

　　　吉野山　こずゑ（エ）の花を　見し日より　心は身にも　そはずなりにき

　この歌について杉本[187]は、「この歌は桜吹雪の散りしきる吉野山は、故知らず心を惹きつけるが、この山の奥にこそやがてゆくべき浄土（ヨミノクニ）があることを西行は予感していたのではなかろうか」、「西行にとって春は春そのものではなく、春によって蘇生する桜花そのものであったのである」と、述べている。これまでの著書では、禅僧のサクラをこよなく愛した西行がいたとしか西行のことは一般には伝えられていないが、杉本によって述べられている西行の心は、西行がサクラを愛した本当の心の内の一部を紹介しているように思う。西行の歌集『山家集』には、サクラについての歌が100首余り掲載されているが、吉野山のサクラを詠んだ歌だけでも18首ほどもある。

　　　願はくは　花の下にて　春死なむ　その如月の　望月のころ

　この歌には西行が探し求めていた浄土の世界そのものが示されている。そして、その通りに西行は世を去ったのである。杉本[187]はこの歌について「ただ桜があるための春を狂喜し、桜があるために死の時期を如月に選んだのではあるまいか」と述べているが、如月の望月（2月15日）は釈迦の入滅された日である。その日に死にたいと願う僧侶としての西行の願いでもあったと思う。勧修寺[86]は嵯峨の渡月橋近くに西行法師の古跡（西光院）があり、眞葛ヶ原、西行庵の庭の前にシダレザクラがある。建久2年（1191）この木の下で「願はくは　花の下にて　春死なむ……」と詠み、建久9年（1198）2月16日に死去したと述べている。しかし、一般には現在の大阪府南河内郡の真言宗 弘川寺で文治6年（1190）2月16日に73歳で没したと述べられている。西行が死去した時に咲いていたサクラについて勧修寺は、シダレザクラと述べているが、シダレザクラは平安時代の中期（1120）に法勝寺で確認され、1160年に箱根で発見された記録が認められるだけであり、西行が死去した1190年頃に大阪府に存在したかは疑問である。1190年頃にはエドヒガンとともに早咲きのヤマザクラが存在している。坪谷[214]は「陰暦3月14日、吉野山の花はいまが盛りである」と述べているが、四国、九州地方には現在も早咲きのヤマザクラの野生種が認められることから、1100年頃には早咲きのヤマザクラの存在も考えられる。本田[380]は「西行の死去した時のサクラ

はヤマザクラと考えて間違いはあるまい」と述べているが、その根拠については述べていない。だが、サクラを愛した西行の心を考える時、西行が「花の下にて　春死なむ」と詠んだ花はシダレザクラやヤマザクラなどを特定したものではなく、「とにかく、サクラが咲き乱れている如月の頃に死にたい」と願望していたように思われる。

E. 西行法師以外の僧侶とサクラ

　僧侶とサクラのことを考える時、西行の名前のみが余りにも有名なために、西行以外にサクラに関係した僧侶がいないようにさえ思われがちであるが、サクラと昔話や伝説などのことを調べてみると、多くの僧侶とサクラとの関係が語られている。各地に存在する僧侶とサクラとの関係について述べる。

表10. 僧侶が関係しているサクラ

樹木名	関係人物名	出典
七ツ田桜	弘法大師	陸中の伝説
墨染桜	西行法師	房総の伝説
御会式桜	日蓮上人	東京の伝説
数珠掛け桜	親鸞上人	越後の伝説
西行桜	西行法師	信州の伝説
杖桜	西行法師	信州の伝説
杖桜	智通上人	東海の伝説
逆さ桜	法然上人	東海の伝説
泣き桜	弘法大師	加賀・能登の伝説
西行桜	西行法師	京都の伝説
姥桜	空海	大阪の伝説
西行桜	西行法師	紀州の伝説
世の中桜	弘法大師	讃岐の伝説
熊谷桜	西行法師	伊予の伝説
杖桜	法然上人の母	岡山の伝説

　①智通上人（658年頃の人）：岐阜県には智通上人の杖が根付いたというサクラがある（美濃・飛騨の伝説）。②弘法大師（774～835）：讃岐の伝説には、世の中桜、岩手県の雫石には七ツ田桜があるが、いずれも弘法大師の杖が根付いたものといわれている。この他、日本の伝説の中には弘法大師が関係している様々なことが日本各地に伝えられている。③法然上人（1133～1212）：愛知県には法然上人の杖が根付いたというサ

クラがあり、岡山県には法然上人の母が子のないことを憂えてお寺に願を掛け、満願の日に杖を立てたのが根付いたというサクラ（杖桜）がある（愛知の伝説、岡山の伝説）。④ 親鸞上人（1173〜1262）：新潟県の梅護寺の数珠掛け桜は親鸞上人がサクラの木に数珠を掛けたら、その後は数珠のように繋がった花が咲くようになったという（越後の伝説）。⑤ 日蓮上人（1222〜1282）：日蓮上人は10月13日に東京の池上本門寺で死去されたが、その年から毎年、その庭先に植えてあったサクラが10月に咲くようになり、そのサクラを御会式桜と呼んでいる。

F．平安時代末期（保元時代）の主要著書

　平安時代の中期に開花した平安文学が余りにも華やかに、しかも現代にも残る数々の名作が出版されたために、平安時代末期の文学は薄れているようである。しかしその期間は短かったものの、別表のように『千載和歌集』その他が発行されて、平安時代末期における天皇・宮人たち、および武家などの生活状態を伝えている。平安時代末期に見られる文化の特徴としては、いわゆる平安貴族の華やかな生活が見られる中にも、仏教、とくに禅宗における仏法の厭世主義、遁世的な諸行無常の雰囲気が人々の、とくに武士の心を支配し始め、花を見る人の心にもその傾向が現れ始めていることである。平安時代の中期になって目立ち始めた武士は、他人を殺すのが仕事であるが、人と人とが殺し合っているうちに、日本に渡来してから400年近くになる仏教の影響が、人々の心の中に「無常感」として現れ始めたのである。

　　咲くもよし　散るもまたよし　桜花　無常の風の　吹くに任せる

　　いざ桜　我もちりなむ　ひと盛り　ちりなば人に　憂目見えなむ　　（そぐう法師）

　このように、仏教的な無常観に支えられた歌は平安時代の末期までにすでに認められていたが、明日にも命がなくなるかも知れないという人間の追い詰められた場でサクラが歌われ始めたのは、源 義家の頃からである。
　源 義家は平安時代後期の武将で、25歳のときに出羽守、その後、陸奥守兼鎮守府将軍になった。白河天皇の永保3年（1083）に、再び、後三年の役に旅立った。義家45歳のときである。このとき、勿来の関で次の名歌が詠まれた。

　　吹く風を　勿来の関と　思へども　道もせに散る　山桜かな　　（千載和歌集）

第 2 部　花の文化の中のサクラ

表 11. 平安時代末期の主要著書

発行年	書名
1151	詞花和歌集
1164	続詞花和歌集
1179	宝物集
1187	千載和歌集
1190	山家集

　義家は文武兼備の武人であるが、これまで死を賭けて戦い抜いてきた彼が、再び戦うために辿り着いたのが勿来の関で、そこでヤマザクラに出会い、その感動が一種の歌としてほとばしり出たのである。勿来は「来る勿れ」の意で、サクラに対しては「散るな」という意味である。自分はこれから戦場に赴き、死ぬかもしれない。つまり、義家の心中は全くせっぱ詰まった状態であっただろう。そのような心境であったのに、実に爽やかにヤマザクラの美しさが表現されている歌である。この歌は生死の場に向かう武士によってサクラが真正面から詠まれた点からも意味がある。

　源 義家とともに述べておきたい者に、平 忠度がいる。平 忠度は平安時代の末期（1183）の武将であり、かつ歌人でもあり、藤原俊成（歌人）に師事していた。寿永2年（1183）7月、平家一族は、御歳6歳の安徳天皇を奉じて西の方に逃げていた。忠度はその都落ちの途中、名器、青山の琵琶を院に返納した後、藤原俊成宅を訪れて、後白河院が5か月ほど前に『勅撰和歌集』の命を俊成に下されたのを知り、「たとえ一首なりと勅撰集に入れてもらえる歌があったらうれしいです」と、自詠の百首ほどを書き収めた1巻を俊成に差し出し、再び戦地に赴くのであった。俊成は忠度を見送った後に忘れ形見となった1巻に目を通し、

　　さざなみや　志賀の都は　荒れにしを　昔ながらの　山桜かな

の一首を「詠み人知らず」として『千載和歌集』に記載した。また、忠度を京都郊外の桂川まで見送った行慶法師は、

　　あわれなり　老木わか木の　山桜　をくれさきだち　花はのこらじ

と詠んでいる。死を前にして悲痛な心境にありながら、平家の公達の目にはサクラの花がこのように映じていたのである。

　平 忠度は「さざなみや……」の歌を残した後、一の谷の戦いで岡部六弥太忠澄と

V（C）　平安時代末期（保元時代 1150 〜 1192）のサクラと日本人

組打ちとなり、岡部の首をかこうとした時、岡部の子供が駆けつけて、忠度の右腕を
切りつけ、ついに忠度はそこで討死にした。忠度の箙に結び付けられていた文には
「旅宿花」と題して、

　　行き暮れて　木の下かげを　宿とせば　花やこよいの　あるじならまし

の歌が一首付けられてあったという。平安末期の状態を余すところなく表しているの
が『平家物語』であるといえる。しかし、『平家物語』が出版されたのは鎌倉時代に入っ
てからであるが、平 忠度だけはとくに平安時代の最後に述べることにした。

G. 平安時代末期（保元時代）のサクラの種類

　平安時代末期のサクラの種類は、末期の年数が40年程と短かった上に、戦乱に明け
暮れていたためにサクラについての記述も少なく、この時代のサクラは平安時代の中
期に見られたサクラの種類と同じと考えてよい。ただ、特筆すべきことは、この時代
に初めて京都・奈良地方ではなく、関東の箱根のイトザクラが登場したことである。
すなわち、永暦元年（1160）7月に藤原清輔のところでの歌合のときに顕昭が、

　　わぎもこが　はこねのやま（箱根の山）の　糸桜　結びおきたる　花かとぞ見る

と詠んでいる。イトザクラが文献に記述された最初であると多くの著書で述べられて
いるが、『散木集』（1128）には源 俊頼が、

　　あすもこん　しだり桜の　枝ほそみ　柳の糸に　むすぼほれけり

と詠んだ歌があり、『風雅和歌集』（1120年頃）には法勝寺に糸桜が存在したことも述
べられている。
　西行法師の『山家集』に「出羽の国に越えてきた山と申山寺に待ちける桜の常より
も薄紅の色こき花にて……」とあるが、これはオオヤマザクラを指しているようである。

VI. 鎌倉時代（1192 〜 1333）のサクラと日本人

A. 鎌倉時代の花と花の文化

　平安時代の中期頃から、目立ち始めた地方の豪族は、平安時代の末期には「保元の乱」、「平治の乱」を引き起こし、ついには源氏・平家を中心とする大争乱を起こしたが、1192年になり、源 頼朝によって一応世の中は平静さを取り戻した。

　源 頼朝は1192年に鎌倉に幕府を開いたが、① 鎌倉を武家政治の中心にすること、② 鎌倉を関東地方における文化の中心にすること、を考えていたという。幼少時代を京都の上級武士の家で育った頼朝は豊かな貴族的な教養を身に付けており、この点からも京都の文化が念頭にあったものと考えられる。このことを裏付けるように、頼朝は建久5年（1194）、現在の三浦半島の三崎※に、サクラ、ツバキ、モモを植えさせ、鎌倉でも京都を真似た花見の宴を催したという。このように、戦国時代の武将たちが京都に憧れていたのは、当時の京都が伝統ある街であると同時に、最も進んだ都市でもあったからである。つまり、鎌倉に幕府が開かれたものの、文化の中心は依然として、天皇・宮人たちなどの公家の住む京都であった。

1．源 頼朝の足跡

　源 頼朝は鎌倉幕府を樹立した武将であるが、単に政治の中心を奈良・京都から鎌倉へと移動させたのではなく、源氏・平家の激しい戦いを背景にして生まれた武将であることから、簡単に頼朝の行動・足跡の記録を纏（マト）めることにした。平治の乱で源氏が平家に敗れた後、源氏一族のほとんどが殺された。源 頼朝も捕らえられたが、平 清盛の継母（池の禅尼）が自分の亡くなった子供に頼朝の顔が似ていたことから、池の禅尼の命乞いで九死に一生をえた。その後、頼朝は伊豆半島の現在の韮山（ニラヤマ）付近に流された。14歳であった頼朝はそこで20年間、流人としての生活を送っていた。古代では重罪人の流刑の土地であった伊豆半島も、この頃になると、古代とは質的に異なる土地になっていた。頼朝が居住の地と定められていたのは現在の韮山の近くである（その跡を伝える石碑がある）。一応、政治犯とはなっていたが、日常生活には制限はなく、

※三浦半島の三崎の本瑞寺が「桜の御所」、見桃寺が「桃の御所」、大椿寺（ダイチンジ）が「椿の御所」と呼ばれていた。

Ⅵ　鎌倉時代（1192 〜 1333）のサクラと日本人

かなりの自由行動が認められていた。ただ、伊豆地方から外に出ること、家来や領地を持つことは許されなかった。この頼朝の生活を永井[143] は、「頼朝は伊豆の山野で退屈しきっていて、許された自由の範囲でラブハントに明け暮れていた。まず目を付けたのが伊東の総師 祐親の娘の三女八重姫であった。頼朝は足繁く伊東の館に通い、ついにこの娘と結ばれて子供が生まれた。その子の名は千鶴御前という。実はその頃、祐親は都へ行って留守だった。帰宅した祐親は激怒して二人の仲を割き、千鶴を殺して大川の上流の轟ヶ淵に捨てた。この淵を稚児ヶ淵という。娘が反平家の罪人と結婚することを許さなかったのである。頼朝はすごすごと蛭ヶ小島（韮山の近く）の自分の居住地に帰り、その近くにいた北条氏の娘、政子と結ばれた。このとき、北条時政も結婚に反対したが、政子はそれを押し切って結婚した」と、述べている。頼朝は治承4年（1180）に伊豆で挙兵したが、石橋山の合戦で平家の軍に敗れて逃走した。その途中、倒れた木の洞の中に隠れていた。平家の追手の大庭景親は倒れた木を不審に思い、空洞の中に入って探すように梶原景時に命じた。景時は空洞の中に入り頼朝と向かい合って目を合わせた。その瞬間、頼朝は自害することを覚悟した。ところが、景時は「お助け申す。もし頼朝殿が戦に勝ったならば私のことをお忘れになるな」といって洞から出て行った。大庭は「中には誰もいない」という景時の報告を聞いても、なお信じないで、弓を洞の中に入れて探りまわした。弓が頼朝の鎧の袖に当たったが、そのとき、洞から鳩が飛び出した。大庭は中に頼朝がいたならば鳩がいるはずがないと思ったが、その時、急に雷雨になったので、大きな石を洞のところに置いて帰った（『源平盛衰記』）。これは梶原景時が頼朝の命を助けた有名な話である。

　その後、頼朝は真鶴岬から船で房総へ逃げ、安房の竜島に上陸した。現在の安房勝山駅近くの海岸に "源 頼朝上陸地" の石碑がある。千葉氏らの豪族の助けを得て、江戸氏を味方にし、同年10月2日、隅田川を渡り、現在の三河島を通り、飛鳥山へ行き、板橋から武蔵野台地の国府へと進んで鎌倉に入った。この頼朝の足跡は、山本[232]、足

表12. 鎌倉時代の主要著書

発行年	著書名	発行年	著書名
1205	新古今和歌集	1235	新勅撰和歌集
1212	方丈記	1247	源平盛衰記
1212	古事談（説話集）	1252	十訓抄
1213	金槐和歌集	1254	古今著聞集
1220	保元物語	1266	吾妻鏡
1221	宇治拾遺物語	1282	十六夜日記
1221	住吉物語	1313	玉葉和歌集
1235	小倉百人一首	1320	続後拾遺和歌集

第2部　花の文化の中のサクラ

立史談会[1,2)]、芦田・工藤[12)]、稲葉[44)]、杉並郷土史会[188)] によって詳述されている。なお、東京・杉並区の善福寺池には、源 頼朝が掘ったという遅野井（オソノイ）の井戸がある。

2．鎌倉時代の主要著書

　鎌倉時代に発行された著書のうち、主要なものを**表12**に示したが、この中には『方丈記』、『小倉百人一首』、『徒然草』など、現代でも知られている著作がある。これらの著書の中に登場する花卉類を調べてみると、サクラ、ウメ、モモの他、野や山に咲く、ハギ、ウノハナ、ヤマブキ、ススキ、さらには、アサガオ、キクなど身近で栽培していたであろうと思われるものが含まれている。とくに、ハス、サラソウジュなど、仏教の影響と見られる花が登場している。鎌倉時代の最初に発行されたのが『新古今和歌集』で、歌の数は約2,000首がある。次に出版されたのが『方丈記』である。「ゆく河の流れは絶えずして、しかももとの水にあらず。よどみに浮かぶうたかたは、かつ消え、かつ結びて、久しくとどまりたるためしなし。世の中にある人と栖とまたかくのごとし」。有名な『方丈記』の書き出しの文である。鴨 長明は、保元、平治の乱の頃に生まれ、20歳の後半に、平家の壇ノ浦の滅亡を見ている。長明は50歳で出家し、58歳に『方丈記』を書き、建保4年（1216、64歳で没した。1213年には『金槐和歌集』が、そして、1220年には『保元物語』、『平治物語』とともに『平家物語』が発行されている。そのうち、『平家物語』はその文章の美しさから、群を抜いて有名であるといわざるを得ない。『平家物語』は1177年から1185年までの動乱を、平 清盛を中心とした平家一門が源氏との戦いに敗れて文治1年（1185）に滅亡したが、平家の末路を、仏教（とくに禅宗）の厭世主義、遁世的、諸行無常の感を基調にして叙事詩的に描いたもので、琵琶法師によって語られ人々の心を惹き付けているのである。『平家物語』の中に登場する平 忠度のことは、平安時代の末期の源 義家のところで述べたが、余りにも有名な歌人でもあった。

　　　　祇園精舎（ギオンショウジャ）の鐘の声、諸行無常（ショギョウムジョウ）の響きあり。沙羅双樹（サラソウジュ）の花の色、

　　　　盛者必衰（ショウジャヒッスイ）のことわりをあらはす。奢（オゴ）れる人も久しからず、唯春の夜の夢のごとし。

　　　　たけき者も遂にはほろびぬ、偏に風の前の塵（ヒトエ）に同じ。

　この『平家物語』の文も余りにも有名であり、改めて注釈を必要とはしない。文中にある沙羅双樹は伝説によると、釈迦がクシナーラで入滅（死去）された時、その寝

—102—

VI 鎌倉時代（1192～1333）のサクラと日本人

図14. ナツツバキ

　床の四隅にあった沙羅の木で、それが一本の根から幹が二本ずつ出ていたので双樹と呼ばれた。日本ではサラの木とかシャラの木という。高さが30mにも伸びる木で、インドでは普通に見られ、日本でいうラワン材の仲間の一種である。日本の寺院などで「シャラの木」といって植えられているのは、ナツツバキのことである（上野[218]）。この他、『小倉百人一首』、『吾妻鏡』、『十六夜日記』なども、現代にも知られている著書である。『方丈記』、『平家物語』とともに述べなければならない著書に『徒然草』がある。鎌倉時代の終わりに近い1331年に、吉田兼好（1283～1350）によって『徒然草』が発行された。吉田兼好は別名を兼好法師、または卜部兼好ともいう。卜部氏は古代から諸国の神社に仕へ卜占（占い）を職としていたが鎌倉時代の末期から吉田の姓を称した。兼好法師は鎌倉時代の末期、南北朝時代の歌人でもある。兼好法師は北面の武士として後宇多上皇に仕えていたが、院の他界とともに1324年、41歳の時に出家した。南北朝という変動期に生きた多感な天性を持った詩人であるとともに、偉大な趣味の人でもあった。彼も西行のようにサクラに対する趣味が深く、その歌に嵐山、西山、吉野のサクラが詠まれている。生まれた年月は不明、没年は法金剛院の過去帳によると観応元年（1350）4月8日、68歳とある。

　『徒然草』は244段から成り、無常観に根ざす鋭い人生観、世相観、それに美意識を持っている特色がある。「つれづれなるままに、日暮らし硯にむかひて、心にうつりゆくよしなし事を、そこはかとなく書きつづれば、あやしうこそものぐるほしけれ」とは、『徒然草』の有名な書き始めの文である。『徒然草』の中には、サクラについての記述が各所に認められる。そのうち、「八重桜は奈良の都にのみありけるを、このごろぞ、世に多くなり待るなり」と記されているが、ヤエザクラが色々なところに植えられて

いることを推定させる。また、139段には「家にありたき木は松、桜。松は五葉もよし、花はひとへなるよし、吉野の花、左近の桜、皆ひとへにてこそあれ、八重桜はことやうのものなり。いとこちたくねじけたり、植ゑずともありなむ。遅桜またすさまじ。虫のつきたるもむづかし」と述べられている。なお、『徒然草』の中に出てくるヤエザクラは、ナラノヤエザクラであるといえるが、ヒコバエが出るのはそれほど多くないことから、この頃、すでに挿木や接木によって殖やされ始めていたように推定される。サクラが接木によって殖やされたという明確な指摘は、1450年発行の『明月記』に述べられている。

3. 鎌倉時代の庭園

鎌倉に源 頼朝が幕府を開いたが、文化の中心は依然として天皇・宮人たちが住んでいた京都であり、いわゆる公家文化と呼ばれた。古代からの庭園の変遷については森[136]が詳述している。奈良時代後半から日本人好みの庭園が、天皇・宮人たちによって造られ、サクラが植えられていたが、平安時代後期から台頭してきた武士たちも、鎌倉時代に入ると庭園を持ち始めている。

4. 各種芸能の発生

鎌倉時代は現代まで残っている著書の他、花道、茶道、能、狂言、その他の芸能が発生した時代でもある。日本の芸能には「芸道」という道があり、「この芸道は日本文化の一つの特色と考える」と、西山[150]は述べている。西山によると「芸とは踊ったり歌ったり、書いたり、描いたり、茶を点たり、味わったり、話したり、語ったり、弾いたりすることによって文化価値を創り出すか、あるいは再創造すること、それが芸である。ところが、このような芸にはそれぞれの踊り方、歌い方など、その芸を演じ表現するための方法に違いがある。そのような演じ方のそれぞれが芸の道であり、芸道というものである」と、述べられている。日本では、花道、茶道というように、能楽、雅楽、和歌、和琴、舞、弓、剣などのそれぞれに芸道が確立されている。サクラと芸能との関係を調べてみると、サクラは、詩、歌、美術、工芸、音楽、演劇その他に登場しており、サクラが日本文化の発達に大きな貢献をしていることが分かる。

生け花：平安時代に瓶に花を挿して見ていたが、平安時代の末期から鎌倉時代にかけて生け花は芸術的な形になり、室町時代には花道と呼ばれるようになっている。

Ⅵ　鎌倉時代（1192 ～ 1333）のサクラと日本人

茶道：お茶は中国では漢民族が歴史上に現れる前から用いられていたと考えられている。お茶は雲南地方の原産で、中国では仏教徒が「睡魔防止薬」として飲んでいた。日本では聖徳太子の頃にはお茶が飲まれている。聖武天皇の頃、僧侶の行基が諸国に49か所の堂舎を建てて、そこに茶の木を植えたと『東大寺要録』に記述されている。奈良時代になると、中国から帰国した僧侶などによって飲茶が伝えられ、天皇・宮人たちなどの上流階級の者に飲まれるようになった。お茶が一般大衆に飲まれるようになったのは、栄西禅師が1191年に中国に渡り、帰国に際して福建省のお茶を日本に伝えてからである。栄西禅師が鎌倉に住むようになってから、飲茶の風習はますます盛んになり、禅宗と交渉が多かった武家の間から広まっていった。点茶の形式は、足利義政の頃までは中国から伝承されたそのままのものであったが、能阿弥によって茶道の形に整えられた。

能・狂言などの芸能：古代芸能として宮中や寺社に伝承されてきている雅楽、および能、狂言、人形浄瑠璃、歌舞伎、演劇などが発生した時期を調べてみると、発生した時期やそれらが芸道として確立された時期は異なるが、いずれも古代や平安、鎌倉時代に遡り、これらの時代の上流階層の間で徐々に栄えてきたものである。

5．鎌倉時代のサクラと芸術

　平安時代以降には、外来のウメ、キク、アサガオ、ボタンなどの花卉類とともに、日本の野や山に咲く、ハギ、ススキ、オミナエシなどにも関心が向けられていたが、鎌倉時代になると、これらのうち、外来の花卉類が日本人好みのものに変えられ始めている。サクラもその美しい姿が絵画や文様に残されている。鎌倉時代には仏教の浸透に伴って、「もののあわれ」が色々な分野に認められるようになり、美術工芸品にもその傾向が認められる。鎌倉時代の作品の一つである知恩院所蔵の「阿弥陀二十五菩薩来迎図」や春日神社に奉納された「春日宮曼荼羅図」には、サクラがたくさん描かれている。また、鎌倉時代の螺鈿蒔絵の華麗なサクラや奈良の西大寺の鏡には、サクラが彫出されている。さらに、平安時代末期の戦乱の頃からは、武士の鎧や兜、鞍などにもサクラが描かれるようになった。武士の鎧、兜のみでなく、陶、磁器の分野にもサクラが認められる。鎌倉時代に入ると、愛知の瀬戸窯では、黄釉、褐釉の釉下素地に直接針彫やスタンプによる文様に表すことに成功し、鎌倉時代の後期にはその最盛期となり、ボタン、ハス、キク、ウメ、ツバキ、アオイ、フジなどとともにサクラが用いられている（相賀[3]）。このようにサクラは平安時代から天皇・宮人たちの調度品や器物に認められてきたが、鎌倉時代に入ると、サクラは絵巻物、建築、陶磁器、

—105—

衣類などへと意匠化され、象徴化されて、より優雅な美術品となって残されている。

一方、紋章の中にもサクラが認められる。サクラの紋は12世紀後半から14世紀初めにかけての絵巻物「伴大納言絵詞」や「駒競行幸絵巻」などに見ることができるが、江戸時代以降には「桜紋」は50種類以上になっている。

なお、家紋は平安時代に宮人たちの間で用いられ始めたものであるが、鎌倉時代に後鳥羽上皇がキクを好んでその文様を衣服に付けたのが皇室の「菊の紋章」の起源となった。

B. 鎌倉時代のお花見

1. 天皇・宮人たち

サクラは平安時代に入ってから花の王者となり、花の文化の中で中心的な役割を果たしてきた。しかし、平安時代の末期には都の治安が乱れて殺伐とした戦いが繰り広げられた。このような世情も一応、源 頼朝によって平和がもたらされたのが鎌倉時代である。鎌倉時代でも天皇・宮人たちは京都に住み、春には恒例のお花見を続け、桜会なども催されていたことが各種の文献で知ることができる。すなわち、建久6年（1195）東大寺再建供養が行われた時に、興福寺の境内に八重桜が咲いていたと『新古今和歌集』（1205）に記述されている。また、『新勅撰和歌集』（1235）には、入道前太政大臣の

　　花さそふ　あらしの庭の　雪ならで　ふりゆくものは　我が身なりけり

の歌がある。「宝治元年（1247）2月27日、西園寺の桜盛りなりけるに、御幸なりてごらんぜられけり」とある。さらに、亀山天皇が1265年頃に嵐山に吉野の桜を移植したことも知られている。また、嘉元2年（1304）2月25日には、後二条院天皇が法皇と御車を連ねて色々なところの花を見に行ったという。なお、当時の花の名所の一つに西園寺公経の北山の別荘が知られており、その地には、ヤエザクラ、イトザクラ、ヤマザクラなどが植えられていた。この北山の別荘は、後に金閣寺になった場所である。このように平安時代に花の王者になったサクラは、鎌倉時代にも春になると天皇・宮人たちによってお花見が行われていたことを知ることができる。しかし、鎌倉時代の1300年以降には再び国政が乱れてお花見の記録が認められなくなる。なお、鎌倉時代に宮人たちの間で始まったといわれている花合に「七夕の花会」がある。これは七夕の宵に宮人たちが集まって瓶に色々な花を挿して、その美しさと趣向を競う花合の一つであるが、この七夕の花会も生け花を花道へと発展させる源となったと考えられ、

VI 鎌倉時代（1192〜1333）のサクラと日本人

生け花にはサクラがかなり用いられていたのである。

2．武士、庶民

　源 頼朝は三浦半島の三崎に、桜の御所、桃の御所、椿の御所を設けてお花見を楽しんでいる。そして、建仁3年（1203）3月15日、建保2年（1214）3月9日、寛元元年（1243）3月1日および建長5年（1253）2月に、将軍家のお花見が永福寺で行われた。この事実は武士もお花見に関心があったことを示している。一方、庶民も京都では春になるとサクラを見て楽しむ風習が明確になってきた。つまり、平安時代にはサクラは上流階層の花であり、都会の花であったが、武士の台頭によって宮人から武士の花、さらには庶民の花へと性格が変わり、都会から地方へと普及するようになったのである。

C．関東地方などの動静

　関東地方の昔話や伝説を読んでみると、西行や源 義経などに関係したサクラが認められるが、源 頼朝を除外して関東地方の動静を述べることはできない。頼朝は1180年に石橋山の戦いに敗れて房総に逃れたが、房総には子供のときから親しくしていた安西景益がいた。このことから、安房国の豪族がほとんど頼朝の味方になった。それに三浦一族や石橋山で別れた家臣も加わり、下総の千葉常胤も加わって、3万の兵で隅田川の長井の渡を渡河後、浅草寺に参詣して、飛鳥山近くの平塚城に向かっている。『吾妻鏡』の治承4年（1180）9月3日の項には、豊島の名が登場する。豊島清光は保元の乱、平治の乱では源 義朝にしたがって戦っており、そのような縁故を求めて頼朝は豊島に援助を頼んでいる。そして、江戸、河越、畠山などの武蔵の武士を味方にし、その兵10万人以上で10月6日に鎌倉に入った。現在の東京の渋谷駅近くには、源 義朝の待童として登場した金王丸に関係した金王神社があるが、その地には源 頼朝が金王丸を偲んで鎌倉から移したという金王桜がある（金王桜は次の項で詳述する）。

D．鎌倉時代のサクラの品種

　鎌倉時代に出現した品種の特徴は、奈良・平安時代には奈良・京都とその周辺が文化の中心であったのに対して、とくに平安時代の末期からは武士、僧侶などが奈良・京都を離れて地方に出かけたため、これらの人たちによって発見された地方の珍しい

—107—

第2部　花の文化の中のサクラ

サクラの変異個体が、文学書、昔話、伝説などに登場していることである。そして、そのことがサクラの品種数の自然増として認められているという点がある。鎌倉時代に存在したサクラの品種としては、山桜、八重桜、糸桜、遅桜、早桜、紅桜、四季に咲く桜、鎌倉桜がある。なお、「鎌倉桜は桐ケ谷または車返し、八重一重という。この桜は元鎌倉の桐ケ谷より産せる故に桐ヶ谷の名あり、また、鎌倉桜ともいうといわれている」（山田[230]）。この他、奈良時代からエドヒガンが存在しており、『徒然草』には「吉野桜、左近の桜、遅桜、八重桜」の名が認められる。なお、平安時代以降の著書の中に必ず登場する桜に「八重桜」がある。大和朝から鎌倉時代までに認められている八重桜は奈良八重桜しかない。このことから、各種の文学書で認められる八重桜は、奈良八重桜のヒコバエによる繁殖か挿木による繁殖などによる結果と考えられる。ところが鎌倉時代に入ると、サクラの接木が行われていることが『古今著聞集』（1254）や『明月記』（1450）に記述されている。塚本[215]は「鎌倉時代に普賢象が生まれた」と述べているが、この説には疑問がある（後述）。次に昔話や伝説の中に見られる鎌倉時代のサクラについて述べる。

1.　狩宿の下馬桜

このサクラは静岡県富士市狩宿の井手 繁氏の門前にある樹齢800年といわれているヤマザクラである。建久4年（1193）源 頼朝が富士の巻狩のとき、このサクラに馬を繋いだといわれている。

2.　金王桜

東京の渋谷駅近くに渋谷八幡という神社にある。金王丸はこの辺の領主、渋谷氏の一族で、17歳のときに源 義朝にしたがって保元の乱に参加した。平治の乱に敗れた後、東国に下る途中、尾張の国で長田忠致の謀叛によって義朝が殺された。このことを金王丸は京都の常盤御前に報告した後、渋谷に帰って出家し、土佐坊昌俊と名乗って義朝の霊を弔っていた。文治5年（1189）7月7日、源 頼朝が藤原泰衡討伐に向かう途中に立ち寄り、源氏に関係する神社であることから、鎌倉にある源 義朝の亀谷の館にあった憂忘桜を金王八幡神社に植えて「金王桜」と名付けたといわれている。『紫の一本』では、金王丸の手植えといい、『江戸砂子』では鎌倉の亀谷の館にあった憂忘桜を金王丸が賜って移したと伝えているが、渋谷八幡の社記には頼朝が金王丸を偲んで亀谷のサクラを移したと述べられている。この金王桜は、長州緋桜の八重咲きで、八重と一重が混じって咲く珍しい桜であったが、1991年に枯れた。現在はその実生苗

—108—

Ⅵ　鎌倉時代（1192～1333）のサクラと日本人

図15．金王桜と長州緋桜（右下）

から育ったサクラ（白花）が植えられており、1本の枝に一重と重弁(ジュウベン)の花が咲く珍しいサクラである。

3．柏木の右衛門桜

東京都新宿区柏木の円照寺の境内にあった。このサクラは平安時代の長元3年（1030）、柏木右衛門佐(カシワギウエモンノスケ)　源 秀朝(ミナモトスエトモ)が接木をした桜なのでこの名が付いたといわれている。このサクラは『源氏物語』に関係があるといわれ、江戸時代には春日局(カスガノツボネ)にも花が奉げられており、『江戸名所記』などには必ず記載されていた。1本の枝に一重と八重の花が混じって咲き、匂いも殊(コト)に優れていたという。『紫の一本』には「花の色勝れて香ひ深く。花の盛りは外の花よりはほど遅く、匂ひ茴香(ウイキョウ)に似たり……」と書かれている。1990年頃、筆者が円照寺を訪れた時には、前年の台風で倒れたので伐ってしまったという切り株が残り、ピンクのシダレザクラが植えられていた。

4．白旗桜

東京都文京区の白山神社の境内にあるサクラで、源 義家が奥州征伐のとき、軍馬を休ませて戦勝を祈った。戦いに勝ってお礼詣でをして、そのときに持っていた源氏の

—109—

白旗を立掛けたサクラの木が、その後、花が咲く時に、花の中から白旗のようなものが現れるようになったことから、白旗桜と呼ばれるようになったという伝説がある。

5．御会式桜
（オエシキザクラ）

　東京都大田区池上本門寺の境内にある。日蓮は承久4年（1222）、現在の千葉県安房群天津小湊町生まれ日蓮宗を開いた。晩年、甲斐の身延に久遠寺を建ててそこに暮したが、弘安5年（1282）、病気のために山を降り、身延の領主、南部実長の次男、弥三郎実氏の所領、常陸の隠井の湯に向かう途中、江戸の池上宗仲邸に立ち寄ったのだが、病気が次第に悪化し、ついにそこで61歳で入滅（死去）した。日蓮が入滅した1282年の10月から、毎年その時期になると庭にあったサクラが咲くようになったといわれている。サクラは十月桜である。

　以上のように、文学書、昔話、伝説などの中に出てくるサクラを纏めてみると、鎌倉時代のサクラの品種は、山桜、江戸彼岸、吉野桜、左近桜、八重桜、早桜、紅桜、糸桜、遅桜、鎌倉桜、下馬桜、金王桜、長州緋桜、白旗桜、右衛門桜、御会式桜となり、この他に奈良時代、平安時代のサクラで述べた、久保桜、神代桜などが地方に存在しており、品種数としては非常に多くなっている。さらに特記しておかなければならない事項には、鎌倉時代の1200年頃に伊豆大島で大島桜が出現したことが挙げられる。

E．盆栽による観賞

　中国では唐の時代の618〜907年には盆栽が流行していたことから、日本には遣唐使などによって奈良時代には伝えられていたものと考えられる。しかし、奈良・平安時代には盆栽に関する文献は見当たらず、鎌倉時代に入ってやっと絵巻物の中に認められる。このことから、奈良時代までは主として野や山の花を眺めていたのが、平安・鎌倉時代になると花卉類を栽培する段階に入り、それが重要視され始めてきたことを示している。鎌倉時代に平安時代の歌人・西行法師のことを書いた伝土佐経隆の『西行物語絵巻』の第二段に「巌上樹」がのっているのが日本最古の文献で、僧坊の縁先（ゲンジョウジュ）に長方形の大きな花台を置き、中に組子鉢に奇岩を据え、その石の上に数本の樹を植（クミコ バチ）えたものである。この頃は組子鉢に入れて自然美を鑑賞していた。おそらく公卿、寺院、武人の間に普及していたのであろう（いわき[51]）。延慶2年（1309）右近将監 高階（タカシナ）隆兼の「春日権現験記」にも盆栽3つが描かれており、1つは木製の鉢に石を付け、松（タカカネ）（カスガゴンゲンゲンキ）

—110—

と広葉樹を植え、他の2つは青白磁らしい円形の水盤に石を配し、石菖のような草を植えている。吉田兼好の『徒然草』の154段には、「植木を好み、異様に曲折あるを求めて目を喜ばしめつるは、かのかたはを愛するなりけりと、興なく覚えければ、鉢に植ゑられける木ども皆掘りすてられけり……」とある。室町時代に作られた謡曲の「鉢の木」は愛蔵していた、ウメ、サクラ、マツの盆栽を燃やした話で有名である。

F．中尾佐助の「鎌倉時代に里桜が育成されたという説」への疑問

中尾佐助[144]は色々な著書で「普賢象や他の里桜が鎌倉時代に育成された」と述べているが、その一方で、文章の最後には「ただ何の証拠もない」と述べている。つまり、「鎌倉時代に里桜が育成された」と色々な著書で記述しながら、実は中尾の推論（想像）でしかなかったのである。しかし、中尾が公表してから30年以上経っており、文化系の人たちの著書には、里桜が鎌倉時代に育成されたという記述も認められるようになっている。筆者は、この中尾の「里桜の鎌倉時代育成説」に次のような疑問を持っている。中尾は「大島桜が鎌倉時代に伊豆大島で生まれており、この大島桜が鎌倉に持ち込まれて、武士によって里桜が育成された」と述べているが、

① オオシマザクラが生まれて直ぐに鎌倉に持ち込まれたと考えてよいか？
② 鎌倉時代に武士の中に植物の交配技術を持っていた者がいたのか？
③ 鎌倉時代に認められた新品種に、中尾の主張するオオシマザクラの遺伝子が入っているといえるか？

以上のような疑問点がある。

まず、①の「オオシマザクラが鎌倉時代（1192〜1333）に生まれて直ぐに持ち込まれたか？」ということであるが、伊豆大島にあるオオシマザクラの原木は樹齢が800年といわれていることから、たしかに1200年頃の鎌倉時代に生まれたことになる。しかし、この樹齢の算出は江戸時代に行われたのではなく、明治時代以降に自然科学の発達に伴って行われるようになったもので、昭和時代にオオシマザクラの樹齢の推定が行われているように考えられる。事実、オオシマザクラについての記述を調べてみると、江戸時代の中期（1700年）には、伊豆半島からタキギザクラとしてオオシマザクラの枝が江戸に送られているが、筆者[80]が「染井吉野の江戸発生説」を裏付けるために調査して発表するまで、オオシマザクラが江戸に送られていたことを桜の研究家は認めていなかった。明治以降になり伊豆半島や房総半島の南端にオオシマザクラが

野生していた報告があるが、筆者が1986年頃に鎌倉や三浦半島のサクラを調べたが、オオシマザクラの野生個体は発見できなかった。また鎌倉時代にオオシマザクラが鎌倉に持ち込まれたという文献も発見できなかった。さらに、オオシマザクラは変異個体であるから、ただ1個体発生したはずである。しかも発生した場所は山の中で、1950年頃でも道がなく険しい山道を登らないと大島桜株を見ることができなかったと、2002年4月2日の東京新聞に述べられている。それのみではなく、昔から伊豆大島は罪人を送った流人の島として知られている離島である。このような離島の山奥に生まれた変異個体であるオオシマザクラを生まれて間もなく、誰が鎌倉へ持ち込んだのであろうか？　オオシマザクラの花は江戸時代でも人気がなく、薪用の材料でしかなかった。また、オオシマザクラの枝を鎌倉へ持ってきても接木は、やっと京都で鎌倉時代の後期に行われたと記録があるだけで、鎌倉の人では無理であったと思う。最後に、変異個体を鎌倉へ持ってきたのであるならば、現在、大島に大島株が残っているはずがない。

　②の「武士の中に植物の交配技術を身に付けた者がいたか？」であるが、平安・鎌倉時代にその技術を持った者がいたならば、文学書などに必ず登場しているはずであるが、そのような記録はない。植物の交配技術は、江戸時代の1700年ころの伊藤伊兵衛の出現によって漸く記録に残っているに過ぎない。それに加えて、中尾が品種改良を行ったと述べているが、鎌倉時代に出現した品種は2〜3品種でしかない。それのみではなく、中尾[145]は「徳川時代の人は植物の有性生殖の原理を知らず、したがって人為交配は行わなかった」と他の著書で述べている。徳川時代の人が人為交配ができないのに、鎌倉時代の武士が人為交配をしたとは奇妙である。

　最後に③の「鎌倉時代に認められた新品種に、中尾の主張するオオシマザクラの遺伝子が入っているといえるか？」であるが、鎌倉時代の品種に普賢象がある。このフゲンゾウはオオシマザクラが交配されて生まれたと中尾は主張しており、塚本ら[215]も中尾の考えと同じことを述べている。筆者[61]は、この考えの真否を確認するために、オオシマザクラ、ソメイヨシノ、フゲンゾウ、ヤマザクラおよびエドヒガンの葉をとり、3、5、7％の食塩水に葉柄を浸して調べたところ、フゲンゾウ、ヤマザクラおよびエドヒガンは食塩水に弱く、オオシマザクラは強かった。もし、フゲンゾウにオオシマザクラの遺伝子が入っているならば、ソメイヨシノと同じ反応が出てもよいはずであるが、ソメイヨシノよりも弱い。このことはフゲンゾウにはオオシマザクラの遺伝子が入っていないと考えてよい。

　以上のことから、鎌倉時代にサトザクラが育成されたとする中尾の推定は誤りである。

VII. 室町時代（1336 ～ 1573）のサクラと日本人

　鎌倉幕府が崩壊してから織田信長が1573年に足利義昭を倒して室町幕府が滅びるまでの240年間ほどを室町時代と呼んでいる。そのうち、前半の南朝と北朝が合体するまでを南北朝時代（1392年まで）、後半の応仁の乱（1467～1473）の後を戦国時代と呼んでいる。室町時代はこのように動乱に次ぐ動乱の時代であった。ところが、室町時代を文化の面から見てみると、奇妙なことに日本史上でも稀に見る豊かな文化を生み出した時代でもあった。すなわち、鎌倉時代には天皇・宮人たちの文化に対する武家の文化は雄健素朴な思想と文化が中心であったが、室町時代には幕府が鎌倉から京都に移ったことから、武士の生活も著しく都会化し、かつての武家文化も天皇・宮人たちの生活に似て、いわゆる公家文化（貴族文化）と呼ばれるようになった。その一方で、庶民文化も起こる気配がみられる。また、室町時代の文化で見逃せないのは、奈良・平安時代と続いてきた中国文化の模倣から脱却して、日本の社会と生活文化が創造的な大転換をし、日本独特の方向へと進み始めた時代であり、花の文化が一大進歩を遂げた時代でもあった。この時代の特色は、花卉や花木類を身近なところで栽培するだけでなく、珍しい花を積極的に取り入れる風潮がみられたことである。さらに、能・狂言・花道・茶道など、現代まで残る文化・芸能の分野で新しい美の探究に向けた第一歩が踏み出された時代でもある。このことも花の文化には一層強い影響を及ぼしている。しかし、鎌倉時代・室町時代を通した文化の背景には、室町時代に教団として組織されて民間に浸透していった仏教、とくに、禅宗の厭世主義、諸行無常の空気が人々の心を支配し、花を見る人の心にもそれが現れている（香川ら[83]、星[39]、松田[116, 117]）。

表13. 室町時代の主要著書

発行年	著書名	発行年	著書名
1349	風雅和歌集	1424	済北集
1371	太平記	1439	新続古今和歌集
1376	増鏡	1450	明月記
1381	新葉和歌集	1459	碧山日録
1383	お伽草子	1527	二水記
1392	後葉和歌集	1535	後奈良院宸記
1394	塵塚物語	1567	富士見道記
1412	義経記		

第2部　花の文化の中のサクラ

A. 室町時代の主要著書

　平安時代に花の王者になったサクラは、戦乱が続いた平安時代の末期や鎌倉時代および室町時代に入っても、天皇・宮人たちは戦いのないところではお花見を行っており、その様子は各種の著書で知ることができる。室町時代に発行された主な著書は、**表13**の通りである。室町時代の文学作品の中にみられる植物の種類は鎌倉時代とほぼ同様である。ただ、沙羅双樹のように仏教と結び付いた植物が多くなっている特色が見られる。さらに、中国からジンチョウゲ、スイセン、ニワザクラなどがこの時代に渡来している。また、室町時代の中頃には『御伽草子』などが現れて、文学の中に庶民的な傾向が認められるようになってきた。『風雅和歌集』には浄妙寺関白右大臣が法勝寺のイトザクラを見て、

　　　立ち寄らで　過ぬと思へど　糸桜　心にかかる　春の木のもと

と詠んだことが述べられている。嵐山に咲く花の状態は『増鏡』の村雨の巻に、

　　　嵐山　これもよし野や　うつすらむ　桜にかかる　瀧の白糸

と述べられている。『塵塚物語』にはフゲンゾウの記事がある。『明月記』には早桜が元仁2年（1225）2月に開花したこと、紅桜も寛喜元年（1229）3月29日に咲いたとある。『明月記』にはヤエザクラのことも述べられているが、『徒然草』には「八重桜はどこでもみられる」と記されている。その理由は、鎌倉時代の中期以降にはサクラの接木が行われたためである。『明月記』には嘉禄2年（1226）正月27日、嘉禄3年3月2日に接木を行ったと述べられている。『碧山目録』では長禄3年（1459）3月の項で、うす桜（雲珠桜）、雲井桜、人丸桜、八重桜、ひむろ桜（6月に咲く桜）の名前が見られる。『二水記』の大永7年（1527）の項には、彼岸桜の名がある。室町時代の末期に発行された『富士見道記』には「白子観音寺に不断桜という名木あり」と記されている。このように、戦乱に明け暮れた室町時代であったが、天皇・宮人たちが身近なところでお花見を楽しんだこと、珍しいサクラが発見されたことが各種の著書で知ることができる。

Ⅶ 室町時代（1336〜1573）のサクラと日本人

B. 室町時代の花と花の文化

1. 武将の庭園

　室町時代の花の文化を考えた場合、まず最初に挙げなければならないのが足利義満の「花の御所」のことであろう。奈良時代から天皇・宮人たちが独り占めしていた庭造りは、室町時代に入って政権が足利氏の手に委ねられると、これらの庭造りは、天皇・宮人たちの手から離れ始めた。なかでも政治の中心に立っていた足利将軍のうち、初代の尊氏以来、代々庭園愛好の趣味が受け継がれ、その家臣等も真似たために築庭の全盛時代を迎えたといえるほど、その意匠と技術面での向上が見られた。尊氏、2代目の直義(タダヨシ)の庭園も立派なものであったが、3代目の義満の頃になると、それまでの将軍の庭園が、天皇・宮人たちの庭園に似ていたものから離脱して、形が変わり始めている。庭園内に金閣のような庭園建築を建てたのも、その現れの一つと思われる。この他、天龍寺、西芳寺（苔寺）、龍安寺などの庭園は代表的なものである。花の御所は足利義満が後光厳院の御所の跡を申し受けて作ったもので、庭には山を築き、池を掘り、草や木を植えて華麗の極を尽くした。とくに義満は、有名なサクラをたくさん集めて植えたので、時の人たちはここを「花の御所」と呼んだ。北山の金閣には、その馬場に八重一重のサクラを隈なく並べ植えたという。このサクラの中には、引接寺(インジョウジ)

図 16. 天龍寺の庭

第2部　花の文化の中のサクラ

にあった普賢象という名花も含まれている。

　その後、戦乱によって京都は焼け野原となったが、都を棄てて地方に移った武将たちは、京都にいた時に覚えた茶道などに親しみを感じ、地方で小京都が生まれる遠因になったといわれている。

2．室町時代の文化・芸能

　平安時代には中国から入ったウメなどの花卉類にわが国の野や山に咲いていた、ハギ、ヤマブキなどの花を混ぜて、独自の花の文化を作っていたが、室町時代に入ると、天龍寺、龍安寺などで庭造りが行われるとともに、能、狂言、謡曲、連歌、いけばな※、茶道などの発生が明確になった。

イ．いけばな（華道）

　造園とともに見逃すことができない文化に、「いけばな」（華道）がある。「いけばな」の原型は奈良時代からの仏前供花に見ることができる。それが平安時代には観賞花へと歩み始め、室町時代には「立花（タチバナ）」と呼ばれた後、「立花（リッカ）」となっていった。つまり、室町時代には立花（タチバナ）が「いけばな」の名称であった。すなわち、花は仏のために始まったのである。花は木とともに神を迎える場所を示し、神は高いところに宿る。そのために、花や木は高く真っ直ぐに立てなければならなかった。神に供える花や木が真っ直ぐに立てられたということが、後に花を立てる（立花）という言葉が生まれる背景になっている。奈良時代には「花を挿す」「花を盛る」と言ったと、久保田ら[106]は述べている。また、北条[34]は、いけるとは今日の立花・生花・盛花・投入花など、各種の「いけばな」の総称のように用いられているが、本来は「たてはな」に対する「いけはな」である。「いけるとは、花は切られるとその花の命を断つのであるが、それを生かすことであり、死んだものを再び生き返らせるという意味がある」と述べている。

※「いけばな」という名称は江戸時代に用いられ始めたものである（久保田、瀬川）。「いけばな」は仏教とともに中国から伝えられたもので、仏にささげる花として供花の形が根を下ろし、「いけばな」の発生する端緒となっている。仏教が渡来する前に「花のときは花をもって供えた」と『日本書記』に認められることから、日本でもすでに供花の風習が存在したものと思われる。仏教においては仏に花を献ずることが第一とされ、すでに奈良時代の文献などで知ることができる。僧侶の献花だけでなく、供花は天皇・宮人たちにも受け入れられ、瓶・壺などに花を挿して献花する風習が盛んになり、平安時代から鎌倉時代になると庶民の間にも広く供花が普及するようになっていた。一方、750年には大伴家持が酒宴の席に飾られたサクラとツバキについて詠んだ歌があり、奈良時代には、サクラ、ツバキ、ウメなどを瓶に挿して天皇・宮人たちは観賞を始めている。このように、仏前への供花の風習が平安時代になると、観賞する花へと変化していったが、室町時代（1300年代）になると「いけばな」として明瞭に観賞花としての姿を明確にしたのである。

—116—

VII　室町時代（1336～1573）のサクラと日本人

　供花が仏前の供花から観賞花へと移っていく一つの過程は、「春日権現験記」に見ることができる。これは延慶2年（1309）、西園寺公衡（キンヒラ）が春日権現の宝前に納めたと言われている絵巻物である。それによると、平安時代から鎌倉時代の初期にかけては、まだ本格的な仏前供養の形は整っていなかった。それが鎌倉時代が進むにつれて供花へとその様式が変化しているのである。供花が仏前供花から観賞花として移り変わり「たてばな」という「いけばな」になった後、池坊を初めとした色々な流派が生まれ、江戸時代からは「生花（イケバナ）」として益々発展した。この生花の発展によって、花の芸術性が重視されるようになった。この意味で、室町時代の文化は植物文化のうえでも注目すべき時代である。

　ロ．茶道
　「いけばな」とともに注目されるのが茶道である。「いけばな」も茶道の発達に伴って初めは室内に陳列して観賞する立花が上流階級に流行し、その後、茶の湯に「いけばな」が用いられたといわれているほど、両者の間には密接な関係がある。そして、室町時代の末期には茶庭というものも出現している。侘（ワビ）を重視する茶庭には、四季を通して余り変化のない、マツ、スギ、モクセイなどが用いられている。茶道については鎌倉時代の項で略述したが、奈良時代に中国から帰国した僧侶などによって伝えられて、天皇・宮人たちの間で飲まれるようになり、足利義政の頃までは中国式の点茶の形式が用いられていた。これを茶道の形にしたのが能阿弥である。能阿弥によって整えられた茶の湯の方式は、義政将軍に好まれて一層盛んになっていった。戦国時代になると、茶の湯は武士の間に取り入れられた。武士の間で茶の湯が取り入れられたのは、茶の湯が一種の遊興であり、社交法であったためである。茶の湯が奨励され始めたのは織田信長の頃からである。茶の湯は戦国時代の混乱の世相の中で生まれた文化であるが、茶の湯が発達した原因に検討を加えてみると、利休を初め、茶の宗匠たちがいずれも庶民の出であったことである。彼等は茶の湯を庶民の生活に適応するように、その形を工夫し発達させている。さらに、豊臣秀吉も東海地方の一貧児から身を興し、茶を愛好したこともある（北沢[95]）。また何と言っても千利休の功績は大きい。なお、室町時代の公家（天皇・宮人たちと上級武将など）の間では闘茶（トウチャ）といって、お茶の後にそのお茶の香り、味、癖などについて勝負を競った遊びが行われていた。

　ハ．能の成立
　室町時代は中国（明国）との貿易が拡大し、大量の文化が流入し、日本古来の伝統文化との間に融合と反撥が行われた時代でもあった。能はこのような時代を背景にして成立した芸術である。その意味から、室町時代の文化の特色を最も的確に反映して

いるのが能であり、謡曲であるといえる。奈良時代に中国から渡来した散楽という雑技があった。これは歌や舞、曲芸、軽業、手品、奇術などの見世物で、現代のサーカスのようなものであった。もちろん、当時は動物の芸はなかった。これが平安時代に入ると、滑稽な物真似などが演技の中心の芸能になり「猿楽（申楽）」とも呼ばれるようになった。猿楽は「サンガク」が「サルガク」に変化したものだとか、芸の中に猿を使った演技があったからとも言われている（星[39]、坂口[175]）。猿楽は主として大きな寺の法会や神事の余興など、庶民が集まる場所で行われていた。平安時代の末期には次第に単なる物真似から笑いのある劇へと洗練されていった。その後、鎌倉時代を経て南北朝時代には、歌舞を重視する劇を「猿楽の能」、本来のおかしい、味のある台詞の劇を「猿楽の狂言」と区別されるようになった。その後、猿楽は全国的に流行し、各地に「座」が作られた。「座」とは猿楽を仕事にしている集団のことで、寺社や貴族などの保護を受けていた。なかでも京都を本拠地とする近江猿楽の六座と奈良を中心とする大和猿楽の四座が有名であった。その大和猿楽の一つの座（結崎座）の「大夫」（座長）であったのが、観世清次（観阿弥陀仏、略して観阿弥）で、その子が元清・世阿弥陀仏である。能は大和猿楽の観阿弥が、今熊野の勧進能のときに将軍足利義満に認められ、一介の芸人が室町幕府の庇護を受けて貴族社会に進出することになったのである。観阿弥は、猿楽に田楽能・曲舞などの要素を取り入れて、その芸風を拡大した。世阿弥は父・観阿弥の業績を受け継いだが、観阿弥の庶民的な芸風を一段と洗練された貴族的とも言うべき芸風とし、幽玄を第一とした芸術に仕上げた。したがって、今日の能の基礎は世阿弥によって築かれたといえる。世阿弥は「幽玄」という語を多く用いているが、この幽玄とは「優雅な美しさ」という意味である。これを花にたとえ、容姿や年齢にかかわらず、いつまでも失われない花こそ真の花である、と説いている。

　能舞台には老松が雄渾に描かれている。これは奈良の春日大社で神事野外能が影向の松の前で行われた故事に由来するといわれている。世阿弥は「松は祝言を意味し、人工を加えない自然の姿をあらわす霊木である。桜は幽曲を示し、祝言曲を和らげて趣のある美しさをあらわす花である。紅葉は恋慕の姿を示し幽曲をさらに深めて人々を深く感動させる。杉は蘭曲をあらわし、年月が経つにしたがって神々しさが出てくる姿だ」といい、能における美を花と木にたとえている。室町時代以降、現代まで、能の様式には若干の変革が認められるものの、使用している脚本は15世紀から16世紀頃の作品をそのまま踏襲しているという特殊な芸術でもある。

　ニ．能とサクラ
　能は言うまでもなく、美しさを舞台に表現して見物人を詩情に引き込むことが目的

Ⅶ　室町時代（1336～1573）のサクラと日本人

である。そのためには演出に心が配られ、美しさを表すために舞台にはサクラも重要な要素になっている。このような意味からサクラは能舞台に用いられているが、能には花の名所やサクラの美しさが取り上げられているものが多い。その主な演目を挙げると、西行桜、能野（ユヤ）、鞍馬天狗、桜川、泰山府君、墨染桜などがある。

　サクラとは少し離れるが、能の中では有名な、安珍（アンチン）・清姫（キヨヒメ）の伝説について述べる。「平安時代に奥州白河に安珍という美男子の修行者がいた。熊野権現に修行の旅に出た安珍が西牟妻郡中辺路（ニシムログンナカノヘジ）の真砂（マサゴ）の庄司清次（ショウジキヨツグ）の家に一夜の宿を求めて泊まることになった。その家の娘の清姫が安珍に一目惚れをしてしまう。「据え膳食わぬは男の恥」などと考えない真面目な安珍は、すがる清姫に「熊野権現で修行を終えたら再会する」ことを約束して熊野へ旅立っていった。ところが、待てど暮らせど安珍は戻らない。待ちわびた清姫は、やがて修行のために女人への迷いを断ち切った安珍の心変わりを知り、安珍の後を追いかけた。次第に草鞋（ワラジ）は脱げる、着物は乱れる、狂女の姿で追う清姫の執念は遂に恨みに燃えて身は蛇となり、口からは火を吐いて追っていった。安珍は怖れをなして日高川を渡って道成寺（ドウジョウジ）に逃げ込み、修理中の釣鐘の中に隠れる。しかし川を渡って追いついた大蛇の清姫は、その鐘もろとも巻き付いて安珍を焼き殺し、近くの入り江に身を投げてしまうという内容である。この伝説が「道成寺」という能に作られて、道成寺物と呼ばれている多くの芸能の原典となっている。

　福島県の白河駅の北側に小峰城の城跡がある。その近くの萱根（カヤネ）というところに「安珍桜」と呼ばれる大木があり、ここが安珍の出生の地であると伝えられている。なお、福島の伝説では、安珍の話は平安時代の醍醐天皇（897～930）頃の話と伝えている。

　能と狂言とを併せて「能楽」としたのは明治時代になってからである。また、能でいう三拍子とは、①太鼓（または笛）、②小鼓、③大鼓の三つの楽器で拍子をとることをいう。三拍子揃うとはすべての条件が備わるという意味である。

　ホ．狂言

　能とともに室町時代に生まれた芸能に狂言がある。狂言は平安時代の猿楽の系統で、「猿楽の能」に対して、「猿楽の狂言」と呼ばれた。狂言は真面目な能の間に肩のこらない狂言を挟んで観客の心を和らげ、同時に次の演出芸を新鮮な感じで鑑賞してもらう意図から企画されているものである。狂言の中には、ウメ、キク、ナシ、ハス、ハギ、マツなどの植物が取り入れられているが、サクラも「花争」（ハナアラソイ）、「花折」（ハナオリ）など多くの作品に取り入れられている。そのうち、「見物左衛門」（ケンブツザエモン）は、京都の一人の庶民が京のサクラの名所を次々と見歩くことが演ぜられている。ここでは「花盗人」（ハナヌスビト）のことについて述べる。

　下屋敷を持っている主人が二人の若者を連れて下屋敷に咲いているサクラを見に行っ

—119—

たところ、木の元に近づいてみると、何者かによって枝が折られている。これを見た主人は、「花が咲いているうちにまた盗みに来るだろうから、来たら捕らえて懲らしめてやろう」と隠れて待っていた。そこへ、昨日花を盗んだ僧がやってくる。昨日盗んで帰った花が意外に喜ばれて、もっと大きい枝が欲しいと所望されたので、また盗みに来たが、「それにしても見事な咲き方だ」と大きい枝をポキッと折り取った。待ち構えていた主人らは、この花盗人を捕らえてサクラの木に縛り付けた。縛り付けられた僧は、「こんなことになるなら来るのではなかった。僧でありながら、捕らえられて縛られたなどとは一生の恥」と悲しむのである。しばらくすると、僧は悟ったように白楽天の詩を口ずさむ。その詩は、昔中国に左国という花が大好きな人がいた、花が好きだったので山や谷に行って花を見ているうちに足を滑らせて深い谷に落ちて死んだという内容で、「煙霞跡を埋んで花の暮れを惜しみ、左国花に身を捨てて後の春を待たず」だという。「自分も同じことで、このように縄に縛られているのも花のことからですから、少しも悪いとは思わない、なんともないぞ、なんともないぞ」と独り言を言った。これを聞いた主人がやってくると、「僧は花を折るのは苦しゅうない」という古い歌があるといって、

　　　見てのみや　人に語らん　山桜　手ごとに折りて　家づとにせん

と素性法師の歌を読み上げた。すると主人も、

　　　折りつれば　たぶさに汚（ケガ）る　たてながら　三世の仏に　花たてまつる

と僧正遍昭の歌があるから咎（トガ）になると反論した。すると僧はまた大伴黒主の歌、

　　　道の辺の　たよりの桜　折りつれて　薪や重き　春の山人

を挙げて咎にはならないだろうという。そこで主人は面白がって、即興の歌を詠んだら縄を解いてやるという。僧は少し考えた後で、

　　　この春は　花のもとにて　縄つきぬ　えぼし桜と　人は見るらん

と詠んで縄を解いてもらった。その後で、主人は「昔から花盗人には酒を振舞うものだから」と言って僧に酒を与える。僧は酒を飲んで、

VII　室町時代（1336〜1573）のサクラと日本人

　　　あはれ一枝の　花の袖に　手折りて月をも　ともに詠めばやの
　　　望は残れり　この春の　望残れり

と歌いながら舞う。さらに所望されて、

　　　面白の　花の都や　筆に書くとも　及ばじ……

と歌いつつ舞い、「ついでにこの大枝も貰いまする」とまた大きい枝を折って、よろけながら逃げ去った。するとまたもう一人の僧が花を盗みにやってきて、同じようなことになり、即興に詠む歌までが同じだが、今度は「花盗人には酒を振舞う故事がある」と僧の方から言い出し、とうとう主人に酒を出させて舞うという内容である（西山[149]、桜井[177]）。

　ヘ．謡曲
　謡曲は室町時代の代表的な芸能の一つである。謡曲は猿楽の能の詞章であり、現代に伝えられている謡曲は南朝時代、室町時代に作られたものである。能は幽玄美を美の理念としており、その詞章である謡曲は昔から人々に膾炙されてきた、古文、古歌、古詩などの名句を寄せ合わせて美しい文章になっている。謡曲の内容には室町時代の文化がそのまま取り纏められている。したがって、謡曲を検討することによって、室町時代の文化もうかがい知ることができる。謡曲にもサクラの名所、名木を題としているものが多い。すなわち、鞍馬天狗、小塩、西行桜、墨染桜、桜川、熊野、泰山府君などの中にサクラのことが認められる。

　ト．連歌
　連歌は中国の連句から生まれたものである。日本では和歌が鎌倉時代以降になると藤原定家の独占的なものとなり、定家流でなければ和歌ではない、という風潮が生まれた。連歌はその反動として鎌倉時代に生まれ、室町時代には庶民の文学として盛んになった。大原野の勝持寺で行われた連歌の催しは、三日三晩続いたと伝えられている。このように、室町時代になると、連歌はますます盛んになり、文芸界の一半を掌握して、その極に達したのである。当時の連歌師には花は欠くことができない題材であって、連歌師の場合も、能、謡曲の人たちと同様、花の名所を尋ね歩いたという。なお、「花の下」とは連歌の宗匠の称号である。

第2部　花の文化の中のサクラ

チ．衣裳

　平安時代には天皇・宮人たちの男性の衣服に草花の文様が見られたが、草花の美しさを最大限に追求したものが、今日の能装束に見られる唐織（カラオリ）である。さらに、写生的な草花の表現へと移行したものに室町時代の描絵やそれに紋を加えた胴服（ドウブク）が残っている。また、風で散って川面を流れるサクラを表す花筏（ハナイカダ）をはじめ、桜文様の多様化が進んだのも室町時代であり、鎌倉時代の意匠を発展させ、サクラはさらに合理的、理知的な文様になっている。室町時代には衣服の種類も増え、小袖も寒暖によって区別されるようになった。

リ．桜の襲（カサネ）

　日本人は昔から自分の着る衣裳の色の組み合わせに心を遣（ツカ）ってきている。その一つに「襲の色目（カサネ イロメ）」という衣裳の着こなしの伝統がある。一般に十二単衣（ジュウニヒトエ）として知られているのもその一つで、昔から着物を何枚も重ねて着る風習がある。その重ね着の色の組み合わせが注目されるようになり、平安時代から「襲の色目」という言葉が生まれている。「襲」とは着物を重ねて着た時の上の着物と下の着物との配色、または1枚の着物での表地と裏地との配色のことを言う。「色目」は着物を重ねて着た時の袖、襟、裾の色合い、または1枚の着物の表地と裏地との色合いのことを言う。表地の周縁に裏地をずらしてのぞかせることを「おめり」と言うが、この「おめり」こそ襲の色目の美的感覚の真価が問われているのである。日本の昔の人たちは季節によって色を変え、呼び名を変え、また色の濃淡にも工夫を加え、男女や衣服の種類、さらに着る者の家の家風などによっても衣服の配色を微妙に変えている。裏地が表地に透けて見えるというような工夫もなされてきた。昔の宮人たちのうち、男子の正装には厳格な規定があったため、直衣（ノウシ）や狩衣（カリギヌ）などの私服のとき以外には配色を楽しむことはできなかった。そのため、襲の色目は重ね着の機会が多かった女性の衣裳に最も華やかに見ることができる。昔からの日本の衣裳の色彩美とも言うべき、この襲の色目の1種類に「桜の襲」がある。このことは『源氏物語』の「花宴の巻」に光源氏の桜の襲の姿に見ることができる。唐織の表は白で裏が紅い花色の着物に、紅味のある薄い紫色の下着を裾長く引いた桜の襲を着た光源氏の姿は、並びいる正装の中でひときわ洒落て艶やかに見えたことであろう。著者の紫式部はその情景を、せっかくの桜の花の美しささえ色褪せて見えたほどであると述べている。春の装いとしての桜の襲の色目の主なものとしては、花桜（ハナザクラ）、樺桜（カバザクラ）、薄花桜（ウスハナザクラ）、白桜（シロザクラ）、桜薄様（サクラウスヨウ）、桜萌葱（サクラモエギ）などが知られている。この桜の襲をみると、その基本は表が白で裏は紅色であるといえる。桜の花の美しさを「色彩の美」という形で衣服を飾った時、桜は日本人との間に新たな美しい結び付きとして見えてくる。

VII　室町時代（1336〜1573）のサクラと日本人

　桜以外の襲の色目には、春は、梅、桃、山吹、柳。夏は、藤、バラ、百合。秋は、朝顔、菊、キキョウ。冬は、椿などがある。昔の人たちの襲は百人一首の絵札にも見ることができる。

　これらのことを知ってみると、季節や色彩に対する日本人の感覚や感性の豊かさに驚かされる。民族としてのこのような伝統を日本人の一人一人が是非とも受け継いで伝えてほしいものである。

　ヌ．その他

　室町時代には雪舟のように世界に知られている画家が出現し、それまでの仏画絵巻の絵画から本格的な日本画の時代に入った。また、室町時代の末期から庶民の間で扇が流行したが、これにも花の絵が描かれているものが多い。「風俗遊楽図」などの風俗画も室町時代の末期から起こっているが、これらにもサクラが描かれている。

　文化面のみではなく、室町時代には日常生活にもそれまでと違う大きな変化が起こっている。それは一日の食事が三回になり、刺身料理、懐石料理などが始まり、饅頭、醤油、砂糖、納豆、羊羹などの食べ物が登場している。さらに、「門松」としてマツが登場したのも室町時代である。門松には、マツ、タケ、ウメが揃えられているが、マツは不老長寿、タケは節操を尊ぶ高潔さを表わし、ウメは他に先駆けて咲く高貴性から取り入れられたといわれており、これらは「松竹梅」としても知られている。

C．室町時代のお花見

1．天皇・宮人たち

　鎌倉時代の末期から、再び国内は戦乱の世となり、室町時代の京都・奈良における戦火は天皇や宮人たちの身辺におよび、とくに応仁の乱（1467〜1477）のときにはお花見もさすがに自由に行なわれず、生活にも大きな影響を及ぼした時代でもあった。しかしながら、このような時代であったが、天皇・宮人たちのサクラに寄せる情熱にはほとんど変化が認められず、戦乱のなかった地域や戦乱のなかった年にはお花見を行なっていたことが諸文献によって知ることができる。すなわち、『太平記』には後醍醐天皇のお花見のことが述べられており、その他の著書でもサクラについて述べていることは、いずれも天皇・宮人たちのお花見に関連した記事である。このように、室町時代は戦乱の世であったが、天皇を初めとする宮人たちはお花見の行事を忘れてはいなかった。

第2部　花の文化の中のサクラ

2．お花見の場所

　平安時代から観桜のための花宴などの諸行事は天皇・宮人たちの間では習慣化しており、京都の二条城の南にあった神泉苑、法勝寺などの京都内の寺院や神社はお花見の場所になっている。その一方で、室町時代に足利尊氏の執事として天下の実権を握っていた高師直の邸には、吉野から移した多くのサクラがあったと『太平記』に述べられている。なお、室町時代の末期（1550年頃）には奈良の吉野山は、下の千本から中の千本、さらに上の千本へと次第に開花していくという記述が認められ、現在の吉野山に近い状態であったことが推定される。このように、時代はどのように変わろうともサクラを愛する日本人の心には全く変化は起こらず、サクラは時代の様々な変化や歴史を印しながら、次の時代へと移っていっている。

3．後醍醐天皇とサクラ

　歴代の天皇の中でサクラと縁が最も深かったのは、後醍醐天皇であったであろう。このことから、ここではとくに記述することにした。

　後醍醐天皇は正中3年（1326）3月に花宴を行った。その後、南朝の元弘元年（北朝の元徳3年）（1331）3月に天皇は春言大夫、藤原公宗の北山の台に行幸し、7日間逗留して、その間に花宴を催された（山田[230]）。佐藤[183]は西園寺の北上に行幸したと述べている。これを最後に世の中が騒々しくなり、天下の大乱が起こった。すなわち、京都の北山の台で花宴を催されたが、「天皇に倒幕の計画がある」と密告されて、この花宴を最後に世は大混乱に落ちていったのである。天皇は一時、難を逃れるために笠置山に入られた。一方、楠正成は、赤坂城で兵を挙げたが、衆寡敵せず、北条高時の軍勢は笠置山に攻め込み、後醍醐天皇は北条方（幕府側）に捕らわれの身となった（元弘の変）。1332年（南朝：元弘2年・北朝：正慶元年）、北条幕府は後醍醐天皇を隠岐に流すことを決めて3月にそれを実行した。サクラの花の咲く時期であった。そのときの様子を『太平記』は「先帝遷幸の事」として次のように伝えている。すなわち、南朝：元弘2年（1332）3月7日、一条大夫行房、六条少将忠顕，おそばにいて世話をする女房、三位御局をお供にして、前後左右を弓矢を持った武士に囲まれて都を出発した。神戸、須磨、明石、今宿（現在の姫路市今宿）を経て津山に入って院庄（津山市の西端にある）より山越えをした。途中、咲き乱れる桜をご覧になり、少しは御心も慰みになられたようで、

　　　花はなほ　うき世もわかず　さきにけり　みやこもいまや　さかりなるらむ

—124—

Ⅶ　室町時代（1336～1573）のサクラと日本人

とお詠みになられている。美作国にしばらくご逗留されていたが、3月21日、雲清寺というところに美しい花があったので、忠顕がそれを折って献じ、

　　　かはらぬを　形見となして　咲く花の　都はなばも　しのばれにける

と詠んだところ、お返しに

　　　色も香も　かはらぬしもぞ　うかりける　都の外の　花のこずゑは

とお詠みになられた。

　このときに、忠臣・兒島高徳（コジマタカノリ）の伝説が伝えられている。兒島高徳は兒島備後三郎高徳（ビンゴサブロウ）といい、天皇が逆賊、北条高時に捕らえられて隠岐に遷（ウツ）されることを聞き、駕を奪うことを考えて、一族を率いて備前と播磨の境の船坂山の嶺に隠れて機会を待っていたのである。しかし、今宿から道は山陽道と山陰道に分かれる。車駕が山陰道に向かったと聞き、直ちに間道から杉坂に急行したのであるが、天皇ご一行が院の庄に入られた後であった。一族はちりぢりになったが、高徳はせめても我々のことが天皇のお耳に達せば、御心の慰めにもなろうと、一人潜行して機を窺った。しかし、宿所の警戒が厳重で入れなかった。夜、密かに忍び込んで庭の桜の樹を削って、

　　　　　「天莫レ空二勾践一時非レ無二范蠡一」
　　　　（コウセン　ムナシ　ハンレイ）
　　　　（天勾践よ空うするなかれ、時に范蠡無きにしも非ず）

と書いたのである。翌朝になって警護の武士たちがこれを見つけて、誰が書いたのかと騒いでいたが、誰にも意味がわからなかった。このことが天皇のお耳に入り、天皇がそれをご覧になって、その詩の心を悟られて、お顔は殊に心地よく、ひときわにこやかであったが、武士たちはその詩の意味を知らなかったので、咎めることもなかったとのことである（天野[5]、佐藤[183]）。なお、兒島高徳が詩を書いたサクラは「院庄の桜」（インノショウ）と名付けられていたが、このサクラは枯れた。貞享5年（1688）美作国主 森 長成の臣長尾隼人勝明が、その旧跡が荒れているのを嘆いて、高徳がサクラを削って書いたといわれる東大門のところにサクラを植えてその傍らに碑を建てたのである。牧野[113]は兒島高徳が実在した人であるかどうかについては色々な説があると述べている。

　1333年（元弘3年；正慶2年）、後醍醐天皇は密かに隠岐を脱出し、現在の鳥取県の名和長年（ナワナガトシ）の応援を得た。一方、1332年に千早城で活躍した楠 正成に加えて、1333年に

—125—

第 2 部　花の文化の中のサクラ

は足利尊氏、新田義貞などの活躍によって北条幕府（鎌倉幕府）は滅亡した。1334年（建武元年）には建武の新政が開始された。ところが1335年（建武2年）に鎌倉に下向していた足利尊氏が天皇に反旗を翻して京都に攻めてきた。楠 正成は天皇とともに比叡山で足利尊氏の軍勢を打ち破った。1336年（建武3年：延元元年）、足利尊氏は九州から大軍を率いて攻め上がってきた。楠 正成は湊川（現在の兵庫県）で戦い、壮烈な戦死を遂げた（5月25日）。楠 正成は河内（現在の大阪）の豪族で武略、知略に優れ、建武中興の樹立に尽くした。元弘元年（1331）、後醍醐天皇の倒幕の命を受けて挙兵し、赤坂城、千早城などで北条氏の大軍を破り、鎌倉幕府を滅亡させた。その功によって河内・和泉の国守に任ぜられていた。九州から足利尊氏の大軍を向かい討ったために湊川へ出陣したのであるが、桜井の駅付近で、子 正行を母の元に帰らせた。この挿話は「桜井の別れ」（作詞 落合直文、作曲 奥山朝恭）として歌に残っている。

　① 青葉茂れる桜井の　里のわたりの夕まぐれ　木の下蔭に駒止めて
　　　世の行く末をつくづくと　忍ぶ鎧の袖の上に　散るは涙かはた露か

　② 正成涙を打ち払い　我が子正行呼び寄せて　父は兵庫に赴かん
　　　かなたの浦にて戦死せん　汝はここまで来つれども　とくとく
　　　帰れ故郷へ

　桜井は昔からサクラが多かったところである。桜井の別れで正行を母の元に帰した正成は湊川の戦で戦死した。一方、楠 正行は1348年（正平3年：貞和4年）、河内（現大阪府）の四條畷の戦いで賊軍と戦って戦死した。

　1336年（北朝：延元元年）5月末、楠 正成を破って京都に入った足利尊氏は、京都で幕府を開くとともに後醍醐天皇を幽閉した。その年の12月、後醍醐天皇は幽閉されていた花山院の土塀の崩れたところから、女の姿をして密かに三種の神器を大きな弁当箱に隠して馬で逃げて吉野山に向かった。当時は人の心が険悪なときでもあり、吉野山に入る前に穴生というところにご滞在になり、使者を吉野に遣わして、山僧らの意向をたしかめられた。このとき、「全山の衆徒がお護り奉ります」という返事であったので、お迎えの法師たちとともに、まず吉水院にお入りになった（このときが南北朝時代の始まりであり、京都の幕府方を北朝、吉野の後醍醐天皇の方を南朝と呼んでいる）。吉水院には忠僧 宗信という者がいた。宗信は元弘の乱のときには護良親王を援護した僧であり、後醍醐天皇が崩御された後も後村上天皇を援助したといわれている。吉水院は明治8年吉水神社と改称され、後醍醐天皇、楠 正成、忠僧宗信を祀っている。吉野山にお入りになった後醍醐天皇は、翌年（1337）2月に金輪王寺に移られ

VII 室町時代 (1336 ~ 1573) のサクラと日本人

そこを行宮と定めたと、高橋[195]、佐藤[183]は述べている。しかし、山田[228]、広江[31]は世尊寺を行宮とした、と述べている。この行宮は後醍醐天皇の崩御後も、後村上、後亀山天皇までの50年余りに亘って南朝と呼ばれて皇居になっていた。このように、吉野山は天皇を護ろうとする忠臣が集まるところになっていた。後醍醐天皇が隠岐から脱出に成功した元弘3年 (1333) には、大塔宮護良親王が吉野山で兵を挙げたが、戦いに敗れて蔵王堂で最後の酒宴を開いていた時に敵の襲撃を受けた。村上義光は大塔宮を逃がすために、自ら身代わりとなって、二の木戸の櫓に登って大声で「吾こそは後醍醐天皇の第三皇子 一品兵部卿親王尊仁である。いま、逆賊のために滅ぼされ、恨みを呑んで自害せんとす、汝等武運尽きて腹を切らんとする時の手本にせよ」といって鎧を脱いで下に投げ、腹を掻き切って腸を掴み出して櫓の板に投げつけた、と伝えられている。その吉野山にお入りになった後醍醐天皇の寂しいご生活の中にあって、春に咲くサクラは天皇の御心を如何に慰めることになったであろうか。後醍醐天皇は寺の庭に咲くサクラを見て、

　　ここにても　雲井の桜　咲きにけり　ただかりそめの　宿とおもへど

とお詠みになられている。そして、1339年 (延元4年：暦応2年) 8月16日、月が傾く頃、北方の天を望みつつ、御剣を右の御手にして、「朕が骨は縦ひ南山の苔に埋むとも魂魄は常に北闕の天を望まん」宣まへて，十六夜の月とともに吉野の地で崩御された。このように、平安時代にすでにサクラの名所として知られていた吉野山は、後醍醐天皇が朝延 (南朝) を開いてからは史跡としても有名になった。

　　歌書よりも　軍書に悲し　吉野山　　　(支考)

また、

　　花散るや　ああ南朝の　夢のあと

と聴秋は詠んでいる。

古陵の松柏　天颷に吼ゆ　山寺　春をたずぬれば　春寂寥　眉雪の老僧
時に　箒を輟めて　落花深き処に　南朝を説く　　　　(藤井竹外の漢詩)

4．武将のお花見

　室町時代になると、天皇・宮人たちのみでなく、戦乱が収まると武士階級、とくに上級武士もお花見を行っている。すなわち、貴族などの支配階層に加わり、政治に関与を始めた上級武士たちは、それまでの武芸の道のみでなく、教養も求められるようになっていた。つまり、お花見は武将の教養を示す代表的な事例となっていたのである。このことを立証するかのように、1340年（興国元年：暦応3年）の頃、足利直義が京都の西・大原野でお花見をしており、1346年（貞和2年：正平元年）にもお花見を行った記録がある。貞治5年（1366）3月4日の『太平記』の項には、佐々木道誉（通常ばさら大将）のお花見のことが述べられている。佐々木道誉は足利尊氏とともに戦った武将であるが、お茶や花・香の道にも優れた才能を持っており、「ばさら」の異名を付けられた自由奔放の大名であった。ばさら（婆娑羅）とは「派手なしゃれ者」という室町時代の言葉である。貞治5年3月4日、当時、あらゆる面で道誉と対立していた者に守護大名の斯波高経がいた。この高経が将軍 義詮の庭前のサクラが咲いたので遊宴を行った。もちろん道誉にも招待状が出されて出席の返事もあった。ところが当日になると、道誉は招待を無視して京都の市内にいる連歌子や白拍子など、花見の宴に興を添える芸人たちを一人残らず引き連れて、大原野の小塩山勝持寺で大宴会を行ったのである。このときの光景を『太平記』は、「本堂の庭に十囲の花木4本あり、この下に一丈余の鍮石（真鍮）の花瓶をかけて一双の華に造りなし、その交ひに両囲の香炉を両の机に並べて、一斤の名香を一度に焚き上げたれば、香風四方に散じて人皆浮香世界の中にあるが如し」と述べている。十かかえもある桜の根元にそのまま真鍮の花瓶を造って巨樹の姿を生け花にしてしまうという雄大さであり、その花の下では百味の珍膳を並べ、お茶を飲みながら猿楽や白拍子などが芸を演ずると座中の人たちが大口や小袖を与え、山のような賞品になったという。また、「夜になって都へ帰る松明は天を輝かした」などと記されており、将軍邸で行われた花宴を圧倒したのである（西山[150]、足田[10]）。

　その後、足利義満は室町に豪奢な館を造り、フゲンゾウなどのサクラの名花を植えて「花の御所」と呼んだ。その花の御所へ弘和元年（1381）3月、後円融院がお花見に行ったという。このように、天皇・宮人たちとは別に将軍一族もまたお花見に興じていたのである。なお、室町時代の花の名所としては、大原野、西芳寺、花頂山、若王子、仁和寺、龍安寺などの名が認められる。もちろんこれ以外にも平安時代から続いているサクラの名所もある。

Ⅶ　室町時代（1336～1573）のサクラと日本人

5．庶民のお花見

　奈良・平安・鎌倉時代へと時代は変わり、その時代に発行された著書にはお花見を楽しんだ様子がたくさん述べられている。しかし、それを楽しんでいたのは、天皇・宮人たちを初めとする上流社会や僧侶たちであって、まだそこには一般庶民の姿はほとんど登場していない。しかし、上流階層のこのような行動は庶民も見聞している。その結果、室町時代には、京都に住む庶民もお花見をするようになった。そして室町時代の後期になると、庶民のお花見が記録に残っている。「花見鷹狩図屏風」を見ると、花に浮かれて楽しむ風潮が芽生えているのが分かるが、ここに描かれている人たちは特権階級とは呼べない者たちである。つまり、このような一般庶民のお花見の光景が、京都のようなところで、ようやく起こり始めているのである。とくに、永世15年（1518）に発行されたという『閑吟集』には多くの歌が記述されているが、祇園や清水、法輪寺など、平安・鎌倉時代までは上流階級のお花見の場所であったところで、一般民衆がお花見を楽しんだ様子が覗える。さらに室町時代の狂言に「見物左衛門」がある。この狂言では京都の一人の庶民が京都のサクラの名所を次々に見て歩くことが述べられている（西山[150]、足田[10]）。上流階級に独占されていたサクラも、この頃から庶民が加わったサクラの庶民文化へと移り変わっていくのである。

D．関東地方などの情勢

　平安時代の中期までは関東地方の状態は余り知られていないが、平安時代の末期以降は、西行法師、源 義家、源 義経などが関東地方に来ており、中央政界との結び付きが認められる。しかし、当時の関東地方は豪族間の土地の奪い合いが行われていたというのが実情のようである。鈴木[190] によると現在の江戸川区は葛西氏の領土であったという。また、林ら[25] は「南北朝時代には豊島氏は江戸氏・葛西氏・坂東八平氏・武蔵七党とともに北朝方に組していた。関東の豪族の多くが北朝方に組していたのは、政治的な判断もあったが、南朝の体制が古代の天皇の復古であったことと、坂東の武士たちが強固な関東の農民的な地盤の上に武家の権力を打ち立てていたことから南朝を受け入れる基盤ではなかった」と述べている。なお、この頃に文武に卓越した太田道灌が生まれ、長禄元年（1457）4月に江戸城を完成させ、その後、豊島氏を倒して現在の東京23区の一帯を支配した。一方、永禄7年（1564）正月には千葉の里見義弘と北条氏との戦いが行われ、市川市の国府台の戦いで北条氏が勝っている。このように関東地方の人たちは、まだ花を愛でるまでには至っていなかった。

第2部　花の文化の中のサクラ

E.　室町時代のサクラの品種

　すでに述べたように、日本本土上には200万年以前からサクラが存在していた。したがって鎌倉時代までには、突然変異や自然交雑によって日本各地には色々なサクラの変異個体が生えていたはずである。このことは室町時代に出版された著書や現代まで伝えられている昔話や伝説などを読んでみると、奈良・平安時代より品種が非常に多くなっていることで分かる。すなわち、室町時代の諸文献に認められるサクラの品種名は、西行桜、糸桜、雲井桜、墨染桜、紅桜、八重桜、雲珠桜（ウズザクラ）、鞍馬桜、ひむろ桜、人丸桜、不断桜、九重桜、小塩桜、泰山府君（タイザンフクン）、普賢象、早桜、左近桜（サコンノサクラ）、彼岸桜、鎌倉桜、山桜、吉野の桜、信濃桜などがある。このうち、信濃桜は現在は存在しない。これらの品種の中には、箱根で発見された糸桜や富士山麓のものといわれている、ひむろ桜（フジザクラかマメザクラ）および信濃桜のように、明らかに地方で発見されたサクラを京都へ持っていったと見られる品種がある。

　一方、『徒然草』には「八重桜はどこでも見られる」と述べられている。室町時代になって普賢象（フゲンゾウ）が加わっており、それ以前には奈良八重桜しか八重桜は存在しない。このことから室町時代以前から、かなりサクラの接木が行われていたことが考えられる。『明月記』には鎌倉時代の嘉禄2年（1226）正月27日、嘉禄3年（1227）3月2日に接木を行ったと記述されている。

　ここで再び中尾[146]の「室町時代にサクラの品種改良が行われた」という主張に対する疑問点を述べたい。中尾は色々な著書で「鎌倉時代・室町時代に桜の品種改良が行われて里桜が生まれた」と述べているが、室町時代に登場したサクラの品種中、糸桜、雲珠桜、雲井桜、不断桜、鞍馬桜、信濃桜、ひむろ桜などは、いずれも色々なところで発見されたサクラであり、特定の人物によって品種改良されたものとは考えられない。また、室町時代にオオシマザクラの遺伝子が入った里桜が出現したとする中尾の推定は、筆者[61, 76]の研究によって否定された。中尾以外の人も「八重桜の品種改良は室町時代から行われていた」と述べているが、接木によって増殖したことへの検討が行われていない。つまり、サクラの数の増加と品種数を分けて考えていないと誤った結論になる。

1.　普賢象について

　普賢象については、山田[230]、中尾[315]とも室町時代には存在したと述べているが、その解説の部分には違いが見られることからここで詳述することにした。山田によると、「普賢象は平安城の北、朱雀大路（俗称、千本通）のところに引接寺（インジョウジ）という寺院あり、

VII 室町時代 (1336～1573) のサクラと日本人

俗に千本の閻魔堂という。毎年2月15日から涅槃会供養のために大念佛を催した。この寺、かの北山殿に近かりしかば、御幸の在りし時、延引されたため、3月花盛りの頃行うことが恒例となる。この際に、足利義満、その寺に名花あるを聞きて所望せしことあり、このことは『塵塚物語』(1395～1427年頃) に伝ふ。この名木は即ちいまに伝ふる普賢象という桜の源なり」と述べている。また、次のようにも述べている。「宇多天皇 (887～897)、雲林院御幸のときにも普賢象の記録あり。『塵塚物語』の伝説はそのまま信ずべきにはあらざらむ。然れども古くより普賢という名木のありしことは『碧山日録』の長禄3年 (1459) 2月にも記録あり。明応4年 (1495) 2月13日の『親長卿記』に記録があり、明らか。応仁の大乱中 (1467) は京中花見も自由なしとあり、それ以前に存在していることを示す。普賢像は普賢象の訛なり」と述べている。

これに対して、中尾[146] は「普賢象は鎌倉の普賢堂から移植したものだ。しかし京都に現存するものと同じかどうか不明」と述べており、1990年以降のサクラに関する著書は中尾の説にしたがっている。中尾は横川和尚の詩も引用している。すなわち室町時代の臨済の僧 横川はこの花の由来を「世に伝ふ鎌倉に堂あり、普賢を之に安んず。其の地に桜あり、俗に之を普賢堂といふ。或いは普賢象といふ。和訓に鼻と花と音が同じく、白く且つ大なるは菩薩の乗るところの白鼻の如くなり。そして、平安の地にもこの名花があったが、打ちつづく大仁の乱のために花見もできなかった」と述べている。この文の中で注意して欲しいのは、横川和尚が「平安の地にもこの名花があったが……」と述べている箇所で、鎌倉から移植したと述べていないことである。もし鎌倉のものを移植したというならば、鎌倉には普賢象の個体はなくなっているはずであり、横川和尚の文にそれが述べられていなければならない。

また、中尾はフゲンゾウにはオオシマザクラの遺伝子が入っていると述べているが、筆者[61,76] が化学反応によって調べた結果、中尾の考えは誤りであることが判明した。さらに、横川和尚の言う普賢象は三好によって「ハクフゲン」と命名されていることも判明した。つまり、引接寺の普賢象と鎌倉の普賢象とは違う品種である。

表14. 安土・桃山時代の主要著書

発行年	著書名
1582	連歌至宝抄
1593	室町時代小歌集
1593	天草版伊曾保物語

Ⅷ. 安土・桃山時代（1573 〜 1602）のサクラと日本人

　室町時代の末期に起こった応仁の乱（1467〜）以降、幕府の力に衰えが見られ各地で戦乱が起こった。上杉謙信と武田信玄は1553年に川中島で戦ってから1564年までに数回合戦を行っている。そして1573年、織田信長によって将軍足利義昭が逐放されて室町幕府は滅亡した。その後、再び国内は乱れるが、1590年に豊臣秀吉によって統一された。秀吉が統治した時代を桃山時代と呼んでいるが、その10年ほどの歳月の間に桃山文化と呼ばれたものが築き上げられたのである。豊臣秀吉について伝えられている話はたくさんあるが、サクラとの関係で忘れることができないのが、「吉野の花見」と「醍醐の花見」のことである。

　一方、戦国時代の動乱が一応治まり、平和の世が到来した桃山時代には、日本の民俗文化の上に大きな変化が見られるようになった。それまで低い階層の庶民の中で文化と呼べるほど洗練されたものではなかった、音感、味覚、色感など、原始の昔から持ち続けてきたものが成熟し、桃山時代にそれらが「文化」という形で発露したということである。それは、信長、秀吉、家康というような、普通の人が最高の支配者の地位に就くことができたことでもわかるように、全国の大名たちの間にも中央と同じ変化が起こっている。この社会的な一大変化こそが、安土・桃山時代の文化の特色を作り上げたのである。

A. 安土・桃山時代の主要著書

　この時代は1573〜1602年までの30年間ほどであり、しかも戦乱の時代を経ているために現代に知られている著書は少ない。しかしながら、文化的な活動が戦乱のために途切れてしまったと見るのは早計であり、奈良・平安時代から育ってきた日本固有の花の文化は一歩一歩と前進していたのである。

B. 安土・桃山時代の花と花の文化

1. 絵

サクラの絵は古くから描かれているが、名画と呼ばれるものは余りない。絵巻物とし

ては、藤原信実の「北野天神縁起」や「石山寺縁起」、「一遍上人絵伝」、「伊勢新名所絵」
などに、マツ、スギ、モミジなどと同じように一つの添景として描かれており、サクラ
は目立たぬ程度に添えてあるだけである。鎌倉時代に描かれたものとして知恩院所蔵の
「阿弥陀二十五菩薩来迎図」がある。阿弥陀の來迎は、サクラが咲いている山を背景に
して描かれているが、サクラは絵の主体にはなっていない。

　室町時代の絵にはサクラが少ない。サクラが描かれて名画がでたのは桃山時代であ
る。まず第一に挙げられるのが、狩野永徳作の智積院の襖絵である。大書院二の間、
三の間に亘る大画面で、一輪一輪サクラの花が、実物以上の大きさに描かれている。
長谷川等伯・久蔵親子が描いた智積院の襖絵の「楓桜図」も桃山時代の障壁画とし
て名高いが、その中のサクラは全体の要になっている（塚本[216]）。狩野長信が桃山時
代に描いたといわれている「花下遊楽図屏風」には、人の体の幅より太いヤマザクラ
の図が描かれている。さらに、「花見鷹狩図屏風」には秀吉の頃の花見風景が描かれ
ているが、桜花爛漫といってよい。花鳥画も桃山時代の特徴をよく表している。とく
に大画面の一部を構成する秋草の文様は調度品や器物に用いられ、豪華な装飾画とと
もに室内の調和が計られていた。高台寺蒔絵と呼ばれる秋草を主とする文様はその代
表的なもので、伝統的な組み合わせを脱した、キク、ススキを主に、ハギ、キキョウ
などが視覚的には平面的で絵画的なものよりも文様的な構成がなされている。そして、
それまで秋の草には必ず見られていた鹿や鳥などが用いられておらず、菊花紋や花桐
紋が用いられている。技術的にも単純にして明快であり、素材も、キク、ススキ、ハ
ギ、キキョウ、オミナエシ、フジバカマ、ナデシコ、アサガオなどの花に、マツ、タケ、
花筏、桐紋、菊紋などが加わっている。

2．陶器

　陶器も窯業が固定化し始めたのは平安時代の末期頃からであるが、その後、大陸か
ら陶芸の技術が導入されると、陶芸の世界も飛躍的に発展した。もちろん、飲食用の
陶器にも花の絵が取り入れられている。さらに、茶道の発展とともに陶芸の分野は一
層促進されることになった。

3．建築・築庭

　織田信長は室町幕府を倒した後、1576年に安土城を造っているが、この頃から武将た
ちは、戦時を想定して城郭内に居館を建て、豪壮な城郭と居住する居館を飾る華麗な
障壁画などは艶麗なものになっていった。また、城郭内にも庭園が造られ、茶室の方で

も、利休、紹鴎、織部のような天才が続出して日本の花道美術を飾っている（重森[184]、森[136]）。

4．武具

　城とともに武士に関するものに武具があるが、刀の鍔には花鳥文様やサクラの紋、鎧の金具、彫金、染革なども草花で飾るという趣向が出現した。それらには、サクラ、ユリ、カキツバタ、キキョウ、キクなどの花や秋の草花などが用いられている。

5．能・狂言・茶道・花道

　桃山時代には、能、狂言、茶道、花道といった日本の伝統的な芸能が花開き、華麗と枯淡の狭間のなかで真の日本的な美しさが大成された時代である。これらのことは室町時代などにも述べており、改めて詳述を要しない。茶は千利休などの出現で「侘の茶道」が確立され、茶室を飾る挿花にも影響を及ぼした。一方、その挿花は奈良時代の供花から立花へ、さらに進んで一段と装飾化され、雄大華麗な様式へと変化し、これに円熟さが加わって、ほぼ完成された「花道」に近付いていった時代でもある。

6．衣裳

　桃山時代を代表する文化に「衣裳」がある。安土・桃山時代に入ると、衣裳に使われる花の文様の数が増加し、サクラ、ススキ、キキョウ、マツ、タケなどが加わっている。また、水面に散った花びらが、水の動きによって漂う様子を模様にした「花筏」と呼ばれる織物も作られた。この桃山時代の衣裳で特筆しなければならないのは、「辻が花」と呼ばれた染色物が優雅な美しさを誇った時代であったことである。日本の染色技法は平安時代に大きな変革が認められたことから、そこでも「辻が花」について述べた。辻が花は、上杉謙信、武田信玄、織田信長、豊臣秀吉、徳川家康などが愛用したといわれており、美しい花が染め出され、その自然の花そのものを描いたり、染め出されたものを着ていたのである。秀吉、家康の名には及ばないが、遠く武蔵から出てきた田舎武者の熊谷次郎直実とその子、小次郎は、桜の花に美を感ずる意識を持っていた。小次郎は「小桜を黄にかへたる鎧きて、黄河毛なる馬にぞ乗ったりける」という姿で藍の地色に黄色の小桜の花模様を染め抜いた鎧を身に着け、関東武士の美意識を表していたといえる。

　西山[149]は「辻が花」について、「誰が名付けたのかわからない。なぜそう呼ぶのか

もわからない。誰が作ったのかも知るよしもない。しかし見事な衣裳である。辻が花の本領は絞りの草木染めというところにあり、何色もの多彩な美しさが独特の風格をかもし出している。辻が花といわれる染物は室町時代の末から桃山時代の間、一世紀余りの間にもてはやされ、日本の染色史上に最も格調の高い美しさを誇ったが、この時代を一期(イチゴ)として、その短くも美しい生涯を閉じてしまって、今日残っているものは少ない」と述べている。このことから西山は「桃山一期の花」として辻が花を理解していることがわかる。さらに、

図17. 花筏

辻が花という染色工芸品は、日本民族がこれまでに作った色々な染色工芸品の中で最も日本的な「日本の花」の心を表明しているとも述べている。辻が花は大彦染繡美術研究所にある「竹模様辻が花小袖」と島根県の清水寺(セイスイジ)の「丁字辻が花染胴服(ドウブク)」が知られているが、ともに家康から拝領したものだという。

C. 安土・桃山時代のお花見

1. 天皇・宮人たち

室町時代の末期からは京都・奈良のみでなく、関東地方その他の地域にまで戦火が及び歴史的な観点からは戦いの記録のみが多い。このような時代ではあったが、戦乱のないところでは天皇・宮人たちはお花見を行っていた。ここで留意しなければならないのは、応仁の乱、その他の戦乱によって京都は焼野原となったのであるが、宮人

第2部　花の文化の中のサクラ

たちの中の隠れた愛桜家によって、奈良・平安・室町時代のサクラの名花が保護され、江戸時代へと継承されていたことである。安土・桃山時代のお花見は「花見図屏風」などでその様子が描かれているが、その多くは京都の名所の花見で、上層階級の人たちの遊楽の図である。なお、室町時代の末期には吉野山のサクラは、下の千本、中の千本、上の千本と、現代の吉野山の状態に近くなっている。

2．武将

　室町時代の末期から織田信長、豊臣秀吉の時代は、戦乱に次ぐ戦乱に悩まされた時代であったが、世の中が少しでも安定すると、天皇・宮人たちだけでなく武士階級もお花見に加わっていたことが知られている。すなわち、天正10年（1582）、織田信長は武田氏を滅亡させた後、今川氏の城跡のところにあった千本のサクラを見に行っている。このようなお花見は、織田信長だけでなく、当時の武将・武士たちも行っていたのである。桃山時代の武将のお花見として挙げられるのが、豊臣秀吉の「吉野の花見」（1594）と「醍醐の花見」（1598）である。

　天文5年（1536）、秀吉は尾張の百姓の子として生まれ、信長に仕えて色々な戦いを体験し、天正10年（1582）、本能寺の変で信長が殺されると、備中高松より取って返して明智光秀を討って天下を取った。慶長3年（1598）、醍醐の花見から3か月後の8月18日、63歳で息を引き取った。貧困な百姓の家で生まれながら、天下を制する地位に上った秀吉であるが、なかなかの風流者で、花だけでなく、あらゆるものに好奇心を示し、自由にその才能を発揮している。お茶についてもそうであるが、千 利休と秀吉の確執は有名な話である。ある年、利休の屋敷に美しいアサガオの花が咲いているというので、秀吉が利休のところへアサガオを見に行ったら、茶室にたった一輪のアサガオが活けてあっただけだったという。利休は最後に秀吉から切腹させられている。さて、「秀吉がどのようなお花見を行ったのか？」ということであるが、「吉野の花見」と「醍醐の花見」については、「お花見」という表題の場合、必ずといってよいほど触れられている。

イ．吉野の花見

　何事も豪華さを競った秀吉であるが、花見も豪華そのものであった。秀吉が吉野で花見を行ったのは、文禄3年（1594）2月のことで、この花見はそれまで全く見られなかったほど大規模なもので、公卿、大名など五千人が集まった。主な客人としては、右大臣晴季、権大納言親綱、権大納言輝資、左衛門督永孝、権中将雅枝（雅庸）など、武家では関白秀次、徳川家康、結城秀康、宇喜多秀家、前田利家、伊達政宗、織田信雄、羽柴秀俊などであった。このほか、聖護院道 澄 親王、連歌師 法眼紹巴、

Ⅷ　安土・桃山時代（1573〜1602）のサクラと日本人

法橋昌叱^{ホッキョウショウシツ}なども加わっていた。

　お花見の前から色々と準備が行われ、当日は各自思い思いの変装をして参加した。秀吉は24日に大阪を出発し、27日に吉野に着き、六田の橋から一の坂を登ったところの茶屋で一休みをして、下の千本を巡り歩き、各自、思い思いの所感を短冊に書き留め、蔵王堂に参詣し、後醍醐天皇の皇居跡などを尋ね歩いた後、吉水院に宿泊した。夜から雨となり、翌日も雨が止まなかったので、「花守の心に叶わぬために雨がやまないのか？」と尋ねたところ、道澄は「山内古来鳥獣を食はない、然^{シカ}るに、今武人の鳥獣を恣^{ホシイママ}にして忌む処がない、天の霽^ハれざるはおそらく之が為である」と答えた。そこで秀吉は木下大膳に嚥肉^{ダンジキ}の禁を令し、「これでも雨が止まなかったら全山の堂社を全部焼いてやる」と戯言した。3月1日は朝から晴れ、花見の遊びが行われた。連日の雨が花のためには良く、下はふる井の麓から上は雲井の高根まで爛漫と咲き競い、真の吉野の姿を見ることができたという。秀吉は大満足で、2日には蔵王堂の前で御能を催し、3日に吉野を出発して大阪に帰った。吉野山に5日間逗留し、その間に、歌会、能楽、茶湯、変装など、秀吉らしい豪遊が行われた（佐藤¹⁸³⁾）。

ロ．醍醐の花見

　豊臣秀吉のお花見として有名なのは前述の「吉野の花見」と「醍醐の花見」であるが、史上名高い秀吉のお花見は「醍醐の花見」である。

　「醍醐の花見」は、慶長3年（1598）3月15日に行われた。醍醐寺は京都の郊外にあって平安時代からのサクラの名所である。秀吉はこの大袈裟な花見をする前年の慶長2年（1597）3月8日、徳川家康以下の諸大名とともに醍醐で花見を行っている。花は人を魅了させるに充分であったが、寺の荒廃が酷かったので、前田、増田、長束の三奉行に命じて修理させた。修理を始めて僅か1か月の間に、寺の修理の他に醍醐の馬場先から鎗山^{ヤリヤマ}までの間の両側に700本のサクラが1間毎に植えられた。このときの計画には大和からのサクラはもちろん、天下の名桜の総てを移し植えて、そこに爛漫たる花の名所を作り、歓楽の地にしようという遠大な理想のもとで進められていた。お花見の日は満開の3月15日と定めた。この日招かれたのは、北政所を初め、秀頼、淀君はもちろん、平常は奥室に仕えている侍女にまで及んだ。13日の午後から大暴風雨になったが、15日には空も穏やかに花曇りの日になった。15日になって醍醐寺に赴いた秀吉は、三宝院に入って衣服を改めた。女たちも道中の衣裳をここで変えた。日本全国の諸大名からの献上品は山のように積まれ、宮中からも勅使が参向していた。山頂に向かう一行の通路の両側には、桐の定紋付の幕や屏風が囲らされ、山頂では諸侯や茶人が趣向を凝らした茶店を設けて待ち構えていた。秀吉、秀頼、女たちの順で花を見ながら進んでいく。石橋に近いお堂の近くに、益田少将が茶室を作って秀吉の機嫌を良

くした。鄙びた雰囲気が秀吉の気に入ったためらしい。坂を上ったり下ったり、その道中には全部で八つの茶店が準備されていた。そのうち三番目の小川土佐守の茶店はとくに秀吉を喜ばせた。茶室というよりも小屋のような規格はずれの着想が秀吉に好かれたのである。操り人形の小屋もあって秀頼が喜んだという。増田右衛門尉の茶店では風呂が、長束大蔵少輔の茶亭では夕飯が準備され、新庄東玉は鞍馬の舂下ろしを観覧に供した。また、谷間には鳥が花を散らさないようにと、「護花鈴」といって紅い紐に鈴をつけて網のように覆っていた。町屋風に作られた売店も設けられ、秀吉が瓢箪を腰に下げ、焼餅を頬張りながら立ち去ろうとすると、若い娘が「おあしを」といって縋り付く余興に秀吉が大喜びしたと伝えられている。関白秀吉にして初めて行うことができた空前絶後の花見であった（永峰[139]、講談社[102]、高橋[139]）。「醍醐の花見」を終えて帰るとき、秀吉は「この次は秋の紅葉じゃな楽しみにしておるぞ」といったが、まもなく病気に罹り、8月18日、紅葉を見ることなくこの世を去ってしまった。

　秀吉以前に行われていたお花見は、花吹雪となって舞い狂う落花の風情を歌に託するという一種の歌会的なものであったが、秀吉が行った「醍醐の花見」からは、「花より団子」的な花見に変質してしまった。そして、秀吉の「醍醐の花見」の様子は、京都・奈良の人たちのみでなく、日本全国に知れ渡ったのである。つまり、「歌から離れて花を見て楽しむ」という趣向が現れ始めている。このように秀吉の花見は大名たちにも普及し、世を挙げて花下遊楽の風習が盛んになっていく萌芽となったといえる。

　一方、「醍醐の花見」は景気浮揚政策だったという話がある。その根拠として秀吉が京都奉行の前田玄以に「京都の景気はどうか？」と尋ねた。玄以は「市民は花見に繰り出していますから景気は良いようです」と答えたところ、秀吉が「いや、そうではあるまい。商売繁盛なら花見をする時間はないはずだ、仕事がないから仕方なく花見に出ているのじゃ、醍醐で花見をやり、大名どもに工事をやらせよう。そうすれば市民が喜ぶだろう」と言ったという。これは俗説であるが、「醍醐の花見」の後には景気が良くなったといわれている（高橋[192]）。

3．武士・庶民のお花見
—— 庶民にお花見の芽生え ——

　これまで述べてきたように、政治に係わりを持ち始めた武士階級は、その教養の一端として天皇・宮人たちと将軍とその側近たちもお花見を行っていた。その後は武士階層にまでお花見に参加する傾向が認められていた。このような武士階級のお花見は、当然一般庶民に影響することが考えられ、平安時代に一般民衆が都大路のサクラとヤナギを見ていたことが記録に認められていたが、安土・桃山時代になると、織田信長

の1550年頃には、一般の武士とともに庶民も京都でお花見をしていることが明らかになった（山田[230]）。すなわち、信長の時代以降には、一般庶民の心の中にお花見という心が芽生えたといえる状態になった。この庶民のお花見の芽生えに拍車をかけたのが、秀吉の「花より団子」的なお花見の開催であった。

D. 安土・桃山時代のサクラの品種

　奈良時代・平安時代と時代を経るにしたがって増加してきたサクラの品種も、安土・桃山時代は30年ほどしかないうえに、著書も少なく、これまでのサクラの品種に加わったものは『御湯殿上日記』にみられる海棠桜のみである。ただ、平安時代の末期から続いた国内の戦火、とくに京都の場合は多くのサクラの名所が焼かれてサクラの名花も焼失したが、焼けなかった寺院や神社および愛桜家によって、保護されて残ったサクラが存在していたことは述べるまでもない。

IX. 江戸時代（1603 〜 1867）の日本人

　慶長8年（1603）、徳川家康が関が原の戦いに勝って天下の実権を握り、江戸に幕府を開いてから、徳川幕府が崩壊して天皇の政治が復活した慶応3年（1867）までの260年ほどを江戸時代と呼んでいる。

　江戸時代は平安時代の末期から続いた戦乱が終わった後、200年間以上も続く世界にも例のない平和の時代であった。この平和な時代は、江戸と京都・大阪という二つの都市圏で都市文化が大きく展開した時代でもある。とくに、歴代の将軍が文治政策をとったために、学問、文化は、奈良・平安時代の天皇・宮人たちを中心としたものから、町人も加わった大衆文化へと変化し、その大衆文化の内容も著しく拡大、充実したものとなり、江戸、京都・大阪では、ヨーロッパの都市文化より優れた点が見られるようになった。このような江戸時代の文化の発展を直視してみるとき、江戸時代の花の文化をサクラを中心にして取り纏めることは不可能になった。すなわち、江戸時代の花と花の文化を取り纏めることは、江戸時代に著しく発展した大衆文化そのものを取りまとめることに等しくなり、サクラと日本人との関係が見えなくなる。それのみではない、江戸時代の花と花の文化そのものは、理科系出身の筆者では取り纏めることが不可能なほど発展している。このことから、ここではサクラと日本人との関係を示す諸事項に限って触れることにした。まず、奈良・平安時代から安土・桃山時

代までは文化の中心は奈良・京都にあったが、江戸時代に入って、江戸で各種の基盤が確立された後は、文化の中心が漸次江戸に移っていることに着目しなければならない。江戸時代はこのような劇的な変化が起こった時代なのである。

　以上の歴史観に立って江戸時代を考えてみるとき、江戸時代を一括して論ずることは不適当であると考えた。たとえば、お花見という行事だけに焦点を合わせた場合でも、1600年代、1700年代および1800年代以降では、著しい相違が認められる。このような理由から、以下の記述では、

　①江戸時代前期（1603〜1700）
　②江戸時代中期（1700〜1800）
　③江戸時代後期（1801〜1868）

の3期に分けて述べることにした。

Ⅸ（A）．江戸時代前期（1603 〜 1700）のサクラと日本人

　天正19年（1591）の春、江戸時代は徳川家康の江戸城への入城によって開始された。江戸城は太田道灌が長禄元年（1457）に完成させたといわれているが、その頃の江戸は城の近くまで海が入り込んでいて、いまの下町に当たるところは海中の中洲になっていたといわれている（下中185)）。また、桜田村、日比谷などには人家がわずかに散在していた程度であり、西南の方は萱の野原の武蔵野が続いていた状態であった。このような江戸城に入城した家康は、まず原野に住居を建てることから開始しなければならなかった。だが、100年ほど経た元禄時代（1688〜1703）になると、国内の治安も回復し、庶民のみでなく、武士も平和な毎日を送ることができるようになっていた。さらに、1700年頃になってみると、江戸は世界でも稀に見る100万人都市に膨れ上がっていたのである。100万人都市を維持していくのは大変なことであった。治安の維持はもちろんであるが、食料や生活関連物資の切れ目のない供給方法の確立が必要であった。たしかに1600年代の前半は治安上に不安が認められたが、1651年の由井正雪の乱以降は泰平の世となり、1700年近くには一応国造りは成功したといえる段階に達した。つまり、江戸時代の前期は江戸において国造りが行われた時代なのである。

　一方、幕府とは無関係の一般庶民の間に見られた花と花の文化に関することは、安土・桃山時代までは何とか各種芸能などの分野に入れて述べることができた。しかし平安時代末期からは、日本人の階層自体が、天皇・宮人たちのみでなく、武将とその側近たちも農業から離れた階層になっていた。江戸時代に入ると、町人という階層が

IX（A）　江戸時代前期（1603〜1700）のサクラと日本人

出現してこれに加わり、天皇・宮人たちと武将などの公家文化に対して町人文化が区別できるようになった。しかも、公家文化と異なり、江戸時代前期の後半から目立ち始めた町人文化の出現は、金の力にものをいわせるという文化であり、奈良・平安・室町時代の文化とは質的に異なる「大衆文化」として認められている。

A．江戸時代前期の主要著書
—— 町人文化の誕生 ——

　江戸時代前期の1700年頃までの文学は、その中心が上方（カミガタ）といわれる京都・大阪にあり、元禄時代はその黄金時代だったといわれている。ところが、1720年頃、つまり享保の頃から文化の中心が江戸に移り始め、いわゆる江戸文学（町人文化）の時代に入っている。その要因は、江戸時代前期に階層化された士農工商の末席にいた町人階級が次第に財力を有してきたことに起因している。井原西鶴の好色物に描かれたような町人を主とした生活、つまり「町人文化」が育ってきたのである。参考のために、江戸時代前期に発行された主要著書を表15に示した。西鶴（1642〜1686）の作品は、いずれも「好色」と「金銭」の世界を中心とし、町人の生活や武士の義理の世界を描出している。それまで誰も描こうとはしなかった未踏の分野でもあり、世の人たちの共感を強く得たのである。

表 15. 江戸時代の主要著書

発行年	著書名	発行年	著書名
1647	桜譜	1688	日本永代蔵
1658	東海道名所記	1689	奥細道
1659	鎌倉物語	1691	吾妻紀行
1681	花壇綱目	1694	花譜
1682	好色一代男	1694	炭俵
1683	紫の1本	1694	花壇地錦抄
1685	野ざらし紀行	1696	農業全書
1686	好色一代女	1699	草花絵前集

1．俳句

　1684年になって登場したのが松尾芭蕉である。正保元年（1644）、芭蕉は伊賀上野で生まれた。幼名は金作といい、伊賀の藤堂藩の武士だったが、23歳のときに仕官の道が絶たれ、京都で北村季吟に師事し、俳諧・歌学を学んだ。29歳、江戸に下る。や

がて頭角を現し、俳諧師の宗匠となる。貞享元年（1684）41歳、『野ざらし紀行』の旅に出る。その後、「世にさかる　花にも念仏　申しけり」（41歳）など、現代にも残る数々の名句を残した。

　　　古池や　蛙飛び込む　水の音　　（43歳）

　　　花の雲　鐘は上野か　浅草か　　（44歳）

　このとき、芭蕉はこの世界に到達したのである。元禄2年（1689）46歳、芭蕉は『奥の細道』の旅に出る。サクラを吟じた句は30句もある。

　　　うらやまし　浮き世の北の　山桜　　（49歳）

　元禄7年（1694）10月、51歳で旅先の大阪で病死。『奥の細道』の旅に出て詠んだ「荒海や　佐渡によこたふ　天河（アマノガワ）」や、大阪で病に侵されてから詠んだ「旅に病んで　夢は枯野を　かけ廻る」も有名である。俳句は連歌の発句から発達したもので、江戸時代に完成された形になって現代に及んでいる。わずか「17文字」ではあるが、さまざまなことをよく描写し、内容に深味がある点では、詩、和歌などと全く遜色がない。春の季題としては、サクラ、花、花見などがあり、たくさんの名句も知られている。

　　　さまざまの　事おもひ出す　桜かな　　（芭蕉）

2．川柳

　江戸時代に生まれた特殊な文芸に川柳がある。川柳は俳句が自然を対象として風雅な趣を内容としているのに対して、緊張と弛緩、洒落とユーモアの立場から人の世界に目を向けて、人情や風俗を描写して滑稽と風刺を旨とするところにその特色がある。世相や人情の機微をこれほど鋭く捉えているものも珍しく、川柳は民衆の政治や世相に対する心の捌け口の一つでもあった。

B．サクラの品種名の記録

　これまで、各時代に認められたサクラについて記述してきたが、それらの品種はその時代に出版された著書の中に認められたものであった。ところが、江戸時代に入り、世情が安定してきた1650年以降になって、花卉類を主とした著書が発行された。すな

わち、延宝9年（1681）に日本の園芸書の中で最古の『花壇綱目』3巻が水野元勝によって出版されている。この中には、ウメ、サクラ、ツツジなどが記述されている。次いで、元禄5年（1692）、伊藤伊兵衛によって『錦繍枕』5巻が発行された。伊兵衛は元禄7年（1694）に『花壇地錦抄』を、元禄12年（1699）には『草花絵前集』を出版している。

C. 江戸時代前期のお花見

1. 天皇・公家たち

　徳川家康が江戸で幕府を開いた1600年代の初めにはまだ戦乱は完全に収まってはおらず、江戸にはサクラも少なく、お花見などと悠長な人もいなかった。これに対して、奈良・平安時代から目立った存在であった宮人たちに加え、平安末期頃から農業から離れて宮人たちと同様な生活をしている武将とその側近や公家たちの観桜の風習は、江戸時代に入ると全く影を潜めてしまったように、諸文献上には少なくなっている。このことは、京都・奈良などに住んでいる天皇や公家たちがお花見を中止したのではなく、観桜の風習が定着したために特記すべきものにならなかったものと理解すべきである。江戸時代前期の京都・奈良地方のお花見の場所としては、奈良・平安時代から続いている神社、お寺や嵐山、大原野、吉野山などが挙げられている。江戸時代までの天皇・公家たちはただサクラの花を見て楽しんでいたのではなく、花の特徴を観察して、和歌、狂歌、俳句などを詠んでいたのである。

2. 将軍・大名

　江戸時代の初期以降になると、武士階級、とくに将軍・大名の観桜行動が色々と記述されている。京都・奈良の天皇・公家たちがそれまでの習慣にしたがってお花見を楽しんでいたのに対し、徳川家康が江戸城に入った天正19年（1591）頃には、戦乱も収まっていない上に、現在の霞ヶ関付近の桜田にサクラが数百本植えられていたという程度で、お花見をするにもサクラがなかったのである。そのため、まずサクラを植える必要があった。すなわち、二代将軍秀忠は寛永2年（1625）、上野に寛永寺を造り、天海僧正によって吉野山のサクラが植えられ、後にサクラの名所になった。寛永17年（1640）、三代将軍家光が御殿山でお花見を行ったという記録がある（藤沢[16]）。

　しかしながら、1600年の前半は一応国内は統一されたとはいえ、全く泰平の世とはいえなかった。とくに、1635年に定められた参勤交代の制度によって江戸にも居を構

第 2 部　花の文化の中のサクラ

図18. 大名のお花見

えることになった諸大名は、お花見をするにもお花見をする場所がなかった。このようなことから、将軍や諸大名は江戸城や藩邸内に広い庭を造り、そこにサクラを植えてお花見を楽しんだ。このようなお花見も、1650年以前にはほとんど記録が認められない。1660年以降になると、江戸の治安も安定し、武士・庶民もお花見に動き始めているが、大名のお花見として記述されているものに、『日乗上人日記』の記述がある。それによると、1600年代末期の元禄15年（1702）3月27日の夜、水戸藩の上屋敷（現在の東京の後楽園）に薄縁（ウスベリ）200枚ほどを敷き、そこに大名や家来、御奉行などが招待され、能、三味線、小歌、浄瑠璃、舞踊などの芸人が呼ばれて、深夜まで夜桜を楽しんだと述べられている（相賀[3]）。このような将軍・大名のお花見は、1650年以降になってから行われている。徳川光圀もサクラを好んだ一人であり、水戸藩内に光圀が植えたというサクラが多くあり、香取神宮の境内や水戸市外の吉田薬王院内に手植えのサクラがある。また、元禄7年（1694）には、常陸の桜川を訪れてサクラの保存を図り、元禄9年（1696）には、常盤公園の南にサクラを植えて彰考館の安積澹泊（アサカタンパク）（老牛）その他の文人を集めて「観桜の宴」を開催している（佐藤[183]）。

一方、将軍が江戸城以外のところでお花見をする場合には厳しい制約が加えられていたことが知られている。すなわち、天保15年（1844）、将軍がお花見をしたときの「御触書」には、次のように書かれている。

1. 火の元を注意せよ
1. 田畑の働きや往来を禁止する

Ⅸ（A） 江戸時代前期（1603〜1700）のサクラと日本人

　　1.　貝を吹くな
　　1.　乱心者には番人を付けよ
　　1.　馬は終日繋いで置け
　　1.　高声・高唄は相ならぬ

　もちろん、犬も足止めで、当日は未明から老人、子供まで外出が禁止されている（西山[149]）。1844年の頃でさえ、このような制約があったことを考えれば、1600年代には、当然、厳しい規制が存在したと考えることができる。しかし、1700年頃になると、かなり「泰平の世」が実感として感じられるようになり、サントリー美術館所蔵の元禄時代のお花見風景を描いた「上野花見屏風」のように、馬や駕籠で上野にお花見にきた公家・大名がいたことが知られる。学問好きで、華やかな文化が栄えた元禄時代の将軍にふさわしく、綱吉はその側近であった館林城主、後の大老柳沢吉保が造った駒込の下屋敷の庭園（現在の六義園）を度々訪れている。

3．武士

　鎌倉時代以降、一般の武士階級にもお花見の風習は浸透していたが、江戸時代も治安に安定感が認められるようになった元和8年（1622）頃からは、お花見にかなりの数の武士が参加している。1625年、上野の寛永寺にサクラが植えられてサクラの名所になったが、武士のお花見が盛んになるのは、島原の乱（1637〜1638）および由井正雪の騒動（1651）が鎮静化してからだった。元禄時代（1688〜1703）になると、武士のお花見遊山は、益々、活況を呈するようになったが、まだ刀を身に付けてのお花見であった。

　　　　何事ぞ　花見る人の　長刀　　　（向井去来※）

　この一句はその頃の武士のお花見の様子を示している。武士がお花見のときに刀や槍を手放したのは、明和年代（1764〜1772）以降である。

4．庶民
　　　　―― 庶民のお花見の夜明け ――

　治安の安定とともに、武士階級にも規律の弛みが見られるようになった。武士階級

※去来は松尾芭蕉の高弟で江戸時代の俳人である。去来は京都の嵯峨に1687年以前に居を構えていた。

第 2 部　花の文化の中のサクラ

のこのような変化は、庶民の風習にも影響が現れてきた。すなわち、将軍・大名や一般武士の観桜行動とともに特記すべきものとして、1600年代の後半から庶民がお花見に参加するようになったことである。一般民衆がお花見を行ったという記録は、平安時代から散見することができるが、多くの庶民がお花見を行ったという記録は、1639年頃の上野のお花見が知られている（沼田[156]）。また、千駄ヶ谷の仙寿院は、赤坂の紀伊徳川屋敷にあったものを正保元年（1644）に千駄ヶ谷に移し、日蓮宗の本遠寺になった。この寺の庭が谷中の日暮里に似ていたことから「新日暮里」と呼ばれ、サクラの季節にはお花見の人たちが集まり、酒店、団子屋、田楽などの店が出て賑わった（林ら[26]）。1650年以降になると、武士のお花見とともに、士農工商の最下位に属する商人が経済的な実力を付けてきて、庶民のお花見風俗は徐々に華やかさを競うものになった。万治4年（1661）から上野の寛永寺のお花見が許され、上野の山がお花見で賑わいを見せ始めたと色々な著書で述べられている。

　しかし、武蔵野の原野に造られた江戸の町にはお花見の場所はなく、1650年以降になって漸く御殿山と上野の山がお花見の場所として登場しているだけである。たしかに隅田川堤には寛文年間（1661〜1673）、家綱将軍によって常陸の桜川からサクラが移植されているが、元禄年間（1688〜1703）には、まだサクラの名所にはなっていない。1668年、家綱将軍の命令で、大久保出羽守が上野の山へ庶民のお花見の状態を調べに行っている。このとき、一般民衆は内幕、外幕を囲らせた中でお花見を楽しんでいたという。延宝9年（1681）頃から江戸の庶民のお花見は派手になり、後の「四民行楽」の幕開けといわれる状態になっているが、この頃、墨提や飛鳥山にはサクラはまだ植えられておらず、お花見の場所は御殿山と上野の山しかなかった。

　多くの著書の中で触れられている江戸時代のお花見に、元禄時代（1688〜1703）の上野の山のお花見がある。元禄時代、上野の山に繰り広げられた庶民のお花見は、奈良・平安時代の昔から、お花見は天皇・宮人たちなどの上流階層が独占してきたものを、庶民もまたそれを共有することを示した最初のお花見の情景というべきであろう。上野の山で繰り広げられた、庶民初めてのお花見の様子は、天和3年（1683）に発行された『紫の一本』、元禄7年（1694）の『炭俵』および元禄16年（1703）に発行された『松の葉』などに詳細に述べられており、江戸時代のお花見について述べている著書は、ほとんどこれらの著書を引用している。『紫の一本』によると、「清水」（清水堂）の後には女房の上着の小袖や男の羽織を細引に通して桜木に結び付けて幕の代わりにし、幕は多いときは三百余りあり、少ないときでも二百余りあったという。その内側に毛氈、花むしろを敷いて、その上で酒を飲んでいた。鳴り物はご法度だが、小唄、浄瑠璃、踊り、仕舞はやってもよかった。町方の女房、娘は正月小袖を作らず、花見小袖を作り、それを着飾ってお花見に来たので、花より美しかったという。この

—146—

Ⅸ（A）　江戸時代前期（1603～1700）のサクラと日本人

頃から、「お花見には小袖幕」という風俗が確立されたのである。花見小袖それ自体は、織田信長の頃に京都で見られていると山田[231]は述べている。なお、上野の山の入り口は、お花見のときには前に進めないほどの雑踏だと、天和年間（1681～1684）に記述されている。元禄年間には江戸の人口は100万人に近くなっており、このことからも上野のお花見の混雑振りが想像できる。また、芭蕉の『炭俵』には「多くの人たちが飲み食い歌い踊るお花見は元禄頃から始まった」と記されていることから、現代まで続いている庶民のお花見のドンチャン騒ぎの原型が、元禄時代にあるといえる。大勢の仲間と一緒に出かけるのも、江戸のお花見の特色の一つであった。芭蕉も弟子たちと一緒に、上野へ花見に行ったことを『炭俵』に書いている。

　　　花見にと　女子ばかりが　つれ立て　　　（芭蕉）

　芭蕉が『奥の細道』の旅に出た元禄2年（1689）の春も、上野はお花見で大騒ぎだったらしく、清水堂近くの井戸端にあったサクラ（虎の尾）の周りでは、酒に酔った花見客がグループで踊り狂っていた。それを見た日本橋小網町の菓子屋の娘、お秋（13歳）が「井戸ばたの　桜あぶなし　酒の酔」という一句を詠んだ。お秋は其角（キカク）から秋色（シュウシキ）という俳名を与えられていたが、この俳句が有名になった後、この清水堂近くの名木「虎の尾」は「秋色桜（シュンシキザクラ）」と呼ばれるようになった。現在、サクラはその場所を移動しているが句碑がある（岡山ら[162]、松本[119]、小森[99]、三田村[123]）。サントリー美術館所蔵の「上野花見屏風」は、元禄時代の上野の花見風景を描いたものである。『紫の一本』の上野の花見の項に、お花見の最中にどこへ行ったか分からなくなり、探していたら、サクラの花の真っ盛りの樹の下に水風呂をたて、その中に花びらを入れて白楽天の句を吟じていたという挿話がある。これは「辻風呂」といって、花陰に風呂を立てて入浴しながら花を愛でるというのんびりとした当時の花見風俗の一端である。しかし、上野は徳川家の墓所であるため、1680年頃から規制が厳しくなり、鳴り物は禁止され、夕暮れを告げる暮れ六つ（午後6時）の鐘とともに山門が閉ざされることから、夜桜見物はすることができなかった。

　　　千金の　時に追い出す　花のくれ

　以上は江戸庶民のお花見の様子である。

　京都では平安時代や鎌倉時代の初期に、庶民が都大路のサクラを見て歩いたことが記述されているが、元禄年間には京都でも庶民が大勢でお花見に行っていたようで、芭蕉はその様子を「京は九万九千（クンジュ）群集の花見かな」と詠んでいる。京都は元禄の頃には30万人ほどの人口であったといわれていることから、その3分の1に当たる人が花見に出かけたことになる。応挙の描いた「嵐山花見の図」もその行楽風景を伝えている。

D. 江戸時代前期の花と花の文化

　江戸時代に入るとサクラやその他の花に関連する各種の芸能、美術その他の事項が、奈良・平安時代から安土・桃山時代までに述べてきたような形式では述べることができないほどに発展した。そのため、ここでは著名な事項のみに焦点を合わせて述べる。

　江戸時代前期の1650年以降になると、江戸の人たちの間では庶民も加わった各種の年中行事が行なわれるようになり、それらは現代の行楽の原点になっているものが多い。これらの年中行事の中で、花と花の文化の観点から特記しなければならないことがある。それは江戸時代の初期から開始された庶民も加わった「文化の大衆化」の現象であり、それとともに進んだ花卉園芸の驚くべき発展の跡である。

　平安時代に中国から導入された花卉類に、わが国の野や山に咲いていた花が取り入れられて、立花、茶道、庭造りなどが起こり、日本独自の花の文化を創り出してきたのであるが、これらを完成させたのが江戸時代なのである。江戸時代に入った後も1596〜1614年の間に、ソラマメ、ナタマメ、スイカ、サツマイモなどの他に、ルコウソウ、テッセン、ヒマワリ、エニシダ、センニチコウなどが外国から入ってきて、その後1740年までには、ユスラウメ、ニンジン、ラッカセイ、フダンソウ、サンザシ、サトウキビ、オシロイバナ、キョウチクトウ、ヒナゲシ、ローバイ、トケイソウなどが日本に入っている（松田[118]）。

　江戸時代は1600年から1868年まで続くが、その間に外国から導入された花卉を含めて、江戸は世界にも稀に見る花卉園芸都市になっているのである。このような江戸時代に見られた花と花の文化の確立を調べてみると、やはりその原点は最高権力者にあったように思われる。すなわち、徳川家康、秀忠、家光の3人の将軍の並外れた「花狂い」は余りにも有名であり、その将軍の花狂いはやがて家光の時代に制度化された参勤交代で江戸住まいとなった諸大名に伝わり、諸大名によって地方に伝えられるとともに、旗本から武士へ、そして豪商・庶民へと伝えられていったのである。参勤交代は大名の謀反を封ずるのが目的であったが、江戸に住むことになった各藩主は自分の藩から珍しい花を持ってきて、珍花・奇木の話題を提供していた。また、それらの珍花・奇木は「お留花」と称して門外不出にしており、これを犯した者は「お手打ち」の極刑に処していた。このようにして、日本各地の珍花・奇木が江戸に集まることになったのである。

　奈良時代から江戸時代の初期までは、生活の中に入り始めた花は天皇・宮人たち、将軍、大名などの上流階層のものであり、一般庶民の生活の中には花はなかった。ところが江戸時代に入り、泰平の世が続き、庶民の中に金持が生まれてくるにしたがって、

—148—

IX（A）　江戸時代前期（1603～1700）のサクラと日本人

「いけばな」とともに、花それ自身が庶民の生活の中に入ってきたのである。江戸時代は士農商工という制度が確立された時代であったが、財力を握っていたのは町人階層であった。町人はその財力によって色々な圧迫から常に逃げることを考え、その生きどころを遊びの文化や花の世界に求めようとしていたのである。その江戸時代に登場した花はサクラだけではなかった。たしかに平安時代やそれ以降に書かれた各種の著書には色々な花が登場している。しかし、江戸時代には外国から入った花、わが国の野や山に咲いていた花など、様々な花が一挙に登場したといってもよいほどの活況を呈している。

　一方、江戸の人たちの花作りには、その時々に流行が見られる。最初は秀忠将軍の花癖で見られたツバキの流行である。江戸時代の初期に京都の宮人たちを中心にツバキブームが起こり、日野資勝や各大名たちも加わって多くの名品が創り出された。このことが直ちに江戸の将軍家に伝わり、全国の大名から献上されたツバキの珍花は夥しい数になった。ツバキは江戸時代初期には700品種にもなり『椿花図譜』として記録されている。これらのツバキは、染井の植木屋 伊藤伊兵衛らによって民間にも普及し、一部は長崎から西欧に伝わり、あの有名なオペラ「椿姫」になり、肥後椿も創り出されている（西山[151]）。

　このツバキブームも1700年近くになると、ツツジに変わっている。江戸時代初期から発達した日本庭園は、よく刈り込んだ潅木によって造形されているものが多い。その潅木のうちでも様々な美しい花を咲かせるツツジやツバキは最も適した花木であった。この事実は各地にある日本庭園を思い浮かべてみれば、納得することができるであろう。江戸の面積の8割までが武家や寺社によって占められ、しかも、その大半に庭が造られていたのであるから、そのためのツツジやサツキ※の需要がいかに莫大な数量であったかは、現代の我々には想像に余りあるものがある。キリシマ屋伊兵衛の名で知られる伊藤伊兵衛が、1650年頃からツツジ、サツキで有名になったのも、この需要に応えるためであろう（豊島区[211]、川添[93]）。

1. 盆栽造りの隆盛

　花卉園芸の発達とともに特記しなければならない事項に「盆栽造り」の流行がある。盆栽造りは、中国では唐の時代（618～907）に流行していたが、わが国では奈良・平安時代には盆栽についての記述はなく、鎌倉時代（1190）頃から認められるようになっ

※サツキの名称について：ツツジのうち、とくに5月下旬、つまりサツキの頃に咲くツツジをサツキと呼んでいる。サツキには、松月、華宝、松波などの品種が知られているが、一見、葉がツツジより厚みがある。

た。そして、延慶2年（1309）、高階隆兼が発行した「春日権現験記」の第5巻には、盆栽の絵が描かれている。また、『徒然草』（1331）の154段には、盆栽のことが述べられている。『徒然草』での記述以上に日本人の記憶に残っているのが、謡曲「鉢の木」であろう。この謡曲は室町時代に観阿弥清次によって作られたといわれている。鎌倉幕府の執権であった時頼が民状視察のために僧の姿をして全国を行脚し、上野国の佐野（現在の群馬県）で大雪に遭い、路傍の家に一夜の宿をお願いした。その家の主人、佐野源左衛門は貧困な生活をしていたが、客人に粟飯を食べさせ、薪も不足していたために、愛蔵の盆栽のサクラ、ウメ、マツの3本を伐って、それを燃やして暖をとらせた。また、家には痩せた馬と古ぼけた薙刀がある理由を尋ねられて、「これは唯今にても候へ、鎌倉に御大事あらば、ちぎれたりともこの具足取って投げかけ、錆びたりとも薙刀を持ち、痩せたりともあの馬に乗り、一番に馳せ参じ着到につき……」と答えた。この言葉は現代人には「いざ鎌倉」という表現で伝えられている。

　織田信長の頃にも盆栽のことが記述されている。徳川家康、秀忠も庭木とともに盆栽を愛好したといわれている。三代将軍家光も盆栽の愛好家だったと伝えられている。家光は吹上の苑中に盆栽を陳列し、好きな大名に見せて、機嫌が良いときには一鉢を与えたりしていた。また、夜間の盗難を恐れて警護の人を7人も置いた。さらに、マツの小鉢を自分の枕元の箱の中に入れて置き、夜寝る時までこの盆栽を見て楽しんでいた。見るに見かねた旗本の大久保彦左衛門が、家光が愛好していた五葉松の盆栽を庭に投げ捨て、「もっと政務に励むように」と、苦言を呈したという言い伝えもある。家光の遺愛品であった五葉松は、現在も皇居と都立園芸高等学校にある（いわき[51]）。

　盆栽の種類は江戸時代初期には、モミジ、ツツジ、ボタン、シャクヤクなどであったが、江戸時代後期の文化年間（1804〜1818）になると、アサガオなどの草花の盆栽造りも行われている。しかし、江戸時代の前期は盆栽を楽しむことができた者は権力を持つ特権階級と大金持ちの一部の人たちだけであり、一般の人たちは盆栽とは無縁であった。

2．関東地方の状態

　これまで述べてきたように、江戸時代前期における「花と花の文化」は、奈良・平安時代から安土・桃山時代に、奈良・京都で認められた文化とは全く様相を異にしている。江戸時代前期の花と花の文化を理解するには、当時の関東周辺の情勢から説明しなければならない。

　江戸時代の文化やお花見関係の著作を読んでいると、江戸時代の華やかな面ばかりが強調されているものが多い。しかし、1591年当時、家康が江戸城に入った頃の江戸は全くの原野であった。そればかりか、1500年代には、まだ北条氏や安房方面からの

IX（A）　江戸時代前期（1603〜1700）のサクラと日本人

豪族との戦いがあったという。しかも、それら関東各地に点在して農業を営んでいる農民の中には、戦いに敗れた北条氏はもとより、江戸氏や豊臣系の旧家臣などの流民が土着していたのである（林[25]、鈴木[190]、萩野ら[24]、入本[45]）。

　そのような不穏な江戸に着任した家康は、まず、住居を造り、武士たちの食糧や燃料などの生活物資の供給方法を確立する必要に迫られていた。これらの食糧や生活物資が、どのような地域から集められたのかについては記録が認められなかったが、天正18年（1590）当時、江戸の人口は15万人といわれている。家康と進駐した8,000人の軍勢を含む江戸の住民は、食糧や生活物資の供給がなければ餓死しなければならなかった（鈴木[191]）。このような条件下で居住地の安定化に成功した歴代の将軍は、源頼朝が鎌倉で京都に似た文化を志向したように、心の安定を花に求めたのである。すなわち、江戸時代の初期は、まだ治安も完全ではなかったが、家康が江戸に入ってから60年以上を経た1651年の油井正雪の乱を最後に、平和な世情になった。その頃の江戸時代は、外見上は士農工商の階級が厳重に格付けされていたが、実質的には財力を蓄積した町人（商人）の天下が一歩一歩近付いていたのである。天下が泰平になるにしたがって、幕府の財政は欠乏し、大名、旗本などの生活は苦しくなっていった。それに対し、武家や庶民の生活物資を取り扱う町人は益々お金を手に入れるようになり、金にまかせて贅沢の限りを尽くすようになっていった。

　町人の贅沢については、元禄時代の紀伊国屋文左衛門、奈良屋茂左衛門などの豪華な生活が伝えられているが、江戸の日本橋照降町の石川六兵衛の妻の挿話が、当時の世相を象徴している。六兵衛は大邸宅に住み、巨万の富を貯えていたが、その妻は華美を好み、金銀糸入りの、緞子（ドンス）、綸子（リンズ）を身に付けていた。ある時、同じように華美を好むことで知られていた京都の灘波屋十左衛門の妻と「衣裳比べ」をすることになった。六兵衛の妻が京都へ乗り込んだところ、灘波屋の妻は洛中の勝景を金銀の糸で縫い取った緋綸子の衣裳を着て人々を驚かせ、一見して灘波屋の妻の方が勝ったかと思わせた。一方、江戸の六兵衛の妻の着た衣裳は、黒羽二重に南天の立ち木を染めた小袖であった。ところがその小袖をよく見てみると「南天の実」が総てサンゴだったので、江戸の六兵衛の妻の方が勝ちとなり、彼女は意気揚々と江戸に帰っていったという。町人の中でも、このような贅を尽くすことができたものは、極めて少なかったと思われるが、元禄時代の世相の一端を知ることができる（下中[185]）。

　さらに、豪商の生活は別として、庶民の生活水準も1650年以降には江戸時代以前に比較すると著しく向上していた。しかし、衣食住にわたって贅沢だといわれるようになったのは江戸時代中期、つまり元禄時代を経た後である。また、江戸の繁栄が関東地方の他の地域に及ぼした影響も大きかった。一例を挙げると、千葉県の天津小湊に住んでいた四宮家の六右衛門が書き残した記録を見ると、家康が江戸に入る前には百

—151—

第2部　花の文化の中のサクラ

姓を営む家が170〜180軒だったが、家康が江戸に入ってからは商人や漁民が住み着き、万治から元禄時代（1658〜1704）頃には、家の数が1,000軒余りに達していた。江戸の周辺にある村からは様々な物資が供給されたが、逆に、江戸からは様々な文化が村へ流出していった。江戸との交易には、道路や車、船の発達も考えられ、寛文年間（1661〜1673）には「大八車」が考案されて、運搬量が飛躍的に増加した。現在の埼玉県の場合、700年頃から養蚕業が盛んだったが、江戸時代になると江戸に供給する農産物が増加し、江戸に近接した地域の一面が見られるようになる。さらに埼玉県には江戸を起点とした、日光街道、中山道、日光御成街道、川越街道、甲州裏街道などの主要道路が通っており、これらの街道筋にあった、川越、忍、岩槻などは城下町であるとともに、その宿場は物資の集散地としての役割を果たし、市場町としても栄えた。同時に、その付近の農村では次第に商品作物を栽培する農業へと変化していった（倉林[107]）。このように、江戸に近接する地域の農業は、江戸時代に入ると次第に商品作物の栽培に変化し始めたのであるが、家康が「百姓は生かさぬよう、殺さぬよう、ギリギリ一杯まで年貢を取り立てるのが理想だ」と言ったという有名な話が伝えられているが、このように働いたものを領主に持っていかれたのは、四代将軍家綱の頃までの50〜60年くらいだったという。それまでの百姓は、年貢として納める量以外で自分の生活を支えればよかったが、年貢を納めた後に手元に物資が残るようになると、自給自足的な農業から脱却して商品作物の栽培に移るのも当然であり、このように商品化を前提にした作物の栽培が明瞭に行われ始めたのは、元禄年間（1688〜1704）からである。そして江戸の町の発展に合わせるように、隣接する地域の農業も自給から商品作物へと変化する一方で、野菜生産から花卉類の栽培に転向する者も出始めている。

　当初、泰平の世を目指した江戸幕府の施策は成功し、1650年以降になると世情も安定し、武士によるお花見も行われ、住居を飾ろうとする庶民の心も芽生え、農家も副業として花物の栽培を開始したのである。その結果、江戸の花卉類の栽培は、江戸時代末期には世界に誇るべき「花と花の文化」を築き上げたのである。江戸時代の花と花の文化は、それまで存在した文化的基盤の上に築かれたものではなく、全くの原野に飛び込んだ江戸の住民によって、一歩また一歩と、世界的な水準にまで押し上げられた結果なのである。

　一方、お花見は、奈良・平安時代以降には天皇・宮人たちの間では習慣化してきたことだが、江戸時代の1650年以降になり、治安と衣食住の安定とともに庶民も参加したお花見が、1685年頃から認められるようになった。この頃からのお花見は、サクラの花を見るだけではなく、元禄6年（1693）には、竜眼寺（現在の江東区）に萩を植え、「萩寺」と呼んで江戸の名所になった。また、江戸時代初期に伊勢屋彦右衛門が亀戸で梅林を作り「梅屋敷」と呼ばれた。そのウメの中で「竜が臥するような梅があ

—152—

Ⅸ（A）　江戸時代前期（1603～1700）のサクラと日本人

り」、水戸光圀が臥竜梅と命名したという。享保9年（1724）には、吉宗がこの臥竜梅を観賞した。横浜の杉田には、1688～1704年頃には36,000本のウメがあったという。広重が描いた「名所江戸百景」の中にある亀戸梅屋敷は、ヴァン・ゴッホによって模写され、オランダの国立博物館に保存されている。残念なことだが、明治43年（1910）、亀戸梅屋敷は洪水で廃園となり、浅草通りに石の標柱が残っているだけになった（細田[40]）。このように、江戸時代も1650年以降になると、江戸庶民の行楽は「年中行事化」していった。現代でも行われている「節分」は、古くは天皇・宮人たちや幕府が中心になって行っていたのであるが、元禄時代になると民間にも取り入れられた。また、江戸時代には「五節句」も定められ、

> 七草（1月7日）
> 上巳の節句（3月3日）
> 端午の節句（5月5日）
> 七夕（7月7日）
> 重陽の節句（9月9日）

となった。七夕祭りは、700年代から行われていたが、笹に五色の短冊を飾って歌や願い事を書く習慣は元禄時代から始められた。寺社参りも行われており、正保4年（1647）頃には、梅若塚（現在の墨田区・木母寺境内）や浅茅原（浅草）で遊ぶ人が多くなったといわれ、寛文2年（1662）の『江戸名所記』には、遊観参詣所として東叡山、不忍池、忍岡稲荷、湯島天神、神田明神、谷中法恩寺、駒込吉祥寺、西新井惣持寺、浅草観音、芝泉岳寺、池上本門寺、目黒不動、牛込右衛門桜、小石川伝通院、渋谷金王桜、その他の名が認められる。

　歌舞伎、芸能などの色々な行事も盛んに行われるようになった。このような平和な江戸の華やかな行事こそは、江戸時代の文化の象徴であるといえる。そのお花見、浮世絵など庶民文化の確立への第一歩が、実は、江戸時代前期の1690年頃の元禄時代に始まっているのである。1673年、江戸では市川団十郎が、大阪では坂田藤十郎が歌舞伎を上演し、確固足る芸能として確立された。歌舞伎の世界にはサクラが多く登場するが、それは江戸庶民の生活の中でサクラがいかに愛好されていたかを示す証拠でもある。江戸のサクラを舞台とした歌舞伎に「助六所縁江戸桜」がある。江戸時代の風俗を偲ぶ歌舞伎の衣裳にサクラの文様が登場するのも、その時代の庶民の生活の中にサクラの文様が、たくさん使われていたことを示している。

　江戸時代前期の事項で特記しなければならないものに「八百屋お七」の話がある。昔もいまも放火犯の罪は重い。ところが、その放火の犯人が花も恥じらう乙女で、し

第2部　花の文化の中のサクラ

かも恋しい男に会いたいという一心からの放火であり、その結果、火あぶりの刑になったので日本中に知られた事件となったのは当然である。この事件は、貞享元年（1684）、西鶴が『好色五人女』に書いたのを初め、その後、様々な芝居の題材になり、音曲や歌謡にも唄われ、義太夫でも語られた。このモデルの「八百屋お七」は、寛文6年（1666）、駒込片町、願行寺門前の八百屋 中村喜兵衛の娘として生まれたという。父親は元加賀藩の武士であったという説がある。天和元年（1681）、お七の家が火事になり、檀那寺の円乗寺（文京区白山）に避難したとき、寺小姓の左兵衛と恋仲になる。円乗寺から自分の家に帰った後も左兵衛のことが忘れられず、また火事になれば左兵衛と会うことができると考えて自宅に放火した（「お七火事」（1682）いわれた江戸の大火）。お七は、捕らえられて、天和3年（1683）3月29日、鈴ヶ森の刑場で火あぶりの刑になった。そのとき、奉行がお七を15歳にして助命してあげようと考え、お七に「15歳だね」と尋ねたところ、お七が「16歳です」と答えたので処刑されたといわれている。お七が刑場に送られるとき、死の旅路の手向けの花に「サクラの一枝」がもたされるが、その挿話は「歌舞伎」の章で後述する。八百屋お七の舞台として知られる本郷の吉祥寺は、実際には無関係であるといわれているが、八百屋お七といえば、本郷駒込の吉祥寺を想起するほど有名である（桜井[179]）。

3．花道の成立

歌舞伎とともに記述しておかなければならないことに、花道が江戸時代の前期に確立されたことがある。奈良・平安時代に仏様へお花を供えることから始まり、室町時代に立花として発達してきた「いけばな」は、江戸時代に入ると天皇・宮人たちの手から離れて庶民層へと普及していった。江戸時代の文化といっても江戸時代の前半は、京都・大阪を中心とした文化であり、「いけばな」もまた江戸時代の初めは京都が中心であった。しかし、古典的な文化の伝統を持っていない上、江戸の商人の中に「俄か成金」が増えてきて、そのお金が享楽的な花会などに使われ始めたこともあり、江戸の土地は新しい花である「いけばな」を迎え入れるのには絶好の地であった。現代の日本には、池坊、草月流、小原流、古流、その他多数の「いけばな」の流派がある。仏教の供花に淵源のある立花については、室町・安土・桃山時代の頃でも述べたが、花道と呼ばれる文化は、いつ、どのようにして成立したのであろうか？

このことを調べてみると、花道の源流は立花であり、寛政の頃（1460〜1465）に京都で大展示会が開催されて、その優劣を競ったことが知られている。ところが、それが加熱して大乱闘となったために、この立花会は禁止されてしまった。立花が花道としての姿を見せるようになったのは寛永年間（1624〜1643）頃で、後水尾天皇を中心

—154—

Ⅸ（A） 江戸時代前期（1603〜1700）のサクラと日本人

とした文化サロンであり、その指導者は2代目の池坊専好であるといわれている（大井[164]）。しかし、まだ花道と呼ばれるまでには至っていなかった。この宮廷における立花は、専好の高弟子 大住院以信によって江戸の武家社会に伝えられる一方、他の弟子たちによって寺や裕福な町人の間に普及するようになった。このようにして、やがて『立花大全』『立花正道集』などの本が出版されるようになり、貞享5年（1688）、『立花時勢粧』が出版されて、この中で初めて花道という言葉が登場した。芸道の中で最も早く道と呼ばれるようになったのは茶道で、茶道という言葉は、寛永17年（1640）に『長闇堂記』に認められることから、花道は茶道より50年ほど遅れて一般化したことになる。つまり、多くの人が花をたしなむようになってこそ花道と呼べるものであり、花道になってからは各地へと伝わっていった。1700年代の後半になると、床の花としての生花も誕生した。生花は立花のような複雑な約束事もなく自由であったために、容易に流派を作ることができたので多くの流派が生まれた（大井[164]、北条[34]）。

4．衣裳・その他

　江戸時代は着物や絵画・陶器などでも新しい意匠や工夫がもたらされた時代であり、これらの着物、絵画、陶器などにはサクラを用いたものがたくさん認められ、江戸時代ほど美術の分野でサクラが栄えた時代はないといえる。平安時代にはすでに天皇・宮人たちのうちの男性の衣服に草花の文様が認められており、鎌倉時代以降には武将などの衣服にも花の文様が見られている。江戸時代に入ると、元禄時代（1688〜1704）を境にして、小袖、西陣織といった華美な着物が流行し、羽織だけでなく、小直衣、小袖、袴、上下などにも松竹梅をはじめ、サクラ、スミレ、キリ、キク、フジ、アオイ、モミジなどの草花の文様が見られるようになった。

　工芸品も江戸時代になってからあらゆる調度品にサクラが描かれ、硯箱、欄間、厨子、鍔、鞘、櫛、かんざし、家紋などで認められている。このように、生活の至るところにサクラが散りばめられているのを見るようになったが、江戸時代の進展に伴い、遊びの文化の発達とともに花は庶民の生活の中で、一層生々しく生きるようになっていくのである（荒垣ら[8]、西山[150]）。花の分野だけではなく、江戸時代に入ると、庶民の色々な生活の中にも変化が認められる。

　ソバ：ソバは平安時代の初期には一般に栽培され、ソバ搔として食べられていたようであるが、江戸時代になるとソバ切という食べ方も出現している。また晦日ソバと称して毎月の晦日の日、殊に大晦日にソバを食べる風習が江戸時代に生まれた。

第2部　花の文化の中のサクラ

海苔：ノリの養殖の初めは四代将軍の頃か元禄時代の頃とも言われており、東京湾で養殖されたので「アサクサノリ」の名がある。ノリの養殖に用いた粗朶には武蔵野のケヤキの枝が用いられた。

大根：練馬大根は綱吉将軍が若い頃に脚気になったときに食べたことで有名になったが、元禄時代には「風呂吹」という大根の料理法も認められる。

沢庵漬：糠と塩による大根の漬物は江戸時代以前にも存在したようであるが、品川の東海寺の沢庵和尚がこの漬物が長期間の保存が可能である事に着目し、広く薦めたことから沢庵和尚が創始者だというようになったようである。

その他、寒天、コンニャク、金平牛蒡も1700年近くに用いられ始めたといわれている。

E. 江戸時代前期のサクラの品種

　これまで各時代ごとにその時代のサクラの品種名を挙げてきた。だが、この品種名は文学書、昔話や民話、伝説などに記述されているサクラの品種名を筆者が取り纏めただけのことであり、まだ真に科学的な根拠に基づいたものとは言えない。しかし、現段階で昔からの日本のサクラの品種を考えるには、これ以外に手段がないことも事実である。ところが、江戸時代の正保4年（1647）になり、那波道円が『桜譜』を発行し、その中にサクラの品種15種類とその特色を記述している。この道円の『桜譜』は日本で最初に出版されたサクラの品種名の記録である。次いで、延宝9年（1681）、水野元勝によって『花壇鋼目』が発行されて、ここには40品種のサクラの名前が記載されている。元禄年間（1688〜1703）、稲生若水が『庶物類纂』の中で26品種のサクラを記述し、元禄5年（1692）、伊藤伊兵衛が『錦繍枕』5巻を発行、次いで元禄7年（1694）、伊藤伊兵衛三之丞が『花壇地錦抄』を出版し、その中でサクラ46品種とツバキ205品種名を記載している。

　このように、江戸時代の1700年頃には50品種ほどのサクラが記述されており、筆者が各時代ごとに指摘してきたサクラの品種数とは著しい差が認められる。このことについて、これまでのサクラの研究家たちは鎌倉時代や室町時代からサクラの品種改良が行われてきたと述べているが、人の手によって品種改良が行われているならば、もっと多くの品種が鎌倉時代・室町時代に出現し、文学書にも記述されているはずである。接木のことは記述されているが、品種改良のことは記述されていない。

　また、三好 学が「山桜は非常に変異性に富むので多くの変種が生ずる」と述べたことをサクラの研究家たちはサクラに色々な変種が生ずる論拠としているが、変異性に

—156—

富むのはサクラの品種を含めて、有性生殖を行う花卉類はすべて変異性に富むものである。これまでも述べてきたように、日本の本土では200万年以上も前からヤマザクラが生えており、自然交雑や突然変異によって江戸時代の初期までには、山や谷を探せばサクラの変種はかなり多く存在していたはずである。事実、1736〜1740年に玉川上水に吉野山と桜川からヤマザクラを移植した個体を調べた結果、100種類以上の変種が認められている。ところが、江戸時代になり、文化の中心が京都・大阪と江戸に2極化したこと、参勤交代によって地方の大名が江戸屋敷に住むことになった結果、地方に存在していた珍しいサクラの品種が江戸に持ち込まれ、サクラの品種数を増加させていることに着目しなければならない。江戸時代の1700年頃に認められたサクラの50品種ほどの増加という現象について、品種改良によるサクラの増加ではないと筆者は考えている。

IX（B）.　江戸時代中期（1700 〜 1800）のサクラと日本人

　江戸時代の前期（1600〜1700）は、江戸城周辺の住居の建築や生活必需品の供給および治安の安定に努めてきたが、1700年代からの江戸時代中期は、国内の治安の安定とともに江戸の人たちへの生活必需品の供給法も確立された。このような世相となり、幕府は江戸における人々の息抜きの場としてのお花見の場所の構築とその開放に重点を置いた。一方、庶民は100年ほど続いた泰平の世を満喫するとともに、町人は財力に物を言わせて稽古事を始め、町人文化を進展させると同時に、平安、室町、桃山時代に起こった各種芸能を、ほぼ完成された状態にまで発展させた。

A．江戸時代中期の主要著書

　江戸時代中期に発行された主要な著書を**表16**に示した。これらの著書で気付くことは、奈良・平安時代の著書に比べて、『曽根崎心中』、『国性爺合戦』その他のように、1600年代後半から認められ始めた町人文化の作品ともいうべきものが目立っていることである。一方、1789年頃になると、現代にもその名が知られている本居宣長が登場する。享保15年（1730）、宣長は伊勢松坂本町の木綿商の家で生まれ、寛政元年（1789）に『玉くしげ』、寛政5年（1793）に『玉勝間』、寛政10年（1798）に『古事記伝』を出版した。サクラが好きで笏をサクラの木で作り、後にそれを用いて位牌を作ってくれと遺言したという。71歳の頃からサクラの歌ばかり300首も詠み、71歳のときに書

第2部　花の文化の中のサクラ

表16. 江戸時代中期の主要著書

発行年	著書名	発行年	著書名
1703	曽根崎心中	1749	英草紙
1703	松の葉	1758	怡顔斎桜品
1710	桜譜	1768	西山物語
1715	国姓爺合戦	1789	玉くしげ
1716	折たく柴の記	1793	玉勝間
1747	義経千本桜	1798	古事記伝
1748	仮名手本忠臣蔵		

いた遺言状には遺体は吉野山と峰続きの山である山室山に葬り、塚の上にサクラの木を植えて欲しいと述べてあったという。72歳で没した。

　　　敷島の　大和心を　人とはば　朝日に匂ふ　山桜花

　これは寛政2年（1790）8月、61歳のときに描いた自画像の讃に記した歌である。この歌は、咲き揃ったヤマザクラに朝日が当たり、照り映えている瞬間の美しさを日本人の心の真髄にたとえたもので、サクラの持つ特性を誠によく表現している。
　江戸時代は士農工商という制度が確立し、武士階級以外の者は、たとえ智力や財力があっても、その階層を脱することができなかった。そのため、民衆はいつも生きる者としての悩みは尽きず、どこかにその捌け口を探さなければならなかった。江戸に町人文化や遊びの文化が生まれたのも当然のことで、江戸のサクラもこうした文化に支えられた花だったのである。花見もその一つで、花見は日頃の憂さの捨てどころでもあった。そのため、財力のある者は豪華な花見を行い、お金のない者はそれなりの花見を行って楽しんだのである。また、庶民の間ではサクラは遊びの歌と結び付いて、これらの歌謡には庶民の生活と人々の偽らぬ情感が現れている。

　　　花は桜よ　薫るは梅よ　はつ音床しき　山ほととぎす　　　（松の葉）

　　　咲いた桜に　なぜ駒つなぐ　駒が勇めば花が散る　　　（作者不明）

　上記のように、1750年以降に見られるサクラの歌謡には、みな明るさが感じられる。
　一方、サクラの品種名についての記載は、奈良・平安時代の個々の文学書の中のように単なる品種名に触れるというだけではなく、サクラの「図譜」のように、サクラの品種名を図版や情報と併せて記述した専門書が発行されたのもこの年代からである。

B. 江戸時代中期の花と花の文化

1700年頃になると、治安も安定し、京都の天皇・公家たち、江戸の将軍・大名はもちろん、武士、農民、町人に至るまで平和な日々を楽しむようになってきた。このような世相の中で、江戸における園芸熱は益々盛んになってきた。それに加え、1720年頃には江戸の人口は100万人に達し、狭い土地に大勢の人々が集まって住む大都市になった。すなわち、江戸の土地の約6割は、武士の土地であり、2割は寺社の土地、残り2割が町民に与えられた土地であった。江戸中期には、武士の人口は60〜80万人、町人も60〜80万人といわれていることから、町人は狭い土地にぎゅう詰めの状態で生活していた。狭い土地で多くの人が楽しく生活するためには、様々な気晴らしが必要であり、1年中、江戸には多くの年中行事があった。また江戸の町人は、狭い空間を巧みに利用し、縁側、露台、棚などに花を置き、様々な趣向を凝らした。江戸の町人にとって花は、大切な生活の伴侶であった。武士の住居の床にも日毎に美しい花が飾られ、とりわけ、士農工商の中では末席にある町人の中の豪商は、その財力にまかせて花卉類を身の回りに置くようになったのである。

これら江戸庶民の心の動きに呼応するかのように、江戸の郊外の農家の中には副業として花の栽培を始める者が現れてきた。記録に認められる著名な人物に、伊藤伊兵衛がいる。1600年頃には、初代の伊藤伊兵衛は染井村（現在の東京都豊島区駒込）で植木屋を営んでいたことが知られている。1656年には、薩摩霧島産のキリシマツツジが伊兵衛に贈られ、元禄7年（1694）、三之丞（三代目伊兵衛）は『花壇地錦抄』を出版し、ツツジ、サツキおよびサクラの諸品種名を公表する一方で、ツツジ、サツキ、カエデの品種改良を行って「キリシマ屋伊兵衛」と称していた。この染井の植木屋に刺激されて、駒込、三河島、品川、その他各地で花の栽培が認められている。

1716年に将軍職に就いた吉宗は、庶民の花に囲まれた生活を助長するかのように、在職期間中にサクラを初めとして、モモ、マツなどを江戸各地に植え、これを庶民に開放した。享保20年（1735）には、サクラだけではなく、現在の中野区の桃園に紅桃を50本植え、元文3年（1738）には、紅桃150本を植えさせた。春になると6万7千坪といわれた広大な土地には、所狭しとばかりにモモの花が咲き乱れ、庶民は目を奪われたという。なお、この桃園の近くの鍋屋横町付近には、梅屋敷の存在も知られている（山口[231]、中野区史跡研究[142]）。

吉宗によって江戸の各地に植えられた、サクラ、モモなども、植えてから15〜20年の歳月が過ぎるとお花見に適した大きさに育つうえに、幕府が積極的にお花見を勧奨したこともあり、1735年頃以降になると、花の名所が各地に誕生し、春には、ウメ、

第2部　花の文化の中のサクラ

サクラ、続いてボタン、秋には、ハギといったように、町人が主となった花見を初めとする年中行事が盛んに行われるようになったのである。1750年頃以降になると、春には亀戸の梅屋敷、蒲田の梅屋敷、中野の桃、西ヶ原の牡丹、上野の桜、御殿山の桜、飛鳥山の桜、柏木の右衛門桜、金王桜、秋には、お月見や紅葉狩り、菊見などがあり、この他、夏祭りや秋祭りを初めとする寺社の縁日など、様々な行事があったのである。庶民のお花見や年中行事に見られる行動文化の進展は、町人文化の萌芽として、1650年頃から芽生え始めていたのである（三田村[123]）。このような町人文化の発達の途上に登場した風俗に、吉原仲町の鉢植えされたサクラの出現がある。1741年から吉原仲町の通りに鉢植えされたサクラが並べられ、夜に咲く生きた華とともに庶民を遊びの世界へと誘い込んでいった。1700年代、庶民が盛んにお花見に出かける世の中になると、それに伴って、歌舞伎、俳句、川柳などの題材としてサクラが採り上げられるようになった。お花見に象徴される町人文化の芽生えは、単にお花見という行動文化に止まらず、文化、芸能の分野へも影響を及ぼしている。

1. 歌舞伎

　歌舞伎と吉原のお花見は、平和な世となった1700年以降の江戸の華やかな文化の象徴ともいえる。歌舞伎の舞台は元来華やかなものであり、それを一層華やかに演出するために花が飾られたり、小道具として使われるが、そのときに最も多く用いられていたのがサクラである。サクラには色々な種類があるが、上方を舞台にしたものではヤマザクラが、江戸を舞台にしたものでは、サトザクラが使われていることが多い。1700年代の歌舞伎には西鶴の作品が本格的に上演されたことが知られており、『好色五人女』に登場するお夏・清十郎のラブシーンが、華やかなお花見風景を背景にして展開されている。また、「八百屋お七」のお七が刑場に送られる時、死の旅路の手向けの花に、咲き残ったサクラの一枝をもたせると、お七はそれをつくづくと眺めた後に、

　　　世の哀れ　春吹く風に　名を残し　おくれ桜の　けふ散りし身は

と詠み、明るく美しく死んでいくのである。このほか、サクラに関係するものとしては、「京鹿子娘道成寺」「助六所縁江戸桜」「積恋雪関扉」「義経千本桜」などが挙げられるが、サクラはこのようにして民衆の花としての位置を獲得していったのである。一方、八百屋お七の死への旅立ちに「おくれ桜」の一枝を手向けるのも、サクラに何か人間の息吹を通わせている。

IX（B）　江戸時代中期（1700～1800）のサクラと日本人

2．浮世絵

　江戸時代中期に町人に支えられて発展してきた「江戸の遊びの文化」の中に、庶民芸術として歌舞伎とともに名声を博した「浮世絵」がある。いまでは世界的な芸術として、その真価は日本よりもむしろ外国において早くから認められてきた。浮世絵は江戸時代以前から存在していたのであるが、それを一つの芸術としての地位にまで確立したのは江戸時代になってからである。浮世絵と呼ばれる前の芸術がその題材としていたものが、貴族的、宗教的な主題が大部分であったのに対して、江戸時代に入ってからの浮世絵はその名が示すとおり、庶民の日常生活を題材として取り上げている。もちろん、庶民生活といっても、歌舞伎や遊女などの遊興の世界を描いたものが多かったが、これらの世界が江戸の庶民に愛好されて繁栄を続けるとともに、浮世絵が多くの人にもてはやされてきたこともある。江戸時代に入って浮世絵の作家として挙げられる者に、岩佐又兵衛と菱川師宣がいる。岩佐又兵衛は浮世絵の元祖といわれており、その作品として伝えられているものに「彦根屏風」と川越喜多院にある国宝の「三十六歌仙」などがある。菱川師宣は浮世絵版画の先駆者として知られており、浮世絵が今日のように世界的に価値を見出されているのは「版画芸術」としてである。一方、サクラを浮世絵という観点から眺めてみると、驚くほどたくさんのお花見の浮世絵を見ることができる。お花見の浮世絵には、江戸時代の町人たちが、浮かれて踊り狂っている様子が描かれている（相賀[3]）。

3．俳句・川柳・狂歌

　江戸時代の文学は元禄時代（1688～1704）を境にして、それ以前は上方文学が中心であったが、それ以降（1700～）は江戸の町人の間から起こった「町人文学」と呼ばれるものが中心になった。とくに、松尾芭蕉が出現してからは、俳諧文学が盛んになった。俳諧は鎌倉時代の連歌から発生したものであるが、芭蕉によって卑俗な笑いから和歌にも劣らない美しい笑いにまで高められた。芭蕉が「俳諧とは風雅の道である。風雅とは私欲を去り、自然の道に遊ぶことである」といっているように、芭蕉の門下生を初め、江戸時代の俳人たちは自然というものに目を向け、自然現象を直感し、観賞することを「さび」と呼び、その後の細やかな観察を「ほそみ」とも呼んだ。

川柳：川柳には人の機微を穿ったものが多いが、サクラを対象にしたものは少ない。

　　　叱られた　所へうちやる　花の枝
　　　つまる所　酒屋の為に　桜咲く

—161—

狂歌：古くは和歌と一体であったが、江戸時代になってから和歌、俳句とともに詞壇を三つに分けることになった。小野蘭山の『花鑑(ハナカガミ)』（宝暦年間、1750～1764）にはサクラの品種名が分かるものがある。

　　咲きにほふ　花の中にも　さきがけは　ひがんの八重に　咲ける熊谷
　　八重に咲き　ちらでうつろふ　江戸桜　かさね富るは　法輪寺なり

その後、浅井敬斎の『花錦』では上述のものを長歌に入れている。

4．花見小袖

お花見に最も関係があるものに花見小袖(ハナミコソデ)がある。江戸時代の1700年近くになると、士農工商の最下位に属していた町民に財力が蓄えられたのと幕府がお花見を薦めたこともあり、庶民がお花見に行くようになった。天和年間（1681～1684）の頃には、すでに上野の山では、お花見に花見小袖で身を飾って行き、その花見小袖にヒモを通してサクラの木と木の間に結んで幕の代わりにして、その囲んだ中で酒を酌(ク)み交わしながらお花見をすることが行われた。それ以前は、お正月に小袖を新調していたのであるが、お花見に合わせて小袖を新調するようになってから「花見小袖」と呼ばれるようになった。

図19．花見小袖

IX（B）　江戸時代中期（1700〜1800）のサクラと日本人

5．生花（イケバナ）・お茶

　江戸時代の中期の芸道の分野で見落とすことができない芸能に生花とお茶がある。この両者は江戸時代中期には、華道、茶道として確立されている。そして、この華道、茶道の発達にも財力を手にした町人の役割が大きかった。なお、生花は座敷を持ち、床の間を持っている者が、床の間を飾るためにも用いられていたが、江戸時代の庶民は床の間を持つことが許されていなかったので、この点で生花は庶民の文化にはならなかった（北条[34]）。

6．江戸の花火

　サクラや花の文化とは直接的な関係は認められないが、江戸時代中期からの庶民の行楽の年中行事の中に、夏の花火見物が登場している。花火の打ち上げの起源は上方（関西地方）で、江戸時代になり平和になって鉄砲の火薬が必要ではなくなり、それを平和の遊びに使うことを思い付いたのが最初であった。しかし、上方では成功しなかった。1600年代の後半になって、隅田川の両国橋付近で舟遊びをしていた客が鍵屋（カギヤ）と玉屋（タマヤ）にお金を支払って打ち上げさせたのが大流行したのである。記録としては、1648年に花火のことが述べられているが、『紫の一本（ムラサキ　ヒトモト）』には「元禄時代には花火がかなり盛んに打ち上げられている」と述べられている。江戸の花火は両国では、橋の下流を本家の鍵屋が担当し、上流は玉屋と決まっていて、1700年代の後半から1800年代の前半までの約1世紀が、両国の花火の全盛期であった（西山[151]）。

7．桜餅の出現

　1700年代でサクラに関係している事項として挙げなければならないものに「桜餅」の出現がある。桜餅は1336年頃には作られていたが、昔は余り知られていなかった。それは桜餅に用いたサクラの葉がヤマザクラであったためである。ところが、1717年に江戸の隅田川の川辺の長命寺※で山本新六が作って売り出した桜餅は、江戸中の大評判となり、われ先にと桜餅を買い求めたという。そして「長命寺の桜餅ばかりは名

※長命寺について：向島の長命寺は弁財天を祀っている寺で開創は元和元年（1615）といわれ、もとは常泉寺といわれていた。寛永年間（1624〜1644）、三代将軍家光が鷹狩の帰途、急に気分が悪くなってこの寺で休んだとき、住職が井戸の水を差し上げて飲ませると、たちまち気分が回復した。喜んだ家光は早速その水を長命水と名付けた。それ以来、寺も長命寺と呼ぶようになった。この長命寺をいっそう有名にしたのが桜餅である。

物で旨い。其の香りのよいこと……」と述べられている。現在、桜餅を買い求める人たちもやはり「香りがよいこと」が一つの条件になっている。この香りはオオシマザクラの葉に含まれている「クマリン」という成分によることが明らかになっている。桜餅についての他の事項は「サクラと食品」の項で述べる。

C．江戸時代中期のお花見

1．天皇・公家たち

江戸時代も1700年代に入ると、御殿山と上野の山のお花見が有名になり、どの記述も庶民を中心にした江戸のお花見風景のみであり、天皇・公家たちのお花見の記録はほとんど見ることができなかった。しかし、奈良、平安時代から続いてきた天皇・公家たちのお花見が絶えてしまうことはなく、ただ、江戸庶民のお花見に圧倒されていただけである。それに加えて天皇・公家たちは依然として京都に住んでおり、江戸の庶民のお花見の騒ぎとは無関係だったのである。

2．将軍・大名たち

元禄時代を経て1700年代に入ると、江戸庶民のお花見への関心の高まりが目立つようになったが、徳川家の代々の将軍もまた、春にはお花見を行っていたことが知られている。寛永17年（1640）、三代将軍家光が御殿山でお花見をしている。また、1700年代になると、将軍・大名たちは自分の居城に塀を周らせて、その中にサクラを植えてお花見をするようになった。

将軍とともに特記しなければならないのは、参勤交代の制度によって江戸に住むことになった地方からの大名たちのことである。参勤交代は大名の謀反を封ずるのが目的であったが、江戸に集められた大名たちは将軍のお花見に似せて自分の居住地を塀で囲み、その敷地内にサクラを植えてお花見を楽しんだ。それと同時に、自分の領地内に咲くサクラや珍花を江戸の屋敷内に移植して楽しんでいたことも知られている。さらに、1700年代に入り、世情が安定すると、将軍・大名とも、自分の屋敷内に植えたサクラのお花見のみに止まらず、庶民が集まっている上野の山や飛鳥山にもお花見に出かけたことが知られている。

Ⅸ（B）　江戸時代中期（1700～1800）のサクラと日本人

3．武士

鎌倉時代から目立ち始めた武士のお花見は、豊臣秀吉や将軍・大名のお花見のみが取り上げられて、下級武士のお花見についてはあまり触れられていない。しかし、江戸時代になり、世が泰平になるにつれて武士がお花見に現れるのは珍しくなくなった。とくに、幕府がお花見を薦めたこともあり、元禄時代以降には槍を持ち、長刀を腰に挿した武士が庶民と一緒にお花見をしていた。そして、1750年以降になると、泰平の世が実感として肌に感じられるようになり、武士も漸く槍を持たずに編み笠を目深に被り、小袖の裏を紅絹にしたり、真紅な肌着を袖口長にして、細身の大小を帯びてしゃなりしゃなりと婦女子の様子を真似るようになった。また、武士の間には遠乗りをしてお花見を楽しむことも流行した（藤沢[16]）。

4．庶民
　　　　―― 庶民のお花見の夢開く ――

元禄時代（1688～1703）に御殿山と上野の山に見られた庶民のお花見は、1700年代に入って幕府が庶民のお花見を公認したことから、下級武士とともに庶民もお花見を楽しむようになった。すなわち、1700年代以降は、天皇・公家、将軍、大名、武士、庶民とそれぞれお花見の形は違っているが、京都、江戸とも、総ての人たちがお花見を楽しむ時代になった。だが、京都・奈良地方は古くから都が在ったところでサクラも多かったが、新興地である江戸には御殿山と上野しかお花見の場所がなかった。江戸で飛鳥山のお花見が本格的な賑わいを見せ始めたのは1735年頃からである。上野の山の場合は、山同心がムシロ席を貸し、香煎湯の商いなどが行われていたが、徳川家の墓所であるため、家綱の死後の1680年頃から規制が厳しくなり、鳴り物はご法度で、夕暮れを告げる六つの鐘（午後6時）を合図に花と別れなければならなかったために、夜桜は見ることができなかった。

　　千金の時　追い出す　花の暮

その点、飛鳥山は別に規制が行われていなかったために、1735年頃からは上野を上回る賑やかさになってきた。すなわち、享保（1716～1736）の頃までは、庶民のお花見の場所は上野であったが、元文（1736～1740）の頃からは飛鳥山に移っている。吉宗は飛鳥山が花盛りの頃になると、江戸城に仕えている人たちに、「今日は天気が良いぞ、花見に参れ」と毎年声を掛け、ご自身もあれこれと世話を焼き、種々の佳肴を

—165—

第2部　花の文化の中のサクラ

たくさん重箱に詰め、お酒も樽ごと下され、御鳥見という狩猟の係りの者を同行させて飛鳥山に出かけた。花の下に薄縁を敷き、もって来た酒肴を誰彼なしにお花見の人を呼び込んで飲ませたり食わせたりした。見知らぬ人の間で酒盃のやり取りをすることは、お花見のときには珍しくもない光景であるが、呼ばれてきた者が驚くのは杯を初め、器物の総てに高蒔絵の「葵の紋」が付いていることである。そのため、せっかく来たものの、ご馳走してくれる人の正体が知れないので、後日の迷惑も考えて尻込みする者もいた。しかし、毎年繰り返されているうちに、平気で葵の紋のついた杯で飲み干し、紋のついた重箱から取り出して食べるようになった。だが、これが吉宗将軍の心配りであったことに気付いた者はいなかった。この挿話は江戸城に仕えていた高瀬友阿弥が老後の思い出として語り伝えたものである（三田村[122]）。

　江戸時代の初期にはお花見の場所が少なかったが、1740年頃には御殿山、上野の他に、向島、浅草、飛鳥山とお花見の場所も多くなった。浅草が庶民の盛り場になったのは、三代将軍家光が慶安2年（1649）に大堂宇を再建したことによるが、本当に賑わいを見せ始めたのは、享保18年（1733）2月、観音堂裏の藪林を開拓し、吉原の遊女たちが献納した「千本桜」を移植したことからである（高柳[199]）。このような時節に、1741年になって吉原大門仲之町に夜桜見物が始められた。寛保元年（1741）2月25日、仲之町の茶屋の軒先に、四角の箱に植えたサクラ数千本を一夜のうちに運び込んで見せたのである。これは茶屋の軒先に石の台を置き、その石の台の上に鉢植えの桜を置いたものだった。この吉原仲之町のサクラが寛保2年（1742）、堺町の中村座で二代目市川団十郎が助六を勤め、名題を「由縁江戸桜」とし、吉原の夜桜の景を取り入れたのが大当たりとなった。このことから仲之町のサクラが大評判になり、通りの中央に桜樹を移植して3月3日を花開きとすることが恒例となり、着飾った遊女たちが馴染み客と漫歩することを許したので、一層繁盛した。その費用は莫大なもので、天保年間（1830〜1843）には150両にもなったが、この費用を廓内の妓楼、雑業および見番が分割して負担した。なお、サクラの下に青竹の垣を結び、ヤマブキを植え雪洞を立てたのは延享2年（1745）からである。

　このように、江戸の吉原には鉢植えの花とともに夜に咲く生きた豪奢な華が五町いっぱいに咲き乱れていた。享保（1716〜1736）の頃は3,000近く、化政期（1804〜1830）には約5,000、天保改革（1830〜）以後は7,000人を超えるほど多くの遊女が夜の華として咲いた。この「生きた華」の花見客も何千人も詰め掛けたという。吉原の花見は平和な江戸の華やかさの文化的象徴の一端であるといえよう。吉原の夜桜は、四角い箱に植えたサクラを一夜の内に数千本も運び込んで見せたものであるが、このような大掛かりな鉢物の移動は現代のコンテナガーデンであるが、日本では1740年代の江戸の昔にこれが実現していたのである（東京都[210]、造園建設業協同組合[210]、高柳[199]）。

—166—

Ⅸ（B）　江戸時代中期（1700〜1800）のサクラと日本人

なお、吉原の鉢植えのサクラは花の咲く直前に植えて、花が散ると抜き取り、毎年植え替えられていた。小林一茶はそのサクラの供給地、染井の伊藤伊兵衛の畑の前を通り、

　　花咲くと　直ちに掘られる　桜かな

と詠んでいる（豊島区郷土資料館[212]）。

　宝暦の頃（1751〜1764）になると、飛鳥山のお花見はさらに開放的になり、「土器投げ」などをして興ずる庶民的なものになっていた。しかも、代々の将軍の意向を受けてお花見の取締まりは頗る甘く、乱暴でない限り悪酔いした者が他人を困らせても放置していたという。寛政の頃（1789〜1801）、関西の藩では粗末な服装でお花見に出てはならないという御触れを出し、立派な帯刀をした者に限ってお花見を許したという。

　そのお花見を許された武士が隅田川の堤に差し掛かると、酔った町人風の男が川面に向かって放尿していたが、何を考えたのか、こちらへ来る武士の方へ向き直って放尿を続けた。武士が避けようとすると、酔った男はふらふらと避けて歩こうとする武士の方へ寄ってくる。仕方がないからと押し退けて通ろうとすると、足も腰もふらふらしているので武士の足元に倒れた。倒れながら反吐を武士に浴びせかける。仕方なく武士は近くの茶屋へ入って反吐の始末をして出てくると、酔った男は倒れていたが、出てきた武士を見つけて、「これ、武士だからといって天下の往来を通る者をたとえ町人でも突倒す法があるか」とで搦んできた。それから悪口雑言を放つ。武士は相手になっても仕方ないと、黙ってそこから立ち去ろうとしたが、「武士のくせに町人にこれだけ言われても逃げるつもりか、卑怯者とはお前のことだ」と言いながら着いてくる。そのうちに花見の客たちも集まってきて暴言を浴びせかけると、さすがに辛抱していた武士も、ここに至って顔色を変え、帯刀していた柄に手をかけた。取り巻いていた見物の者たちがはっとした隙に、武士は両袖で刀を抱えるようにして一目散に逃げ出した。今度は酔った男はそっちのけで、大勢がなまくら武士、卑怯者と怒鳴りながらついてくる。両国橋を渡ってから往来の人たちに紛れて藩邸に逃げ帰ったが、翌日になるとこの話が江戸中に広まり、藩邸でもそのような者がいたのでは藩の恥だということで、とうとう当人が判明した。早速、重役から、「なぜにそのような恥ずかしいことをしたのか」と尋ねられた。そのとき、当人は「誠に忍び難く、一度は刀の柄に手をかけましたが、この刀は歴代の品で銘こそないけれども正宗と伝えられ、身分に過ぎたものと心得ています。この名刀で酔漢を斬っても……」と言った。だが世間の噂にもなったこともあり、ことの次第を殿に申し上げると「もし彼が伝家の宝刀を帯していなかったら、主家の迷惑を思い出すことなく当座の憤怒に駆られて、町人を無礼討ちにしたであろう。正宗は真に名刀である」と言って大変喜ばれたという

第2部　花の文化の中のサクラ

ことである。江戸の庶民のお花見は、このように温かく見守られていたのである（三田村[122]）。

D.　吉宗のお花見奨励政策について

　吉宗はお花見の名所造りに努力し、それを庶民に公開した将軍として有名である。しかしこの政策は、享保年間（1716～1736）の江戸の不景気の中での庶民の不満をお花見に向けさせるための政策であったといわれている。これと同様の見方が、江戸時代後期以降（1800年以降）のお花見の馬鹿騒ぎの理由の一つと述べられている。このような考え方があるにしろ、お花見の名所造りについて吉宗が寄与したところは大きい。

E.　サクラの移植とその公開

　江戸時代になり治安がよくなるにつれて、将軍や諸大名によるお花見が恒例化していったが、その一方で将軍によってサクラが植えられている。すなわち、二代将軍秀忠は寛永2年（1625）、上野に寛永寺を造り、天海僧正によってサクラが植えられ、後にサクラの名所として賑わった。寛文年間（1661～1672）には、家綱将軍が隅田川堤に桜川からサクラを移植させた。その後、八代将軍吉宗は将軍職に就いた翌年の享保2年（1717）に、吹上御苑のサクラを隅田川東岸の木母寺から寺島に植え、御殿山にもサクラを植えた。享保5年（1720）から享保6年（1721）にかけては飛鳥山に1270本のサクラを植えて庶民に開放し、元文2年（1737）には、飛鳥山にお花見に出かけている。享保10年（1725）、享保17年（1732）には、隅田川堤に、サクラ、モモ、ヤナギなどを植えた（井下[47]、綿谷[220]、高柳[199]）。この他、享保18年（1733）、浅草寺奥山にもサクラを植えた。とくに飛鳥山には、モミジ100本、マツ100本をサクラとともに植えている。このように、江戸城から10kmの範囲内に、御殿山、墨堤、上野、飛鳥山と趣の異なるお花見の場所が造られて庶民に開放されているのである。名称こそ「公園」とは呼ばれていなかったが、明らかに公園である。西欧ではパークと呼ばれた貴族・領主の私的な狩猟場が解放されて「パブリックパーク」（公園）が造られたのが1820年であることを考えると、わが国ではそれよりも1世紀も前の1720年頃に飛鳥山や墨堤などが造られていることに注目しなければならない。このように、吉宗らによって江戸の各地にサクラが植えられている間に、享保6年（1721）には、江戸の人口は100万人を突破し、世界最大の都市になった。しかも、天下泰平の世となり、春はお花見、

—168—

秋は菊見へと庶民の心は動き、江戸の庶民にとって、お花見は最大の年中行事になっていったのである（下山[185]、吉村[242]）。

F．江戸のお花見と京都・奈良地方のお花見

　1750年近くになると、江戸、京都とも「お花見に狂った」と表現されるようになった。しかし、このお花見の仕方には、江戸と京都では違いが認められる。江戸の場合は1700年頃から、春には元禄時代の上野のお花見で表徴されるように、大群衆がお花見の場所に押し寄せるような花見風景が見られたのに対して、京都の場合は庶民がお花見にたくさん訪れたという記述は見られるが、「狂乱」という表現は用いられていない。江戸の将軍、大名たちが屋敷を塀で囲んでお花見をしている姿は、京都の天皇・公家たちに似ているが、京都の天皇・公家たちのお花見は、神社、お寺に咲く花のほか、天皇・公家たちの庭に咲く花を見る場合には、奈良・平安時代からの伝統にのっとり、1本のサクラを囲んで弦、琴などの音楽に合わせて舞う他に、花の特色を加味した歌を詠んでいた。京都、奈良地方は昔からお花見の場所がたくさん知られており、江戸時代には春になると多くの庶民も加わってお花見が行われており、京都では享保3年（1718）に幕を張ってお花見をしていたという記録や、3月に花が咲くと花見小袖を新調して出かけているが、この花見小袖は京都ではかなり早くから着ていたようである（山田[230]）。ところが、江戸の場合は庶民、とくに町人と呼ばれていた商人が、財力にあかしてお花見に参加するようになってから、花見小袖を作ったり、それを幕代わりにサクラの木と木の間にヒモを帳り、その囲いの中で豊臣秀吉も「かくなる花見か」というようにお酒を飲む、花より団子的なものになった。それとともに、生花やその他の師匠たちが、その弟子とともに集団でお花見をすることが江戸では目立ってきた。つまり、お花見は仲間と一緒に楽しむ娯楽へと転化していったのである。

　このように、大勢の仲間と一緒になってお花見をする傾向の中にあって、1750年以降には一風変わったお花見をする人も出現している。サクラの名所と呼ばれている場所に出かけるのではなく、たとえば、小日向台町の和尚さんなどは、江戸の各地にあるシダレザクラだけを見て回ったといわれているように、特殊なサクラだけに着目してお花見をする方法である。この方法は、江戸の庶民がお花見に姿を見せるようになった天和年間（1681〜1684）の頃にはすでに認められていた。しかし、その頃はお花見の場所は上野くらいであったが、「1本桜」といって、老大木の名花を独りで楽しむお花見が行われている。これを俗に「江戸三十三桜」と呼び、その中に「佐野の桜」「右衛門桜」「金王桜」などがある。このような特殊なサクラについて調べてみると、

第 2 部　花の文化の中のサクラ

多くは神社や寺院の境内にあるが、江戸では「33本」の名木があったことが知られている。ただ、このような名木だけを見て回るお花見の趣向は、1700年代から始まった仲間同士が誘い合ってお花見に繰り出すという趣向に圧倒されてしまった。1本桜の観賞法は存在感がなくなっていたが、絶滅したのではなく、文政6年（1823）には『卯花園漫録』に「江戸三十三桜」のことが述べられている。

G.　佐野桜について

　「江戸三十三桜」の中に記述されている「右衛門桜」と「金王桜」については、鎌倉時代の項で述べたので、ここでは「佐野桜」について述べる。

　天明4年（1784）3月24日、江戸城内において佐野善左衛門政言が若年寄の田沼意知を殿中桔梗之間で斬殺するという事件が起こった。佐野善左衛門政言は、北条時頼が僧侶の姿で雪の日に訪れたときに、マツ、ウメ、サクラの盆栽を伐って焚いて暖を取らせた佐野源左衛門常世の子孫であり、常世の話は「鉢の木」として知られている。田沼意知の父は老中田沼意次で、親子一緒になって庶民からの賄賂政治を行って私腹を肥やし、苛酷な政治を行っていたといわれていた人物である。歌舞伎では意知が佐野家の家宝と家系図を借りて返さなかったので、善左衛門政言に斬られたという筋書きになっている。この事件のため、意次は老中職を失脚し、善左衛門政言は切腹を命ぜられた。しかし、田沼の圧政に苦しんでいた江戸の庶民は悪政の根を断ってくれた善左衛門政言を「世直し大明神」と呼び、その墓所には庶民の参詣者が絶えなかったという。その墓に、1784年頃に植えられたサクラが「佐野桜」と呼ばれた。このサクラは佐野の屋敷跡である、現在の大妻女子大学の門のところにあったが、2000年にはサクラはなく、「ここに佐野桜があった」という碑が立っていた。

H.　江戸時代中期のサクラの品種
—— サクラの品種改良の開始 ——

　江戸時代の1700〜1750年の間で特記すべき事項に、吉宗による「サクラの移植とその公開」とともに「サクラの品種改良の開始」がある。これまでサクラの品種数の増加に関連して、鎌倉時代、室町時代にサクラの品種改良が行われたという考えを述べる者もいたが（太田[168]、中尾[146]、安藤[6]）、人の手による品種改良ならばもっと多くの品種が出現しているはずである。このようなことから、筆者は鎌倉時代、室町時代

—170—

Ⅸ（B）　江戸時代中期（1700～1800）のサクラと日本人

には人の手による品種改良は行われていなかったと考えた。ところが、江戸時代になり1680年頃からサクラの品種数の増加が著書によって明らかにされている。

　すなわち、延宝9年（1681）になり、水野勝元が『花壇綱目』で40品種を公表し、元禄7年（1694）に伊藤伊兵衛が『花壇地錦抄』で46品種、正徳2年（1712）に寺島良安が『和漢三才図会』で54品種、宝暦8年（1758）に松岡玄達（恕庵）が『怡顔斎桜品』で69品種を発表している。ところが、その後50年ほどしか経っていない享和3年（1803）に市橋長昭が『花譜』で234品種名を挙げており、文化・文政の頃（1804～1830）には、250～260品種が知られていた。

　　　延宝9年　（1681）　水野勝元『花壇綱目』…………「40品種」
　　　元禄7年　（1694）　伊藤伊兵衛『花壇地錦抄』……「46品種」
　　　正徳2年　（1712）　寺島良安『和漢三才図会』……「54品種」
　　　宝暦8年　（1758）　松岡玄達『怡顔斎桜品』………「69品種」
　　　享和3年　（1803）　市橋長昭『花譜』……………「234品種」

　しかし、その後の江戸におけるサクラの品種数には大きな変化が認められていない。このうち、1750年頃までに認められたサクラの品種数の増加は、山や野で発見されたサクラ以外に、1642年頃から開始された参勤交代制度によって地方の大名が江戸屋敷に自分の故郷から珍しいサクラを移していたという影響がある。市橋長昭は、日光、奥州、関西からサクラの種類を集めて桜井雪鮮にこれらのサクラを描かせたといわれている。筆者が指摘してきたように、江戸時代の中期までは、日本の各地を探せばサクラの珍しい種類は200種類ほどは簡単に発見できたと考えている。ところが1800年代に入ると、それまではヤマザクラを見るのがお花見であったのに、江戸では八重桜を見ることに変化している。もちろん、1800年代に入って直ちにヤマザクラからヤエザクラにサクラを植え替えることはできないので、八重咲のサクラを植えることは1750年頃から行われていたものと考えなければならない。

　ところで江戸のお花見の花をヤマザクラからヤエザクラに替えるのに、何処から誰がそれらの八重咲品種を持ってきたのだろうか？　1750年以前はサクラの苗木は京都、奈良、常陸の桜川から供給されていた（三好[128]）。しかし、八重咲品種は江戸時代初期までは10品種ほどしか知られておらず、多くの八重咲品種の供給源は全く不明である。それに加えて、1750年以降の江戸のサクラはほとんど染井から供給されている。1750年頃に染井で植木屋をやっていたのは、伊藤伊兵衛とその一族が中心であった。したがって、1750年以降に八重桜を売ったのは伊兵衛とその一族と考えてよい。しかし、「どこからどのようにして多くの八重桜を入手したのか？」については不明である。しか

も関西にはこのような品種はない（三好[128]、豊島区[221]）。八重咲品種の増加について
いま一つの問題は、八重咲品種を創り出すためには、少なくとも片親が八重咲品種で
なければならず、花の構造などから自然交雑によってたくさんの八重咲品種が生まれ
ていたと考えることはできない。このようなことから、1750年から1800年にかけて江
戸に植えられた八重桜は、人の手によって交雑・育成したものでない限り、あのよう
な急激な品種数の増加は考えられない。また、特記すべきことに、1750年以降に染井
の植木屋から供給されたヤエザクラの80％に、オオシマザクラの遺伝子が入っている
ことである。オオシマザクラは他のサクラとの交配が非常に難しいことから、これら
の八重咲品種は人の手によって育成されたものと考えなければならない（岩﨑[75]）。

1．里桜を創った者は誰か

　1800年代になって江戸のお花見は八重桜を見ることになった。しかも、その頃に出
現したオオシマザクラの遺伝子の入った里桜の起源の問題を考える時、交雑を行った
人物が存在するはずである。まず、1800年代になってヤエザクラをサクラの名所とし
て花を咲かせるためには、少なくとも1750年頃から植える必要がある。また、多く
のヤエザクラの品種を準備するには、1750年以前から植木屋に元木が存在しなければ
ならない。さらに、交雑によってヤエザクラを育成するには、1730年代に交雑を行っ
ていなければならない。このように逆算していき、1730年頃に染井で植木屋を開業し
ていた者を調べてみると、伊藤伊兵衛とその一族だけであった。しかも、伊藤伊兵衛
三之丞は1700年当初には「キリシマ屋伊兵衛」として、ツツジ、サツキ、カエデの交
配を行っている。三之丞の子政武は、吉宗が1720年に飛鳥山にサクラを移植したとき
の中心人物である（岩﨑[80]）。筆者はこれらの調査に基づいて「染井吉野は1730年頃
に伊藤伊兵衛政武により、人為交雑によって創り出された」という「染井吉野の江
戸・染井発生説」を提唱した。そのときに読んだ船津静作のメモの中に「伊藤某は長
年に亘って桜の交雑を試み、数百本の中から大島桜を母として染井吉野は作り出され
た……」と述べている。すなわち、「数百本の中で大島桜を母としたものを染井吉野
と名付けて売り出した……」という。では、残りの数百本のサクラはどうなったので
あろうか？　染井の植木屋が苦労して交雑育成したソメイヨシノ以外の個体を伐り捨
てるとは考えることができない。このソメイヨシノ以外の交雑個体のサクラこそ、
1750年頃から江戸の各地に植えられた八重桜ではないだろうか？
　このことを裏付けるかのように、これらの里桜の品種間の関係をアイソザイム法で
検討を加えたところ、ソメイヨシノのようにA×Bという単純な交配組み合わせによっ
て成立している品種はむしろ少なく、（A×B）×C、や（A×B）×（C×D）という

Ⅸ(B) 江戸時代中期（1700～1800）のサクラと日本人

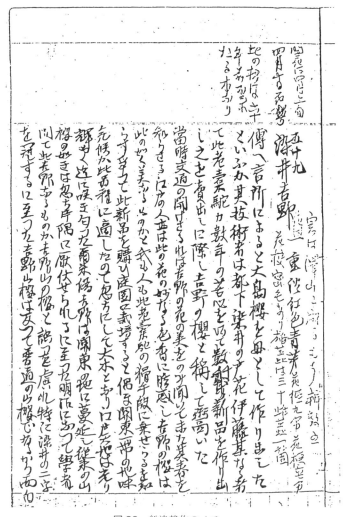

図20. 船津静作のメモ

ように色々な交配の結果育成されたと推定された品種が多かった。つまり、染井の植木屋は手当たり次第に交配をしていたように推定され、ソメイヨシノの両親の解明のように、品種間の関係を明らかにすることができなかった。その一方では、「手当たり次第」と表現されるように、色々な交配組み合わせが行われたために、「テマリ」「苔清水（コケシミズ）」などでみられるように、現代の育種家が育成できない珍しい品種が創り出されたものと推定している。

　なお、染井の植木屋、伊藤伊兵衛と江北村荒川堤の桜守（サクラモリ）として著名な船津静作の業績を調査して気付いたことであるが、これまでの理科系の研究者、研究家とも両者の存在や業績に論及している者はほとんどいない。しかし文科系のサクラの研究家は詳細に検討を加えている。なぜ、サクラの理科系の研究者が両者の業績を無視するのか

については分からない。しかし、少なくとも伊藤伊兵衛と船津静作は、現在のサクラの研究者にも勝るとも劣らない立派な業績を残している。如何なる人の考えであろうとも、その主張に耳を傾ける態度がない限り、日本人の心の中に深く入り込んでいるサクラの本態を解明することはできないであろう。一方、中尾[145]は色々な著書で、「日本人は植物の有性生殖の原理を知らず、したがって江戸時代には人為交雑は行わなかった」と述べているが、初代伊藤伊兵衛のツツジ、サツキの交配の記述を読んでいないし、伊藤伊兵衛政武の業績や船津静作のメモも知らないうえ、江戸時代末期のサクラソウの人為的な交配育種についても認識がないようである。前田[254]も中尾と同じことを述べているが誤りである。

Ⅰ．サクラ以外の花卉類の登場

　江戸時代で注目すべき現象に、花といえばサクラを指した奈良・平安時代以来の花の文化に対して、サクラ以外の花卉類が明瞭な形として観賞の対象として登場したことである。これに呼応するように、1600年代には染井で伊藤伊兵衛が植木屋を開業し、1700年頃にはツツジ、サツキの品種改良を行っている。また、江戸近郊の農家にも副業として花類の栽培を始める者が見られている。つまり、江戸時代の1700年頃からは、サクラ以外の花卉類が盛んに栽培されるようになった出発点でもあり、そして、1800年以降になると、世界でも稀に見る花の栽培地となったのである。

IX（C）．江戸時代後期（1801 〜 1868）のサクラと日本人

　徳川家康が天下を統一してから200年ほどになり、天下泰平の世となって町人文化の発展とともに文化、芸能の分野では元禄時代に次ぐ第二の全盛時代となり、この時代に完成の域に達したものが多い。それにも増して驚異なのが花卉類の発達である。江戸時代の1730年頃から認められたサクラの品種改良は、1800年代には世界に誇るべきお花見の文化を創り上げた。また、1800年代にはアサガオ、アヤメ、その他の花卉類の品種改良も行われ、キンギョ、長啼鳥を含めた動植物の品種改良も行われているのである。平和な世であってこそ、この世界的な文化の構築が為されたことを江戸時代後期の史実が示している。

A．江戸時代後期の主要著書

　江戸時代中期から目立つようになってきた町人文化の代表作ともいうべきものが、江戸時代後期の1800年に入ると一層明確になり、町人文化の基礎が完成期に入っていることを思わせる。このことは花の文化の花卉の世界を一層押し上げ、広げ、進める効果としても表われている。

　　やれ打つな　ハエが手をする　足をする
　　ヤセがえる　負けるな一茶　ここにあり

　主要著書の中ではサクラを取り扱ったものも多く認められる。しかし、奈良・平安時代に筆者が探し求めていたサクラの品種名の記述は、サクラの品種名を記載した著書が出版されたので、サクラの専門書とも言うべきそれらの著書に重点を置くことにした。なお、江戸時代後期の主要著書は**表17**に示した。

表 17. 江戸時代後期の主要著書

発行年	著書名	発行年	著書名
1802	うけらが花	1819	おらが春
1802	東海道中膝栗毛	1820	花暦八笑人
1803	花月草紙	1825	東海道四谷怪談
1808	蕪村七部集	1847	江戸名所花暦
1814	南総里見八犬伝	1848	一茶発句集

B. 生活の中にみる花と花の文化
—— 庶民の生活の中に入り込んだ花 ——

　サクラと日本人との関係だけでは、日本人の心の奥に秘められたサクラへの想いを纏めることはできないと考え、奈良・平安時代から各時代における花と花の文化の関係を述べてきた。このように纏めてみると、花はわが国のみでなく、世界各国においても最初は、王侯、貴族や権力者、富豪によって独占されていて、農民、庶民とは無関係な存在であった。ところが、江戸時代になり、戦乱のない平和な年月が続いたのに加えて歴代の将軍が遊興政策をとり、1700年代に入ると吉宗将軍が江戸の各地に遊興の地を作って庶民に開放した。このような幕府の遊興政策に便乗するかのように1700年頃から目立った存在になったのが財力を蓄えた町人の遊びへの投資である。それに伴い、狭い住居に住んでいた江戸の庶民の中に、泰平の世になって自分の身の回りを美しい花で飾りたいという心が芽生えてきたのである。庶民は息抜きのために花を望み、縁日で買い求めてきた草花を路地や通り抜け、縁側や二階の露台に棚を作って並べて楽しんだ。武家や商人の住まいの床には日毎に美しい花が飾られて、庶民の生活の中で花は欠くことのできないものに変わっていった。このような世相は江戸時代以前の日本のみでなく、世界でも例がないことである。花の文化は、天皇、宮人たち、将軍などの上流階級の人たちの手から町人、庶民の手に移ったのである。庶民の花になったのは日本では1600年代からであるが、西欧では1700年代になってからであり、このことでも日本は西欧より1世紀ほども早く、花は庶民のものとなっている。この事実を、幕末に来日したロバート・フォーチュンは「日本人の著しい特色は、下層階級でもみな花好きであるということだ。気晴らしに始終好きな植物を育てて、無上の楽しみにしている。もしも花を愛する国民性が人間の文化生活の高さを証明するものとすれば、日本の低い層の人たちは、イギリスの同じ階級の人たちに比べると、ずっと優って見える」と述べている。一方、幕府の遊興政策に呼応するかのように、本所の四つ目の牡丹園、亀戸の大藤、入谷のアサガオ、大久保のツツジ、竜眼寺の萩、その他が各地に花の名所として知られるようになった。そして、お花見とともに梅見、月見、菊見、萩見などに舟遊びなども加わって、行楽を兼ねた四季を通しての年中行事が確立されていった。舟遊びは慶長年間（1596～1615）の頃に、余りにも暑かったので庶民が平田船に屋根をかけて浅草川を乗り回したのが始まりであると『昔々物語』に述べられている。納涼船は承応年間（1652～1654）と万治年間（1658～1611）頃、盛んに行われていた。舟遊びは夏の納涼だけでなく、春の花見船、秋の観月船、冬の雪見船もあった。江戸時代に行われていた舟遊びも、今日では春の花見

IX（C）　江戸時代後期（1801～1868）のサクラと日本人

船と両国の川開きにその面影が残されているだけになった。

　以上のように、1650年以降に実質的に庶民の文化になった花は、江戸の長屋とも呼ばれていた狭い住居で、庶民の生活の友として徐々に発展してきた。そのために、江戸を囲む各地の農家は、花の供給のために、野菜栽培の片手間に草花や花木を育てることが行われ始めた。江戸の近郊での花栽培は、隅田川以東の葛西地区が中心であったが、その他には「旅もの」と称して房総や埼玉地方からも入荷していた。このように、江戸時代に入ると花の世界は大きな変革期に入っている。とくに1750年頃を境として、それまでは花壇や庭園を対象としていた、マツ、ツツジ、サツキ、カエデなどの花物から、盆栽（鉢物）を主とした花卉類へと大きな転換が起こったことが明確になった。この事実は色々な階級、身分の違いに関係なく、いわゆる庶民の生活の中に花が入り込んだことを示している。

　泰平の世になり、財力を蓄えた町人のみでなく、武士も毎日の生活を持て余すようになってきた。江戸時代も中期以降になると、江戸の武士は三番勤めといって3日に1日勤めればよかった。そのために時間はたっぷりあった。その頃の武士の道楽は、琴、三味線、小鳥飼い、金魚飼いであったが、盆栽作りもその一つであった。しかし給料が少なかったので、大半の武士は食うために苦労し、傘作り、提灯作りをして貧困さから逃れていた者が多かった。だが、盆栽や変りものを作って金をもうけた武士もいる。この内職で成功した花卉類が、新宿百人町で栽培されたツツジである。百人町には江戸城を警護する同心が住んでいた。彼らは給料も少なく、食べていくのが大変であった。しかも勤務は1か月交代制で、1か月勤めると次の1か月は休みになった。そこで内職としてツツジの栽培を考えたのである。天保9年（1838）の『江戸名所図会』に新宿のツツジのことが記述されていることから、かなり前から有名だったのであろう。このようにして1750年以降には、花卉類に微妙な変化が現れ始めたのである。それに拍車をかけているのが、江戸近郊の農家の花作りの開始である。1600年頃から江戸染井で植木屋を開業していた伊藤伊兵衛は1730年以降になると、一族が植木屋となり、1750年以降の江戸のサクラは染井の植木屋から供給された。これに刺激されるかのように、1730年以降になると江戸の郊外に当たる現在の大田区、足立区、墨田区、台東区、江戸川区、目黒区、葛飾区、杉並区などで花を作る農家が出現した。それが原因となり、1800年頃になると、江戸市民の間で園芸熱が爆発的に起こり、江戸時代後期の花卉園芸は世界にも稀に見るほどの素晴らしい発達を遂げたのである。とくに、草木性花卉の発達は、全世界の花卉園芸の分野でも特色ある輝かしい一時期になっている。その江戸時代後期に登場する花卉類は日本固有の花卉のみでなく、外来種の花卉類にも及んでいることに注目すべきである。すなわち、江戸時代中期までの日本の代表的な花卉類は、ツバキ、ツツジ、サクラなどの多年生の花卉が大多数であった。

—177—

第2部　花の文化の中のサクラ

ところが、外国から入った花卉のほとんどが一年性の草木であった。1818〜1865年までに日本に入った花としては、サルビア、イトラン、オジギソウ、キンギョソウ、ダリア、サフラン、アナナス、カンナ、ホクシア、チューリップ、ゼラニュウム、マツバボタン、パンジー、その他がある。ところが、江戸時代後期には、外国からの花卉に加えて、ハナショウブ、サクラソウ、エビネ、オモト、センリョウ、マンリョウ、フクジュソウ、ギボウシ、ナデシコ、マツバランなど、日本の野や山に自生していた植物の園芸化も進められている。これは日本の園芸史上からも注目すべきことである。この時代に品種改良されて、世界にも誇るべき品種が生み出されて現在に伝えられている。しかも、これらの品種改良が庶民の手によって行われていることも特記すべきことである（松田[118]、日本人が作り出した動植物企画委[14]）。その他、鎌倉時代に登場した盆栽は、江戸時代に入ると、その形式などが完成期に達し、日本で独特のものになった。幕末の江戸の盆栽は「大名盆栽」で、その後「ゴテ物盆栽」とも言われたものが主流になっていた。大名盆栽の特色は、大きいもので、マツやウメ、ヒバなどの曲物盆栽、マツなどの豪壮なもの、およびタケやボタンを深い瑠璃鉢に入れたものである。それらは大きな玄関や応接間に飾られて、堂々たるものであった。これに対して、京都や大阪では江戸の場合と異なる「片手盆栽」が流行した。片手盆栽とは片手で持てる大きさの盆栽ということである。老幹大樹を30cmほどの鉢の中で作り、茶室や居室の数奇屋作りの部屋に置いた。また、京都の僧侶や公家、大阪の文人画家たちは、思考の疲れを癒すために書棚や机の上に「掌上盆栽」（小品盆栽）を飾っていた。幕末には関東より関西の方が盆栽の研究が盛んであった。

1．奇品・珍種の流行

　1750年頃から目立ってきた江戸における草木類の盆栽栽培は、寛政年代（1789〜1801）に入ると、千両※、万両、万年青、南天などで一攫千金を狙った植木屋や武家、町人、素人を巻き込んでの奇品ブームが起こった。寛政9年（1797）には、京都で橘の大流行があり、1鉢300両や400両で売買された。1800年以降に流行した鉢物としては千両、万両、万年青、南天のほか、福寿草、朝顔、牡丹などが挙げられ、これらは数多くの「変り物」が創り出され、販売価格はしばしば投機化した。

　このような狂乱的な園芸ブームに対して、幕府は寛政10年（1798）8月、鉢物の高値取引の禁止令を出して規制を加え、その後も何回も取締令が出されている。しかし、

※日本には「千両役者」という言葉がある。それは「千両も給料を貰うことができる芸の優れた俳優や技芸の優れた人を言うことである。

Ⅸ（C） 江戸時代後期（1801～1868）のサクラと日本人

禁止令が出されると暫くの間は異常な流行は停止するが、江戸の植木屋は花の種類を変えて対応している。すなわち、寛政10年（1798）に禁止令が出されたが、文化年間（1804～1818）になると、アサガオの大流行が起こり、文政年間（1818～1830）から天保年間（1830～1844）にかけては、万年青、松葉蘭などの流行が起こり、文化・文政の時代を中心にして盆栽の全盛期となった。この文化・文政の時代には斑入り物も流行し、青山金太（1824）の『草木奇品家雅見』、水野忠教（1826）の『草木錦葉集』など世界的にも貴重な著書が出版されている。以上述べた奇品の大流行は色々な花卉類で奇品、珍品を創る努力を生み出した。この努力は植木屋という専門的な者だけに止まらず、武家、町人などの一般の人たちの手によっても品種改良が行われたことに、江戸時代後期の特色がある（豊島区郷土資料館[212]、日本人が作った動植物企画委[996]）。それらのうち、キクとアサガオについて述べることにする。

２．キクについて

江戸時代の初期には日本固有のツバキが好まれていた。江戸時代の中期になると、ツバキからツツジ、サクラに好みが移り、1800年近くになるにつれて花の流行は植木からキク、アサガオ、サクラソウといった小さな鉢植えとして軒先や庭先に置けるものへと変化していった。

キクは彦根藩や多くの大名屋敷で作られていた。ところが元禄時代（1688～1704）から町人たちの間にキク作りが流行し、宝永年間（1704～1710）から正徳年間（1711～1716）に、江戸、大阪でキクの大流行が起こり、「1芽2両だ、3両だ」という高値で売買され、享保年代（1716～1736）には優れた品種が出現している。元文（1736～1740）、寛保年代（1741～1743）になると、キク作りは駒込付近で始められ、文化年間（1804～1818）には、81軒の植木屋がキク作りをしていたという。現在の東京文京区の東京大学近くの本郷4丁目と5丁目を区切るところに「菊坂」と呼ばれている坂道があるが、江戸時代の初期にはこの辺りでキクが作られていたという。昭和40年に町名変更が行われる前までは、この付近は菊坂町と呼ばれていた。また、台町、田町という町名もあったが、それも江戸時代には、菊坂台町、菊坂田町といわれていたところである。江戸時代の区域の拡大とともにキク作りの場所も、白山、巣鴨へと中山道沿いに移動し、江戸時代後期には巣鴨がキク作りの中心になっていたことが『四時遊覧記』（1772～1781）に述べられている。寛政7年（1795）には、巣鴨地区の代表として保坂四郎左衛門が将軍の御菊御用を命ぜられている。巣鴨のキク作りは、まず、花壇作りで有名になった。花壇作りとは「奥行三尺、幅三間から五間または七間の三方と屋根を明かり障子にして、その中に鉢植えのキクを並べて一般の人にみせる方法」

—179—

第2部　花の文化の中のサクラ

（1尺は約33cm、1間は6尺である）であり、趣味を凝らし、キクの流行を生み出した。
文化2・3年（1805～1806）頃に、麻布の狸穴の植木屋と茶屋でキクを用いて鶴や帆掛
け舟などを造ることを始めた。そのことを知った巣鴨のキク作りの者たちは早速それ
を取り入れた。キク作りでは先輩格の巣鴨だけに、細工は巧妙で評判が極めてよく、
文化10年（1813）には35軒にも達し、キクの番付も出されて見物人が殺到した。その
キク作りは、最初は狸穴の植木屋のように1本のキクで作っていたが、後には多くの
黄色いキクで虎を造ったり、白いキクだけを集めて農家の屋根の上まで鉢を並べて巨
大な富士山を形作るようになった。このようにすることを「形造り」と呼んでいた。
文化11年（1814）には、キクの形造りは52軒になり、現在の白山、千石、巣鴨へと広
がっていった。文化13年（1816）には、染井、駒込も加わって一層拡大していった。
キクの番付や道案内も1か月前から江戸のみでなく地方でも配布されて前景気をあおり、
奥州方面からも見物人が来るなどで、茶店や料理店などは大変な賑わいになり、天下
にその名が知れ渡った。最初のキクの形造りブームは、文化10、11年（1813、1814）
頃である。しかし見物料は無料であったので出費の割に儲けにならず、初めは精巧だっ
た形造りも、町人、農家も加わったために雑なものが多くなり、キクの形造りは一時
中断された。天保15年（1844）に、キクの形造りが再興した。このときは24軒であっ
たが、弘化2年（1845）には80軒余りになり、地域も染井、巣鴨を中心にして東は、
団子坂、千駄木、根津、西は、庚申塚、西ヶ原まで広がった。しかし、その頃が絶頂
期で、その後は衰えていったが、明治初年までは断続的に続けられた。その過程の中
で「菊人形」も生まれた（川添[92)、豊島区郷土資料館[211)）。このように花物の栽培は、
江戸の染井に始まり、駒込、団子坂、根津へと本郷台の東の斜面へと広がっていった。
一方、江戸の大名屋敷に住んで江戸における花卉園芸の実態を見聞していた諸大名の
中には、自分の藩に帰った後に藩内にある花の改良に着手した者がいる。このように
して改良された花のうち、キクの場合は、嵯峨菊、伊勢菊、肥後菊は、現在も名花となっ
ている。

3．アサガオについて

　アサガオは奈良時代に中国から薬用として渡来したもので、原産地は中国西南部か
らヒマラヤ山麓付近の熱帯地方といわれている。中国ではアサガオの種子を牽牛子と
呼んで下剤として利用していた。また、中国では観賞用の花にはならなかったが、日
本では観賞用の花になり、桃山時代には屏風に青花と白花の絵が描かれている。江戸
時代になると急速に品種改良が行われて、花色も色々なものが創り出され、文化年間
（1804～1818）には700種余りの変化アサガオが創り出され、嘉永年間（1848～1854）

—180—

Ⅸ(C) 江戸時代後期（1801～1868）のサクラと日本人

図21. 変化アサガオ

には1,000種以上に達した。このようにアサガオの品種に見られる「変わり物」は、1750年頃から目立った奇品、珍種を求める江戸庶民の流行の一端と理解することができる。しかし、花弁がヒモのようになっている変化(ヘンゲ)アサガオをどのようにして創り出したのであろうか？　江戸時代の後期に出現したオオシマザクラの遺伝子の入ったサトザクラの名花とともに、世界に誇るべき数々の変化アサガオの育成方法も、現代の育種家が再現できない品種がある。

　最後に「秋の七草のアサガオ」について述べておきたい。最近では秋の七草のアサガオはキキョウであると述べている著書が多い。だが、これらの著書の記述を総括すると、① ヒルガオは花品が賤しい。② 現在のアサガオは外来のもので原野に生えていなかった。③ 朝顔は、「あさ露おひて咲といへと、夕かたにこそ咲まさりけり」という歌があり、夕方にアサガオが咲いているのは理に合わないから、④ 当時アサガオと呼んだ花の中のムクゲ、アサガオ、キキョウの中からキキョウに決定したといわれている。筆者は、① アサガオをキキョウとした人たちは、アサガオの特性をよく知らない人たちのように思う。アサガオは現在は夏の花のように思われているが、昔は秋の花で短日性植物である。しかも現在でも9月頃以降の気温が低い日（20℃以下）には北向きの日陰に咲いているアサガオは夕方まで見ることができる。キキョウの場合は「朝露おいて咲く」という表現は用いられていない。② この秋の七草の歌を詠んだ山上憶良は、遣唐少録として唐に行き、帰国後は筑前国守となっており、関西、九

州地方の歌を多く詠んでいるのに、アサガオをキキョウとした人たちの中に関西、九州地方の野生植物のことを熟知している人がいない。このような理由から筆者[58]が秋の七草のアサガオはキキョウではなくアサガオが正しいように考えると述べたが、筆者と同様、秋の七草のアサガオはキキョウではなく現在のアサガオだと、西山[150]、広江[30]も述べている。なお、アサガオは奈良時代に日本に入ったといわれているが、吉野山の蔵王堂の秋草のところにはアサガオが描かれている。この絵は『日本書紀』の欽明天皇の時代から有名な絵であるという。この事実をどのように考えればよいであろうか？　最後に漢字の秋の七草や春の七草にお目にかかる機会が少ないので記述しておく。

秋の七草：芽子の花、尾花、葛花、ナデシコの花、女郎花また藤袴、朝貌の花。
春の七草：芹、薺、御形、繁縷、仏座、菘、蘿蔔。

（山上憶良選。漢字は、春・秋とも『広辞苑』より）

4．サクラソウ・その他について

江戸時代後期のキク、アサガオのことについて述べたが、天保4年（1833）頃から流行したサクラソウのことについて述べておきたい。埼玉県の県花になっているサクラソウは天保時代（1830〜1844）には武士階級の人を含めてサクラソウの愛好家の集まりができて、交配によって美しい園芸品種を創ることを競い合ったといわれている。サクラソウは小さい鉢に植えることができ、庭のない狭い家に住む人たちに喜ばれていた。サクラソウは東京の板橋から戸田橋付近にも自生していたが、それらのサクラソウを農家が副業として鉢植えにし、江戸の町に売り歩いたのである。福寿草も江戸時代後期の文化年間（1804〜1818）に200種以上の品種が創り出されている。

5．地方の特色ある園芸品種の出現

江戸時代後期（1800年以降）で記述しておかなければならないことは、参勤交代で江戸に住んでいるうちに入手した花卉や自分の藩に存在した花物に改良を加えて、その地方独特の品種を創り出していることである。そのうちのサガギク、イセギクなどについてはキクの項で述べたが、現代までその名が知られているのは熊本地方に残る「肥後六花」である。肥後（現在の熊本）は細川藩であったが、第八代の藩主、細川重賢は花を好み、宝暦の頃（1751〜1764）には「花連」という同好団体が作られて肥後六花が完成された。肥後六花とは、ヒゴツバキ（肥後椿）、ヒゴハナショウブ（肥後花菖蒲）、

ヒゴシャクヤク（肥後芍薬）、ヒゴアサガオ（肥後朝顔）、ヒゴサザンカ（肥後山茶花）、ヒゴギク（肥後菊）の6種類の花をいい、いずれも「ヒゴ」（肥後）の名を上に付けている特殊な花である。この六花のうち、ヒゴツバキとヒゴハナショウブはとくに有名である。ヒゴツバキは多くの品種が創られたが、梅心咲といってオシベが筒型にならないでウメの花のオシベのように、四方に広がる花型である。ヒゴハナショウブは大輪咲きで3弁が特色である。日本のハナショウブには中輪の江戸ハナショウブ（六弁咲きもある）、伊勢ハナショウブ（花弁が下垂する）、肥後ハナショウブの三大系統がある。肥後六花で注目すべきことは、この花の育成に武士を中心とした「花連」と呼ばれた同好会が作られて、自分たちの創り出した品種は門外不出として外部に持ち出すことを禁じ、それを守ってきたことである。

6. 輝かしい江戸時代後期の花卉園芸

　江戸時代の初期から始まった庶民の園芸熱は、1800年以降になると世界の花の文化史上でも稀に見る高度な花卉園芸の発達地として認められるようになった。その根源には、① 平和な年月が長く続き、悠々と花に親しむことができたこと。② 遊びの中での花作りのブームであり、しかも珍奇な花物ほど高値で取引されたことにも原因がある。この江戸時代後期の日本の園芸の特色を纏めてみると、① 外国より早く花が庶民の生活の中に入り込んでいること。② 中国から入った花卉類の多くが庭造りなどに用いる花木であったが、江戸時代の後期には外来の一年性花卉とともに日本にあったサクラソウ、ハナショウブなども品種改良を行って多くの珍しい品種を生み出した。③ とくに、変化アサガオの育成は世界に例がない。④ 日本独特の盆栽が作られている。⑤ 斑入植物の価値を世界で最初に認めた。⑥ 花見、菊見、菊人形のように大衆が参加する花卉園芸文化が発展した。⑦ 造園用のツツジ、ヒバなど、特色のある樹木の品種が創られた。⑧ 植木屋、庭師という花卉園芸の専門の業者が出現した。

　江戸時代の後期に認められる、キク、アサガオその他の新品種の出現について、「江戸時代には人工交配がほとんどなかったが新品種を作った」と述べている者がいるが、江戸時代の中期に生まれたとみられるソメイヨシノや1750年頃から江戸に植えられて1800年以降に江戸のお花見の主役になったオオシマザクラの遺伝子の入った里桜は、人工交配による以外に出現した理由付けが不可能である。

　そして、江戸時代後期に創り出されたアサガオやサクラソウの中には交配技術を知らない者が育成したとは考えられない品種が多い。また、サクラソウの新品種の育成法では、種子を用いて選抜を行っている。その点、現代の遺伝学や生殖生理学を知らなくても江戸時代に新品種を育成することは可能であったはずである。このように、

―183―

江戸時代の中期には、植物のメシベ、オシベ（花粉）の役割は学問的には解明されていなかった。しかし、西欧ではカーネーションの交配は1835年、バラの交配は1843年に行われたが、日本では1700年頃には、ツツジ、サツキ、カエデの交配が行われていて、西欧より150年ほども早い。

7．江戸時代後期の美術工芸

　四民狂乱と表現されるようになった江戸時代後期のお花見は、平和な世が260年間も続いた産物の一つである。お花見に庶民も参加したが、花はお花見や生活の中でのものだけでなく、詩歌、俳諧を初めとする文化、絵画、彫刻、蒔絵、その他の美術工芸品や歌舞伎、華道など総ての分野で日本独自の進展が認められた。すなわち、江戸時代はこのように花の文化を築き上げ、花の芸術性を高め、それを庶民の生活の中に取り入れた時代であり、江戸時代の後期はその完成期であると表現されよう。したがって、江戸時代の後期に見られた花と花の文化については、サクラに関する花の文化のみを取り扱うだけでも紙面が不足であるのみでなく、片手落ちの感さえ感じられるほど素晴らしい進展が花卉類全体とそれに伴う花の文化に認められる。このようなことから、ここでは記述しなければならない2～3のことのみに止めることにした。

8．いけばな（生け花）

　江戸時代後期の花の文化の中でとくに記述しておきたいものに、「いけばな」がある。いけばなは「立花」として古くから行われてきたが、1500年代の後半には池坊の花は東北地方から九州まで行われていたという。それが、やがて豊臣秀吉の豪華主義と結び付いて進展を続けてきた。しかし、まだ「いけばな」は庶民の領域には入っていなかった。江戸時代に入って平和な時代が到来し、1600年代の後半になると、士農工商のうちの町人階層が経済的に豊かになるにしたがって、お稽古事としての「いけばな」が町人の子女の間に流行を始めた。「いけばな」の中心は、このようにして京都、大阪から次第に江戸に移ってきたが、それは江戸の町人の目覚ましい経済的な進出によって江戸が活気を呈して繁盛したからであり、それが文化・文政の頃（1804～1830）に頂点に達した。「いけばな」を一人で生けて、一人で観賞するというよりも、仲間が集まって生花会で意表をつく趣向が競われるようになるとともに、花器に千金を費やしたり、早咲き、遅咲きの花を高値で求めたりしたために、文政7年（1824）には幕府の取締りを受けるほどであった。このように遊芸化した「いけばな」は自然の美しさを失い創造性にも欠ける点も見られたが、遊芸化、形式化を通じて「いけばな」は大衆的な

—184—

IX（C）　江戸時代後期（1801〜1868）のサクラと日本人

地盤を広げ、いけばな人口は急激に増加していった。

　いけばなの家元制度は1700年代後半には明瞭になり、1800年代初めには著しくなった。それは、いけばな人口が急増したことによる。ところが、この頃の「いけばな」人口の多くが男性であったという特色がある。「いけばな」人口で女性が多くなったのは明治末期以降のことで、昭和年代では90％以上が女性で占められていた。「いけばな」人口は1,500〜1,600万人といわれていて、一見繁盛しているように見えるが、江戸時代に庶民の文化となったいけばなも、今日では嫁入りのための教養の一つとして、あるいは女性のお稽古事の一つとして残っている程度になっている。このように、江戸時代の後期にその極に達した「いけばな」は、趣向に走りすぎて創造性を失ったのであるが、それでも、その形式美がいまだに人の心を捉えているのは、長い江戸時代の庶民の感覚が今日なお私ども日本人の心の中に根強く残っているからであろう。「いけばな」は江戸時代の後期に最盛期に達しており、「いけばな」という名称もその頃から用いられたといわれている。また、「いけばな」は「立花」「挿花」「生花」などといわれているが、「いけばな」または「いけ花」と書くのが良いとされている（久保田[106]、北条[34]）。

イ．いけばなにおける流派による花材の相違

　「いけばな」には現在800ほどの流派がある。そして、それらの各派には人々に食べ物の好き嫌いがあると同様に、用いる花にも特色が認められる。ここでは一般の人の関心があると思われる2〜3の事項の花材について、その特色を纏めてみた。まず、婚礼の花についてであるが、これには生きた材料を用いることになっている。普通に用いられているものは、① 松竹二品に水引をかけ、白を左、赤を右にして固く結び、結び切りにしたもの、あるいは、② 万年青を用いる。万年青は、三歳花（天地人）、真添止、その他、流派によって呼び方が違っている。遠州流では葉4枚を一組として三組を生けるが、これも流派によって違いが見られる。新築祝いのときの「いけばな」は水に縁のある花や万年青が用いられている。この他、お祝いの花には「メデタイ花」といわれている花が材料として用いられるのが普通である。一方、お祝いのときの「いけばな」には、① 雑草、雑木葉を用いてはならない。② 棘のある植物は用いない。③ 木物と水物を一つの容器に生けない。④ 四葉、四花や六葉、六葉などにして生けない。⑤ ハラン、スイレン、ハスなどは用いないなどと、用花の特色がある。この他、サクラ、カキツバタ、フトイ、トクサなどは一花挿しとして他の花と一緒に同じ花器には生けない、などのことが遠州派では行われている。

　以上は室内、とくに床の間に生けることを念頭に置いて述べたのであるが、次に茶席の場合の、いわゆる「茶花」について述べることにする。表千家の場合は茶花の生

け方に一定の法則はないが、お茶の雰囲気に合うように生けることが必要であるという。つまり茶花の生け方は、ごく自然に、素直に生けることにある。花は一種か二種がよいとされ、花は季節で異なるが、冬はツバキ、夏はムクゲが好んで用いられている。茶花で嫌われている花は、香りの強い花、棘のある花である（ただし、アザミは使われている）。

9．歌舞伎

　元禄時代（1688〜1704）に隆盛を極めた歌舞伎は、その後一時衰えを見せていたが、明和・安永時代（1764〜1781）頃から再び盛んになった。江戸時代後期の歌舞伎見物で目立つようになったのは、歌舞伎見物をする女性である。泰平の世に花見に狂う主役が男であったが、女が狂ったのが歌舞伎であると表現されるまでになった。歌舞伎に狂った女たちは、御殿女中のみでなく、商家の女房や娘たちも同様で、歌舞伎に行く前の日から、役者の似顔絵はもちろん、贔屓にしている俳優への憧れは想像を絶するものがあったといわれている。その歌舞伎では、やはり中心になった花はサクラであり、色々な場面にサクラが登場している。少し変った場面としては、文化・文政の頃（1804〜1829）に鶴屋南北が『心謎解色絲』を書いた。この舞台では紅白の桜花を上体と腕一面に彫りこんだ刺青の主役が大活躍をした。この刺青の世界でもサクラが盛んに彫られ、国芳、国周らの浮世絵にも見ることができる。このようにして江戸時代後期には一層盛んになった。その一つの例に、『弁天小僧』という作品がある。河竹黙阿弥作の『弁天小僧』の場合は、浜松屋の店先で大家の娘に化けていたのだが、その正体を見破られた後は、ふてぶてしく着物を脱ぐと、その上半身に見事なサクラの刺青が輝いている。水も滴る若さと粋が、このサクラの花によって観る人たちの心を射る、という趣向なのである。ただ、上方地方を舞台にした芝居ではヤマザクラが、江戸を舞台にした芝居ではサトザクラが多く使われていた。

　以上、江戸時代の後期に見られる花の文化の一部を述べたが、花卉園芸や盆栽が大発展を遂げた江戸時代の後期は、花は美術工芸、絵画、蒔絵などの他、衣裳や友禅染、織物などに用いられて美しい花の芸術品を作り出した時代であった。京都や伊勢白子、江戸などで作られた染色の型紙に造形された花を見ると、江戸時代の工芸が人間技とは思えないほどの絶妙な腕の冴えを見ることができる。当時は日本の全地域で、それぞれの地域の職人たちが自分の好みの工芸品を作っており、各地に個性ある工芸品が誕生し、花の工芸品も無限の多様性を見せることになった。すなわち、花の盆栽に百両、二百両も投じたように、櫛、家紋、硯箱、その他の調度品にも投じられた。このようにして、名工・名人となった職人たちの製品は高価な商品として買い取られた。金を

惜しまない注文主たちによって、日本の多くの工芸品は世界文化の中でも最高度のものを生んでいる。この世界に誇るべき素晴らしい製品を創り出し、花の芸術性を高め、花の文化を築いた者は名も知られていない日本各地の職人たちであった（西山[152]）。

C．江戸時代後期のお花見
—— 四民行楽（四民狂乱）の時代に ——

　　サクラ　サクラ　弥生の空は　見渡すかぎり　霞か雲か
　　匂ひぞ出ずる　いざや　いざや　見に行かん

　誠に心の奥底まで響き渡る琴歌である。この歌こそ、四民行楽（四民狂乱）の時代にふさわしい歌であると思う。文学が江戸時代に庶民のものになったと同様に、お花見も江戸時代に大衆化した。お花見、桜狩りはこれまでも行われていたが、平安時代は専ら、天皇、宮人たちの行楽で庶民には関係がなかった。武将が登場した時代も公家や武家のお花見であり、庶民はそれを覗く程度であった。ところが、江戸時代後期には、江戸の士農工商に属する人たちのすべてがお花見をするようになった。つまり、四民行楽の時代になったのである。この四民行楽の時代は、元禄時代からといわれているが、1700年当初のお花見の場所は、御殿山と上野だけしかなかったうえに、上野は徳川家の墓所であることから、色々な規制があった。1735年頃になると、墨堤と飛鳥山がお花見の場所として加わって、賑わいを見せていた。その間、町人はその財力によって豊かな生活の中でのびのびと「華麗な江戸の町人という風俗」を築き上げて行った。すなわち、現代の日本において「お花見」という場合には、いわゆるドンチャン騒ぎをするお花見を指すのであるが、このドンチャン騒ぎをするお花見は元禄時代の1700年頃から1800年の間に徐々に確立されていったことは確かであり、飛鳥山で1735年頃以降に認められるドンチャン騒ぎの原型は元禄時代に見ることができる。しかし、1740年頃までは武士はお花見に、槍、刀を持って行っており、武士がそれらを持たないでお花見に行き始めたのは1750年以降である。このことから考えると、1750年〜1800年頃まではお花見が盛り上がっていることはわかるが、まだ「狂乱」という表現までには至っていない。ところが、1799年に向島の三囲稲荷でご開帳が行われた時に、天狗のお面をかぶった仮装が行われてから、各地のお花見が一種のお祭り騒ぎに発展した。お花見で酒を飲むことは宮人たちが行っていたことが『伊勢物語』で述べられている。庶民の場合は元禄時代に酒を飲んでいたことが『紫の一本』で記述されている。

第2部　花の文化の中のサクラ

　　酒なくて　何でおのれが　桜かな

　以上のことから考えると、本当に四民が心置きなくお花見で現を抜かしたのは1800年以降のように思われる。このことから本書では四民行楽（四民狂乱）の時代に入ったのは1800年からとした。

1．お花見の仕方

　「四民狂乱のお花見」と表現しても、これは一般的なことであり、お花見の仕方には色々違いがある。とくに上方（京都）地方と江戸では大きな違いが認められる。上方のお花見は円山公園のシダレザクラを見ることでもわかるように、1本のサクラを取り囲み、敷物を敷いて花を眺めて歌を詠むという、古来の上流社会の流れを汲むお花見であり、その場所も寺院や神社などである。江戸時代は天皇・公家など、昔からの上流階層の人たちが京都に住んでいたことを考えれば、当然のことである。もちろん、京都地方でも新興の町人や庶民たちは、新しい時代の形式でのお花見を楽しんでいたことも知られている。

　これに対して、江戸時代に入って確立された江戸庶民のお花見には、士農工商という階層の違いによって、お花見の仕方に微妙な違いが認められる。1800年頃になると、江戸では武士も庶民と同様に気軽にお花見に出かけるようになり、槍や刀を持たずに編目笠を深く被り、小袖の裏の紅絹をなびかせて、シャナリ、シャナリと花の下を歩くようになった。このような武士に見られる風潮は、たちまち町人の風俗を刺激することになる。江戸で認められた「四民狂乱」と表現されるお花見の特色は、墨田川堤、小金井、飛鳥山のお花見などで述べられているように、歌、踊り、俳諧、狂歌、お茶などの師匠たちが、大勢の弟子を連れて列植されたサクラの花を歩きながら観るという形である。『花暦八笑人』（1820）には、飛鳥山の花見の群衆の中で、能楽仲間が仇討ちの茶番をまことしやかに演じて見せていたところ、強そうな浪人が現れて、本物の刀をふりかざして助太刀いたそうということになり、二人は大慌てで逃げ去ったという話が載っている。また、落語の「長屋の花見」も、この頃のお花見の様子を述べている。すなわち、長屋の住人たちは、お金はないが皆でお花見を楽しもうということになった。毛氈の代わりに、ゴザ、酒は番茶、玉子焼きはタクアン、かまぼこはダイコンに代えて、花の下でそれらを皆で食べながらお花見を楽しんだという話である。このように、お花見という名でありながら、花を見て楽しむでもなく、花の下で、詩歌、俳諧をするというよりも、大勢で花の咲いているところに行き、賑やかなところで、わけもないことを楽しんで春を送るのが江戸の花見であったようである。また、花見

—188—

Ⅸ（C）　江戸時代後期（1801～1868）のサクラと日本人

風俗の一つとして辻風呂といい、花陰に風呂を立て、入浴しながら花を愛でたという
記録も残っている。

　　　中下も　それ相応の　花見かな　　　（素龍）

　　　老僧も　袈裟かつきたる　花見哉　　　（之道）

とお花見の様子が詠まれている。

　もちろん、上方（京都）でも一般庶民が都大路のサクラを大勢で見て歩いたり、江
戸でも一本のサクラのみを見て歩いたという記録は存在するが、大別すれば、これま
で述べてきたように上方と江戸ではお花見の仕方に違いが見られる。

2．お花見の名所は遊興の場に

　江戸時代の中期（1700～）には、御殿山、上野がお花見で賑わいをみせ、花を見な
がら酒を酌み交わすことが行われていたが、上野は徳川家の墓所であるために制約が
多かった。そのために、飛鳥山のサクラが見頃になった1735年頃からは、お花見の中
心が上野から飛鳥山に移った。飛鳥山は近くに王子稲荷や名主の滝もあって、四季折々
の行楽地として発展した。音無川に沿って料理茶屋も作られ、海老屋喜右衛門や扇屋
安右衛門が玉子焼きで有名になり、丘の上から下に向かって「瓦投げ」の遊び場も作
られている。

　隅田堤のサクラは、江戸の中心を流れる土手にできたお花見の場で、向島から千住
までの一里（4km）の間にサクラが植えられた。向島はその名の通り、江戸の「向こ
うの島」という意味で、安永3年（1774）に吾妻橋ができるまでは渡し舟で行くより
他に方法はなかった。「お花見を船上で」ということは、江戸時代でも風情のあること
であった。向島には神社やお寺が多く、江戸時代後期には七福神めぐりのコースも
設定されて現代まで続いている。隅田川の鯉を食べさせる店や長命寺の桜餅などは現
在も続いている。向島には大名の下屋敷や大商店の別邸などがあり、四季を通じて人々
を楽しませるところであって、お花見の群集は多く、とくに、文人墨客がよく集まっ
たところである。

　小金井のサクラは武蔵新田を管理していた川崎平右衛門が幕府の許可を受けて小金
橋を中心にして、玉川上水の両岸約8kmに亘って1万本ほどのサクラを植えた。江戸
から7里（約28km）の距離があり、日帰りは大変であったが、ゆっくりと一泊して見
物するのが無難であった。一泊するお客は小金井橋の近くの柏屋に泊まり、多摩川の

鮎を食べさせる店なども生まれている。

神社、寺も信仰の対象というより、遊興の場に変わっていった。深川永代寺の庭園は善美を尽くして林泉の眺めも素晴らしく、享保の頃（1716〜1736）からは、毎年3月21日に一般に観覧させた。永代寺の庭園は、洲崎弁天の料理茶屋、深川の八幡社地の二軒茶屋とともに、元文の頃（1736〜1740）には「風流目を悦ばす」といわれるようになった。日暮里の好隆寺は寛延元年（1748）、境内の崖を利用してツツジを植え、近くの修性院、青雲寺もこれを見習って庭を造って多くの花木を植えたので、この三寺は「花見寺」と呼ばれた。浄光寺は高台の上にあり、雪の日には眼下に広がる田園の風景が素晴らしかったので「雪見寺」とも名付けられた。本行寺も「月見寺」といわれていた。渋谷の仙寿院ではサクラの季節には群衆が集まり、酒店、団子、田楽などの店で賑わったという。鬼子母神では欅の大木の並木を通って一の鳥居に達する辺りに料亭と茶店が軒を並べていたという。神社、寺院の境内は、2月半ばから酒店、茶店が所狭しと並び、貴賤袖を集いて集まってきたといわれている（林ら[25]）。

3．四民狂乱の心底

庶民も加わった四民狂乱の時代になって、庶民、町民が派手にお花見を行った心の奥底には、「万事がご法度の生活から一時的でも逃れたい気持ちがあったためであろう」と江戸時代のお花見のことを論じている多くの人たちは述べている。確かに江戸時代の下級武士や農民などの生活は、決して豊かなものでなかったことは色々な著書で知ることができる。その反面、向こう三軒両隣りの総ての人たちが同じように苦しい生活を送っていた江戸時代の人たちは、現代の我々が頭の中で考えているような深刻な苦しさはなかったのではあるまいか？　そのような生活苦があり、本当に苦しかったのであるならば、春のお花見や菊見だ、お月見だと出かけることさえできなかったと思う。現に、平成の現代でも生活苦は存在する。しかし、それから逃れるためや貧富の差などとは無関係に、ただ花に誘われて出かけるのが、花好きな日本人の自然の姿ではないだろうか？

4．誇るべし、お花見の文化

江戸時代も中期となり、平和な毎日が続くようになった1700年頃からは、町人の蓄財も加わって色々な行楽を楽しむようになった。その中でもお花見は大変好かれ、1800年頃からは江戸中の総ての人がお花見に出かけるという状態になった。落語の「長屋のお花見」でも分かるように、その日暮らしの人たちまでがお花見に出かけて行っ

たのである。江戸では上野の山、向島、飛鳥山へと群集でお花見に出かけ、1日10里（40km）の途も遠しとせずに花を探して歩いたといわれている。このような花見の文化は外国にはなく、日本人が創り出した行動文化の一つである。この日本民族独自の花の文化であるお花見は、生活の中から湧き出し、結晶した喜びであり、楽しみでもある。そして、このお花見の伝統は平成の現代でも継承されていて、今後も衰えることはないであろう。

D. 市民の園芸熱
―― 染井の植木屋 ――

　1800年以降を「四民狂乱のお花見の時代」と呼ぶことにしたが、この基礎を作ったのは染井の植木屋である。染井の植木屋のうち、初代伊藤伊兵衛は藤堂高虎家の庭の手入れをしていたが、不用になった植木を自分の庭に移して育てたのが始まりで、その花園は次第に大きくなり、多くの花木を集めるようになった。この初代伊兵衛は、万治2年（1658）に没したが、その2年前にキリシマツツジが彼の元にもたらされた。すなわち、九州・霧島山のツツジ5種類が薩摩から送られ、そのうち2種類は京都の宮中に、3種類が明暦2年（1656）に江戸の伊兵衛のところに来た。このことから、伊兵衛はすでに植木屋として知られていたことが分かる。このツツジは真赤なツツジで、その花の美しさと接木で容易に増やせるので瞬く間に広まっていった。ツツジは栽培しやすく、交配によって新種を作ることも容易であったので、庭木として普及し、赤色、白色、紫色、咲きわけなどの花色のツツジが作られて江戸に流行した。現在、東京に多い「オオムラサキ」というツツジは、1700年頃に伊藤伊兵衛が育成したのではないかと推定されているが証拠は全くない。「伊藤伊兵衛」の名は代々襲名されたが、3代目伊兵衛（通称、三之丞）は「キリシマ伊兵衛」と名乗ってツツジの中心であることを自負していた。一方、伊藤伊兵衛は藤堂高虎に仕えていた関係から、「伊賀商人の藤堂家の指導を受けて機を見るに敏であった」といわれている。すなわち、伊藤伊兵衛三之丞は、江戸時代初期の庭造りの流行に目をつけて、1700年頃には、ツツジ、サツキ、モミジなどの品種改良を行っている。その子政武は、ツツジ、サツキの品種改良の手伝いをする一方で、1717年に有名になった隅田川辺の長命寺の桜餅と八重桜の人気に目をつけて1730年頃にはサクラの品種改良を行なって、ソメイヨシノとともにオオシマザクラの遺伝子の入った里桜を育成したことが考えられている（岩﨑[75, 80]）。そして、1750年頃からは江戸のサクラの苗木のほとんどが、染井の植木屋から供給されることになり、1800年以降のお花見は一重咲きのヤマザクラではなく、八重咲のサ

トザクラに変化させているのである。また、1800年代に入って市民の園芸熱が高まり、万年青（オモト）に高値が付いて幕府の規制を受けると、草花のサクラソウ、キク人形、アサガオなどとその対象とする花の種類を替えている。

　この間、染井で植木屋を開業していたのは、1735年頃までは伊藤伊兵衛とその一族のみである。1740年以降になると、染井のみでなく江戸の各地に花栽培を行う農家や植木屋が認められ、1800年頃にはサクラの他に盆栽、草花などの栽培に武士や庶民も加わった。1800年代に入ると、染井には植木屋がたくさん生まれ、サクラ専門、サクラソウ専門というように特別な植木屋も誕生した。この頃の江戸の植木屋街は世界的に見ても素晴らしい植木屋街であったが、その中でも中心になっていたのは、染井を中心とした駒込、巣鴨の地域である。万延元年（1860）に来日したイギリスの植物学者ロバート・フォーチュンは染井を訪れて、「私は世界のどこに行っても、このような大規模に売り物の植物を栽培しているところを見たことがない」と、その著書『江戸と北京』で述べている。このように、駒込、巣鴨の園芸村は、当時としては世界最大の園芸センターだったのである。このように伊藤伊兵衛の植木屋開業で開始した染井の植木屋街は吉宗将軍と伊藤伊兵衛政武が没した後の1800年代には、世界にも稀に見る園芸センターに発展するとともに、世界に誇るべき日本独自の花卉の数々を創り出した。だが、1800年代には伊藤伊兵衛以外の人が有名になり、さらに明治・大正・昭和になって染井の植木屋街は過去のものとなった。

E.　江戸時代後期のサクラの品種
——　八重桜の全盛時代に　——

　庶民も加わってお花見に熱狂し始めた元禄年間や1750年頃までは、色々なところに少し八重桜が植えられてはいたものの、お花見の主役はまだヤマザクラであった。正保年代（1644〜1648）に八重桜は12種類が知られている。ところが、1800年頃を境に、お花見の対象が一重咲のヤマザクラから八重咲の里桜に代わってしまった。そして、八重咲のサクラは「ボタンザクラ」とも呼ばれて里桜の全盛時代に入った。しかも、1750年頃までは一般に見られなかった八重咲のサクラがたくさん出現して、1800年代初めからヤマザクラを圧倒してしまったのである。これらの八重咲の品種の出現については江戸時代中期の項で述べたが、1800年頃からお花見の主役が一重咲のヤマザクラから八重咲のサトザクラに代わるという大変革が起こっているのである。江戸時代の後期にお花見の中心になった八重桜を初めとするヤマザクラ以外のサクラは里桜と呼ばれている。すなわち、山で咲いているヤマザクラに対して、人々の住むところ、

つまり里に咲くサクラという意味から名付けられたものである。お花見の主役が八重桜に代わったとしても、1800年頃まで咲き誇っていたヤマザクラは伐り捨てられたのではなく、江戸の人たちは人それぞれの好みで色々なサクラを見ていたのである。

　一方、1750年頃からのサクラの品種数の変化を見てみると、お花見の対象になるサクラが一重咲のヤマザクラから八重咲の里桜になったことなどから、サクラの品種名とその特色を記述した著書が数多く認められるようになった。すなわち、1750年頃からのサクラの品種についてみると、宝暦8年（1758）松岡玄達（怒庵とも）は、京都その他に存在したサクラの69品種名を『怡顔斎桜品』に記述している。その後、寛政6年（1794）に没した三熊花顚によって近畿地方や岐阜県辺りまでのサクラの絵が残されている（享和3年（1803）に『桜花帖』として出版）。

　享和（1801〜1804）、文化（1804〜1818）の頃には、本所の市橋長昭（市橋星峯）は邸内に桜園を作り、日光、奥州、関西などからサクラを集めて、画人、桜井雪鮮に描かせた。その品種数は234種で、『花譜』として享和3年（1803）に出版した。なお、市橋長昭は近江仁正寺の藩主である。文政年間（1818〜1829）には、白河楽翁が築地の浴恩園に224種のサクラの品種を集め、その花124品を谷文晁に描かせて、『花の鑑』2巻として出版した。白河楽翁は名宰相といわれた松平定信のことであり、築地の下屋敷の浴恩園の他、大塚、深川などにも屋敷を持ち、そこに多くのサクラの品種を集めていた。

　文政年間（1818〜1830）の頃、青山権田原の植木屋、増田金太が『草木奇品種』を表し、その中で160余種のサクラを記述している。金太は増田繁亭とも称した。集めたサクラを後世に伝えようと考えて、画家 坂本浩然に写生させて出版した。久保帯刀もサクラ狂の一人である。帯刀の名は、勝章または白桜亭という。江戸青山長者ヶ丸に住み、サクラを好み、自らを桜頴と名付け、邸内に140種のサクラを集めて『長者ヶ丸桜譜』を表した。この他、文政4年〜天保13年（1821〜1842）に発行された屋代弘賢の『古今要覧稿』には、250品種。文久元年（1861）の堀 良山の『姦譜』には、250品種のサクラの名が記述されている（山田[230]、日本花の会[154]）。

F. 江戸時代のサクラの名所

「四民狂乱」と表現されるようになった江戸時代後期には、江戸においては各地にサクラの名所が造られて、お花見で賑わっていた。江戸時代の記述の最後に江戸のサクラの名所について纏めることにした。

第2部　花の文化の中のサクラ

1．御殿山

　江戸時代になり、江戸でお花見の名所として最初に名前が知られたのが御殿山である。御殿山は徳川家康が江戸に入った早い時期に御殿（別邸）を造った。それが御殿山という地名の起こりだといわれている。寛永17年（1640）には家光がここでお花見をしている。なお、家康が造った別邸は、元禄15年（1702）に全焼して再築されなかった。一方、ここは昔、太田道灌の品川の館があったところで、慶長（1596〜1615）から元和（1615〜1624）年間は太田道真の居住地で、ここに省耕の御殿があったために御殿山の名が付いていた。大田道真が吉野からのサクラを植えていたという説もある。その後、吉宗将軍になってから600本のサクラが植えられ、1721年には、御殿山はお花見で賑わったといわれている。御殿山は海に臨む丘で、広い芝生と寛文年間（1661〜1673）に植えたサクラで春の花盛りには見事であったと『江戸名所図会』に述べられている。御殿山は江戸の中心から離れたところにあるが、品川の宿場近くのお花見の場所であっただけに、寛文年間（1661〜1673）から幕末まで、サクラの名所として、お姫様、武人、町人などがお花見に訪れて、自由奔放なお花見が行われていた。なかには酒の酔いにまかせて乱暴する者も出たために、享保6年（1721）には乱暴を禁止する高礼がたてられた。

　　　御殿山　三味のとなりは　伏せる音

　この川柳は、三味を弾いて楽しんでいる花見客の隣には丁半の博奕（バクチ）が行われていたことを示している。ところが幕末になり、天保8年（1837）には天保飢饉の難民の収容所が造られ、さらに黒船が到来したことに驚いた幕府は、嘉永6年（1853）に品川砲台を御殿山に築くことになり、また、文久2年（1862）には、外国公使館がここに造られたためにサクラが伐られ、寛文時代（1661〜1673）からの面影が失われてしまった（山口231)、藤沢16)、平野28)）。

2．上野公園

　上野公園は大仏山に対して摺鉢山（スリバチヤマ）といわれ、摺鉢を伏せた形の小丘であるが、かつては埴輪（ハニワ）、須恵器（スエキ）、貝殻などが出土したと伝えられ、古墳時代後期の6世紀頃には集落があったと推定されている。上野という名前は昔、ここが藤堂高虎（トウドウタカトラ）（1556〜1630）の屋敷であったことから、高虎が自分の所領の伊賀上野を真似て上野と名前をつけたと伝えられている。しかし、室町時代の永禄2年（1559）の「小田原衆所領役帳」に

—194—

Ⅸ(C) 江戸時代後期（1801〜1868）のサクラと日本人

図22. 上野円通寺の黒門の弾痕と上野公園のお花見
左：（平成15年1月25日付の東京新聞より転載）

上野の名が出ていることから、上野という名前は「下谷など低いところから見て、一段高い草の茂った丘」という考えが当を得ているようでもある。この場合、「野」は野原でなく場所を意味している。しかし、上野と呼ばれるようになったのは永禄年間（1558〜1570）からで、それまでは「忍の岡」や「忍の森」と呼ばれていた。

　徳川家康が江戸に入府後、元和年間（1615〜1624）に徳川家の要請を受けて藤堂高虎はこの地を徳川家に譲り、染井に移った。徳川家は寛永元年（1624）、三代将軍家光のとき、江戸城の鬼門に当たる東北方向にある上野の忍の岡の地に、京都御所の東に比叡山があるのに習い、東国の叡山すなわち「東叡山」と名付けて悪事災難を払う鬼門除けと江戸城鎮護の目的で、天台宗の総本山寛永寺を寛永4年（1627）に建立して天海上人を迎えた。天海上人はサクラを好み、寛永3年（1626）から上野の山に吉野からのサクラを植え始めた。天海上人は植樹をするときには桜のみでなく、松や楓にも意を配した。すなわち、天台宗では「一心三観、すなわち空假中の三諦即一を研修するものであり」、この天台宗の三諦の理を、桜、松、紅葉にとった。つまり、自分の住むところにこの三種の樹を植え、春は悠揚（ユウヨウ）とした花見のうちに宗教心を養い、秋は紅の楓の色に諸法実相の妙理を知る、ということである。このようにして、桜、松、楓がたくさん植えられたのだが、殊にサクラは家光将軍が天海上人のためにサクラを植えたこともあり、その後もサクラの献木が行われて関東第一のサクラの名所になった。

第2部　花の文化の中のサクラ

イ．上野のお花見

　寛永年代の初めに植えたサクラは寛文年代（1661～1673）には見ごろになり、花時には多くの人たちがお花見に訪れるようになっていた。寛文8年（1668）3月6日、将軍家綱が上野の山の様子を調べさせている。この年は2月に大火が続いたのでお花見どころではないと思われていたが、「花見の男女、群集して内幕外幕を打ち並べて酒宴し……様々な戯れに興を催す」という情景であった。寛文年間から繰り広げられてきた江戸庶民のお花見は、下級武士が加わることで一層加速され、元禄年間（1688～1704）になると熱狂的なものになった。元禄年間にはサクラの季節になると、上野の山が江戸の人たちに開放された。「弥生の花盛りのときには老若、貧富の差なく、日毎に袖を連ねてここに群遊し、花のために尺寸の地を争って幕を張り、筵席を設けて詩歌、管弦は鶯声に和し、愛玩賞咏日の暮るるを知らず」というあり様であった。

　　　井戸端の　桜あぶなし　酒の酔

　これは元禄の頃、日本橋小網町の菓子屋の娘、秋が13歳のとき、上野に花見に連れて来られ、井戸端のところに植えられているサクラに、酒に酔った人が寄りかかっているのを見て詠んだもので、この句がサクラの枝に結び付けてあったものを輪王寺宮が見つけて感動し、それが小網町の菓子屋、大目六兵衛の娘、お秋の作と分かってから、そのサクラは秋色桜と名付けられた。現在は清水観音堂の裏手には秋色桜の句碑がある。このように、多くの人が集まり皆で楽しむという江戸の庶民のお花見は元禄時代から定着していたようであるが、武士の間ではまだ戦国時代の影響が残って「何事ぞ花見る人の　長刀」の状態であった。また、当時は黒門口（西郷隆盛の銅像の前の階段のところ）から仁王門（摺鉢山の西）にかけてサクラ並木があり、花見の宴が開かれたのは東照宮の付近、清水堂の裏の摺鉢山付近であった。それも庶民に解放されたのは昼間だけで、その間も寺役人や山同心が見回って歩き、喧嘩、口論などの乱暴者を厳しく取り締まるなど規制が多く、暮れ六つ（午後6時）の鐘とともに山から退去させられた。このようなことから、飛鳥山でのお花見が盛んになった1735年頃からは、お花見の主役は飛鳥山に移った。さらに、幕末の慶応4年（1868）5月15日、上野の山に立てこもった彰義隊と官軍との戦いで、寛永寺、清水堂、五重塔、東照宮、慈眼堂以外のほとんどの伽藍が焼失した。しかし、サクラは完全な焼失から逃れ、戦火が終わった直後からお花見が行われた（吉村[242]、吉原[240]、金山[84]、小森[100]）。

3．飛鳥山公園

　飛鳥山は北豊島郡滝野川村の東にあり、道灌山に連なっている一大丘岡である。この地は先土器時代から弥生時代にかけての遺跡であり、先土器時代のナイフ形石器、縄文時代前期関山期に属する住居跡三基、同期に形成された小貝塚、縄文式土器、弥生式土器、弥生時代の片刃石斧、土製紡錘車などが知られている。この地には1300年頃に豊島太郎近義が城を築いていた。近義の五代目の孫の豊島左衛門景村は、元享年間（1321～1323）に城北のところに祠を建てて紀伊国の総鎮守、熊野権現を勧請した時に、その境内に、飛鳥、王子という神を祀ったことから山の名が、飛鳥山、川の名は、音無川と呼ばれるようになった（井下[47]、山口[231]、芦田[12]）。文明10年（1478）豊島氏が没落した後は雑木が生えて荒れ、廃祠同様になっていた。三代将軍家光が、寛永11年（1634）に熊野神社を飛鳥山から王子権現内に移して熊野三神を集めたので、飛鳥山は名だけで祠のない土地になった。正保元年（1644）になり飛鳥山は、野間藤一郎に与えられた。その後、享保年間になり、王子に鷹狩に来た吉宗将軍が、そこに自分の藩の紀伊の熊野神社があるのを見たが、その淋しさに失望した。その後、野間氏には、幡ヶ谷、中新井などを与えてこの土地と交換して、土地は金輪寺に賜った。そして「今後はこの山は庶民の遊楽の地にせよ」と命じ、社殿を改築させ、付近を開拓してサクラなどを植えた。「数万歩に越えたる芝生の丘山は春花秋草夏涼冬雪の眺めある景勝地」といわれた飛鳥山に享保5年（1720）から享保6年にかけて、吉宗は江戸城内の吹上御所から、サクラ1,270本、モミジ100本、マツ100本を移植した。そして近くの石神井川の川辺には、ヤマブキとモミジを、西の畑には、ナタネを植えさせた。吉宗はケヤキの野山であった飛鳥山を、春はサクラの淡紅色にヤマブキ、ナタネの花の黄色、秋はモミジの紅葉と庶民に解放して楽しませたのである。そのため、サクラが見頃の樹齢になるにしたがって庶民の人気は、徳川家の墓所で色々な規制のある上野の山から、鳴り物や仮装も許され、庶民が自由にお花見をすることができる飛鳥山へと移り、1735年頃以降は上野を押さえて花の名所になった。

　武蔵野を構成する山の手台地が、下町の低地と出合っている20mほどの崖の東端が上野の山で、そこから北へ日暮里、飛鳥山へと丘陵が連なり、飛鳥山の上からは眼下には青田と下町があり、遠くには筑波の山波を見渡すことができたために、江戸っ子には飛鳥山と音無渓谷一帯は絶好のお花見の名所となった。飛鳥山ではお花見の他に土器投げの遊びが知られている。これは山頂から下の青田に向かって小皿や瓦などの土器を投げて、その距離を競う遊びで群集が殺到するほどの賑わいを見せたという。この土器投げは明治16年に禁止された。山頂やふもとの道筋には茶店や出店がたくさん並んでいた。江戸時代後期の四民狂乱のお花見の典型は、この飛鳥山で見ることが

第2部　花の文化の中のサクラ

できる。すなわち、将軍、大名を初め、町人や長屋の人たちが大勢で飛鳥山の花を見に出かけた様子は、落語の「長屋の花見」や「八笑人」にある「飛鳥山での仇討ちの茶番劇」などが教えてくれている。江戸時代後期には江戸を代表するお花見の場所になった飛鳥山も、幕末には反射炉を設けるために山を殺ぎ、サクラを減らし、音無川の端を穿鑿して荒川と結び付けたために飛鳥山が変ってしまい、さらに、区に移管された平成の現在では、サクラの数も著しく減少してしまった。

4．墨堤の桜（向島の桜）

　隅田川の源流は秩父郡大滝の西の真之沢にある。真之沢は甲武信嶽の東の大壑である。そこの木の葉から滴り落ちて集まって荒川と呼ばれ、東流して中津川を併せて寄居町辺りから人里に出て、熊谷堤から川越の近くで入間川を併せ、戸田、岩淵、尾久を経て、千住から品川湾に入る。戸田の渡しの辺りでは戸田川、浅草辺では浅草川または宮戸川と呼ばれ、それより下流を大川と言っている。一体どこからが隅田川なのか判然としない。「隅田」の二文字も、角田、墨多、墨田、墨陀、須田などと色々な文字が当てられている。呼び名は別として、要するに千住以下、隅田村に沿っている3里（約12km）程の部分を隅田川と呼び始めたらしい。江戸時代になり、住居、食糧などの問題が解決してから、幕府は墨田川の周辺を狩猟の場所とした。堤は、隅田、寺島、須崎、小梅の四つの村を経て枕橋までとした。昔はこの四つの村に沿った築堤を葛西堤といい、大堤とも称した。しかし、これもいつのまにか隅田堤というようになった。ところで、墨（隅）田川という同じ名前の川が紀伊駿河出羽にも存在している。一方、上流の木母寺辺りから下流の枕橋の付近までを「向島」と呼ぶようになった。向島は墨田川の東方をいう。もとは関屋の庭の呼び名であるという。それは隅田川御殿より関屋川を隔てて向こうにある庭であることから将軍が向島といったのが始まりである。明治時代以降は墨田川の向こう側の全体を向島と呼ぶようになった。ここに加筆しておかなければならないことがある。それは、この墨田川堤、向島の地域は在原業平が「名にしをはば　いざ言問はん都鳥　わが思う人は　ありやなしや」の名歌を残したところでもある。だが、江戸時代になってからは、業平の歌は消えうせて、サクラの名所になり、僅かに「言問団子」に名が残っているのみである（矢田[223]、墨田区役所[189]）。ところで、サクラがなかった時代の墨田川の周辺に検討を加えてみると、治安が安定し庶民が生活上の大切なものとして花を考えるようになってから、江戸庶民に生花を供給する生産地として墨田川以東の葛西地区があった。すなわち、墨田川の東側の地域の農民は農業の副業として草花の生産に励んでいたのである。

IX（C）　江戸時代後期（1801 ～ 1868）のサクラと日本人

イ．墨田堤への植桜の歴史

　墨田川堤への植桜の歴史を調べてみると、あたかも墨田川の洪水の歴史を調べるに似て、洪水によって堤防が壊されると、そこに再び堤防を築き、サクラを植えるということが江戸時代には何回も繰り返されている。墨田川堤は最初、北条氏が築いたと「墨水三十景詩」で認められており、太田道灌の「江上春望」という詩には墨田川の沿岸に自生していたサクラがあったことが述べられている。その後、元和年間（1615 ～ 1624）には二代将軍秀忠がサクラを植えたことが知られているが、墨堤植桜碑には四代将軍家綱が寛文年間（1661 ～ 1673）常陸国の桜川から木母寺の辺りにサクラを移植したのが始まりと記述されている。しかし、三代将軍家光が堤防を修築してサクラ、モモ、ヤナギを補植したと述べられていることから、それまでにもサクラが存在していたことを推定させる。八代将軍吉宗は享保2年（1717）に木母寺より南にサクラ、カエデなど100本を吹上御苑から移植させ、享保10年（1725）にも再び吹上御苑からサクラ、ツツジなどを移植した。しかし、これらは天明6年（1786）の大洪水でほぼ全滅した。十一代将軍家斎は寛政2年（1790）に大規模な補植を行った。その後、文化年間（1804 ～ 1818）には、堤のサクラが絶滅寸前になっているのを嘆き、太田蜀山人、その他の文人たちが相談し、八重桜150本を白鬚神社の南北に植え、天保2年（1831）には名主坂田三七郎が、寺島、須崎、小梅に200本余りのサクラを植え、次いで安政元年（1854）には、また200本のサクラを補って三囲稲荷前まで完全に連絡することになった。弘化3年（1846）には、洪水で桜樹の大半が被害を受けたが、須崎の住人、宇田川総兵衛が150本を植えている。このように墨田川堤のサクラの植栽はほとんど洪水の記録に似ている（永峰[128, 140]、片岡[87]、墨田区[189]、山本[233]、高柳[199]）。

ロ．墨堤のお花見

　墨田川堤は江戸第一の花の名所にして……と、墨堤のサクラは1700年代より花の名所であったと述べている著書もあるが、1700年以前からは御殿山のお花見が知られていて、元禄時代には上野の山のお花見が有名であったことから考えると、墨田川堤のサクラは一つの花の名所でしかなかったと理解すべきである。ただ1717年に墨堤の長命寺に桜餅が生まれて江戸中の大評判になったことは事実である。その後、吉宗将軍によるサクラの移植が行われ、飛鳥山とともにお花見の場所としての名が知られていった。ところが寛保元年（1741）に吉原大門で茶屋の軒先に石の台を置き、その上にサクラの鉢植えを置いて、夜桜見物が行われるようになり、庶民の目は、吉原、向島方面に向けられた。向島のサクラが江戸の人たちの注目を集めたのは、三囲稲荷の御開帳のときからであろう。三囲稲荷の御開帳は、寛政11年（1799）2月15日から5月4日に行われた。そのとき、境内で紙で作った天狗の面が売られ、お花見客がそれを買っ

—199—

て着用し、仮装してドンチャン騒ぎをして楽しんだ。その後、江戸のお花見の各地で仮装をしたドンチャン騒ぎが行われるようになった。享和（1801〜1804）文化・文政の頃（1804〜1830）の開花時には、向島のお花見は壮観であったといわれている。向島の場合はサクラの樹の下には料理屋などが並ぶ一方、水上の船からのお花見も行われ、芸者などが揃いの衣裳を着て派手さを競っていた。

　このように江戸時代の後期（1800年以降）に、四民が混然一体となってお花見を楽しむ場になっていた向島も、黒船来航の嘉永の頃（1848〜1854）からは、世の乱れとともに堤上のサクラも衰え、それに大洪水も加わって昔の面影もないほどの打撃を受けてしまった（墨田区[189]、高柳[199]）。

　　ハ．墨堤のサクラの種類
　墨堤へのサクラの植栽は家光将軍が、サクラ、モモ、ヤナギを補植したといい、家綱将軍が常陸の桜川から移植し、吉宗将軍が吹上御苑からサクラを移植したことが知られているが、いずれもヤマザクラである。しかし、1720年頃には、現在の玉川上水でみられるサクラのように、シロヤマザクラ、ベニヤマザクラなどが色々と混在していたことが推定される。事実、向島のサクラは昔はヤマザクラであった、という記述やヤマザクラの一種である八重の咲き分けの花もあったという記録も見られる。しかし、墨堤のサクラの場合には、洪水によって何回も堤防が崩壊し、その度ごとに築堤と植桜が繰り返されて、現在の玉川上水で見られるような色々なヤマザクラは長期間に亘って見ることはできなかった。その上、1800年頃からは、お花見のサクラが、それまでの一重咲のヤマザクラから八重咲の里桜に変わっており、墨堤のサクラもその大変革の波に耐えることができず、八重桜の栽植も行われている。すなわち、文化年間（1804〜1818）、白鬚神社付近の堤に百花園の主人 佐原鞠塢（キクウ）や太田蜀山人らが八重桜150本を植え、天保2年（1831）に坂田三七郎が200本、安政元年（1854）に200本を植えている。その後、幕末や明治維新後に植桜が行われているが、このときからサクラは、ソメイヨシノになっている（永峰[138]、岡沢[163]、山本[233]）。

5．玉川上水

　天正18年（1590）8月に徳川家康は江戸城に入り、慶長8年（1603）に幕府を開いたが、江戸は全くの原野で、住居と食べ物の確保が大変であった。慶安年間（1648〜1652）近くになると、江戸の人口の増加から食糧の他に飲み水、料理、風呂などの生活用水に加え、3年に1回災害が起こり、とくに火事には大量の水が使われた。そのため、神田上水だけでは水不足となり、四代将軍家綱のときに松平伊豆守信綱が中心になって

Ⅸ（C） 江戸時代後期（1801～1868）のサクラと日本人

図23. 玉川上水のサクラ並木
左：玉川上水（平成11年8月29日付の東京新聞より転載）

玉川上水を造ることを計画し、庄右衛門、清右衛門に命じて、承応2年（1653）に着工し、翌年6月に完成させた。玉川上水は多摩川の水を西多摩郡羽村で取り入れて江戸城近くの四谷大木戸まで約50kmの堀割を流れ、一つは江戸城に、他は赤坂を経て京橋以南に給水した。玉川上水は武蔵野を切り開いて造ったが、ケヤキ、コナラ、エゴノキ、ハンノキなどが自生していたところはそれらの木をそのまま利用した。この中には自生していたサクラもあった。しかし、樹が生えていないところでは築堤した堤の土がパラパラと水路に崩れ落ちて水路を埋めるので、マツ、スギが植えられた。吉宗将軍の時代になり、元文年間（1736～1740）に川崎平右衛門の願い出があり、吉宗は玉川上水に吉野、常陸の桜川からサクラ1万本を移植させた。植えた場所は玉川上水の全長でなく、小金井橋を中心にした上流、下流各1里（約4km）で、合計8kmほどである。ここに植えたサクラが枯れると、川崎平右衛門の生家から補植していたが、嘉永2年（1849）になり代官大熊喜住と名主の下田半兵衛が相談し、同時に村の人たちにも相談して100本ほどのサクラが補植され、安政3年（1856）にも補植された。このサクラはヤマザクラで明治初年の調査では、100種類以上植えられているのが確認された。このように多くの種類のヤマザクラが植えられていたために、「玉川上水には日本中の山桜の優れたものを集めた」と述べている者がいるが、文献では日本中から集めたという記述はなく、吉野と桜川から持ってきたと記されている。それにしても、100種類以上も……という疑点が生ずると思われるが、これまでも述べてきたように、

第 2 部　花の文化の中のサクラ

　日本には300万年以上の昔からヤマザクラが生えており、江戸時代には吉野山と桜川のヤマザクラを集めただけで100種類以上は集めることが可能なことは、遺伝学的には当然考えることができる。それに加えて、吉野と桜川以外のどこからヤマザクラの苗を集めることができたのであろうか？　その場所が考えられない。

　つぎに、玉川上水にサクラを植えた目的について述べてみたい。築堤のときには裸地の堤の崩れるのを防ぐためにマツとスギを植えたのであるが、元文年間（1736〜1740）になり、川崎平右衛門の願い出によって小金井橋の付近8kmに亘ってサクラを植えた目的は、① お花見の客に堤を踏ませて固めること。② お花見の客を呼び寄せて、地域の発展を図ること、である。③ サクラの持つ解毒作用を利用して水を浄化するとされているが、川崎平右衛門は、③ のサクラの解毒作用のことには触れていない。では、なぜ ③ のサクラの解毒作用のことが加わったのであろうかと調べたところ、文化10年（1813）に江戸の糸桜だけを見て歩いた十方庵大浄というお坊さんが「小金井の花王」を書いたが、その中に「花散りて桜の実の流れに沈む時に水毒自然に消除して無病ならしめんが為なり」という文章があることから、これが後に玉川上水にサクラを植えた目的に加えられたものと考えられる。さて、川崎平右衛門が地域の発展を考えてサクラを植えたのであるが、小金井は江戸からは遠い。早朝に出かけても帰りは夕方遅くになる。そのため、サクラを植えてから20年も経た頃でも、あまりお花見の客は見られなかった。サクラを植えてから50〜60年を経て、寛政・享和・文化の頃（1789〜1818）には、一抱え以上の大きな木も多くなり、漸く江戸からのお花見客も増えてきた。文化3年（1806）の春には佐藤一斎が大学頭 林術斎と小金井を訪れて『観桜記』を書いて花の美しさを賞賛した。その頃には小金井橋の南岸の樹の下には店ができ、麦飯、濁り酒、蕨、香魚などを売っており、馬に乗っていく者、弁当を持っていく者たちが皆、この店で休んでいたという。この店の主人の名は勘兵衛といい、享和・文化年間（1801〜1818）では只一つの店であった。天保年間（1830〜1844）には家斉将軍も小金井に来ており、その頃には江戸の人たちもたくさん訪れている。

　この小金井のサクラは吉野山と常陸の桜川から移植されたサクラであり、吉野のシロヤマザクラを主としたものと、桜川のベニヤマザクラを主としたものが集められたところであり、江戸時代のサクラの名所だけではなく、現代でもヤマザクラの名所として珍しいところである。ヤマザクラの種類も100種類ほどもあり、開花期も3月下旬から5月近くまで色々な花を見ることができる。しかし残念ながら平成20年の現在では、玉川上水の堤や用水の中にケヤキその他の武蔵野の自生植物が繁茂し、ヤマザクラは息も絶えそうな状態である（三好[127]、高橋[194]、坪谷[213]、安藤[6]）。

—202—

IX（C） 江戸時代後期（1801 〜 1868）のサクラと日本人

6．京都、奈良のサクラの名所

　これまで江戸におけるサクラの名所について述べてきたが、サクラを見て楽しんで
いたのは江戸の人たちだけではない。お花見といえば、サクラの花を見ること、これ
は平安時代の昔から京都、奈良で言われてきたことであり、江戸時代になって京都、
奈良におけるお花見の様子が余り述べられていないのは、お花見を行わなくなったの
ではなく、昔からの習慣にしたがってお花見を行っていたために、特記すべきことが
なかったからである。京都のお花見の場所は、奈良、平安時代の昔から神社やお寺に
植えられたサクラや嵐山、大原野、奈良の吉野山などにあるサクラを天皇や宮人たち
が見に行ったのであるが、江戸時代になり、とくに江戸の庶民がお花見に出かけるよ
うになった1700年頃には、京都でも庶民が幕を張ってお花見をしたり、花見小袖を新
調してお花見に出かけていたことが知られているが、江戸で「四民狂乱」と表現され
たようなお花見が行われたという記録は認められなかった。つまり、京都、奈良では、
神社、寺院、嵐山、大原野や奈良の吉野山など、古くからのサクラの名所が江戸時代
になっても続いていたのである。

7．江戸、京都、奈良以外の地方のサクラと庶民

　昔のお花見というと、江戸、京都、奈良のサクラの名所のことしか記述されていな
いが、その他の地方の人たちはお花見を行っていなかったのであろうか？
　このことを考える時、頭に浮かんでくることは、山高の神代桜、山形県の久保桜、
福島県の滝桜など、日本の各地には、大和朝、奈良、平安時代から生き続けているサ
クラがあり、鎌倉、室町時代に生まれたサクラの名木も平成の現在まで花を咲かせ続
けていることである。この他、日本各地のサクラの名木について調べてみると、多く
のサクラが江戸時代以前からお花見に適する大きさになっている。これらのサクラに
対して地方の人たちはどのように対応していたのであろうか？　奈良、平安時代のお
花見は天皇・宮人たちの文化であり、農民は「観桜」というより、サクラの開花を秋
の収穫と結び付ける占いの花であった。それが、鎌倉時代、室町時代になると庶民の
目にもサクラは占いの花（神木）であるとともに、美しい花として映るようになった。
その傾向に拍車をかけたのが豊臣秀吉の「吉野の花見」と「醍醐の花見」である。こ
の秀吉のお花見の様子が地方に伝播するにおよび、庶民の目は一層お花見へと移って
いった。この心の動きを助長するかのように、江戸幕府の文治政策が行われ、江戸時
代の1700年頃以降には明らかにサクラは「美しい花」として庶民の心を把えている。
しかし、四民狂乱といわれた江戸時代の後期とともに、昭和前期の昭和20年頃までの

—203—

第2部　花の文化の中のサクラ

庶民の心の中にはサクラに対しての二つのものが存在していたと思う。すなわち、庶民が山梨県の山高の神代桜や熊本県の一心行の大桜の花を見るときには、観桜という心と信仰という心の二つを持って接していたであろう。この他、長野県には墓地にたくさんのシダレザクラが存在するが、この場合も観桜という心と信仰心の二つが浮かんでくる。とくに、タネマキザクラや千葉県の吉高の大桜や福島県の石部桜のような巨木の場合には、観桜の心とともに巨木信仰という心も強かったのではないか？　この点は江戸や京都、奈良の天皇・宮人たちと地方の庶民の間には、同じようにサクラの花を見ていながら、サクラに対応する心に違いがあったように思う。このような地方の庶民の人たちに、江戸時代後期の四民狂乱と呼ばれたお花見の情景がどのような影響を及ぼしたかについては、その時期を推定することはできなかったが、庶民の心の中のサクラに対する信仰心が薄らぎ、観桜の心が強まったことだけは確かであろう。

Ⅹ．明治、大正、昭和前期（1868 ～ 1945）のサクラと日本人

A．明治維新とサクラ
—— 文明開化の暴挙の嵐が吹き荒れて ——

　明治維新は幕府による武家政治から天皇を中心にした政治への変革を遂げた時期で、数多くの改革が行われて近代国家の基礎が築かれた。大正、昭和の前期に学校教育を受けた人たちは、それら数多くの改革の成果を学校で教えられた。軍国主義とも別れて21世紀に入った現在、サクラという立場から明治維新を振り返ってみることにしたが、サクラの立場から明治維新を見た場合、平安時代末期から続いた戦国時代にも見られなかった暴挙がサクラに対してのみでなく、城に対しても行われていた。明治維新には、それまで鎖国政策をとってきた徳川幕府が倒れて、政治の実権が天皇中心となったものに変り、開国主義を採って西欧の文化を取り入れることになった。西欧の文化を導入し、その長所を採ってわが国の短所を補うべきところ、文明開化の名のもとで、極端な西欧文明崇拝の風潮が台頭し、日本古来のものは総て野蛮であるとの烙印が押され、各地の大名の居城は焼かれたり壊されたりした。たとえば、高遠城はもと高遠氏の居館であったが、高遠城の建物、樹木などはすべて明治維新に競売にかけられて、運び去られ、昔を偲ばせるものは藩の学問所であった進徳館の他は空堀と石垣くらいになってしまった。また、明治維新の破壊から免れた城も、第二次世界大戦によって再び失われたものもある。このように、日本各地にあった古建築、古彫刻は

Ⅹ　明治・大正・昭和前期（1868～1945）のサクラと日本人

毀されて薪となり、和漢の書は反古として表具屋の下張りに使用され、姫路城は100円、奈良の興福寺の五重塔は50円で払い下げられた。五重塔は焼いて金属部分を取ろうとしたが、付近の住民から火災の危険を指摘されてそのままになり、危うく消滅の難から逃れることができた。地方のみでなく、江戸にあった数々の大名屋敷と名園も例外ではなく、名園は鋤き起こされて、桑畑や田んぼになり、あるいは消滅して菜畑になった。

　サクラの場合も、折角江戸時代に創りあげた世界に誇るべき数多くの品種も「武士の魂といわれていたサクラの木などは伐り倒せ」という運動が起こり、その多くが伐採されて薪になったのである。吉野山のサクラも「このような不経済なものは伐って有用な樹木を植えろ」ということで、総て伐り倒された。昔から蔵王権現の神木として1本の枝も折ったり焼いたりしなかった吉野山のサクラも文明開化の暴挙には抵抗できなかった。その後に、その暴挙の非を悟り明治時代の後期に植えたのが現在のサクラである。文明開化の蛮風は千古の誇るべき吉野山の桜樹さえもこのように害を与えたのである。いわんや吉野山以外のサクラにおいてをやである。東京の小石川植物園のサクラも奥の方から伐り倒されて、薪にされたのであるが、現在、植物園の入り口にあるソメイヨシノだけが、奇跡的にも伐採されなかった。この他、江戸の大名屋敷や旗本の邸宅に植えられていた数多くのサクラの名品種もほとんどが伐採されて消滅した。浴恩園や長者丸の桜園に植えられていたサクラもその行方は知られていない。このようなことは京都でも行われ、京都祇園のシダレザクラは危うく伐られて印材として売られるところを、京都府の明石博高によって守られた。弘前城のサクラは菊池楯衛が東京の植木屋から千本のサクラを購入して植えた直後に、元津軽藩の士族の手によって荒らされた。すなわち、明治4年（1871）の廃藩置県の改革の後、士族と平民が平等の時代になったものの、サクラを植えた明治15年（1882）には、士族の間で、城址は「聖域」という感覚が強かった。そのようなところにサクラを植えたので「サクラを植えることは、とりもなおさず平民までがサクラ見物のために城内に入り込むことになり、城を荒らすもとになる。そのような苗木を植えることは許さん」と、せっかく植えたサクラの苗木を抜き取ったり、折ったりして絶滅寸前になった。また、江戸時代の後期以降に庶民のお花見の花になっていた世界に誇るべき八重桜の名花は、そのほとんどが伐り倒されて庶民の目には留まらなくなってしまった。その反面、日本のサクラは海外流出の転機にもなり、欧米やオーストラリアに流出していった。しかし、このような時代は長く続くはずがなく、明治政府もその弊害を認め、桜花の保護や復興を求める人も多く現れ、政府の高官や実業家たちによって残された庭園の保存を計ろうとした。その例としては、岩崎弥太郎が六義園を買い取ったように僅かながら知られている。この明治維新に吹き荒れた文明開化の嵐をサクラの研究家は「明治維新の暴挙（蛮行）」と名付けている（山田[229]、高橋[195]、佐竹[181]、山田[22]）。

—205—

第 2 部　花の文化の中のサクラ

1．明治維新と城

　サクラとともに明治維新の文明開化の嵐を受けたものに、日本各地に存在した城がある。明治政府は中央集権制を目指していたために城は無用なものであった。そのために、日本各地に存在した城は、近代化の流れの中で次々と破壊されていった。明治維新以降に焼かれたり、壊されたりした城は、日本全国では2,000か所以上になる。日本全国のサクラの名所を調べてみると、城址公園としてサクラの名所となっているところだけでも200か所以上ある。その後、一部の城については保存運動が起こり、昔の姿を保ったものもあるが、破壊されたものに比べたらその数は僅かでしかない。さらに、明治維新に破壊をまぬがれた城も、第二次世界大戦の空襲という災難を避けることができず、広島城、岡山城、名古屋城、大垣城、福山城、水戸城、和歌山城などは焼失または天守閣などを焼失した。昭和30年代になり、天守閣の復興熱が高まり、各地で天守閣の再建が行われた。図面や古い写真などで旧来の形に忠実に建てたものを復元天守閣といい、多少想像が加わって建てたものを復興天守閣、さらにもともと天守閣のなかった城に、観光目的などで天守閣類似の建物を建てたところは模擬天守閣と呼ばれている。しかし、その他の城址は放置されたままである。

　ドイツには古城街道と名付けて、ライン河に沿った10か所ほどの古城を観て回る旅行が計画されている。日本の古城はほとんどが焼かれたり壊されたりして消滅しているが、このような破壊が行われなかったら、日本の各地にある特色ある城を観て回ることができたのではあるまいか？

B．明治、大正、昭和前期のお花見

　明治維新には文明開化の名の陰で蛮行が行われて、江戸時代に創られた数々のサクラの名花はそのほとんどが伐り倒されて滅亡したのであるが、江戸時代後期に最盛期に達して四民狂乱と名付けられたお花見に対する想いは、簡単に断ち切られるものではなかった。世情が落ち着くと、伐られなくて残ったお花見の場所には、明治初年から庶民が盛んにお花見に出かけるようになった。すなわち、上野では明治維新に彰義隊の乱（1868）があったが、翌年からはお花見が行われた。ただ徳川慶喜がしばらく寛永寺に蟄居（チッキョ）していたために、上野の山のお花見はできなかった。明治8年（1875）には月岑（ゲッシン）が人力車で上野のお花見に出かけたが、お花見に行く人が多くて途中から引き返したほどであった。このように時代が変っても、お花見は毎年繰り返されていたのである。衰えることを知らない庶民たちのお花見への郷愁を一層掻き立てたものに、

吉野桜（現在のソメイヨシノ）の登場がある。ソメイヨシノは江戸時代の1800年頃には存在していたのであるが、圧倒的な八重桜の人気に抑えられて明治維新の50年ほど前に隅田川辺に僅かに植えられただけであった。明治維新になり、人々の心が新しいものに向かって動いた時に、江戸時代の中期までのヤマザクラや江戸時代後期の八重桜とは全く違った咲き方をする一重咲のサクラを「江戸に居ながら吉野山のサクラを見ることができる」という宣伝で「吉野桜」として染井の植木屋が幕末から売り出し、明治10年（1877）頃からはアッという間もなく、日本各地にこの吉野桜が植えられて現代に至っている。吉野桜は後に「ソメイヨシノ」と改名されたのであるが、平成の現代ではお花見といえばこのソメイヨシノの花を見ることになっている。

　明治維新の混乱期も収まり、明治10年以降になると明治政府も天皇を中心とした観桜の会を開催している。すなわち、明治14年（1881）4月26日に明治天皇が吹上御苑で観桜会を開催し、翌15年も吹上御苑で行った。明治16年（1883）から大正5年（1916）までは浜離宮で行われたが、大正6年（1917）から内藤家の下屋敷跡の新宿御苑で行われるようになった。だが、明治以降は外国の使臣なども招かれて、洋楽が響き、古くからの花宴は様変わりをした。さらに昭和12年（1937）からは戦局が緊迫したために中止となり、第二次大戦後は内閣主催にかわって現在も続いているが、有名人の顔見世の場になっている。

1. 江北の桜

　明治維新に江戸の大名、旗本などの邸内に植えられていたサクラはほとんど伐り倒されて薪にされてしまった。そのような世相の中にあって、江北村の村長 清水謙吾によって荒川の堤の改修のときに堤上にサクラが植えられた。清水謙吾は荒川堤を固めるなどの目的から、千住から埼玉県境まで約2里（8km）の間に明治19年（1886）3月にサクラを植えた。このサクラは駒込の植木屋 高木孫右門が保存していたものである。高木家は古くから植木屋を営んでいて、幕府の梅の御用係だったが、父の代からサクラの名花が廃絶することを惜しんで、大名、旗本などの邸内にあったサクラを集めて自分の畑に保存していた。荒川堤に植えられたサクラは名花として伝えられた多くの里桜にソメイヨシノを加えた78品種（3,225本）である。清水謙吾を助けて荒川堤のサクラを保護・育成した者が船津静作である。この両者の努力で一躍お花見の名所となり、「江北の桜」としてその名が知られた。とくに荒川堤の桜（江北の桜）は、五色桜が有名で第二次世界大戦までは、向島堤、掃部堤、荒川堤へと続くサクラの名所は大変な賑わいであった。なお、荒川堤の桜（江北の桜）の五色桜は、1本のサクラの樹に五種類の色のサクラが咲くのではなく、五品種の違う花色のサクラが集まっ

第 2 部　花の文化の中のサクラ

て咲く様子を表現したものである。この五品種のサクラとは、濃桃色の関山（カンザンまたはセキヤマ）、白色の白妙、黄緑色系の鬱金、紫紅色系の紫桜、淡黒色系の墨染のことである。

　荒川堤の桜（江北の桜）は、第二次大戦後は姿を消した。昭和の末頃から江北の桜を復興しようとする動きはみられるが、往年の状態になるにはさらに年数が必要である（船津[19]、宮尾[124]、足立区史談会[1]）。この江北の桜の近くの中川堤にも、明治35年（1902）に1,000本のソメイヨシノが植えられてサクラの名所になったが、昭和53年（1978）にはその跡も見られなくなった。

C.　軍国主義者に利用された染井吉野

　明治維新の大改革のときに、江戸時代に創られたサクラの名花や古木は古来未曾有の大蛮行に見舞われて、大多数の品種が絶滅してしまった。ところが、そのような世相の中にあって、ただ一品種だけ特別扱いにされたサクラがある。それが「染井吉野」である。ソメイヨシノは明治の初め頃から突然日本人の眼前に現れてアレヨアレヨという間もなく、日本各地に植えられて、平成の現在まで日本人の心を把え続け、日本を代表する花にもなっている。ところが、ソメイヨシノのパット咲き、サット散るという花の咲き方が、江戸時代末期に好まれた八重桜と違うことから、意外な方面に利用されることになった。明治維新のときには「封建時代（武家時代）のシンボルであったサクラは伐り捨てろ」と、各地のサクラの名花の大半は絶滅した。しかし、太古の昔からのサクラと日本人との関係は容易に断ち切れるものではなかった。それに加えて、日本各地にソメイヨシノが開花し始めた頃から、日清戦争、日露戦争、大正時代の第一次世界大戦、昭和初期の満州事変とそれに続く日中戦争と、外国との戦争に敗れることがなかったために日本人の心の中に、誰も気付かないうちに国粋主義的な考え方が台頭し、それを抑える者がないうちに軍国主義的な思想が日本中を支配してしまった。「花は桜木　人は武士」、武士は戦場で桜花の如く散ることを以って良しとする。その武士の名が軍人に置き換えられていった。その軍人のうちの日本陸軍のシンボルとしてサクラが位置してしまったのである。「万朶の桜か　襟の色　花は吉野に嵐吹く　大和男子と生まれては　散兵戦の花と散れ」、これは日本陸軍の代表的な軍歌であった。すなわち、最前線に展開した歩兵の隊形である散兵戦、そこでサクラが散るように死ぬことこそが日本男子の面目であるという軍歌である。軍国主義的な思想は徐々に政治の分野まで浸透し、学校教育に及んでいったが、一般の人には軍国主義の台頭には気付いていなかった。そして昭和12年（1937）からは日中戦争、昭

—208—

X　明治・大正・昭和前期（1868〜1945）のサクラと日本人

和16年（1941）からは大東亜戦争（第二次世界大戦）へと進んだ。少年時代にこのような教育を受けた昭和初期に生まれた人たちが、明治、大正生まれの人たちや敗戦後に生まれた者たちと違った情緒をサクラに対して抱くのはむしろ当然のことである。このように、サクラはその時代によって人々の心に様々な意味を含んで反映し、様々な情緒を育んできた花でもあった。昭和16年（1941）12月8日、ハワイの真珠湾攻撃の際に散った吉野少佐の辞世の歌は、「君がため　何か惜しまむ　若桜　散って　かいある　命なりせば」である。昭和18年（1943）になり、戦況が思わしくなくなった時に、時の軍事政権は、まず大学生に動員令を発し、続いて専門学校、中学校の生徒にも軍人、軍需工場や人手不足になった農家の手伝いをするように命令が出された。その頃に歌われた学徒出陣の歌「ああ紅の血は燃ゆる」の一節には、「花の蕾も若桜　五尺の命ひっさげて　国の大事にじゅんずるは　我等学徒の本分ぞ　ああ紅の　血が燃ゆる」とあり、この歌に送られて大学生は戦場に行き、専門学校生、中学生は軍需工場へ行ったのである。それとほとんど同時に、航空隊のパイロットとして米国の戦艦に爆薬を積んで体当たりをした特攻隊の母体になった予科練の募集も中学校で行われていた。その「若鷲の歌」の歌詞には、「若き血潮の予科練の　七つ釦は桜に錨　今日も飛ぶ飛ぶ霞ヶ浦にゃ　でっかい希望の雲が湧く」とある。海軍兵学校の「同期の桜」にも、「貴様と俺とは　同期の桜　同じ兵学校の　庭に咲く　咲いた花なら　散るのは覚悟　見事散ります　国のため」とある。政府の政策に対して一言も批判することなく、ただ祖国の繁栄のためと信じて死地に赴き、純粋な思いを抱いてサクラの花のように散った大勢の先輩や友人たちのために、せめても安らかなご冥福を祈りたい。

　このように花の散ることに特別の意味を付けたのは、武士道が観念的に思考された江戸時代からであろうといわれているが、サクラについて昔からの諸文献に検討を加えてみると、日本人ほど花の見方が繊細でなおかつ高級な民族はいないと公言してもよいのがこれまでの通念である。花は万葉の昔から女性を表すものであり、花の散ることを武士や軍人の死に使用したことは花の文化史上からは誤りである（斎藤[171]、山田[225]）。軍国主義が最も華やかな時代であった昭和10年（1935）頃には、「花は桜木　人は武士」ということが言われていた。この言葉は江戸時代中期の歌舞伎「仮名手本忠臣蔵」の中で用いられた言葉であり、「花の中ではサクラが第一であり、四民（士農工商）の中では武士が第一である」という意味であり、「桜花のように潔く散ることこそ武士道に一致する」という軍国主義者の意味付けとは全く異なるものである。いま一つ軍国主義者に利用されたものに、本居宣長の「敷島の　大和心を　人とはば　朝日に匂う　山桜花」という和歌がある。この和歌の真意は「桜を見て、ああ美しいなあ、という嘆声を発すること、理屈なしに感嘆すること、これが日本人の持つ精神だ」と本居宣長が宣長の門人であり、かつ養嗣子であった本居大平に話し、大平が伴 信友

の問いに答えたと文書で述べられている。つまり、軍人精神とは結び付くような和歌ではないのである（大森[165]、斎藤[171]）。

　以上、述べてきたように、明治維新の文明開化の蛮行に押し倒された日本のサクラは、大正、昭和前期に時代に台頭してきた軍国主義者に利用されて、第二次世界大戦に突入したのであるが、戦争が日本に不利な形の敗戦で終結してみると、ただ利用されたに過ぎなかったサクラは、明治維新のときと同様に、再び日本人の心の中に悪夢にも似た影を落としてしまった。

　　さまざまの　こと思い出す　桜かな　　　（芭蕉）

D. 明治、大正、昭和前期の花と花の文化

　江戸時代後期（1800年以降）の成熟した花卉園芸の素晴らしさは、欧米人の羨望するところであった。このように、世界にも例を見ないほどの優れた花卉園芸の発展は、同時に花の文化も発展させているのである。しかし、明治時代に入ると衰え始め、その花の文化の大部分は社会的に埋没し、園芸植物は絶滅の危機に見舞われた。すなわち、明治維新以来、極端な欧米崇拝思想によって江戸時代に品種改良が行われた、ツバキ、ツツジ、ショウブ、サクラ、その他の花卉類は完全に凋落するか、あるいは欧米の人たちによって買い求められて海外に流出していった。また、万延元年（1860）に染井を訪れたロバート・フォーチュンが驚きの声を上げた、巣鴨・染井の植木屋街も完全にその姿を消し、僅かに染井や埼玉県の安行などで命脈を保つようになってしまった。その一方では、洋式の温室園芸が取り入れられて欧米の花が店頭に並ぶようになった。このことは日本人が自然の懐に入ってその花を求め、花によって季節の変化を感じ取ってきた昔からの感覚とは全く異なる花の文化に移行し始めていることを示している。

　たしかに明治以降には洋風の花が店頭に並び、いかにも科学的な栽培法の見本のように温室園芸が目立ってはいるが、明治、大正、昭和の前期は庶民が主役となって花の文化を完成期に導いた江戸時代後期とは異なり、庶民の園芸熱は劣化し、園芸植物も消滅に等しい状態になってしまった。この傾向に拍車をかけたのが、明治、大正、昭和と次々に起こった戦争と軍国主義の台頭であり、明治維新以降の花の文化は衰退の一途をたどっている。日本の文化財でもある江戸時代後期までに築き上げられた花の文化を守って、後世に伝える賢明な対策が望まれる。

X　明治・大正・昭和前期（1868～1945）のサクラと日本人

1．サクラと文学

　近代国家への脱皮を目標に開始された明治維新は、たしかにサクラの名花の伐り捨てや城の破壊、古書の焼却などの蛮行が見られたが、一方では、西洋文明の導入を積極的に行って現代の学問や生活の基礎になる数多くの改革が行われ、学問、芸術、工業など総ての面で向上が認められ、政治や外交面でも国際的な地位を保ちながら一大飛躍をした時代でもある。その中でも、最も注目すべきことは学校教育の普及である。明治時代には女子の勉学は認められなかったが、やがて大正、昭和の時代になると女子にも勉学の門戸が開かれた。明治時代の後期には各種の試験場も設立され、現代の自然科学の芽が育ち、生活の面でも学問の進展に沿う形で改善が行われた。この学校教育の普及によって色々な分野に影響が認められているが、第一に挙げられるのが、文学にみられる夏目漱石その他の文豪の出現である。奈良、平安時代から江戸時代の前期までは、文字は宮人たちやそれに類する特権階級の道具であったが、明治時代以降に文字は一般庶民のものとなり、新しい形での文学が多くの文豪の手によって発表されることになった。明治以降の文学作品とその一部を**表18**に示した。とくに大正時代は明治45年と昭和64年の中間にあって、15年という短い時代であったために記録に残っている作品は多くないが、明治時代からの学校教育の効果が現れ始めた時期であり、また自由主義が謳歌された時代であったため、文学面で数多くの文豪や詩人が生まれた時代でもあった。その反面、軍国主義的勢力が徐々に力をつけてきた時代でもあり、明治時代からの100年間は文学史上ではかつてみないほど複雑な時代であった。その時代の流れとともに花に関連する文学でも、江戸時代までには認められない賑わいを見せている。文明開化で一度は見捨てられたサクラを文学の中に再生させたのは、与謝野晶子、北原白秋、吉井勇、若山牧水といった浪漫派の歌人であった。北原白秋の「花びらの散りて涙」という爛漫と咲く花を哀調としてみる表現法は、近代詩歌で

表18. 明治・大正・昭和前期の主要著書

発行年	著書名	発行年	著書名
明治21（1888）	浮雲	明治43（1910）	土
明治29（1896）	たけくらべ	明治43（1910）	冷笑
明治31（1898）	金色夜叉	大正2（1913）	みみずのたはこと
明治37（1904）	あめりか物語	大正9（1920）	望樹記
明治39（1906）	草枕	昭和6（1931）	つゆのあとさき
明治40（1906）	ふらんす物語	昭和8（1933）	思い出
明治42（1909）	田舎教師	昭和10（1935）	雪国

その他、多数ある。

は全く新しい桜観であった。この哀しみを引いて、サクラを病める心の象徴として萩原朔太郎は「憂鬱なる桜」を書いた。これが梶井基次郎などに波及してサクラの花は、異様、怪奇なものとなっていった。梶井基次郎の「桜の木の下には死体が埋まっている」という文は、この文章のみを取り出した場合には、いかにも唐突で気味の悪さを思わずにはいられないが、この梶井の発想は、萩原朔太郎の「青猫」や「憂鬱なる桜」など、サクラを通じて女身を幻想させる情意を誘発する花と見る桜観の出現であることを示している。サクラの落花に死を見ることは、近代歌舞伎以来の心情であり、明治以降の戦争で一層落花と死が結び付き、現実的な情緒になっていたからこそ、梶井の文は衝撃的であるとともに強い説得力があった。至上の桜美が屍体によって花咲くという感性は、梶井の桜観であり、彼はサクラに死を見たのではなく、むしろ咲き極まった花に性の輝きを見ているのである。この他、文学に現れたサクラのみを取り上げても限りがないが、和歌、俳句や詩の世界でもサクラは美しく表現されている。

2. サクラと音楽

　明治時代になって江戸時代までと著しく違っているものに音楽もある。江戸時代までは歌舞伎その他の芸能で、琴、三味線などを用いた音楽が認められていたが、これらはやはり庶民とはかけ離れた階層の中に認められたものであった。ところが、明治時代から学校教育の普及とともに唱歌と称するものが一般に歌われる時代になった。日本の音楽の中にみられるサクラを考える時、最初に思い浮かぶのが早春に琴で奏でる、

　　　さくら　さくら　弥生の空は　見渡す限り　霞か雲か
　　　匂ひぞ出ずる　いざや　いざや　見に行かん

の歌であろう。この琴歌は、四民狂乱といわれた江戸時代後期に作られたように思われるが、明治21年（1888）頃から「さくら」という題名で歌われた作詞者、作曲者ともに不詳の歌なのである。つまり、明治維新の混乱が終わって庶民がお花見に出かけるようになって歌われたものである。
　日本の春は色々な花が咲き乱れ、それぞれの花に幼い頃の思い出が一人一人の心に刻まれているものである。そして、他の花と異なり、サクラの花は昔から日本人の心を揺り動かしてきた。しかし、明治、大正、昭和の世に生まれた者、とくに昭和の初めに生まれた筆者らにとっては、サクラと歌との関係は軍歌と結び付いた形でしか思い出すことができない。しかし、サクラと日本人との関係を調べてみると、その関係を軍歌と結び付けること自体が、サクラの文化史上からは誤りであることがわかった。

X　明治・大正・昭和前期（1868～1945）のサクラと日本人

　とくに團 伊久磨[13]の『私の日本音楽史』には、これらの歴史的変遷が分かりやすく述べられている。このように昔からの日本の音楽の変遷を知りながらも、昭和の初期までに生まれた者に懐かしく響く歌声は、やはり第二次大戦に突入する前に歌われた小学校での唱歌と流行歌であろう。この戦前の小学唱歌や流行歌の中にみられるサクラについて述べることにする。まず挙げたいのが、明治33年（1900年）、武島羽衣 作詞、滝 廉太郎 作曲の「花」である。

　　　春のうららの隅田川　のぼり　くだりの　船人が　櫂のしずくも
　　　花と散る　ながめを何に　たとふべき

　次は明治34年（1901）の土井晩翠 作詞、滝 廉太郎 作曲の「荒城の月」、

　　　春高楼の　花の宴　めぐる盃　かげさして　千代の松が枝　わけいでし
　　　むかしの光　いまいずこ

　明治34年（1901）には「箱根の山は　天下の嶮　函谷関も物ならず……」という「箱根八里」も歌われている。明治38年（1905）には「美しき天然」がある。
　以上、述べた大人向けの歌の他、明治43年（1901）の「花咲爺」を皮切りに、童謡もまた歌われ始めている。

　　　うらのはたけで　ぽちがなく　しょうじきじいさん　ほったれば
　　　おおばん　こばんが　ザクザク　ザクザク

　このほか、清水かつらの「靴が鳴る」（大正8年：1919）、「しかられて」（大正9年：1920）がある。この歌は、清水かつらが現在の東京、板橋区の成増駅近くに住んでいた時に作ったものである。また、サクラの名前は出ないが「春の小川」や「朧月夜」などは、寒い冬から開放された喜び、美しい夜空に浮かぶ月を眺めて、胸一杯に春を吸い込んで春を楽しんだ子供の頃を想い出させる。このような歌が、小学唱歌集にはたくさん掲載されている。最近、とくに平成年代に入ってから、小学校の音楽から昔の小学唱歌は「現代にふさわしくないという理由で取り上げない」と聞いている。たしかに「春の小川」や「朧月夜」は大都会の子供には馴染まないところがあるかもしれない。しかし、日本全国の小学校には「春の小川」や「朧月夜」がピッタリと合致する地方がまだたくさんあるはずである。逆に都会の子供たちに分かる歌には、地方の子供たちに理解されない歌がある。国定教科書でないのに、なぜ画一的な内容にし

—213—

ようとするのであろうか？　都会の子供、農村の子供、それぞれに分かるような名歌をたくさん載せた音楽の教科書を作り、その歌を子供たちに教えるかどうかは、その小学校の音楽の担当教師に任せたら良いと思う。筆者は昭和20年から22年の終戦後の混乱期に小学校で教師をしていたが、音楽の教材には日本の名歌はもちろん、世界の名歌も取り入れて教えていた。第二次大戦前の小学唱歌や童謡にある優しい音調は、私たち日本人の心にどうしてこのように染み入るのであろうか？　この唱歌、童謡は、諸外国に類を見ない日本特有の音楽の分野であり、詩や曲の美しさは日本の風景、人情を細やかにやさしく奏でている。日本の宝とも言うべき唱歌や童謡、叙情歌と言った美しい歌謡を21世紀を担う子供たちに歌い継がれていくことを望んで止まない。このように古き良き歌声の中にも、特殊な響きを持った音楽に、第二次大戦前に高等学校の学生に歌われた「寮歌」がある。そのうちの二つを挙げることにする。日本の秀才が集まった学校の一つである第一高等学校の寮歌、「嗚呼玉杯に花受けて」明治35年（1902）。

　　嗚呼玉杯に　花うけて　緑酒に月の影やどし　治安の夢に　耽りたる
　　栄華の巷　低く見て　向が岡に　そそり立つ　五寮の健児　意気高し

次に、北海道大学の寮歌「都ぞ弥生」明治45年（1912）。

　　都ぞ弥生の　雲紫に　花の香漂う　宴遊の筵　尽きせぬ奢りに　濃き紅や
　　その春暮れては　移ろう色の　夢こそ一時　青き繁みに　燃えなん我が胸
　　想いを載せて　星影さやかに　光れる北を　人の世の　清き国ぞとあこがれぬ

このように寮歌にも必ず「花」が出てくる。長い歴史の中にあって、色々と政変があって世情は変っても、サクラを愛する日本人の心が映えているものと思う。なお、これらの寮歌を歌う時、大正、昭和前期に育った17歳、18歳の若者たちの心意気が胸に迫ってくる想いがする。

3．明治、大正、昭和前期の世相の変化を歌でみる

　明治の初めから第二次世界大戦の終わりまでに歌われた中から心に残っている民謡、童謡、流行歌の題名を歌われ始めた年度順に述べることにする。

　明治元年（1868）：トコトンヤレ節。明治2年（1869）：ギチョンチョン。明治4年

X 明治・大正・昭和前期（1868～1945）のサクラと日本人

（1871）：コチャエ節。明治7年（1874）：かっぽれ。明治13年（1880）：君が代。明治14年（1881）：蛍の光。明治17年（1884）：仰げば尊し、庭の千草。明治21年（1888）紀元節、さくら。明治22年（1889）：埴生の宿。明治24年（1891）：敵は幾万。明治25年（1892）：うさぎ。明治26年（1893）：1月1日、天長節。明治28年（1895）：木曾節、木更津甚句、おけさ節、米山甚句。明治29年（1896）：夏は来ぬ。明治32年（1899）：桜井の別れ。明治33年（1900）：東雲節、鉄道唱歌、金太郎、桃太郎、お月さま、浦島太郎。明治34年（1901）：箱根八里、荒城の月、花咲爺、兎と亀、鳩ぽっぽ。明治35年（1902）：嗚呼玉杯に花うけて。明治38年（1905）：白虎隊、美しき天然。明治40年（1907）：デカンショ節。明治42年（1909）：ハイカラソング、野なかのバラ。明治43年（1910）：春が来た、われは海の子。明治44年（1911）：かたつむり、案山子。明治45年（1912）：都ぞ弥生。大正元年（1912）：春の小川。大正2年（1913）：早春賦、鯉のぼり。大正3年（1914）：カチューシャの唄、朧月夜、故郷。大正4年（1915）：ゴンドラの唄、恋はやさしい野辺の花よ。大正6年（1917）：こんど生まれたら。大正7年（1918）：ノンキ節、浜辺の歌、宵待草。大正8年（1919）：お山のお猿、靴が鳴る。大正9年（1920）：あわて床屋、叱られて、赤い鳥小鳥、安来節。大正10年（1921）：てるてる坊主、七つの子、どんぐりころころ、雀の学校、青い目の人形。大正11年（1922）：赤とんぼ、砂山、シャボン玉、流浪の民。大正12年（1923）：春よ来い、どこかで春が、肩たたき、夕焼小焼。大正13年（1924）：あの町この町、兎のダンス。大正14年（1925）：証城寺の狸囃子、からたちの花、雨降りお月さん、俵はごろごろ。大正15年（1926）：鉾をおさめて。昭和2年（1927）：赤とんぼ、ちゃっきり節。昭和3年（1928）：波浮の港、ヴォルガの舟唄。昭和4年（1929）：十日町小唄。昭和5年（1930）：すみれの花咲く頃。昭和6年（1931）：ルンペン節、酒は涙か溜息か、丘を越えて、こいのぼり。昭和7年（1932）：銀座の柳、山の賛歌、電車ごっこ、チューリップ。昭和8年（1933）：東京音頭、天龍下れば。昭和9年（1934）：赤城の子守唄、グッド・バイ。昭和10年（1935）：船頭可愛や、二人は若い、どじょっこふなっこ。昭和11年（1936）：忘れちゃいやよ、東京ラプソデイ、ああそれなのに、椰子の実。昭和12年（1937）：山寺の和尚さん、若しも月給があがったら。昭和13年（1938）：かわいい魚屋さん。昭和14年（1939）：一杯のコーヒーから、湖畔の宿。

　このように、江戸時代までとは全く違った歌が庶民の間に歌われている。とくに大正時代の歌の題名を見てみると、自由主義を謳歌している世相とともに日本の自然の美しさを歌っていることが目を誘う。ただ、昭和12年（1937）頃からは「軍国の母」、「露営の歌」、「海行かば」という歌が急に登場するようになった。

第2部　花の文化の中のサクラ

4．戦時中の音楽

　明治、大正、昭和の前期までに歌われた歌の題名については、これまで主なものについて述べたが、昭和12年頃からは軍人の歌が多くなり、遂に音楽の世界にも強制力が入ってきた。すなわち、昭和18年（1943）1月27日には音楽界から「敵性音楽の追放」が実施され、学校教育の現場では欧米諸国の名曲さえ教えることができなくなった。昭和12年（1937）以降は、徐々に軍歌・軍国歌謡が増え始めた。軍歌は当時の陸軍省や海軍省などで公募した曲であるが、軍国歌謡は戦時色を帯びた歌で民間のレコード会社で作った歌をいう。軍国歌謡の第一号は「軍国の母」である。この他「露営の歌」「麦と兵隊」「暁に祈る」などがある。戦争は単に外国との戦いのみでなく、自分の国の文化、思想、人々の生活の総てに影響を与えるものであることを記憶しておくべきである。

　このように、音楽の世界に押し寄せた軍国主義の嵐も、社会の片隅に居る気の合った仲間の間には、明治、大正時代からの自由を謳歌する雰囲気までを押しつぶすことには至らず、次のような歌が歌われていた（古茂田ら[101]、團[13]、古関裕而[103]）。

　　イヤな所だよ　軍隊は　金の茶碗に金の箸　仏さまでもあるまいに　一膳飯とは
　　情けなや　ストトン　ストトン

　　伍長勤務は　生意気だ　ひげの軍曹は　意地悪だ　古兵　上等兵は　ゴマ摺りで
　　駄馬より哀れな二等兵　ストトン　ストトン

　　演習がえりの兵隊は　木偶か　気抜けか　夢うつつ跛足曳きひき　高いびき
　　電信柱にぶつかって　捧げ銃　ストトン　ストトン　　　（軍隊ストトン節（※））

5．明治維新以降の芸能

　明治維新は歌舞伎や能にとっても、未曾有の危機に直面した時期であった。明治5年（1872）には、「狂言綺語を廃止せよ」と歌舞伎への政府の干渉が開始され、それまで260年間育ててきた歌舞伎の価値観が全面的に否定されることになった。しかも、能役者を含めて、それまで、幕府や大名、庶民らに支えられてきた役者は俸禄を失って巷に放り出されて、転業、廃業するものが続出し、狂言、囃子方では絶えてしまっ

※この歌は大正初めの頃にすでに歌われていた。

—216—

た流派もある。しかし明治20年頃になって世情が落ち着きを取り戻すと、500年に及ぶ伝統を持った能は徐々に復興し、政府の保護策、皇室や旧藩主らの後援に加えて、新興財閥や能役者の努力によって明治時代の後期にはかなり復元し、大正時代には江戸時代にも劣らないほどの盛況を取り戻すことができた。

　一方、歌舞伎の場合も、芝居を風俗取締りの対象としか理解していなかった役人たちが、芝居を文化の一環として見直すようになったのは、明治12年（1879）に来日したアメリカのグラント将軍を新富座に招待した後であろうといわれている。明治19年（1886）にはナポレオン三世が来日して新富座を訪れたが、歌舞伎自体の演技に自然さが欠けている上に、劇場が狭いという批判を受けた。これが伊藤博文総理大臣の耳に入り、演劇と劇場の改良が明治19年から始まった。しかし四民平等とは言われていたが、その実態は程遠く、役者は「卑しき河原者」や「河原乞食」と世間からは冷遇されていた。明治22年（1889）11月、歌舞伎座が開業したが、江戸時代後期の状態とは比較する方が無理な状態であった。そのような世相の中でも伝統ある芸能を後世に伝えるべく、関係者は頑張り続けてきた。

―― 美術・工芸 ――

　明治以降は明治維新の一時期を除き、総ての美術、工芸に花が取り上げられ、まさに「花の美術」という状態になった。サクラもたくさん用いられている。

6. いけばな

　「いけばな」界は空前の盛況の中で明治維新を迎えたが、幕府の崩壊とともに「いけばな」の諸流派も大きな危機に直面し、消滅した流派もある。池坊も幕府の御華司（オハナツカサ）として保護を受けていたために危機も大きかった。その受難期も明治20年頃になって明治政府の国家主義への政策転換に伴って、「いけばな」は茶の湯などとともに日本古来の伝統芸能として再び脚光を浴びることになった。すなわち、良妻賢母の養成を女子教育の目標に置いた政府は、女学校で織物、裁縫とともに「いけばな」を正式教材に取り入れた。このことから、「いけばな」は女性に不可欠な教養となり、嫁入り道具の一つとなって女性の間に明治の中期頃から普及していったのである。その後、洋花を取り入れた新しい「いけばな」が起こった。それとともに日本の「いけばな」は諸外国の人たちにも好評を呼び起こして海外に進出していった。このように明治以来の「いけばな」は明治維新の難関を乗り越えて復活したのであるが、現代の「いけばな」は、一見繁栄しているように見られるが、企業化した家元制度の中で、「いけばな」の伝統を正しく伝える資格が失われている。「いけばな」における伝統とは何か？

第2部　花の文化の中のサクラ

そして現代の「いけばな」に何を求めるべきなのか？　を考える重要な時期に来ている（久保田[106]、瀬川、北条[34]）。

　以上、明治維新以降の花の文化について述べたが、各分野とも深みを増し、古代から江戸時代前期までのように一括して述べることはできなかった。それに加えて筆者の目に止まる範囲内で各分野の概説的な論評も少なかった。

7．明治時代以降の庭園

　日本の庭は江戸時代までは自然の風景を取り入れる方式で終始していたのであるが、明治維新以降は日本古来の石組みによる豪華な庭園の他に、洋風の建築様式とともに洋風庭園が導入され始めている。洋風庭園は新宿御苑や旧赤坂離宮（迎賓館）などに伝えられている（森[136]）。

E.　サクラの保護者

　明治維新には文明開化の名の下で、「封建時代のシンボルであるサクラを伐り捨てろ」という運動が起こり、吉野山のサクラを初め、東京では大名や旗本の名庭が破壊され、サクラは伐り倒され、小石川植物園のサクラも入り口付近のサクラ以外は全部伐り倒された。このような明治維新の蛮行は、逆にサクラの名花を保護し、保存しようとする心を呼び起こすことになり、2～3の篤志家によってサクラの名花が保存されていた。すなわち、桜戸玉緒は明治5年（1872）に京都の平野神社の神宮となったが、その神社の境内に多くのサクラを移植してそれらの品種を保護した。玉緒は明治18年（1885）には京都で桜花大会を開催し、サクラを愛すべきことを世の中の人たちに訴えている。また、明治29年（1896）には桜士会を組織した。京都の祇園のサクラも明治6年（1873）の神仏分離令の余波を受けて払い下げられることになり、印材にされそうになったのを、京都府権大属の明石博高によって助けられた。また、神戸の神田兵右衛門は伐られていくサクラを守ろうと、明治15年に須磨寺をかりて「一口二拾銭、一人一本」のスローガンでサクラの栽植をすすめた。東京のサクラもそのほとんどが伐り倒されたが、その一部は主として植木屋によって保護されていた。すなわち、廃絶されるサクラの名花を惜しんだ染井の植木屋 高木孫右衛門は、江戸の名庭や大名屋敷などに植えられていたサクラの品種を集めて保存していた。この高木孫右衛門が守り続けてきた江戸時代のサクラが、江北村の村長 清水謙吾の依頼で、明治19年3月に荒川堤に植えられて、「江北の桜」として世に知られたものである。このように一部の人がサクラの保

X　明治・大正・昭和前期（1868～1945）のサクラと日本人

護に力を注いだにも拘わらず、サクラの品種数は激減し、サクラの保護、管理は江戸時代に比べて劣悪化し、サクラは徐々に衰退、絶滅していった。この状態を嘆息した、三好 学、戸川残花、井下 清、林 愛作らが、大正6年（1917）に「桜の会」を結成してサクラの愛護活動を開始した（相関[4]）。

　　真心の　心の花の　さくら花　この花　うゑよ　己が心に　　　　（今西与七郎）

F.　サクラの自然科学的研究の芽生え

　明治維新で手痛い被害に遭ったサクラは、明治、大正、昭和の前期には、コメ、ムギなどの主要食糧とは必要性に差があることから、色々な点で軽視されてきた。このような花卉類軽視の世相であったが、諸学問の発達とともにサクラの分野にも研究の光が当たり始めた。その口火を切ったのが東京大学教授 三好 学である。三好はその頃までは全く科学的な視界から離れていたサクラを形態学的な立場から検討を加える一方で、文部省の役人の手助けを受けて社会科学的な立場からもサクラに検討を加えた。三好の活動に刺激されたかのように、牧野富太郎、松村任三、本田正次、大井次三郎などもサクラについて研究を行っている。葉や形を見てサクラを分類する三好の手法は、他の研究者にも普及し、昭和の初期から昭和55年（1980）頃までのサクラの研究は「サクラの形態分類のみだ」というほど盛んに行われていた。平成18年（2006）の現在でもサクラに関する著書のほとんどが、この三好の流れを汲む形態分類に基づく品種解説書であると言っても過言ではない。このようにサクラの形態分類学の全盛時代に話題を提供したのが「染井吉野」である。「ソメイヨシノの起原」の問題は色々と論議されたが、すべてが形態分類学の中で起こった論争で「いつ、誰が、どこで、どのようにして作られたのか？」という結論は昭和の後期に先送りされることになった。

　一方、文科系の分野では、昔からの日本人とサクラの関係を詳細に検討を加えて、それを取り纏めた山田孝雄[230]の『櫻史』（桜書房、1941）という名著がある。明治22年からは『植物学雑誌』が発行されてサクラの研究報告も認められ、1900年代には研究報告がたくさん掲載されている。サクラに関する著書も三好 学[135]が『桜』（冨山房、1938）として最初に出版している。明治以降の研究報告などについては、岩﨑・桑原[70]が『サクラに関する文献目録』（文協社、1993）として発行した。

—219—

G. 明治、大正、昭和前期のサクラの品種

明治維新から昭和の前期までのサクラの品種数は正確には知ることができなく、船津静作の報文や山田孝雄の『櫻史』に掲載されている品種から推定する以外に方法はない。しかし、江戸時代後期の250品種には遠く及ばないことだけは明らかである。参考までに述べると、高木孫右衛門が保存していたサクラを「江北の桜」として植えたときは57品種が『江北桜譜』に認められるが、その後、江北の桜は補植されて86品種になったといわれている（三好[127]）。

XI. 昭和後期、平成時代（1945 〜 2010）のサクラと日本人

A. 昭和後期の世相

明治時代から外国との戦争で負けたことがなかったわが国も、昭和20年（1945）8月15日に遂に戦争に負けて国土は焼野原になった。その敗戦の直後から、日本人は不安な未知の世界に突き落とされたのである。敗戦によって行政が全く機能しなくなった昭和20年9月1日、筆者は国民学校初等科訓導（現在の小学校教諭）として小学校の教壇に立った。敗戦の影響が現れたのは教育現場より日常生活のほうが速かった。「戦争に勝つために……」と必要なものも買わないで耐えてきたが、敗戦と同時にそれら生活に必要な物資さえも欠乏して入手できなくなったのである。敗戦直後から、東京などの大都市では食糧不足が起こり、食べ物が不足して草の葉や根などを食べて命を守っていた。食糧の欠乏は直ちにインフレーションの現象として現れた。すなわち、お金があっても品物がない。品物が不足しているので品物の値段が上昇するのである。昭和10年頃には千円もあれば東京で一戸建ての立派な家を建てることができたのであるが、このようなことや貯金もインフレーションの大波に流されて昔の夢になった。昭和20年9月の筆者の俸給は45円で、昭和23年3月に退職した時の俸給は月額450円であった。このように俸給は毎年増額されたが、物価がそれ以上に速く上昇するので1か月の俸給では食べる米の半分も手に入らない。その不足分の米を入手するために、都会の人たちは自分の晴れ着を持って農家に行き、着物と米を交換してもらって耐えていたのである。このような物凄いインフレーションと食糧難が昭和20年から昭和28年頃まで続いたが、昭和30年頃には敗戦後の混乱も少し落ち着きがみられるようになっ

た。昭和35年頃からは食糧の配給制度も有名無実の状態となり、昭和50年代に入ると米は生産過剰になり、休耕田を考えなければならなくなった。

　一方、日本の経済は昭和35年頃から高度経済成長と呼ばれた時代に入った。世界の人たちから「真面目で勤勉である」と評価されていた、大正、昭和の前期に生まれた日本人は、その真面目さと勤勉さで、敗戦後の物凄いインフレーションと食糧難を何とか乗り越えたうえに、昭和35年頃からは日本の工業製品が大量に海外に輸出されるとともに、日本国内にも電気洗濯機、電気掃除機などが各家庭に津波のように入ってきた。それは、真面目で勤勉で努力型の労働者が一生懸命に良い製品を作って海外に輸出した結果であるが、一生懸命に働けば黙っていてもそれなりの給料が貰えるという労働者と会社の経営者との間の暗黙の信頼関係が存在していたからであった。そして、昭和50年頃には日本の社会は総てが中流家庭であるというほど経済的に豊かな生活を送っていたのである。

B．高度経済成長の陰で

　インフレーションと食糧難を何とか乗り越えて、国民総中流時代と呼ばれた昭和50年頃であったが、豊かな生活の陰で見落とされていた欠点が昭和45年頃から見られるようになってきた。それは小学校・中学校におけるイジメと校内暴力の発生である。教育制度の改革とともに身勝手な親が出現し、自分の躾の仕方の悪さを棚に上げて、子供が先生に注意されると、その先生を教育委員会に訴えるようになり、教育委員会がその先生を処分した。以後、小学校・中学校の教師が生徒の生活指導を中止してしまった。その結果、弱い者イジメをする一方で教師に対する暴言、暴力が公然と行われるようになった。それとともに生徒の学力も急激に低下し、小学校、中学校の教育は昭和35年以前とは全く違った風潮になってしまった。

C．平成時代の世相

　学校教育の劣悪化は、生徒の学習態度や学力低下を通じて当然世相に現れる。平成年代になってからは、教師に対する生徒の暴言や暴力は巧妙になり、公然と認められなくなったが、学級崩壊はまだ認められている。それに生徒間のイジメはむしろ悪質化している。それ以上に問題なのが昭和40年頃以降に小学校、中学校を卒業した者の中に日本語が普通の人のように話したり、読んだり書いたりできない者やマンガ本以

外の本を読まない大学生が増加するにつれて、公共道徳無視や法律無視の傾向が起こり、昭和60年頃には高度成長も崩壊した。

そして、平成年代、とくに平成18年頃から27年までの状態は、少なくとも昭和10年以降では最も悪いと表現したいほどに劣悪化した世相になっている。すなわち、校内暴力やイジメの問題が起こった昭和40年頃以降に小学校や中学校を卒業した者が社会の中で多くなるにしたがって、電車の運転手で停車すべき駅を忘れる者、機械などの整備不良という不注意による事故が目立つようになり、自動車の不具合による無料修理（リコール）は平成時代にはたくさん起こっている。国会議員や公務員による汚職も多くなった。それだけではない。校長が万引きをする、先生や僧侶が売春をしたり、消防士が放火し、警察官が泥棒をしたことなどが新聞に掲載されても余り驚かなくなったほど続発している。さらに小学生が売春をし、若者が平常心で法を犯すようになっている。しかも、平成20年末からは簡単に企業主が従業員を解雇し、失業した若者はヤケクソになり、ヒッタクリ泥棒をしたり、失望して電車に飛び込み自殺をする者が毎日のように報ぜられるような世相になっている。平成25年頃からは見知らぬ他人に殺されるだけでなく、親が自分の子供を殺し、子供が自分の親を殺すことまでが起こっている。このようなことは昭和35年以前には想像さえできなかった。

D. 世界に誇った花の文化よ　どこへ行く

1. 戦後のお花見

戦いに敗れて想像さえしなかった苦難の生活に落ち込んでみると、花を賞でる心は完全に失われて、毎日の食べ物の確保に心を奪われていた。しかも、軍国主義者に利用されたに過ぎなかったサクラは、庶民にとっては戦死した、夫、父、息子、兄、弟などを戦場に駆り立てた花という追憶と重なり、また、軍国主義の象徴として結び付けられて、サクラの花が咲いても重苦しい想いが人々の心の中に残っていたのである。このことは、昭和20年から34年頃までに流行した歌の中に、リンゴ、バラ、リンドウ、カラタチなどの花が歌われているのに対して、大正時代以降の流行歌のほとんどに登場していたサクラの花が、敗戦後は昭和22年の「港が見える丘」の中で「色あせた桜唯一つ」という歌詞と、25年から歌われた「青い山脈」の中に「雪割桜」という言葉が見られるだけで、流行歌365曲の中で2曲しかない（古茂田[101]）。

この現象はサクラの名所についても言える。戦前に日本各地に見られたサクラの名所も、敗戦後はサクラの木が伐り倒されて薪となり、その土地は食糧生産の場所になっ

たところが多かった。このような生活苦の中にあっても、農村やサクラの名所の近くの人たちはサクラの花の咲く時期には、残っているサクラの花の下で一刻の安らぎを求めてお花見を行い始めていた。お花見が復活する傾向が見られ始めたのは昭和30年近くになってからである。昭和30年には上野公園にかなりの数の人がお花見に訪れていた。戦後、本格的なお花見が復活したのは昭和37年頃になり、経済成長期に入ってからである。食・住に加えて経済的な裏付けと平和な世相こそがお花見に必要な条件なのである。昭和40年頃になると、お花見は中・小企業の新入社員の歓迎を兼ねて行われるようになった。新入社員の歓迎とはいうものの、新入社員の最初の仕事はお花見の場所取りであった。毎年3月の中頃になると、新聞、雑誌の紙面はサクラのことで賑わいを見せている。このような状態が平成の現在まで続けられているが、そのお花見の様子を見ると、サクラの花の下でドンチャン騒ぎをしてお酒を飲んでいるだけで、お花を見ている者はほとんど見られず、お花見と呼ぶに値しない空虚さだけが感じられる。

　　　桜木は　咲く時だけが　サクラかな

　以上のように、明治、大正、昭和、平成の歴史の中に見られるサクラに検討を加えてみる時、サクラは軍国主義的思想によって数奇な運命をたどってきたが、戦後50年以上も経て、敗戦後の苦しみを知らない人たちが多くなるにつれて、暗いことを連想させるサクラから開放されるべき時期が来たように思われる。この時期に到達した平成の現在こそ、我々はいま一度、サクラと日本人との関係を見つめ直して、サクラの美しさに対する日本人の感動のパターンを次の世代に伝えなければならない。それが伝統に対する我々の責務であるように思われる。

　　　真心の　心の花の　さくら花　この花うゑよ　己が心に　　　（今西与七郎）

2．花の文化の凋落

　花に関する諸事項を調べてみると、1960年頃から、花と日本文化、花の文化史などの著書が数多く出版されている。また、花と民俗、花と文芸、花と美術、工芸などが泉のように湧き出て、この現象に経済成長が出版物の増加に拍車をかけていた。これらの内容を略述するのみでも大変であり、略述では舌足らずに陥ることさえ感ぜられる。一方、サクラに関する著書は、**表19**のように1970年からは非常に多くなった。これらのうち、昭和20年（1945）以降に出版されたサクラに関する著書には、新しい知見はほとんどなく、他人の著書にあるものを誤った記述でもそのまま転載しているも

のが多い。このように多くのサクラに関する著書の中でサクラのことを知ることができ、しかもサクラの研究に役立つものとしては、日本花の会[154]の『日本のサクラの種・品種マニュアル』がある。また、品種特性とともに文化史的なものが纏められている著作に、塚本洋太郎監修[215]の『花と木の文化、桜』（家の光協会、1982）がある。平成元年頃からはサクラに関する著書のみでなく、一般の著書の出版も急激に減少する。この現象は経済成長が崩壊して出版界に影響を及ぼしたことも事実であるが、日本人、とくに若者がマンガ本以外に本を読まなくなったということも反映している。平成25年後になってもこの傾向に変化はなく、サクラについての出版物は写真集的なもののみになっている。

表19. 昭和後期・平成時代のサクラに関する主要著書

発行年	著書名（著者等）	発行年	著書名（著者等）
1961	桜（佐野）	1984	桜（巨樹名木巡礼）（賀集）
1970	桜守（水上）	1988	これだけは見ておきたい桜（栗田ら）
1971	染井吉野桜の起源と学説（鴻森）	1989	遺伝研の桜（田村ら）
1973	桜入門（日本さくらの会）	1989	通り抜けの桜（造幣局）
1973	日本桜集（大井ら）	1990	ふくしまの桜（阿部）
1973	桜守に代記（佐野）	1990	さくら・桜・サクラ（伊藤）
1974	日本の桜（本田ら）	1990	さくら名所100選日本のさくら（日本さくらの会）
1975	さくら百花（林ら）		
1975	桜大鑑（岡田ら）	1990	国花さくら（大都）
1976	世界の日本ザクラ（賀集）	1990	桜前線（薗部）
1976	桜と人生（広江）	1990	さくら大観（佐野）
1978	桜と伝説（郷野）	1991	桜と音楽（東）
1978	桜の精神史（牧野）	1991	桜花繚乱（道元）
1978	桜の実の熟する時（島崎）	1991	桜前線を旅する（安藤）
1979	さくら案内（石川）	1993	サクラに関する文献目録（岩崎ら）
1980	古都のさくら（藤井）	1994	桜（後藤）
1980	さくら（牧野監修）	1994	桜舞う（小京都30選）（野口監修）
1980	さくら（太田）	1994	桜（品川）
1980	日本人とさくら（斎藤）	1994	桜伝奇（牧野）
1980	東京のさくら名所今昔（相関）	1995	さくら歳時記（吉野）
1981	にっぽん列島桜旅（藤井）	1996	桜 —— その聖と俗 ——（高木）
1981	サクラ（林）	1998	桜のいのち、庭のこころ（佐野）
1981	ＮＨＫ趣味の園芸　サクラ（小笠原）	1999	桜暦（竹内）
1982	花と木の文化　桜（塚本監修）	2000	日本のサクラ（日本さくらの会）
1982	日本のサクラの種・品種マニュアル（日本花の会）	2000	西行桜（辻井）
		2001	日本の桜（勝木）
1984	桜（巨木名木巡礼）（藤井ら）		

3．サクラと文学

　戦後の文学作品の中にもサクラが登場しているものがたくさんあるが、それらを1編毎にここで述べることはできないので、2～3の主要な作品について述べることにする。昭和前期に発表された梶井基次郎の「桜の木の下には屍体が埋まっている」という衝撃的な思考の流れを汲んで、坂口安吾「桜の森の満開の下」が1947年に生まれている。この「桜の森の満開の下」は怨霊の物語である。平安時代の人たちは怨霊を信じていたが、「桜の森の満開の下」は坂口が古代のアニミズムと密教が作り出した怨霊を、終戦の年の東京大空襲のときにあちらこちらに積み上げられた死体と重ねた想いを敗戦直後の東京に呼び出した小説であるといえる。京都の今宮神社には4月の第2日曜日に、いまでも「花鎮め」の祭礼が行われているが、このことはサクラが平安時代の昔から王朝文化の集約であり、生命の輝きであると同時に、その反面では畏怖すべき樹木であった。今宮神社の「やすらい祭り」はサクラの怨霊を鎮めるために現代まで継承されているのである。坂口の「桜の森の満開の下」は、まさしくこのことを文学の中に表現したといってよい。「大昔は桜の花の下は怖ろしいと思っても、絶景だなどとは誰も思いませんでした」と述べている文は、今宮神社の鎮花祭、やすらい祭のサクラの怨霊を的確に表現する作家の鋭い感性が滲み出ているように思われる。坂口は敗戦後の飢餓と疫病の蔓延する焦土の東京の上に跳梁する怨霊を見ていたのである。樹齢を重ねた巨桜が不気味なのは坂口だけが感じていたものではない。巨大なサクラはその枝を四方に張り、花の下に薄暗い闇を作り出して光を遮っているからだ。柳田國男は「桜は祖霊を招く木であり、信濃のしだれ桜は墓地に植えられている」と述べている。一方、芥川は文学作品の中でサクラの美しさを痛烈に否定している。江戸時代以来の名所のサクラも芥川には一顧だに価しなかったのである。太宰はサクラを「食塩の山」とみており、太宰の妻は「蛙の卵」と表現している。また、三島も「綿屑みたいなもの」とサクラを見ている。つまり、芥川、太宰、三島ともサクラの美しさの否定に尽きている。

　これに対して、サクラを積極的に愛した人に五味康祐がいる。五味は「桜を斬る」という短編（新潮社文庫版）の中で「悲愴美の桜」ともいうべき極めて個性的な桜観を示している。この短編は徳川家光将軍の寛永の御前試合という講談本の虚構の武芸譚に想を得ている。この作品はいかにも一世の伝奇作家らしい結末に技巧を凝らした作品である。幕臣菅沼紀八郎と、元松江藩士油下清十郎との試合は清十郎の申し出によって真剣を用いることになった。二人とも居合斬りの名手で、木の太刀では業の見せようがないという。紀八郎は真剣での勝負に同意する。ただし、試合は江戸城内の吹上の庭に祀られた千代田稲荷の祠の傍に咲く桜の一枝を、花を散らさずに斬ること

だった。この桜は「氷室の桜」と名付けられ、かつて駿府城から移植された大輪の遅咲きである。まず紀八郎が太刀を腰に白襷、白鉢巻、股立のいでたちで庭の桜の木下に歩み寄って、静かに立停った。そして頭上の手頃な枝を仰いだ。一同息を詰めて見守る。一瞬、白い虹が枝に懸かったと見る間に、爛漫の花を付けた枝が紀八郎の足許へ落ちた。彼はゆっくり、その枝を拾い上げ、こちらへ戻って来る。無論、花一つ散らない。一同、あらためてその美技に酔うがごとくであった。次に清十郎が行った。これも、桜の下に佇むと、手ごろの枝を見上げていた。紀八郎より背が低い。やがて、清十郎は、静かに太刀を抜くと、八双の身構えから、まるで高速度写真を見るように、ゆるく一枝を斬った。枝は音もなく落ちた。清十郎は太刀を鞘に収めると、これも枝を拾い上げて、ゆっくりとこちらへ歩み出した。2、3歩来た時、一斉に、泣くが如く降るが如く全木の花びらはハラハラと散った（五味康祐の「桜を斬る」より）。五味はこの武芸譚に殺伐な勝負の世界を描かず、「サクラの枝を斬る」という優雅な形で武技を競う二人の武士を描いたのである。

　五味康祐といえば『柳生武芸帳』に代表されている作家であるが、五味康佑には『薄桜記』（ハクオウキ）（1959）という長編の作品もある。この『薄桜記』は『柳生武芸帳』よりも数段優れた伝奇小説である。この作品では、サクラが典型的な歌舞伎の世界の悲愴美の桜になっている。芥川賞受賞作の『喪神』の発展が『柳生武芸帳』であるならば、『薄桜記』は五味のもう一つのモチーフ「桜を斬る」の集大成である。『薄桜記』は『忠臣蔵』外伝ともいうべき物語で、名門旗本の青年武士が数奇な運命に翻弄されたた物語である。すなわち、谷中の七面宮の満開の下で初めて会った妻の不義の汚名を雪ぐため、家禄を捨てて市井に隠れていた彼が、離別した妻の懇請から、吉良家の付人となり、仇討ちの前夜、旧友堀部安兵衛と、妻とめぐり合った谷中の七面宮の桜の樹の下で決闘し、故意に討たれて折からの薄雪の中に斃（タオ）れると言う物語である。

　ここでのサクラは『日本書紀』の「允恭紀」（インギョウキ）以来の美しい乙女の旋律に乗せて、武士道の哀しさを重ねて描かれている。サクラを愛と死の悲愴美の花として、白井喬二（シライキョウジ）、中里介山（ナカザトカイザン）に始まる時代小説の世界で、初めて歌舞伎美の世界に昇華させたのが、五味康祐のこの『薄桜記』なのである。

4．美術工芸

　美術工芸の分野にも戦争の影響が色濃く認められ、敗戦後は江戸時代に好まれたサクラは衣装や文様から姿を消し、京染の見本帳でも花の絵を染めた衣類を見ると、昭和51年（1976）に見られたものには、キク31点、ウメ13点、モミジ12点、ボタン12点などで、サクラは1点しか認められなかった（足田[10]）。ここにも流行歌で見られたよ

XI　昭和後期・平成時代（1945～2010）のサクラと日本人

うな「サクラ離れ」の現象が認められた。それに加えて、戦後は和服から洋服に変化
した女性の変化の影響もある。平成の現在では和服は高価であるうえに仕事をする時
の行動に不便さがあるために、女性の和服離れが進み、和服は新年、七五三、結婚式
などに着る礼服になっている。

5．草木染と日本の色と桜染

　草木染という言葉は古来の染色を復活させた山崎　斌が命名した名称である（『草木
染事典』、1981）。昭和初期の大恐慌で繭の価格の下落に苦しんでいた郷里の長野県の
農家に、蚕糸による手織紬を勧めた山崎　斌は、「蚕を飼い、糸を紡ぎ、身近にある草
根木皮を利用して染色して手織にする。このすべてを一家の手で成すことこそ本当の
手織紬の良さが生まれるのだ」という考えのもと、昭和4年に松本市に信濃手工芸伝
習所を設立した。そして、近くの町村の人たちの指導を行うとともに、翌5年末には
東京銀座の資生堂で第1回の草木染手織の展覧会を開催した。そのとき、合成染料と
区別する意味から「草木染」という名称を用いたのである。この名称は昭和7年に商
標登録されて、いまでも登録権を保持している。
　さて、日本の古代からの色染めの変化について調べてみると、古代の布は白であり、
泥染めといわれて、泥で染めたのが始まりで、その後、アカネ、ツユクサ、ツバキな
どの花を直接衣服につける花摺りや草摺りなどの方法が用いられていた。古代の色は
赤白青黒の4色で大和朝時代から行われていたが、推古天皇の11年（603）に聖徳太子
によって冠位12階制が行われ、大化3年（647）には、深紫、浅紫、真緋など、服
の色による制度が開始された。その後、天智天皇、天武天皇、持統天皇と時代によっ
て衣服の色で順位が定められてきている。奈良の高松塚古墳の壁画にも、その衣服の
色の違いを見ることができる。奈良時代になると、中国から優れた染色方法が導入さ
れて日本の染色方法に革命的な変化をもたらした。だが、平安時代になると、中国の
模倣のみでなく日本的なものが出始めている。すなわち、桜、山吹、梅、撫子などの
花の色の名前とともに鴇色、鳶色など、鳥の羽の色までが色名に加えられ、天皇や宮
人たちの衣服には草花の文様が登場し、「桜の直衣」などと、花を模様として衣服に
付け、「花を着る」という日本独特の衣服が生まれている。その後、戦国時代に入る
と武将たちの衣裳には「呪花の花」が見られるようになり、鎌倉時代になると、武将
たちの衣服にも文様が見られるようになった。秀吉、家康も花模様の衣服を身に付け
ていたという。さらに、室町時代から安土・桃山時代は「辻が花」といわれる染織物
がその優雅さを誇った時代でもある。辻が花の本領は「絞りの草木染」にあるといわ
れている。なお、室町時代から安土・桃山時代の染色技術は一層進んだものになり、

—227—

第2部　花の文化の中のサクラ

能装束、とくに狂言の装束には地色を藍染（アイゾメ）したものが多くなっている。室町時代の後期からは辻が花染となり、江戸時代に入ると茶屋染（チャヤゾメ）、友禅染（ユウゼンゾメ）が起こり、元禄時代を境にして、小袖、西陣織といった華麗な着物が流行し、庶民の中でも草花の文様を着た者がみられるようになった。明治維新以降になると、外国から染色材料が入るようになり、また各種の金属塩による媒染の方法も行われたが、合成染料の登場とともに、それまでの染色方法にも急激な変化が起こった。すなわち、従来の自然の繊維に合成繊維が加わり、染色方法も草木染に合成染料が登場して新しい色調が生み出され、限りない色の世界が広がりを見せている。

　一方、昭和51年（1976）の京染の見本帳でみた花を染めた衣類には、キク31点、ウメ13点、モミジ12点、ボタン12点などが見られたが、サクラは1点しか認められなかった。この事実は、江戸時代や明治、大正、昭和の前期に好まれたサクラが、戦争の影響で流行歌の世界とともに衣裳の中でも、ウメ、キクなどに順位を譲っているのである（足田[10]）。しかしながら、平成年代に入り、忌まわしい戦争を体験した者が減少し、戦争を知らない若者が増加するとともに、春を呼ぶサクラは若者たちの心を再び誘き寄せ始め、平成18年に入って、サクラを歌った流行歌が多くの人に歌われ始めている。

　このような風潮とは全く無関係と思われるが、その呈色（テイショク）の魅力に取り付かれて草木染の中でサクラを用いた染色に力を注いでいる人たちが認められる。筆者はこの分野のことは全く知らないが、東京の小金井市には内藤さんがサクラの茎を煮て布を染めており、埼玉県の春日部市には岡村比都美[252]が精力的に色々なサクラの葉を用いて染色を試みておられ、明確に「桜染」と表現して製品を発表している。

6．サクラと家具類

　サクラの材は木目（モクメ）が美しく、材質も木目が細かく褐色の美しい光沢があり、工作がしやすく、狂いも少ないなど優れた点があり、鼓（ツヅミ）、太鼓を初め色々な木工品に用いられている。家具としては、室内の装飾、盆（ボン）、椀（ワン）、匙（サジ）、漆器（シッキ）、箱類（ハコルイ）、彫刻、茶道具、楽器などに用いられている。また、昔からサクラの材は版木としては最高のものといわれてきた。仏像の彫刻用の木材は古代ではクスノキのみであったが、奈良時代には、ヒノキも使われ始め、平安時代には、サクラ、センダン、クルミ、カエデ、ケヤキ、カヤなども用いられている。サクラの皮の細工は正倉院の御物（ギョブツ）でも知られているように、古くからの日本の伝統工芸で、サクラの皮特有の素朴な色彩と光沢、強靭な細工物として親しまれてきた。これらの皮細工としては、秋田県・角館の樺細工（カバザイク）は有名である。樺細工はヤマザクラの皮の光沢と渋さを生かした伝統的な工芸品である。天明年間（テンメイネンカン）、秋田県北部の山間地帯に伝承されていた技術を角館の武士が習得し、手内職として広

—228—

XI　昭和後期・平成時代（1945～2010）のサクラと日本人

まった。最初は「印籠」が中心で、文化11年に秋田藩主に印籠などを納入したという記録が残っている。その後、時代の好みや技術の向上で、きざみたばこを入れる「胴乱」も作られるようになった。明治以降は禄を失った武士が家計を支えるのに役立ち、町民が弟子入りして職人も多くなり、昭和になると生産方法が近代化した。樺細工には茶筒など筒状の「型もの」、下地にスギ、キリなどを利用して高級家具など箱型のものを作る「木地もの」、樹皮を何枚も重ねてアクセサリーなどにする「たたみもの」などがある。いずれも熟練した技術を駆使した実用的で温かみのある工芸品として親しまれている。

7．日本の伝統芸能

　明治維新に打撃を受けた、歌舞伎、能などの芸能も関係者の必死の努力によって大正、昭和の前期には活気を取り戻していたのであるが、第二次世界大戦によって再び打ちのめされてしまった。敗戦後は一時、停止状態に落ち込んでいた伝統芸能もこれらを支えてきた人たちの努力によって動き始めた。歌舞伎の場合は、昭和26年（1951）になり東京歌舞伎座として再開された。それ以降は戦前と同様に歌舞伎座を中心に運営され、新作歌舞伎、東京歌舞伎、関西歌舞伎、武智歌舞伎などと色々な歌舞伎が生まれて活況を呈し、昭和35～40年頃には活気に満ちていた。昭和40年には歌舞伎が重要文化財にも指定され、昭和41年には国の保護のもとで公演することになった。しかし、昭和40年頃までの活気は小中学校の校内暴力が発生した頃から、次第に衰えを見せ、停滞気味になっている。

　能の場合、敗戦後はそれまでの観客の中心であった、華族、財閥が没落したのを受けて、新たな観客を得るように努力した結果、昭和30年代には戦前に味わっていたような絶頂期を迎えていた。大衆化の試みのいくつかは継承され、とくに普及に大きく貢献したのはテレビによる放送と薪能であった。江戸時代からの能楽のいくつかの流派が断絶するということもあったが、衰退することなく、空前の能楽ブームが昭和時代の末期まで続いていたのは能楽自体の魅力によるところが大きい。能楽は各時代の中で、時代の好みを敏感に察知し、それを取り入れることで存続してきた芸能である。能の骨格を作った観阿弥、世阿弥の功績は作品の文学的な達成度の高さだけについて述べられるべきではない。能に時代を超えて生き抜く生命力を与えたのも、やはり彼等なのであった。

　狂言の場合は戦前は軍国主義や帝国主義的思想下に抑圧されてきたのであるが、敗戦によって脚光を浴びることになった民衆文化の一つである。昭和23年（1948）に相次いで狂言に歴史的意義を認める論文が出されてから狂言の研究が盛んになった。観

客の増加とともに昭和20年代の後半には「狂言ルネッサンス」、昭和30年代には「狂言ブーム」と呼ばれるようになり、狂言は一般社会の中で語ることができるほどの繁栄の時期を迎えた。この段階に達し、狂言は伝統演劇としての能と対等の地位を確立したのである。しかし、平成時代に入ると、学生の学力低下、とくに若者の漢字の読み書きの能力の低下から、これらの伝統芸能も理解されなくなり、停滞せざるを得なくなっている。しかしながら、能、歌舞伎、いけばな、その他の日本古来の伝統芸能はそれぞれの分野の人たちが必死になって守り続けている。何とか頑張って日本固有の文化を守り、後代に伝承していただきたい。

8. それでも今後の若者に期待する

　これまで述べてきたように、敗戦後の日本の社会は、① 凄まじいインフレーションと食糧難に続き、② 敗戦直後には夢想だにしなかった豊かで平和な生活を経済成長期に体験することができた。③ だが、このような平和で豊かな生活を送っているうちに、経済成長が破綻するとともに、平成18年頃からは、これまでに例を見ない風俗・習慣の崩壊が起こり、世界に誇った花と花の文化も低迷の一途をたどっている。この現状を嘆く人、ボヤク人が、新聞、雑誌などで見受けられる。

　しかし、その原因の追究と改善がない限り、10人や20人の者たちがどのように叫んでも、現在の日本の世相は簡単に変わるものではなく、あてもなくどこかに向かって漂流していることだけは事実である。

　筆者は「サクラと日本人との関係」を古代から現代までを取り纏めてきたが、奈良時代の熱狂的な「中国模倣時代」も、それを過ぎた平安時代には、中国文化と日本文化を融合させて、日本独特の文字と独自の文化を築き上げている。その奈良、平安時代の日本人の血は、平成の現在でも消滅することなく日本人の中に流れているはずである。それに加えて、敗戦後はこれまでに味わったことのない凄まじいインフレーションと食糧難を見事に乗り越えて、平和で豊かな経済成長期を実現したのではないか。明治維新に続いて、平成時代にも起こっている日本文化の破壊と風俗・習慣の崩壊は、いつ止まり、新しい日本文化はいつ夜明けを迎えるのであろうか？　連日新聞紙上を賑わしている多くの犯罪も、その新しい日本を作る過程の一つとして、目をつぶって受け止めて、過去の日本人の先輩たちが多くの苦難から何回も立ち直ったように、日本人は必ず目覚めて一歩前進した新しい日本文化を築きあげることができる民族であることを信じ、また期待している。しかも、その芽はきわめて少数であるが高校生以下の若者に見え始めている。

XI　昭和後期・平成時代（1945〜2010）のサクラと日本人

E.　戦後のサクラの研究
—— 染井吉野の起源 ——

　明治時代に三好 学によって開始されたサクラの形態分類学的研究は、敗戦の混乱から落着を取り戻すと同時に開始され、日本各地に自生するサクラの品種が、久保田秀夫、船津金松、木村久吉らによって発見された。しかし、1980年頃までを最盛期としてこれらの人たちは引退し、平成15年現在ではサクラの研究者は4〜5名ほどになってしまった。だが、サクラは形態分類のみしか行われていないと思われていた昭和30年（1955）頃になって、サクラの開花状態の調査、研究が行われ、大後美保ら（1958）は全国のソメイヨシノの開花日を調べて「サクラの開花前線」を発表した。この研究成果は平成の現在でも3月6日頃に全国のソメイヨシノの開花予想日が発表されて、日本人が大好きなお花見の計画を立てるのに役立っている。戦後のお花見の主役になっているのがソメイヨシノである。このソメイヨシノは江戸にいながら「吉野の花を見ることができる」という宣伝とともに「吉野桜」として明治初年から染井の植木屋から突如として売り出されて、あっという間に日本の各地に植えられ、お花見の王者になったのである。その後、藤野寄命（キメイ）によって吉野桜の特性調査が行われ、吉野山のサクラと違うことが判明し、明治33年（1900）に吉野桜は染井の植木屋から売り出されたことから「染井吉野（ソメイヨシノ）」と改名された。ところが、このソメイヨシノは売り出された当時から、「いつ」「どこで」「誰が作ったのか？」などについては全く不明であった。このソメイヨシノの起源の問題に火をつけたのが松村任三（ジンゾウ）である。松村が明治43年（1901）にソメイヨシノに学名を付けた時に「ソメイヨシノの原産地を大島とし、別名をタキギザクラという」と述べたことによる。その後、牧野富太郎も「ソメイヨシノは大島桜だ」と誤って述べたことから、一時ソメイヨシノの「伊豆大島発生説」が話題になった。その後、この「伊豆大島発生説」は、小泉源一（1912）の「染井吉野の済州島発生説」の出現によって終止符が打たれた。小泉の済州島発生説も結果としては成立不能になった。このような大学教授らの形態分類学に基づく「染井吉野の起源の研究」に最後まで影響を及ぼしていたのが船津静作のメモである。「染井吉野は染井の植木屋が作った」という風説はソメイヨシノが染井の植木屋から明治初年に売り出された頃から存在していた。この風説は研究者に無視されていたが、船津静作は三好 学にサクラの管理方法やサクラの研究方法を学び、2〜3の研究報告をする一方で、染井の植木屋から「染井吉野は大島桜を母として……伊藤某が生み出した」ことを聴き出して、それをメモとして残した。この事実は大学教授らの頭からは常に離れることがなかった。1916年にWilsonが「染井吉野は大島桜と江戸彼岸の雑種と思われる」と述べているが、この

—231—

発表に先立って Wilson は船津静作からソメイヨシノの話を聞いているのである。船津静作は一般にはサクラの研究家と呼ばれて、研究業績やそのメモは無視されているが、研究業績に検討を加えた結果からは立派な研究者の一人とみてよい。

　昭和37年（1962）になり、竹中 要によって「染井吉野の伊豆半島自然発生説」が提唱されて、再びサクラの研究者の視線は「染井吉野の起源の問題」に向くことになった。昭和の初期に小泉の「染井吉野の済州島発生説」に刺激された竹中は、敗戦後に、ソメイヨシノの野生種を探す一方で、船津静作を訪れてソメイヨシノのことを話し合った後、オオシマザクラとエドヒガンの相互交配によってソメイヨシノに類似した「天城吉野」と「伊豆吉野」を育成して、ソメイヨシノがオオシマザクラとエドヒガンの雑種であることを科学的に立証した。この竹中の研究成果は高く評価される内容である。その後、この研究成果とソメイヨシノの発生地を結び付けるために伊豆半島と房総半島の調査を行った。伊豆半島ではオオシマザクラとエドヒガンの存在を確認し、船原地方で「船原吉野」を発見した（この「船原吉野」は発見してから数年後に原木が消失した）。一方、房総半島ではオオシマザクラの存在は認められたが、エドヒガンの野生種は発見することができなかった。このことから、竹中（1962）は「染井吉野は江戸彼岸と大島桜が生えている伊豆半島で自然交雑をして発生したものを、明治の初めに伊豆に旅した染井の植木屋が発見して持ち帰り、殖やして売り出したのであろう」という「染井吉野の伊豆半島自然発生説」を提唱した。この竹中の学説は研究者が自分の実験結果と実地調査に基づいた推論であったために、一般人はもちろん、研究者にも容認されてきた。

　だが、明治初年に伊豆半島から1本持ち帰って殖やしたとしても、明治20年頃から全国の学校や兵舎に数千本のソメイヨシノが植えられたが、伊豆半島から持ってきた1本の元木から数千本の接ぎ穂を採ることは不可能である。しかも、伊豆半島から持ってきたであろうソメイヨシノの元木が染井の植木屋にはない。また、明治6年から9年に植えられた上野公園のソメイヨシノには、早咲、中生咲、晩生咲、および開花後に花芯が紅くなる4種類のものが見られるが、この理由を竹中の伊豆半島自然発生説では説明することができない。さらに、文献によると江戸時代末期の弘化年間（1844〜1848）に、隅田川の川辺に「吉野桜」の名前でソメイヨシノがすでに植えられていた。また小石川植物園の入り口のところには明治初年に樹齢が100年以上のソメイヨシノが存在していた記録も判明し、明治初年に伊豆半島から1本持ってきたという伊豆半島自然発生説では説明が困難になった。

　このような問題点が明らかになったことから、筆者が伊豆半島、房総半島などでオオシマザクラとエドヒガンの野生状態とその特性を生態学、形態学、生理学および遺伝学的な立場から検討を加えた。その結果、両品種の開花時期が違うなど、色々な点

XI　昭和後期・平成時代（1945〜2010）のサクラと日本人

で伊豆半島自然発生説には疑問点が生じたが、遺伝学的立場からはソメイヨシノの片親であるオオシマザクラはその花のガク筒（トウ）の毛や開花時の花色などが伊豆半島の野生種ではなく、房総半島の野生種と同じことが判明し、伊豆半島自然発生説は学説としての根拠を失った。ところが、房総半島の調査で、塩風に弱いエドヒガンが1本も野生していないことがわかり、房総半島でもソメイヨシノは生まれることができないことも判明した。このように、伊豆半島、房総半島ともソメイヨシノが発生した場所と認められなかったことから、ソメイヨシノが有名になった明治初年頃から「ソメイヨシノは染井の植木屋が作った」という風説があったことに検討を加えることにした。

　その風説はソメイヨシノが有名になった時に、西福寺の住職が染井の植木屋を集めて「本当はどこの家でこのソメイヨシノを作ったのだ？」と尋ねたところ、4〜5名の植木屋が「ソメイヨシノは俺の先祖が作ったのだ」と主張して大騒ぎになった。そこで住職の発案で「ソメイヨシノは染井の植木屋たちが共同で作った」ということで意思統一を行ったという（1995年、西福寺の住職の話）。この染井の植木屋が作ったと考えた場合も、それを立証するには2〜3の問題点が浮かび上がってきた。まず、小石川植物園の入り口にあるソメイヨシノは明治初年に樹齢が100年以上であったということから、逆算すると、小石川植物園のところには1750年には植えられていたことになる。さらに、サクラの発芽、生長、接木を考えた場合、ソメイヨシノは江戸時代の1730年頃には生まれていなければならない。次に、「1730年頃に生まれたとする場合に、その頃に江戸にオオシマザクラが存在したのか？」、また、「1730年頃に植物の交配ができる人が染井にいたかどうか？」である。これらの問題点のうち、1730年頃に江戸にオオシマザクラが存在したかの点については、1717年に隅田川の河畔にある長命寺でオオシマザクラの葉を用いた桜餅が売り出されて、江戸中の大評判になっていたことが分かった。次に、染井に植物の交配ができる者がいたかについては、1710年頃に染井の伊藤伊兵衛三之丞と、その子政武がツツジ・サツキの交配をして「交配気違い」の名で呼ばれていたことが分かった。その後、政武は幕府直属の植木職になり、1720年からの飛鳥山へのサクラの移植のときに中心的な役割を負っていた。これらのことから、政武は1730年頃から色々なサクラの交配を行い、その中でオオシマザクラにエドヒガンを交配してソメイヨシノを育てたと考えた。しかも、この名もないサクラ（ソメイヨシノ）を幕府の直轄の薬草園（現在の小石川植物園）の入口に植えることができたのは吉宗将軍の信頼が厚かった政武以外には考えられない。以上のことから、ソメイヨシノは1730年頃に伊藤伊兵衛政武がオオシマザクラにエドヒガンを交配して育てたものである、と筆者が断定して「染井吉野（ソメイヨシノ）の江戸・染井発生説」を平成11（1999）に提唱[80]して別冊として公表した。明治初年の染井の植木屋には政武の子供で分家した植木屋が4〜5人いた。そのために、西福寺の住職が「どこの家でソメイヨシノを作っ

—233—

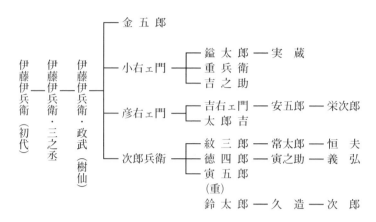

図24．伊藤伊兵衛の家系図
（西福寺所蔵の過去帳より転写）

たのか？」と尋ねた時に4～5人の植木屋が「俺の祖先が作った」と主張したのである。

なお、明治20年頃から全国に数千本のソメイヨシノが植えられたが、現在の染井墓地の北側にある旧外語大学の跡地の西側の巣鴨5丁目付近は、江戸時代には伊藤伊兵衛の畑で「サクラがたくさん植えられていて林のようだった」と、そこを通った小林一茶は述べている。また、そこには昭和20年頃までは「桜小路」と呼ばれた細い道路があり、その道路の両側には平成元年（1989）頃までは20本ほどのソメイヨシノが植えられていたことが判明した。この桜小路の両側に植えられていた20本ほどのソメイヨシノは、明治初年には樹齢が100年ほどになっており、その遺伝形質を調べた結果から、明治20年頃から日本全国に大量に植えられたソメイヨシノは、この桜小路のソメイヨシノから接ぎ穂を採って接木をした苗であったと考えられた。現在は「桜小路」入口近くの植田邸に1本残っているだけである。

筆者が「染井吉野の江戸・染井発生説」を提唱した後に、どのような反論があるか注目しているのであるが、まだ異論はない。ただ、「ソメイヨシノの発生を染色体の構造から考える」などの報告が認められるが、ソメイヨシノがどのような形で交雑されて生まれたかは不明であるが、発生の仕方と発生地の問題を混同して論じている。平成27年（2015）3月に千葉大学の中村教授のグループが「ソメイヨシノ上野公園発生説を発表した」と東京新聞で述べられていたが、筆者の学説を打ち消す根拠に欠けている。

いま一つソメイヨシノには、「原木と呼ばれるものがない」という問題がある。しかし、ソメイヨシノの命名に関係した上野公園の精養軒の横にあるソメイヨシノの並木と学名の決定に用いられた小石川植物園の高台に列植されたソメイヨシノがある。この両地区および染井墓地の北側にあった桜小路のソメイヨシノの花色やその他の遺伝形質

は同じであるが、平成時代（2000）ではソメイヨシノは10種類ほどの品種になっている。現在の日本人は10種類ほどに分化しているソメイヨシノを総称して「ソメイヨシノ」と呼んでいる。この品種分化の原因には、まず、オオシマザクラとエドヒガンを交配した時に、オオシマザクラの親木が2本以上あり、そのうちの1本は千葉県八街地区などに野生している開花時に花芯が紅色になるオオシマザクラのように推定される（上野公園のNo.43のソメイヨシノの親）。その一方で、同じソメイヨシノでも明治時代から早咲、中生咲、遅咲のソメイヨシノや結実の多いものや香りの強いソメイヨシノが知られているが、植木屋の人たちが交配して育成したものであることから「大島桜×江戸彼岸」や「江戸彼岸×大島桜」の外、明治以降には染井吉野の種子から育成して染井吉野として売られている個体も知られている。このように、ソメイヨシノには解明しなければならない多くの問題が存在している。

しかしながら、自然科学の立場からサクラの現状に検討を加えてみると、形態分類学とソメイヨシノの発生地の問題以外には、ほとんど学問的な解明が見られないという状態である。

1．サクラの研究者は何故育たないか

お花見での庶民の騒ぎとは反対に、サクラの名花の絶滅とともに研究者の減少も著しい。たしかにサクラの研究発表会にはたくさんの人が集まり、発表数も多い。だが、それらの中で他の学会員の批判に耐えうる発表の数が極めて少ない。それは、ほとんどの人たちが片手間にサクラの研究を行っていることに原因があるように思われる。サクラの研究はサクラだけの研究に専念しても、今後10〜20年経てもサクラの諸問題は解決しないだろう。ところが、平成27年現在、サクラの研究者と呼べる者は全国で4〜5名ほどになっている。

何故にサクラの研究者がいないのか？　その理由は明白である。サクラは国花といわれ、春にはお花見で大騒ぎするが、ヘビ、昆虫の研究所はあるが、サクラには研究所がないのが最大の原因である。そのため、若手研究者はサクラの研究には全く見向きもしないのである。平成15年頃になり、一応「桜の研究所」ができたが不十分な組織でしかない。

2．研究素材としてのサクラの素晴らしさ

サクラの科学的研究は平成20年になっても現状止まりの状態で動き出す気配は感ぜられない。「サクラはそれほど研究者に魅力がないものであろうか？」と検討を加え

第 2 部　花の文化の中のサクラ

てみると、科学的な解明が行われていないだけであって、研究素材としてのサクラは素晴らしいものがある。別項で述べたように、日本にはエドヒガンでありながら、1,000年、2,000年の樹齢の古木が現在も開花を続けており、開花生態には「獲得形質」と見られる現象が認められる。この現象が遺伝するかどうかは遺伝学上の大問題が含まれている。また、江戸時代の後期に出現した八重桜の中には、何回も交配が繰り返されて出現したのではないかと推定される品種もある。この解明には大変な困難が伴うが興味ある問題である。さらに、テマリはどのようにして出現した品種なのであろうか？このように、遺伝学的な立場から少し考えただけでもこのような問題を挙げることができる。形態分類も、これまでのように諸形質を目で見て判断する特技を必要とするのではなく、薬品を用いて誰でも判別することができる科学的分類法を確立する必要がある。その他の分野も研究課題は無数にある。それに加えて、サクラはヤマザクラ系、エドヒガン系など野生系の系統分類が確立されており、研究結果も出しやすい植物でもある。戦後の自然科学の他の分野の発達は目を見張らせるものがたくさんある。それら、各分野で開発された手法を用いてサクラの問題を検討すれば、日本のサクラの本態も徐々にその姿を見せてくれるであろう。

F.　戦後のサクラの品種

　明治維新に伐り倒されて激減した江戸時代のサクラの名花は、第二次世界大戦で破れた結果、軍国主義に利用されたに過ぎなかったサクラは再び伐り倒されることになり、一部のサクラの名所は食糧増産の名の下に田や畑に変ってしまった。さらに、昭和35年（1960）頃以降の経済成長期には道路建設の邪魔になるとサクラは伐り捨てられた。生活の安定と経済成長による収入増によって、各地でサクラを植える動きが見られる一方、国立遺伝学研究所や森林科学園、日本花の会などが、明治維新以来各地に存在していたサクラの品種を集めている。だが、これらはいずれも江戸時代末期に存在したサクラの品種を集めたものであり、新しい品種の増加は明治以降には認められないようで記録がなかった。ところが、昭和40年（1965）以降になって、北海道の松前城近くの浅利政俊が、北海道地方に適する100品種以上の品種を育成していることが明らかになり、横浜市の白井 勲も横浜緋桜などの新品種を育成している。だが、これらの新しい品種と品種名を取り纏める組織がないために、平成の現在、「どこでどのような品種がどれほど育成されたのか？」という明確な数は不明である。

　　　国の花　国の花とて　外国に　誇りし花も　今は　すくなき　　　（「桜」13号）

XI　昭和後期・平成時代（1945 〜 2010）のサクラと日本人

G.　サクラは庶民に見捨てられたか

　サクラの研究の現状を見ると、サクラへの研究者の関心はきわめて薄く、サクラの研究家と呼ばれている人たちも片手間にサクラの調査や研究を行っているとしか見えない。また、毎年日本の各地にサクラは植えられているが、ほとんどがソメイヨシノであり、植えた後の管理不足からサクラの名所と呼ばれているところでもテングス病に侵されているものが多い。しかもテングス病の病巣を指摘しても、病巣の切除すら行われていない。サクラはたしかに毎年たくさん植えられているが、サクラの保護の分野では江戸時代の末期に見られた熱気は感ぜられず、アレヨ、アレヨという間もなく、サクラの名花・名木は絶滅している。この現状を文部省の文化財保護の係官に話しても何も動かない。それのみではない、江戸時代の代表的なサクラの名所の飛鳥山公園も昔の面影はほとんどないほどサクラが少なくなり、平成15年の12月には御殿山のサクラも一部伐られるか、と新聞で報道されていた。しかも、平成15年の夏頃から、政府や官庁の官僚は庶民の願い出に全く耳を貸さず、ただ委員会で決定されたことを強引に行うことが多く見られるようになってきた。平成のダサイ族 ^{（※）} の無気力、無関心に乗じた行政によって、サクラに関する庶民の心は打ち砕かれて、いよいよサクラは庶民にも見捨てられる時代が到来しつつあるのだろうか？　ただ、ダサイ族は別として、60歳以上の人たちのサクラに対する愛着の強さには驚くべきものがあったことを記述しておきたい。

　それは、東京都の練馬区にある豊島園から流れ出る石神井川の工事のときのことである。この川は大雨になると下流のところで時々洪水を起こすので、川の改修を1970年代に行った。その川辺には樹齢40年ほどのソメイヨシノが200m以上に亘って植えられていた。そこで当時の建設省の人たちが近くの人たちに「サクラをどうしたらよいか」と聞き取り調査を行った。大多数の人たちが「春と秋の2回も毛虫が出る」とか「秋の落葉も醜い」という話であった。それでは、というのでサクラを伐った。ところがサクラを伐った翌日から、毎日、毎日、違う人が「何でサクラを伐った」、「おまえらは何と無粋な人間なのだ」という苦情が続き、「ホトホト困り果ててしまった。他の木は伐り捨てても何も言われたことはないが、サクラの木だけは絶対に伐ってはなりません」と当時の工事責任者が話してくれた。

　次は東京・中野区の話だが、1992年頃、中野区の哲学堂のところにあるサクラは神

※ダサイ族とは昭和50年頃から「古くから行なわれてきたことは古くさい」（方言でダサイという）という傾向が若者の間に広まった。ここではダサイという者たちをダサイ族と呼ぶことにした。

—237—

第2部　花の文化の中のサクラ

田川の途中にあり、大雨で下流の大曲付近が時々洪水になるので、川幅を広げるために サクラを切除することを決めた。それを知った付近の住民が猛烈な反対運動を展開してサクラの保護を訴えた。1993年11月、東京都は哲学堂のサクラの切除計画を中止し、サクラを伐らないで、その地下に穴を掘り、そこに水を入れるという遊水方式に切り替えて工事を完成させた。平成15年現在、哲学堂のサクラは見事な花を見せてくれている。地方にもこのような話がある。

　このように、役人の机上のみの行為に庶民はいつも猛烈な反発を行ってきた。そして昭和時代の役人にはこのような庶民の反対の声を聞き入れる民主主義的思考が残っていた。これに対して、平成15年末頃からの役人には問答無用的な対応が日本の各地に見受けられるようになり、平成17年12月に大田区で老桜が伐られた。平成22年12月には東京谷中の「夕焼けだんだん」の桜の木を伐採することを発表し、住民は「説明もなく納得できない」と述べている。2013年12月頃には東京都大田区大森の道路沿いに植えられていたツツジ類が住民の反対にもかかわらず抜き捨てられた。

H．庶民園芸の萌芽か

　敗戦後の生活難から脱却し、経済活動も目に見えて活発化してきた昭和40年以降になると、庶民の家の周りに花卉類の取り込みが見られるようになった。その傾向は経済成長によって庶民の収入が増加し、生活にゆとりが生じたためで、その後も花卉類を家の周りに置く傾向は続いている。すなわち、昭和35年頃までは生活苦からの癒しの心で庭先などに小さな花を置いたのであるが、経済成長による収入の増加は「生活の場を飾る花」として見るようになってきた。また経済成長が進むにつれて、生活の場を飾る花の種類にも変化が見られるようになり、花屋の店先には野に咲く花が顔を見せるようになってきた。その後、庶民が自家用車を持ち、郊外や山に出かけるようになってからは、野や山に咲く花を持ち帰って庭先で栽培するようになった。

1．花卉類の逆輸入

　一方、日本の花卉類に満足しなくなった人たちは外国産の花卉を求めるようになった。その輸入花卉の中には、キクのポットマム、スプレーギク、ツツジ、アザレアなど、それらの花卉類の中には生まれ故郷が日本で、明治維新以降に日本から外国に流出して品種改良を加えられたものが意外に多いことは皮肉である。このことは明治以降の日本人が如何に花卉類の品種改良に無関心であったかを示している。欧米のものは何

XI 昭和後期・平成時代（1945～2010）のサクラと日本人

でも両手を挙げて歓迎する平成時代の日本人は自国のものが素晴らしいものであることに気付いていない。

　明治維新には日本から海外に流した花卉類はたくさんある。それは、外国に行って初めて知ることができる。たとえば、フランスの公園では時々樹齢が100～150年ほどのサクラがある。また、ツツジだけの公園、さらに日本のアジサイだけを集めた公園、モネの美術館内には日本の絵だけを集めた部屋があるが、戸外には日本の水連（スイレン）の花が咲いている。これらの庭園に集められている日本の花卉類を見て、江戸時代の花卉園芸の素晴らしさを再認識させられた。ところが、平成時代に入ると、我々の眼前にもその美しさが見られるようになってきた。たとえば、ツバキの場合、明治以降はサクラの名花とともに完全に日本の園芸界では凋落していた。ところが、戦後アメリカのツバキ協会の会長が来日し、日本を初めとして世界的なツバキブームが沸き起こった。平成の現在でも、京都にはツバキが個人の家でもたくさん見られる。しかしながら、公設の公園などで見る限り、外国で見られるような花卉類の公園は盛んではない。

2．ガーデニングの流行

　昭和50年頃以降から平成の今日までの庶民の園芸熱は「江戸時代末期もこれほどか」と思わせるような盛況を示し始めている。それに伴って、花だけを販売する花屋の数も急に増加し、平成15年には平成5年頃の3倍以上に増加し、スーパーなどでも草花を盛んに売り出している。一般家庭でも庭先、軒先などに花を置いて楽しむだけでなく、土地のあるものはたとえ小さな土地であっても、そこに色々な花を植えて、生活の場を飾ろうとする「ガーデニング」が庶民の間に流行しているために、花の需要は一層増えているのである。このガーデニングの流行は、日本経済の成長期が崩壊し、不況に突入した頃から一層盛んになってきている。このことは、不況の傷口をいくらかでも癒そうとする庶民の心の中に、無意識のうちに芽生えた園芸のように思われる。つまり、経済成長の騒ぎも収まり、不況時の混乱にも落ち着いて対応できるようになった平成16年現在の庶民は、色々な苦難にも耐え、心を癒してくれる花に活気を求め、庶民主導の花の文化に入り始めたように、各家庭には花が満ち、ガーデニングのブームはそれに拍車をかけている。この庶民の手による花卉園芸の復興は、江戸時代後期の園芸ブームには、まだ遠く及ばないかもしれないが、戦後の、しかも21世紀の初めに起こった庶民園芸の萌芽のように思われる。さらに東京都墨田区の京島地区では「路地園芸」と名付けて、広い庭を持たない都会人が現在も自分の家の前に四季折々の鉢植えの花を並べて楽しんでいる。

3. 観光農園

　平成20年頃になって目立つ存在になったものに観光用に栽培された花園のことがある。以前から知られているのは、北海道の富良野の花の農場であるが、調べてみると、埼玉県、山梨県その他の県でもこれに類した観光農園が造られていて、水仙、芝桜、ハーブ、桜草、チューリップ、ツツジ、アジサイその他の花卉の花時には多くの観光客で賑わっている。

I. サクラと宗教

　サクラと宗教との関係について検討を加えてみると、日本人にみるサクラと宗教との関係は極めて特殊なものであることがわかった。

　宗教と木々との関係を調べてみると、キリスト教とモミノ木、仏教とハスの花など、宗教は特定の木や花との関係が知られている。このように考えてみる時、日本の神道には、マツ、スギ、イチョウなどが神社に植えられているが、平安時代以降は神社にもサクラが植えられている。また、仏教の場合も、渡来した当初は、ハスの花の上に仏様が座っていただけであったが、奈良、平安時代を経て一般に仏教が浸透していく過程で、仏像の絵の中にサクラが描かれ、興福寺、鞍馬寺、仁和寺などの寺院には平安時代からサクラが植えられ、サクラの名所になっている。その後、国政が乱れて戦乱の世になったが、神社、寺院に植えられたサクラは焼滅から逃れ、春には天皇、宮人たちのお花見が行われた。戦乱の世となりサクラと仏教との結び付きは一層強くなり、満開時のシダレザクラの光景が仏教の天蓋（テンガイ）に似ていることから、墓地にサクラが植えられるようになった。サクラと神社との関係はサクラと仏教のように強い結び付きは認められなかったが、平安時代から神社にもサクラが植えられてきており、どの神社でも神官と僧徒がともに神事祭祀を執行していたのである。ところが、明治維新になり、神仏分離が決定された結果、神社に付属していた寺院は全部破壊され、仏寺の境内に奉祀されていた神社は総て取り払われるか移転させられた。そして、明治時代末期から起こった軍国主義の嵐はソメイヨシノの花の咲き方と散り方を軍人のあるべき姿として把えて、護国神社などにサクラが植えられた。

　以上のように、日本では奈良、平安時代より寺院や神社にサクラが植えられてきており、現在も寺院や神社にサクラが植えられている。たしかに、宗教によっては特定の花木が信仰の対象になっているが、日本人の心の中ではサクラは特定の宗教とは結び付いていない「特別な花」として位置している。

XI　昭和後期・平成時代（1945 ～ 2010）のサクラと日本人

J．日本人にとってサクラとは何か

　サクラと日本人との関係を古代から調べ、さらに日本の国花としてのサクラについてもある程度の考えを纏めることができた。だが、調査と研究を進めれば進めるほど大きくなってくる疑問がある。それは「日本人にとってサクラとは何なのか？」ということである。春にサクラが咲くときには、大挙してサクラの花の下でドンチャン騒ぎをするが、お花見が終わるとサクラが虫に食われようが病に罹ろうが全く見向きもしない。一般の人のみではない、文化財保護の係官も江戸時代に創られた世界にも稀にみるサクラの名木が絶滅する危険があるから保護をして欲しいとお願いしても全く動かない。土木建築関係の役人は、サクラの名所などとは無関係にサクラを伐り倒す。さて、「このサクラを伐る」というと、ダサイ族以外の主として60歳以上の人たちが猛烈な反対運動を起こす。一体、日本人は本当にサクラが好きな民族なのであろうか？このように考えていた1998年の春に、あるテレビ局の人から「東京で一番好きなサクラはどこのサクラですか？」と尋ねられた。「どこのサクラも好きです」と答えたら、テレビ局の人は当惑したらしく、再び「その中でも一番好きなサクラはどのサクラですか？」といわれた。筆者は「申し訳ないが、どこのサクラもそれぞれに特色があって好きなので、一つのところを……というのはカンベンして下さい」と申し上げた。筆者のみでなく、一般の日本人に「一番好きなサクラはどれですか？」と質問すること自体が無意味なようにさえ思う。そのように考えながらも、矢張り「日本人にとってサクラとは何か？」という答えにはならない。

K．サクラと外国人

　花を見て美しいと思う心は、古今東西を問わず、違いは認められない。ただ、長い年月に亘って人々を取り巻いてきた色々な条件の違いから、美しいと思った次に行う花に対する行動に相違が認められることは否定できない。

　1964年の東京オリンピックのときに、各所に花の飾り付けを行った後、残ったキクの花の鉢を各国の選手村に持っていったが、西欧、アフリカ、インド、タイなどの選手は丁重に拒わった。これらの国の人たちはキクの花は葬式に用いる花として、生活圏に置く習慣がないためである。その点、アメリカと日本の選手は大喜びでキクの鉢植えを受け入れた。ところが、数日後にアメリカと日本の選手村を訪れてみると、アメリカの選手村のキクは元気に花が咲いていたが、日本の選手村のキクは枯死していた、

—241—

と岡田正順 元筑波大学教授が話していた。つまり、欧米では子供のときから草花に水をやることが習慣化されており、公共の花壇などにも入らないように厳しく躾られているのに対して、日本人には草花に水をやる習慣はない。

さて、サクラの研究家の間では「欧米にはサクラは余り見られない」といわれていたが、色々な記録によって調べてみると、やはり外国人も日本のサクラに関心を持っていることがわかった。日本のサクラをヨーロッパに初めて紹介したのは、1690年にオランダ船の船医者として長崎に来日したドイツの医師で博物学者でもあったE. ケンペルである。ケンペルは日本に2年間滞在した時の記録を『日本誌』（1712）として発行し、その中にサクラのことを述べている。しかし、実際にサクラが渡欧したのはそれより90年後で、スウェーデン人の医師で植物学者であったC. P. トゥンベリーによるもので、彼は1775年に来日したが、帰国時にサクラの苗木を持ち帰ったらしい。幕末にはイギリス人のロバート・フォーチュンが来日して染井の植木屋街を見ているが、サクラの苗木を持ち帰ったという記録はない。明治維新になり文明開化の嵐によって日本のサクラの名花の大半が絶滅したが、そのときに日本のサクラがヨーロッパに流出する機会が生じている。そのうち、フランスに渡ったサクラは、モネ、セザンヌ、ゴッホなどに影響を与え、彼らの作品の中に歴然と残されている。モネの絵の中のサクラは、カンザンと思われる。1867年のパリ万博でも日本のサクラは大きな足跡を残している（塚本[216]、麓[18]）。実際、2000年代になってフランスに行ってみると、樹齢100年以上の日本のサクラが公園に1本、2本と植えられているのが見られる。また、英国のキュー植物園、オランダのハーグやライデン植物園にも日本の八重桜がある。以上のように、ヨーロッパには意外にサクラが多い。これらの中には明治初年から渡欧したものがあるように思われる。

明治時代以降になって日本のサクラの海外への移植で有名なのがアメリカのワシントン市への日本のサクラの寄贈のことがある。明治42年（1909）にワシントン市で日本に関係が深いシドモア女史とダッビッド・フェアチャイルドの両氏が提唱し、日本のサクラを当時の大統領タフト氏夫人が尽力して新設しつつあったポトマック河畔の公園に植えて両国民の交情を厚くしようとした。水野総領事はこのことを高平全権大使に相談し、外務省を経て東京市にその意を伝えた。尾崎行雄市長はこのことに賛同し、10品種2,000株を送ったが、病害虫があってすべてが焼却された。東京市はそのことを遺憾とし、農商務省、農事試験場の桑名、恩田両技師に苗を育ててもらい、明治44年（1911）2月にソメイヨシノ1,000本の他、10品種2,000本、合計3,000本を明治45年（1912）2月にアメリカに送り、ポトマック公園に植えたのである（山田[230]、ダビッド・フェアチャイルド[15]、山田[225]）。

一方、2000年以降にヨーロッパの国々に植えられている日本のサクラを調べた結果、

—242—

XI　昭和後期・平成時代（1945〜2010）のサクラと日本人

各国とも公園、教会の他、市街地などでも意外に多くのサクラが植えられているのを見ることができた。まず、イギリスでは中央部の湖水地区以南で見た限りでは、どこに行っても点々とカンザンが植えられており、住宅地や公園、教会などには樹齢20年以下のものが多いが、樹齢が50年以上のカンザンやマメザクラも認められた。とくにロンドンのヒースロー空港からロンドン市内に向かう道路に点々と咲くカンザンは美しい。ロンドンからハワースに向かう道路沿いやロータリーにもサクラが植えられていた。さらにテームズ河の河辺に樹齢50年以上のカンザンの大樹があった。「嵐が丘」にもカンザンが10本ほど見られた他、民家にも点々とカンザンが植えられていた。しかし、樹齢は20年以内の個体が多い。シェイクスピアガーデンや劇場の裏にもカンザンの巨木があり、シェイクスピアの生家の裏通りにはサクラ並木も見られた。

オランダのアムステルダムの市街地でもカンザンが点々と認められ、国立博物館やゴッホ美術館付近にも20年生樹や50年生樹のものがあり、オッテルローやハーグ、デルフトの市内でも同様であった。ＮＨスキルエアポートホテルにはマメザクラらしい個体も認められた。キンデルダイク風車群の近くにもカンザンがあった。

ベルギーとオランダでは日本に関係がある会社や工場には、必ずと言ってよいほど2〜3本のカンザンが植えられていた。ただし、樹齢は20年以内であった。

ドイツでは、ハイデルベルグ、ドレスデン、その他の都市でも市街地に点々とサクラが植えられており、共同住宅地の入り口や公園、教会などにもサクラが認められた。プリンゼンホルク城内、ドレスデンからベルリンへの途中のパーキングにもあり、Rathausmarkt通りには50mほどのサクラ並木もあった。ハンブルグの川辺にもカンザンが認められた。この他、ベルリンの壁の跡地に日本のサクラが植えられたことは周知の通りである。

フランスのノルマンディー地方の都市の宅地には、宅地が日本より広いためか、3分の1ほどの家で1〜2本宛、植えられていた。それ以上に驚いたのは農家にはほとんどの家に1〜2本のサクラが宅地内に植えられていたことである。日本の個人や農家の宅地内には、これほどサクラは植えられていない。ブルターニュの民家に樹齢100年ほどのソメイヨシノが見受けられた。パリ市内にはサクラは少ないが、中心部から離れると桜並木も見られた。このようにフランス人にサクラが好かれていることは、日本にいた時には想像すらできなかった。モネの美術館の駐車場には里桜とマメ桜が地上5mほどで伐られて植えられていた。

ハンガリー、チェコ、オーストリア、スロバキア、スイスなどの国々では、市街地にはサクラはほとんど見ることができなかったが、これらの国々は緯度や標高が高いことから、日本のサクラは生育が難しいのかもしれない。しかし、ハンガリーのブダペストの「漁師の砦」とルトンホテル前、オーストリアのウィーンの郊外とプラハ城

—243—

やホテルディプロマットの横にはそれぞれカンザンらしい個体が認められた。クロアチアではザグレブ市内からサンマルコ教会に行く途中の民家やスプリットに、スロベニアではブレッド城近くに樹齢20年以上の個体があり、プリトヴィッツエへ行く途中の民家やホテルとモンテネグロのドブロブニクの城近くにも数本認められた。モンテネグロのコトル市内でも確認された。

　イタリアではミラノのホテルに樹齢50年以上のカンザンが4本あり、ミラノ城内にもサクラが認められた。しかし、ベニス以南のプラート、フィレンツェ、ナポリ、ローマなどの都市にはサクラを見ることができなかった。

　以上のように、ヨーロッパの国の人たちは日本人のように「お花見」のために列植したり、群植したりしているのではなく、美しい花木の一種類としてサクラを植えていることがわかる。西欧で見たサクラの種類は90％以上がカンザン（セキヤマ）と推定されたが、カンザン以外の里桜やマメザクラなどもイギリスやフランスなどで認められた。ただ、一般の街路樹と同様に、サクラもほとんどの個体が地上4〜5mのところで伐られている場合が多い上に、気候条件などの影響によって樹形や葉形に生態的変異が起こっており、品種名の決定には詳細な調査が必要である。サクラの樹齢は個人住宅や公園、その他の場所の個体とも30年以下のものがほとんどであったが、旧い個人住宅や公園には樹齢が100年以上の個体も認められた。この古木の中には江戸時代の末期や明治維新のときに日本から渡ったサクラがあるかもしれない。西欧のみでなく、アメリカ、中国、東南アジア、南米、その他の国にも日本のサクラが植えられているが、このことは賀来九平が『世界の日本ザクラ』として紹介している。

第 3 部　サクラの自然科学

第3部　サクラの自然科学

　明治時代になり、文明開化の名のもとで欧米の知識の導入に努めた結果、自然科学の各分野では著しい発達が認められる。花卉類の関係では欧米に真似て温室内での栽培が開始され、遺伝学の導入とともにそれに基づく品種改良も行われた。しかしながら、その主目標が食糧の増産に向けられていたため、江戸時代末期に世界にも稀に見る数多くの名花が出現したサクラは、明治以降には次々と名花・名木が絶滅し、あるいは海外に流出していった。この傾向は21世紀に入った現在でも変わらず、「サクラの自然科学」と項目を決めることさえ恥ずかしいのがサクラについての自然科学の分野の研究である。しかし、サクラ以外の他の作物の分野では学問的な体系が確立されていることから、一日も早くサクラの自然科学的な研究成果が発表されることを期待して、「サクラの自然科学」の項目を設けることにした。

　ここではサクラの自然科学として、分類学、形態学、遺伝学……などと項目を並べてみた。しかしながら、明治時代から平成の現在までの「サクラについての諸記録」を調べてみると、形態学、遺伝学などの項目以外に記述されるべき研究報告が極めて少ない（岩﨑・桑原[70]）。たしかにサクラに関する色々な記事は存在するが、研究報告と呼べるものが少ない。それに加えて、サクラについてのこれまでの自然科学的記述も自分自身の研究結果に基づいたものではなく、他人が推定したことまでも、それに検討を加えることなく記述されているものが多いために、サクラの自然科学的記述を不確かなものにしている。このようなことから、各項目ではこれまでの研究例は紹介するが、これは決定されたものではなく、もっと多くの研究者によって追試が行われて、正しい結論になることを期待していることを意味すると理解していただきたい。それほどサクラに関する研究報告は少ないのである。本書は『サクラの文化誌』であるので、自然科学部門も一般の人たちの目線に合わせて専門分野も深入りせず、やさしく解説を加えることにした。

Ⅰ．サクラの学名

　サクラの学名は大プリニウスによって用いられたスモモのラテン名から生まれたもので「*Prunus*」が用いられている。ヤマザクラの学名は「*Prunus jamasakura* Sieb.」である。

Ⅱ．日本のサクラの起源について

　本書の文頭の項で述べたように、サクラの研究家の人たちは「日本のサクラの起源はヒマラヤである」と、ほとんどの人が述べている。しかし、このことは東京大学の原 寛が推定して提唱しただけのことであり、この仮説には実地調査や各種の調査の裏付けがないうえに、湯浅[246]や徳永[209]が3,000万年前や200万年前の日本本土にサクラが咲いていたという報告に全く言及していない。足田[10]その他も原の仮説に異論を述べている。一方、文化系の斎藤正二[174]は色々な著書で「サクラは日本原産ではない」と述べているが、自分自身は全く調査も行っておらず、他人の不十分な研究結果や推論に基づいた文章を引用しているだけであり、自然科学的な見解とは認められない。結局、文頭でも述べたように日本のサクラの起源の問題は発生地を断定するには資料不足である。

Ⅲ．世界におけるサクラの分布

　サクラは日本を初めとしてアジア大陸の東部に分布しており、西はヒマラヤ（ネパール）からチベット南部、中国西部から中部および東北部、ミャンマー北部、朝鮮半島、台湾、サハリン、南千島など、北半球の温帯と暖帯に分布している。このうち、日本には最もサクラが多く自生しており、花も美しいものが多い。サクラというとサクランボも思い出されるが、ここではサクランボについては述べない。

○ヒマラヤザクラ（*Prunus cerasoides* D. Don）、ヒマラヤから中国南部に分布。

○ヒカンザクラ（カンヒザクラ）（*Prunus campanulata* Maxim.）、台湾、中国南部に分布。沖縄にもある。

○ヤマザクラ（*Prunus jamasakura* Sieb.）、日本の宮城県より南で四国、九州まで、朝鮮半島の南部、済州島に分布。

○エドヒガンザクラ（*Prunus pendula* Maxim. form *ascendens* Ohwi）、日本の本州、四国、九州の低山帯に分布。

○ミヤマザクラ（*Prunus maximowiczii* Rupr.）、北海道、本州、四国、九州の低山帯から亜高山帯にあり、ウスリー、サハリン、朝鮮半島、中国北東部にも分布している。

○タカネザクラ（*Prunus nipponica* Matsum.）、南千島、北海道、本州の亜高山から高山帯（1,500～2,800m）、サハリンに分布。

第3部　サクラの自然科学

Ⅳ．日本のサクラについて

A．サクラの形態学

1．サクラの木の形

　サクラは木全体の形から見て、現在では別図で示したように8つに分けられている。
（A）．円柱形：頂部では細くなるが、全体として茶筒のような形になり、ポプラの木に似た形であり、サクラの中では横幅が小さい細めの箒状の形である。ホウキザクラがある。（B）．箒状：箒を立てたような木の形で、円柱状のサクラより木全体の横幅は大きい。ヤマザクラ系のサクラに多く見られる。（C）．盃状：盃を置いた形で、木の上部が扁平になるのが特徴である。（D）．広卵状：箒状のものを横幅を広くして直立させたような形で、ヤマザクラ系やサトザクラ系に多い。（E）．広円錐状：下枝もあり、全体として円錐状の形をしているものを指すが、典型的な品種は少ない。（F）．球状：下枝がなく、上部で枝がほぼ球状になるサクラ。（G）．傘状：小枝がほぼ直線的に斜め上の方に伸長し、枝の上部も扁平にならない形。ソメイヨシノはこの型である。（H）．枝垂状：枝が下向きに伸長して、全体として枝垂状になる。
　以上、一応サクラの木の形で分けたのであるが、実際サクラの木を見てみると、円柱状のホウキザクラやアマノガワと枝垂状のシダレザクラは明瞭に判別できるが、他の品種は植えた場所の影響もあり、区別するのに困難な場合が多い。

2．葉の形、大きさ、欠刻にみられる特色

　木の形や大きさに次いで目に止まるのが、葉である。サクラの葉は品種によって形、大きさが違っていて細長いもの、丸みのあるもの、さらに葉の大きさにも大きいものや小さいものがある。また、葉の外側にあるギザギザ（欠刻）にはサクラの品種によって違いが見られる。

Ⅳ 日本のサクラについて

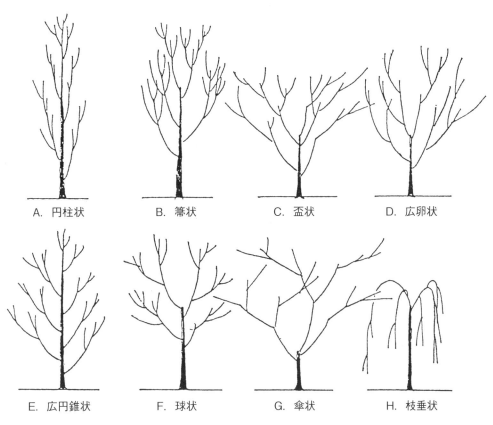

A. 円柱状　　B. 箒状　　C. 盃状　　D. 広卵状

E. 広円錐状　　F. 球状　　G. 傘状　　H. 枝垂状

図25. サクラの木の形
（上：日本花の会[154] より引用。）

第 3 部　サクラの自然科学

B．サクラの分類学

　不十分なサクラの研究成果の中にあって、ただ形態分類学の分野だけは、大正、昭和と確かな足跡を見ることができる。三好 学 東京大学教授によって精力的に研究が行われたことから、昭和の初期から昭和55年（1980）頃までは、かなりの数の研究者が加わってサクラの分類の分野で調査と研究が行われて、日本のサクラの系統分類の体系を築き上げることに成功した。

　一般にサクラはサクラ亜属に含まれるものをいうが、サクラ属を独立させてサクラ科（*Amygdalaceae*）とする人もおり、サクラ亜科とする人もいる。広義の見解ではサクラはスモモ属（*Prunus*）に分類されているが、スモモ属の中は次のように分けられている。

スモモ属（Prunus）
- モモ属（*Amygdalus*）
- アンズ属（*Armeniaca*）
- スモモ属（*Prunus*）
- サクラ属（*Cerasus*）
- バクチクノキ属（*Laurocerasus*）

　さらに細かく述べるならば、サクラはサクラ属の中の亜属ということになる。

　このように、サクラの分類は研究者によって多少の違いが認められる。このことはまだサクラの研究が分類学の分野においても完全に確立されていないことを示している。ここでは、これまでのサクラの研究者によって纏められている一般的な日本のサクラの分類とそれに所属するサクラの品種名を記述することにする。

1．日本のサクラの分類とその品種名

イ．ヤマザクラ系：（*Prunus jamasakura* Sieb.）
　ヤマザクラ、シダレヤマザクラ、キクシダレ、イチハラトラノオ、ゴシンザクラ、タイザンフクン、ベニナデン、コノハナザクラ、ケンロクエンクマガイ、コチヨウ、コトヒラ、キヌガサなど。

ロ．オオヤマザクラ系：（*Prunus sargentii* Rehder）
　オオヤマザクラ、オオミネザクラ、アカツキザクラ、タカネオオヤマザクラ、マツマエ、マツマエコトブキ、ガンマンザクラ、ショウドウザクラなど。

Ⅳ 日本のサクラについて

ハ．カスミザクラ系：（*Prunus verecunda* Koehne）

カスミザクラ、ナラノヤエザクラ、マツマエハヤザキ、ベニユタカ、ベニガサ、ベニシグレなど。

ニ．オオシマザクラ系：（*Prunus lannesiana* wils. var. *speciosa* Makino）

オオシマザクラ、ヤエノオオシマ、ヤエベニオオシマ、カンザン（セキヤマ）、イチヨウ、ショウゲツ、フクロクジュ、ヨウキヒ、ヒグラシ、キリン、ウズザクラ、アサヒヤマ、ボタン、ヤエベニトラノオ、ツクバネ、ウコン、ソメイヨシノ、シロタエなど。

ホ．エドヒガン系：（*Prunus pendula* Maxim. form *ascendens* Ohwi）

エドヒガン、コシノヒガン、シダレザクラ、ジュウガツザクラ、コフクザクラ、ヤエベニシダレ、クマガイなど。

ヘ．タカネザクラ系：（*Prunus nipponica* Matsum.）

タカネザクラ、チシマザクラ。

ト．チョウジザクラ系：（*Prunus apetala* Fr. et Sav.）

チョウジザクラ、オクチョウジザクラ、チチブザクラナデン、タカサゴ、ヒナギクザクラなど。

チ．マメザクラ系：（*Prunus incisa* Thunb.）

マメザクラ、リョクガクザクラ、ブコウマメザクラ、キンキマメザクラ、ヤブザクラ、オシドリザクラ、ユムラ、フユザクラなど。

リ．ミヤマザクラ系：（*Prunus maximowiczii* Rupr.）

ミヤマザクラ、ベニミヤマザクラなど。

　一応このように各系統別に明確に分類されているようだが、現在、日本に栽培されているサクラには、一品種に二つ以上の名前がついているものや、誤った品種名がつけられているものがある。このことは、それらが複雑な交配を経て成立した場合も考えられることから、これまでの形態形質に基づく分類が困難なことを示しており、化学的手法を用いた化学的分類の必要性を痛感させる。なお、ヤマザクラの場合、玉川上水が造られた1740年代に奈良と桜川（茨城県）から取り寄せて植えたが、その当時、すでに100種類以上が存在したといわれていたが、現在、ヤマザクラ群の中で命名さ

れているのは、シロヤマザクラ、ベニヤマザクラ（エゾヤマザクラ）、オオヤマザクラ、ウスゲヤマザクラ、ナガバヤマザクラ、ミドリヤマザクラ、ワカキノサクラ、ツクシヤマザクラだけであり、その他のヤマザクラはまだ命名されていない。

2．サクラの品種にみられる特徴

ここではサクラを色々な立場から眺めてみることにする。

イ．サクラの開花時期

まず、一月中旬になると、日本でサクラが咲きました、と知らせてくれるのが沖縄県で咲く真っ赤に近い花のヒカンザクラ（緋寒桜、カンヒザクラとも）である。続いて二月上旬になると伊豆半島の南端の下田近くで咲く河津桜（カワズザクラ）がある。二月になると河津桜のほか、寒桜（カンザクラ）、子福桜（コブクザクラ）、椿寒桜（ツバキカンザクラ）、寒咲大島（カンザキオオシマ）などの花が咲き始める。関東地方のサクラの開花を目安にすると、三月には江戸彼岸（エドヒガン）がお彼岸の頃に咲く。その頃より少し早い頃に咲くのに紅色の濃い花のオカメザクラがある。また、十月から開花する十月桜（ジュウガツザクラ）と十二月から開花する冬桜（フユザクラ）も前年の十二月末までに咲かなかった蕾が開くのも三月に入ってからである。エドヒガンが満開近くになると日本のお花見の主役のソメイヨシノが咲き始める。ソメイヨシノが咲いた後は200品種以上もある日本のサクラが、次々と五月下旬まで日本各地で咲き乱れる。

ロ．花の色

日本に300品種以上もあるサクラが、一月から五月にかけて咲くのだが、花の色も色々ある。花の色とサクラの品種の一部を示すと次のようである。

緋色（赤色系）：緋寒桜、伊豆多賀（赤）、オカメ、台湾緋桜、横浜緋桜。

紅色：八重紅シダレ、河津桜、寒桜、赤旗大島、寒咲大島、高遠小彼岸。

薄紅色：染井吉野、伊豆吉野、明月、八重大島、江戸彼岸、一葉、松月、白山桜、御信、法輪寺、天の川、熊ケ谷、玖島桜、旭山、思川桜、十月桜。

白色：冬桜、太白、水上、芝山、白旗大島、旗桜、水玉、白妙、早晩山、琴平。

黄色：ウコン、御衣黄。

濃桃色：関山、手弱女、長州緋桜、紅虎の尾。

ハ．花の大きさ・花弁の数

お花見をしていて気付くことは、サクラの花の色とともに花の大きさも品種によっ

Ⅳ　日本のサクラについて

て違っていることである。明瞭に分かるのは、年の暮れ近くに咲く十月桜と冬桜。この花は春に咲く寒桜や関山などに比べると半分くらいの大きさしかない。花の大きさとともに花びら（花弁）の数の多少も目に止まる。サクラは花弁の数が5枚が基本になっており、5枚のものを一重咲(ヒトエザキ)と呼び、6枚以上の品種は八重咲(ヤエザキ)と呼んでいる。しかし、八重咲品種には花弁が6〜20枚ほどのものと一つの花で200枚以上も花弁がある品種が知られている。このことから、花弁数が6〜10枚と少ないものを半八重や重弁花と呼ぶことがある。花弁数からみた品種を次に示す。

一重咲：染井吉野、山桜、大島桜、江戸彼岸、冬桜、その他。
重弁花：十月桜、思川桜、有明、天の川、早晩山、その他。
八重咲：30〜50枚の品種には関山、八重紅大島、キリン、松月、普賢象、玖島桜、
　　　　熊ケ谷、その他。
　　　　300枚以上も花弁のあるものは菊咲きとも呼ばれている。兼六園菊桜は
　　　　有名であるが、150枚以上の品種には、白菊桜、突羽根、大村桜、福桜、
　　　　玖島桜、善正寺菊桜、鵯桜(ヒヨドリザクラ)、雛菊桜、その他がある。
八重一重：江戸時代には一つの枝に八重咲の花と一重咲の花が咲く八重一重とい
　　　　う品種が存在したが、明治維新以来この品種の行方は不明。ただ、東京
　　　　の渋谷駅近くの青山学院大学の裏の方にある金王神社内の金王桜は1本
　　　　の枝に一重と重弁の花が咲く。鎌倉の極楽寺にもこのような花をつける
　　　　サクラがある。日本各地の名木の中には意外に八重・一重の個体が多い。

図26．八重・一重のサクラの花

第3部　サクラの自然科学

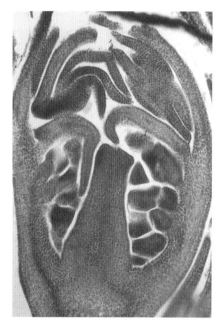

図27．八重咲品種の花芽形成
(左：正常型／右：八重咲き品種の花弁)

　なお、八重咲の花弁はオシベが変ったものだといわれているが、花ができる時のどの時期に花弁になるのかは不明。筆者が調べた2〜3の例では、花芽形成の薬ができる時に薬でなく花弁になっていた。さらに、兼六園菊桜のように350枚もの花弁が、どのようにして花芽の中で作られていくのかについても、まだわかっていない。

　ニ．サクラの花粉
　メシベ、オシベの次は花粉である。花びらや花の色とは違って、人に見られることはないが、サクランボや種子ができる時には重要な役割を持っている。また、花粉は植物によって形や溝などに違いが見られ、しかも花粉は腐ることがなく、花粉の化石を見ると、これはサクラ、これはスギ、これはウメと区別できるので遺伝学の立場からも重要なものである。サクラの花粉粒を図に示した。サクラの花粉も品種によって大きさ、形、溝の有無などで違いが見られる（岩﨑ら[60]）。

　ホ．花粉の形と現在の系統分類学
　日本のサクラは茎、葉および花器などの形態的な特徴に基づいて、エドヒガン系、ヤマザクラ系など9系統に分類されている。この分類ができる者は特別な研修と体験を必要とすることから、平成19年（2007）現在では研究者は僅かになっている。このような現状から、サクラの野生種の命名がほとんど行われていないのみでな

Ⅳ 日本のサクラについて

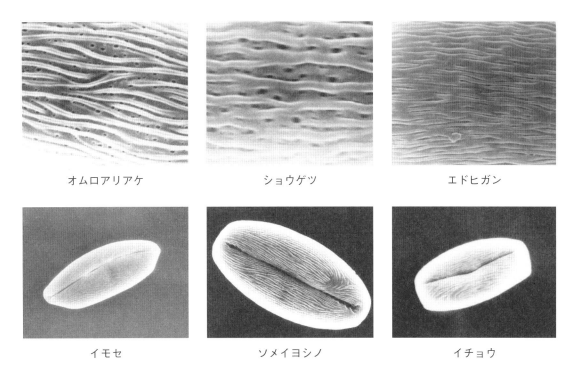

図28. サクラの花粉の電子顕微鏡写真とサクラの花粉の品種間差異
（上段：10,000倍／下段：2,000倍）

く、花卉類の遺伝的特性を知らない植木屋によって、各品種の実生苗や交雑によって生じた傾母性の個体までも売られているために、サクラの品種には遺伝的な混乱が生じている。たとえば、筆者が日本の各系統を含む350種ほどのサクラの品種の花粉の形を電子顕微鏡で、500、2,000および10,000倍に拡大してみた結果、500倍と2,000倍の場合には花粉の1粒の形が明瞭に認められ、図28に示したように鋭型（⬭）、鈍型（⬬）、截断型（▭）、および丸型（○）の四つの型に分けられた。このうち、小石川植物園の野生大島は鋭型、ミヤマザクラ、ウワズミザクラ、千里香、万里香は截断型のみであったのに対して、エドヒガンは鋭型のみ、鈍型のみの個体の他、鋭型と鈍型や鋭型と丸型および鈍型と丸型の花粉が混在して見られる個体が存在しており、現在、日本でエドヒガンと呼んでいる品種は花粉の特性が異なる5種類の個体群を指しているのである。これと同じことが、ヤマザクラ、ソメイヨシノなど、他の品種でも確認された（2007年3月、桜学会で発表）。この点、これまで行われてきた品種の分類法と花粉の粒形との関係を検討して欲しい。

　この事実は、形態形質のみに依存している現在の系統分類法では、日本のサクラを科学的な立場から正確に分類するには限界があることを示している。この系統分類法の短所を補う方法の一つとして、化学薬品を用いた化学的分類法の導入を提唱したい。

第3部　サクラの自然科学

この手法を導入すれば、特別な研修を必要とする現在の系統分類法の技術に比べて、誰でも簡単にサクラの分類が可能になる。その化学的分類法の一部は筆者が薬剤抵抗性を利用したサクラの分類法として報告[61, 76]した。

一方、花粉粒を1万倍に拡大した場合には、粒形ではなく花粉の表面を見ることになる。花粉粒の表面は図28に示したように、

山と谷の模様が見られるとともに、その山と谷の部分に大・小の穴が認められる。これらの山と谷の形、穴の数や穴の大小はいずれも品種によって異なっていることから、これらの特性を調査すれば品種間の関係を明らかにする突破口になるかもしれない。

へ．サクラの果実

サクラの果実はサクランボが有名であるために、「日本のサクラにも果実がなるの？」などという人もいる。しかし、八重咲の品種は果実はつかないが、一重咲の品種には果実がつく。サクラの果実には赤みのあるもの、黒ずんだ色のものが見られる。果実の大きさもサクランボに近い果実のつく寒桜があるが、大島桜、山桜、江戸彼岸の仲間ではアズキやダイズほどの大きさである。

寒桜の味は苦い。一般には大島桜の遺伝子の入った品種にはニガ味があり、山桜、江戸彼岸系のサクラの果実はアマイ。ソメイヨシノは両者の中間の味である。また、サクランボは花を見るサクラとは種類が違うものである。

ト．サクラの香り

サクラの香りというと桜餅が思い出される。桜餅のことは食品のところで述べる。桜餅の香りは桜餅を作るときに用いる大島桜の葉に含まれているクマリンによるものである。このクマリンは大島桜の遺伝子の入ったサクラの品種では、花が咲いているときはもちろん、花のない時でも木の近くに行くと匂ってくる。この他、昔からの品種で千里香、スルガダイニオイなども匂うサクラとして知られている。千里香、スルガダイニオイの香りの化学的成分は不明である。

チ．サクラの黄・紅葉

サクラの葉は秋になると黄、紅、黄褐色などに変化する。そのうち、黄変する葉は気温が低下すると、葉緑素が分解してカロチノイド系のキサントフィルという黄色い色素を持つ物質が葉の表面に現れるためである。黄褐色のものはタンニン系の物質やフロバフェロンという物質が葉の中に溜まるからである。

サクラの葉に見られる黄・紅葉については図29に示した。この図からでもわかるように、サクラでもタオヤメのように品種によっては紅葉（モミジ）のように美しい色の葉が見ら

—256—

Ⅳ 日本のサクラについて

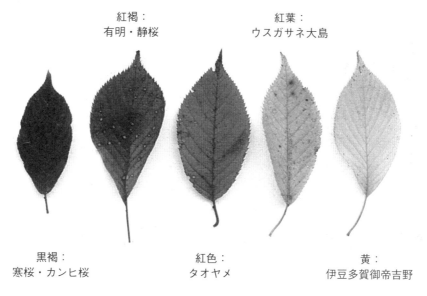

図29. サクラの紅・黄葉

れる。しかし、紅葉(コウヨウ)というと誰でもモミジといい、サクラという人はいない。それは、日本で一番多く植えられているソメイヨシノの葉が紅葉でなく黄色系になることとサクラの葉が、黄・紅葉する時には、葉の大半が落ちているためである。紅葉するまで落葉しないサクラの品種を育成すれば、サクラの紅葉見物も夢ではなくなるのであるが……。

C. サクラの遺伝学

　平成の現在、サクラについての著書は誠に多い。しかし、そのほとんどは形態形質に基づく分類学の分野に属する著書である。サクラの遺伝学の分野でどのような研究が行われていたのかについて調べてみると、1928年に岡部作一の里桜の染色体数についての報告がある。サクラの染色体数は$n=8$である。山桜、大島桜、江戸彼岸、松月、普賢象は$2n=16$で、白妙、有明、満月、鷲の尾は、$2n=24$であると述べられているが、これまで、染色体数を調査して発表したのは岡部だけである。染色体数を調べなければならない品種はたくさんある。今後の報告を待ちたい。
　サクラの研究で分類学とともに研究成果として認められているのに染井吉野(ソメイヨシノ)の起源に関する研究がある。この件は戦後のサクラの研究のところで述べたので、ここでは繰り返さないことにする。また、筆者[73]が「ソメイヨシノは現在10種類ほどに品種が

分化している。ソメイヨシノの研究には実験材料のたしかなものを用いなければなら
ない」と注意を呼びかけたのだが、サクラの研究家の中には実験材料に検討を加えて
いる者は現在までは余り認められない。

1. サクラにみられる生態型変異の可能性

　これまで、戦後に認められたサクラの遺伝学的研究ついて述べたが、これ以外にサ
クラに関する遺伝学的研究は認められなかった。しかし、研究課題がないのではなく、
研究する人がいないのである。実際、日本各地を回ってサクラを見てみると、生態型
変異ではないかと推定されるサクラを見ることができる。

イ. 里帰りのソメイヨシノにみられた生態型変異

　ソメイヨシノを米国に贈ってから100年を経た。そのソメイヨシノの里帰り個体が
1996年頃に隅田川辺の桜橋のところに植えられた。だが、その里帰り個体の花をみた
ところ、日本に植えられていたソメイヨシノとは花の色や花の形は似ているが、花蕾
の着き方が非常に密の状態で、花の咲き始めも従来のものより2〜3日遅いなどの違い
が認められた。以上のことから、ポトマック河畔に移植されているソメイヨシノは生
態型変異が起こっていることが推定された。なお、日本に里帰りしたこのソメイヨシ
ノの生態型変異は里帰り後4〜5年目には認められなくなった。

ロ. 久保桜について

　日本でサクラの古木や名木と呼ばれているもののうち、山梨県の神代桜は樹齢が2,000
年、岐阜県の淡墨桜は1,500年、山形県の久保桜と長野県の神代桜は1,200年といわれ
ているもので、呼び名は違っていても総てエドヒガンであり、まだ開花を続けている
サクラでもある。これらの品種名や樹齢の算出方法については、これまでの桜の研究
家から異論が出ていないことから、日本の各地には2,000年ほど前からエドヒガンが生
えていたことはたしかであるといえる。ところで、生まれてから250年ほどしか経て
いないソメイヨシノに、すでに、早、中、晩生の他に10系統ほどの変異個体が認めら
れていることから考えると、日本の各地に生育しているエドヒガンに、生態型変異が
起こっているとしても不合理ではない。他のエドヒガンの古木については調査を行っ
ていないが、山形県の久保桜については、開花時にみられる諸特性を調べることがで
きた。

　まず、東京に生育している樹齢20年以上のエドヒガンの開花曲線をソメイヨシノ、

Ⅳ 日本のサクラについて

図 30. 久保桜の残花

オオシマザクラとともに図に示した。東京におけるエドヒガンの開花は例年3月15日～20日頃で、4月15日頃には開花が終了する。一方、ソメイヨシノは、3月24日～25日頃に開花を始め、4月24日～25日頃には開花が終了する。つまり、ソメイヨシノが満開の頃にエドヒガンは開花が終了する。ところが、山形県の久保桜は筆者が調査を行った1998年には4月2～3日頃に開花を始めていたが、筆者が訪れた4月26日には近くのソメイヨシノは全く花が認められず、葉桜になっていた。ところが、久保桜にはまだ20～30％も花蕾が認められて開花中であった。残り花が20～30％の4月末の久保桜の花は白花で、花も小さくマメザクラの花に似ており、エドヒガン特有のピンク系の花色ではなかった。久保桜の近くに生存を続けている子守堂の桜や釜の越桜などの花も久保桜に似ていた。これらのサクラの近くに住む人たちに尋ねてみると、例年、咲き始めは美しいピンク色の花だとのことである。なぜソメイヨシノの満開の頃に開花が終わるべきエドヒガンが、久保桜の場合はソメイヨシノが葉桜になった時点でも開花を続けているのであろうか？ さらに、花色までが変化しているのは何に起因しているのであろうか？ 筆者は1回だけの調査でしかないが、厳密な調査を行うならば、形質の違いはもっと多くなるかもしれない。これらの問題については今後の研究を待たなければならないが、少なくとも、東京近郊のエドヒガンと比較した場合には、久保桜は開花期、花色などの遺伝形質に変化が認められる。この久保桜に見られた開花期、花色などの形質の変化のことから、日本各地に生存している樹齢1,000年以上のエドヒガンは、エドヒガンそのものではなく、遺伝学的にはエドヒガンから変った生態型の

第3部　サクラの自然科学

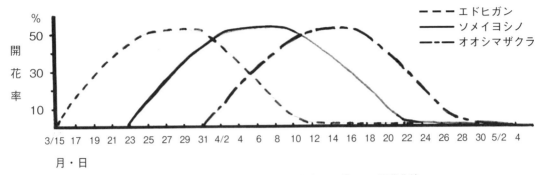

図31．エドヒガン・ソメイヨシノ・オオシマザクラの開花曲線

変異個体になっている可能性があることが推定された。

　この久保桜の開花期や花色などが東京近郊のエドヒガンと異なる理由を考える時、久保桜が1,000年以上も山形県の現在の土地に生育してきた結果、その土地の環境条件に適応する形として開花時期や花色などに変化が起こったのだろうと推定した。つまり、久保桜の開花時に見られる形質の変化は、1,000年以上に及ぶ環境条件の影響によって成立した開花特性であることはたしかである。

　ところが、環境条件が遺伝形質に影響を与えたと考えた場合に浮かび上がってくる問題に「獲得形質の遺伝」の問題がある。久保桜にみられる開花特性の変化は明瞭な獲得形質であるが、この獲得形質が遺伝するかどうかについては、今後の研究を待たなければならない。というのは、先述のように、現在、米国のポトマック河畔に植えられて100年を経たソメイヨシノの接穂を採った接木個体（隅田川の川辺の里帰りのサクラ）は、日本で開花を始めた年には着蕾(チャクライ)形質や開花始めの特性に明瞭な変異が認められたが、4～5年後には日本の従来のソメイヨシノと同様な開花特性を示すようになったという事実がある。つまり、米国の環境条件下で100年ほど生育をしてきたソメイヨシノには、たしかに生態型変異が起こっていることが推定されたが、この生態型変異は遺伝する形質になってはいない。換言するならば、ソメイヨシノの場合は米国に移って100年という年数では、その獲得形質は遺伝する形質にはなっていない。

　これまで、獲得形質が遺伝するかどうかを問題にした研究者は歴史的には数多いが、獲得形質の遺伝はその立証の段階で総ての研究者が敗れ去っている。このことは、獲得形質の遺伝を証明する実験が如何に難しいかということを示している。その難題の一つに継続年数がある。これまで獲得形質の遺伝を問題にした研究では、継続世代数で10世代、継続年数では100年程度の場合がほとんどである。ところが、久保桜を初め、日本の各地に存在するエドヒガンの古木には、樹齢が1,000年以上のものがかなりの数、生存して開花を続けている。久保桜の現在の開花特性は、そこにエドヒガンが生育を

—260—

Ⅳ 日本のサクラについて

始めてから獲得した特性である以上、この久保桜の開花特性の解明は、近代遺伝学の大問題の一つであり、メンデル学派とリセンコ学派の大論争の一つでもあった獲得形質の遺伝の問題に大きな影響を及ぼす内容が含まれている。このように日本のサクラは遺伝学的な立場からでも素晴らしい研究素材を提供してくれている。

盛岡の石割桜はエドヒガンと言われているが、現在の個体はエドヒガンの種が石の割れ目で発芽、生長したものであると記述されている（白花である）。

ハ．関山（セキヤマ）にみられた変異個体

ソメイヨシノ、エドヒガンに見られた生態型変異の可能性について述べたが、東京で見られるカンザンには、花色と開花時に見られた葉の有無に明らかに違いが見られるものがある。カンザンも江戸時代の初めには知られていた品種であることから、変異個体が存在してもよいと思われるが、東京で見られる変異個体は実験結果がない。後日、研究されることを期待する。

図32．関山にみられる変異個体

D．珍しいサクラ

サクラに一重咲と八重咲のものがあることは周知のことと思うが、サクラの色々な種類を見ていると、一般の人には知られていない珍しいサクラがある。

八重一重：サクラの一本の枝に八重咲の花と一重咲の花が咲く品種がある。東京の渋谷駅の近く、青山学院大学の裏の方の金王神社にある金王桜は一重咲と重弁の2種類の花が一本の枝に咲く。鎌倉の極楽寺にもこのような花が咲くサクラがある。この他、地方の名木の中にも八重一重のサクラが認められる。

木の花桜：一重咲の花の真ん中に王冠のような花弁がある。

苔清水(コケシミズ)：他の品種と違い、大きくなっても枝の基部から短い枝を出し、先端に向かって毛が生えたように花がつく。

小毬(コテマリ)、大毬(オオテマリ)：テマリのような形になった花が枝につく。1647年に毬桜が知られているが、現在の品種と同じであるかどうかは不明。

図33. 珍しいサクラ
(上段左、上段中：コケシミズ／上段右、下段：テマリ)

E. 珍奇なサクラ

珍しいサクラであるが一風変ったサクラであるので、ここでは珍奇なサクラと名付けた。珍しくもあり、また奇妙なサクラという意味からである。

Ⅳ 日本のサクラについて

　マツの樹に咲くサクラの花：1993年4月に千葉県我孫子市の市役所近くに、「マツの樹にサクラの花が咲いている」ということで見に行った。マツの樹の地上170cmほどのところから出ている枝に見事に白いサクラの花が咲いていた。調べたところ、マツにサクラを接木したものではなく、マツの枝を伐った切り口から、マツの幹の中にサクラの根が進入しているものと推定された。このサクラは小鳥などに食べられたサクラの種子が糞とともに排泄され、そこで発芽、生育したものと考えられた。サクラは白花でオオシマ系のサクラである（岩﨑[72]）。ところがこれと似た例が2001年4月7日の東京新聞に報道された。場所は和歌山県那智勝浦町湯川の南紀湯川温泉ではマツの樹にソメイヨシノの花が咲いていて、夜間はライトアップされているという。

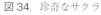

図34. 珍奇なサクラ

F. 日本の各地にみられるサクラの傾向

　日本各地のサクラの生育状態を観察してみると、京都と奈良を結ぶ線から西の地域では中部、関東、東北地方に比較して、サクラの数や生育状態に違いが見られる。とくに、関西地方ではソメイヨシノの生育が悪いことは明治時代から時々指摘されてきていたが、ソメイヨシノの開花状態も「ネボケ現象」として指摘したように、中国、四国地方の平地では花の着き方が、中部、関東、東北地方のものより疎である。その

第 3 部　サクラの自然科学

　原因として考えられることに耕土の深さが浅いために水分が不足気味になること、6
月以降の気温が高いことから「枝条の伸長が促進されているのではないか？」などが
考えられているが、現時点では何も研究されていない。

　また、東京を離れると南北のいずれの方向に向かっても民家に見られるサクラの数
は減少する。東海道線に沿った場合は、静岡駅を過ぎるとサクラの数は著しく少なく
なり、長良川の堤防にはサクラは見られず、長浜城近くの民家にもサクラは見られなかっ
た。さらに大阪以遠の中国、四国、九州地方や鳥取、島根などの日本海側の各県でも
民家には余りサクラは植えられていない。

　一方、自然状態で見られるヤマザクラの状態であるが、古来からの名所である吉野
山や茨城県の桜川のみでなく、東京都から中央自動車道で山梨県に向かう途中の山に
咲くサクラの美しさは格別であるが、長坂インター近くまでで、山梨に入り大月市
を過ぎると山に咲くサクラの数が著しく少なくなる。だが、全く見られないのではな
く、他の県でも、山の木々の緑の中に点々と咲くサクラの美しさは心を癒してくれる。
そのような場所を2〜3挙げると、新潟県の村上市と柏崎市の近くの山中、山陽道、中
国道、九州の北部地方の山の中に咲いていたサクラの花も想い出される。四国では高
松空港から高速自動車道に入るところや、宇和島と吉田町の山中に咲いていたサクラ。
金比羅宮のある象頭山に咲くサクラの美しさにはつい見とれざるを得なかった。青森
県の野辺地町から下北半島に入るところには、20年、50年という樹齢のヤマザクラが
まとまって見られた。東京から東北線で東北地方に行っても、福島県以遠では山にも
サクラが少なくなる。

　以上は主として日本各地のサクラの名所と呼ばれている場所と、その近くのサクラ
の状態について述べたのである。平成年代に入ると、5千本、1万本のサクラを植えて
サクラの名所造りを行っているところが見られる一方、関東地方、東北地方の中部と
南部および長野県などでは、道路際、小川の堤防、学校の周囲、城跡、公園などに必
ずといってよいほど10本〜20本とサクラが植えられているのを見ることができる。

　それらのところはお花見の名所と呼ばれてはいないが、サクラの花が咲く時期には、
近くの人たちのお花見の場所になっている。このように、日本人とサクラの関係は毎
日の生活の一部にサクラが入り込んでいることを示しているとみるべきである。

　また、サクラの古木について調べてみると、樹齢が100年以上のサクラは関西以西
の中国、四国、九州地方の合計が104本であるのに対して、中部、関東、東北地方で
は多く、とくに長野県139本、福島県が193本と他の都府県を圧倒している。この古木
の数も福島県以北では再び減少している。

　その古木の中のエドヒガンとシダレザクラの数に着目した場合、長野県はシダレザ
クラが90本、エドヒガンが34本であるのに対して、福島県はシダレザクラ39本、エド

—264—

ヒガン53本である。この他、長野県には11本、福島県には93本の樹種不明の個体がある。これらはシダレザクラ以外のサクラと推定されることから、半数をエドヒガンと考えた場合でも長野県はシダレザクラが、福島県はエドヒガンが多い。さらに長野県では飯田市が18本、上伊那郡が16本。福島県では三春町に16本の古木があり、同じ県内でも他の地区に比べて群を抜いて多い。

　以上の事実は、長野県と福島県がそれらのサクラに適した土地であろうことは推定できるが、飯田市、上伊那郡、および三春町を含む長野、福島県が他の都府県とどのように異なっているかという研究はまだ行われていない。

　次はヤマザクラの古木について考察してみる。日本列島上で最古に認められたサクラはヤマザクラである。しかし、2010年現在、一般に知られている長寿のサクラは、ほとんどがエドヒガンである。たしかに明治初年には吉野山の奥には直径1m以上のヤマザクラが存在したという報告が見られ、役行者は奈良時代に蔵王権現像をサクラの材を用いて刻んでいる。ところがヤマザクラの長寿個体についての記録は、誓願桜の1,400年以外は認められない。このようなことから、全国の古木の中のヤマザクラの数を調べた結果、鹿児島県から青森県までの各県に161本のヤマザクラの古木が生存していることが認められた。

　ヤマザクラの古木の数は県によって異なっており、多い県としては静岡県15本、栃木県14本、茨城県23本などが挙げられる。これらのヤマザクラの古木の数の多い静岡県、栃木県、茨城県の環境条件は類似しているのであろうか？

　ヤマザクラの長寿個体は、岐阜県の「誓願桜」が1,400年として知られているが、岡山県苫田郡阿波村には「尾所の山桜」が600年、茨城県日立市に「諏訪小学校の山桜」が500年、宮城県登米郡迫町の「山王の桜」の600年の個体の他は、樹齢が400年以下の個体であった。

　たしかに、奈良・平安時代以降には建築材料としてサクラが伐られていたことは知られているが、それ以外に原因はないのであろうか？

G. サクラの名所・名木について

　サクラの名所を紹介している著書を調べてみると、「サクラの名所100選」などと題して日本各地のサクラが紹介されている。ここでは、吉野山、上野公園などのようにサクラがたくさん植えられ、開花時に大勢の人がお花見に訪れる場所を「お花見の名所」とした。だが、そこに植えられているサクラの本数に検討を加えてみると、その数が50〜100本と少ない名所も認められる。その反面、昭和40年頃から高度経済成長期に

第3部　サクラの自然科学

入った日本は、各地に500本、1,000本とサクラを植えた。しかしそれらの場所はまだサクラの名所と呼ばれていないところもある。このことから、ここでは昔からサクラの名所と呼ばれている場所はサクラの本数が少なくてもサクラの名所としたが、新しく、500本、1,000本と植えられたところは、一応500本以上植えられている場所をサクラの名所として調査した。一方、三春の滝桜や山梨県の神代桜のように、1本でもお花見に訪れる人が多いサクラもある。これらの中には樹齢が1,000年、2,000年といわれている個体もあるが、ここでは一応、樹齢が100年以上のサクラを名木とした。

　このようにサクラの名所と名木について、自分なりに基準を定めて、南は沖縄から北は北海道までの各県別に調べた。その結果、サクラの名所・名木の数は、九州・沖縄地区148、四国90、中国地方131、近畿地方208、中部地方446、関東地方421、東北地方411、北海道地方に45か所あり、合計1,900か所も存在することが分かった。とくに京都61、長野県173、東京118、福島県の214か所は群を抜いている。今後も増加する傾向が認められる。とにかく、サクラの花を見たいという人は、印南和雄の『桜は一年じゅう日本のどこかで咲いている』（河出書房新社、2004）をお読み頂きたい。

　　次に、北海道の道東地方から鹿児島県までの各県にある主要なサクラの名所を巡って、そこのサクラの種類と管理状態を見て、気付いたことを述べる。

① 北海道の札幌から鹿児島までの主要なサクラの名所は、ほとんどソメイヨシノが植えられていて、それ以外の名所としてはヤマザクラが4か所、オオシマザクラが2か所、ヤエザクラの名所が3か所ほどしかなかった。

② それら、ソメイヨシノが植えられているサクラの名所のサクラの管理状態を見てみると、北海道の松前城、青森県の弘前城、秋田県の角館とその周辺など、代表的なサクラの名所はよく管理されているが、別項で述べたように、一般に知れれているサクラの名所でありながら、テング巣病に侵された枝条（シジョウ）がそのまま放置されているところもかなりの数が認められた。担当者の中にはテング巣病を知らない人も多かった。一方、東京都内では5〜10分歩くと5本、10本とソメイヨシノが植えられているほどたくさんあるが、テング巣病の罹病個体はまだ1本も発見されていない。

③ ソメイヨシノの「ネボケ現象」：日本各地のサクラを調べてみると、京都、奈良の線から関東、東北地方のソメイヨシノの花の咲き方に比べて、関西地方、とくに高知県、宮崎県、九州の桜島、生駒高原、熊本空港、広島市内などの平場地帯における花の咲き方が違っている。すなわち、関東、東北地方でソメイヨシノが満開だ、という時には、サクラの木の根元のところへ行って上を見ると、花だけで空は見えない。ところが、高知城では「今

Ⅳ 日本のサクラについて

日は満開です」と言われたのだが、東京での4分咲き程度で、木の下から青空が見えるのである。筆者はこれに「ネボケ現象」と名前を付けた。最初は関東地方より暖かいために低温に遭う期間が不足しているのでパラパ

図35. ソメイヨシノのネボケ現象とその着花
上段左：関東地方／上段右：四国地方　いずれも満開時の写真
下段左：東京都練馬区光が丘（2003年4月）／下段右：山口県秋吉台ホテル前（2003年4月）

ラと咲くのだろうと考えていた。ところが、実際、枝の長さ、長枝、短枝や葉芽、花芽などを調査してみると、図35のように、ネボケ現象が見られるソメイヨシノの枝は短枝の数が少なく、枝と枝との間が間伸びしている。それに関東のソメイヨシノより極端に着花数が少ないことが分かった。同じ品種でありながら、このような違いが見られるが、それが環境条件の中のどのような原因で起こされているのかについては現在はわかっていない。また現在のサクラの名所やサクラの見本園を検討してみると、サクラを植えてある場所がほぼ平地の状態である。これでは南北に長い日本列島上で生まれたサクラの本当の姿（特性）を見ることができない。たとえば、筑波大学のサクラの見本園には全国から180品種ほどのサクラが集められているが、沖縄の緋寒桜は筑波の土地では気温が低過ぎ、逆に北海道生まれの品種では気温が高過ぎて、両品種とも本当の品種特性を示しているかどうかは不明である。この欠点を補うサクラの見本園としては、富士山など標高2,000m以上の山の登山道の標高差を利用して、北海道生まれの品種は2,000mほどのところに、沖縄生まれの品種は標高50mほどのところまでに植えておけば、そのサクラの本当の姿（特性）に近いものが比較できるとともに、そのサクラの見本園では、2月上旬から8月頃まで、どこかにサクラが咲いていることになる。この点、山の標高差を利用したサクラの見本園は、サクラの学術研究上の意味とともに観光の面からも注目すべきことではあるまいか？　いま一つ加えておきたいことがある。以前、東京都の玉川上水路と吉野山のサクラの名所を見た時、玉川上水路では4〜5本、吉野山では、中の千本近くの店の近くに数本のソメイヨシノが植えられていた。玉川上水と吉野山のサクラは、ともにヤマザクラの名所として江戸時代から知られていた場所である。このような歴史的な名所に、サクラを補植する時には植えるサクラの種類を考える必要があると思う。吉野山のソメイヨシノは100％、テング巣病の個体であった。

　最後に、サクラの名所を調べてみると、表21に示したように全国には多くの城跡公園、城址公園と呼ばれている場所がある。このようにサクラの名所として知られている城跡の他に、名も知られていない城跡が日本の各地に多く見受けられる。このことを考えてみる時、全国には明治維新のときに焼かれたり、壊されたりした城が1,000か所以上の数に及ぶように思われる。明治維新には文明開化の名のもとで、旧いものをすべて破壊した時代だったが、平成時代もダサイ族の登場によって日本の古き良き風習までが崩壊し、アメリカの悪い面の真似だけが目立つ世相になっている。

IV 日本のサクラについて

H. サクラの寿命

　サクラの寿命はどの位なのであろうか？　このことは日本各地にあるサクラの古木を見ると必ず考えることである。しかし、これまでいわれている樹齢2,000年、1,500年というのはいずれも推定した樹齢である。だが、各地に生存している古木は昔から生育を続けてきていることはたしかであり、日本各地にあるサクラの古木の名前とその推定樹齢は表1に示したとおりである。この表から分かるように、樹齢が2,000年、1,500年といわれている古木のサクラの種類はいずれもエドヒガンである。つまり、サクラのうちのエドヒガンは寿命が長い種類であることはたしかである。一方、日本本土上には300万年前からヤマザクラが生えていたことが知られているが、ヤマザクラにはエドヒガンのように2,000年、1,500年という樹齢の古木は知られておらず、誓願桜だけが1,400年ほどの樹齢のヤマザクラとして知られているだけである。300万年前から生育しているヤマザクラがエドヒガンに比べて、なぜ樹齢が短い古木しか生存していないのか？　という理由は分からない。しかし、役行者が吉野山の奥で蔵王権現の像を刻んだ750年頃には、蔵王権現の横幅から推定すると直径が1m以上のヤマザクラが生育していたことになる。明治時代にも吉野山の奥にはサクラの巨木がたくさん認められた、という報告もある。この事実から考えると、ヤマザクラも山高の神代桜や久保桜のように有名にはならなかったが、1,000年以上の樹齢のものが日本の各地に生育していたのではないだろうか？　ただ、花の色が白系統で葉が出てから花が咲くことから、ヤマザクラは建築用などとして伐られたことが知られている。これに対して、エドヒガンは花色がピンクで目立つ上に、長寿の要件を備えた神社や寺院などに生育していたために、ヤマザクラよりエドヒガンに長寿の個体が多くなったのではないかと推定している。

　ところで、長寿の要件を満たす土地と述べたのであるが、山高の神代桜、小淵沢の大糸桜、三春の瀧桜、一心行の大桜などの古木を見ると、いずれの個体も傾斜地や山頂に生育していること。日照が十分であることなどが共通点として挙げられる。これに対して、左近の桜、兼六園の菊桜など、平地に植えられているサクラは、突然死したり寿命が短いものが多い。このことは、サクラの根から排泄された老廃物が傾斜地の場合は流れ去るが、平地の場合は根部に蓄積するために、傾斜地に生えている個体が長寿になるのではないかと考えている。是非とも調査をしていただきたい。

　このように、現在、日本に生育しているサクラの樹齢の永いものの代表はエドヒガンであり、次がヤマザクラである。ところで、ソメイヨシノの寿命はどれほどであろうか？　ソメイヨシノの寿命は60年程といわれてきた（足立[10]）。その根拠について

調べてみると、明治初年から堤防などに植えられたソメイヨシノが洪水被害を受け、ほぼ40〜50年ほどで枯死したことから、三好 学が「ソメイヨシノの寿命は40〜50年ほどである」と述べた。しかし、サクラの寿命を決めるのに洪水被害を受けた個体を参考にするのは不正確のように思う。事実、ソメイヨシノの寿命に言及している報告を読んでみると、40年、60年、80年という個体が認められる。足立[10] は「染井吉野はよく手入れをすれば100年位まで生きるが、平均60年の寿命である」と述べている。筆者[80] はソメイヨシノの寿命を60年とした。また、日本各地のソメイヨシノの樹齢に検討を加えてみると、寒冷地などの環境条件の悪いところでは老化が進んでいるが、株間も広く、日照条件に恵まれた個体は80年樹ほどでも頑健に育っている。小石川植物園の入り口近くのソメイヨシノも、昭和20年に焼けた後にヒコバエが伸びて60年ほどの樹齢になっているが老化現象は認められていない。このような事実から、ソメイヨシノは植えられている環境条件に恵まれ、手入れがよかった場合、100年は容易に生育を続けうるものと考えている。

　また、「ソメイヨシノはエドヒガンやヤマザクラのように1,000年近くまで生育するだろうか？」という問題もある。日本には現在、ヤマザクラ、エドヒガンなど9系統のサクラがある。その中のエドヒガンとヤマザクラ、オオシマザクラには長寿の個体が認められているが、他の系統ではまだ認められていない。このことを考えてみると、サクラの寿命には遺伝的要因も関係していることが推定される。ソメイヨシノはオオシマザクラとエドヒガンの雑種であり、オオシマザクラは800年、エドヒガンは2,000年の長寿の個体が認められている。一方、ソメイヨシノは生まれてから250年以上経ているが、樹齢100年以上の古木がほとんどない。その原因には敗戦によって伐り倒されたこともあるが、ソメイヨシノが両親のオオシマザクラやエドヒガンより病気に侵されやすいという欠点があることも考えられる。つまり、雑種であるソメイヨシノには両親より「病気に罹りやすい」という特性が現れたのである。このことから、東京以外のところではテング巣病その他の病気に対する注意をしないと、ソメイヨシノは100年以上どころか60年の平均寿命も危ないように思う。他のサクラの寿命も今後の研究を待たなければならない。

I.　サクラの分類学、遺伝学以外の分野の研究

　サクラの自然科学的研究は形態分類学とソメイヨシノの起源の問題だけが行われていたが、その他の分野に研究が波及したのは1980年近くになって、日本花の会が「サクラの品種特性に関する調査」をサクラの研究者に依頼したことから開始したとさえ

Ⅳ　日本のサクラについて

思われるほど、サクラに関する研究は形態分類以外の専門家は少なかった。1982年に日本花の会から『日本のサクラの種・品種マニュアル』（1983）が発行されてからサクラの形態分類以外の分野からの研究が出始め、1984年に岩﨑ら[55]が「サクラの開花特性」を発表し、1985年には「サクラの長枝・短枝の生長特性」が（岩﨑ら[56]）、1986年には「サクラの花梗長の品種間差異」（岩﨑ら[577]）と主としてサクラの生殖生理学的な研究が発表された。本書では「サクラの文化誌」という書名を念頭に置き、庶民の目線に合わせた項目を設定して述べることにした。

1．サクラは何故春に咲くか

サクラはどうして春に咲くのであろうか？　この問題は太古の昔から日本人が疑問に思っていたのであろう。しかし、明治、大正、昭和と自然科学が著しい発達を見せても、「サクラは何故に春に咲くのか」の問題は解決されなかった。ただ、「サクラは冬季間は休眠をする。その休眠中にサクラの体内にある休眠物質が寒さに遭って壊される結果、春になり、温暖になると花が咲くのだろう」と考えられてきた。しかしながら、この休眠物質の存在を裏付ける実験を行った者は1980年以前にはいなかった。この休眠物質のことを述べる前に、サクラの花の作られ方について述べる。

2．サクラの芽の形態的変化

サクラは4月頃に花が咲いた後、葉が開いていくが（逆のものもある）、7月頃から葉の付けねの部分に小さな芽のようなものが見られるようになる。この芽を観察しているとはっきり芽の形となってくる。そこでこの芽を、小さい時から順に採って顕微鏡で調べてみると、図36に示したような変化をしながら新しい芽ができていくことが分かる。図のAの状態で12月までこの形を保つ芽は、翌年春にはこのままの形で伸びて枝になっていく。これに対してB→C→Dと変化していく芽は花になる。Hの真ん中はメシベ、その左、右にあるのがオシベの薬（ヤク）である。しかし、葉芽になったり、花芽になったりする芽は、ともに冬の寒さに遭わないと翌春になっても萌芽しない。すなわち、サクラの芽は12月末までに花芽になるか葉芽になるかが、芽の中で決定する。その後、寒さに遭うと2月頃から急に芽が肥大を開始する。その芽の発育を1粒の大きさで示したものが図37である。このようにしてサクラの各品種は、それぞれ自分の定まった粒重（リュウジュウ）になって開花する。この方法はソメイヨシノの開花予想にも用いられている。このサクラの樹全体の花芽は、7月頃から12月頃までかかって完成される。

　さて、「サクラはどうして春に咲くのか？」については、永田・万木[147]によって取

第3部　サクラの自然科学

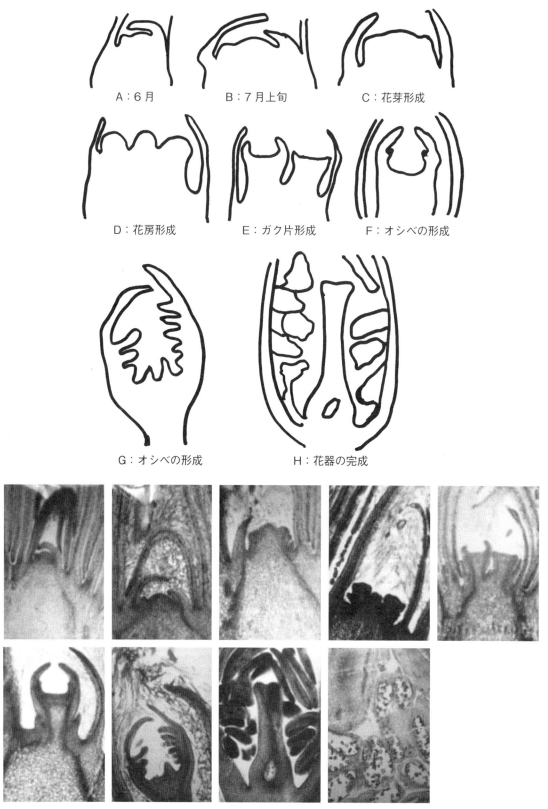

図36. サクラの腋芽の形態的変化

Ⅳ 日本のサクラについて

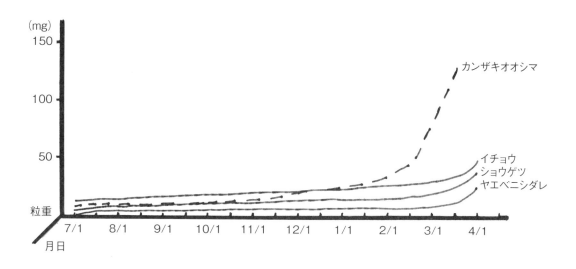

図37. 腋芽の1粒重の変化

り上げられたが、筆者[71]の実験の方が一般の人には分かりやすいので、筆者の実験結果を紹介する。実験には、ソメイヨシノ、エドヒガンなどの品種の鉢植えの個体を用いて、春にこれらの品種が開花するのを確認した。秋になった時に温度が15℃以下にならない温室にそれぞれの品種の半分の鉢を入れ、残りの半分のものは戸外において栽培した。その結果、図38に示したように、エドヒガンは温室内のもの、戸外のものもともに開花したが、ソメイヨシノは戸外のものは開花したが、温室内のものは開花と萌芽が起こらなかった。枯死したのかと考えたが、秋まで温室内で管理し、10月頃に戸外に出した。だがそれまでは花も咲かず、葉も出なかったが、翌春には花が咲いた。つまり、ソメイヨシノとソメイヨシノより遅く咲くサクラの品種は15℃以上の温度条件下で冬越させると翌春には花が咲かず、葉も出ないのである。この結果は、これまでいわれてきたように、「休眠物質が寒さに遭って壊されるためであろう」という考えと合致する。

では、どうしてエドヒガン、十月桜や冬桜は15℃以上の温室内でも花が咲くのかという疑問が生ずるが、エドヒガン、十月桜、冬桜では「花が咲くことを妨げるほど休眠物質がないため」と考える。この休眠物質は存在するだろうと推定されているが、これが休眠物質だと取り出した研究者はまだいない。ただ、休眠物質は葉で作られて秋、冬までに腋芽（エキガ）（葉芽と花芽）のところに集積するといわれ、それが寒さに一定期間遭うと壊されるので花が咲くといわれ、筆者の実験結果がそのことを示している。実際、暖冬であった場合には、沖縄や宮崎県ではソメイヨシノの花が咲かないという。このように、どうやらサクラの品種に含まれる休眠物質の多少が、春に咲くサクラの順番

第3部　サクラの自然科学

図38．温度条件と開花（15度以上の場合）
A：ソメイヨシノ／B：エドヒガン

を決めているようである。なお十月桜や冬桜を観察していると、ソメイヨシノやその他のサクラが全く葉を落とさない9月上旬から実は葉が落ち始め、十月上旬には葉が全くなくなっている。つまり、他のサクラでは葉から休眠物質が芽に移動している時期に葉が落ちるために、休眠物質が十分芽に集まらないので、冬の寒さに遭わなくても十月桜や冬桜は咲くのである。

これに似た事例に「サクラの狂い咲き」の現象がある。台風や病害、虫害などで8月から9月頃にソメイヨシノなどのサクラの葉がたくさん落ちた場合には、春までは咲かないはずのソメイヨシノなどのサクラが、9月下旬から10月上旬頃に花が咲くのである。毎年、どこかでこの狂い咲きの現象が起こって新聞で紹介されている。この狂い咲きも、秋の早い時期に葉が落ちたために、休眠物質が芽に集まらなかったためであると説明される。

このように、寒さに遭わなくても秋や初冬に開花する十月桜と冬桜であるが、12月下旬になると、両品種とも開花が停止し、3月以降になって気温が上昇すると残っていた花芽が開花する。このため二度咲桜と呼んでいる地方がある。この十月桜と冬桜が冬期間に開花を停止することは休眠物質によるものでなく、開花が低温によって抑えられたために起こるものである。しかし、気温が何度のときに十月桜と冬桜の開花

※このように、日本のサクラには寒さに遭わないと花が咲かない品種と、寒さに遭わなくても花が咲く品種がある。外国に日本のサクラの苗木を贈る時は外国の気候を考えてサクラの品種を選ぶ必要がある。

が停止し、何度になると開花を再開するか、については研究されていない※。さらに、サクラの枝の位置や枝の上の腋芽の大きさと休眠物質の蓄積量に差があるか、早く咲く蕾と遅く咲く蕾の休眠物質の含有量に差はあるか、などは全くわかっていない。

3. サクラの花の開花特性
—— 花の命は　短くて　苦しき事のみ　多かりき ——

　林 芙美子の詠のように、サクラの花は咲いている期間が短い。余りにも短いので藤原成範は泰山府君にお祈りして37日間、開花期間を伸ばしてもらったという逸話が伝えられている。しかし、色々な花の開花状態を調べてみると、月下美人は夜7時頃から咲き始めて、9時頃に満開になるが翌朝には萎んでいる。オシロイバナは夕方に咲くが翌朝、日光が当たると萎む。アサガオは朝3時頃には開花しているが、直射日光下では午前中に萎む。ただ、10月以降の低温（20℃以下）の日には日陰に咲いているアサガオは夕方まで咲いている。ところが、2003年の夏に長野県の海野宿に行った時、直射日光が当たっているのに、午後2時頃に咲いている空色のアサガオがあった。平成21年夏には東京でも、「琉球朝顔」が午後まで咲いている。その他の草花でも1日で咲き終わるものが多い。では、サクラが咲く頃に咲く花はどのくらいの日数咲いているのだろうかと調べたところ、オオバイ（黄梅）は2月中旬頃咲いたが、一つの花が咲いてから落花するまでの期間は5～10日。3月上旬に咲いたウメは6～10日ほど、一つの花が咲いていた。このようにして一つの花の咲いている期間をサクラで調べてみると、オオシマザクラは4～8日、オオヤマザクラは4～5日、ヤマザクラは4～8日、ソメイヨシノは4～9日、ウコンは13～14日、カンザンは9～10日であった。ただ、レンギョウ、オオバイ、ウメなどが咲くときは気温が低いうえに風が吹かなかったが、ソメイヨシノなどのサクラが咲く時には強風に見舞われて開花後4日目ほどで散った花もある。また、ウコン、カンザンなど八重咲の花は、開花後6～7日頃から花弁の外側のものが変色を始め、9～10日頃には乾燥状態の花弁になっているが花弁が落ちないので、一重咲の品種に比べて落花時期の判別が難しい。

　　明日ありと　思う心の　仇桜　夜半に嵐が　吹かぬものかは　　（親鸞上人）

という詠のように、サクラが咲く頃には4～5日に1回はかなり強い風が吹いて花見をしようとする人の心を悩ませる。サクラの花も気温が低く、風がない時に咲けば長期間咲いている。事実、東京ではソメイヨシノは開花後1週間目頃が見頃であるが、伊豆半島の下田近くの河津桜は1月下旬頃に咲き始め、2月中旬から下旬頃でも満開状態

の花を見ることができる。群馬県の鬼石町の冬桜も2週間は良い花を見ることができる。小清水[104]は「6℃の低温条件の箱の中に満開の花を入れて保存したら約1か月も咲き続けた」と述べている。

イ．サクラは何故2週間も咲くか

サクラの花だけではなく、レンギョウ、ウメなどの開花状態を観察してみると、一つの花が咲いてから散るまでの期間はほぼ1週間程度である。ところが、一本のサクラの木では花が咲き始めてから見頃になるのが1週間目頃で、その後も1週間ほどは次から次へと花が咲くのが見られる。このことは、イネ、ムギ類の開花と非常に違うところである。それだけではない、ソメイヨシノは開花を始めてから2週間ほどでほとんどの花が散ってしまい、樹全体が葉桜といわれる状態になった時でも、よく樹を観察してみると、あちらこちらにポツリ、ポツリと花が咲いている。この現象は

図39．ソメイヨシノの幹にみられるポツリ咲の花

筆者がソメイヨシノの起源の問題を研究していた1990年頃に見つけて、「ポツリ咲き現象」と名付けたのであるが、オオシマザクラ、ヤマザクラ、オオヤマザクラ、ウコン、カンザンなどでは遅く咲く蕾もあるが、ポツリ咲き現象は認められなかった。なお、このポツリ咲き現象がどうして起こるのか、その理由はまだわからない。

ところで、サクラの花は一つの花の場合には1週間ほどしか咲いていないのに、どうして2週間ほどもお花見が出できるのであろうか。いや、ソメイヨシノではポツリ、ポツリと1か月半も花が咲き続けるのである。イネ、ムギは出穂すると1～2日間ほどで開花を終了する。サクラの開花とイネ、ムギの花の咲き方の違いは品種改良による、といわなければならない。イネ、ムギも本来は長期間に亘って開花を続ける性質を持っていた。タイ、ベトナムなどでいまでも作られている浮き稲はこの特性を持っている。しかし、日本で8月から10月頃までバラバラとイネが花を咲き続けたのではイネの収穫時期をいつにしたらよいかわからない。そこで、イネ、ムギとも品種改良を行って開花が1～2日で終わるような品種を作り出したのである。これに対して花卉類は雑種性が高く、種子を蒔いて花を咲かせた場合には、親とは違う色々な花が咲くのである。

Ⅳ　日本のサクラについて

サクラの場合は接木で殖やしてはいるが、遺伝学の立場から見ると雑種性が高いので長い間花が咲くのである。また実際、サクラの葉の元にあるサクラの腋芽を7月上旬から採って調べてみると、芽の中で花器が完成するのが、ダラダラと7月から12月上旬まで続いている。これまでの園芸事典などではサクラの花芽形成は7〜8月と述べているが、筆者が180品種ほどのサクラで調べたところ、花芽形成は7月に入るが、腋芽の発育の程度によって完成されるのは、早い芽、遅い芽が認められ、結局、12月頃になってやっと花芽が完成する芽もある。つまり、1本のサクラの樹でも枝のどこに腋芽がついているのか、によって花芽形成に入るのが、7月のものや10月のものがある。このように長期間に亘って1本の樹の上でも花芽ができるのに違いがある。それに、ソメイヨシノより遅く咲く品種は10℃以下の低温に一定期間遭わなければ開花できない仕組みになっている。1本のサクラの樹の上で早く完成した花芽と12月近くに完成した花芽とでは休眠物質の含量に差があるのか、どちらの花芽が早く咲くのか、など不明な点が多いが、花芽ができるのに9月から12月と幅があることもサクラの開花期間が長い理由の一つになると考えている。

　ロ．何故に花は散るのだろうか
　　　―― 花の寿命を延ばす ――

　サクラの花はどうして早く散るのだろうか？　もう一日でも長く咲いていて欲しい。このように思うのは藤原成範だけではない。ところが、生物の研究者の中には花の寿命を延ばす研究をした者がいた。小清水[104]は花がどうして散るのかについて調べ「花が散ることは秋に木の葉が散るのと似ているが、落葉は基部にある離層部の細胞膜質が酵素作用で分解されて起こるが、花弁が散るのは離層部で酵素作用によって細胞の膨圧が増加して、隣接した膜壁から互いに細胞組織が膨張しあって離れるのである」と述べている。つまり、落葉も落花も離層の形成がそこにある酵素の働きによって起こるのである。そして、この酵素の働きは低温のときより高温のときに活発化するために、低温のときより高温のときの方が花は早く散ることになる。サクラの花が散るのに酵素が関係しているということが分かると、その酵素作用を薬剤によって抑制して、少しでも花の寿命を延ばすことはできないだろうかと考えるのは、植物生理学を研究している人なら当然である。この花の寿命を薬剤で延ばそうとした人は米国のウェスターとマルスである。両氏は日本が米国に贈ったポトマック河畔のサクラを用いて1948年に色々な植物ホルモンを色々な濃度で撒布し、ソメイヨシノと一部の八重桜で成功した。それとほとんど同じ頃、新潟大学農学部の志佐　誠教授が新潟県の弥彦神社のサクラにホルモン剤撒布を行ってサクラの開花期間を延長させる試みをしたことが新聞で報道されている。小清水[104]も昭和26年（1951）には失敗したが、昭和35年と

36年にはホルモン処理でエドヒガンシダレの花期を8日から15日延すことに成功している。1990年頃に弘前公園でソメイヨシノの開花を遅れさせるために、サクラの根元に雪を積んだというが、その成果は不明である。

　一方、サクラでは行われていないが、花の寿命を「花が老化する」という立場から捉えて、花の老化を促進するといわれているエチレンの発生を抑えて、切り花の花持ちを延ばす研究が行われ、切り花を出荷する時にエチレンの発生を抑える阻害剤に浸すことが行われている。これらはいずれも植物生理学上の研究成果に基づいているのであるが、育種学的な立場から考えられることは、サクラの花弁が散ることに関係している酵素活性が弱い品種を育成すること。また切り花の場合はエチレンガスの発生が弱い品種を育成すれば、花の寿命もこれまでより延びることが考えられる。だが、それらの品種改良が完成するには、薬剤処理による花の寿命を延ばすことに比較すると、かなりの年数と努力が必要になる。

4．サクラはなぜシダレルのか

　サクラの生殖生理やソメイヨシノの起源に関する研究の他に、中村輝子[141]により、「サクラはなぜシダレルか」という一連の研究が発表された。サクラのシダレ現象は遺伝学上は劣性ホモで発現する形質であるといわれてきたが、中村は「サクラのシダレル性質を植物内にある植物ホルモンと植物組織の木化の進行状態との関連のもとで捉え、サクラの茎の木化が進行して固くならないのに、芽が早く生長するために、自分の枝の重さでシダレルのだ」という結果を発表した。植物の遺伝形質の発現の仕方がこれまでの優性ホモ、劣性ホモ、ヘテロなどの遺伝学上の名称が化学物質名によって変えられるだろう、ということが予測されていたのであるが、シダレザクラの形質発現が植物ホルモンと木化作用の関連で結論付けられたことは興味深いことである。

5．サクラと排気ガス

　昭和40年頃に車の排気ガスが植物に与える影響が問題になった。その頃「ソメイヨシノは公害に弱い」といわれていた。1980年頃からサクラを研究することになり、この問題についての研究発表文を探したのであるが、文献は発見されなかった。そこで、自分で調査した結果、ソメイヨシノはヤマザクラやエドヒガンより排気ガスには強いことが判明した岩﨑[61, 76]。2010年現在でも筆者以外の研究報告は認められていない。

—278—

6．サクラの化学

　サクラの緑の葉はクロロヒルが含まれている色であるが、秋になると紅・黄葉になる。紅・黄葉のうち、黄葉の成分はカロチノイド系のキサントフィルで、黄褐色になるのはタンニン系の物質やフロバフェロンという物質である。また、カンザン（またはセキヤマ）の濃桃色の花の色はケラシアニン（Keracyanin：$C_{27}H_{81}O_{15}. C_1$）というアントシアニン系の色素であるこが分かっている。ウワミズザクラの花にはプルナシンという有毒物質が含まれているので、食べる時には注意を要する。食べるというと桜餅が思い出されるが、桜餅の香りは大島桜の葉にクマリン（Coumarin）が含まれているためで、ソメイヨシノなど、大島桜の遺伝子が入った桜の木の下に行くとクマリンの香りがする。このサクラの香りは人の心をリラックスさせて、リハビリの効果があるといわれている。また、樹皮にはサクラニン（Sakuranin：$C_{22}H_{24}O_{10}$）が含まれていて、樹皮のエキスは昔から咳止め、その他の効果があることが知られている。さらに、ハムの燻製にはサクラの材は欠くことができないといわれているが、サクラの材を燃やして出る煙の中に含まれるどのような成分によるのかについては今後の解明を待ちたい。

V．サクラの常識を検討する

　筆者はサクラの研究に入る前に、ほぼ30年間に亘り、イネ、ムギ、菜類、飼料作物および花卉類を、栽培学、形態学、生理学、遺伝学的な立場から研究を続けてきた。サクラの研究に入ったのは定年退職の10年ほど前からである。この点、これまでのサクラの研究家とは異色的な存在になると思う。サクラの研究に入って、それまでの手法で実験や文献集めを行ったのだが、イネ、ムギなどの農作物に見られる研究成果と比較した場合、サクラの研究成果は余りにも見劣りするものが多い、というのが結論である。すなわち、他の農学の分野の研究が素晴らしい発達を遂げている陰で、サクラの自然科学的な研究はほとんど行われていなかったと述べたいほどである。

　サクラは草木性のイネ、ムギとは異なり、木本性の個体であるために研究方法が難しい点もあるが、これまでのサクラの自然科学的知見には形態分類学の分野以外は漠然とした記述が多く、疑問点も多い。たとえば、サクラは排気ガスに弱いといわれていながら研究報告を行った者がいない。それに加えて、戦後はサクラについての著書が非常に多いが、読んでみると間違っているところまで、ほとんど同様に述べられている。サクラについての科学的研究が少ないので、将来、追試をしていただけることを期待して、「サクラの自然科学」の項目を設定した。

A. サクラの施肥について

　サクラの栽培法について参考書を調べてみると、「肥料の量は成木1本当たり1〜2kgで、普通、1月中旬から2月に施肥します」と述べられている。この場合、成木とは樹齢がどの位のものを指すのか不明である。樹齢15年以上でお花見に適するものを成木と呼ぶならば、接木苗を植えた時や樹齢が30年以上の個体の場合、施肥量はどれほど与えればよいのだろうか。また、「樹勢に応じて秋肥をやる」とも述べられているが、その樹勢の決め方について述べられていない。

　ブドウの巨峰の生みの親である大井上 康[247]は「作物の施肥は作物が必要とするときに必要な成分を必要な量だけ与えよ」という理論を展開した。たとえばイネの場合は、田植え直後は生長するために窒素がたくさん必要であるが、花芽形成以降、登熟のときには窒素より燐酸と加里肥料を生育初期よりたくさん施用しなければならないということである。この大井上理論は、イネの場合は田植え時、1か月後、2か月後と各月のイネの体内成分の分析結果に基づいて算出されたものである。イネのような草本性作物と異なり、木本性のサクラについて、植付時、5年後、10、20、30、50年目の体内成分を追跡することはイネのようにはいかないが、果樹の分野では栄養診断法がある。他の研究分野での研究手法を導入して、少なくともサクラの植付時、5年樹、10、20、30、50年樹以上の施肥基準を決定して欲しい。サクラの施肥量はサクラの樹勢にも影響し、病害虫の発生や老化の進行にも影響する重要な問題である。

　次に、「サクラは7〜8月の花芽分化時に燐酸系の肥料を追肥すると翌年の花が期待できる」と述べられているが、筆者[69]の研究結果からはサクラの花芽形成は7月から12月までに起こっている。それに「追肥すると翌年の花が期待できる」という文章は科学的であるようだが、何を根拠にしてどのような花が期待されるのか意味が分からない。また、肥料の与え方について、「根元から半径1〜3mのところに深さ10cmほどの穴を掘って、その中に肥料を入れて埋める」と述べられているが、樹齢10年以上の個体の根は根元のところは木化しており、養水分の吸収はほとんど行われておらず、根元からかなり離れたところで養水分の吸収が行われている。サクラの根系の調査に基づいて施肥場所は決めなければならない。以上のように、現在のサクラの施肥方法には基礎的な研究が欠如していると言わざるを得ない。

　いまひとつ指摘したいことがある。それは、日本各地のサクラの名所に植えられているサクラは毎年、施肥を行なっているのであろうかという疑問である。少なくとも筆者の身辺にある東京の公園、学校、その他のところに植えられているサクラには施肥をしているように思われない。

V サクラの常識を検討する

図40. ソメイヨシノの生育状態、平等院（左）と東京の成増公園（右）

　最後に指摘したいのは、山形県の久保桜、長野県の神代桜など、日本各地に生存しているサクラの古木および吉野山のサクラや各地に自生しているヤマザクラやエドヒガンなどのサクラの肥料についてである。現在は久保桜その他の古木には施肥を行っているかもしれないが、作物に施肥をするという技術は近代科学が生み出した手法であり、少なくとも江戸時代末期までは化学肥料は施用していなかったと思う。つまり、1,000年、2,000年の昔から生存を続けているサクラの古木や自生しているサクラは、その生長には現在のような化学肥料は与えられないで生長を続けてきたのである。それにもかかわらず、吉野山の奥には明治時代の初めには直径が1mもあるサクラがたくさん存在していたという記録がある。これらの事実から推定されることは、サクラは極めて肥料成分が少ない土地や水分の少ない土地でも生育することができる植物なのではないかということである。それと同時に、野生しているヤマザクラ、エドヒガン、カスミザクラなどに化学肥料を与えた場合には、それらのサクラの生長現象に異常が生じないかという危惧の念さえ起こる。というのは、昭和33年頃に長野県の八ヶ岳近くの種畜牧場（？）で、飼料用に播種（ハシュ）したクローバーより、野生しているイネ科の雑草を家畜が好んで食べるので、クローバーに施肥をした時にイネ科の雑草にも施肥をした。ところが、クローバーの方は元気に生育したが、肥料を与えられたイネ科の雑

第 3 部　サクラの自然科学

草は逆に生育が悪くなった、という現象が認められた。つまり、野生していて、微量の肥料成分で生育してきたイネ科の雑草には、施肥は過剰の肥料成分量となって生育障害を起こしたのである。これらのことを熟考のうえ、サクラの適切な施肥方法を決定して頂きたい。

B.　サクラの元気さの見分け方

肥料の施用量が適切であるか、またはその土地がサクラの生育に適しているのかどうかを知ることは大切なことである。しかし、「サクラの生育状態を見て肥料を与えること」と述べている著書は多いが、サクラの生育状態をどのように判断するかについて述べられている著書はない。筆者[56]はソメイヨシノの生育状態の良否を次のように判断している。周知のように接木苗や挿木苗を新しいところに移植すると、1年間で1mほども伸長する。管理さえよければ、2年目、3年目も1年間に1mほども枝が伸長する。真に元気一杯なサクラの生育状態である。これに対して樹齢が20年以上のソメイヨシノの場合、図40で示したように、枝の先に花のない部分が長いものと、枝の先まで花蕾（カライ）が着いているソメイヨシノが観察される。筆者は枝の先端部に花がない部分が長いものほど、そのソメイヨシノは元気がよく、枝の先まで花蕾の着いている個体は樹の体力が弱り始めている個体であると考えている。その理由は、サクラの場合、開花が終わってから先端部分や腋芽の伸長が始まり、関東地方では7月上旬まで伸長した後に伸長を停止して花芽形成に入る。このとき、サクラの木が元気であれば早く、長く伸びるのに対して、元気のないサクラの新梢の伸び方は短い。ところが、サクラの場合、開花後に伸びた枝には翌年春には花がほとんど咲かない。この特色があるために枝の先に花のない長い部分を持つサクラと、枝の先の部分まで花が着いている枝が見られる。つまり、枝の先端部分に花蕾がないところが長い個体は元気がよく、枝の先端まで花蕾が着いている個体は元気がないと見ている。

C.　サクラの地上環境

サクラを栽培する場合にはサクラを取り巻く環境条件に留意しなければならない。その環境条件は大別して地上環境と地下環境に分けることができる。

そのうち、地上環境とは、いうまでもなくサクラを植えたときにサクラを取り巻く総ての条件を言う。

Ⅴ　サクラの常識を検討する

　空気：もちろん、この空気中にある酸素とともに微量の炭酸ガスはサクラが生命を保つために必要であることは改めてここで取り上げる必要もない。ここで取り上げなければならないのは排気ガスとサクラの関係であろう。排気ガスのサクラに及ぼす影響が問題になったのは、日本が車社会になったといわれた1960年以降である。1960年頃から「サクラは排気ガスに弱い」と新聞紙上に取り上げられ、2003年の4月にも「千鳥が淵のソメイヨシノは車の排気ガスで弱っている」と樹木医が述べている（4月2日、東京新聞）。だが、ソメイヨシノが本当に排気ガスのために弱っているのであろうか？排気ガスに遭わせないことは植物にとってよいことはいうまでもないが、サクラは排気ガスに遭わせるとどのような症状になるのであろうか？　このような研究結果はこれまでどこにも発表されていない。筆者[61,76]はサクラの品種は薬剤抵抗性によって分類できるのではないかと考えて、食塩、その他の薬剤を用いてサクラの葉の抵抗性を調べてみた。その結果、図41に示したように、塩水に対する反応ではオオシマザクラは強く、エドヒガンは弱く、ソメイヨシノはその中間の強さであった。他の薬剤を用いた時もオオシマザクラは強く、エドヒガンやヤマザクラは弱く、オオシマザクラの遺伝子の入っているソメイヨシノはその中間であった。さて、このような実験結果に基づいて、「千鳥が淵のソメイヨシノは排気ガスによって弱っている」という見解に検討を加えてみる。諸薬剤に対してエドヒガン系とヤマザクラ系のサクラは弱く、伊豆半島の海辺近くや房総半島では海からの風のために現在もエドヒガンは育たない。このように薬剤に弱いエドヒガン系とみられるシダレザクラが竹橋から皇居の近くを通って半蔵門に向かう高速道路の入り口で、毎年立派な花を見せてくれている。その道路

図41．サクラの薬剤抵抗性（NaCl（塩）1％処理）
左：エドヒガン／中：ソメイヨシノ／右：大島桜

第3部　サクラの自然科学

から高速道路に入らないで英国大使館・半蔵門に向かう道路の両側には、図42のようにたくさんのヤマザクラが植えられているが、このヤマザクラも毎年立派な花を見せてくれている。そして薬剤に弱いはずのシダレザクラとヤマザクラには排気ガスの影響と見られる異常は認められない。これに対して、千鳥が淵のサクラはこの道路から500mも離れており、しかもエドヒガンやヤマザクラより薬剤抵抗性が強いソメイヨシノが、本当に排気ガスに侵されている、といえるのであろうか疑問に思う。

ところが、2006年3月になって、都市の交差点近くに植えられているソメイヨシノに異常花が発生していると東京新聞が報告した（3月28日、7月30日）。

この報告の場合は、サクラが植えられた後、長期間に及ぶ異常環境条件が、花芽形成に影響を与えたことを示しているものであり、筆者もイネで異常環境がイネの品種特性に影響を与えることを確認している（「農業技術」17巻11号、1962）。また、同時に原子力発電所の近くでもソメイヨシノに異常花が発生していることが報告されている。この場合、人体に影響がないといわれている、極めて微量の放射能が漏れていた

図42. 皇居北側のヤマザクラ通り（上）と高速道路入り口のシダレザクラ（下）

V　サクラの常識を検討する

図43．青森県・下北半島の恐山の事務所横のソメイヨシノ（樹齢10年以上）

とした場合でも、一度植えたサクラは移動しないので、微量の放射能であっても毎日受け続けていたことになる。筆者はそれを累積的影響と呼んでいたのであるが、1年後、10年後になった場合の放射能の累積的な影響は検討されるべき問題である。環境条件が変わるとイネではタネの性質までが変化する（岩﨑：「農業技術」17巻11号、1962）。

1．サクラの株間

サクラを植える時の悩みに、株間をどのようにしたらよいか、ということがある。ソメイヨシノは単独で育った場合には20年生樹ほどになると、地上5m以上、横幅10mの個体になる。お花見に適したソメイヨシノの株間は10mは欲しい。しかし、植えてから6〜7年の間は花は咲くが株間が10mもあると間が抜けた感じになる。だからといって5mほどの株間にしておき、枝が交錯してきたら間引くことも大変である。株間に何かを植えるなど、当事者の工夫を待つ以外に方法はない。

—285—

2. サクラと他の植物との競合

　この他の地上環境の問題としては、サクラと他の樹木との競合の問題がある。東京の小金井の玉川上水のサクラは、江戸時代の後期にはお花見客で大変な賑わいだったようであるが、現在は図44のように用水付近に自生したケヤキなどが繁茂し過ぎてサクラが蔭になって衰えている場所が見られる。2010年に雑木を切除する方針が決定されたらしい。

図44. 玉川上水のサクラと他の植物

D. サクラの地下部の環境条件

地上部に比べて地下部は目に止まらないだけに見逃されている問題がある。

1. お花見のときにサクラの根元を踏ませるな

　お花見のときに根元を踏ませるな、ということについて園芸事典で調べてみると「サクラは浅根性で、根は土地の表面を伸びる。したがって、お花見のときには根元を踏まないように」という文が認められる。また、「サクラは浅根性で地下20cmほどのところを横の方に伸びて上根が張るだけだ」、「サクラの根元を踏み固めると、根の呼吸作用、水分吸収が悪化する」という記述も認められる。これらの文だけを読むと、お花見のときにサクラの根元を踏んではいけない、ということが合理的のように思われ

る。この件について、筆者は次のような疑問を感じている。植物を育ててきた者として、サクラを植えたら人が近づくことなく、地上環境、地下環境とも条件を最高にしておくべきであるという考え方に異論はない。しかし、サクラは植えてから15年ほどを経ないとお花見には適さない。事実、吉宗が飛鳥山に1720年に植えたサクラは1735年頃からお花見で賑わい始めている。ところで、植えてから15年を経たサクラは幹の太さが直径15cm、樹高も2m以上になっている。このようなサクラの根元を踏みながら人々はお花見をするのであろうか？　必ず5〜10m以上離れたところからサクラを見ている。それに、「踏んではイケナイ」といわれる根元の根は直径2cm以上になり、木化も進行し、かなり硬くなっていて踏んでも容易に折れない。しかも根元を踏むと呼吸作用、水分吸収が悪化するなどと述べているが（2002年6月、8時台のクイズ番組）、樹齢15年以上の個体では根元の近くの根より5〜10m以上も離れたところで、活発に養水分の吸収が行われていることはこれまでの果樹類で立証されている。それだけではない、樹齢30年以上のサクラの根元はゴツゴツした木化した根があり、折れるどころかサクラの根に躓いて転ばないように、という注意をしなければならず、そんなところでお花見をしている人は見当たらない。さらに根元を踏むと呼吸作用や水分吸収が悪化するというが、誰がどのようにして研究をした結果なのであろうか。文献は見当たらない。上野公園や小金井公園ではサクラの木から5〜10m以上も離れたところに敷物を敷いてお花見をしている。フランスのモネの美術館の駐車場では駐車の区分をするためにサクラを植えていたが、異常は認められていない。また、東京の板橋区の成増公園にある樹齢15年ほどのソメイヨシノも、毎日子供たちに根元を踏まれているが新梢の伸びはよい。このように、樹齢が15年以上になってお花見に適するようになっているサクラの根は、踏んでも簡単に折れないし、踏み固められた土地でも根は伸びるものである。

2．道路の舗装と養水分の供給

「お花見のときに根元を踏ませるな」などの問題より、サクラにとって大変な事は根元付近の舗装の問題があるが、サクラの研究家からは何も指摘されていない。東京の小石川植物園近くにある播磨坂はサクラの名所であるが、サクラが植えられている両側がアスファルトなどで舗装されていて、サクラの両側を自動車が走っている。このような環境は都会では意外に多い。このようなサクラはどのようにして養分や水分を採っているのであろうか？　サクラの根元にはたしかに土が見られ、その根元の土の部分から降雨によってたしかに水分は供給されるが、サクラの樹齢から推定すると、個体を維持するのに十分な水分の補給量ではない。しかも、四方がアスファルトであ

第3部　サクラの自然科学

図45. 東京都文京区、播磨坂のサクラと舗装

る。もし、サクラの根が浅根性で、地下20cmのところを横に伸びるだけだという考えであるならば、当然枯死しなければならないはずである。元気に生きていることは根は横だけでなく、直下の方にも伸びて行き、地下水を吸収しているのではあるまいか？是非ともサクラの根部の研究を行って欲しい。

E. サクラの整枝・剪定
—— サクラ伐る馬鹿、ウメ伐らぬ馬鹿 ——

　サクラには「サクラ伐る馬鹿、ウメ伐らぬ馬鹿」という諺があるためか、一般には伸びるに任せている家庭が多い。しかし、少なくとも家の庭や公園、あるいは道路際に植えられているサクラの場合は、整枝・剪定をする必要がある。この場合、まず、病害枝、不要枝を切除するのは当然であるが、そのサクラの置かれた条件に沿うように伐る必要があり、「サクラ伐る馬鹿」の諺に束縛されてはならない。ただ、翌年花を見たい時には伐る枝に注意する必要がある。

　サクラは開花後の6月頃から伸長を始める枝があるが、その枝には翌年ほとんど花が咲かないので、その枝のうち、不要と考える枝を切除すればよい。樹の形を整えるために枝を伐る時期は12月から2月末頃までの冬期間に行えば、切り口を消毒しなくても、切り口から病原菌はほとんど入らない。サクラの枝を伐る時、昨年伸長した枝の部分には1～2mmほどの短枝がたくさんあり、そこに葉芽と花芽が2～3個見ることができる。この短枝を含む枝を伐ると、翌春に花を見ることができなくなるので注意しなければならない。

—288—

V　サクラの常識を検討する

　　サクラ伐る馬鹿、ウメ伐らぬ馬鹿

　この諺について検討を加えてみる。小林範士は「この諺は桜が病気に弱いから傷を
つけてはいけないが、梅をよく咲かせるには剪定して花芽を充実させなさいという意
味であることは常識になっている。しかしこの諺の言わんとすることは後段の梅伐ら
ぬバカを強調したものと理解すべきであって……」と述べている。足田[11]は「ことわ
ざ事典では、サクラは太い幹を切るとその切り口が塞がるのがおそいので病原菌が入
りやすく、腐ることが多いので……」と述べ、その他の人も似たようなことを述べて
いる。また「染井吉野が寿命が短いといわれるのは、このような切り口から腐る傾向
が強いのも一つの原因である。これに対して、ウメの場合は花のもとである花芽は短
い枝に多くできて、長く伸びた枝にはほとんどつかないのでこのような枝は切る必要
がある」と誤ったことを述べている著書まである。

　本田正次は、郷野不二男[23]の『桜と伝説』（ジャパン・パブリッシャーズ）の序の
中で「諺に桜伐る馬鹿、梅伐らぬ馬鹿」といわれているが、その理由は私には分から
ないと述べている。自他ともにサクラの研究の第一人者といってもよい本田正次が
1978年の時点でこの状態であることは、「桜伐る馬鹿……」は諺だけで、その原因の
追求は誰も行っていなかったとみてよい。このようなことから、「桜伐る馬鹿……」
についての文献調査を行った。その結果、この諺は明治初年に生まれた人がすでに口
にしていることから、江戸時代の末期には存在していたことが推定された。ところで、
これまでのサクラの研究家は口を揃えて、「サクラは伐ると病気に侵されやすい」と
述べているが、江戸時代には洪水でサクラが流失したという記録はあるが、病気が発
生して困ったという記録はない。しかも、日本で樹病学の研究が始まったのは早くて
明治時代の末期であり、切り口から病気が侵入するという考え方は、大正・昭和になっ
て登場したものであり、江戸時代には「切り口から病気が侵入する」という考え方は
なかったのではあるまいか？　1960年頃になって一応サクラの病虫害のことは記述さ
れているが、その理由付けは明確になされていない。それに、「サクラは伐ると切り
口から病気が入るが、ウメは伐っても病気にならない」という説明にも疑問がある。
ウメも伐る時期によっては当然病原菌は侵入するはずである。害虫にはサクラ・ウメ
の両方に着くものがある。余りにもサクラ伐る馬鹿のことだけに執着した理由付けの
ように思う。それに、「桜伐る馬鹿」といわれているが、サクラの盆栽では一生懸命
伐り込んいる、という事実がある。なぜ一般のサクラは伐ってはダメで、盆栽のサク
ラは伐ってよいのかの説明もない。「サクラは枝を伐ると切り口が塞がるのがウメよ
り遅い」とサクラの研究家は述べているが、どのくらい遅れるのか、誰が、どのよう

—289—

図46. ヨーロッパでのサクラの仕立て方
モネの美術館近くの駐車場のサクラ　左：幹を伐られた個体／右：駐車場の区切りのサクラ

にして調べたのかの文献がない。

　平成現在の農学の研究から検討した場合、一般に樹木類は枝を切除されるとその切り口の形成層から樹液が出る。それとともに融合組織（カルス）の形成が起こって切り口がふさがれていくのである。病原菌が入るのは、形成層から樹液が分泌され、融合組織（カルス）が完成する前と考えられるが、この種の研究報告は見当たらなかった。

　次にサクラ、ウメの枝を切る時期の問題について述べる。春先の開花が終った時期に枝を切った場合には、サクラ、ウメとも形成層からの樹液の出方やカルスの発達は活発であるが、病原菌の動きも活発であり、当然切り口から病原菌が侵入する可能性が高い。これに対して、冬期間に切った場合には樹液の出方も少なく、カルスの発達も遅いが、病原菌の動きも鈍い。そのために冬期間に切った枝のところには、コールタールやペンキを塗らなくても病原菌の侵入が見られないものと思う。つまり、サクラは伐る時期と伐り方を工夫するならば、直径20cmほどの枝を伐ってペンキなどを塗らなくても病気にはならない。2001年の冬に東京都の板橋高等学校の隣の道路に植えられている50本ほどのソメイヨシノの各個体とも、直径20cmほどの枝が伐られ、防腐剤などを塗らなかったが病気にはなっていない。板橋区立成増小学校のソメイヨシノの場合も切除しただけである。一般家庭の場合も切除後は何もしていない。また、これまで九州から北海道までのサクラの名所や宅地内のサクラも見たが、サクラの枝の切り口に防腐剤を塗っているのを見たのは弘前城だけであった。その他の場所はテング巣病はそのまま放置されているし、枝を伐っても防腐剤も塗っていない。なお、切り口に防腐剤を塗ることは「1960年（昭和35年）頃に岐阜県で荘川桜を移植すると

V　サクラの常識を検討する

きに植木師が初めてコールタールを試しに塗った」と2002年にテレビで放映されたが、昭和13年（1938）に加藤常吉が「桜」（19号）でコールタールを使用することを述べている。サクラ伐る馬鹿の諺とは逆に、フランスやドイツでは街路樹だけでなくサクラも樹高が250cmほどになると幹を切り、そこから数本の枝を分枝させて庭木や街路樹にしている（岩﨑[79]）。ドイツのベルリンの壁の跡に日本が贈ったサクラもフランスの場合と同様に伐られている写真が「花の友」（日本花の会）に掲載されている。弘前市の道路沿いのサクラも樹高250cmほどで伐られている。筆者が「サクラ伐る馬鹿を指摘したのち、横山（2001）が「桜の科学」で筆者の指摘に論評を加えているが、筆者の文章を正しく読み取っていない。

　さらに、小林範士は「桜は病気に弱いから傷付けてはいけないが、梅はよく咲かせるには剪定して花芽を充実させなさい」と述べており、高橋千剣波[193]は「ウメは冬に枝を切ってやったほうが翌年、花も実もたくさんなる」と述べている。しかし、小林はサクラがどのように病気に弱いのか、また、ウメの剪定をすると、どのように花芽が充実するのかについての実験的な裏付けがない。高橋の「ウメは冬に切りなさい」に至っては、ウメの花芽形成の仕組みを全く知らない記述であり、冬にウメの枝を伐ると、ウメの実の収量は減少する。このウメ、サクラの花芽形成のことについては筆者[69]がすでに報告している。筆者が挙げた実験例でも一人や二人の実験結果では不十分と考えているのに、サクラの常識には科学的な裏付けの全くないような事例が多すぎる。

　以上のことから考えると、江戸時代か明治時代の初期に生まれたと考えられる「サクラ伐る馬鹿、ウメ伐らぬ馬鹿」という諺の説明、すなわち「サクラは伐ると病気になりやすい」は、どうやら昭和の時代になって、もっともらしく言い始めた理由のように思われる。江戸時代の庶民にとっては、サクラでは花に目が向けられ、ウメでは果実の利用に注目していた世相だったと考えると、「サクラは伐ると新しく出る枝には翌春に花は着かないのでお花見ができないよ。しかし、ウメは花の後に伐っても枝がたくさん出て、その枝の全部に翌春には花がたくさん咲き、それに実が成るから、ウメは伐ったほうがよいのだよ」という意味付けの方が当を得ているように思う。春に枝を伐った時、翌春にウメに花が着き、サクラに花が着かない理由はまだ不明である（岩﨑[79, 81]）。

1．サクラの盆栽

　平安時代に中国から木の箱に植えられた盆景（ボンケイ）が入ってから、日本にも盆栽作りが行なわれ、西行法師の頃には盆栽の存在が知られている。サクラの盆栽として有名なの

は室町時代の謡曲「鉢の木」に出てくる、梅・松・桜の鉢植えのこともある。盆栽にされているサクラには、富士桜、ヤマザクラ、ヒガンザクラ、旭山（一歳ザクラ）、ソメイヨシノなどがある。最近では、十月桜、冬桜、思川桜、などでも行なわれている。

　これまでサクラの盆栽は枝が枯れて難しいといわれてきたが、盆栽の場合は限られた鉢の中で、しかも生長が早いサクラを植えるために、つい栄養不足になり勝ちであった。サクラの盆栽は1年に1回は植え替えをすること、土は排水のよいものなら何でもよい。肥料は1回にたくさん与えるより、数回に分けて与える。サクラは前年に伸びた枝に花がつくので、夏場での整枝では第Ⅱ次生長を起こさせて、翌春に花が咲かない。そのため、早春から生長を促すように努める必要がある。「サクラ伐る馬鹿」の諺はあるが、盆栽のサクラは伐り込まなければならない。鉢植えの方法は苗木を地際から20cm位のところで剪定して、根も強めに切り詰める。枝を伐るのは12月から2月の寒い時に行なえば薬剤を塗らなくてもよい。サクラの盆栽作りの方法は「自然と盆栽」（121号、1980）に山田が詳述している。また外国人にも関心が持たれ、「盆栽世界」（5号、2005）にはベルギーで盆栽教室が誕生したと述べられている。

Ⅵ．サクラの繁殖法

　サクラの繁殖法としては、① 種子による方法、② 接木による方法、③ 挿木による方法、④ 取り木による方法などが主流になっている。

A．種子による方法

　種子による方法は変異個体が出やすいので通常は行わない。だが、新品種の育成には欠くことができない方法である。また、接木の台木を育成するためにも採種が行われている。種子を播く場合、自然条件下ではそのまま地表に落ちて発芽し生育をするのであるが、人の手によって採種した場合には種子の貯蔵の仕方や発芽のさせ方がまだ科学的な方法として確立されているとは考えられず、関係者は色々と苦労しているようである。すなわち、人工的に発芽させる場合、サクラの種子は6月上旬から中旬に成熟して落下するので、落下した果実を集めて一日ほど水に浸してから、よく揉んで果肉を洗いとる。果肉がついていると果肉が腐り、種子の発芽力も悪くなる。サクラの種子は乾燥させてそのまま部屋の中に置いて、翌春播種したのでは発芽不良になる。そのために、種子は適当に陰干しした後、布の袋に入れて土の中に埋めたり、乾

—292—

燥しないようにして冷蔵庫に貯蔵する。過湿にすると貯蔵中に発芽するので過湿状態にしないように注意しなければならない。2～3月頃に取り出して播種する。このように人工的に発芽させようとすると大変であるが、吉野山では落ちた種子からたくさんサクラが育っていることは奈良時代から知られていることである。では、自然の中にあって、どのようにして種子が発芽し、生育を始めるのであろうか？　自然の中にあるサクラの種子の発芽と果肉、気温、水分との関係はどのような仕組みになっているのであろうか？　文献を探しても発見できなかったが、自然界における実態を知ってこそ、より有効な方法が見出せるのではなかろうか？　つまり、サクラの種子の発芽の仕組みは自然に学べ、というのが筆者の考えである。

B.　接木による方法

　サクラを殖やすことは、現在ではほとんど接木によって行われている。接木の場合、昔は真桜が台木に使われていたが、最近ではオオシマザクラが台木に用いられているようである。オオシマザクラは種子がたくさん採れることもその原因かもしれない。しかし、接木をする場合には接木親和性という難しい問題がある。たとえばAとBとを接木をしようとしても、両品種の間に接木親和性がないと接木が失敗する。このことは接木を行って分かったのでは遅いので、接木をする前に分かっていなければならない。この接木親和性の判別は「カルス培養法」によって簡単に見分けることができる。すなわち、寒天培地を作り、その上に接木をしようとするAとBのカルスを接触させて培養を続ける。その場合、親和性がある両品種ならばその二つのカルスは入り組んで生長するが、親和性がない場合はそれぞれ別々にカルスが生長して入り組むようなことはない。このカルス培養法を利用して、サクラはどの台木に接いだらよいかを判別しておけば接木をするときに心配はない。そして、この点が分かれば、接木職人が減少している現在、接木をする人たちには福音になると思う。是非ともこのカルス培養法を利用した接木親和性の発見技術を確立して頂きたい。

　具体的な接木の方法は、割り接と芽接の方法がある。割り接は関東地方では2月中旬から3月中旬頃に行い、台木にはオオシマザクラかマザクラの1～2年の実生苗が用いられている。芽接は伸長中の個体に別の個体の芽を接ぐ方法であり、これも一般に知られている。芽接も簡単のようであるが、やはり割り接と同様にかなり練習する必要がある。割り接、芽接とも台木の形成層に上手に穂木の形成層、芽の形成層部分を接着させれば成功するのであるが、実際に行ってみると、最初はほとんど失敗する。接木親和性を問題にする前に接木の技術も修業（？）しなければならない。

第 3 部　サクラの自然科学

このようにしてできた接木苗の移植の際の根のことであるが、苗木を移動させる場合に伸びた根を切っているが、地上部の高さに対して根をどの程度の長さや幅にすべきなのであろうか？　根は長いほどよいことは言うまでもないが、長すぎては移動する時に困難が伴う。また、接木苗と挿木苗の場合も留意すべき点が異なるはずである。これらの点も解明して頂きたい。

C．挿木による方法

サクラの挿木は余り行われていない。しかし接木に比較すれば素人でも簡単にできる繁殖方法であり、自分用に2〜3本欲しい時には適した方法である。サクラだけでなく、色々な植物で挿木を行ってみると、挿木の成功率は用いた植物の種類やそのときの気候、とくに気温の影響が大きい。挿木で失敗するのは大抵、潅水を忘れることで、影響が極めて大きい。

さて、筆者が筑波大学で挿木実験を行った時には、枝が細いエドヒガン系のサクラは全く成功しなかったが、他の品種では平均70％以上の成功率であった。品種によっては90％ほどのものもあった。ところが、2000年近くになって東京でサクラの挿木を試みたところ、成功率は50％以下で、ときには途中まで発育しながら真夏を越えることができずに枯死したこともあった。多分、気温が筑波より高いことも原因の一つであろうと思う。スプリンクラーやエアコン装置など、お金をたくさん使えば、挿木は確実にできる時代になっている。しかし、個人で2〜3本欲しい場合にはお金をたくさん使うことはできない。サクラの挿木は3月中旬頃に芽が伸びる前に挿す方法と、7月頃に新しく伸びた枝を用いる緑枝挿しの方法がある。サクラの花を見て、このサクラが欲しい、という時には7月頃に行う緑枝挿しがよい。ここでは素人でもできる挿木の方法について述べる。

1．挿床（挿木をする場所）の準備

一般に挿木には鹿沼土と川砂とを……等と述べているが、その必要はない。挿床は道路わき、あるいは畑のところのできるだけ粒の小さい（小石が入っていないという意味）砂または土で、原則として肥料成分のないものを用いる。少しくらい肥料成分が含まれていても大した影響はない。ただ、病原菌だけは絶対に含まれていないこと。これらの砂か土を植木鉢かプランターに入れる。鉢は小さいと乾燥しやすいので大きい鉢がよい。

2．挿穂の準備

サクラの挿木（緑枝挿し）の場合は、花が咲き終わった後に伸びてくる枝を用いる。東京近郊では7月上旬にその新梢の葉の付け根をみると、小さな芽が見られる。枝を切り取ったら、すぐ水の中に入れておき、挿し穂を作るときも水の中で切るようにした方がよい。空気中で切ると挿し穂の基部に空気が入り、挿木を失敗することがある。長い枝の場合は、葉を1枚か2枚つけて切る。なお、葉が大きい時には葉の半分を切り捨てる。葉をたくさんつけると、葉から発根ホルモンがたくさん作り出されるので、根は早く出るが、水分の蒸散が多くて枯死する危険が大きい。

3．挿木の実施

短いサクラの枝を挿床の砂に挿すのであるが、挿し穂の基部はカッターなどで切っておき、砂は棒などで穴を作り、その穴に挿し穂を挿す。挿し穂と挿し穂の間は残した葉が触れ合わなければよい。挿し終わったら鉢の下から水が流れ出る位に潅水をする。

4．挿木の管理

挿木が成功するかどうかは挿木をした後の水の管理だけである。挿木が終わったら植木鉢では買い物用のビニール袋をかぶせて直射日光下に置く。朝と夕方にビニール袋を取って潅水し、再びビニール袋をかけておく。このようにすると、野バラやヤナギなどは2週間ほどで100％発根する。日陰の場合にはビニール袋をかけないでも大丈夫である。8月末には挿し穂から新しい芽が伸び始め、11月頃には落葉するが、根が伸びていて移植することができる。気温が25℃以上になったら日陰に移した方がよい。なお、挿木はどんな植物でも一年中できるが、冬の間は気温が低すぎ、真夏は逆に気温が高すぎて失敗する。

5．成苗の移植時期とその方法

7月に挿木をしたものは11月に落葉する頃には十分根が伸長している。丈も20cmほどになる品種もみられる。この苗をどのようにして移植したらよいかは参考になる著書はなかったが、筆者は次のようにして行った。挿木苗を移植する予定地に移してそのままにすると枯死する危険がある。というのは、挿木個体として管理されていた時には9〜10月でも、1〜2日に1回は潅水していた。それを移植予定地に移して潅水しな

第3部　サクラの自然科学

い場合には、葉がなくても潅水しなければ枯死する危険があるので、急に乾燥させないように心掛け、潅水の間隔を徐々に広げて最終的には降雨に任せるようにする。また、移植するところには苗の根に当たらぬ深さに落葉（堆肥）一握り、化成肥料5gほどを与えて行った。萌芽開始後は生長状態を見ながら化成肥料1〜2gずつを5回与えた。

D.　組織培養（生長点培養）による方法

　挿木繁殖に似た繁殖方法に、植物の組織または生長点を培養して増やす方法がある。この方法は「バイオ繁殖法」として知られており、植物体の一部あるいは単一の細胞や5mmほどの生長点部分を、蔗糖、ココナッツミルクなどを加えた寒天培地の上で生長させて個体をとる方法である。この方法は必要な経費が多額であるために一般には行われていないが、研究室では普通に行われている方法である。

　平成16年（2004）3月末に「組織培養によって育成されたサクラが開花した」と新聞に掲載されたが、この方法による場合には次のことに注意する必要がある。サクラだけでなく、他の植物の場合も組織培養や生長点培養によって育成された個体は、平成15年の時点では挿し木の場合と異なり、突然変異が起こっている可能性が極めて高い。したがって、単にＡ品種の培養個体であるとして配布するのではなく、その培養個体が開花した後までも培養個体と本来のＡ品種の葉・茎・花器などに認められる形質を調べる必要がある。この調査を行わなかった場合には、20年後に花色などの異なるＡ品種が出現する危険性がある。

E.　挿木繁殖法の長所

　組織培養や生長点培養による繁殖法には、突然変異個体が出やすいという欠点があるが、挿木による繁殖方法には次のような利点があることを指摘しておきたい。組織培養や生長点培養だけでなく、サクラを含む果樹類や花卉類の繁殖に用いられている接木方法は、接台の種類によって花の色や形などに微妙な影響が認められることがある。この点、挿木による場合は得られた個体が総て自分の根で生育しているので遺伝的には同一の個体であり、その個体の持つ遺伝的特性が現れているといえる。

Ⅶ　サクラの病気

図47. 接台の影響による花色の変化
左：近くの家のモモ／右：松月院近くの農家のモモ

F. 取り木による方法

　取り木の方法は苗をたくさん採ることはできないが、方法は簡単であり、接木や挿木が難しい植物でもできる。取り木の仕方は枝の一部に5月頃にナイフで2〜3cmの切れ目を入れて地面に近い枝のときは盛り土をし、地上の高いところの場合は土かミズゴケを着けて布で巻いておく。地上部の場合は潅水が必要である。このようにしておき、秋または翌春に切り離す。

Ⅶ. サクラの病気

　植物も人間と同じように、① 栄養条件、② 植物を取り巻く、Ⓐ 地上の条件、Ⓑ 地下部の条件などによって病気に罹りやすくなる。この他、作物の場合には、その作物に適した土地が存在することが知られている。たとえば二十世紀梨は、千葉、新潟以外の土地の場合は石細胞が発達し、食感が劣るし、チューリップは新潟では毎年植え替えしないでも開花するが、東京では2年目は開花させるのが難しい。一方、植物も人間と同じように、頑健に育てることが病気や害虫から植物を守る大切な方法の一つである。サクラの場合も頑健に育てないと病気や害虫に冒されやすくなる。だが、サクラの場合には頑健に育てるにはどうすればよい……という方法が確立されていると

は言えないような現状である。また、病気や害虫のことについて調べてみると、「病気や害虫に侵されたときにどうするか？」については述べられているが、「病気や害虫に侵されないためにはどうするか？」については「頑健に育てる」と述べるに止まっている文献がほとんどであった。この事実から、サクラの病気、害虫の分野の研究も、まだ十分研究が行われていないように思われた。というのは、イネの場合、イモチ病に罹った時には窒素肥料は絶対に与えてはならない。そして、その水田に潅水した後に落水させて田ん圃を少し乾燥させ、次に再び潅水して、また落水させて田ん圃を乾燥させるという方法を繰り返すことによって、1週間ほどでイモチ病に罹ったイネの元気を回復させることができる。また、イネのゴマ葉枯病は有機物肥料の多用や窒素成分の不足によって起こる場合が多く、窒素肥料を与えればゴマ葉枯病は治すことができる。このような対処療法がサクラの場合にも確立できないだろうか？

A．花に発生する花腐病

開花中に花弁が急に汚染し、後に病花に黒色扁平の黒い小さい塊ができる病気を言う。

B．葉に発生する病気

1．白渋病（うどんこ病）
葉の一部または全面に白い粉を撒いたように菌が葉を覆い、後に灰色になって生育が害される。日照不足や空気の流れが悪いと発生しやすい。うどんこ病を防ぐには、日当たりをよくし、密植を避けて空気の流れをよくすること。また、4月中旬から6月中旬および8月上旬から9月中旬にダイセン水和剤500倍液か、カラセン乳剤400倍液またはポリオキシンAL水和剤1,500倍液、アタガン乳剤のどれかを数回散布する。

2．さび病（銹病）
新葉の表面に星形の黄色い小斑を作り、後に病斑部から黄色い粉状物を出す。さび病に罹ると葉はねじれる。枝に発生すると枝が異常に肥大して色々な形にねじれる。

3．褐さび病（褐銹病）
葉の表面に褐色の斑点を生じ、後に葉の裏側の病斑部より暗褐色の粉状物を出す。

Ⅶ　サクラの病気

4．穿孔褐斑病

5月頃から葉に発生する。はじめ直径2〜3mmの褐色の円形をした病斑を生ずるが、やがて病斑のふちに離層ができて病斑部分が脱落して丸い孔ができる。8月下旬から9月中旬に最も甚だしく、落葉することもある。*Myoosphaerella cerasella* Aderhold 菌による（「桜」14号：43－46）。防除法は病気になった葉は集めて焼却する。冬季（1月下旬）に石灰硫黄合剤で枝や幹を洗ったり、萌葉直後の入梅前に2〜3回ボルドー液を散布する。発病した時は木の下も石灰を撒いたり客土したほうがよい。

5．斑点病

穿孔褐斑病に似ているが、病斑が多角形で脱落も少ない。病斑全面に暗緑色で粉状のカビを生ずる。この病気の防除法は穿孔褐斑病と同じ。

6．葉枯病

葉枯病は葉に黄緑色の大きい病斑を生ずるが、その後は病気の広がりは少なく、病葉も長い間、乾枯しないで枝についている。7月から8月になると、病斑の裏面に微細なカビを生ずる。防除法は穿孔褐斑病と同じ。

7．灰星病（モニリア病）

開葉が早いエドヒガン、カンザクラの系統に発生しやすい。新葉、新梢などが犯され、葉柄や葉の基部が淡褐色になって枯れる。防除法は秋に落下した病葉や病果で越冬した病原菌から生じた子嚢胞子が若葉や花、幼果などに寄生して赤褐色の病斑を作り、葉や新梢が灰白色の粉状物で覆われるようになって枯死するので、木の下の排水をよくし、早春には地面が白くなるほど消石灰を撒いて消毒し、萌芽期に石灰硫黄合剤の60〜80倍液またはサンキノンを散布する。また、冬季に病枝を切除して焼却する。開葉期にはボルドー液の500倍液を散布する。

8．煤病

コナジラミ類が葉の裏や芽などに群生して吸汁していると、その排泄物に煤病菌が繁殖して枝や葉が黒い粉を振り掛けたようになる。

煤病菌はコナジラミや一部のカイガラ虫の排泄物を栄養源として繁殖するのでコナジラミやカイガラ虫の駆除が大切である。

第3部　サクラの自然科学

9．黄色網斑病

稲妻のような黄緑色の線状斑紋や葉脈の黄化が起こる病気である。病原体はウイルスなので発見したら切除する以外に防除法がない。

C．枝や幹に発生する病気

1．膏薬病
（コウヤクビョウ）

枝や幹の一部に褐色や灰色、黒紫色のビロード状の厚い膜を貼り付けたようなカビが付着する。とくに日当たりの悪いところや風通しの悪いところに発生して木を弱らせる。膏薬を貼ったように見えることからこの病名が付けられた。その色によって、灰色膏薬病、褐色膏薬病、黒色膏薬病、暗褐色膏薬病などと名前が付けられている。

膏薬病はカイガラ虫と共生関係にあるといわれている。すなわち、カイガラ虫が寄生している部分に膏薬病の菌糸が着生してカイガラムシを覆い、カイガラムシの分泌物から養分をとって菌糸を拡大していく。一方、カイガラムシは膏薬病に覆い隠されているために天敵から脱れているのである。

防除法は、① 発生したらタワシなどで樹皮を傷つけないように菌体を掻き落して、その跡に石灰硫黄合剤（8倍液）を散布する。② 冬季に石灰硫黄合剤10倍、マシン油乳剤20〜30倍液を散布してカイガラムシを除去する。

2．胴枯病
（ドウガレビョウ）

胴枯病は健全な木を侵すことはないが、東北や北海道地方では凍霜害を受けたり、コスカシバの害を受けると、その傷口から胴枯病菌が進入する。テング巣病も胴枯病発生の原因になっており、各地の公園のサクラにはかなり胴枯病に侵されているものが見られる。胴枯病に侵されると、枝や幹の樹皮が多少盛り上がって剥げやすくなり、患部の樹皮は指で容易に剥ぎ取ることができる。樹皮の盛り上がりはやがて多数の小隆起を生じて鮫肌状（サメハダジョウ）になる。病斑が枝または幹を一周すると、それより上の部分は枯れる。防除法はコスカシバやテング巣病を防いでサクラを健全に育てることが大切である。病気に侵された時には病枝を切除して焼却する。幹の患部は早期に病巣部を削り取り、樹皮の形成層にニスなどを塗った後、クレオソートか昇汞（ショウコウ）（塩化第二水銀）の1,000倍液で消毒し、傷口へは癒合剤などを塗布する。

Ⅶ　サクラの病気

3．テング巣病

　枝の一部が膨らんで、その先から小さい枝がたくさん伸びて、いわゆる「テング巣」状になる。病巣は年毎に罹病枝の数を増やしていき、10年位で枯れ落ちる。罹病した枝は小形の葉を出すが、開花はしない。罹病した枝の葉は4月下旬から5月にかけて黒褐色に変色し、葉の裏に白い粉（カビ）ができ、このカビの菌層から胞子が飛散して病気を伝染させる。病原菌は罹病した枝の中で越冬する。とくにソメイヨシノに被害が多いことが知られている。コヒガンザクラも罹病しやすいが、エドヒガンやオオシマザクラは罹病しにくい。防除法は落葉してから開花するまでの冬季間は病巣が発見しやすいので、冬季に病枝を切除し焼却する。

図48．テング巣病個体
左：宇佐神宮（開花時）／右：常照皇寺（冬期）

イ．ソメイヨシノのテング巣病の特徴

　鹿児島県から北海道の札幌近郊までの主要なサクラの名所と、それに近接する地域や道路際や民家に植えられているソメイヨシノのテング巣病の罹病状態を調査した。その結果、中部地方、東北・北海道地方などの寒冷地ではテング巣病の発生率が高く、中国、四国、九州地区の山間地では罹病率は平地より高いが、平地では東北地方より罹病率は低い。一方、東京23区内では1985年頃から観察しているが、2015年まで、まだ罹病枝が1本も確認されていない。
　以上の調査結果から、ソメイヨシノは東京で生まれ、東京で育ったために、東京の環境条件がソメイヨシノに適しているものと考えている。一方、東京23区から千葉県の松戸、埼玉県の和光市に入ると、テング巣病が認められ、松戸、和光市以遠になる

第3部　サクラの自然科学

とテング巣病の罹病個体が目立つようになる。新潟県、福島県以北では50％以上が罹病個体である。新潟県・福島県以北では、平地では罹病率は低いが山間部ではほぼ100％の罹病状態である。

　関東以西、東海地方、近畿、四国、九州の場合は、平地では罹病個体が少ないが山地に入ると罹病率は高くなる。すなわち伊豆半島や箱根では山地に入ると罹病個体が目に止まり、奈良県の吉野山では平成9年（1997）4月には、中の千本のバス停から蔵王権現に向かう道路際に植えられていたソメイヨシノは100％テング巣病に侵されていた。四国地方は平地では1〜2本程度の罹病個体しか発見されなかったが、大洲から宇和町に向かう鳥坂峠付近のトンネルの出口では100％近くが罹病していたし、須崎から土佐市に向かう地区も50％近くと罹病率は高い。中国地方は瀬戸内海側の平地ではテング巣病は少ないが、山間部に入ると罹病個体が目に止まり、日本海側では50％以上の罹病率のところもある。九州地区は都市部はサクラの数も少ないが、ほとんどテング巣が認められなかった。しかし、山地に入るとテング巣病が目に止まり、一心行桜の近くにあるソメイヨシノは100％近くがテング巣病罹病個体であった。以上のことからわかるように、ソメイヨシノのテング巣病の罹病状態は東京以外の土地では、市街地では発生率が低く、山地に入ると高くなり、とくに東北地方などの寒冷地では顕著になる。

　いまひとつ注目すべき事実がある。これまで東京23区内のソメイヨシノを調べているが、20年以上、1本の罹病枝すら認められない。このことについて「東京のサクラは手入れが行き届いているから……」と述べる者がいるが、23区内の一般家庭内のソメイヨシノにも全く罹病個体が認められない。それのみではない、都内のソメイヨシノのテング巣病に着目し始めた平成2年（1990）頃には、明らかにテング巣病に罹病したソメイヨシノの枝と推定されたものを発見したのであるが、その枝は1mほどであったが、いわゆるテング巣病の病徴に似たものは認められたが、枝自体はすでに枯死していた。

　この現象は水稲のイモチ病抵抗性品種にみられる「過敏性反応：Super sensitivity」に似た現象ではないかと考えていた。ところが、平成15年（2003）に広島、山口地方を調べた時、いずれの地方でも山の近くのソメイヨシノにはテング巣病が認められたが、広島市内、広島城、宮島、厳島神社、甘口市、岩国市、錦帯橋周辺、吉香公園、防府市内、山口市内などではテング巣病が全く認められなかった。これらの都市には東京や東北地方よりソメイヨシノの数は少ないが、テング巣病を探しても発見できなかった。それに対して、広島などの上述した都市のソメイヨシノには枯れ枝が他の地方のものより異常に多いことが目立った。なぜに、広島、岩国市、甘口市、防府市、山口市などのソメイヨシノにテング巣病の罹病個体が見られないのであろうか？　現在はそれを裏付ける資料は何もない。ただ、広島、岩国などの都市のソメイヨシノの開花日が

—302—

Ⅶ　サクラの病気

東京とほぼ同じであること、平地であることのみが共通する条件である。それに気懸かりなのが、広島市などではテング巣病は見られないが、ソメイヨシノに異常と表現したいほど多くの枯れ枝が見受けられたことである。この枯れ枝を見て思い出したのが、やはり水稲のイモチ病抵抗性品種に見られる過敏性反応（Super sensitivity）のことである。

　過敏性反応とは次のようなことである。イネに寄生するイモチ病菌は活物寄生菌で、生きた細胞の中に菌糸を挿入して栄養源を得て繁殖する病原菌である。ところが、イモチ病抵抗性品種のイネの中には、イモチ病菌がイネの葉に付着して菌糸を葉の細胞に挿入すると、直ちにその細胞が死んでしまう。そのため、活物寄生であるイモチ病

図49．ソメイヨシノにみられる異常な枯れ枝

第3部　サクラの自然科学

はそのイネの葉の上では生活できなくなる。それで、そのイネはイモチ病に侵されないという。この現象を過敏性反応と呼んでいる。つまり、広島市などに認められたソメイヨシノの枯れ枝はこの過敏性反応に似た現象が起こり、枯れ枝は異常に多いがテング巣病特有の小枝がないのではなかろうかと推定している。この枯れ枝は、姫路城でも認められた。2010年に東北地方のサクラを見たが、弘前市、十和田市のみでなく、下北半島のむつ市、大町町などではテング巣病の個体を見ることができなかった（近くの山路の個体は100％テング巣病個体だった）この理由はまだわからない。今後の調査と研究を期待している。

4．キノコ類による病気

　キノコ類は木や根の傷口から進入してサクラに害を与える。キノコの種類によってスエヒロタケ病、ナラタケ病、ベッコウタケ病、ヒイロタケ病などの病名が付けられている。

スエヒロタケ病：衰弱した木の形成層を犯し、小型で灰白色の扇形のキノコを生ずる。

ナラタケ病：雑木林を切り開いてサクラを植えたところによく被害がみられ地際の部分に小型の栗色のキノコを群生させる。それは雑木の根株についていた病原菌がサクラの根の傷口から侵入することによる。したがって病気で枯れたと思われる根株は全部取り除き、近くに生木のない時はカーバム剤を潅注（カンチュウ）した後にサクラを植える。近くに生木があるときはPCNBの50％水和剤を粉のまま土と混ぜて土壌を消毒してからサクラを植える。

ベッコウタケ病：ナラタケ病とともに菌糸が地際や太根の心材の部分を腐敗させて地際のところに大型の硬いサルノコシカケを作る。

ヒイロタケ病：サクラに多いヒイロタケ病は傷口から侵入した菌が周材から心材部へと菌糸を伸ばして腐らせ、5月から6月に赤色半円～扇形のキノコを発生する。防除法は肥料を十分与えてサクラを健全に育てる必要がある。また、傷口から病原菌が入るので剪定した後の切り口などには癒合剤を塗る必要がある。ただ、ナラタケ病では根に黒色の針金状の菌糸束（キンシソク）が絡みつくが、外観でこれの判別がつくように発病した個体は回復することは不可能である。

D．根や地際部の病気

1．根頭癌腫病

土の中の細菌の一種によって発病するといわれているが、菌体は明瞭ではない。色々な木が侵されているが、とくにバラ科植物は発病しやすい。病気は根や幹の地際の部分が隆起し、はじめは白色で軟らかいが後に硬くなり、表面が粗い褐色の半球～球形の瘤になる。根頭癌腫病になると、木は生育不良になるが枯死することはない。苗木の接木をした部分に発病することが多いが、成木も罹病すると大きな瘤ができるので、根が正常に働かなくなり、次第に衰弱していく。防除法は、① まず健全な苗を植えること。② 発見したら瘤のある根は切り取って焼却する。切り口は石灰乳を塗るか昇汞（塩化水銀）の1,000倍液に5～10分浸漬する。③ 発病したところは裸地にして石灰窒素かクロールピクリンなどで土壌消毒をする。

2．紋羽病

紋羽病は菌の種類によって白紋羽病と紫紋羽秒に分けられる。

3．紫紋羽病

罹病した根の表面に紫褐色の糸状または細いひも状の菌糸が網目状に絡みつく。

4．白紋羽病

紫紋羽病とともに細い根から太い根へと病状が進み、地際の幹ではフェルト状になった膜状の菌糸が見られ、木の葉は小型になって黄化し、衰弱して若い木は1～2年で、大きい樹でも4～5年で枯死する。強い剪定を行って樹が衰弱すると病気に侵されやすい。また、土壌中に枝などの粗大有機物が混在すると病気が進行する。防除法は白紋羽病、紫紋羽病ともサクラ以外の樹木も罹病する。したがって他の樹木の病根がサクラの健全な根に触れると感染するので植樹をするときには注意して罹病個体は根を掘り上げて焼却しなければならない。罹病初期にわかった時には侵された根を完全に切除し、トップジンＭの1,000倍液かベンレートなどを注入し、泥状にしながら埋めると効果があるときもある。発病個体の跡に植えるときはクロールピクリンで土壌消毒を行う。湿地に発生しやすいので、このような土地への植樹は避ける。

第3部　サクラの自然科学

VIII. サクラの害虫

A. 食花害虫

　サクラの花を食べる害虫には、ノコメキリガ、ドウガネブイブイ（カナブンと呼ばれている一種）、イブリガなどが認められている。ノコメキリガは孵化した幼虫が外部から蕾に孔を開けて食い入り、花を食害する。イブリガも幼虫が花芽を食べる。ノコメキリガ、イブリガは開花前にダイアジノン水和剤1,500倍液を散布する。トウガネブイブイの成虫は羽が生えて飛来し、花蕾や葉を食べる。これにはデナポン水和剤50％、1,000倍液を散布する。

B. 食葉害虫

　葉を食害するものには4月〜5月のオビカレハ、6月と8月〜9月の2回発生するアメリカシロヒトリ、8月〜9月に発生するモンクロシャチホコなどが知られている。いずれも群生して加害するので、大きい木でも丸坊主にされることも珍しくない。

1. オビカレハ（テンマクケムシ）
　4月頃から発生して葉を食べる。老熟幼虫は体長60mmほどで、全体に軟らかい毛が生え、体は灰青色で背中に白および橙色の線がある。成虫（蛾_ガ）は初夏（5月下旬）に出現してサクラやウメの細い枝にリング状の卵塊を産み付ける。そのまま卵で越冬し、3月中旬から4月に孵化し、幼虫は枝上に糸を張ってテントを作り、その中で群れを成して生活する。そのため、別名をテンマクケムシと呼んである。防除法は、① 冬季に卵塊を発見したら小枝とともに切り取って焼却する。② 4月中頃には枝に巣をつくり、その中に群棲しているから、その巣を虫が分散する前にとって焼却する。③ 幼虫が発生したらスミチオン乳剤、エルサン乳剤、デイプテレックスなどの1,000倍液を散布する。

2. アメリカシロヒトリ
　この虫が加害する樹種は非常に多く、とくに、サクラ、アメリカハナミズキ、クワ、プラタナス、カキなどの葉を好んで食べる。老熟幼虫は体長30mmほどで背面は灰黒色、側面は淡黄色で、各節に黒く丸いイボがある。6月と8月〜9月の2回発生し、灰黒色で白色の長い毛がある幼虫が発生する。卵は葉の裏に塊状に産み付けられる。幼虫は樹

—306—

上に糸を張って巣をつくってそこで群棲して食害する。防除法は、① 群棲している巣を発見したら、虫が分散する前に枝ごと巣を切り取って焼却するか、スミチオン乳剤、デイプテレックス乳剤などの1,000倍液を散布する。② 2回目に発生する幼虫は老熟すると樹皮の割れ目などで白いマユを作って越冬する。9月はじめに被害木の幹にわらを巻いて、その中でマユを作らせて、冬季のうちにそのわらをとって焼却する。

3．モンクロシャチホコ（フナガタムシ、シリアゲムシ）

幼虫は8月〜9月頃に出現して食害する。体長50mmほどの毛虫で、はじめは赤褐色で老熟すると紫黒色になる。毛は黄白色で長い。このムシはとまる時、頭と尾をそり返すので、フナガタムシ、シリアゲムシなどと呼ばれている。年1回発生し、成虫は7月〜8月に出現し葉の裏に卵を塊状に産み付ける。幼虫は8月〜9月に食害し、10月には地中でマユを作って、サナギになって越冬する。

防除法は、幼虫が群棲している時にスミチオンかデイプテレックス乳剤の1,000倍液を散布する。

4．サクラヒラタハバチ

成虫（蜂）は4月〜5月に出現し、葉の裏の主脈上に卵を塊状に産み付ける。幼虫は5月に出現し、サクラの葉を何枝も糸で綴って巣を作り、食害する。老熟幼虫は体長25〜30mmで頭は黒色、胴は黄緑色で黒い胸脚はあるが腹脚はない。老熟幼虫は6月に地中に潜り、そのまま越冬する。年1回発生する。防除法は巣を枝と一緒に切り取り焼却するか、カルホス乳剤の1,000倍液を散布する。

5．キバラ、ゴマダラヒトリ

6月頃幼虫が葉を食害する。幼虫は体長40mmほどで黒ずんだ多毛の毛虫で、刺激を与えると丸くなって落下する。年2回発生し、越冬は灰色のマユの中でする。

6．ヒメクロイラガ

幼虫はナマコ状をしていて突起を持っており、葉の裏側を食べるために葉が半透明になる。この虫に触ると蜂に刺されたような痛みを感ずる。

7．ドウガネブイブイ（カナブンの一種）

幼虫は6月頃に現れて葉を食害する。カナブンと呼ばれる一種で、光沢のある銅鉦色を呈する。成虫の体色は、緑色、紺色、あるいは銅赤色など変化に富む。年1回発生し幼虫で越冬する。サクラに飛来するカナブンの主なものは、サクラコガネ、スジ

コガネ、クロコガネ、チャイロコガネである。防除法は、夜間に飛来して食害するものが多いので、マラソンなどのように虫の体に付いたときだけ効果のある農薬では防ぎきれない。薬が付いている葉を食べた虫が死ぬようなスミサイジンなど持続性の長い殺虫剤が効果がある。

8．サクラケンモン

幼虫は、5月〜6月、7月〜8月、9月〜10月の3回発生して葉を食害する。体長は30mmほど、頭部は赤褐色、胴は鮮緑色、背線は幅広い濃褐色で体全体に黒褐色の毛がある。土の中でサナギで越冬する。

9．サクラコブアブラムシ

4月上旬に葉が開き始めた頃に幼虫が孵化し、葉の裏に寄生して吸汁を始めると、その刺激で葉にくぼみができ、20mmほどの袋状の虫瘤（チュウエイ）ができる。一見、病気のように見えるが虫瘤を切り開くと中にアブラムシがいる。5月上旬になると翅（ハネ）が生えて外に飛んでいく。防除法は、① 幼虫が孵化する4月上旬に、スミチオン、カルホスなどの乳剤（1,000倍液）を葉に散布する。② 5月上旬頃、翅が生えて外に飛び出す前に虫瘤を取って焼却する。

10．ヤマトコブアブラムシ

葉を縦に、裏面を内側にして縮れる様に巻くアブラムシには数種知られているが、そのうち、一般的でしかも被害の大きいものが、ヤマトコブアブラムシである。サクラの枝で越冬した卵は5月上旬から孵化し、葉を巻いて虫瘤状にしてその中で増殖する。無翅胎生のメスは体長が1.5mm、黒色である。7月頃まで盛んに葉を巻く。防除法は、サクラコブアブラムシと同じ。

11．ナシグンバイムシ

刺のある扁平黒色の幼虫と軍配型の成虫で、成虫は体長3mm、半透明の軍配型の翅がある。葉の裏に寄生して吸汁する。被害が大きいと葉緑素が抜けて葉がカスリ状に白っぽくなる。また、虫のぬけがらや黒い分泌物が葉に点々と付着して葉が汚くなる。1年に3〜4回発生する。成虫は4月頃から葉の裏の葉肉の中に卵を塊状（カイジョウ）に産む。防除法は、低木の場合はダイシストン、オルトランなどの粒剤を5月頃に土壌施用すれば、ほぼ1年間発生を抑えることができる。また、発生したら、スミチオン、マラソン、ダイアジノンなどの1,000倍液を葉に散布する。

Ⅷ　サクラの害虫

12. モモハモグリガ

　幼虫は若い時は乳白色であるが老熟すると淡黄緑色になる。線状に葉に潜入して食害し、その痕が雲紋模様になる。老熟すると孔道の端を破って脱出し、葉の裏で白いハンモック状のマユを作る。成虫は小さな蛾で、1年に5～6回発生する。防除法は、被害葉が多い時には冬季に落葉を集めて焼却する。スミチオン、カルホス、ダイアジノンなどの1,000倍液を散布すると予防効果がある。

13. コナジラミ類

　葉の裏や芽に群棲して吸汁を行う。1mmほどで白い粉に覆われており、成虫が飛散すると白い粉を撒いたように見える。コナジラミの排泄物に煤病菌が繁殖して枝や葉を黒くすることが知られている。アブラムシ用の殺虫剤で防除できる。

14. ハダニ類

　梅雨明け後の乾燥期に葉の裏に群棲する。0.3mmほどの小さなクモに近い虫で赤色、橙色などの色をしている。吸汁性の害虫でサクラにはオウトウハダニが寄生することが多い。葉の裏で汁を吸うために葉の表面がカスリ状の白点を生ずる。落葉を早め、生育を害する。防除法は、アブラムシの防除で同時に駆除されるが、薬剤抵抗性を持ったものにはマラソン乳剤の1,000倍液や殺ダニ用のケルセンなどを散布する。

C. 枝や幹の害虫

1. コウモリガ

　コウモリガの幼虫は木の材質部に食入し加害する。幼木の場合は樹皮の下を環状に食害する。その食入口は虫の糞や木屑を綴り合わせたもので覆っている。発生は一般には2年に1回であるが、1年に1回のこともある。卵あるいは幼虫で越冬し、翌年、孵化した幼虫は、はじめは草木類の基部を食害するが、後に樹木に移動して材部に食入し加害する。防除法は、① 地際近くは除草を行ない、虫の糞を見つけたら食入している虫を殺すこと。② 根元にスミチオン水和剤800倍液を6月上旬から中旬に散布する。

2. ボクトウガ

　幹の髄部の中心をやや真直ぐに孔を穿って食害し、その次に、これとほぼ直角に外側に横に孔を穿って、ここから長形の糞を排泄する。防除法はコウモリガと同じ。

第3部　サクラの自然科学

3．コスカシバ

　サクラやモモの害虫で最も恐ろしく、しかも防除の困難な虫の一つである。幼虫が樹皮と木部の間の形成層に入って食害し、傷口から半透明の樹脂と茶褐色の小さな糞を外に出すので虫が寄生するとすぐ分かる。全国のどこでも発生しているサクラの害虫で、とくにソメイヨシノを好むようである。しかも、被害部分から胴枯病などの他の病原菌が入る危険性もある。コスカシバの幼虫は淡黄色の蛆虫（ウジムシ）に似ており、成長すると25mmほどになる。老熟幼虫の頭は茶褐色で胴体は淡黄白色である。成虫は6月〜9月に発生し、開くと25mmほどになる翅がある。翅は淡褐色、透明で体は暗褐色、腹部の背面に黄色い横帯があり、ハチのように見える蛾である。成虫の発生は1年1回で、6月〜10月に飛来して幹の傷口や割れ目に産卵する。卵は孵化して幼虫は6月〜9月頃に樹皮に侵入し、樹皮の下で幼虫態で越冬する。蛹は羽化するときには脱殻を樹幹に対してやや直角の方向に半分ほど出して行なう。防除法は、コスカシバは防除が難しい害虫である。① まず、幼虫が発生して樹皮内に入る6月〜9月にスミチオンなどの800倍液を3回以上散布する。② 初期に樹脂が出ているところを見つけたら、穴を切開して幼虫を捕殺し、切り口にはバルコートかトプジンMペーストなどを塗る。③ あるいは樹脂の出ているところの樹脂を取り除いた後に、殺虫剤に浸した布を半日間ほど巻いて虫を殺す。

4．シンクイムシ類

　新梢の中に侵入して外部に樹脂を出す。シンクイムシの他、ニホンキクイムシ、リンゴカミキリなどの幼虫も枝や幹に穴を開けて食害する。防除法は、① 被害を受けた枝を切除し、焼却する。② スミチオン水和剤かエルサン水和剤の800倍液を4月下旬から9月中旬までに注意して散布する。

5．カイガラムシ類

　カイガラムシは落葉樹の枝や幹に寄生し、カイガラを持っていて、吸収性の口器で植物の汁液（ジュウエキ）を吸っている。大部分のカイガラムシは受精したメスの形で植物に固着したまま越冬する。ふつう、われわれが見ているカイガラムシはメスである。孵化した当初の第1齢時の幼虫には脚があり、自由に動くことができる。そして、色々なとこ

※病・害虫防除用の農薬について
　　これまで述べたように病・害虫防除用の農薬については2000年までに認められた農薬について述べたのであるが、2000年以降の作物の新品種や新しい農薬の公表された数は目を見張らせるほどである。その中には、サクラの病・害虫に効く農薬も存在するが、定年退職をして現役から離れているために、それらの農薬に検討を加えることができない。

—310—

ろへ移動する。多くの種類は移動した後にそこで脱皮して脚が退化し、そこに固着し、同時にカイガラを形成し始め、口器を植物の中に挿入して汁液を吸う。ただ、コナカイガラムシ類はカイガラはなく、移動ができる。種類によって差はあるが、幼虫は5月下旬から9月頃に枝や幹に発生して樹液を吸い、著しく樹勢を弱める。そのため、枝が枯れたり、膏薬病などが発生する原因にもなっている。なお、カイガラムシには次のような種類が知られている。ウメシロカイガラムシ、クワコナカイガラムシ、クワシロカイガラムシ、サクラアカカイガラムシ、アオキシロカイガラムシ、ナシマルカイガラムシ、ナシシロナガカイガラムシ、セスジコナカイガラムシ、オオワタカイガラムシ、ヒサカキクロホシカイガラムシ。防除法は、① 冬季に枝や幹にマシン油乳剤20〜30倍液か石灰硫黄合剤10〜20倍液を散布する。② 枝や幹についているカイガラムシをブラシでこすり落とす。③ 幼虫が孵化する5月〜6月頃に、スミチオン、デナポン、エルサン、スプラサイドなどの乳剤1,000倍液を2〜3回散布する。外の殻が固まってからでは効きにくいが、孵化した当時の幼虫は大きさが0.3mmで肉眼では見つけることは難しい。

　したがって、本書に述べてある農薬と似た効果のある新しい農薬を農協や園芸品店の人に相談して購入する方法もある。だが、最近は、ネオニコチノイド系のクロチアニジンでミツバチが減少したことやマラチオン農薬が人体に悪影響があった、などのことが新聞紙上で問題になっていることから、新農薬の購入時にはそれらにも十分配慮して頂きたい。

D.　根の害虫

1.　根瘤線虫病

　サクラの根には、アレナリヤネコブセンチュウやジャワネコブセンチュウという糸状の虫が寄生し、細い根に小さい瘤を多く作る。線虫は体長が0.5〜1mmの線形動物の一種で、土壌中で生活して根に寄生するために植物の生育が害される。この線虫に侵されると、小枝が枯れて樹全体が弱ってくるが枯れることはない。防除法は、①線虫に侵されている根を切除し、土壌改良をする。②苗木や若木の場合は根部を掘ってバイデート粒剤かランネート粒剤を施用する。

第3部　サクラの自然科学

IX．サクラの害鳥

　サクラの開花直前にサクラの花芽を食害するもので、ウソによる被害が知られている。ウソはアトリ科でフィーフィーと啼き、スズメ位の大きさの青灰色で頭部が黒色の小鳥で、翼の長さは8〜8.5cm。わが国では本州中部以北から北海道や亜高山帯で繁殖し、春に低山地や平野部へ移動する。とくにサクラの蕾を好んで食べる。防除法は、薬剤散布や野鳥が嫌うフクロウのオドシなど色々な対策をしているが効果はいま一つである。

X．サクラの老化対策について

　サクラの名花、名木だけでなく、名所のサクラの老化も明治末期には指摘されていたが、百年を経た現在でもその対策が確立されたとはいえない状態が続いている。その原因はどこにあるのだろうか？　このことを考える時、やはり、サクラの研究所がなく、中心になって動くべき組織がなかったことに原因がある。すなわち、サクラが老化した、老化したと関係者は言うだけで、中心になって10年、20年の歳月を老化対策に傾注している者がいない。たしかに最近では樹木医と呼ばれている人たちの中で老化の問題に取り組んでいることを見聞しており、一応の成果は見られているが、永い目で見た場合には老化対策は十分とはいえない。サクラの老化現象は自然科学の粋を集めた対応を必要とするほどの大問題なのである。

　次に主張したいのは各種の基礎的研究が必要であることである。

　サクラには施肥基準が確立されていないことは先述の通りである。このような対応の仕方も老化を進めることになるのであるが、その他にも留意すべき事項がある。

A．根の重要性

　サクラのみでなく、植物を外から見た状態で「元気がない」「生育が悪い」と騒いでいるが、そのときに植物の根の状態を考えている者はほとんどいない。しかし、サクラのみでなく、植物はすべて、その元気さは根と結び付いていることを忘れてはならない。サクラも根の発育が害された時には生育も悪化することを岐阜の淡墨桜が教えている。「淡墨桜が老化して危険な状態になった時、根元を掘り起こしてみたら、根は腐っており、白蟻がたくさん巣食っていたので、白蟻を退治して近くの山から山

—312—

桜の根を採ってきて238本を接いだら元気になった」という記録がある。秋田県の檜木内川辺のサクラの場合も、根が色々な病気に侵されていた結果、根が貧弱になり、樹勢が悪くなったことが報告されている。この他のサクラの名所では、老化が著しくなったといいながら、根の状態に言及している報告が余りにも少ない。

B. 根の活性化

サクラの老化対策として「根を活性化することに注目を」と言うと、「では、どのような対策をしろというのか？」と指摘されると思われる。筆者は根を活性化させるには、① 根に植物ホルモンなどの化学薬剤を投与して活性化を促す方法があることを指摘したい。しかしこの分野の研究はほとんど行われていない。② は根部切断による新生根の発生促進である。荘川桜は、湖底になるところから根部を切断してダムの湖畔まで数mも持ち上げて、移植したことは、サクラに関心がある人ならば誰でも知っている。たしかに移植がその時期と手法が上手であったために成功したのだが、これとは別に、その後の生育が切断された根から新生された根によって活性化した可能性も十分推定できる。ただし、自然科学的に裏付けたものがない。

C. 根の活性化に「天地返し」は？

断根処理によって新生根の発生を促して個体を活性化（または老化防止）させることは、サクラでは全く行なわれていないようであるが、果樹栽培では「天地返し」という名で行なわれている。果樹における天地返しとは、ある果樹の根元を360度に分けて、その一部を深さ1m位掘り起こして、その穴の中に堆肥や表土を入れることを毎年、穴を掘る場所を変えて行なうのである。根元の一部を掘り起こせば、そこにある根は当然断絶される。しかし、堆肥や新しい表土で埋めることによって、その部分では新しい根が発生し、結果として果樹が活性化していくのである。サクラではこれに似たようなことを日本花の会の人たちが高遠城跡のサクラで試みたといわれている。最近、樹木医などの指導でサクラの根元のところに穴を掘って表土や堆肥を入れることが行なわれているが、樹齢による根群の状態を調べた上で、不定根の発生しやすいところで天地返しの方法を行なう必要がある。

D. 土地の嫌地現象に留意を

　農作物のナス、スイカでは1回栽培したら、その畑では数年間はナス、スイカを作付けできないほど嫌地現象は強く現れる。ところが、サクラを初め、樹木類では嫌地現象についての研究報告が認められない。とくにサクラでは同じ種類のサクラを枯死したサクラの跡に植えることさえ行なわれている。その代表的な例が、左近の桜である。サクラの嫌地現象については筆者[80]が「染井吉野の江戸・染井発生説」の文中で小石川植物園の入り口のソメイヨシノは昭和20年の空襲で焼けた後「誰かが新しい苗を植えた」という風説に対して、「古い個体の後に土を入れ替えないで違う個体を植えた場合には嫌地現象で現在のような生育は見られない。現在のような生育を示すのは、旧い根から新芽が発生したことを示している。サクラの嫌地現象は兼六園のキクザクラにも明瞭に現れている」と指摘した。筆者がサクラでの嫌地現象を発表して数年後に、左近の桜が突然枯死したという。このようにサクラの老化現象や嫌地現象に対応するには、作物栽培理論、病虫害学、土壌・肥料学など、農学分野の研究の粋を集めて対策しない限り完全な対策にはなりえない。

図50. サクラにみられる嫌地現象
左：ケンロクエンキクザクラ（兼六園で写す　推定20年樹）
右：ケンロクエンキクザクラ（山形県：烏帽子公園で写す　約5年生樹）

第４部　日本人の生活の中にみるサクラ

第4部　日本人の生活の中にみるサクラ

Ⅰ．サクラと食品

　サクラに関する食品と言った場合、誰も、桜餅、桜茶（桜湯）を挙げると思われる。
ところが、サクラに関係している食べ物や飲み物を調べてみると、たくさんの種類が
あるのに驚かされる。つまり、サクラはお花見だけではなく、日本人の生活にも深い
係わり合いを持っているのである。サクラを食品という立場から纏めてみると、① サ
クラの花を食べる。② サクラの花の色と香りを楽しむ。③ サクラの葉を利用する。
④ サクラを利用した食べ物。⑤ サクラの実を食べる。⑥ サクラの名がついた食べ物
と飲み物。⑦ その他を挙げることができる。

A．サクラの花を食べる

　人間が植物を利用する場合、まず、食べることが挙げられる。人間は太古の昔から
花を食べていたことが知られている。日本人も日本本土上に棲みついてから、植物の葉、
花、実などを食べて生きてきたので、いまでも春には菜の花が八百屋に並び、果物屋
にも植物の生産物が一杯である。店には見ることが少ないニワトコの花、クチナシの花、
フジの花、タンポポの花、カタクリの花、カボチャの花なども食べることができる（平
沢[29]）。日本のスミレは食べられるが、パンジーは有毒なので注意を要する。

　サクラの場合、香りの元になっているクマリンが最も強いウワミズザクラの花には
プルナシンという有毒な成分（青酸配糖体）が含まれているので、そのまま食べるこ
とはできない。この花を塩漬けにするか、塩と一緒に茹でると塩で有毒成分が分解す
るので、塩と一緒に茹でてから食べる。また、塩漬けにするとクマリンの香りが一層
強くなるので、塩漬けにしたものを茶碗に入れて湯を加えて桜茶として楽しむ他、そ
のままでもご飯のオカズにもなる。ウワミズザクラの蕾を塩漬けにした杏仁子（アンニンゴ）は酒の
肴に良いといわれている。

1．桜飯（サクラメシ）

桜飯は東京では茶飯と呼んで、コンブと醤油で味をつけたものだが、サクラの花（八
重桜）を塩漬けにしておいたものを、塩出しして、炊きあがったご飯の上にのせて食
べると、風味、風雅な桜飯ができる。地方によって桜飯の作り方に違いがある。

—316—

I　サクラと食品

2．桜ガユ

　これは小豆ガユのことである。サクラの花は花の色が濃い八重咲の関山（カンザン）や普賢象（フゲンゾウ）などが用いられている。サクラの花の塩漬けは全生産量の95％ほどが神奈川県の小田原市で生産されているというが、長野県の高遠町でも行われている。

3．桜茶（サクラチャ）（桜湯（サクラユ））

　サクラの花びらの塩漬けは、中国のランの花の塩漬けなどにヒントを得て考え出されたもので、日本では江戸時代から飲まれており、明治時代の初期には夜店などで桜茶が出されていたといわれている。現在は結納や結婚式などのおめでたい席で飲まれるようになっている。桜茶、桜湯などと呼ばれて、塩味のきいた特殊の味わいもさることながら、湯を注ぐと、閉じた花びらの1片1片がゆるやかにほぐれて、白磁の茶碗の中に美しく開いた花の美しさも賞味されている。このように、サクラの花びらを塩漬けにして保存し、利用する方法は先人たちの残してくれた茶の文化で、日本人の生活を一層豊かにしてくれている。「茶を濁す」ということからお見合いなどのときには、お茶の代わりに、桜茶、桜湯が用いられている。

イ．サクラの花漬の作り方
　関山（カンザン）などの八重桜の花が7～8分咲きのものを摘む。花の開き方が早かったり、遅かったりすると湯の中できれいに開かない。とくに遅く採ると、漬けている間に花びらが落ちるので、花を摘む時期が大切である。花を摘んだら花梗（カコウ）（花柄）を少しつけて切り取る。その後、水で洗って水気を切る。水が切れたら花の重さの25～30％程度の塩をまぶして容器の中に入れる。このとき、梅酢を少し加えるとよい。花の上から重しをして7～10日後に花を取り出し、2～3日陰干しをする。よく乾燥したらビンなどの中に入れて保存しておき、使うときに取り出す。桜茶を作ってみて、塩味が強すぎる場合には塩出しをしてから使う。

B．サクラの葉の利用

1．桜餅について

　サクラの葉を利用することで挙げられるのが桜餅である。桜餅は南北朝時代の初め

の延元元年（1336）頃には作られていた（篠田[186]）。しかし、昔はあまり知られていなかったが、葉で包むことは、餅に葉の芳香をつけるためであり、『源氏物語』では椿餅がみられ、桜餅より古い。なお、柏餅は1843年頃から作られた。昔、桜餅が余り知られていなかったのは、桜餅に用いたサクラの葉がヤマザクラの葉であったためであろう。ところが、1717年に江戸の隅田川の川辺（向島）の長命寺で山本新六が作って売り出した桜餅は江戸中の大評判になり、江戸の人たちが我先にと桜餅を買い求めたという。そして、「長命寺の桜餅ばかりは名物で旨い、その香りの佳いこと……」と述べられている。平成の現在でも桜餅を買い求める人たちも「その香りの佳いこと」が一つの条件になっている。その香りはオオシマザクラの葉に含まれるクマリンという成分であることが明らかになっている。

イ．桜餅の葉

　桜餅に用いられているサクラの葉はオオシマザクラの葉であるが、現在、日本で用いられている桜餅の葉の90％以上が伊豆半島西岸の松崎とその周辺の地区から供給されている。葉の漬け方は、まずオオシマザクラの葉が開いたものを摘み採って塩漬けにするのである。松崎地方で葉1kgに対して塩をどの位入れているのかについてはわからないが、サクラの葉100gについて塩30gを用いる、という人もいる。だが、オオシマザクラの葉は塩分に強いことから、これより塩が多くてもよいように思う。漬け込んでから6か月経ると出荷するといわれている。

ロ．桜餅の材料

　桜餅に用いる餅の皮は1717年に長命寺で作られた当初は、米の粉（粳米）であったが、その後、葛粉で作ったことも江戸時代の後期に知られている。現在は小麦粉で作った桜餅もある。一方、京都・大阪地方では糯米を蒸して乾燥させ、粗くひいた粉（道明寺粉）を用いて作る。この道明寺という名は、摂津（現・大阪府）の尼寺の道明寺で作られた乾飯を用いたことに因んでいる。

ハ．桜餅の作り方

　桜餅は皮に用いる材料に関東と関西に違いがみられるが、ここでは一般家庭でも手軽にできる桜餅の作り方を紹介する。

材料（桜餅15個分）：白玉粉25g。砂糖35g。薄力粉100g。水300ml。アズキの餡450g。オオシマザクラの葉（漬けたもの）15枚。なお、薄力粉だけでもよいが、白玉粉を混ぜた方が口当たりがよい。

作り方：塩漬けにしたサクラの葉を、使う1〜2時間前に取り出して、薄い塩水の中に入れて塩抜きをする。次に、① 白玉粉をボールの中に入れて水を少しずつ加えて練る。② この白玉粉の中に砂糖を少しずつ加えながら白玉粉と砂糖がよく混ざるように手で混ぜる。③ 薄力粉を加えて木杓子で全体をよく混ぜ合わせる。よく混ぜ合わせたら布巾をかぶせて30分ほどそのままにしておく。なお、餅の皮に色を付けたいときには、薄力粉を加えるときに食紅を少量の水に溶かして、加えたうえでよく混ぜる。④ フライパンで作るときは、フライパンと火の間に焼き網などを入れて火がやわらかくいきわたるようにする。油を薄く塗り、この上に餅の皮にする ③ で作ったものを玉杓子などにとって少し楕円形になるようにフライパン上に流し、焦がさないように注意して焼く。表面が乾いたら裏返しにして裏も焼き、それを巻きすなどの上に移して冷やす。テフロン加工のフライパンのときは油を塗る必要はない。⑤ 冷えた餅の皮を手にとって、その上に餡をのせて巻き、餅の形にする。⑥ サクラの葉を水から取り出し、水気をふき取った後に餅を巻いてでき上がり。桜餅に用いる葉は東京・隅田川辺の長命寺では、古い桜の葉3枚を巻いて作る。大阪の道明寺のものは幼葉を1枚巻いて作り、葉も一緒に食べる。最近、東京では幼葉1枚を使った桜餅が店頭に見られる。

　ニ．桜餅の食べ方

　食通といわれる人の中には、「桜餅は巻いてあるサクラの葉も一緒に食べるものだ」と言う人がいるが、長命寺の桜餅はオオシマザクラの古い葉（枯れた葉）を3枚用いて包んでおり、これを葉も一緒に食べたのでは、中のお餅の味は味わえないように思われる。葉を一緒に食べる、食べないは個人の好みにお任せすることにして、昔話を一つ。「あるとき、長命寺にお客が訪れてきて、名物の桜餅を買い求め、店先に置いてあった椅子に腰掛けて、いきなり葉も一緒に桜餅をムシャムシャと食べ始めた。驚いた店の人が"お客さん、お客さん、桜餅は皮を剥いてお召し上がり下さい"と声をかけたところ、そのお客さんは黙って川の方に向きを変えて、やはり葉も一緒に桜餅を食べ続けた」ということである（小川[159]）。桜の葉として八重桜やソメイヨシノの葉を用いる人もいるが、香りの強いのはオオシマザクラの葉である。ソメイヨシノには少し香りはあるが、八重桜には香りがない種類がある。

C. サクラの実を食べる

　サクラの実というと誰でもサクランボのことを指すのは言うまでもない。だが、サクランボがとれるサクラは、日本人がサクラと呼んでいるものとは種類が違うも

のである。日本のヤマザクラは学名を「*Prunus jamasakura*」、エドヒガンは「*Prunus penduladearuga*」であるが、サクランボと呼ばれている種類は「*Prunus avium*」である。

　日本に昔から咲いているサクラの実は、欧米のサクランボや山形県のサクランボのように大きいものではないが、オオシマザクラ、エドヒガン、その他の品種にはたくさん実が着く。地方の子供たちはサクラの木に登ってそれらの実を食べている。ただ、サクラの果実の味は、ヤマザクラ系は甘く、ソメイヨシノなど、オオシマザクラの遺伝子の入った品種は大粒だが苦味が強い。

D．桜温寿司

　日光の輪王寺、三仏堂の前の咲く金剛桜の観桜会のときに出された、山内の不動苑堯心亭が作る精進懐石の飯物「桜温寿司」は若葉と花を使った温寿司である。

E．お菓子の中にみるサクラ

　長命寺の桜餅、大阪地方の道明寺粉の桜餅についてはすでに述べたが、ここではお菓子の中にみるサクラのことを述べる。この問題に入る前に、日本には和菓子、洋菓子という言葉があることから、和菓子について述べることにする。

1．和菓子を育てた茶の湯

　単に和菓子といっても、蒸し物、流し物、上生菓子、干菓子、餅菓子、焼き物など、作り方や素材によって色々な種類がある。その中で花をデザインしたものといえば、上生菓子と干菓子が主になる。和菓子のデザインは花に限られているものではなく、雪、鳥なども表現されている。しかし花をモチーフにしたものが圧倒的に多い。それは「上生菓子」と呼ばれた茶菓子の歴史と深い関係がある。茶の湯は村田珠光によって道が開かれ、千利休によって大成された。秀吉の時代になって度々茶会が催されて武家から町人へと茶の湯は広まっていった。江戸時代になると各地の大名は茶会のために、白砂糖を用いた美しい色と形の菓子を京都の菓匠に注文をした。その花のデザインは菓子の中にさりげない季節のメッセージを添え、茶人たちに好まれたのである。

Ⅰ　サクラと食品

2．和菓子の移り変わり

「菓子」は本来は果物であった。古い時代には菓子を「くだもの」と読み、餅や穀物の加工品と木の実、草の実などをまとめて「くだもの」と称し、イチゴ、ウリなどは、草果物、水菓子と呼んでいた。中国から仏教文化とともに色々なものが渡来したのは奈良、平安時代であるが、その中に「唐菓物」と呼ばれたものがあった。これは小麦と米の粉を材料として胡麻油を使って加工したものである。この頃が日本の菓子の起源かもしれない。菓子はもともとは仏教寺院の供物であったが、平安貴族の間にも取り込まれていった。小麦がまだ僅かに栽培されていた時代であったので、小麦を用いた「唐菓子」は上流社会の人たちのものであった。

お菓子は「甘い物」と現代の人たちは考えるであろうが、平安時代の唐菓子は甘くなかった。砂糖は中国から入手される貴重品であり、まだ、医薬品のように取り扱われていた。甘い菓子は、奄美大島や沖縄でサトウキビが作られた1610年頃以降か、阿波や讃岐で精製糖が行なわれた江戸時代になって、茶の湯の流行と砂糖の生産が相まって、はじめて現在の和菓子に近いものが生まれたのである。金沢の前田氏や松江の松平氏は茶人として有名であるが、彼等は京都から菓匠を国許に連れ帰って京菓子から分かれた上菓子（白砂糖を使った菓子）を発展させている。讃岐地方（香川県）にはトロッとした滑らかな口溶け、高雅な香りと上品な甘さの和三盆糖の和菓子がある。このようにして菓子は全国各地へと広まっていった。

3．干菓子の造形

煎餅や有平糖（砂糖菓子）、打ち物（落雁）などを干菓子と呼んでいるが、中でも落雁は洗練された多彩な造形の妙をみせてくれる。落雁は餅を焼いて粉にした味甚粉に砂糖と水を練り混ぜて、木型に入れて型取りをして打ち出される。この木型には、松、竹、梅、藤、桜、紅葉、銀杏などの花や木のデザインがたくさんある。茶道の菓子を扱う店では季節によって彩りと形を変えた落雁が店先に並べられている。

イ．上菓子

生菓子の中で季節の風物を色彩豊かに表現したものを、とくに上菓子と呼んでいる。干菓子が形と色を重視して発展したのに対して、上菓子は味覚と視覚の面でも優れていることが目標にされている。上菓子の素材には、練切餡、雪平こなし、求肥外朗などを単独で用いたり、組み合わせたりしている。これらの上生菓子は茶の湯の主菓子として用いられていて、趣きや抽象的な仕上げが重視されている。たとえば、平安時

代の襲の色目（紅梅なら白と蘇芳色）を使い、着物の袂を表現したりする。四季の花は主要なモチーフで、一つの花がいくつもの意匠となって銘がつけられる。

　松をデザインした「常磐木」「若緑」、桜では「里便り」「ひとひら」など、菓子そのものの味とともに、意匠にみる味わいもまた上生菓子のこころなのである。

　ロ．飾り菓子
　江戸から明治へと文化の中心が東京に移った後に京菓子の本領をみせたのが明治21年の国内博覧会が東京で開かれたときに出品された飾り菓子である。飾り菓子という呼び名はこのときに始まったのであるが、京の菓匠たちが協力して出品した菓子は高さと幅が1mの籠に30cmの大輪の牡丹を盛ったものであった。それは食べる菓子ではなく、見る菓子として豪華な芸術作品として、牡丹や菊をいけ花のように作り上げる飾り菓子なのである。現在も店の飾りのために作られている。また、はさみ菊と呼ばれて、練切餡を使い、はさみで花弁を切り起こし、菊やその他の花を実物と間違うほどに仕上げた飾り菓子もみられる（相賀[3]）。

　4．その他のお菓子の中のサクラ

　この他、愛媛県の松山では薄墨桜を模した薄墨羊羹、塩漬けのサクラの花びらを焼きこんだ煎餅、福島県の郡山に花いかだがある。花いかだは開成山の桜と筏を浮かべて風流を楽しんだといわれている虎丸長者伝説に基づいて作られた。東京には秋色最中が知られている。いずれもサクラに寄せる思いの深さが偲ばれて、いとおしい気持ちになる銘菓である。一般に知られているものには、明治8年に天皇に献上したサクラの塩漬けを入れた銀座キムラヤの「桜あんぱん」、吉野葛と寒天を使ってサクラの花びらを閉じ込めた「桜入りようかん」、サクラの塩漬けの塩分を程よく抜いてゼリーで固めた「桜ゼリー」など、日本各地にはサクラを用いた色々なお菓子がある。

　F．ハムとサクラ

　以上の他、以外にもサクラはハムとの関係もある。周知のようにハムは仕上げのときに燻製を行なうが、その燻製のときに用いる木材がサクラの木なのである。最近では燻製用として、ナラ、ブナ、ヒッコリー、サクラなどがよいとされている。燻製の最後にサクラの材を用いると、ハムの仕上がりの色がよくなるといわれている。

I　サクラと食品

G.　お花見といえば酒
—— 酒なくて　なんの己が　桜かな ——

　このように奈良・平安の昔から、お花見には酒が切っても切れない縁がある。いや、402年に履中天皇の盃にサクラの花びらが落ちたときにも、その盃の中にはお酒が入っていたのである。ところで、酒は昔から米で作っていたのに、なぜ「サクラの文化誌」の中でということになるが、実は「桜」の文字の入った日本酒が余りにも多く酒屋に見受けられるからである。全国の酒の銘柄の中で桜の文字の入っているものが120銘柄以上もあり、最近また1〜2銘柄が登場した。なかでも創業者が庭に咲く「ウコン」の花に思いを寄せて命名した「黄桜」は余りにも有名である。この他、九重桜、熊谷桜、桜川、山桜、御所桜など、実在するサクラの品種名をつけた酒の銘柄もある。なお、オオシマザクラの花は花酒としても珍重され、焼酎を使って氷砂糖で味を整えたときの香りを楽しんでいる。

H.　食べ物の中にみるサクラ

　事典の中のサクラの項目を見ると、食べ物に関連したものが20ほど見受けられる。このうち、桜餅、桜茶など、直接サクラに関係したものは別項で述べたが、サクラと直接関係のないものにも「サクラ」という文字が用いられている。これには桜鯛がある。桜鯛は春に産卵のために群れをなして内海に来る鯛が美しい桜色をしていることから桜鯛となったという。鯛は海魚の王といわれ、堂々とした姿の美しさ、めでたい赤い色は古来から福を招く縁起物としても珍重され、祝い事には欠かせない魚になっている。桜魚はサクラの花の咲く頃にとれる魚の小アユやワカサギのことをいう。桜えび（明治27年（1894）11月23日に命名された。）、桜貝、桜ます、桜ぽし（イワシを背開きにして醤油、砂糖、みりんに漬けて乾燥させたもの）、桜煎り（桜煮ともいう）桜煎りはタコの肉を小さく切って大豆と炊き合わせたもので、色が似ているので名前がつけられた。桜味噌（ゴボウ、ショウガなどを切り込んで混ぜ、甘味を加えたなめ味噌）、桜肉（馬の肉のこと）、サクラシメジ（キノコの一種）、桜節^{サクラブシ}（馬肉の燻製）、桜干^{サクラボシ}（フグやキスなどの白身魚を開いてみりん、醤油に漬けたもの）、桜蒸^{サクラムシ}（タイ、ヒラメなどの切り身に練り味噌やエビのソボロなどを挟んでさくらの葉に包んだり、桜漬けをのせて蒸した料理）。

第4部　日本人の生活の中にみるサクラ

Ⅱ．サクラと医術

「不老長寿」、この命題は太古の昔から人類の願望するところである。この目的を達成するために昔から色々と薬を探し求めてきた。現代の製薬業者もその最終目的は「不老長寿」のための薬の開発であろう。不老長寿だけでなく、各種の病気対策として、人類は昔から各地に生えている植物などを食べ、飲んで、その効果を試してきた。日本の場合、『古事記』には大国主命が因幡の白兎の傷をガマの穂によって治した、という伝説があり、奈良時代に建築された東大寺の正倉院の中には、地黄、木香、桂心、人参、大黄、甘草といった生薬の記録が残っている。江戸時代には現在の小石川植物園が1750年頃には幕府の薬草園であったことは有名である。最近では部屋を美しく見せるために飾った花や、庭や野に咲く花が体調をよくすることが指摘され、花療法と呼ばれている。

A．サクラの効用

サクラはどの部分がどのように医学的な効果があるのだろうか？　文献に見られることを記述する。

1．サクラの香り

これは桜餅や桜茶の香りに誘われているのであるが、このサクラの香りは旨さだけではなく、人の心をリラックスさせるリハビリの効果があり、芳香成分は喘息を抑え、痰を取るという咳止めの効果や二日酔いにも効くといわれている。ウワズミザクラの蕾を開花前に花の元から摘み取り、風通しの良いところで陰干しにして、それを煎じて飲むと咳を抑える効果がある。サクラの香りは葉に含まれるクマリンで、葉にはクマリンが生成する配糖体が含まれている。このサクラの葉は胃腸を整え、下痢を止める効果がある（片桐[91]）。

2．サクラの樹皮の効用

サクラの樹皮の薬効については、昔から次のことがいわれている。

—324—

- 樹皮の黒焼きはお酒の二日酔いに効く。
- 樹皮を煎じて飲むと腫物（ハレモノ）に効き、魚に中毒したときの解毒作用もある。
- 昔は黒焼きにした樹皮を糊か油で練ったものを腫物に塗って吸出し用としていた。
- ウワミズザクラの樹皮を煎じたものは腹痛に効く。
- サクラの樹皮にはサクラニン（Sakuranin：$C_{22}H_{24}O_{10}$）が含まれており、樹皮のエキス製剤はプロチンといって、鎮咳、痰を出す薬として用いられているが、昔からサクラの樹皮5gほどを煎じて飲むか、煎汁でウガイをすれば咳止めの効果があるといわれている。
- 漆カブレにはサクラの樹皮とクルミの樹皮を一緒に煎じた汁で患部を洗うと良い。
- 幹などに自然に染み出た樹脂（ヤニ）のきれいな部分を採り、エチルアルコールに溶かしたものを水で薄め、これにハチミツか砂糖を加えて飲むと咳止め効果がある。なお、サクラの樹皮は7～9月頃にヤマザクラなどの樹皮を剥ぎ採り、赤褐色の光沢のあるコルク皮を取り除き、中の帯緑色の皮を採って天日干しにしたものが原料で、主として、徳島、宮崎、鹿児島県などから産出されている。

Ⅲ．日常生活の中に咲くサクラ

　日本の風俗について調べてみると、「サクラ」という文字が色々なところに認められ、日本人は本当にサクラが大好きな民族なのだなあ……と改めて感ずる。平安時代の昔から、花といえばサクラを指し、サクラの咲く花を見ないでは春を送ることができないのが日本人である。ここでは、日本人の生活の中に咲くサクラに焦点を当ててみた。

A．花卉類にみるサクラ

　サクラ以外の花卉類の中でサクラという名前がつけられているものを調べてみると、カワイラシイ花、キレイな花には必ず○○サクラという名前がつけられている。植物図鑑でサクラと名のついている植物を調べてみると、木本類では18種類、草木類では24種類もあり、しかも、その種類の中にたくさんの品種が含まれている。美しい花にサクラという名前をつけるところに、サクラに対する日本人の想いが込められている

ものといえる。サクラではないのにサクラの名が付く花卉類には、秋桜（コスモス）、小米桜（ユキヤナギのこと）、田打桜（コブシ）、桃山桜（アスターの一種）、桜奴（花菖蒲の中の一種）、美女桜（クマツヅラ科の花）、芝桜（ハナシノブ科の花）、蕗桜（シネラリアの花）、ツガザクラ類（ツツジ科）など、たくさんある。なお、ツガザクラには、アオノツガザクラ、エゾツガザクラ、カオルツガザクラが知られている。亜高山帯では色々なサクラソウが知られているが、これらにもサクラの名前がつけられている。すなわち、キヨサトコザクラ、クモイコザクラ、コイワコザクラ、ミチノクコザクラ、シナノコザクラ、ネムロコザクラ、レブンコザクラ、ニオイサクラソウなどである。なお東京都北区の浮間にはサクラソウの自生地がある。サクラソウ（サクラソウ科）は雛桜や常磐桜と呼ばれている。また、小笠原諸島ではデイコの花を南洋桜と呼んでいるが、島の人たちが本州のサクラに思いを寄せて名付けたのであろう。

B. 動物の名前にみられるサクラ

サクラ以外の植物でサクラという名前がついた花卉類については前項で述べたが、動物の中にも「サクラ」という名がついている動物が知られている。動物の中でサクラという名がついているのは、① 桜の害虫、② 体の色が桜色のもの、③ サクラの花が咲く頃に捕れる魚、④ その他などがある。以下その数種を列記する。

- ① **サクラの害虫**：サクラケンモン、サクラコブアブラムシ、サクラヒラタハバチ。
- ② **体の色が桜色のもの**：桜鯛、桜うぐい（産卵期の赤い婚姻色になったうぐいのこと）。
- ③ **サクラの花が咲く頃に捕れる魚**：桜魚、桜えび、桜いか（花いかともいう）、桜鱒。
- ④ **その他**：桜鳥（ムクドリの青森県、岩手県、秋田県の方言）、桜雀（鳥の一種）、桜文鳥、桜みみず（釣の餌にする小さなミミズ）。

C. シンボルマークとしてのサクラ

サクラをシンボルマークにしているものに相撲協会がある。そして、力士たちを先導する呼び出しが打っている拍子木の材は桜材である。一方、歌舞伎の方で用いられる拍子木はカシ材である。シンボルマークとして挙げられるものに電車の名称もある。

Ⅲ　日常生活の中に咲くサクラ

昭和4年に東京と下関を結んだ寝台特急には「サクラ」と名がつけられた。この他、サクラが用いられているものに、学習院の徽章、日本女子大学、昭和女子大学、神戸商船大学の校章があり、サクラの切手もある。シンボルマークの一種として考えられるものに、個人としては、姓、名、家紋などもある。日本には、木下、松本など樹木が姓に用いられているが、樹木の姓は信仰に由来したものであるといわれている。一方、日本では鈴木の姓は、全国で200万人、小林は85万人、林と木村は40万人、森は35万人、青木30万人、高木が20万人いるという。サクラ（桜）の姓は、桜井、桜内などが知られ、名にも、桜子、花子などが知られている。

1．家紋

　平成年代には和服姿の男性はほとんど目に留まらなくなったが、昭和10年頃までは男・女を問わず大人も子供も和服が普通で、洋服は小学校の50人組で4〜5名ほどであった。和服の場合、正式に他人の家に結婚式などで行くときには大人は必ず自分の家の紋章のついた、通称「紋付き」の羽織（ハオリ）を着ていったものである。したがって、家紋はどの家にもなくてはならないものであった。家紋は平安時代に公家が用いたのが始まりといわれ、平安貴族が家庭用具や牛車などにつけて、自家のしるしや所持品のしるしとした。中世の武士は、のぼりや旗指物に家紋を用いて自軍の陣地を明示していた。江戸時代には、大名行列の駕籠や槍、武家の邸宅、所持品、調度品、衣裳までが総て家紋で飾られており、その様式や大きさによって武家の階層が識別できたといわれている（西山[149]）。諸大名の紋と、お公家さんの紋を比較するとき、両者の間に著しい違いが認められる。お公家さんの用いた紋章は優美な紋章が多いのに対して、武家の紋章には尚武の意味を表しているものが多い。家紋は江戸時代に入ると大衆化して色々な家紋が出現している。家紋にどのようなものがあるかを調べてみると、月、日、動物、植物などが紋章に取り入れられており、その数は7,500例以上あり、その中に花が用いられている例も非常に多く、サクラ、ウメ、フジなどという花の紋だけでなく、サクラ、ウメの花紋でも色々と変った家紋が知られている。

2．家紋としてのサクラ

　家紋はその家の格式を表す意味も含まれているが、サクラの紋章は12世紀後半から14世紀の初めにかけての絵巻物にみられ、① 尚美、すなわち観賞の意味から生まれた場合と、② 苗字または地名に関係した場合が認められる。たとえば、吉野という人がサクラの紋を用いている場合には、吉野がサクラの名所であることに起因すると思わ

—327—

第4部 日本人の生活の中にみるサクラ

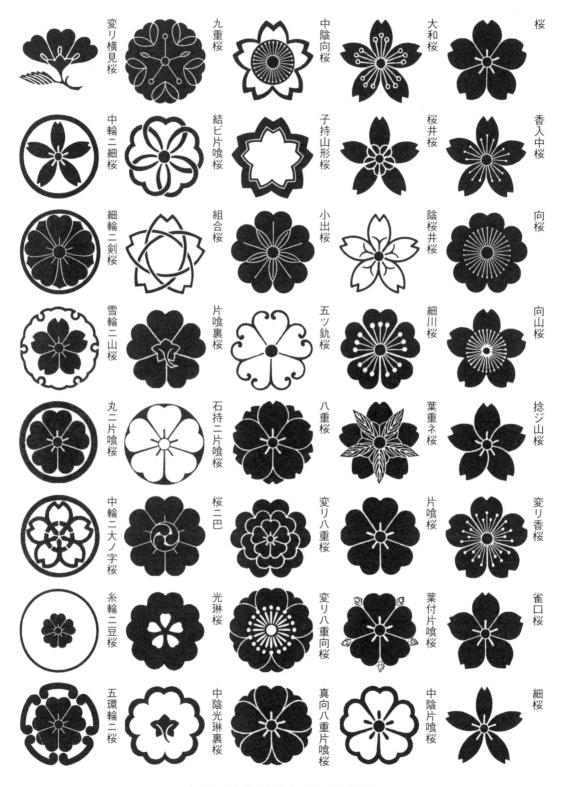

図51. サクラの家紋(相賀[3]より引用)

れる。また、サクラの紋には字紋と称して文字を組み立ててサクラの花の形をした紋章もある。実に巧妙に作られた紋章で、これが文字で組み立てられたのか、と思われるものがある。江戸時代以降にできたサクラの紋は色々と工夫され、図案化されて、その数も60種類ほどになっている（沼田[157]、相賀[3]）。

3. 地名、校名、駅名などにみるサクラ

地名には、桜ヶ丘、桜台、桜町、桜木、桜井市、桜島、桜宮、桜堤、桜田、桜川などがみられる。これらの土地の小中学校にも桜ヶ丘小学校、桜川中学校と名前がつけられており、全国では小中学校で桜の文字が認められる学校の数は140校余りもある。土地の名前に桜の文字が見られる場合には、駅の名前にも桜の文字が用いられている場合が多いはずだと考えたが、JR、地下鉄、私鉄などの合計28か所しか認められなかった。なお、鉄道を利用しながら各地のお花見をしたいと考える人には、雑誌の「旅」の2003年4月号に「鉄道桜紀行」という特集が発行されている。

4. 県の花、町の花としてのサクラ

県あるいは町などでは花をその土地の代表として制定している。そのうちサクラは、東京都がソメイヨシノ、山梨県がフジザクラ、京都府がシダレザクラ、奈良県がナラノヤエザクラであり、意外に少ない。

D. その他

日常生活の中で用いている言葉の中にもサクラを意味するものがたくさんある。花嫁、花婿、花形、花道、花の都、花相撲、花街、花娘、花瓦、花染、花笠などが知られている。花笠には神が宿り、人々は神と感合してあらゆる差別の条件を霊化し、平等な人間の原点に還元されたものといわれている。また、反古紙（ホゴガミ）をさくらと呼ぶのであるが、サクラはすぐ散るのでチリ紙のことを桜紙ともいうのである。花を持たせる、一花（ヒトハナ）咲かせる（大成功すること）、また芸人に贈る祝儀を花という。花吹雪、花曇り、花冷え、さらに大道商人の中で主役を盛り上げるために、客を装って他の客の購買心をそそり、陰から援助する人をサクラと呼んでいる。サクラの花の咲く頃は大学の入学試験の合否の発表の季節であり、昭和31年、早稲田大学で合格電報を「サクラサク」としたのが始まりで、他の大学でも「サクラサク」「サクラチル（不合格）」の電報が

第4部　日本人の生活の中にみるサクラ

用いられている。妊婦の黒くなった乳首を「桜の実」という。切手やハガキなどに用いられている桜も90種類ほども見られる。この他、一般に花言葉というものがある。サクラの花言葉は、サクラの総称としては、淡白、純良な教育を指すといい、個々の品種ではヤマザクラは、愛国心、純潔、忠勇義烈を表し、カンザクラは、あざむく、一寸考えさせて下さい、という花言葉である。花言葉ではないが、桜を用いていて一般に知られている言葉のいくつかを述べると、「花の雲」「花曇り」「桜雨」「花明かり」などがある。

　これまではサクラの花を見るという立場から述べてきたのであるが、サクラと人との関係を違った方向から見ると、サクラを材木として用いることが考えられる。古代では建築材料として用いられていたこともあるが、サクラの材質は余りよいものではなく、江戸時代には薪や木炭として用いられていたが、木炭としても雑物の炭でしかなかった。樺細工や版木・調度品、染物に用いられていることはこれまでに述べた通りである。ところが、飲み屋や焼きトリ屋に行くと「桜炭」で焼いた焼きトリは最高に旨いという声を聞くことがある。ところで、この桜炭とはサクラのどの品種の材を使った炭をいうのであろうか、とサクラに関係する本を読んだが見当たらなかった。それもそのはず、桜炭はサクラの材を使った炭ではなかったのである。桜炭は多摩地方では昔、黒川炭という名前で出荷されていた木炭であったが、明治時代になって、千葉の佐倉炭の技術が伝えられてから、その技法で作られるようになった。そして、その技法で作られた木炭を桜炭と呼んだ。桜炭はクヌギ材を用いた良質の黒炭であり、別名を菊炭ともいう。茶の湯炭というと、うなずかれる人も多いと思われる。茶道で菊炭と呼んでいるのは炭の断面が美しい菊の花の模様に見えるからである。このように桜炭は佐倉炭の当て字であったのである。佐倉炭の灰は桜灰と呼ばれている。

第5部　伝説や昔話・民話などの中に
みられるサクラ

第 5 部　伝説や昔話・民話などの中にみられるサクラ

　日本のみでなく、世界のどの国でも昔から伝えられている伝説や昔話・民話がたくさんある。それらの伝説や昔話・民話は古くから語り継がれてきたものである。そして、その内容には色々な動物や植物が登場するが、それらの伝説や昔話・民話の担い手は、どこの国でも一般の庶民であり、これら一般の庶民の想いが込められた形で伝説や昔話・民話などが作られている。そのため、とくに昔話や民話などにはそれぞれの民族個有の想像力をもって語られながらも、その民族を超えて世界的なつながりを持つものまでが存在する。そして昔話や民話などは、もともと口伝えで語り継がれてきたものであり、文字を媒体とする文学作品とは異なり、話をすること自体がそのまま創作活動にもなっている。すなわち、語り手や話を聴く者たちを取り巻く現実に応じて、あるいはその現実の中に生きている語り手の気持ちや聴く者たちに応じて、同じ話がおかしい話になったり、悲しい話になったりと自由自在に姿を変えることができるという特色を持っているのも昔話や民話なのである。つまり、伝説は「ある特定の地方だけに限って語り継がれてきている話」で、他の地方には同じ話が存在しないのに対して、昔話や民話などは「昔から伝えられてきている話であるが、その地方で生まれた話であっても、その話の内容が適当に変えられて語り継がれてきている話も含まれている」。このように伝説と昔話・民話などを区別したうえで、サクラが関係している伝説や昔話・民話などについて述べることにした。まず、サクラが出てくる代表的な昔話として「花咲爺」のことを述べる。

I．花咲爺

　花咲爺の話は、昭和13年頃の小学校の国語の教科書に掲載されていたことから、全国の人たちが知っている話でもある。しかし、地方で語り継がれている花咲爺の話は、国語の教科書の内容とは違うことが認められたことから、最初に取り上げることにした。国語の教科書に述べられていた内容は、「むかし、むかし、あるところに正直者のお爺さんとお婆さんが住んでいました。そのお爺さんとお婆さんには子供がなく、ポチという名の犬を可愛がって育てていました。ある日、裏の畑でポチが啼くので行ってみますと、ここを掘れ、というように啼くので、そこを掘ったところ、金・銀や宝物がたくさん出てきました。その金や銀が出る様子を見ていた隣に住んでいたお爺さんとお婆さんが、ポチを借りてきて、無理矢理、ポチを自分の畑に連れて行って啼かせて、そこを掘ったところ、瓦の破片や汚いものがたくさん出てきましたので、怒って犬を殺してしまいました。そのことを知った正直者のお爺さんとお婆さんは、悲しみながら死んだ犬を埋めて、そこに一本の木を植えました。ところがその木がぐんぐん

—332—

大きくなったので、その木を伐って臼を造り、その臼でお餅をつきました。そうすると、不思議なことに臼でお餅をついているうちに、お餅が金・銀や宝物に変ってしまうのです。また、その様子を見ていた隣の意地悪なお爺さんとお婆さんが、その臼を借りていき、お餅をついたところ、瓦や瀬戸物の破片や汚いものに変ってしまいました。そこで、また怒って臼をこわして燃やしてしまいました。そのことを知った正直者のお爺さんは、その灰を返してもらって家に帰ってきました。家に帰る途中に風が吹いてきて、灰が少し飛ばされて、近くにあった枯れた木にふりかかったところ、その枯れた木に花が咲いたのです。丁度その頃、お殿様が近くを通ることになっていましたので、その日に枯れた木に登って、お殿様が来たときに、『枯れ木に花を咲かせましょう』と言って灰を撒いて、枯れ木に花を咲かせました。喜んだお殿様は正直者のお爺さんにたくさんご褒美をくださいました。隣の意地悪爺さんが、また、それを見ておりまして、大急ぎで家に帰り、残っていた灰を集めておき、次にお殿様が来たときに『枯れ木に花を咲かせましょう』と言って灰を撒いたところ、花が咲かないでお殿様や家来の眼に灰が入りました。怒ったお殿様はその意地悪爺さんを捕らえて痛いめにあわせました」というのが花咲爺の昔話である。

A. 昔話の地方による違いについて

　小学校の教科書に掲載されていた花咲爺の話は全国のどこでも同じ内容のことが伝えられていると思っていたのだが、各地に伝えられている昔話を読んでみると、地方に伝えられている花咲爺の昔話は色々なところで異同があることが分かった。それらの違いを表20に示した。表からもわかるように、犬とお爺さん、お婆さんが出会うところや犬の行動、犬を埋めたところに植えた木の種類および意地悪爺さんの最後などに、地方によって違いが認められた。このように、花咲爺という一つの昔話であっても、長い年月をかけて大人から子供へと語り継がれているうちに、その地方の生活条件（環境）に合わせて、色々な部分に工夫や改良が加えられて継承されてきたことを知ることができた。

第5部　伝説や昔話・民話などの中にみられるサクラ

表20. 花咲爺の昔話の違い

地区および 出典	犬との出会い	犬の行動	犬を埋めて 植えた木	灰を撒いて 咲いた花	隣りのお爺さんの 最後
宮城 [3]	お婆さんが川で洗たくをしているところへ赤い香箱の中に入って流れてきた	「ここ掘れワンワン」といった	小さいマツの木のそばに埋めた	枯れ木に花が咲いた	つかまって城へ連れていかれた
山形（庄内）[18]	お婆さんが川で洗たくをしているところへ手箱に入った犬が流れてきた	お金を掘った	マツの木のところで犬を焼き殺す	ボタンの花やシャクヤクの花が咲いた	縛られた
爐端できいた話 [17]	お婆さんが川で洗たくをしているところへ赤い小箱の中に入った犬が流れてきた	「ここ掘れクェンクェンクェン」といった	マツの木を植えた	枯れ木に花が咲いた	牢に入れられた
五分次郎 [19]	お爺さんが川にかけたヤナにかかった	「金掘りに行く」といい、山の奥で「ここ掘れケンケン」といった	マツの木を植えた	サクラやウメの花が咲いた	つかまった
飯豊山麓 [16]	お爺さんが川にかけたヤナにかかった	「ここ掘れクェンクェン」といった	マツの木を植えた	サクラの木にサクラの花が咲いた	さんざんたたかれ血だらけになった
下野の昔話 [4]	川で拾ってきた犬を飼っていた	「ここ掘れワンワン」といった	マツの木を植えた	枯れ木に花が咲いた	軽いつづらと重いつづらを出して選ばせたら重い方を選んだが、中からお化けが出た
武蔵の昔話 [5]	お婆さんが川で洗たくをしていたら犬の子が流れてきた	「ここ掘れ」といった	木を植えた	花が咲いた	ヒドイめにあった
信濃の民話 [13]	子供たちがイジメていた犬をお爺さんが買いとった	畑を掘りながらワンワンとないた	マツの木を植えた	サクラの木にサクラの花が咲いた	さんざんたたかれて血だらけになった
富山 [11]	お婆さんが川で洗たくをしていたら赤い小箱に入った犬が流れてきた	「ここ掘れクェンクェン」といった	マツの木を植えた	枯れ木に花が咲いた	牢に入れられた
石見の昔話 [7]	犬を飼っていた	「ここ掘れワンワン」といった	木を植えた	枯れ木にサクラの花が咲いた	殺された
飛騨の民話 [1]	子供たちがイジメていた犬をお爺さんが「みだらしだんご」ととりかえた	「ここ掘れワンワン」といった	殺して焼いただけ（木は植えていない）	ウメやサクラの花が咲いた	殿様に切られ血だらけになって家に帰ったらお婆さんに棒でたたかれた
加賀の昔話 [6]	犬を飼っていた	「ここ掘れワンワン」といった	犬を殺して焼いただけ	枯れ木に花が咲いた	ひどい罰を与えられた

—334—

I 花咲爺

地区および出典	犬との出会い	犬の行動	犬を埋めて植えた木	灰を撒いて咲いた花	隣りのお爺さんの最後
若狭の昔話[2]	犬を飼っていた	「ここ掘れ」といった	マツの木を植えた	サクラの木にのぼり、サクラの花を咲かせた	家来に殺された
中国山地の昔話[8]	犬を飼っていた	「ここ掘れ」といった	木が生えた	枯れ木に花が咲いた	お手打ちになった
伊豫の民話[14]	お爺さんが町から帰る途中で犬がついてきた	小判を掘った	裏木のところに埋めた	枯れ木に花が咲いた	家来に切られて泣きながら家に帰ってきた
讃岐の民話[15]	お爺さんが竜宮で乙姫さんから犬をもらう	お金を掘った	タケが芽を出し、それで糸車を作った	枯れ木に花が咲いた	切られた
日本の民話400選[12]	犬を飼っていた	「ここ掘れワンワン」といった	木を植えた	枯れ木に花が咲いた	牢に入れられた

B. 枯れ木に咲いた花について

　表からもわかるように、灰を撒いて咲いた花は地方によって異なり、サクラ、ウメだけでなく、ボタンやシャクヤクの花まで登場したことには驚いた。しかし、このことは、現代のようにテレビやラジオがなかった時代にはサクラよりウメの木がたくさんある地方では「パッとウメの花が咲きました」と話した方が、話を聞いている子供たちによく受け入れられたものと考えられる。昔話や民話はこのように、地方の語る人たちによって工夫され、創造された部分が含まれているものである。

　「枯れ木に花が咲いた」ということで述べなければならないことがある。昔の子供たちであっても、枯れた木には花が咲かないことは知っている。このような子供たちに「枯れ木に花が咲いた」と話をすることは、正直な者は神様も見ているのだという無言の教えを含ませていることが推定される。

　いまひとつは、サクラの花が咲いたという地方が多いが、「枯れたようなサクラの木に花が咲いた」ということになると、「このサクラの品種は何か？」ということになる。このことを考えてみると、現在ある品種からはエドヒガンと染井吉野が頭に浮かぶ。しかしながら、昔話の中に殿様が登場していることから、明治時代以降に各地に植えられた染井吉野ではない。しかも多くのサクラの品種の中にあって葉が全く見えない状態で花が咲くのはエドヒガンが目立っており、日本の各地にはエドヒガンの古木も知られていることから、エドヒガンを頭に浮かべながら「花咲爺」の昔話が創り出されたように思われる。

—335—

第5部　伝説や昔話・民話などの中にみられるサクラ

C. 花咲爺という題名について

花咲爺の昔話は江戸時代には存在したらしく、山形県から四国地方までの各地に「花咲爺」として語り継がれてきている。ところが、灰を撒いて咲いた花が、サクラ、ウメ、ボタンなどと地方によって違っていたように、「花咲爺」という題名も地方によって違っている。たとえば、「五分次郎」や「笛吹き婿」では「花咲爺（犬こむかし）」と述べられており、飯豊山の昔話では「花咲じじい」、飛騨の民話では「花咲じさま」、日本昔話集では「花咲かじいさん」、若狭・越前の民話と鼻きき甚平衛では「花咲かじい」、日本の民話では「花さかじいさん」、日本の昔話では「花咲かせ爺」、山形とんと昔（庄内）では「花咲爺」<ruby>花咲爺<rt>ハナサカジンジ</rt></ruby>などと表現されている。これらは題名から花咲爺の昔話のことであろうと推定されるし、実際、読んでみると色々な点に違いは見られるが、花咲爺の昔話であるといえる内容である。ところが、読んでみると花咲爺と同じ内容でありながら、題名からは花咲爺の昔話とは考えることができないような昔話もある。数例を挙げると由利郡鳥海村の「上の爺、下の爺」、岡山県真庭郡の「上がれやれい梨の実」、「じいさん赤べべ」。これらは代表的な例であり、他の地方にはまだあるかも知れない。参考までに「上の爺、下の爺」の昔話を引用する。

　「昔、あるところに上の爺（怠け者の爺）と下の爺（働き者の爺）がいたと。あるとき、川に魚を採るために簗をかけたと。上の爺は自分の家の前に簗をかけ、下の爺はその下流にかけたと。しかし、なんぼ待っても魚が何もかからねえ。そのうちに、上の爺の簗にヤセタ骨ばかりの黒い犬コがかかったと。上の爺は犬を見て、下の爺の簗に犬をブン投げたと。下の爺がその犬を見て、『てっぺんの爺のとこにかかっていたの、俺さところへ来たか』と言って、家に連れて行って飯を食わせたと。この犬はリコウな犬で、どこへ行くにも爺さんの後についていき、だんだんメンコクなったと。秋になり、下の爺は山へモタス（キノコの一種）を採りに、犬の黒を連れて行ったと。モタスはすぐカゴに一杯になってしまったと。黒は爺から離れたところに行って一生懸命に爺を呼んだと。『黒、俺はここにいるよ』と言っても、まだ呼んでいるかに、キノコ採りを止めて黒のところへ行ったば、土を掘れと啼くのだと。『何、掘れと、中に蜂でもいるだか』と掘ったらピカッ、ピカッと光るんで、犬と一緒に掘ってみたけな、大きい<ruby>瓶<rt>カメ</rt></ruby>があって、中に金と銀が一杯入っていたんだと。『これは大した宝物だ、黒、お前は大した物を見つけたな』と瓶を背負って家さ帰ったと。そこへ上の爺が下の爺のところへ来て、『俺の婆もキノコ採りに行ったども、お前は何を持ってきたか』という。下の爺は山から持ってきた

Ⅰ　花咲爺

金・銀の入った瓶を仏壇の前さ置いて拝んでいたときだったと。上の爺はその瓶の蓋さ勝手に取って、中を見たら金や銀がピカピカ光っていた。『お前、どこからこれ盗んできたか』と上の爺に言われて、『俺は盗んだりなんかしねえよ』と、実はこうこうして、俺の家の黒が見つけたんだと聞かへたと。したらば『俺にもその犬を貸せ』と言って黒を連れて行こうとしても黒はやだと言って行かねえだったが、無理矢理引っ張って連れて行ったと。今度は上の爺が山へ行こうと犬を引っ張ったが、犬は行かねえと叫ぶわけだ。犬を山に引っ張って行って、『ここだか、あしこだか教えれ、早く教えれ』と犬をぶったたいた。して、『ここだべ、ここでええか』と掘ったれば、かめ蜂の巣があって、上の爺の顔や手を刺した。今度は怒って、犬をぶんなぐって殺してしまったと。して穴を掘って埋めて、上に松の木植えて帰ってきたと。二日経っても三日経っても犬を戻しに来ねえもんだから『俺の家の黒を戻してけれ』と言っただども、『お前の家の黒を借りていって掘ったら、かめ蜂の巣だったんで、このとおり刺されて、はれてしまった。そこでぶっ殺して穴を掘って埋めてきた』と言ったと。下の爺は山さ行って探したら、すぐわかったと。爺がその松を育てていたら、松の木がずんずん大きくなったと。爺と婆は『その松を切って臼をこしらえて、これを黒だと思って大切にしよう』と言い臼をこしらえたと。正月の近くになって餅を搗いたらカチッ、カチッと音がして餅がだんだん固くなって銭コになったと。『黒がまたこういう物を授けてくれた。ありがたこっだ』と言っていたと。そこへ上の爺がやってきて、『ここの家はどこから銭サ持ってくるんだ、俺の家は何も食うものがねえ』と言ったと。下の爺は『お前に殺された黒の上に植えた松が大きくなったんで、臼をこしらえて餅さ搗いたら銭になったんだ』と言ったば、『その松は俺が植えたのだけ、俺が持っていく』とその臼を持っていって餅を搗いたと。なんぼ餅を搗いても銭さ出てこないと。その臼を鉈（ナタ）で打ちわって釜さくべてしまったと。下の爺さ臼取りに行ったけあ、くべてしまったいうので釜の灰（アク）を入れてもって帰ってきたと。して、家の前のスモモの木に『虫がつかないように』とその灰をかけたら、美しい花こ咲いたと。『なんと俺の家の黒はありがたいもんだ。灰になっても花になる』と上の爺に教えたと。したら、村の庄屋さんがこの話を聞いて、『俺の家の桜の木も虫がついたり枯れたりしているども、その灰さかけてみてけれ』と言ったと。下の爺あ『黒、俺のところのように花咲かせて見せてけれ』と言って灰をかけたらほんとに花が咲いたと。それから遠くの殿様もその話を聞き、殿様のお使いきて、『屋敷の中の枯れた木さ、灰かけてみれ』と言ったと。爺あ『黒、どうか、こんども咲かせてくれよ、頼むである』と言って灰かけたきゃ、花咲いた。殿様も喜んで一杯褒美けてけたと。下の爺と婆は『こんなにありがたいことはねえ』と言って笑ったと。とんぴんからり、さんしょの実」

—337—

第5部　伝説や昔話・民話などの中にみられるサクラ

「じいさん赤べべ」の話も、犬、臼、枯れ木に花咲かせ、殿様に見せることも他の花咲爺の昔話と同じであるが、欲深いじいさんが灰を撒いたら殿様の目に入ったので殿様が欲深いじいさんを滅多切りにした。欲深じいさんは赤い血を流して家に帰ってきた。欲深ばあさんが、これを遠くから眺めて、「あ、おらがじいさん褒美に赤えべべまでもらってきたと手を打って喜びました」と述べられている。

II. サクラが関係している伝説や昔話・民話などの分類

花咲爺以外に伝説や昔話や民話などの話の中にはサクラが入って語られているものがたくさんある。ここでは、その話の内容から次のように分類した。

　① サクラが神様との関係で話されていること。これには血脈桜（北海道）、タネマキザクラ（各地）などがある。

　② サクラが天皇との関係で話されていることには、根尾谷の淡墨桜（岐阜）、御所桜（佐渡）など。

　③ サクラと僧侶・武士との関係では、西行桜（各地）、秀衡桜（和歌山）など。

　④ よい結末になる話に出るサクラ：小督桜（京都）、倉見の桜（神奈川）など。

　⑤ 悲しい話に出るサクラ：おまんの桜（岐阜）、桜渕の地蔵尊（埼玉）その他。

　⑥ 墓標代わりに植えられたサクラの話：おとめ桜（福井）、稚児桜（九州）その他。

表21. 昔話や伝説に認められる挿木によるとみられるサクラ（主なもの）

樹木名	関係する人物とその由来	出　典
姥桜	空海の杖が根づく	大阪の伝説
世の中桜	弘法大師の杖が根づく	讃岐の伝説
七ツ田桜	弘法大師の杖が根づく	陸中の伝説
杖桜	法然上人の母のさした杖が根づく	岡山の伝説
墨染桜	西行法師の杖が根づく	房総の伝説
西行桜	西行法師の杖をさしたもの	信州の伝説
杖桜	西行法師の杖をさしたもの	信州の伝説
芋井の神代桜	すさのうの尊がサクラの枝をさしたもの	信州の伝説
巡礼桜	巡礼の杖が根づく	信州の伝説
イヌ桜	静御前の杖が根づく	信州の伝説
鞭立桜	高館城主の鞭をさしたもの	陸奥の伝説
謙信の逆さ桜	上杉謙信の鞭をさしたもの	上州の伝説
忠度鞭桜	忠度の鞭をさしたものが根づく	上野の伝説

—338—

⑦ 怖い話に出るサクラ：うらみのうすずみザクラ（福井）、桜婆（愛知）その他。

⑧ 動物との関係で話されているサクラ：猿嫁（新潟）、桜大名神（兵庫）その他。

⑨ 愉快な話に出てくるサクラ：塀ごしの花と鼻（佐渡）その他。

⑩ これまでの分類に入れなかったが有名になっている話：鉢の木（栃木）、桜子伝説（茨城）、十六日桜（愛媛）その他。以上、各項目とも1〜2の例を挙げるのみに止めたが、各項目の話を述べる機会があったときに、その他の話に触れることにする。

Ⅲ．伝説や昔話・民話などにみられるサクラの科学的検討

　伝説、昔話といわれるものが我々の周囲には数多く存在している。とくに現代のようにテレビ、ラジオなどがなかった頃の子供たちにとっては、秋、冬期の長い夜に聴く昔話は、幻想の世界や楽しい世界、ときには恐怖の世界に導いてくれるものであった。また、この昔話をする大人にとっては、子供たちとの心のふれあいをするまたとない機会でもあった。このような長い夜の親と子、あるいは大人と子供との対話は、古くからの伝統を伝えることに役立つとともに、ときには空想に満ちた新しい作り話が創造されることがあった。現代社会では、テレビ、ラジオ、その他、数多くの方法によって子供たちの耳に情報が届けられている。このような中にあって、残っている伝説や昔話には、残されるだけの魅力がその中に含まれているからである。そして、この昔話を聴く子供たちの真剣なまなざしには、子供たちがその話を理解し、その中に融け込んでいる姿がある。そして、その伝説や昔話・民話を調べてみると、表で示したように「杖をさしたら根づいた」、「鞭をさしたのが根づいた」という話が各地に伝えられている。ここでは伝説や昔話に出てくる、このようなサクラに科学的な立場から合理性があるかどうかを検討することにした。

A．十六日桜と御会式桜について

　十六日桜は、吉平桜、初桜などとも呼ばれているが、小泉八雲（ラフカディオ・ハーン）によって「孝子桜」として世界に紹介されたサクラでもある。その話は花の大好きなお爺さんが、死期が近づいたことを知り、「死ぬ前に庭の桜が咲いているのを一目でよいから見たい、見れば浮き世に思い残すことはない」と、その子吉平に話したところ、1月15日、吉平は井戸端で氷りつくような井戸水を頭からかぶり、サクラの木の下に行っ

第5部　伝説や昔話・民話などの中にみられるサクラ

て「神様、どうか花を咲かせて一目でもよいからお父さんに見せて下さい」と一心に
祈り続けた。お祈りを続けているうちに、いつの間にか夜が明けたので目を開けると、
親孝行の息子の熱意が通じたのか、目の前にあるサクラに一杯花が咲いていた。喜ん
だ吉平はお父さんを背負ってお花見をさせた。このサクラはその後、毎年1月16日（現
在の2月16日）には花が咲くという。このことから「十六日桜」や「孝子桜」と呼ば
れるようになった。昔あった十六日桜は枯れたが、近くの天徳寺、竜穏寺にはそのヒ
コバエがある。ソメイヨシノしか知らない人には、この話は作り話のように思われる
かもしれないが、十六日桜を現在の自然科学の立場から検討を加えた場合、いまの2
月16日頃に咲いたといわれているが、現在は沖縄で1月15日頃から緋寒桜が咲き、2月
には伊豆半島南端で河津桜が咲くが、寒桜類も開花する。また、10月と12月に開花す
る十月桜と冬桜も12月末からの低温で開花を休むが、1月末から2月上旬に気温が高い
ときには四国地方では2月16日に開花が見られるかもしれない。ヤマザクラにも超早
咲品種があることなどから、2月16日にサクラが咲くことは科学的には起こりうるこ
とであり、作り話とは言い切れない。長基は十六日桜は「白寒桜」であると述べている。
　次に東京都大田区の池上本願寺にある「御会式桜」について。このサクラは日蓮上
人がこの池上本門寺で、1282年10月に入滅（死去）されたが、その翌年から十月にな
ると、庭に植えてあったサクラが開花するので、「御会式桜」と名付けられた。十月
に開花するサクラは現在は「十月桜」と呼ばれている品種がある。御会式桜が十月桜
であるかどうかを確認するために、1990年頃に池上本門寺を訪れて調べたところ、十
月桜であることが確認された。

B. 杖桜、鞭桜などができる可能性について

　杖桜や鞭桜は、杖や鞭に使っていたサクラの枝を挿したら根づいたことを示してい
るが、サクラだけでなく、マツ、ウメ、カシワ、ヒイラギ、イチョウ、ヤナギ、タケ、
カキ、その他の植物の枝からも発根したという話が伝えられている。このようなこと
が本当に起こったのであろうか？　挿木をして植物を殖やすことができることは誰で
も知っている。だが、サクラは接木がほとんどで、挿木は余り行なわれていない。マ
ツ、イチョウ、タケ、その他の挿木も簡単に成功するのであろうか？　という疑問は
一般の人たちだけでなく、生物学の研究者も考えることである。ところが、実際に挿
木を行なってみると、木本性のサクラ、ヤナギだけでなく、挿木の時期に注意すれば、
タケ、トウモロコシ、イネなどでも発根させることができる。サクラも発根率は極め
て低いが、各品種とも挿木によって個体を殖やすことができる。小豆島の八十八か所

Ⅲ　伝説や昔話・民話などにみられるサクラの科学的検討

の霊場に筆者が寄贈したサクラの苗木は、どの品種も挿木をして殖やした個体である。シダレザクラのように枝が細い品種は挿木の成功率は低い。このような成功率から考えるとき、「この戦いに勝ったときには、この杖が新しい芽を吹くだろう」と家族に言って戦場にでかけた武将の言葉には意味がある。サクラの挿木が100％成功するのであれば、このような昔話は作られなかったであろう。挿木の成功率が20〜30％以下と低く、稀に挿木が成功するからこそ、戦勝祈願の意味がある。次に、武将たちが挿したサクラの枝について記述してみる。

　武将たちは馬に乗って戦場に行く場合が多いことから、杖より鞭であろうと思う。一方、サクラは元気よく生育しているときには、1年に直径1cmほどで2m近くも新梢（シンショウ）を伸ばすことから、乗馬のときに用いる鞭には最適の太さと長さである。それに加えて、古くからサクラは占いの木、神の木といわれたことから考えると、サクラの枝を持って戦場に行くことは神様と一緒ということになる。また、時々、杖や鞭を取り替えた、というが、それほど日本の各地にはヤマザクラやエドヒガンがたくさん生えていたことを推定させる。最後に、挿木をしたときには毎日潅水するはずだが、昔の武将はサクラの枝を挿して、毎日潅水はしていないはずなのに、それで挿木が成功するのかという疑問が生ずる。これには、杖や鞭をどこに挿したのかということを考えなければならない。西行や弘法大師、武将たちが挿したというサクラは、九州、四国などに比べて長野県には非常に多く、次いで群馬、栃木、福島県などが多い。このことは九州、四国地方は土地が乾燥しやすいうえに気温が高いためだろうと推定している。

　このように考えていた2002年7月に、長野県の軽井沢に行く機会があり、そこでサクラの挿木を試みた。そのとき、枝を折ってそのまま挿したのだが、翌朝は潅水しなくても土は湿っており、挿した枝につけておいたサクラの葉は一枚も萎れていなかった。この年は東京では35℃の日が続いていた時期である。そのサクラの挿木はそのまま放置しておいたが、翌年8月に行ってみると、すべてが発根していた。その後の調査でわかったことは、長野県、群馬県などの山地では、東京などの平野地に比べて森が多いので土地が日陰になっているところが多く、朝露で地面が降雨の後のように湿っている。それだけでなく、真夏でも2〜3日に1回は夕立がある。このような条件に加えて、平野地より気温が低いことも挿木が成功する要因になっている。2010年8月にも東京では40日間もほとんど雨が降らず、35℃ほどの日が続いていたのに、関東地方の北部は毎日のように夕立があったときがあった。このような事実から、杖桜、鞭桜などとして現在まで語り継がれている伝説や昔話などは、全く空想に基づいたものだけでなく、科学的にも説明できる話もある。つまり、杖や鞭を挿した場所とその時期によっては、毎日潅水しなくても、その杖や鞭が発根することができることを筆者の実験と調査結果が示している。

引 用 文 献

1) 足立区史談会　1978. 足立区の歴史. 名著出版, 東京.
2) 足立区史談会　1978. 東京史跡ガイド（21）. 学生社, 東京.
3) 相賀徹夫　1986. 日本の文様の4. 桜. 小学館, 東京.
4) 相関芳郎　1981. 東京のさくらの名所　今昔. 郷学舎, 東京.
5) 天野藤男　1916. 花と人生. 洛陽堂, 東京.
6) 安藤隆夫　1986. 東京の四季. 農村漁村文化協会, 東京.
7) 荒垣秀雄　1983. 花の友 No.17：5～12.
8) 荒垣秀雄ら　1988. 四季 花ごよみ. 講談社, 東京.
9) 朝日新聞社　1947. 生き返った染井桜. 朝日新聞　昭和22年4月11日.
10) 足田輝一　1985. 樹の文化誌. 朝日新聞社, 東京.
11) 足田輝一　1996. 植物ことわざ事典. 東京堂出版, 東京.
12) 芦田正次郎ら　1978. 東京史跡ガイド（17）, 北区史跡散歩. 学生社, 東京.
13) 團 伊玖磨　1999. 私の日本音楽史. 日本放送協会, 東京.
14) 動植物企画委員会　1996. 日本人が作り出した動植物. 裳華房, 東京.
15) ダビッド・フェアチャイルド　1932. 桜 14号：15～21.
16) 藤沢衛彦　1936. 桜 17号：20.～31.
17) 藤山宗利　1939. 桜 20号：23～28.
18) 麓 次郎　1985. 四季の花事典. 八坂書房, 東京.
19) 船津静作　1921. 桜 4号：62～66.
20) 船津金松　1966. 採集と飼育 28（4）：95.
21) 蒲生正男ら　1969. 文化人類学. 有斐閣, 東京.
22) 芸能史研究会 編　1970. 日本の古典芸能 5. 茶・花・香 寄合の芸能. 平凡社, 東京.
23) 郷野不二男　1978. 桜と伝説. ジャパン, パブリッシャーズ, 東京.
24) 萩野三七彦ら　1979. 世田谷区の歴史. 名著出版, 東京.
25) 林 英夫　1977. 豊島区の歴史. 名著出版, 東京.
26) 林 陸朗ら　1978. 渋谷区の歴史. 名著出版, 東京.
27) 林 善茂　1969. アイヌの農耕文化. 慶友社, 東京.
28) 平野栄次　1979. 東京史跡ガイド（9）品川史跡散歩. 学生社, 東京.
29) 平沢平四郎　1986. 花を食べる. 花の友 26：7～11.
30) 広江美之助　1974. 花の歴史. 万葉　源氏編 1. 自然史刊行会, 京都.
31) 広江美之助　1976. 桜と人生. 明玄書房, 東京.
32) 広江美之助　1990. 京都 祭と花. 青菁社, 京都.
33) 平泉 澄　1928. 桜 10号：38～44.
34) 北条明直　1978. いけ花のデザイン. 至文堂, 東京.
35) 本田正次ら 編　1974. 日本のサクラ. 誠文堂新光社, 東京.
36) 本田正次　1975. 岡田・本田・佐野 1975. 桜大鑑 より引用.
37) 本田正次　1982. 日本自身 No.23：50～52.
38) 本田正次　1988. 植物のおもしろさ. 朝日新聞社, 東京.
39) 星 旭　1971. 日本音楽の歴史と鑑賞. 音楽の友社, 東京.
40) 細田隆善　1978. 東京史跡ガイド（8）学生社, 東京.
41) 市川誠司　1935. 桜 17号：37～39.
42) 今井金吾 校注　1973. 江戸名所花暦（岡山鳥）. 八坂書房, 東京.
43) 今井徹朗　1972. 花ものがたり 続・花の歳時記. 読売新聞社, 東京.
44) 稲葉 博　1978. 郷土史事典, 神奈川県. 昌平社, 東京.
45) 入本英太郎　1979. 東京史跡ガイド 葛飾区の歴史. 名著出版, 東京.
46) 入田整三　1938. 桜 19号：4～7.
47) 井下 清　1919. 桜 2号：75～78.
48) 井下 清　1927. 桜 9号：30～33.
49) 井下 清　1928. 桜 10号：115～122.
50) 居初庫太　1970. 花の歳時記. 淡交社, 京都.
51) いわき節人　1979. 太陽 No.197：55～58.
52) 岩﨑文雄　1982. 花の友 No.16：36～37.
53) 岩﨑文雄　1983. 花の友 No.17：52～54.
54) 岩﨑文雄　1983. 花の友 No.18：42～44.
55) 岩﨑文雄ら　1984. 農業及園芸 59（10）：1291～1293.
56) 岩﨑文雄　1985. 農業及園芸 60（11）：1431～1432.
57) 岩﨑文雄ら　1986. 農業及園芸 61（10）：1219～1221.
58) 岩﨑文雄　1986. 採集と飼育 48（9）：403～405.

引用文献

59) 岩﨑文雄ら　1987. 農業及園芸 62（1）：65〜66.

60) 岩﨑文雄ら　1988. 農業及園芸 63（4）：551〜552.

61) 岩﨑文雄ら　1989. 農業及園芸 64（1）：73〜75.

62) 岩﨑文雄　1989. ガーデンライフ 252号

63) 岩﨑文雄　1989. 筑波大学　農林技術センター研究報告 第1号：85〜103.

64) 岩﨑文雄　1990. 筑波大学　農林技術センター研究報告 第2号：95〜106.

65) 岩﨑文雄　1990. 筑波大学　農林技術センター研究報告 第2号：107〜125.

66) 岩﨑文雄　1991. 筑波大学　農林技術センター研究報告 第3号：81〜93.

67) 岩﨑文雄　1991. 筑波大学　農林技術センター研究報告 第3号95〜110.

68) 岩﨑文雄　1991. 桜の科学 №1：63〜72.

69) 岩﨑文雄ら　1992. 桜の科学 №2：1〜15.

70) 岩﨑文雄ら　1993. サクラに関する文献目録　文教社，東京.

71) 岩﨑文雄　1993. 桜の科学 №3：1〜11.

72) 岩﨑文雄　1993. 桜の科学 №3：44〜46.

73) 岩﨑文雄　1994. 桜の科学 №4：47〜48.

74) 岩﨑文雄　1994. 桜の科学 №4：49〜50.

75) 岩﨑文雄　1994. 桜の科学 №4：36〜44.

76) 岩﨑文雄　1995. 桜の科学 №5：29〜37.

77) 岩﨑文雄　1996. 動植物企画委員会　1996.　日本人が作り出した動植物より引用.

78) 岩﨑文雄　1998. 桜の科学 №6：18〜37.

79) 岩﨑文雄　1998. 桜の科学 №6：38〜40.

80) 岩﨑文雄　1999. 染井吉野の江戸・染井発生説. 文教社，東京.

81) 岩﨑文雄　2000. 桜の科学 №7：40〜41.

82) 香川益彦　1937. 桜 18号：49〜50.

83) 香川時彦ら　1943. 桜. 晃文社，京都.

84) 金山正好　1979. 東京史跡ガイド②. 学生社，東京.

85) 環境庁 編　1991. 日本の巨樹・巨木. 環境庁，東京.

86) 勧修寺経雄　1926. 桜 8号：42〜51.

87) 片岡琴湖　1930. 桜 12号：78〜81.

88) 加藤常吉　1938. 桜 19号：23〜29.

89) 川口謙二　1982. 花と民俗. 東京美術，東京.

90) 川崎哲也　1993. 日本の桜. 山と渓谷社，東京.

91) 片桐義子　1994. 花療法. 東京新聞社，東京.

92) 川添 登　1979. 東京の原風景　ＮＨＫブックス，日本放送出版協会，東京.

93) 川添 登ら　1979. 植木の里. ドメス出版，東京.

94) 木下秀男　1992，1993. 見る・読む・わかる　日本の歴史　①，②，③，④. 朝日新聞社，東京.

95) 北沢高純　1970. 茶の話. 新日本の顔社，国立市.

96) 小林義雄　1984. 花の友 20：16〜18.

97) 小林義雄　1986. 栗田・久保田ら　1986. これだけは見ておきたい桜．より引用.

98) 小泉源一　1912. 植物学雑誌 26（305）：145〜146.

99) 小森隆吉　1978. 台東区の歴史. 名著出版，東京.

100) 小森隆吉　1984. 江戸　東京歴史読本. 弘文堂，東京.

101) 古茂田信男ら　1997. 日本流行歌史. 社会思想社，東京.

102) 講談社 編　1990. 日本全国花の名所，名木案内. 講談社，東京.

103) 古関裕而　1997. 日本図書センター，東京.

104) 小清水卓三　1970. 万葉の草・木・花. 朝日新聞社，東京.

105) 久保田秀夫　1982. 日本の花の会　1982. サクラマニュアルより引用.

106) 久保田 滋ら　1971. 日本花道史. 光風社書店，東京.

107) 倉林正次　1972. 日本の民俗. 第一法規出版，東京.

108) 黒板勝美　1920. 桜 3号：13〜23.

109) 黒板勝美　1940. 桜 21号：6〜11.

110) 栗田 勇ら　1986. これだけは見ておきたい桜. 新潮社，東京.

111) 前川文夫　1995. 植物入門. 八坂書房，東京.

112) 牧野和春　1978. 桜の精神史. 牧野出版，東京.

113) 牧野和春　1994. 桜伝奇. 工作社，東京.

114) 丸山利雄　1985. 花の友 №24：27〜29.

115) 松田 修　1976. 古典の花. 蝸牛社，東京.

116) 松田 修　1982. 花の文化史. 社会福祉法人，埼玉福祉会，埼玉.

117) 松田 修　1982. 別冊るるぶ，花咲く寺の旅. 日本交通公社　出版事業局，東京.

118) 松田 修　1971. 植物世相史. 社会思想社，東京.

119) 松本和也　1977. 東京史跡ガイド 台東区史跡散歩. 学生社，東京.

120) 松崎直枝　1939. 桜 20号：4〜9.

121) 明治大学 地方史研究所　1962. 伊豆下田. 明治大学地方史研究所，東京.

122) 三田村鳶魚　1957. 四季の生活. 青蛙房，東京.

123) 三田村鳶魚　1981. 江戸年中行事. 中央公論社，東京.

124) 宮尾しげを 監修　1969. 東京名所図会. 睦書房，東京.

125) 宮沢文吾　1940. 花卉園芸. 八坂書房，東京.

126) 宮沢文四郎　1985. 庭木の民俗誌. 銀河書房，長野市.

127) 三好 学 1918. 桜 1号：5〜18.
128) 三好 学 1919. 桜 2号：2〜13, 57〜63.
129) 三好 学 1921. 桜 4号：2〜34.
130) 三好 学 1923. 桜 6号：1〜7.
131) 三好 学 1925. 桜 7号：24〜30.
132) 三好 学 1926. 伊佐沢の久保桜. 天然記念物調査報告. 植物之部 第6輯 桜の報告書.
133) 三好 学 1928. 桜 10号：11.
134) 三好 学 1929. 桜 11号：40〜41.
135) 三好 学 1933. 桜. 富山房, 東京.
136) 森 蘊 1988. 日本史小百科. 東京堂出版, 東京.
137) 名越那珂次郎 1937. 桜 18号：1〜16.
138) 永峰光寿 1922. 桜 5号：83〜85.
139) 永峰光寿 1926. 桜 8号：52〜53.
140) 永峰光寿 1931. 桜 13号：75〜81.
141) 中村輝子 1995. 桜の科学 5号：29〜37.
142) 中野区史跡研究会 1978. 東京史跡ガイド⑭. 学生社, 東京.
143) 永井路子 1976. 井上 靖・串田孫一監修 1976. ふるさとの旅路 日本の叙情 5より引用.
144) 中尾佐助 1976. 栽培植物の世界. 中央公論社, 東京.
145) 中尾佐助 1984. 花の文化史. 日本の美学, ペリカン社, 東京より引用.
146) 中尾佐助 1986. 花と木の文化史. 岩波書房, 東京.
147) 永田 洋ら 1982. 森林文化 3 (1)：77〜93.
148) 西 良祐 1976. 鉢もの. 盆栽タブー集. 講談社, 東京.
149) 西山松之助 1969. 花—美への行動と日本文化——. 日本放送出版協会, 東京.
150) 西山松之助 1978. 花—未発の密度——. 講談社, 東京.
151) 西山松之助 1984. 花と江戸文化. ペリカン社, 東京より引用.
152) 西山松之助 1985. 花と日本文化 (西山松之助 著作集 第8巻). 吉川弘文館, 東京.
153) 西山松之助 1986. (相賀 1986. 日本の文様 4. 小学館, 東京) より引用.
154) 日本花の会 1982. サクラマニュアル. 日本花の会, 東京.
155) 日本の伝説 №1〜50巻. 角川書店, 東京. 日本各地の伝説 (6冊). 1973〜1976. 第一法規出版, 東京. 日本の民話 1976. 栃の葉書房, 鹿沼市.
156) 沼田 眞ら編 1982. 東京の生物史. 紀伊国屋書店, 東京.
157) 沼田頼輔 1928. 桜 10号：45〜49.
158) 沼田頼輔 1929. 桜 11号：8〜12.
159) 小川和佐 1993. 桜と日本人. 新潮社, 東京.
160) 岡部作一 1928. 桜 10号：112〜114.
161) 岡田章生ら編 1968. 日本の歴史 第1巻. 読売新聞社, 東京.

162) 岡山 鳥ら 1973. 江戸名所花暦 (復刻版) 八坂書房, 東京.
163) 岡沢慶三郎 1930. 桜 12号：71〜75.
164) 大井シノブ編 1976. いけばな辞典. 東京堂出版, 東京.
165) 大森志郎 1972. 植物と文化 第4号：69〜78.
166) 大村 裕 1928. 桜 10号：98〜101.
167) 大阪市立美術館 編集 1999. 役行者と修験道の世界——山岳信仰の秘密——. 毎日新聞社, 東京.
168) 大田洋愛 1980. さくら. 日本書籍, 東京.
169) 大都直光 1990. 国花さくら. 暁印書館, 東京.
170) 歴史学研究会・日本史研究会 編著1984. 講座 日本歴史 ①. ②. 東京大学出版会, 東京.
171) 斎藤正二 1975. 日本人と植物・動物. 雪華社, 東京.
172) 斎藤正二 1977. 日本の自然と美 (5) 花 花の思想史. ぎょうせい, 東京.
173) 斎藤正二 1979. 植物と日本文化. 八坂書房, 東京.
174) 斎藤正二 1980. 日本人とサクラ. 講談社, 東京.
175) 坂口弘之 1999. 日本芸能史. 昭和堂, 京都.
176) 坂本祐二 1977. 蓮. 法政大学出版局, 東京.
177) 桜井 満 1974. 花の民族学. 雄山閣, 東京.
178) 桜井 満 1984. 万葉の花. 雄山閣, 東京.
179) 桜井正信 1980. 東京江戸 今と昔. 八坂書房, 東京.
180) 桜井正信 1984. 東京に生きる江戸. 光村図書出版, 東京.
181) 佐竹義輔ら編 1974. 牧野富太郎：植物記 ⑤. あかね書房, 東京.
182) 佐藤 昇 1979. 渋谷区史跡散歩. 学生社, 東京.
183) 佐藤太平 1937. 桜と日本民族. 大東出版, 東京.
184) 重森三玲 1947. 挿花の鑑賞. 富書店, 京都.
185-1) 下中邦彦編 1960. 風土記 日本 (第4巻). 平凡社, 東京.
185-2) 品川 実 1994. 桜. 実業之日本社, 東京.
186) 篠田 続 1970. 増訂 米の文化史. 社会思想社, 東京.
187) 杉本寛一 1931. 桜 13号：96〜99.
188) 杉並郷土史会 1978. 杉並区の歴史. 名著出版, 東京.
189) 墨田区役所 1978. 墨田区史前史. 墨田区役所, 東京.
190) 鈴木 馨ら 1977. 東京史跡ガイド㉓. 学生社, 東京.
191) 鈴木理生 1978. 千代田区の歴史. 名著出版, 東京.
192) 高橋千劔破編 1989. 花の日本史. 新人物往来社, 東京.

引用文献

193）高橋千劔破 編　1995．花と樹木ものしり百科．新人物往来社，東京．

194）高橋源一郎　1923．桜6号：41～44．

195）高橋城司　1931．桜13号：100～110．

196）高橋庄介　1978．東京史跡ガイド④．学生社，東京．

197）高野 澄　1989．高橋編 1989．花の日本史．より引用．

198）高島平三郎　1919．桜2号：14～24．

199）高柳金芳　1984．隅田川と江戸庶民の生活．国鉄厚生事業協会，東京．

200）竹村俊則　1996．京の名花・名木．淡交社，京都．

201）竹中 要　1962．遺伝16（4）：26～31．

202）竹中 要　1962．植物学雑誌75：278～287．

203）竹中 要　1965．植物学雑誌78：319～331．

204）田村 剛　1920．桜3号：63～68．

205）田村 剛　1968．作庭記．相模書房，東京．

206）田中正能　1973．田村の桜 紅枝垂集録．三春孔，福島県三春町．

207）俵 元昭　1979．港区の歴史．名著出版，東京．

208）戸川残花　1919．桜1号：38～40．

209）徳永重元　1961．サクラの起源．読売新聞3月25日版．

210）東京都造園建設協同組合 編　1979．緑の東京史．思考社，東京．

211）豊島区 郷土資料館　1985．駒込・巣鴨の園芸史料．豊島区教育委員会，東京．

212）豊島区 郷土資料館　1986．生活と文化．豊島区 郷土資料館，東京．

213）坪谷水哉　1925．桜7号：46～54．

214）坪谷水哉　1931．桜13号：44～48．

215）塚本洋太郎 ら　1982．花と木の文化 桜．家の光協会，東京．

216）塚本洋太郎　1985．私の花 美術館．朝日新聞社，東京．

217）上田三平　1928．桜10号：53～57．

218）上野実朗　1989．植物文化誌．風間書房，東京．

219）渡辺義雄　1988．写真紀行 日本の城．集英社，東京．

220）綿谷 雪　1973．江戸名所100選．秋田書店，東京．

221）矢吹葉人　1930．桜12号：82～85．

222）矢田挿雲 編　1966．江戸から東京へ 第4巻．芳賀書房，東京．

223）山田宗睦　1976．桜史疑．季刊 アニマ，平凡社 さくら．より引用．

224）山田宗睦　1982．花の友15：10～12．

225）山田宗睦　1989．花古事記――植物の日本誌――．八坂書房，東京．

226）山田孝雄　1919．桜2号：25～34．

227）山田孝雄　1920．桜3号：30～45．

228）山田孝雄　1922．桜5号：11～22．

229）山田孝雄　1930．桜12号：8～22．

230）山田孝雄　1941．桜史．桜書房，東京．

231）山口キミエ　1933．桜15号：23～25．

232）山本和夫　1977．東京史跡ガイド⑩．学生社，東京．

233）山本純美　1978．墨田区の歴史．名著書版，東京．

234）山崎青樹　1981．草木染の事典．東京堂出版，東京．

235）山崎しげる　1995．高橋 編 1995．花と樹木ものしり百科．より引用．

236）柳 宗民　1986．園芸百科．筑摩書房，東京．

237）安田 勲　1982．花の履歴書．東海大学出版会，東京．

238）吉田文俊　1918．桜1号：28～32．

239）吉田　1984．花の友26：28～31．

240）吉原健一郎　1978．江戸の花見．小学館，東京．

241）吉原健一郎　1978．江戸の情報屋 幕末庶民史の側面．日本放送出版協会，東京．

242）吉村武夫　1976．大江戸趣味風流名物くらべ．西田書店，東京．

243）湯浅 明　1948．日本植物学史．研究社，東京．

244）湯浅 明　1978．生物学者と四季の花．めいせい出版，東京．

245）湯浅 明　1992．いま花について．ダイヤモンド社，東京．

246）湯浅光朝　1950．解説 科学文化史年表．中央公論社，東京．

247）大井上 康　1949．新栽培技術の理論的体系．全国食糧増産同志会，東京．

248）海老原 治　1988．戦後 日本教育理論小史．国土社，東京．

249）石井 進 監修　1997．立体復原 日本の歴史 下巻．新人物往来社，東京．

250）田村 剛　1919．桜2号：46～50．

251）印南和磨　2004．桜は一年中 日本のどこかで咲いている．河出書房新社，東京．

252）岡村比都美　春日部市粕壁在住．

253）安藤 潔　2004．桜と日本人．文芸社，東京．

254）前田曙山　1915．明治年間花卉園芸私考．有明書房，東京．

※内容の文を削除しないで頁数を少なくするために，色々なところで他の著書では見られないような編集を行なった．引用文献でも原著の文を探せる程度に短縮させたことをご了承されたい．

お わ り に

　サクラ……この花はどうしてこのように日本人を惹きつける魔力にも似たものを持っているのであろうか？　筆者は55歳頃までは、サクラは多くの花の中の一つの花としか考えていなかった。ところが、その頃から「日本花の会」に依頼されてサクラの研究をすることになり、気がついたら一年中「サクラ、サクラ」で暮れていた。このようにサクラのことに没頭して、日本中のサクラの名所はもちろん、ヨーロッパの国々に植えられている日本のサクラまで見て廻っただけでなく、国会図書館を初め、東京都立、区立の図書館、東京大学、筑波大学などの図書館にある著書の中のサクラという文字を探し求め続けている自分を省みて、遂にサクラに魅せられた日本人の一人になったという想いで一杯である。このことからこれまでに見聞したサクラと日本人との関係を、花の文化という視点に立って『サクラの文化誌』として文化系・理科系の両面から自分なりに取り纏めてみた。

　文献を集め始めてから30年以上、それを文章化してからも15年ほどの歳月が過ぎて、漸く21世紀の人たちに残したい内容として取り纏めることができた。しかし、まだ満足できる内容であるとは思っていない。それほどサクラと日本人との関係は奥が深いのである。それとともに、サクラを初めとする花卉類を中心とする花の文化の繁栄には、何よりも平和な世の中が最も大切であることを一層明確に意識することができた。

　最後に、このサクラに関する研究には妻（美智子）の少なからぬ協力によって完成されたことも述べておきたい。妻・美智子は筆者が染井吉野の研究に入ったときには、自動車の助手席に座って伊豆半島・房総半島の野生のサクラの発見に協力した。『サクラの文化誌』の文章が確定した後は、70歳の手習いでパソコンの使用法を独学で身につけて協力してくれた。『サクラの文化誌』を完成させてみると、『サクラの文化誌』だけでなく、筆者は30年ほどの在職中に200編以上の研究結果を発表したが、研究者の業績も夫婦円満と楽しい家庭こそが大切な条件であることが分かった。

　　　── 散るサクラ　残るサクラも　散るサクラ　　（良寛）──

　　　　　　　　　　　　　　　　　　　　　　　　　　岩﨑　文雄

染井吉野の
江戸・染井発生説

元筑波大学農林学系　教授
農　学　博　士

岩　﨑　文　雄　著

資料編

序

　著者が1991年に「ソメイヨシノの江戸・染井発生説」を提唱してから10年近くの歳月が過ぎ，世の中も20世紀から21世紀に移る日が目前に迫っている。
　著者は学説を発表した後も，自説に対する見落した反対意見の文献や，サクラの研究家の反応を探がし求めて来たのであるが，著者の「江戸・染井発生説」を否定する見落された文献はまだ発見できなかった。また，サクラの研究家による反対意見も全く認められない。
　このようなことから，これ迄は一般には知られていない研究報告誌の数冊に「ソメイヨシノの起源に関する研究」として掲載されていた論文を一冊の著書として纏めて発行することにした。
　なお，とり纏めに際して，学説の公表後に知りえたソメイヨシノについての知見や、研究発表誌では頁数の関係から削除せざるをえなかった事項も加筆することにした。

1999年2月5日の誕生日に
岩﨑文雄

ソメイヨシノ（新潟県・弥彦神社）。

も　く　じ

はじめに

Ⅰ．ソメイヨシノの起源に関する諸文献の調査 …………………………………… 1
　緒　　言
　調査方法
　調査結果および考察
　A．ソメイヨシノの出現とその研究史 ………………………………………… 2
　　1．ソメイヨシノの出現
　　2．ソメイヨシノの命名
　　3．ソメイヨシノの研究史
　B．ソメイヨシノの発生地についての諸学説 ………………………………… 6
　　1．伊豆大島発生説
　　2．済州島発生説
　　3．ソメイヨシノの雑種説の台頭
　　4．伊豆半島発生説
　　5．伊豆半島発生説についての疑問点

Ⅱ．伊豆半島発生説の疑問点解明に関する社会科学的調査 ………………… 14
　A．江戸時代の世相と伊豆半島の状態について ………………………………… 14
　B．小石川植物園の入口近くにあるソメイヨシノの老樹について………… 19
　C．船津静作メモの存在とその信頼性…………………………………………… 28
　　1．船津静作のメモについて
　　2．船津静作のサクラの研究上の業績について
　　3．船津静作が染井の植木屋にソメイヨシノの来歴を尋ねた
　　　　可能性について
　　4．船津静作がメモで伊藤某として人物を特定していないことについて
　D．西福寺の住職の調査と庶民などの証言 ………………………………… 33
　　1．西福寺の住職の調査と証言
　　2．庶民の証言
　　3．郷土史研究家の記述

Ⅲ．伊豆半島発生説の疑問点解明のための自然科学的研究 ………………… 39
　A．ソメイヨシノとその近縁種の生態学的研究 ……………………………… 39

緒　　言

実験材料

実験方法

　1．開花開始日と開花終了日

　2．開花時期の気温の調査

　3．メシベの枯死状態

　4．訪花昆虫の調査

実験結果および考察

　1．開花時期について

　　　上野公園および東京都内各地のソメイヨシノの開花時期

　2．開花時期の気温の変化

　3．メシベの枯死状態

　4．訪花昆虫について

　5．生態学的立場からみたソメイヨシノの母親

　6．生態学的立場からみたソメイヨシノの伊豆半島発生説の成立の可能性

B．ソメイヨシノとその近縁種の形態学的研究　……………………………　50

緒　　言

実験材料

実験方法

　1．冬芽の色と枝への着生状態

　2．腋芽の発育に伴う重さの変化

　3．葉の形質の調査

　4．花器の特性調査

　5．紅（黄）葉の葉色および落葉時期

　6．花粉粒の形態的特性の調査

実験結果

　1．形態形質について

　　a．オオシマザクラ系とエドヒガン系の形質の比較

　　　イ．冬芽の色と枝への着生状態について

　　　ロ．腋芽の発育に伴う重さの変化について

　　　ハ．葉の形態について

　　　ニ．葉の色について

　　　ホ．蕾の色について

　　　ヘ．開花型について

　　　ト．花器の形質について

　　　チ．花梗長について

リ．紅（黄）葉の時期と葉色および落葉時期について

　　b．ソメイヨシノとオオシマザクラおよびエドヒガンとの形質の比較

　　c．ソメイヨシノとその類似品種との間の形質の比較

　　d．ソメイヨシノとイズヨシノとの形質の比較

　2．花粉粒の形態について

　　a．大小花粉粒の存在について

　　b．電子顕微鏡による花粉粒の形態の比較

　3．上野公園，小石川植物園などのソメイヨシノの花器，花粉粒の特性

考　　察

　1．形態形質からみたソメイヨシノとエドヒガンおよび

　　　オオシマザクラの類似性とソメイヨシノの両親の持つべき特性

　2．ソメイヨシノとその類似品種との間の諸形質の比較

　3．形態学的立場からみたソメイヨシノの両親および母親について

C．ソメイヨシノとその近縁種の2〜3の生理的・遺伝的特性　…………　70

緒　　言

実験材料

実験方法

　1．自殖性，結実性の調査

　2．花粉稔性と花粉発芽の特性について

　3．花粉発芽率の調査

　4．薬剤抵抗性

　5．アイソザイム法による特性調査

実験結果および考察

　1．自殖性，結実性について

　2．花粉稔性，花粉発芽の特性について

　3．薬剤抵抗性について

　4．アイソザイム法による類似性の検討

　　a．ソメイヨシノの両親の推定に関する実験

　　b．ソメイヨシノとその類似品種との間にみられたザイモグラムについて

　　c．ソメイヨシノとアマギヨシノおよびイズヨシノにみられたザイモグラム

　　d．東京都内各地のソメイヨシノのザイモグラムについて

D．ソメイヨシノとその近縁種の野生状態について　………………………　84

緒　　言

調査地域と調査方法

調査結果および考察

　1．サクラの野生および栽植状態について

ａ．伊豆半島

　　　ｂ．三浦半島（鎌倉を含む）

　　　ｃ．房総半島

　　２．調査地域のオオシマザクラの特性について

Ⅵ．ソメイヨシノの江戸・染井発生の可能性について　………………………　99

　緒　　言

　　　ソメイヨシノの江戸・染井発生説が成立するための条件

　調査方法

　調査結果および考察

　Ａ．江戸においてオオシマザクラの存在が認められた時期について　……　100

　Ｂ．オオシマザクラの江戸への搬入の方法とその経路について　…………　101

　Ｃ．櫻小路について　………………………………………………………　103

　Ｄ．ソメイヨシノが人為交雑個体と推定される事例について　……………　105

　Ｅ．ソメイヨシノの交雑と育成に関与した人物について　…………………　106

　Ｆ．ソメイヨシノの発生地について　………………………………………　109

　　　（染井吉野の江戸・染井発生説の提唱）

　Ⅴ．引用文献　………………………………………………………………　110

　Ⅵ．付記　………………………………………………………………………　117

　ソメイヨシノをめぐる諸問題

　Ａ．ソメイヨシノをめぐる社会的背景　……………………………………　117

　　ａ．観桜の史的変遷

　　　１．江戸時代の観桜とサクラの栽植の実情

　　　２．明治時代以降のソメイヨシノ

　　　３．軍国主義の波に乗せられて

　　ｂ．ソメイヨシノの出生が不明だった理由

　Ｂ．現在のソメイヨシノの問題点　…………………………………………　120

　　ａ．ソメイヨシノの品種分化の現状

　　ｂ．ソメイヨシノとヒゴヨシノ・ミドリヨシノとの関係について

　　ｃ．ソメイヨシノのてんぐす病罹病性にみられた特性について

　　　１．てんぐす病罹病個体の地域による差異について

　　　２．てんぐす病罹病個体は暖地より寒地に，平地より山間地に

　　　　多く認められた

資料編

はじめに

ソメイヨシノは明治初年から一般に注目されるようになったサクラの品種であるが，現在では日本の各地に植えられているサクラの80%以上にも達しており，日本を代表する花として世界に認められるとともに，日本においてもサクラといえばソメイヨシノを指すほどになっている。

このように世界中の人達の注目を浴び，日本のサクラを代表する品種となったソメイヨシノも，一般に普及してから100年余りしか経ていないにもかかわらず，その来歴には不明な点が多い。そのため，ソメイヨシノに関する各種の著述の中には，明らかに誤った記述や正確さを欠く文章が数多く認められる。それにもかかわらず，毎年サクラの花が咲く頃になると，その時期を待ちかねていたように，日本の社会はサクラの話で賑わいをみせ，さらに一部の記事にはソメイヨシノについて誤った記述がなされる。このような状態を永く放置しておいた場合には，ソメイヨシノの真の姿は一層混頓としてくるものと思われる。

このようなことから，現時点において改めてソメイヨシノの起源の問題を，諸文献を調査することによって正確にとりまとめると同時に，それによって生じた疑問点を新しい手法によって可能な限り解明を行ない，次の世代の人達に継承していくのが，現代に生きる我々の責務であると考えて，これを行うことにした。

斎藤（1980）は「自然科学の分野に於ける真理の追求も社会科学の分野の追求も行ってこそ，より真実なものに近づきうるものと思う」と述べているが，著者もこの考えに全く同感である。

このようなことから，本研究では生物学的な文献とともに，社会科学の分野に属する諸記録にも眼を向け，これらの文献調査によって生じた疑問点のうち，生物学的な問題についてはソメイヨシノとその近縁種を用いて，生態学的，形態学的，生理学的および遺伝学的な立場などから検討を加えることによって，ソメイヨシノの実態を明らかにすることを試みた。また，必要に応じて現地調査と聴きとり調査も実施した。

Ⅰ. ソメイヨシノの起源に関する諸文献の調査

緒　言

諸文献の調査では，ソメイヨシノの起源に限定せず，サクラに関連する諸文献を調査し，ソメイヨシノの起源とともにサクラに関する研究経過にも検討を加える目的を含めて実施した。

2

　調査の対象にした文献は植物学雑誌，園芸学会雑誌，その他の学会誌，各大学の紀要や研究報告。農業および園芸，農耕と園芸や北陸の植物などの主要な学術誌および花卉に関する著書の他，新聞，雑誌などの記事にも配慮した。一方，1700年頃以降の江戸を中心とした世相，農民・庶民の動静。伊豆半島，三浦半島（含，鎌倉），房総半島の人達と江戸の人達との交流の実態などについても調査を行った。

　このようにして調査した文献数は社会科学の分野の著書を加えると10万冊近くに達しているが，その中でサクラに関連する記載は6,000編ほどとなり，特にサクラに関する科学論文は90％以上蒐集しえたものと推定される。

　また，それらの文献をソメイヨシノの起源に関する科学論文に限った場合には，95％以上に検討を加えることができたと推定される段階に達した。

　ここでは諸文献の調査結果の中から，これまでのソメイヨシノの起源に関する科学論文には記述されていない社会科学者の記述内容，庶民の声，江戸時代の世相なども記述して，ソメイヨシノの起源の問題に関心を寄せている人達の参考に供するためにとりまとめた。

　なお，調査したサクラの文献の一部は岩﨑ら（1993）が1冊の文献集として発行した。

調査方法

　本研究ではソメイヨシノの起源に関連する科学論文のみではなく，接することができたサクラに関する記述にはすべて眼を通すこととし，社会科学の分野に属するものも検討の対象とした。

　調査は国会図書館，東京都内の大学の図書館，東京都内の都立・区立の図書館，神奈川，千葉，静岡県の一部の図書館および筑波大学の図書館などで行った。また，染井墓地近くの人達からは聴き取り調査も実施した。

調査結果および考察

A．ソメイヨシノの出現とその研究史

1．ソメイヨシノの出現

　一般に，ソメイヨシノは明治初年に東京・染井の植木屋から「吉野桜」として売り出されたサクラにつけられた名称であるといわれている。このことはソメイヨシノの命名者である藤野（1926）をはじめ，牧野（1926），小泉（1932），大井（1961），竹中（1962），によっても述べられており，その他の著書でも同様であった。

　船津（1950，1956a，b，1966）によると，「この吉野桜は明治初年には交通が不便で，吉野山の桜の花の美しさは聞くばかりで吉野山へ行って見ることは大変であったので，東京に居ながら吉野の桜を観ることができる，という意味から"吉野桜"として売り出された」と述べられており，その他の著書も同様な記述をしている。なお，竹中（1962）は

資料編

「明治初年は江戸から吉野までは往復１ヶ月を要した」と述べている。

　ところが，湯淺（1982）は「染井の植木屋の間で，ソメイヨシノが吉野桜と呼ばれていたのも，吉野のヤマザクラの実物をよく知らなかったからであろう」と述べているが，これは染井の植木屋の心と江戸時代末期と明治初年の世相の中から生れた「吉野桜」の言葉の真意を汲みとる誤りを侵していると思う。事実，伊藤伊兵衛・三之丞（1695）の著書「花壇地錦抄」には，1695年に吉野のサクラのことについて「中りん一重，山桜ともいう…」と述べられており，吉村（1976），川添ら（1986）には吉野山からサクラが上野の寛永寺に1624年に移植されたことが述べられている。また，1661〜1673年の間には品川の御殿山にも吉野からサクラが移植されている。これらの事実のみでなく，日本のみでなく，世界中に知られていた江戸・染井の植木屋が「吉野のヤマザクラの実物を知らなかった」と述べることは誤りである。井下（1936）は「宣伝がよかったので染井吉野は圧倒的な隆盛をえた」と述べており，古文書を調査した結果からも，江戸時代中期以降の染井の植木屋は，世相を敏感に感じとって販売する花卉の種類を変えており，吉野桜の名称には販売のための宣伝の意味が含まれていたとみるべきである。ソメイヨシノの来歴について，染井の植木屋の人達などから聴きとり調査をした時，西福寺の住職も「染井の植木屋は伊賀の商人であった藤堂氏の影響を受け，商売が上手であった」と口述している。

　以上のように，吉野桜として売り出されたソメイヨシノは表１に示したように東京近郊や全国各地に植えられたのである。

　次に，吉野桜（染井吉野）の出現した時期に検討を加えてみた。まず，中井（1935）は「小石川植物園の正門から入った坂の途中にある染井吉野は，明治８年（1875）頃には老樹になっていたことから，この染井吉野は江戸時代末期には存在していたものである」と述べており，このソメイヨシノの老樹の存在については室田（1920）も「御薬園時代の吉野桜が植物園の正門から入るところにある」と述べており，この小石川植物園の入口近くの個体は船津（1950），川上（1981）によっても述べられている。

　さらに盧（1925）は「染井吉野は東京で俗に吉野桜と唱へるもので，大和の吉野から持

表１　江戸時代から明治初年にかけて植えられたソメイヨシノ

栽　植　場　所	栽　植　年
小石川植物園の入口近くの個体	1750年以前
隅田川堤	1844〜1847（弘化年代）
上野公園（精養軒前）	1873〜1876（明治６〜９年）
小石川植物園（高台）	1875（明治８年）
靖国神社	1879（明治12年）
新宿御苑	1882（明治15年）
弘前城	1882[※]（明治15年）
熊谷堤	1883（明治16年）
隅田川堤	1884（明治17年）

※佐藤（1936）によると最初に植えた個体は，明治維新に殆んど伐り倒されたと述べられている。

ってきたのではない。東京に植ゑられたのは幕府時代のことで，伊豆大島に自生していたのを，染井の植木商が栽培し，夫れから上野，向島を始め，各地に伝播したのださうである。然し，まだ確説とは云へない」と述べている。この盧の文章から，ソメイヨシノは明治以前に小石川植物園以外にも植えられていたことが推定された。事実，盧と同様なことを述べている者も多い。すなわち，三好（1919）は「染井吉野は江戸時代末期に植えられた」と述べており，中村（1938）も「染井吉野は幕末の頃から江戸の染井村の植木屋でひろまった」と記述しており，石川（1938）は「染井吉野は来歴不明な種類で，とに角　徳川の末葉，江戸・染井の植木屋で丹精して株を殖し世に広めたものである」と述べている。この他，竹中（1965），中尾（1976），林（1977），日本花の会（1982），林（1982），足立（1985），麓（1985）によっても江戸末期に売り出されたと述べられている。しかしながら，これらの諸文献では江戸末期というのみで，いつ頃かという点については漠然としている。この点について佐竹（1974）は「ソメイヨシノは江戸時代の末（1850年ごろ）江戸の染井というところにすんでいた植木屋がつくり出した」と明記している。ところが，綿谷（1973）は隅田川のサクラについて「隅田叢誌」には次のように述べられているとして，「文化年代（1804～1817）ごろ，寺島の有志が白鬚橋の前後の堤上に山桜を植えたが天保ごろに枯れ朽ちた。…弘化ごろ（1844～1847），また有志者が須崎に吉野桜を植えたが……。嘉永年中（1848～1854），さらに，寺島の堤へ吉野桜，山桜を植え……」と述べており，片岡（1930）もこの事実を述べている。これらの文面から，弘化年代（1844～1847）には吉野桜として売り出されていたことが推定された。

　これに対して，湯淺（1986）は「ソメイヨシノは江戸の数あるサクラの文献には顔を出さない上，現存し，記録が残る最古の木は明治15年頃に植えられた弘前城のソメイヨシノであるので……」と述べているが，この文は表１からもわかるように，生存している木のことを述べているのか，栽植した年代を指すのかわからない文章である（佐藤1936も参照のこと）。この他，ソメイヨシノの起源に関連する記述法に検討を加えた結果，正確さを欠く表現が用いられていることが認められた。すなわち，井下（1936），中村（1938），山田（1957），大井（1961），小清水（1970），今井（1972）は「染井吉野は江戸・染井の植木屋が幕末に育成した」と述べており，太田（1980）は「染井吉野は明治のはじめ，東京染井村の植木職の手によってつくられた」と述べ，佐竹（1974），豊島区（1983），水沢ら（1985），川添ら（1986）も「つくられた」という表現をしている。この他，塚本ら（1982）は「生まれた」と記述しているが，ソメイヨシノの起源の問題が不明瞭な時点では，「育成された」「つくられた」「生まれた」という表現ではなく，「売り出された」という表現が正確な記述である。前川（1995）は「染井の植木屋が売り広めた」と述べている。さらに，豊島区図書館（1978）発行の歳時記をはじめ，殆んどの著書がソメイヨシノは幕末か明治の初めに生まれたことを想定させるように書いているが，これらも誤りである。

　なお，太田（1980），鴻森（1981）は「染井吉野は実生で増殖が可能である」と述べているが，ソメイヨシノの実生個体は形質の分離が起こることが村田（1954），竹中（1962

b）によって報告されており，誤って理解される表現法である。

　以上の文献調査の結果から，ソメイヨシノが有名になったのは明治になってからであるが，染井の植木屋から売り出された時期は江戸時代の末期（現時点では1844年以前）からであることが明らかになった。

　なお，これまでの人達の記述に検討を加えてみると，他人の記述をそのまま引用して，著者自身は殆んど何も調査・検討を加えていない文章が多く，ソメイヨシノの発生は明治初年あるいはそれに近い幕末とする先入感に支配されていたために解明の手口が把みえなかったものと思われる。

２．ソメイヨシノの命名

　明治初年から上野公園を始め，東京およびその近郊や全国各地に数多く植えられた吉野桜は，明治18年から19年にかけて上野公園のサクラの種類の調査を行った博物局，天産課の藤野寄命が，この「上野精養軒前の吉野桜並木」のサクラが吉野山のサクラと違うことに気付いて，園丁掛の小島某に吉野桜の出所を尋ねたところ，染井辺りの植木屋から購入していたことを知り，それまで吉野桜と呼んでいたサクラに「染井吉野」の名を与えて明治33年（1900）に日本園芸雑誌に発表した。これが「染井吉野」と呼ばれた最初であると命名者の藤野（1926）は述べており，牧野（1926 a），船津（1956 b），大井（1961），竹中（1962 a，b）その他もそれを認めている。

　藤野（1926）は文中で「染井吉野発見の動機は田中芳男先生の指導に基くをもって，真にこれを見初めしは田中芳男先生の彗眼卓見に属すべし」と述べている。つまり，古来から吉野山に咲いているサクラはヤマザクラであり，染井から売り出された「吉野桜」は吉野山のサクラとは違うことに田中芳男が気付いておられて藤野に助言を行っていたことが推察された。

　藤野（1900）が報告を行った後，小泉源一，三好　学らによって吉野山のサクラの調査が行われているが，吉野山にはソメイヨシノと同じサクラは発見されなかったことが上記の各氏によって報告されている。

　藤野が1900年に染井吉野の名を発表した翌年（1901）に東京大学教授　松村任三によってソメイヨシノの学名が*Prunus yedoensis* MATSUMURAとして与えられたと船津（1956 a，b），竹中（1962 a，b）は述べている。なお，中井（1935），船津（1956 a，b）によると，「松村が命名のために用いたソメイヨシノは小石川植物園の台地に内山富次郎が明治８年（1875）に列植した個体である」と述べている。また，宮沢（1940）は花木園芸という著書の中で「明治34年に松村が染井吉野に学名を付けた時には，此の和名は伴ふて居らぬ。尤も松村氏は明治39年。東洋学芸雑誌，第301号に掲載した文中には"タキギザクラ，一名ソメイヨシノ"と記して居られる。松村氏はソメイヨシノの原産地を大島と結びつけているが，このタキギザクラなる名はオオシマザクラの別名ではないかとの疑も起る」と述べている。なお，桜１号（1918）では「染井吉野桜１名よしのざくら，たきぎざくら，お

6

ほひがんざくら」と記されており，まだ混乱が認められる。

3．ソメイヨシノの研究史

　幕末に染井の植木屋から吉野桜として売り出され，1900年に藤野によって染井吉野と命名され，1901年に松村によって学名が付けられたのであるが，船津（1966）によると「船津静作はこの染井吉野桜はそれまでの桜に比較して，葉より花が先に咲き乱れることから，たちまち日本全土に広がり，桜を代表するまでに至った」と記してあるという。そこで，船津静作が述べている「それまでの桜」とはどのようなサクラであったのかを調べてみた。その結果，江戸時代の後半には八重咲の品種が好まれ，一重咲の場合もヤマザクラのように葉が先に出て花が後に開く特性を持ったサクラが好まれていたことがわかった（三好1919）。これに対して，ソメイヨシノは鮮明な白色系の花が葉が見えない時に枝一杯に咲き乱れ，落花の様子も八重咲の品種に比べて著しく人の目を誘う。この点が船津静作に「それまでの桜と違う」といわせたものと思う。井下（1936），相関（1981）もこれに似たことを述べている。

　このように，八重咲の品種と著しく違った咲き方をするうえに，江戸時代から明治への世の中の変革による人々の心の変化を機敏にとらえた染井の植木屋の宣伝によって，ソメイヨシノは急速に世間の注目を浴びるようになったものといえる。

　ソメイヨシノが庶民に好かれ，日本の各地に植えられてから，ソメイヨシノの来歴を明らかにしようとする試みが研究者の中に認められるようになり，「明治34年（1901）以降に何人かの研究者が染井吉野の来歴を知るために染井の花戸を尋ねたが，この桜が世に出てから34年も経ており，これを売り出した花戸はすでに無く，古老たちも皆死去してしまっており，これを知ることができなかった」と小泉（1932），竹中（1962a，b）が述べているように，ソメイヨシノの本態は色々な立場から検討はされているものの，まだ十分明らかにされていないのが現状である。ここではこれらの研究内容について述べることにする。

B．ソメイヨシノの発生地についての諸学説

　ソメイヨシノに関するこれまでの研究内容に検討を加えてみると，ソメイヨシノを含むサクラ亜属（観賞用のサクラ）としては形態的特性についての調査は行われているものの，明治以降，染色体に関する研究報告は3編ほどしかなく，生理学的な特性に関する研究に至っては，殆んど報告が認められないのが実情である。

　このように，分類以外には科学的な立場からの研究が殆んど行われていないにも拘らず，日本の社会はサクラの花が咲く頃になると，これまで指摘したような不確実な例証までを含めて，著者自身が深く検討することなく，それが科学的にも確かなことのように記述している。そして，このようにして，より多くの著書に引用された例証があたかも科学的にも真実なもののように世間に受け入れられて誤った世論を形づくっていると思われること

資料編

さえ認められる。

　サクラを対象とした研究はこのような状態であるが，ソメイヨシノの発生地の問題については2〜3の研究者によって研究が行われ，学説も提唱されている。以下，それらの学説について述べる。

1．伊豆大島発生説

　「染井吉野が一般の人達に注目されるようになった頃，当時の世間の風説では伊豆の大島が染井吉野の原産地であるといわれていた」と竹中（1962ｂ）が述べているように，伊豆大島発生説は最初に登場したソメイヨシノの発生地である。この伊豆大島発生説について，伊藤（1932），宮沢（1940），船津（1956ｂ）は「染井吉野の原産地は松村博士が染井吉野の学名発表のさいに，その産地を伊豆大島と記したために，一時，大島が染井吉野の原産地のごとく見なされた」と述べている。この他，牧野（1926）が「染井吉野は大島桜だ」と述べたことも伊豆大島発生説に拍車をかけたように思われる（牧野は直ちに誤りを認めて訂正している）。

　桜1号（1918）の59頁にも「此の桜は伊豆大島産の桜を江戸の染井で培養したもので…」と述べている。

　本調査結果から考えると，この「染井吉野の原産地は伊豆半島である」という風説が発生した時期は2つに分けられる。その第1期は明治初年に上野公園その他にソメイヨシノが植えられて世間の人達に注目されてから，明治34年（1901）に松村によって学名が与えられるまでであり，第2期は松村によって学名が与えられて「染井吉野桜，一名よしのざくら，たきぎざくら，おほひがんざくら」と発表された後の風説である。

　このうち，第1期の風説は盧（1925），竹中（1962ｂ）によって指摘されているが，著者の調査では明瞭に確認するまでに至らなかった。しかしながら，松村が学名を決定した時に「染井吉野は大島産」と記述したり，牧野も誤まるなど，当時の最高位に位置した研究者が，熟考することなく「大島」という誤った発表をした背景には，矢張り「染井吉野は大島産」という風説が世間に存在していたことを推定させた。

　松村，牧野を誤らせた風説が存在したと考えた場合，この風説は染井の植木屋や庶民の中から起こったであろうと思われることが西福寺の住職の口述や船津静作のメモから推定された。すなわち，明治・大正時代のみでなく，昭和時代でも，学者，研究者などの発言が直ちに一般人の間の風説にはなりえないと思うからである。何故ならば，1980年代以降のように情報活動の活発な時代においても，学会での発表内容が直ちに風説になることはない。いわんや学者，研究者の世界が一般庶民からかけ離れていた明治，大正時代には研究者間の話題になることはあっても，そのことが直ちに一般庶民の間の風説にはなりえないと思う。事実，ソメイヨシノの命名が1900年に行われているにも拘らず，桜の会の「桜11号，（1929）」ですら湯川がまだ「吉野桜」の名を用いている。1997年でも吉野山にいた植木屋はソメイヨシノをまだ吉野桜と呼んでいる。

このような事実を考えながら，西福寺の住職の口述や船津静作のメモおよび林（1977），桜井（1980）などの郷土史研究家の記述などに検討を加えた結果から考えると，松村，牧野を誤らせた風説は染井の植木屋から起こっているように推定された。

特に船津静作のメモの中には「伝へ言所によると大島桜を母として作り出した……」とソメイヨシノの出生のことについて述べているところがあるが，この文のみからは風説の存否は不明である。しかしながら，「染井吉野は大島桜を母として……」ということが一般の人達に広まっているうちに，「染井吉野は大島桜」や「染井吉野は大島産」と変化したのではないかと考えた。それは，船津静作は別として，一般の人達にはサクラはお花見のためのものでしかなく，発生地はどこであってもよいからである。風説とは，このように時には変化しながら伝えられることもあるのではなかろうか。

このように，第1期（1901年以前）の風説の存否は不明確であったが，船津静作のメモ，西福寺の住職の証言および郷土史研究家の記述などから考えると，庶民の間から発生した風説が存在していたことを強く推定させた。現在（1985年）も研究者と異なる風説が染井の植木屋の間には伝えられている。

これに対して，1901年以降の伊豆大島発生説は松村が「染井吉野は伊豆大島産」と発表したために起こった研究者間の学説であるといえる。松村が学名を発表した後に小泉源一（1912）が，その後，牧野富太郎，三好　学が，さらに1958，1960，1962年には竹中　要がそれぞれ伊豆大島に渡って植物調査を行っているが，この調査は庶民の間の風説に基づいて行ったとは考え難く，民間の風説以上に松村や牧野の発表が強く影響しているものと思う。

しかしながら，小泉（1912），三好，牧野その他による伊豆大島における植物調査の結果，「大島には染井吉野は自生していない」と報告された（竹中1962 b）。この時点で伊豆大島のソメイヨシノの発生地としての学説は終止符が打たれたといってよい。

2．済州島発生説

小泉（1912）が伊豆大島の植物調査を行ない，ソメイヨシノが大島に自生していないことを発表した年に，ドイツ人のケーネ（E. Koehne 1912）が，ソメイヨシノに似たサクラが済州島に自生していることを報告し，「染井吉野の自生地が不明である今日，この変種が済州島に自生することは学術上興味がある」と述べた。「このケーネの材料は済州島に住んでいたフランス人の宣教師タケ（Taquet）が1908年に島内の山の中で採集したものであり，この資料は現在，京都大学植物学教室に保存されている」と竹中（1962 a , b）は述べている。

1913年，小泉源一は青森市に住んでいたフランス人の宣教師フォーリー（U. Faurie）を青森に訪ねた時に，その標本中にタケの採ったサクラの標本があるのを認め，その標本を調べ，その形質がソメイヨシノの性状と一致することを確認し，小泉（1913）自身，「そめゐよしのざくらノ自生地」と題して「済州島産の桜に染井吉野と一致するものがあ

ることから，染井吉野桜の自生地は済州島である」とソメイヨシノの済州島発生説を提唱した。小泉は1932年に済州島に渡り，漢拏山の調査を行ない「染井吉野およびエイシュウザクラの天生せるを発見した。ここにおいて，染井吉野の原産地は済州島である」と，さらにこの学説を強調した。そして，このサクラが日本に渡ったのは「吉野権現は船乗りに崇拝されている神であるので，船乗りが吉野権現の愛好する桜を済州島から持参し献上したのだろう。そして，江戸の染井の植木師が吉野詣の折，その美しい桜を見て持ち帰って普及したものであろう」と考えたとY・K・T（1958），竹中（1962 a , b）は述べている。この小泉，Koehneの発表以来，ソメイヨシノの原産地は済州島ではないかと思われるようになり，小清水（1970）が「染井吉野の原生地は吉野には無関係で済州島が本家である……」と述べるまでになった。

　しかし，1916年に日本で樹木の研究をしていたアメリカ人のE. H. WilsonがThe Cherries of Japanという本を発行し，その文中で「染井吉野と済州島に自生するエイシュウザクラと同一とみるのは不確実だと思われる」と述べている（竹中1962 b）。一方，朝鮮の植物の研究者であった中井猛之進は1916年に朝鮮森林植物編第5輯中に「染井吉野は済州島の漢拏山中に生じ稀品なり。分布：日本に広く栽培すれど，その産地知らず」と記述している。竹中は1933年に京都大学に小泉教授を訪ね「済州島産のサクラについて尋ねたが，済州島のソメイヨシノは余り老大木でないこと，その他を知り，1933年に竹中自身も済州島に渡って調査をしたが，遂にソメイヨシノを発見できなかった」と竹中（1962 b）は述べている。このことを竹中は，1934年に「史蹟名勝天然紀念物」の中に「染井吉野の原産地に就て」と題して「染井吉野とエイシュウザクラとの間には葉片，花梗，ガクなどで差がみられるが，接木による影響や生育地による生態的な変化を考えると，済州島の桜が別種であると言いきることができなかった」と述べている。大井（1961）は「現在の染井吉野を済州島から移し，染井村で育てたとの証拠はないし，また，その様な事実があり相だと考えることも難かしい」と述べ，竹中（1962 a , b）も「小泉は吉野権現に献上されていた染井吉野を江戸の植木屋が吉野詣の折，その美しい桜を見て持ち帰ったと推考しているが，江戸から吉野へ往復1ケ月以上も亘る旅で染井吉野の接穂を吉野から江戸に持ち帰るのは大変難かしい。また，種子で持ち帰ったにしろ，種子からの場合は形質の分離が大きく，これも同意出来ない」などと色々な疑問点を挙げている。著者も接穂の移動方法を考えた場合，無理であると思う。それに加えて，小泉が述べているように，船乗りが済州島から持ち帰って吉野権現に献上したものを，染井の植木屋がお詣りに行った時に枝を持ち帰ったものであるならば，吉野権現にはその元木が存在してよい筈である。しかしながら，小泉自身および三好，竹中などによって吉野山のサクラの調査が行われているが，吉野山にはソメイヨシノと同じサクラは発見されなかったことが上記の各氏によって報告されている。この事実は小泉の推定と矛盾している。そのうえ，済州島のサクラは現在はエイシュウザクラ（*Prunus yedoensis* var. nudiflora）と呼ばれていることから，この済州島発生説の根拠は失われたとみるべきである。さらに，ソメイヨシノの片親であるオオ

シマザクラが伊豆大島，伊豆半島，房総半島にしか野生していなかったことからも済州島発生説の成立は不可能であるといえる。

　前川（1995）は「済州島の染井吉野の野生種の片親はオオヤマザクラでしょう」と述べている。

3．ソメイヨシノの雑種説の台頭

　ソメイヨシノの発生地が問題になっていた頃から，遺伝学的な特性についての検討も加えられ，その結果はソメイヨシノの起源の問題に大きな影響を及ぼしている。すなわち，小泉（1912）はソメイヨシノの自生状態の調査に伊豆大島に行った時，「染井吉野はエゾ山桜と彼岸桜との雑種では無いか」と述べている。また，1916年にWilsonが「染井吉野はその形態学的な特徴から江戸彼岸と大島桜との雑種と思われる」と記述している（竹中1962ｂ）。このWilsonの考えに対して，沢田（1927）は「染井吉野が済州島で発生したとすると，済州島には大島桜が自生していないことから，江戸彼岸と大島桜の雑種であろうとする考えには疑問がある」と述べている。

　その後，村田（1954）は「小泉教授の指示のもとに，20年ほど前に京都大学内に咲いている染井吉野から種子を集めて井上清三郎に播種させたところ，1950年には相当数が開花したので，退職された小泉先生に標本にしてお送りしたが，先生が何も書かぬので結果を紹介する」として，「染井吉野の実生からは①ウバヒガン（エドヒガンの別名）と染井吉野の中間型，②染井吉野型，③染井吉野と大島桜の中間型の３つの型が認められたが，これは染井吉野の雑種起原説に興味ある資料を提供するものと思う」と述べている。船津（1956ａ，ｂ）はこの村田の報告を紹介し，「染井吉野は江戸彼岸と大島桜の雑種と考えられるので検討する必要がある」と述べている。

　Y.T.K.（1958），竹中（1962，1965ｂ）は「染井吉野は沢山花をつけながら実が極めて少ないことと，生育が早いなどの性質があることから雑種強勢を思わせるが，このことは染井吉野が雑種のためでは無いかと考え，1951年に三島市城之内の染井吉野の老木から種子を採り，播種したところ，色々な形質を示すものが段階的に分離することを観察し，染井吉野は矢張り雑種であると確信し，それらの個体が開花した1958年に花の形質を調べたところ，大島桜と江戸彼岸の形質に似ていた」ことから，遺伝（1959）に“染井吉野の起原”と題して発表し，「染井吉野の形質は江戸彼岸と大島桜の中間であり，このことから染井吉野は大島桜と江戸彼岸の雑種であるといいたい」と述べている。

　さらに竹中（1962ａ，ｂ）はオオシマザクラ×エドヒガンおよびエドヒガン×オオシマザクラの雑種を作り，ソメイヨシノの人為合成によるソメイヨシノの両親の立証を開始し，1961年にはこれらの雑種個体が開花を始めた。それらの雑種個体の特性を調査した結果，オオシマザクラ×エドヒガンとエドヒガン×オオシマザクラの両雑種の形質には殆んど差が無いことがわかった。また，それらの雑種がいづれもソメイヨシノに類似していることも認められた。同時に実施したソメイヨシノとエドヒガンの交雑で，その実生個体の形質

がソメイヨシノ型とエドヒガン型がそれぞれ１：１の比で出現し，単性雑種の戻し交雑の遺伝現象と一致したことも述べている。また，竹中（1962ａ，ｂ，1963，1965ｂ）はこれらの雑種個体のうち，エドヒガン×オオシマザクラの個体に「伊豆吉野」と名前を付けて発表した。

　これら竹中の一連の研究により，ソメイヨシノはオオシマザクラとエドヒガンの雑種であることが決定づけられた。

４．伊豆半島発生説

　竹中（1962ａ，ｂ，1965ｂ）はソメイヨシノの実生苗の形質分離，ソメイヨシノの人為合成，その他一連の研究成果から，ソメイヨシノはオオシマザクラとエドヒガンとの雑種であるとの結論に達した。そして，これらの研究成果に基づいて，「染井吉野が若し自然交雑で発生したとすれば，その発生地は江戸彼岸と大島桜との混生地帯でなければならぬ」との考えから，両品種が混生している可能性がある房総半島の先端地方と伊豆半島の植物調査を行ない，伊豆半島の船原峠でソメイヨシノに似た個体を1959年に発見し，これに「船原吉野」と命名した（竹中1962ａ）。その際，「伊豆の天城山を中心に江戸彼岸の大木もみられるし，大島桜もいたるところに薪炭用として栽培されていることから，自然交雑の起こる可能性は十分考えられる」と竹中（1962ｂ）は述べている。木村（1987）も「船越峠にはエドヒガンの大木がありオオシマザクラもある。ソメイヨシノに近い花をつける一株をみつけた」と述べているが発見した年代の記述がない。一方「房州の場合は大島桜はみられたが，江戸彼岸がみられず，染井吉野の原産地とすることは出来なかった」とも述べている。エドヒガンが房総半島で野生していないことは沼田（1984）も述べている。

　以上の研究結果に基づいて，竹中（1962ｂ，1965ｂ）は「染井吉野は自然交雑によって生まれた可能性は十分ある。そして，もし自然発生したものならば伊豆半島と考えるのが至当であろう」とする伊豆半島発生説を提唱した。その反面，「東京・染井の植木屋の花園で江戸彼岸または糸桜と大島桜か大島系の里桜との間に交配を行ったことも可能性は十分あるが現在のところ証拠が無い」と述べている。

　このようなことから，居初（1970），岡田ら（1975）のように「伊豆地方に自生していた染井吉野を江戸・染井の植木屋が持って来て売り出した」と述べている著書がかなりの数認められ，塚本ら（1982）も「ソメイヨシノの故郷は伊豆の天城山を中心とした山岳地帯と推定してほぼまちがいないことになった」と述べている。斎藤（1980），本田（1988）も同じことを述べている。また，小林（1986）も「ソメイヨシノの起源については諸説があって長い間決定しかねていた。遺伝学者竹中　要博士は，学生時代に分類学者　牧野富太郎博士の示唆を受けて，ソメイヨシノの起源を探ることを一生の仕事として長年研究努力の結果，ついにその正体をつきとめたのである」と述べている。なお，竹中のソメイヨシノの起源・来歴などについては斎藤（1980），鴻森（1981，1985）によっても記述されている。

12

竹中（1962b，1965b）によってソメイヨシノの伊豆半島発生説が提唱された後は，ソメイヨシノの発生地についてのその他の研究報告は認められず，竹中の学説は科学者や一般の人達に受け入れられていった。著者も1986年頃までは伊豆半島で発生したものと考えていた。

5．伊豆半島発生説についての疑問点

竹中は一連の研究成果に基づいて，「伊豆半島のみに江戸彼岸と大島桜が混生していることから，両品種が自然交雑によって発生したものであるならば伊豆半島である」とする伊豆半島発生説を提唱した。小泉，その他の研究者による調査でも，伊豆半島にはエドヒガンとオオシマザクラの存在が確認されていることから，両品種が自然交雑する可能性があることを著者は否定しない。しかしながら，明治初年から有名になったソメイヨシノが「伊豆半島で自然発生した」という考え方には直ちに賛成することができなくなり，伊豆半島発生説を詳細に検討してみたところ，いくつかの疑点があることがわかった。

第1に，竹中（1962b）は「伊豆に旅した江戸・染井の植木屋が自然交雑個体に遭って持ち帰った」と推定しているが，本研究（文献調査）の結果からは，その時期は1840年以前であることが判明した。ところが，伊豆地方は昔は「流人の地」（杉山1978）として知られていたところである。そのうえ，江戸時代は伊豆半島の大半が天領であり，一般人は自由に出入りができなかった筈である。そのような土地に何んのために江戸の植木屋が行ったのであろうか。それに加えて，小泉，その他の科学者がソメイヨシノの類似個体を探がした結果，漸やく竹中（1965b）のみが1本発見したに過ぎないのに，伊豆に旅しただけの染井の植木屋が，あの広大な伊豆地方に行き，ソメイヨシノの原木に遭う確率はどれほどであろうか。さらに岩﨑（1988a）によって，幕末に売り出したソメイヨシノには早咲，中生咲，遅咲の3系統が存在していることが明らかにされたことから，江戸の植木屋は開花期の異なる3本の原木に遭っていることになる。それに加えて，その時期は開花期であった筈であるが，開花期には接木や個体の移動は無理である。

このように，竹中の伊豆半島発生説はオオシマザクラとエドヒガンが存在していて交雑する可能性があり，実際に自然交雑個体が発見されたから発生地であろうと推考しているのであるが，江戸時代の世相，伊豆地方の道路事情，その他，社会科学的立場からも検討を加える必要があると考える。

第2は，本研究結果（文献調査）が示すように，幕末に染井の植木屋から"吉野桜"としてソメイヨシノが売り出された時点で，すでに小石川植物園にはソメイヨシノの老樹が存在していた事実が1950年以前に数名の人達によって指摘されていたにもかかわらず，竹中はこの老樹については全く言及していない。しかしながら，小石川植物園のソメイヨシノの老樹に検討を加えることなしに，ソメイヨシノの起源，来歴の問題を解決することは出来ないと著者は考えた。

第3は，竹中のみでなく，現在のサクラの研究家も，船津（1950，1951，1956a，b，

資料編　　　　　　　　　—364—

1966）が機会ある毎に主張しているソメイヨシノの起源に関連する一連の事項に殆んど言及していないが，どのような雑誌に記載されたものであっても，その筆者が責任をもって述べている以上はそれに検討を加えるべきであると思う。特に船津の報告（1966）の中には「船津静作のメモ」としてソメイヨシノの発生に関与する事項が述べられている。

第4は，竹中（1962b，1965b）は三島でオオシマザクラとエドヒガンの交雑実験を行っているが，その時に用いたエドヒガンの花粉は東京の小石川植物園のものもあると述べられている。その理由にはふれていないが，両品種が沢山生えていた筈の伊豆半島の花粉を何故に用いなかったのであろうか。東京のエドヒガンの花粉を用いたのは，伊豆地方ではオオシマザクラとエドヒガンの開花期が一致しなかったためではあるまいか，という疑問が生ずる。

第5は，ソメイヨシノはオオシマザクラとエドヒガンとの雑種であることは村田（1954）および竹中（1962a，b）の研究の結果から明らかになったが，①オオシマザクラとエドヒガンのうち，どちらが母親でどちらが花粉親であるのか，回さらに，オオシマザクラ，エドヒガンとも，現在は数品種の近縁種が存在するが，真の両親はどの品種なのか，などについても解決されていない。

最後の疑点は竹中（1962b）が述べているソメイヨシノの片親であるオオシマザクラの形質についてである。竹中は「注意しておくべきことは，染井吉野の実生苗を育成してみると，花托，花梗，ガク筒に毛を持つ個体が認められるが，房州の大島桜のうちには花托，花柄およびガク筒に毛を持つ個体が認められたことだ」と述べている。少なくともこの文章からは，伊豆半島，三島地方のオオシマザクラには毛が無く，房総半島のオオシマザクラには毛があるものが存在することを唆示している。しかもこのオオシマザクラの特性はソメイヨシノの起源の問題では極めて重要な意味を持つものであり，是非とも明らかにする必要がある。

以上のような疑問点が生じたので，これらの点について調査および実験を行ない，疑問点を明らかにするようにした。

資料編

Ⅱ. 伊豆半島発生説の疑問点の解明に関する社会科学的調査

A. 江戸時代の世相と伊豆半島の状態について

　竹中（1962 a，b，1965 b）はソメイヨシノの起源について「伊豆半島に旅した染井の植木屋が自然交雑個体に遭って持ち帰った」と推定したが，本研究の結果，ソメイヨシノは1840年頃から吉野桜として染井から売り出されていたことが判明したことから，少なくとも江戸時代の1830年頃には染井の植木屋が伊豆半島に旅していなければならない。しかしながら，1800年頃には江戸においては八重咲のサトザクラの人気が最盛期に入っていた頃で，一般には八重咲に関心が集まっていた頃である。それにも拘らず，一重咲のソメイヨシノの原木に遭遇した植木師が「素晴らしいサクラである」と速断することができたであろうか。意図的に珍しいサクラを求めて歩かない限り無理であると思う。それに，ソメイヨシノの類似品種を探がすために，小泉，三好，竹中などの科学者が1900年以降に数回に及ぶ意識的な探索の結果，漸やく竹中（1962 b）のみが船原峠でソメイヨシノに類似した個体を発見したに過ぎないのに，伊豆に旅しただけの染井の植木屋が，広大な伊豆地方でソメイヨシノの原木に遭う確率は極めて低いと思う。それに加えて，岩﨑（1988 a）によって明治初年に染井から売り出されたソメイヨシノには早咲，中生咲，遅咲の3系統があることが明らかにされたことから，染井の植木屋は伊豆半島で開花時期のちがう3本のソメイヨシノの原木に遭わねばならなくなっており，竹中の推論は不自然である。

　竹中（1962 b）は小泉の済州島発生説に対して，「吉野から江戸まで片途2週間必要であるから，往復1ヶ月かかる。一部船を利用しても20日は見ねばならない。春の花時にみておいて，翌年2月末に接穂をもらいに行くとすると大変な時間と金を費やすことになる。殿様や大商人の趣味ならいざしらず，名もない染井の植木師がそのような旅をしたとは，どうしても考えられない」と述べている。この竹中の済州島発生説に対する批判は，旅に要する日数に違いはあっても，そのまま伊豆半島発生説にもいえると著者は考える。

　また，図1からも分かるように奥村（1972）によると，鎌倉時代の地図では東海道の小田原付近から伊豆への道路は全く認められない。川崎（1975）によると，1618年以降は江戸を守るために必らず箱根峠を通らなければならなくなったとのことであり，伊豆に旅するには三島から修善寺に向うことになり，単なる迂回とは考えられず，それなりの目的がなければならないと考える。それに，大石（1973，1977），樋口（1980），船越（1981），北島（1983）などが述べているように，「江戸時代の農民は他の地区の親籍に行く場合でも名主の発行する手形を必要とした」といわれており，大石（1977）は「家康が百姓からは殺さぬようぎりぎりまで年貢を取りたてるのが理想だという有名な話が残っている」と述べているように，現代のような自由な旅行は考えられない。特に，井上ら（1979），中日新聞・東海本社（1984）によって述べられているように，韮山近くは昔は重罪人の流刑

の地であったところである。吉野詣ならばそれなりの理由はあるが，人も殆んど住んでいない，道路も無かった伊豆への旅に手形は発行されなかったと思う。

このような江戸時代の世相から考えると，「江戸の植木屋が伊豆に旅して持ち帰った」とする竹中の推定は「吉野詣りの折りに持ち帰った」とする推定以上に不自然である。

次に，竹中（1962b）は船原峠においてソメイヨシノに似た個体を発見し，「天城山近

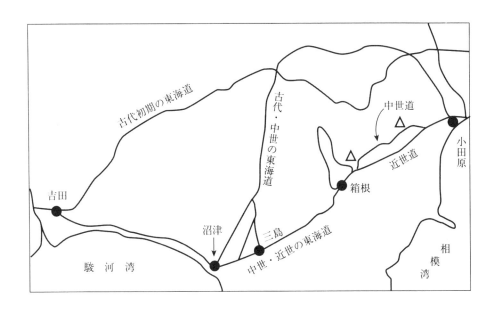

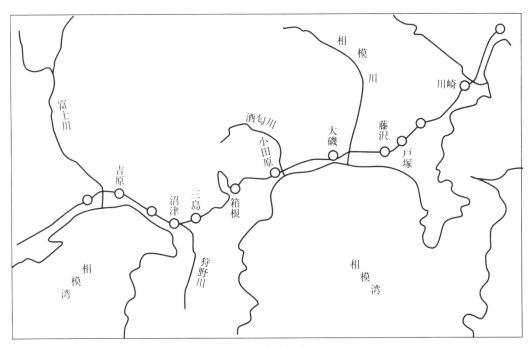

図1　東海道の古地図（上 川崎 1975／下 奥村 1972｝より）。

辺には江戸彼岸の大木もみられるし，大島桜もいたるところに薪炭用として栽培されていることから，自然交雑する可能性は十分ある」と述べている。しかしながら，竹中が調査したのは，1955年以降であり，江戸の植木屋がソメイヨシノを伊豆半島から江戸に持ち帰ったとした場合には，その頃は1830年頃と推定されることから，その間に約100年ほどのへだたりがある。そこで，江戸時代の伊豆半島の林業の状態を調査したところ，岸本（1976）によると「伊豆半島の大半は徳川幕府の天領で，ナラ，クヌギ，カシなどの木を育て，同時に木炭を作って江戸へ供給していた土地であった。特に天城山周辺は木材生産の重要な地区であるとともに天城炭として年産10万俵を江戸へ送っていた」と述べられている。木炭の質の点からはサクラの材質は良質とはいえず，木炭の材料として用いられていたという記述が認められないことから，サクラは主として庶民の薪用に供されていたものと思われる。このことからオオシマザクラは別名を「タキギザクラ」と呼ばれていたのであろう。

　確かに竹中（1962ｂ）が指摘しているように，伊豆地方には江戸時代から薪用としてオオシマザクラが栽培されていたかも知れないが，現代のような樹木伐採用の機具が無かった江戸時代には，表2のように木の直径が4〜5cmの頃に切っており，「一般農家の森林での樹齢は5〜10年ほどである」と岸本（1976），岸本ら（1980）は述べている。さて，サクラで交雑が起こり，実生苗が生じたとすると，木の直径が5cm以上になるためには4〜5年でよい。ところが，交雑個体の実生苗が開花するには10年近くを必要とすることが村田（1954），竹中（1962ａ，ｂ）の報告で知ることができる。このようなことから考えた場合，たとえ自然交雑によってサクラの実生苗が生じても，開花前に薪用として伐られる可能性が十分考えられる。すなわち，山本（1961）によると「天領内の樹種は造営用としてヒノキ，スギなどの人工造林が1700年前後から行われており，炭はクヌギが代表的なものである」と述べている。一方，豊島区郷土資料館（1985）の駒込・巣鴨の園芸略年表，金山（1979）その他によると，1641年から1868年（明治元年）の227年間に江戸を襲った災害は大地震3回，大火災10回，大洪水7回で，約3年に1回の割合で災害が起こっていたことになる。この他，江戸城の改築，上野寛永寺その他の建立も行なわれており，何れ

表2　各種製炭法に用いた木の長さ，直径

直径（cm）	長さ（cm）	地　方　名
10	100	長野県
5	30	新潟・長野　中国山地
10	100	〃
5	25	〃
5	30	〃
5	50	〃

※岸本ら（1976，1980）より引用。岸本らは炭材は直径10cmほどのものがよい。それ以上のものは割って用いたと述べている。

資料編

も木材を必要としている。この他，沼田・小原ら（1982）によると「江戸時代の1721年には江戸の人口は100万人を突破し，1746年には120万人となり，世界最大の都市になった」ことが述べられている。このことからも木材の生産地，木炭・薪の供給地として，伊豆半島が重要な役割を演じていたことがわかる。このため，「天領内の林の管理のためにその下草は有料で農民に伐り採らせていた」と山本（1961）は述べている。また，伊豆半島の農民の生活について，明治大学 地方史研究所（1962）の記録には「江戸時代には下田に市があり，農民の零細な炭薪が集められて江戸へ送られた。これらの薪を"江戸薪"といい，山野に自生しているものや自家の家の周辺に栽培している柿や梨も売り出した」と述べられている。このような世相の中で有料で天領の林の中の下伐りを許可された農民が，サクラのような雑木を刈り残すことはなかったと考える。

また，仮に農民に切除されなかったサクラが存在した場合には，これらが自然交雑する可能性は考えられるが，山本（1961）が述べているように「藩林の盗伐者は斬首，梟首の

図2　江戸時代の伊豆南部地区の在住武士団
（明治大学地方史研究所報告より転載）。

極刑に処す」ことが行われており，船越（1981）も「木1本首1つといわれるほど取締りは厳しかった」と述べている。事実，豊島区郷土資料館（1985）の駒込・巣鴨の園芸略年表には「寛政4年（1792），駒込無宿，植木の松，そてつを盗み処罰さる」「寛政9年（1797）千駄木　鷹方同心，染井植木屋五三郎の鉢植を盗み死罪となる」などの事実が記述されている。

　このような江戸時代の世相の中で，伊豆の天城山付近の天領に入り，ソメイヨシノの原木（少なくとも早咲，中生咲，遅咲の3本）を採り，1本しかなかった道路を通り，韮山の江川太郎左衛門代官の前を無事に通過することは不可能であり，伊豆に旅しただけの染井の植木屋は持ち帰ることはしなかったと思う。それに，もし江川代官の許可をえて持ち帰ったものであるならば，駒込・巣鴨の園芸略年表，その他に記録が残っている筈であるが記録は認められない。

　以上の史実に加えて，明治大学　地方史研究所の報告（1962）によると，江戸時代の1590年頃には図2のように河津付近に武士団が住んでいたことは知られているが，天城山付近には人が住んでいない。人が住んでいない所にタキギザクラの栽培を想定することは無理であろう。従って，もし伊豆半島にソメイヨシノの起源を求めようとするならば，竹中が推定した「天城山周辺」より民有地の可能性が高い。しかしながら，天領であれ，民有地であれ，江戸の植木屋が伊豆半島でソメイヨシノの原木に遭った時は開花時であった筈であり，その時は移動は不可能である。それに，実生苗の開花個体であると，樹齢は10年近くに達しており，樹高3m以上，根回り2mほどの大きさになっている。このような個体をどのような手段で運んだのであろうか。伊豆半島の地形などについて東京営林局（東京都・目黒区）に存在する記録と天城地方に勤務したことのある職員からの口述（1986）によると，「江戸時代の伊豆半島の道路は三島・修善寺を通り浄蓮の滝付近までは存在したが，それ以南は殆んどない。もちろん，海辺は山が海に迫っていて道は全く無かった。明治33年（1900）の伊豆地方の地図（この地図が最も古いもの）では，天城トンネルと河津を結ぶ道路は認められるが，明治以前は人が1人で歩くにも危険が伴う道路であり，人は殆んど通らず，開発もされていなかったので文書類も残っていない」とのことである。児玉ら（1981）は「三島から韮山代官までは7.8km，そこから下田までは74kmで，旧天城街道にはいくつかの山道があったらしいが，1857年11月24日のヒュースケンの日記には“殆んど垂直の崖に路がついている。路幅も狭く，四人並んでは歩けない。曲り角は鋭角で乗り物では通り抜けられない”と表現されており，柳田国男も明治43年5月19日に天城街道を行き，その道の険難さをよく説明している」と述べている。さらに，東京営林局の職員は「明治30年頃でも人が危険を侵しながら歩くのみで，とても樹高3m以上，根回り2mほどのサクラの樹を山中から搬出することはできなかった筈である。特に東側は下田以外に港もなく，木炭，材木などは戸田，土肥などの西側の港が用いられていた」と口述（1986）している。このような伊豆半島の地形・道路状態に加えて，江戸時代の後期（1800年頃）はヤエザクラが庶民に好かれて全盛時代に入っていた時であったのに，一重

資料編

咲きのソメイヨシノの原木に江戸の植木屋が危険を侵してまでの無理な搬出をしたかどうかという疑問も生ずる。鴻森（1981, 1985）は「染井吉野の原木は船で江戸へ運んだのではなかろうか」と推理しているが，上述のような山地からの搬出の困難さに加えて，「船で伊豆半島を出た場合，下田で江戸への入港許可証をもらう必要があり，三浦・三崎にも船役所があったことが樋口（1980）その他によって述べられている。また，仮りに民有地から落葉期に移送したと仮定した場合，それを運ぶことに関係した者がいた筈であり，ソメイヨシノが有名になった時に，それらの人達から何んらかの風説が起こっていてよいと思われるが，何んの情報も無い。接穂を採って運んだものならば原木が残っていなければならないが原木は無い。

　このようなことから，鴻森の推理の成立は無理であると思う。

　以上，竹中（1962ｂ，1965ｂ）のソメイヨシノの伊豆半島発生説を世相や地形，道路状態その他，社会科学的な立場から検討を加えたが，1900年以降，2〜3の研究者が伊豆半島の植物調査を行ない，私有地においてもソメイヨシノの類似個体は発見されていない。また，湯川（1929）は伊豆半島のサクラのことについて述べ，伊東，長岡温泉などに植えられた吉野桜について記述しながら，天城山周辺のサクラでは野生のソメイヨシノの類似品種やエドヒガンの存在については全く述べられていない。このような事実から，天城山付近で，1962年頃にフナバラヨシノが発見され，エドヒガンやオオシマザクラが認められたから，江戸・染井から売り出され，明治初年に有名になったソメイヨシノが伊豆半島で発生したものであろうとする竹中（1962ｂ）の推理には無理がある。

Ｂ．小石川植物園のソメイヨシノの老樹について

　小石川植物園は古くは館林城主　松平徳松の下屋敷のあったところで，白山御殿ともいわれていたところである（湯淺1948）。豊島高校（1954），川上（1981）によると，「1681年に北薬園に護国寺を建てるためにこれらの薬草を白山御殿の跡地に植えた。これが現在の小石川植物園のあるところだ」という。豊島区（1976）発行の豊島風土記には「小石川薬園は1721年に設立された徳川幕府直轄の薬園であった」と記されている。明治元年（1868）に東京府の所轄となり大病院　附属御薬園と呼ばれ，その後，医学校薬園，大学東校薬園，東校薬園などと改称された。明治4年3月，文部省所轄となり，その後，一時大政官博覧会事務局に合併されたが，明治8年に再び文部省所轄となり，明治10年，東京大学設立に当ってその附属となり，東京大学の管理下に置かれることになった。

　明治元年（1868）に東京府に移管されたときに入口近くにあるソメイヨシノはすでに老樹であったと室田（1920），小泉（1932）および中井（1935）が述べており，川上（1981）は「小石川植物園の入口の坂の登り口にある染井吉野は染井から直接持って来たもので，御薬園当時から老樹であった」と述べていることから，この個体は1721〜1800年の間に植えられたことになる。

　このソメイヨシノの老樹の樹齢に検討を加えるために，まず，ソメイヨシノの寿命につ

図3　小石川植物園の入口近くにあるソメイヨシノの老樹

図4　小石川植物園の老樹（中井1935より転写）
gは原幹，efはgより出でし第二次の幹の遺跡。
cdは各々efより出でし第三次の幹。a, bは各々e, fより出でし第四次の萌枝。

いて調査を行ってみた。その結果，三好（1930，1938），笹部（1954）は40〜50年としているが，工藤（1974）は「50年頃から老化が目につきはじめ，60年ころは枯損の状態がいちじるしく進行する」とし，相関（1981）も似た考えを述べている。太田（1980）は50年とし，岡田ら（1975）も「寿命は50〜60年」としている。安藤（1986）は70〜80年としている。これに対して足立（1985）は「染井吉野はよく手入れすれば100年位は生きるが，平均して60年の寿命である」と述べており，本田（1978）は郷野不二男の「桜と伝説」の序の中で同様なことを述べている。一方，各地に現在生育しているソメイヨシノの樹齢とその生育状態を調べてみると，上野公園，小石川植物園，染井墓地などの個体は40年以上の樹齢でありながら健全な生育を示している。このように，三好，笹部らの推定に比べてソメイヨシノの寿命は長い。そこで，三好らがソメイヨシノの寿命を40年とした理由を考えてみたところ，足田（1985）が「明治16年に隅田堤に染井吉野を1,000本植えたが，その最盛期は明治36年頃であったが，40，43年の水害によって樹勢が衰えた」という記事が目に止った。このような事実が根拠となって寿命40年の考えが出たのではなかろうか。三好は「一般に桜の保護が行届いていないからだ」と述べている。

このような事実に基づいて，中井（1935）が述べている記録によって小石川植物園の入口近くにあるソメイヨシノの老樹を植えた年代を推定することにした。中井は「小石川植物園の入口近くの染井吉野は明治初年には存在しており，その樹齢は100年を経ている」として，その樹齢算出の基礎として，ソメイヨシノの寿命を30年とし「別図（図4）のa，bの出た古幹cdはそれ以前のefから出たもので，efはgなる原幹から出たもので，仮にこの枯れた幹が各々僅か30年より生きていなかったとするも，g（30年）＋ef（30）＋cd（30年）＝90年の齢が保っていることになり，この桜は約100年齢を保ったといえよう」と述べている。しかしながら，ソメイヨシノの寿命についての前述のような調査結果から，寿命を30年とした中井の考えは修正する必要があり，一世代を60年以上とすべきであると思う。このように，一世代を60年とした場合，上述の中井の樹齢の算出の式はg（60）＋ef（60）＋cd（30）＝150となり，150年以上前に植えられていたことになる。cdを30年としたのは中井の記述中にあるcdは最盛期であったと述べられていることと，中井の示した図（図4）のcdの幹の太さから30年ほどと推定したものである。中井の示した樹齢を修正し，中井が樹齢を推定した大正4年（1915）から逆算すると，少なくとも1765年には現在の位置にソメイヨシノが植えられていたことが推定されるに至った。つまり，御薬園が1721年に設立された後，40年ほどを経たころには植えられていたことになる。

なお，この個体は染井から直接持って来たものであると川上（1981）は述べているが，この老樹は明治以降に有名になったソメイヨシノと同一個体から接木によって殖やされた可能性があることが岩﨑（1988a）によって指摘されている。これらのことは，ソメイヨシノの原木が1750年頃には染井の植木屋に存在していたことを示すものである。

一方，豊島区発行の諸記録や多くの著書のみでなく，竹中も，この小石川植物園のソメ

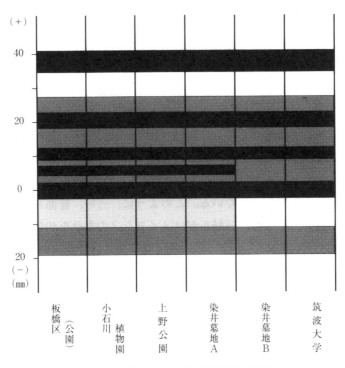

パーオキシダーゼザイモグラフ。
（1985年12月，芽）

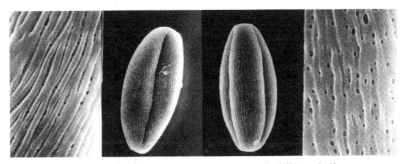

筑波大学の個体　　　　　　　染井墓地の個体

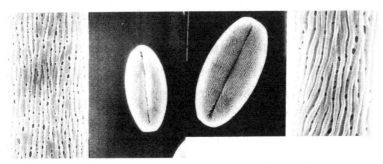

小石川植物園の老樹　　　　　板橋区の公園

花粉の電子顕微鏡写真

図5　各地のソメイヨシノのアイソザイムザイモグラムと花粉の特性
　　　花粉粒は×2000倍，花粉の表面は1万倍。

ケンロクエンキクザクラ（兼六園で写す）
20年樹

ケンロクエンキクザクラ（山形県：烏帽子山公園で写す）
約5年生樹

図6　サクラにみる嫌地現象

イヨシノの老樹の樹齢に検討を加えることなく，ソメイヨシノの発生を幕末（1850年頃）あるいは明治の初めと想定して「来歴不明の桜」としている。これは牧野の「1850年頃に染井の植木屋によって作られた」という記述を引用しているためと思われる。それに，通常発生から40〜50年で来歴が不明になることは考えられない。

　なお，現在生育している小石川植物園の入口近くにあるソメイヨシノは昭和20年5月，空襲によって焼死した後にヒコバエが新生したものであるという人（朝日新聞1947，船津1956，相関1981）と他から異なる個体を移植したという者（風説）が存在する。このようなことから，この問題についても検討を加えた。

　先ず，4月と12月に採取した茎，芽をアイソザイム法で調査した結果，染井墓地，上野公園の個体と同様なザイモグラムがえられた。また，開花時期を調べたところ，気象庁の開花時期　調査樹と同一の日であった。このことは，小石川植物園の入口近くのソメイヨシノの老樹は，幕末から売り出され，明治初年から有名になった個体と同一の個体から殖やされたものとみてよい。

　次に，昭和20年に焼失し，他から異なる個体を移植したという風説について。①移植したという記録が認められない。②他から幼苗を移植した場合，そこには150年以上も生育した旧個体の根が存在していた筈であり，旧個体の根をそのままにして幼苗を移植したのでは，嫌地現象によって現在のような生育は不可能であるのみでなく枯死する場合もある。

　1991年に金沢の兼六園の菊桜を観る機会を持ったが1970年に他から移植した個体であることが記述されていたが，20年樹にも拘らず生育が極めて悪いのは嫌地現象の存在を証明しているように考える（小石川植物園の老樹は比較できないほど元気である）。1997年に見た「左近の桜」も移植して70年を経ているが生育が極めて悪い。山形県の烏帽子山公園のケンロクエンの菊桜は樹齢5年ほどだが生育は極めて良い（図6参照）。さらに，旧個体の根の一部や付近の土の一部を取り換えた場合には船津（1956ｂ）がそのことを記述している筈である。また，当時の朝日新聞（1947）は「生き返った」と表現している。すなわち「1ぺん死んだ筈の小石川植物園の染井吉野桜がこの春若枝をふき出した。…昭和20年5月に焼死したことになっていたが新枝を根本からのばしはじめ，いまや70センチメートルの成長ぶり…」と述べている。③サクラはその基部や地表に現われた茎や根から毎年著しい萌芽が起こる特性がある（図7参照）。この事実から，たとえ幹の上部が焼失しても，他から幼苗を移す必要は無かったものと思う。事実，小石川植物園の高台に列植されている個体は昭和20年5月に焼失後，すべて基部から再生したものであると係官は述べている。これに対して，高台よりむしろ疎の状態に植えられている入口近くの個体のみが焼失によって再生ができなく，移植したという風説の論理には不自然さがある。さらに，④花粉の電子顕微鏡による観察結果によると，小石川植物園のソメイヨシノの老樹は，花粉を採る部位によっては他の地区のものと著しく異なる形態のものが認められる。このような花粉の形をした個体は他の地区には全く認められない（図5参照）。この理由は不明であるが昭和20年の火災による高熱で植物体の一部に変異が起こっていることも推定された。

資料編

図7　ソメイヨシノの基部および根からの萌芽状態

これらの事実から考えると，小石川植物園の入口近くにあるソメイヨシノは，昭和20年に焼失した後に，異なる幼苗を移植したものとは考えることはできなく，中井（1935）が述べている個体からヒコバエが生じたとする朝日新聞（1947），船津（1956 b）の記述が正しいと思う。

　1998年になって小石川植物園の人と話す機会があり，入口のソメイヨシノの老樹のことを尋ねたところ「園長が，あのサクラは疑問のある個体だ，と言っている。そして，現在生えているサクラは昭和28年になって誰れかが植えたものだ。昭和20年に焼けて28年まで萌芽しないのはオカシイから，誰れかが植えたのだ」とのことである。「昭和30年頃に在職していた人に尋ねても，誰れが植えたのかわからないとのことです」という。「昭和30年当時に在職していた人のうち，誰れに尋ねたのですか」と質問したところ「船津金松氏に電話でお尋ねしました」という返事が返って来た。

　実は著者は1991年に「染井吉野の江戸・染井発生説」を提唱する前に著者自身の草案を船津金松氏を訪れて読んで頂いている。その時に「小石川植物園の入口の老樹が焼死したと思ったら芽を吹き返した」という昭和22年4月11日付の朝日新聞（1947）の切り抜きを船津氏から見せて頂いている。1991年の論文では頁数の関係から詳述できなかったが，今回は日時とともに内容も記述した。朝日新聞（1947）には昭和22年に生き返った，と記述されている。ところが，いつの間にか昭和28年に誰れかが植えた，とすり替えられている。

　申し述べたいことはまだある。1998年になって思い出したのであるが，

　著者は昭和29年に東京大学の大学院（農学）に入学し，小石川植物園には1年に5～6回は行っていた。そのためか，何故か入口のソメイヨシノの附近のことはよく憶えている。

　①昭和29年には現在の場所にソメイヨシノは生えていた。

　②そのソメイヨシノは1本ではなく2～3本がブッシュ状に基部から生えていたように憶えている。その付近の露出した根からも2～3本萌芽していたが，全く放任状態であった。

　③昭和28年に植えたものであるならば，もっと大切に管理されている筈であるが，そのソメイヨシノの先端部分は折られて分枝していたのを憶えている。今考えてみても管理されていた個体と思うことは出来ない。

　④昭和30年頃（？）になり，現在のソメイヨシノの囲りに古い竹や木の棒が数本立てられてサクラに人が近ずくことが出来ないようになっていた。根の他の部分から萌芽していたサクラは切除されていた。

　⑤古い竹や木の棒の古さやその立て方から考えると，この囲いは守衛所の人達によって作られたのでは無いかと考える。

　⑥入口近くのソメイヨシノが焼けてから50年以上，著者が問題提起をしてからも10年近くも経ているのに，小石川植物園のこのソメイヨシノについの対応はオザナリでしかないが，焼けてから昭和30年頃までも殆んどこのソメイヨシノには手がかけられていないようだった。

資料編

⑦現在は整理されているが，昭和29年頃に著者が見た入口付近は，門を入ってすぐ左側にはヤマザクラらしい苗木の育成地のような所があり，ヒョロ，ヒョロと長い10m位の高さのサクラが，少なくとも10本以上密植されていた。その上のソメイヨシノに近い所にはシュロ（またはバショウ）の太い樹が数本，頂部が無い状態で存在していた（1988年の著者の報告にはそれが写真に撮られている）。その奥の部分は薮のようで放任状態であった。今，考えてみると，昭和20年に焼け残ったものがそのまま放置されていたのではあるまいか。

⑧現在のソメイヨシノの場所に立って入口を見た場合，右側から門の所までは昭和29年頃は除草は行なうが殆んど荒れ地の状態であった。従って，子供だけでなく大人も門からその荒れ地の所を直進して来て，ソメイヨシノの所が少し坂になっているので，ソメイヨシノにつかまって坂を登って歩くためにソメイヨシノの枝を折ったりしていたのであろう。著者も1～2回直進したことがある。それで守衛所の人達が竹や木の棒で囲を作ってサクラが折られないようにしたものと思われる。

⑨付近のサクラの苗やシュロ（またはバショウ）の幹は高さが5m以上もあったと思う。これらが昭和20年に焼けたものと考えた場合，焼け残った部分が5mほども残っていた。それなのに，現在のソメイヨシノの親木は基部から崩芽が出ないほどに焼けたのであろうか（台地に植えられたソメイヨシノは立派に再生しているのに）。

事実，昭和29年に近くに露出していた根からは2～3本崩芽しているのを著者は見ている。このように考えると，現在のソメイヨシノの場所以外の露出した根の部分からは昭和21年頃から1本，2本と崩芽していたものが除草の時に切り捨てられていたのではあるまいか。

⑩最後に，昭和29年には現在のソメイヨシノ付近は150年以上も生えていたソメイヨシノの古木の根があってゴツゴツしていて上述のように少し坂になっていた。

そんな所にどのようにして昭和28年にサクラの苗を植えることができたのであろうか。たとえ植えることができても，嫌地現象によって現在のような生育は見られない筈である（枯死する場合もある）。佐野（1998）も「古い桜のあとに新しい桜を植えたらその桜は育たん」と述べている。

さらに，守衛所からよく見える所にあり，そこに誰れかがサクラを植えたのであるならば，守衛所の人がその人の名前を憶えている筈である。どうして誰れが植えたのかわからないのだろうか。

小石川植物園の係官はどうしてこれらを詳しく調べないのだろうか，著者が提起した問題点に何一つ納得できる調査結果を示していないのみでは無い，昭和22年の朝日新聞の記事を無視して昭和28年に移植されたとすり替えているようでは，小石川植物園内に流がされている風説は信用することができない。

C．船津静作メモの存在とその信頼性

1．船津静作のメモについて

　ソメイヨシノの発生地についての諸学説の中で，最も有力視されてきた竹中の伊豆半島発生説には数々の疑問点が存在することが明らかになったことから，改めてソメイヨシノの発生地の問題に検討を加えてみた。

　ソメイヨシノに関する諸文献に検討を加えたところ，諸学説とは別にソメイヨシノの誕生に係わる今一つの報告が為されていることがわかった。この報告は船津金松によって行われている。船津は1950，1951，1956a，b，1966年と機会のある毎に「染井吉野の巣鴨・染井発生の可能性」について指摘し続けて来ているが，船津の最初の報告以来40年ほども経ているにも拘らず，これ迄の研究報告などには何故か全く採りあげられておらず，紹介されているのも園芸文化協会（1964）の「日本の花」と鴻森（1985）のみであった。

　船津（1966）によると「祖父　静作の残したノートを読んだ結果"染井吉野は染井の植木屋　伊藤某が大島桜を母として作り出し…"と記述されている」として，そのノートの一部を示している（図8）。

　竹中（1962b）の伊豆半島発生説が提唱される以前の1950年代に数編の報告が船津によって為されているにも拘らず，竹中はこれに全く言及していない。このことは，船津静作のメモの信頼性に問題があると考えたためと思う。著者はどのような人がどのようなとこ

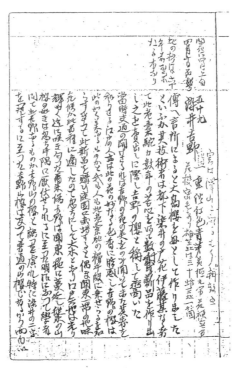

図8　ソメイヨシノの来歴を記した船津翁のメモ
　　　（船津1966より転写）。

ろに発表したものであっても，その真偽の程に検討を加えるべきものであると考えており，船津静作メモも，その信頼性を確認するために，①船津静作のサクラに関する業績，②船津静作の居住地から染井までの距離，③染井地区における聴きとり調査などを実施した。

2．船津静作のサクラの研究上の業績について

　船津静作のサクラの研究上の業績についてはきよし（1918），三好（1929），足立区史談会（1978）や他の人によっても詳述されているが，相川（1927）が荒川堤の栽桜記念碑の建設に関連して述べている文を紹介するだけで十分である。相川は「荒川堤の桜の栽植は清水謙吾氏の高識に依るものであるが，江北の桜が名を成した陰には船津静作氏の管理・保護の努力が存在する。船津翁は明治8年に清水翁の家塾に入った。清水氏が荒川堤に桜を植えた時は一しょに植栽した。他の人は研究しなかったが，研究に心を寄せ高木孫右衛門の実弟　荻原猪之吉に就いて研究し，その後，三好　学に就いて学術的な研究も行ない，遂に江北の桜研究の実地家としての第1人者となった。江北の桜は明治19年に植栽されたのであるが，それを保護すると共に私設の苗圃を作り，これを広く海外を始め全国の愛桜家に分譲して名花の保存にも努めた」と述べている。

　なお，船津静作は1918〜1925年頃までは桜の会の幹事であったことが桜1号から6号までに記載されている。

　山田（1931）も船津静作翁の功績をたたえている。また，「荒川堤に栽植された桜は，栽植後，記述の誤りを船津静作に指摘され，後日，一部訂正を行なったものである」といわれており，Wilsonが1916年に「染井吉野はその形態的特徴から江戸彼岸と大島桜との雑種と思われる」と発表したが，「来日中に船津静作を船津家に訪ねて静作氏から桜について指導を受けている」と浅利（私信1989）は指摘している。このように，船津静作はサクラの品種特性，保護，管理などの分野に精通しており，船津静作の研究報告（表3）にも検討を加えたが，その内容は正確な観察に基づいて記述されており，庶民の中のサクラの研究家というより研究者としての視点に立って諸調査を行っている。さらに，船津（1966）の船津静作メモ中のソメイヨシノの起源に関与しているところの文章は，驚くほど科学的な意味を持つ言葉で一言一句が表現されている。

　このようなことから，船津静作の残したメモの内容は注目すべきであり，是非とも検討する必要があると思う。

表3　船津静作のサクラに関する研究報告

年度	表　題	出　典
1919	桜の品種に就て	桜2号：71〜73.
1920	桜の保存	桜3号：75〜77.
1921	里桜の品種	桜4号：62〜66.
1922	桜研究の順序	桜5号：81〜82.
1928	桜の名品の保存に就て	桜10号：50〜52.

資料編

30

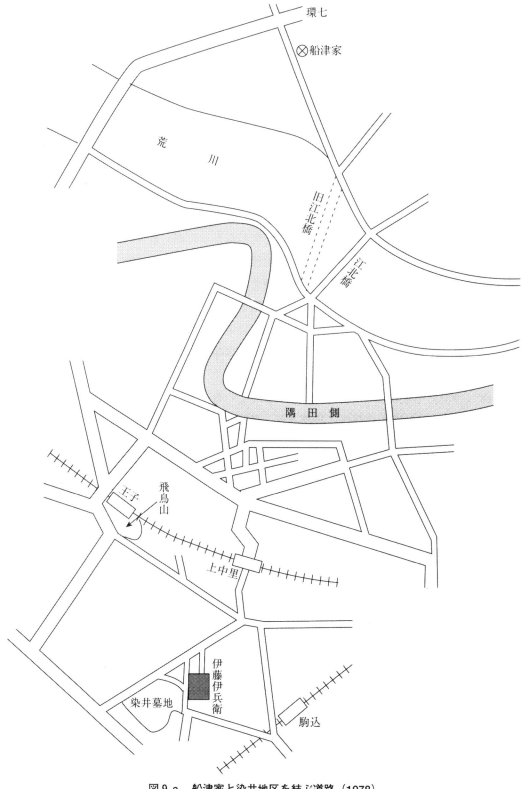

図9a　船津家と染井地区を結ぶ道路（1978）。
⊗船津家

3. 船津静作が染井の植木屋にソメイヨシノの来歴を尋ねた可能性について

　船津静作メモの信頼性を裏付ける重要な点の1つは，船津静作が染井の植木屋にソメイヨシノの来歴を尋ねに行く機会があったかどうかの問題がある。

　このことについては，相川（1927）が述べているように，明治19年（1886）に荒川堤にサクラが植えられた後は，染井の植木屋　高木孫右衛門の実弟　荻原猪之吉や三好　学と連絡を保ちながら，この荒川堤のサクラを守って来たのが船津静作である。この事実からも，この間にソメイヨシノのことを高木一族やその他の植木屋に尋ねて，その結果をメモにして残したと推定することができる。

　船津金松（1988）の私信によると「明治38年（1905）4月25日には堀内弥四郎，船津静作の両人，高木孫右衛門を尋ねると静作のノートにある。また，荻原猪之吉も荒川堤にきて船津静作に堤上のサクラについて，いちいちその品種名を教えたことがノートに書いてある」と述べている。

　一方，船津静作が住んでいた足立区の江北から豊島区の染井墓地（江戸時代の染井の植木屋街）までは，現在は飛鳥山公園の横を通る大きな道路がある（図9a，b）。この道路では江北から染井までの距離は7.3kmあるが，古地図を調べてみると，染井から中里を通

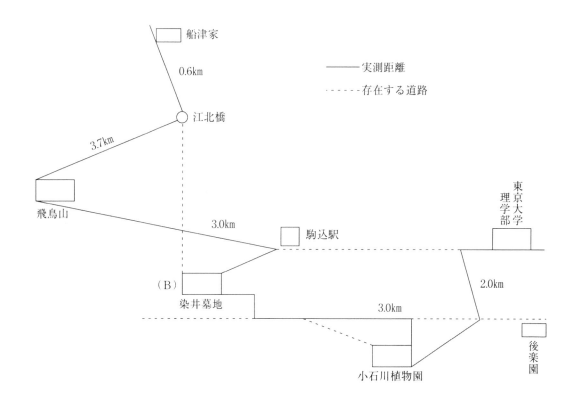

図9b　船津家と関係場所への距離。
（1987年の道路による）

って江北に行く1本の道路が認められる。足立史談会（1978a），高柳（1984）によると，千住大橋も1594年に開通しており，江戸時代から明治の中頃まではこの道路が用いられていたもので，その距離は4kmほどである。

三田村（1957）その他によると「江戸時代の民衆は花見の場所を求めて一日7〜8里（28〜32km）四方に出かけていた」と記されていることから考えると，船津静作が4kmほどしか離れていない染井の植木屋街に行き，ソメイヨシノの来歴を尋ねた可能性は十分考慮することができる。

4．船津静作メモが伊藤某として人物を特定していないことについて

船津メモ（船津1966）には「伊藤某なる者が…」と記されており，ソメイヨシノを育成した人物を特定していない。このことは①船津静作が直接「伊藤某」の家を訪れた結果を記録したのではなく，染井の植木屋や荻原猪之吉または高木孫右衛門などに尋ねたものと考えれば，この記述はむしろ正確な記述であると思う。というのは，伊藤某が船津（1966）が推定しているように伊藤伊兵衛であった場合，駒込・巣鴨の園芸史料（1985），その他にも述べられているように，1720年頃には伊兵衛・政武が幕府直属の植木師になっており，明治初年には間口10間，奥行30間の広さの屋敷構えの家に住んでいた。このような屋敷構えの旧家に「ソメイヨシノの起源」を尋ねるために庶民が訪れることは，当時の世相から考えると無理のように思われるからである。

②は，静作メモが「伊藤某」と記したのは，明治初年の旧地図によると，染井墓地の入口付近には伊藤という植木屋が数軒あり，どの伊藤家かは，ソメイヨシノを育成した本人がこの世にいなかったために，船津静作が尋ねた人が正確に答えることができなかったためと思われる。正確に答えられなかった理由は，本調査結果からもわかるように，ソメイヨシノは明治初年に有名になった時から来歴が不明であるといわれていたものである。それは，このソメイヨシノが最初に花を開いたのが1740年頃の江戸時代であったのであるがその頃のお花見はヤマザクラを見ることであり，江戸時代の後期は八重桜の全盛時代になった。そのうえ井下（1936）が「染井吉野くらい専門家・愛桜家から貶され罵声られ痛烈に排斥される花は無い」と述べているほどである。このことを立証するかのように，1918年から1940年まで続いたサクラの専門誌ともいうべき桜の会発行の「桜」には，ソメイヨシノに関する記事は数編しか認められず，三好（1921）は「染井吉野は極めて単調で変化が無く，花が沢山咲くだけで植物学的には面白くない桜である」と述べている。その後，三好（1925）は「染井吉野はそれなりに特色があるが，昔の名所にこのような新しい桜を植えることは不自然である」とも述べている。副島（1930）も「桜を植える際には主として山桜を植ゑ，染井吉野は出来るだけすけなくし，単に標本として残す位に止めたい」と述べ，小清水（1970）は「染井吉野は気品の少ない卑賤な花」としている。これに対して，ソメイヨシノの悪口を述べていない者としては伊藤（1932）と丹羽（1955）の2例が存在するていどである。

資料編

このように，サクラの専門家，愛桜家から痛烈に排斥されていたソメイヨシノは，それが開花を始めたのが江戸時代であり，その時は八重咲品種の全盛時代に入る前である。そのため，育成した本人は別として，他の植木屋や一般庶民には関心が持たれていなかったのでは無かろうか。

育成当初　無名であったサクラのために，年月を経るにつれて，育成者は誰れか，ということが忘れられるのは，むしろ当然の成りゆきであると思う。ただ，他のサクラと著しく違う咲き方をするために，「××の家で△△のようにして作られた桜だそうだ」ていどの言い伝えは残る可能性がある。特に，育成した家では「我が家の先祖が作ったもの」という伝承は必らず残しているものと著者は確信している。

このように考える時，静作メモで伊藤某として人物を特定していないことは，聴いたことを正確にメモとして残したものと思う。なお，これまで調べた著書，文献中で，ソメイヨシノの育成者を染井の植木屋　伊藤某と特定した者は船津静作が最初である。

D．西福寺の住職の調査と庶民などの証言

「ソメイヨシノが有名になってから，その来歴を知るために研究者が訪れたのであるが，すでに古老達は死んでしまっており，ソメイヨシノの来歴について調査することはできなかった」と小泉（1932），竹中（1962 b）は述べている。

幕末に売り出され，明治初年に有名になったソメイヨシノの来歴が，明治初年に何故不明であり，古老達で無かったら聴き出すことが出来ないのであろうか。このような素朴な疑問点を考えながら，明治以降，染井を訪れた研究者名を調べた結果，牧野富太郎と竹中要以外はまだ教えてもらえなかったが，諸文献からは本田正次も染井を訪れていたようである。

また，1985年頃は「研究者を含めて外部の者が訪れても，ソメイヨシノの来歴については染井の植木屋の人達は口を閉して何もいわない」ともいわれていた。著者も船津静作メモを検討するために，1986年から染井の植木屋を訪れたが，1986年には何も聞くことはできなかった。

このような事実はあったにしろ，農民は他人に話すことはしなくとも，身内の者や親密な間柄の者には必らず真実を伝えているものであると著者は信じており，ソメイヨシノの開花時，その他の折りに毎年染井を訪れて聴き取り調査を続けた。

その結果，矢張り染井の植木屋には口伝えとして，ソメイヨシノの発生に関することが伝承されていることを知ることができた。以下，そのことについて述べる。

1．西福寺の住職の調査と証言

1987年 5 月巣鴨の染井で伊藤を名乗る 2 ～ 3 の植木屋を尋ねた帰り途に伊藤伊兵衛・政武（樹仙）の墓所の西福寺の前に迷い出て，西福寺の存在を知った。丁度，伊藤伊兵衛家の家系とその後の家族の動静について調査を行っていた時であったので，無躾を承知のう

えでお話し下さるように住職にお願いした。

その時，「先代住職はソメイヨシノが有名になってから，染井に住んでいた古老たちをお寺に招き，ソメイヨシノの来歴について話すように求めた結果，ソメイヨシノは染井の植木屋によって作り出されたのだとの確証をえていたようである。このことは先代住職は明言はしていませんが…」と現住職は述べた。「1960年頃，竹中さんもこの西福寺を訪れまして，先代住職から上述のことを聴とり致しました。この時，私（現住職）は20才位でしたが，先代住職とともに竹中さんに会い，竹中さんとソメイヨシノの発生地のことで激論を闘わしました。しかしながら，専門家の竹中さんはその後　伊豆半島発生説を発表されました」と現住職は述べた。そこで，ソメイヨシノの発生地について現住職自身の考えを尋ねたところ，「ソメイヨシノは江戸・染井の植木屋で生れたものと思っている。また，どの植木屋が作ったというより，染井の植木屋全体が協力し合って作った品種であるといいたい」という表現をされた。また「研究者の人達は染井の植木屋に調査に来ておりながら，常に我々の証言を裏切るような発表と決定を行って来ている。このため，我々もソメイヨシノの起源についての調査には素直に協力する気持になれない心情にある」とも述べられた（1987年5月）。

この西福寺の住職の証言には2～3の注目すべき事項が含まれている。

その第1は，著者は農民の心情から，他人に話すことはしなくとも，自分の家には「ソメイヨシノは我が家の先祖が作ったんだ」と口伝えとして必らず伝えられている筈である，と信じて調査を続けていたのであるが，この推論を先代住職が裏付けていたことになる。そして，如何に研究者の間で色々な発生地名が挙げられて論議されようとも，染井の植木屋の子孫とその意見をとりまとめた西福寺の先代および現住職は「ソメイヨシノは江戸・染井で生れた」という先祖からの伝承を現在も信じている。

第2に，竹中（1962b，1965b）が伊豆半島発生説を提唱した文中に「江戸・染井の植木屋で交雑された可能性も十分あるが，現在はその証拠が無い」と必らず記述されており，伊豆半島発生説の主張には責極性がなく，つねに染井で発生した可能性のことを併記している。著者は，これが何に起因しているのかを疑問に思っていたのであるが，西福寺の住職のお話から，竹中をして，このように述べさせていた原因は「西福寺の先代および現住職による染井の植木屋の古老達からの調査結果とそれに基づく主張」が常に竹中の心のどこかに存在していたためと思う。

第3は，1985年頃には研究者の間にはソメイヨシノの発生地のことについて，染井の植木屋は何も話さない，といわれており，著者も1986年には全く聴き出すことはできなかった。その理由は西福寺の現住職のお話から推定すると次のようになる。すなわち，先代住職の調査結果からもわかるように，染井の植木屋には，明治初年以来，今日まで，常に「ソメイヨシノは染井で生れたものである」という伝承が存在していた。ところが，研究者達は染井を訪ねてこのような染井の人達の主張を知りながら，それを詳細に調査することなしに伊豆大島発生説，済州島発生説を発表した。特に，竹中の場合は西福寺の先代お

および現住職からその詳細を聞き，激論を闘わしておきながら，伊豆半島発生説を公表した。

　以上のことから，「研究者の調査には協力したくない」という心が染井の植木屋の人達の心に芽生えたのかも知れない，と著者は推定した。

　また，1985年頃は「外部の人が染井の植木屋を訪れて，ソメイヨシノの起源のことを尋ねても，植木屋の人達は何も話さない」といわれていたが，これは誤りである。確かに著者も1986年には全く聴くことは出来なかったが，1987年以降に聴取したことによると，「現在の若い人達はソメイヨシノのことはよく知らないのでお話しできない。ところが，よく知っている人達は現在は80才以上の高齢の者で，記憶も薄れて来ているので誤ったことを話されても困るので最近はお拒わりしているのです。1970年頃までは記憶もはっきりしており質問にも色々と伝承事項を外部の人達にも話しておりました」と伊藤栄次郎家の若い植木屋さん（西福寺近くの）は話している。この事実は1900年以降の染井の植木屋における研究者の調査の不十分さを感ずる。今一歩農民（植木屋）の人達の心に入り込んだ調査をして欲しかった。

　このことから推定すると，船津静作は矢張り，染井の植木屋から伝承事項を聴いたうえでメモを残しているように考えられた。

　先述のように，著者はどのような人がどのような所に記述したものであっても検討を加えるべきものであると考えている。このような考えから，西福寺の先代および現住職の行った記録も残すべきであると考えた。そこで，諸文献の調査，伊豆半島発生説への疑問点とともに西福寺の現住職から聴取した事項をとりまとめて，草案の検討・確認をお願いするために，1988年の春に西福寺を訪れ，7月に改めて草案に対する御意見等を聴取した。草案には本項でこれ迄述べたことをそのまま書いた。ただ，ソメイヨシノの発生地についての現住職の考え，つまり「染井の植木屋のうち，どの植木屋というのでは無く，染井の植木屋全体が協力して作ったと考える」ということについて，これは「染井の植木屋のうちの数人が俺の先祖が作ったんだ」と主張して譲らなかったためにこのような表現をされたのであろう，と著者自身の考えを付記し，同時にそれを推察した根拠も述べておいた。

　著者が数人の植木屋が自分の家の先祖が作ったと主張したであろうと推理した根拠は次のようである。①小石川植物園の入口のソメイヨシノの老樹は1750年頃には現在の位置に植えられていたことが推定された。もし，ソメイヨシノが人為交雑によって育成されたとすると1730年頃に交雑によって行われたことになる。1730年頃には江戸では染井に伊藤伊兵衛・政武一族しか植木屋を開業していなかった。②小平氏（次項で述べる）の証言もソメイヨシノは伊藤伊兵衛・三之丞か政武が作ったと述べている。③それに加えて船津静作も伊藤某と指摘している（船津1966）。

　ソメイヨシノが，もし伊藤伊兵衛・政武によって育成されたと考えた場合，昭和の初めには政武の子孫（分家）が数名，植木屋をしていたことが知られていることから，西福寺の先代住職の招きでお寺に集った植木屋の中には政武の子孫（分家）が数名参加していた筈であり，その数名の政武の子孫の植木屋が「俺の先祖が作ったんだ」と主張することは

当然起こりうると考えた（図10）。

7月に草案に対する御意見を聴取した時に，「先代住職のお調べになったことを正確に記録に残したいと思いますので，植木屋の古老達が集まった時のことを今一度お話し願いたい。私は数名の古老が"俺の家の先祖が作った"と主張したのでは無いかと推定しているのですが」と申しあげたところ，現住職は「実は，数人の植木屋が"俺の家の先祖が作ったんだ"と主張し，集まりが大混乱致しましたので，先代住職が話題を違うものに変えたのが真相です。先生には総てを見抜かれていました。私共は慌てたために，それらの植木屋の先祖が同一人物になることまで考えませんでした」と真相を述べられた。「苦肉の策として，染井の植木屋が協同で作り出したと私なりに考えをまとめたのです」とも現住職は話された。

2．庶民の証言

著者が1987年4月に「ソメイヨシノの江戸・染井の発生の可能性」について口頭発表を行ったところ，読売新聞がその内容を5月10日に紹介した。その翌朝の5月11日の午前9時30分近くに筑波大学の居室に電話があった。受話器をとったところ，「私は栃木県に住んでいる小平××（うっかりメモを無くしてしまった）という62才の者です。実は，読売新聞でソメイヨシノの発生地のことについての記事を読み，どうしてもお電話したくなったのです。失礼致します。私は子供の時，巣鴨の染井墓地の近くに住んでおり，友達に伊藤植木屋の子供がおりました。彼の家に遊びに行った時，その家の主人が"ソメイヨシノはウチの先祖のヒオジイサンが江戸時代に作ったんだよ"と教えてくれたことを今でもはっきり憶えています。その後，ソメイヨシノの発生地について色々といわれており，よっぽど新聞か何かに投書をしてみようか，と思ったこともありました。しかし，どうせ私などは素人でしかありませんので，何をいってもとりあげてはくれないだろうと思って今まで黙って来ました。よく伊藤さんの名前まで調べて下さいました。うれしく思います。なお，私がこのことを耳にしたのは昭和10年頃です」という証言をえた。

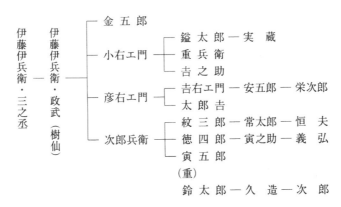

図10　伊藤伊兵衛家の家系図
　　　（西福寺所蔵の過去帳より転写）。

突然のお電話であったので姓名の小平は著者が適当に当て字をしたものであるが，名前はメモを無くしてしまった。証言をまとめる段階になってこの小平証言の重さを知ったのであるが，現在は上述の電話のお話しの内容しか残っていない。

この小平さんのお話しに基づいて，伊藤家の家系を調べた結果，ヒオジイサンは伊藤伊兵衛・三之丞または政武になることがわかった（このことについては詳しく後述する）。

この小平証言や西福寺の住職の証言は昭和10年（1935）頃までは，個々の植木屋にはこのような事項が語り継がれていたことを裏付けている。

3．郷土史研究家の記述

小平証言のみではなく，いわゆる郷土史研究家と呼ばれている人達や文化系の研究者の著書を調べてみると，生物系の研究者の間で論議されて来た諸発生説とは全く無関係に，1980年代においても「染井吉野は江戸・染井で作られた（または交配された）」と記述されている（広江1976，林1977，桜井1980，大沢・大貫1985）。豊島区図書館（1978）の「豊島の歳時記」には「染井吉野桜はこのあたりの植木屋によって人工をもって改良・完成された」と明記されている。

これら郷土史研究家と呼ばれている人達の中には，自分で古文書を読み，また聴きとり調査を行った結果に基づいて記述しているものが含まれているだけに，検討すべきものであると考える。

郷土史研究家のみではない，植物の研究者である井下（1936）は「染井吉野は人為的に育成されたものだ」と述べており，Y・K・T（竹中　要のペンネーム，1958）も「染井吉野は人工交配の産物であろう」と述べたこともあり，前川文夫も新聞で「多分人工交配であろうと述べている。本田（1963）も「染井吉野は自然発生したものでは無い」と述べている。牧野は「1850年頃染井の植木屋によって作られた」と述べ，三好（1921）は「染井の植木屋が作り出したのでこの名が付いた」と述べている。このように竹中によって伊豆半島発生説が提唱される以前の文献では，郷土史研究家のみでなく植物学者もまた「染井吉野は江戸・染井の植木屋によって人為的に交配・育成された」と記述している者が殆んどであり，伊豆半島，房総半島で発生したという記述は見当らなかった。

これに対して，竹中によって伊豆半島発生説が提唱された後の著述には，牧野，本田，三好らの指摘や郷土史研究家の主張に検討を加えた者は全く認められず，船津以外のすべての著者が「伊豆半島で発生したものを染井で売り出した」と述べている。ただ，前川（1995）は一応「竹中の考えを支持している」が文面からは責極的な支持とは認められない。

以上のような調査結果に基づいて船津静作メモを再検討してみると，三好　学その他の研究者から情報を知ることができたと同時に，高木孫右衛門の身内のように動き回っていた船津静作には，農民はメモに残した事項以外のことも話していたように推定される。しかしながら，研究者と植木屋との中間の微妙な位置にあった船津静作は，染井の植木屋な

38

どから聴き出した事項を公表することなく，メモの形で残したものと著者は考える。そして，少なくとも染井の植木屋に伝承されている事項を正しく記録しているという点で船津静作メモは信頼してよいと考える。

Ⅲ．伊豆半島発生説の疑問点解明のための自然科学的研究

A．ソメイヨシノとその近縁種の生態学的研究

緒　　言

　前項で述べたように，ソメイヨシノの発生地として一般にも信用されて来た竹中（1962a，b，1965b）の「伊豆半島発生説」には，社会科学的および生物学的に数々の疑点が存在することが明らかになった。特に，著者の1988，1989年の伊豆半島の調査から，竹中が発生地と指定した天城山の周辺地区では，エドヒガンは認められるがオオシマザクラは存在せず，民家の近くにあるオオシマザクラと山中に認められるエドヒガンとの間には開花時期が合致していないことから，竹中の伊豆半島発生説の成立は非常に難しいことが判明した。

　一方，竹中の一連の研究（1962a，b，1965b）から，ソメイヨシノはオオシマザクラとエドヒガンとの雑種であることがほぼ確実視されている。しかしながら，両品種の交雑によってソメイヨシノが成立したものであるとしても，現在のオオシマザクラとエドヒガンには，それぞれ数品種が存在しており，どの品種が真の両親であるかについては依然として不明のままである。それに加えて，ソメイヨシノは幕末の頃から江戸の染井の植木屋から売り出されたものであり，一般に栽植されてから100年以上も経ている品種である。このようなことを考慮しながらソメイヨシノの起源の問題に検討を加えるには，単んなる形態形質の比較に止まることなく，その個体が栽植されている諸環境条件下で認められる近縁の各品種の特性をも明らかにし，それら近縁種の諸特性と比較検討を加えることによってソメイヨシノの本態の解明に結びつけなければならないと考えた。

　ここではソメイヨシノとその近縁種を用いて，生態学的な立場から検討を加えた結果をとりまとめた。

実験材料

　実験材料には筑波大学　農林技術センターに栽植されている樹齢の等しい個体を主として用いたが，ソメイヨシノが命名される契機となった上野公園の精養軒前に列植されているソメイヨシノ。ソメイヨシノの学名決定に用いられた東京大学　小石川植物園の高台に列植されているソメイヨシノおよび入口近くにあるソメイヨシノの老樹やソメイヨシノの起源に関連するとみられている諸品種。巣鴨の染井墓地，飛鳥山公園，千鳥ケ渕など，東京都内の各地の公園に栽植されているソメイヨシノも調査の対象にした。なお，調査個体は筑波大学のものは8年樹，その他の地区の個体は樹齢20年以上のものである。

資料編

実験方法

　実験は開花時期と開花時期の気温の調査，メシベの枯死状態および訪花昆虫とその種類について実施した。各調査項目と調査方法は下記の通りである。

1．開花開始日と開花終了日

　樹全体の花蕾のうち，最初に開花が認められた日を開花開始日とし，連続して開花する現象が終了した日を開花終了日とした。また，開花時に個体の開花状態が樹全体の何パーセントほどであるかを調べて開花曲線を作成した。

2．開花時期の気温の調査

　供試品種中，最も開花が早いエドヒガンの開花開始日を考慮し，3月1日から最高気温，最低気温および日平均気温について筑波大学　農林技術センターで観測を行なった。

3．メシベの枯死状態

　主として小石川植物園の品種を用いて，メシベの生存状態の調査を1988年に行なった。

4．訪花昆虫の調査

　筑波大学　農林技術センターに栽植してあるサクラを用いて，1987年3月25日，4月6日および4月25日に，午前10時から午後4時までの時間内に，開花中の1本のサクラの樹を訪れた昆虫の調査を行なった。筑波大学以外の地区の場合も，毎年，開花状態を調査する際に訪花昆虫の状態を観察した。

実験結果および考察

1．開花時期について

　ソメイヨシノが交雑によって生まれた場合，その発生の仕方が自然交雑あるいは人為交雑によるものであっても，その両親の開花時期が一致しなければならない。この考えに基づいてソメイヨシノとその近縁種の開花時期を調査した。

　調査はヤマザクラ，チョウジザクラなどの他の系統に属する品種の開花時の生態的特性についても調べ，その一部は岩﨑ら（1984）が報告したが，ソメイヨシノの開花時にみられる生態的特性はオオシマザクラ系とエドヒガン系の特性に最もよく類似していたので，ここではオオシマザクラ系，エドヒガン系およびソメイヨシノとその類似品種に限って述べる。

　サクラの開花にその年の気象条件の影響が強く現われることは一般にもよく知られていることである。本研究を行なった1982年から1989年までの間には，開花期間中に降雪に見舞われた1988年を含めて2～3年の異常気象の年があったが，諸形質の発現と環境条件と

表4　ソメイヨシノとその近縁種の開花状態

品　種　名	学　　名	開　花　状　態					
		1986		1987		1988	
		開花始	開花終	開花始	開花終	開花始	開花終
エドヒガン シダレ	*Prunus pendula* Maxim. form. *ascendens* Ohwi	月　日 4/15	5/6	4/6	－	－	－
エドヒガン ヤエ		4/16	5/7	4/8	5/3	4/14	5/4
エドヤエ	*P. lannesiana* Wils. cv. Nobilis	4/23	5/13	4/18	5/19	4/19	5/12
ヤエベニ シダレ	*P. pendula* Maxim. cv. pleno-rosea	4/13	5/6	4/5	5/1	4/12	5/3
アカハタ オオシマ		4/17	5/6	4/8	4/26	4/14	4/30
カンザキ オオシマ	*P. lannesiana* Wils. var. *speciosa* Makino cv. Kanzaki-ohshima	4/4	4/27	3/26	4/18	3/16	4/15
オオシマ ニオイ		4/17	5/6	4/8	4/26	4/13	5/4
オオシマ ザクラ	*P. lannesiana* Wils var. *speciosa* Makino	4/7	5/4	3/25	4/26	3/29	5/1
シラハタ オオシマ		4/16	5/3	4/4	4/25	4/12	4/30
ウスガサネ オオシマ	*P. lannesiana* Wils var. *speciosa* cv.	4/15	5/4	4/5	4/26	4/12	5/3
ヤエベニ オオシマ	*P. lannesiana* Wils var. *speciosa* Makino cv. Yaebeniohshima	4/16	5/6	4/5	5/2	4/12	5/15
ヤエノ オオシマ	*P. lannesiana* Wils var. *speciosa* Makino	4/13	5/6	4/3	4/26	4/10	4/30
イズヨシノ	*Prunus* x *yedoensis* Matsum. cv. Izu-yoshino	4/10	5/1	3/31	4/21	4/6	4/26
ミカドヨシノ	*P.* x *yedoensis* Matsum. cv. Mikado-yoshino	4/11	4/27	4/1	4/21	4/9	4/26
ソメイヨシノ	*P.* x *yedoensis* Matsum. cv. Yedoensis	4/12	4/30	4/3	4/26	4/9	4/28
ソトオリヒメ	*P.* x *yedoensis* Matsum. cv. Sotorihime	4/16	5/9	4/7	4/30	4/13	5/1

の関係を調べるには，むしろ適していたといえる。

調査結果を表4に示した。表からも分かるように，気象条件の変動によって同一系統内では開花を開始する日の順序に変動が起こる品種が認められたが，一般的には気象条件が変動しても各品種間の開花を開始する日の順序には大きな変化が認められなかった。このうち，筑波大学，小石川植物園とも，ソメイヨシノとその類似品種の開花時期では，例年，最も早く開花を始めるのはイズヨシノであり，最も開花が遅いのがソトオリヒメで，異常気象の条件下でもこの開花を開始する日の順序には変動は認められなかった。

次に，小石川植物園のエドヒガン，ソメイヨシノおよびオオシマザクラの1987年の開花の状態に基づいて開花曲線を描いたのが図11である。この図からもわかるように，ソメイヨシノはエドヒガンとオオシマザクラの中間の開花現象が観察された。また，エドヒガンとオオシマザクラの開花時期が1週間ほど重複していることもわかった。この両品種の開花時期の重複する期間は，1988，1989年の異常気象の条件下でも1週間ほど認められた。この事実は，エドヒガンとオオシマザクラが交雑することができることを示している。また，図11の開花曲線にカンザキオオシマの開花曲線を入れた場合には，オオシマザクラの曲線より，曲線が左側に移る。オオシマニオイの場合はオオシマザクラの曲線より右側に移動する。一方，ヤマザクラ，チョウジザクラの場合はエドヒガンの開花曲線との重複期間がなく，ソメイヨシノの開花曲線と対比させて考えても，ソメイヨシノの親と推定することができなかった。

図11の開花曲線からは，ソメイヨシノはエドヒガンとオオシマザクラとの雑種としての開花曲線が示されているように推定された。しかしながら，サクラは開花を始めてから1週間ほどで満開になり，開花後3週間ほどで殆んど開花を終了するが，その後，1か月ほどもポツリ，ポツリと開花する特性がある。この特性は品種によってその期間に長短は認められたが，本実験で供試したすべての品種にこの現象が観察された。このような開花特性を考慮すると，小石川植物園のエドヒガンは1987年には3月中旬から4月下旬まで，オ

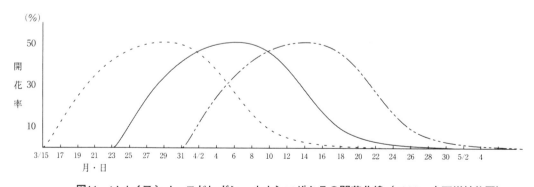

図11 ソメイヨシノ，エドヒガン，オオシマザクラの開花曲線（1989 小石川植物園）。

　　--------エドヒガン
　　────ソメイヨシノ
　　─・─・─オオシマザクラ

オシマザクラ系の品種は3月上旬から5月上旬まで開花していることになり，本実験で供試したオオシマザクラのどの品種とも交雑ができることになるため，開花時期の点のみからはソメイヨシノの両親を特定することはできなかった。

一方，淺利（1989年の私信）によると，北海道の亀田郡に栽植したエドヒガンとオオシマザクラは開花時期に重複する期間がなく，交雑することができないという。サクラは全国のどのような所でも，ほぼ同様な気象条件になってから開花するといわれていることから，北海道でエドヒガンとオオシマザクラの開花期間に重複がみられない原因は不明であるが，伊豆半島の天城山の標高の高い所に生育しているエドヒガンと海岸に近いところにあるオオシマザクラの開花の問題を検討するうえには重要な唆示を与えるものと考えている。

上野公園および東京都内各地のソメイヨシノの開花時期

1986年から1990年まで，上野公園の精養軒前に列植されているソメイヨシノと東京都内の公園などに栽植されている樹齢20年以上のソメイヨシノの開花時期について調査を行なった。

その結果，東京都内の各地に栽植されているソメイヨシノは，その年の気象状態によって開花を開始する日は変動するが，飛鳥山公園，上野公園，千鳥ケ渕など，栽植されている場所の諸条件にはかなり異なる点が認められるにも拘らず，都内の各地に栽植されている殆んどのソメイヨシノが同じ日に開花を始める現象が異常気象の年以外は毎年観察された。小宮（1943）は東京の飛鳥山公園，上野公園，隅田公園，小石川植物園などのソメイヨシノの開花日を報告し，地区によって開花日が異なると報告しているが，開花始めをどのよう定めたかの記述がなく，本研究結果との相違が起こった理由は不明である。

また，上野公園の精養軒前に列植されているソメイヨシノには，早咲，中生咲，遅咲の3系統の個体が認められ，この早咲，中生咲，遅咲の個体は異常気象の条件下でも例年と同様な開花順序で開花が認められた。すなわち，平年の気象条件であった1987年の場合には，3月19日にNo.8，No.17およびNo.23の個体が開花を始めた。3月23日に気象庁から東京地区のソメイヨシノの開花宣言が行われたが，この日は小石川植物園をはじめ，東京都内の各地に栽植されている殆んどのソメイヨシノが一斉に開化を始めた。しかしながら，上野公園のNo.2，7，19およびNo.43の4個体は3月26日に漸やく開花を始めた（図12）。

上野公園の管理係官によると，「この3系統は昔からこの開花の順序が認められた」とのことである。上野公園でこのような3系統のソメイヨシノが認められたのであるが，新宿御苑の係官も「御苑内に，例年，他より早く咲くソメイヨシノがある」と口述（1987年）している。

著者のみでなく1987年3月20日には世田谷区の城址公園のソメイヨシノが1本，他のものより早く咲いたと新聞で報道され，1992年2月6日には東京新聞で川崎区役所田島支所で早咲ソメイヨシノが咲いたことが報ぜられた。

上野公園のソメイヨシノの早咲個体（向って右No. 8），向って左はNo. 7の遅咲個体。

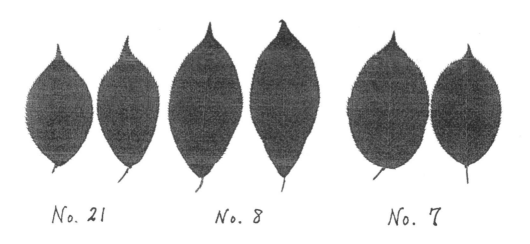

図12　上野精養軒のところのソメイヨシノの早咲個体（上）とその葉形
　　　（No. 21は気象庁の調査樹，No. 8は早咲個体，No. 7は遅咲個体）。

ソメイヨシノの早咲系（19日に開花したもの）としては千鳥ケ渕のフェアモントホテル前にも１個体認められた。その他の地区でも数個体ではあるが早咲，遅咲のソメイヨシノの存在が確認された。このことについては，その一部を岩﨑（1988）がすでに報告した。このように，ソメイヨシノの早咲個体の存在については，毎年ソメイヨシノが開花を始める頃になると必らずどこかの新聞紙上を賑わすものであるが，その度毎にサクラの研究家といわれている者の話として「その個体が日当りの良いところにあるためでしょう」というような解説記事が載せられる。しかし，このような説明では東京都内の各地（飛鳥山，染井墓地，小石川植物園，上野公園，隅田公園，千鳥ケ渕その他23区内の公園）のソメイヨシノが例年同一日に一斉に開花する現象や上野公園のNo.7（遅咲個体）の隣りにあるNo.8（早咲個体）の開花現象を説明することは不可能である。

ソメイヨシノが一般に売り出されてから100年以上を経ており，育成されてからは250年以上を経ていることを考えれば早咲，中生咲および遅咲の３系統が存在しても不思議ではない。否，全国のソメイヨシノを調査したらもっと変異個体が認められると思う。

1989年の異常気象の条件下には，上野公園の精養軒前に列植されているソメイヨシノの開花現象に変動が認められた。すなわち，1987年のような平年並の気象条件下には気象庁の開花予想樹と同日に開花していた個体の中から，1989年の異常気象の年には早咲と中生咲，中生咲と遅咲の中間に開花を始める個体がそれぞれ少数であるが観察された。このようなことから，1989年には上野公園のソメイヨシノを含めて，東京都内各地のソメイヨシノは早咲個体から遅咲個体まで，連続して開花が起こる現象が観察された。

これらの事実は，上野公園の精養軒前に明治初年に列植されたソメイヨシノは，早咲，中生咲，遅咲の３系統のみではなく，開花の生態的特性からは，少なくとも５系統（５本）の個体から接穂を採って接木を行なっていることを唆示しているものといえる。換言すれば，この開花の生態的特性が微妙に異なる個体が存在することは，ソメイヨシノが同じ個体（母本）上で交雑してえられた種子から生育した可能性があることをも唆示しているように思われる。なお，上野公園の早咲個体（No.23）は，開花開始は他の個体より早く，開花終了日は遅咲個体より遅いという特性も認められた。

２．開花時期の気温の変化

本研究では筑波大学におけるエドヒガンの開花開始日を念頭において，それより早い３月１日から調査を開始した。気温の測定結果を表５に示した。1987年はほぼ平年並の気温の変化がみられた年である。

筑波大学にはエドヒガンは無いが，小石川植物園での観察結果から，エドヒガンの開花は筑波地区では３月25日頃から開始し，４月20日頃に終わると推定される。そのように考えると，エドヒガンは開花期間中に平均気温が15℃以上の日が３日，満開時期と推定される４月10日までに最高気温が18℃以上の日が３日しか無いことがわかった。なお，４月20日以降は最高気温が18℃以上の日が続くことが認められた。

資料編

46

表5　ソメイヨシノとその近縁種の開花時期の気温の変化

月・日	最　低	最　高	平　均	月・日	最　低	最　高	平　均
3 ・ 1	−3.4	9.0	0.9	4 ・ 6	6.4	18.9	12.2
2	−0.7	7.7	1.2	7	10.0	13.7	11.9
3	−1.5	10.7	2.3	8	8.3	24.3	14.2
4	−0.1	15.9	8.0	9	8.0	18.7	13.1
5	−1.8	18.8	9.1	10	13.5	17.0	15.5
6	0.6	16.4	8.7	11	7.9	17.7	12.6
7	−4.6	5.9	0.8	12	5.3	8.0	6.1
8	0.5	7.3	2.4	13	0.2	11.0	6.0
9	1.7	10.7	5.2	14	0.5	9.6	4.8
10	−1.6	8.4	3.9	15	3.8	14.9	9.2
11	−1.9	5.6	2.1	16	−0.2	15.4	8.1
12	0.5	10.8	4.3	17	1.5	17.9	10.0
13	5.5	9.1	7.5	18	4.9	22.1	13.7
14	7.6	14.6	10.5	19	8.3	23.7	15.8
15	1.7	10.0	6.5	20	8.8	23.9	17.0
16	−1.1	12.9	5.7	21	12.0	24.4	17.9
17	−0.2	8.7	4.2	22	14.9	26.0	20.2
18	2.5	14.1	7.6	23	12.1	20.0	15.2
19	4.6	10.3	8.2	24	5.6	20.7	13.9
20	5.2	17.6	10.5	25	2.7	18.7	11.8
21	3.0	10.1	7.6	26	8.3	12.5	9.6
22	6.9	14.2	9.9	27	6.9	14.1	9.6
23	8.7	12.9	10.5	28	4.0	20.1	13.0
24	10.7	16.5	14.1	29	8.5	21.2	14.9
25	3.6	17.9	10.0	30	8.6	25.3	17.0
26	3.7	10.7	6.4	5 ・ 1	0.6	20.8	15.7
27	−0.8	11.7	6.2	2	14.7	20.1	17.7
28	1.2	11.5	7.1	3	14.5	22.6	19.3
29	5.9	12.5	9.1	4	9.0	17.5	13.1
30	2.1	17.3	10.0	5	7.7	18.8	13.5
31	1.8	15.3	8.0	6	4.6	21.2	13.8
4 ・ 1	−3.6	8.2	4.2	7	9.2	22.8	15.4
2	4.5	9.1	6.4	8	8.7	22.8	15.6
3	2.2	10.3	6.9	9	9.7	25.8	17.5
4	−0.2	19.3	10.1	10	9.4	27.5	18.5
5	3.3	20.3	12.5	11	12.5	23.1	18.2

3．メシベの枯死状態

　気温，特に低温は開花時期に影響を及ぼすのみでなく，時には受精機能にも影響を及ぼすことが知られている（野口1961）。このようなことから，1987年に筑波大学においてエドヒガンシダレの花器の調査を行なったところ，30％ほどのメシベが枯死しているのが観察された。1988年には小石川植物園の樹齢20年以上のカンザクラとカンザキオオシマでメ

資料編

シベの枯死状態を調査した結果，カンザクラでは3月5日には66%のメシベが枯死してい
たが，3月8日には43.1%，3月13日には25.2%，3月24日には20.5%になった。また，
カンザキオオシマでは3月8日には69.2%，3月13日には22.6%，3月24日には12.5%の
メシベが枯死しているのが観察された。そして，このメシベの枯死率は気温の上昇に伴っ
て減少するように推定された。カンザキオオシマより開花が遅いオオシマザクラでは枯死
したメシベは観察されなかった。エドヒガンは樹高が高く調査ができなかった。

4．訪花昆虫について

　ソメイヨシノが自然交雑によって生まれたと考えた場合，その主役を演ずるのは昆虫類
であると考えられることから，開花時に花を訪れる昆虫について調査を行なった。

　フユザクラのみでなく，サザンカ，ツバキ，ヤツデなどでは11月下旬に開花していなが
ら，それぞれ戸外で種子がえられている。

　このようなことから，それらの花卉類の開花時に訪れる昆虫を調べたところ，12月下旬
でも日当りのよいところのサザンカ，ツバキなどには，はえ，はちなどが集蜜活動を行な
っているのが観察された。また，この時期にサザンカの花粉を採り，0～5℃の温度条件
下で寒天培地上で発芽能力を調べたところ，正常に発芽，伸長することが確認された（岩
﨑1988c）。これに対して，フユザクラでは全く訪花昆虫が認められず，結実も皆無であ
った。

　本実験では，1987年3月25日，4月6日および4月25日に，午前10時から午後4時まで，
筑波大学においてサクラへの訪花昆虫の状態を調査した。

　その結果，気温の低い日や雨天などの日は別として，一般に，晴天で温暖な日の午前10
時から午後3時までの間には昆虫が多く訪花することが観察された。すなわち，3月25日
は気温が低かったためか訪花昆虫は全く認められなかった。4月6日は午後1時を中心に，
前後1時間ほどの間，みつばちやその他の小型のはちの訪花が観察された。このうち，カ
ンザクラでは5分間ほどで1樹当り20匹以上，タカトウコヒガンが20匹以上なのに対して，
オオシマザクラ系の品種には1樹当り5匹ほどしか訪花しなかった。4月25日にはみつば
ち，とっくりばち，その他のはちも長時間に亘って多数訪花しているのが観察されたが，
25日の場合もオオシマザクラ系のサクラへの訪花昆虫の数は他の品種より少なかった。

　1988年には小石川植物園で観察を行なったが，エドヒガンの開花中にははち類を含めて，
サクラには訪花昆虫は観察されなかった（近くのツバキの花には，はち，はえなどの訪花
が認められた）。4月14日にはエドヒガンには受精可能な花が殆んど認められない状態で
あった。はちやちょうが多く飛び交うようになったのは4月20日頃からであった。

　このような観察結果がえられたことから，諸文献によって3～4月に発生する昆虫につ
いて調査を行なってみた。先ず，鈴木（1985）によると，3～4月には，はなあぶの他，
4種類の昆虫しか発生しないことがわかった。しかしながら，地方によってエドヒガンの
結実状態に相違があることが知られていることから考えると，訪花昆虫の数，あるいは一

種類の昆虫の発生数の多少などの点に差がみられることも考えられるが，少なくとも本実験結果では以上のような結果がえられた。

　また，訪花昆虫と気温との関係について，Ｆｒｅｅら（1968），小林（1981），松香ら（1988）は「みつばちは15℃以下では殆んど訪花行動に入らず，訪花が盛んに認められるのは18℃以上の晴天になってからである」と述べているが，このことは本実験での観察結果と一致している。

　さらに，石川（1938），桑原ら（1982），桑原（1983），鈴木（1985）などによると，昆虫は草原，畑，山地などに棲み分けをしていることが知られている。すなわち，平地に棲んでいる昆虫は山地や森林地帯は飛び越えて移動し，山地や森林中に棲んでいる昆虫は平地に出て集蜜活動は行なわないことが明らかにされている。また，みつばちは蜜を求めて数キロメートルも飛ぶといわれているが，１種類の花を見つけると，その花が咲き終るまでは他の種類の花の蜜は集めない習性があることも述べられている。松香ら（1988）も「みつばちのもっている花粉ダンゴの花粉の成分は通常１種類に限られている」と述べている。

　これまで述べてきたようなエドヒガンの開花時の気温，訪花昆虫の実態および諸文献によって判明した昆虫類の生態的特性などを念頭に置いて，ソメイヨシノの起源の問題に検討を加えてみる時，「伊豆半島の天城山の森林中にあるエドヒガンと平地の民家の周辺に植えられていたオオシマザクラとが昆虫によって自然交雑してソメイヨシノが生まれた」とする竹中（1962ｂ，1965ｂ）の伊豆半島発生説の成立は極めて難しいと思う。

　一方，ツバキ，モクレン，ボケなどではめじろによって受粉が行なわれるといわれており，うそ，めじろなどの小鳥がサクラの花を訪れて，吸蜜活動を行なっているから，小鳥によって受粉が行なわれたかも知れない，と主張する人もいるが，これらの小鳥の行動を観察してみると，ツバキやモクレンなどと花の形態が違っているサクラの場合は，蜜を吸っているのでは無く，花を噛んでいると表現される場合が殆んどである。確かに結果から考えれば蜜を飲み込んでいることにはなるが，あの小鳥の嘴は直径３mm深さ８mmほどのサクラの花の中に入れて蜜を吸うのには不適当である。また，たとえ花の中に嘴を入れることができるとしても，メシベに触れないように注意して，しかも静かに嘴を入れない限り，0.3〜0.4mmほどの太さのサクラのメシベは嘴によって折られるか，傷つけられるのが殆んどであると思われるような小鳥の行動がみられ，エドヒガン，オオシマザクラの交雑には小鳥は殆んど役立っていないと思う。

　次に，オオシマザクラ系の品種にはみつばちのみでなく，特にはえなどの昆虫の訪花が他の系統の品種に比べて極めて少ない。この原因については，これまでの文献では知ることができなかったが，昆虫の研究者の話によると，クマリンは昆虫の忌避剤として最近（1980年代後半）使用され始めているとのことである。一方，オオシマザクラ系の品種にはこのクマリンが含まれていることは周知のことである。このようなことから，特に小さい昆虫類の訪花がオオシマザクラ系の品種に少なかったのは，クマリンが忌避剤的に作用

したことにも原因があると考えた。

5．生態学的立場からみたソメイヨシノの母親

　生態学的立場からソメイヨシノの母親を推定してみると，図11の開花曲線からもわかるように，東京ではエドヒガンとオオシマザクラの開花期に重複がみられ，両品種の間に交雑する可能性が認められた。次に，このエドヒガンとオオシマザクラのうち，どちらが母親の可能性があるか，ということである。

　この場合，両品種の開花期の重複は１週間ほどであるが，エドヒガンは開花の末期であり，オオシマザクラは開花始めの状態にあり，このような時期のメシベ，オシベの受精能力を考慮しなければならない。

　著者（1975 a，b）は菜類を用いて開花後のメシベの受精能力の変化を調べたことがある。菜類の場合，メシベは開花３日前から受精能力を持っているが，開花後３〜４日間のうちに急激に受精能力を失っていく。また，一般的には，各植物とも満開時を過ぎると健全なメシベを持った花が少なくなり，受精能力が低下することが指摘されている。これに対して，菜類の花粉は薬の中に存在する限り，開花後もかなりの日数に亘って受精能力を持っていた。サクラの場合，このような研究報告に接することができなかったが，菜類で認められたことを念頭においてサクラのメシベと花粉の受精能力を考える時，エドヒガンの場合には，開花末期の花器であるという条件の他に，低温によるメシベの損傷も考慮しなければならない。これに対して，オオシマザクラの場合は開花始めの花器であり，メシベ，花粉ともエドヒガンよりは健全なものをうることができる。

　これらのことから考えると，エドヒガン，オオシマザクラのメシベを用いて交雑を行なった場合には，オオシマザクラを母とした場合が種子を多くとれるように思われる。

　以上のことから，ソメイヨシノが自然交雑あるいは人為交雑の何れの方法で生まれたものであっても，生態学的にはソメイヨシノはオオシマザクラを母として生まれた可能性が高いように推定された。

6．生態学的立場からみたソメイヨシノの伊豆半島発生説の成立の可能性

　ここでは生態学的な立場から，ソメイヨシノとその近縁種の特性に検討を加えて来たのであるが，これらの結果に基づいて，改めてソメイヨシノの伊豆半島発生説に検討を加えてみたい。

　先ず，開花生態からみた場合，図11のように東京ではソメイヨシノの開花曲線はエドヒガンとオオシマザクラの中間の曲線を示しており，ソメイヨシノはエドヒガンとオオシマザクラの雑種であるといえる。そして，エドヒガンとオオシマザクラの開花曲線が１週間ほど重複しており，交雑が可能であることも裏付けている。ところが，淺利（私信1989）によると，北海道ではエドヒガンとオオシマザクラの開花期は一致していないという。標高と緯度との関係から植物の分布が地理学の分野で論ぜられていることは周知の通りであ

り，この点から，北海道における両品種の開花期の不一致という淺利の指摘は，山地が海に迫っている伊豆半島で，平地および民家近くに多いオオシマザクラと山地にあるエドヒガンの開花期が一致していたのかどうかの疑問が生ずる。

第2は，エドヒガンとオオシマザクラの交雑法であるが，表5に示したように，エドヒガンの開花期間中およびオオシマザクラの開花始めの頃は気温が低く，東京および筑波地区ではサクラの訪花昆虫が殆んど認められず，諸文献による調査結果もこれを裏付けている。

この点から考えると，人為交雑は可能であっても，伊豆半島で昆虫などによる自然交雑が起こりえたかどうかについては極めて疑問である。

第3は，上野公園の精養軒前に列植されているソメイヨシノは，その開花生態からは早咲，中生咲，遅咲およびその中間型の5系統が存在することである。

この事実は，竹中（1962ｂ）がいうように，江戸時代に伊豆に旅した染井の植木屋が発見して持ち帰った，とするには余りにも数が多過ぎる（竹中は1本から殖やしたと述べている）。

このようなことから，生態学的には竹中が提唱した「ソメイヨシノの伊豆半島発生説」の成立は極めて難かしいといえる。

Ｂ．ソメイヨシノとその近縁種の形態学的研究

緒　言

生物の個体間の比較検討を行なう場合，昔から先ず人間の視覚による判別法が用いられてきた。

サクラの場合も新品種の決定には形，色などの特性が重要な決定要因にされている場合が多い。形態形質の発現には環境条件の影響がある場合も認められているが，品種あるいは個体間の比較には矢張り形態形質の検討は無視することはできない。

このようなことから，本研究においても先ずソメイヨシノとその近縁種の間の形態学的な比較を試み，形態学的な立場からソメイヨシノの起源の問題の解明を行なうことにした。

実験材料

実験材料には生態学的特性を比較した個体を用いた。すなわち，筑波大学　農林技術センターに栽植してある樹齢の同じ個体を主として用いたが，東京大学の小石川植物園の個体，上野公園，染井墓地，東京都内の各地の公園に栽植されている樹齢20年以上の個体や日本花の会　結城農場の個体も必要に応じて利用または参考にさせて頂いた。

実験方法

実験では葉の形態，花器の形態，腋芽の発育および花粉粒の形態的特性の調査を重点的に行なった。なお，学名，形態的特性調査の基準などについては日本花の会の調査報告書

（1982）を参考にした。以下，主要な調査事項の調査方法について述べる。

１．冬芽の色と枝への着生状態

１月下旬に各個体に着生している冬芽の色と，枝にどのような形で着生しているかについて調査した。

２．腋芽の発育に伴う重さの変化

ソメイヨシノとその近縁種を用いて，６月15日から毎月１日と15日頃に開花直前まで，毎回各品種とも20粒宛腋芽を採取し，腋芽の発育状態を１粒重と腋芽のタテ，ヨコの形を測定して表わした。

３．葉の形質の調査

サクラは展葉直後の葉色と成葉の色が品種によって異なっていることから，展葉直後の葉色と成葉の葉色について調査した。また，成葉の裏面の色も調べた。葉の大きさなどの特性は成葉を用いて調査を行なった。

４．花器の特性の調査

花器の特性を表わすものとして，開花前日の蕾の色，開花当日の花の色，花の大きさ，花弁，ガクの特性などについて調査した。また，サクラの開花時にみられる品種特性として，八重咲，一重咲の他に花の咲く時期と展葉を開始する時期が品種によって異なっている。本実験ではこれを開花型として表わすことにし，開花始めの時に葉の展開が進んでいるものを葉先型，開花と展葉がほぼ同時に起こるものを同時型，開花後に展葉が認められた品種を花先型とした（図13参照）。花梗長は開花始め，満開時および花弁が落ちた後では同一品種でも長さが異なるので，本実験では開花始め，満開時および花弁が落ちた直後に花梗の色と長さを調査した。

５．紅（黄）葉の葉色および落葉時期

紅（黄）葉の葉色は11月に調査した。また，サクラの落葉はフユザクラなどでは８月下旬にかなり落葉が目立つ。他の品種でも９月中旬には落葉が目立つようになるが，本実験では著しい落葉の開始が観察された日を落葉始めとし，最後の葉片が落ちた日を落葉終とした。

６．花粉粒の形態的特性の調査

花粉粒の形態的特性は次の３つの方法で検討を行なった。

（ａ）開花時に開花直前の花蕾を採り，直ちにカルノア変液（エチルアルコール３mlと氷酢酸１mlの混合液）で24時間固定し，その後，75％アルコール中に保存しておき，

図13 同時開花型（品種ソメイヨシノ）。

　1％酢酸カーミンを用いて染色して形態的特性の調査を行なった。なお，花粉粒はミクロメーターによって大きさも調べた。
（b）パラフィン法によって永久プレパラートを作り，花粉形成時にみられる花粉粒の形態について調査した。
（c）開花時に，開花直前の花蕾を採り，その中の葯を薬包紙の中にとり出し，直ちにデシケーター中に入れて乾燥，保存しておき，走査型電子顕微鏡を用いて，500，2000および1万倍に拡大して，その形態的特性を調査した。なお，500倍，2000倍のように粒形がわかるものについては，花粉粒の長径と短径および同一品種内の花粉の大粒，小粒の混在状態を調べ，1万倍に花粉粒の表面を拡大したものについては，1 cm×1 cmの面積内にある穴（Perforation）の数や稜（Ridge）の形態などについて調査した。

実験結果

1．形態形質について

a．オオシマザクラ系とエドヒガン系のサクラの形質の比較

実験結果を表6に示した。このうち，まずオオシマザクラ系とエドヒガン系の主要な形質について述べる。

イ．冬芽の色と枝への着生状態について

1月下旬に冬芽の色を調査した結果，オオシマザクラ系の品種は茶褐色で照りのあるものが多かったが，エドヒガン系の諸品種は灰褐色で照りは無く，毛様物で覆われていた。

また，冬芽が枝に着生している状態を観察した結果，図14に示したように，冬芽の先端が枝から離れているオオシマザクラ系の品種と冬芽が枝に密着しているエドヒガン系の品種に分かれることが認められた。

ロ．腋芽の発育に伴う重さの変化について

腋芽の発育状態を腋芽のタテ・ヨコの大きさと1粒重の変化で比較することを試みたのであるが，オオシマザクラ系とエドヒガン系の品種の間には，冬芽の着生状態で認められたような明瞭な差異は認められず，両系統とも早咲の品種が遅咲の品種より腋芽の大きさと1粒重が，ともに早く大きな値になることがわかったのみであった。

ハ．葉の形態について

葉の形はエドヒガン系の品種は細く，長さも短いのに対して，オオシマザクラ系の品種の葉片は長さ，幅ともエドヒガン系の品種より著しく大きい。

なお，オオシマザクラとエドヒガンの雑種であるソメイヨシノおよびその類似品種の葉の形態はオオシマザクラ系の諸品種に似ている。

ニ．葉の色について

サクラの葉の色には茶，橙，緑などの色が観察されることから，本実験では展葉直後の葉色と7月中旬の成葉の葉色について調査を行なった。

その結果，特に展葉直後の葉色（幼葉色）に系統間の相違が認められ，エドヒガン系の品種は緑または淡緑色であるのに対して，オオシマザクラ系の品種の幼葉には橙色が加わっている品種があることが観察された。

ホ．蕾の色について

サクラでは開花前日に花弁の1部が花蕾の外に現われる品種が見受けられる。本実験ではその時期に花蕾の色を調べた。

その結果，表6に示したように，オオシマザクラ系の品種は白またはやや桃色気味の色を呈していたのに対して，エドヒガン系の品種は濃桃色の品種が多かった。

ヘ．開花型について

開花期に認められる著しい特性に開花型がある。開花型は開花状態と展葉状態を同時に示す指標の意味から本実験では使用した。すなわち，開花後に展葉を始める品種を花先型，

表6a　ソメイヨシノとその近縁種の諸形質

品種名	学名	冬芽の色	冬芽の着生状態	幼葉の色	成葉の表面色	成葉の裏面色	葉の形態					蕾色	花色	八重・一重	開花型
							全体の形	先端の形	基部の形	長さ(cm)	幅(cm)				
エドヒガン	*Prunus pendula* Maxim. form *ascendens* Ohwi	灰褐色	付着	緑	緑	緑	楕円形	尾鋭状尖	鈍	3.3~8.8	1.8~4.5	淡紅	淡紅	一重	花先
エドヒガンシダレ	*P. pendula* Maxim. form. *ascendens* Ohwi	灰褐色	付着	緑茶	濃緑	緑	楕円形	鋭尖	クサビ	6.2~10.1	2.5~5.4	淡紅	淡紅	八重	葉先(or同時)
エドヒガンヤエ	——	灰褐色	離れ	淡緑	緑	緑	—	—	—	—	—	淡紅	淡紅	八重	葉先
エドヤエ	*P. lannesiana* Wils. cv. Nobilis	茶褐色	—	緑	緑	緑	—	—	—	—	—	紅	紅	八重	葉先
ヤエベニシダレ	*P. pendula* Maxim. cv. Pleno-rosea	灰褐色	付着	緑	濃緑	緑	長円楕形	鋭尖	クサビ	3.2~12.7	1.5~3.7	紅	紅	八重	花先
アカハタオオシマ	——	茶褐色	離れ	淡茶	緑	緑	—	—	—	—	—	白	白	一重	葉先
ウスガサネオオシマ	*Prunus lannesiana* Wils. *var. speciosa* cv. Semiplena	茶褐色	離れ	茶緑	濃緑	緑	倒楕卵状形	尾鋭状尖	鈍	8.0~13.0	4.5~6.5	淡紅	白	半八重	葉先
オオシマニオイ	——	茶褐色	離れ	淡緑	緑	緑	—	—	—	—	—	白やや紅	白	一重	葉先
オオシマザクラ	*P. lannesiana* Wils var. speciosa Makino	茶褐色	離れ	緑茶	濃緑	緑	広卵倒形	尾鋭状尖	円	9.0~12.0	6.5~8.0	淡紅	淡紅	一重	同時(or葉先)
カンザキオオシマ	*P. lannesiana* Wils. *var. speciosa* Makino cv. Kanzaki-ohshima	茶褐色	離れ	淡茶	緑	緑	—	—	—	—	—	白	白	一重	葉先
シラハタオオシマ	——	茶褐色	離れ	淡茶	緑	緑	—	—	—	—	—	白やや紅	白	一重	葉先
ヤエベニオオシマ	*P. lannesiana* Wils. *var. speciosa* Makino cv. Yaebeni-ohshima	茶褐色	離れ	茶	濃緑	緑	広円楕形	尾鋭状尖	円	11.1~13.6	5.7~7.6	淡紅	淡紅	八重	葉先
ヤエノオオシマ	*P. lannesiana* Wils. *var. speciosa* Makino cv. Plena	茶褐色	離れ	黄緑	濃緑	緑	楕円形	尾鋭尖	円	10.0~13.0	5.6~7.0	淡紅	紅	八重	同時(or葉先)
イズヨシノ	*Prunus x yedoensis* Matsum. cv. Izu-yoshino	茶褐色	離れ	淡緑	緑	緑	楕円形	尾鋭尖状	円	7.8~9.2	4.7~6.2	紫紅	白	一重	葉先
ミカドヨシノ	*P. x yedoensis* Matsum. cv. Mikado-yoshino	茶褐色	離れ	淡緑	緑	緑	楕円形	尾鋭尖状	—	—	—	白やや紅	白	一重	花先(or葉先)
ソメイヨシノ	*P. x yedoensis* Matsum. cv. Yedoensis	灰褐色	付着	淡緑	緑	淡緑	楕円形	鋭尖	鈍	8.0~12.0	4.5~6.8	淡紅	淡紅	一重	同時(or葉先)
ソトオリヒメ	*P. x yedoensis* Matsum. cv. Sotorihime	茶褐色	離れ	淡茶	緑	淡緑	楕円形	尾鋭尖状	円	8.6~11.8	5.1~6.4	淡紅	淡紅	一重	同時

※エドヒガンは1987年に栽植したものであるが，参考までに示した。

表6b　ソメイヨシノとその近縁種の諸形質

品種名	花の大きさ(cm)	花弁 全体の形	花弁 基部の形	花弁 長さ(cm)	花弁 幅(cm)	ガク 筒の形	ガク 毛の有無	花梗の色	花梗長 開花始	花梗長 満開時	花梗長 花弁脱落時	紅(黄)葉色	落葉終了時期 1984月/日	落葉終了時期 1985月/日	落葉終了時期 1986月/日	落葉率(%) 1985 11月20日	落葉率(%) 1986 10月20日
エドヒガン	1.5～2.0	倒卵形	クビレ形	0.9～1.5	0.7～1.1	つぼ形	中程度	淡緑紅	−	−	−	−	−	−	−	−	−
エドヒガンシダレ	3.0	楕円形	鈍形	1.1～1.2	0.7～0.8	つぼ形	多い	緑たん紅	A	A	A	紅褐色	11/14	11/20	11/25	100	70
エドヒガンヤエ	−	円形	鈍形	1.1～1.3	1.2		−	−	A	A	A	紅黄	11/22	12/2	11/25	80	30
エドヤエ	−	円形	鈍形	1.8～2.1	1.8～2.0				B	D	E	緑紅褐	12/3	12/6	12/5	80	40
ヤエベニシダレ	1.7～2.5		鈍形	0.8～1.2	0.5～0.8	つぼ形			A	A	A	紅褐	−	12/10	12/25	90	80
アカハタオオシマ	−	楕円形	鈍形	1.4～1.8	1.0～1.4				B	B	C	黄やや褐	11/16	12/6	12/5	80	60
ウスガサネオオシマ	3.2～3.5	楕円形		1.7～1.9	1.4～1.6	長鐘形		緑	A	A	B	緑紅褐	12/2	12/6	12/5	40	40
オオシマニオイ	−	楕円形	鈍形	1.6～1.9	1.2～1.4				A	A	A	黄	11/26	12/10	12/1	60	15
オオシマザクラ	4.2～5.5	楕円形	鈍形	2.1～2.5	1.5～2.1	長鐘形	無	緑	A	B	B	紅	11/22	12/10	12/5	90	80
カンザキオオシマ	−	楕円形	鈍形	1.3～1.7	0.8～1.2				A	B	C	濃黒褐	11/26	12/10	12/15	80	80
シラハタオオシマ	−	楕円形	鈍形	1.7～2.1	1.2～1.5				A	B	C	黄	11/26	12/10	12/5	40	70
ヤエベニオオシマ	3.4～3.9	倒卵形	鈍形	1.6～1.8	1.2～1.3	ろと形	無	淡緑紅	A	C	E	黄	11/26	12/2	12/5	80	25
ヤエノオオシマ	3.6～4.1	倒卵形	鈍形	1.7～1.9	1.4～1.7	鐘形	−	緑	B	C	C	変色しないで落葉	11/26	11/20	10/15	100	100
イズヨシノ	3.4～3.9	楕円形	鈍形	1.8～2.2	1.5～1.9	狭つぼ長形	少	緑	A	A	B	紅褐	12/3	12/6	12/5	85	80
ミカドヨシノ	−	楕円形	鈍形	1.8～2.2	1.2～1.6		−	−	A	A	B	黄	12/7	12/10	9/20	20	100
ソメイヨシノ	3.1～4.2	楕円形	鈍形	1.6～2.2	1.0～1.8	狭つぼ長形	中	淡緑紅	A	A	A	黄	11/26	11/20	12/1	100	80
ソトオリヒメ	3.3～4.0	楕円形	鈍形	2.0～2.4	1.7～2.1	狭つぼ長形	中	淡緑紅	B	D	D	濃紅褐	11/29	12/2	12/5	60	15

※花梗長のAは0.5cm以下．B：0.5～1.0，C：1.1～1.5，D：1.6～2.0，E：2.1cm以上伸長したことを示す。

資料編

図14　冬芽の着生状態
　A：離れ型
　B：付着型

開花とほぼ同時に展葉を開始する品種を同時型，展葉後に開花する品種を葉先型として表わした。

　結果を表6に示した。表からもわかるように，同一系統に属する品種でも品種間に相違が認められた。なお，同時型の品種では，その年の気象状態によって開花か展葉のどちらかが少し早くなる場合も観察された。

ト．花器の形質について

　花器の特性のうち，花色はオオシマザクラ系の品種では白色または淡桃色のものが多いのに対して，エドヒガン系の品種では桃色がかなり強く現われている。花の大きさはオオシマザクラ系の品種はエドヒガン系の品種より大きい。また，雌ずいの大きさはオオシマザクラでは長さ9㎜，太さ0.4㎜，エドヒガンは長さ7㎜，太さ0.3㎜ほどであった。

チ．花梗長について

　花梗の長さはエドヒガン系では殆んどの品種間には差が認められなかったが，オオシマザクラ系の品種では品種間差異が認められた。結果を表6に示したが，表中のAは0〜0.5cm，Bは0.6〜1.0，Cは1.1〜1.5，Dは1.6〜2.0cmを示している（岩﨑ら1986も参照）。

リ．紅（黄）葉の時期と葉色および落葉時期について

　サクラの紅（黄）葉は11月上旬には肉眼で色別できるようになり，紅色，紅褐色，紅黄色，黄紅色，黄色および黒褐色の5種類が観察された（図15参照）。

　ソメイヨシノとその近縁種の葉片の呈色状態は表6に示した通りである。すなわち，一般に，エドヒガン系の品種の葉は紅色が強く，オオシマザクラ系の品種は黄色が強く現わ

図15 サクラの紅（黄）葉。

れる傾向が観察されたが，品種間にも差が認められ，オオシマザクラ，イズヨシノは紅褐色を呈したがソメイヨシノは黄色系，カンザキオオシマは黒褐色を呈した。なお，この葉色は年によっても変動が認められ，色が鮮明に現われる年と汚ない色を呈する場合が認められた。

　サクラの葉が呈色する11月上旬には各品種とも落葉がかなり進んでおり，落葉が終了する時期については明瞭な品種間差異を確認することができた。しかしながら，落葉は8月中に開始する品種も認められるうえ，落葉が各品種とも少しづつ起こるために，落葉開始時期の特定はできなかった。

　紅葉の美しさ，これは改めてここに述べるまでもない。しかし，紅葉という場合，殆んどの人はモミジ，カエデを思い浮かべ，サクラの紅葉を挙げる者はいないと思われる。

　サクラの紅葉する状態を調査した結果，①サクラは紅（黄）葉する時にはかなり落葉が進行していて，モミジ，カエデのように葉の数が多くないこと，②日本に80％ほども植えられているソメイヨシノは黄紅色でモミジ，カエデのように美しい紅色ではないことなどがわかった。しかしながら，落葉が少ない渦桜，キリン，紅豊，花染，松月などの品種では美しい紅葉が認められた。

58

　以上のように，本実験内に認められた諸形質を主としてオオシマザクラ系とエドヒガン系の品種に分けて比較したのであるが，オオシマザクラ系とエドヒガン系の系統間の相違のみでなく，オオシマザクラ系，エドヒガン系に属する品種中にも品種間差異が認められた。

b．ソメイヨシノとオオシマザクラおよびエドヒガンとの形質の比較

　表6の中から，特にソメイヨシノ，オオシマザクラおよびエドヒガンの諸形質をとり出して対比させたのが表7である。表からもわかるように，ソメイヨシノの形質の中にはオオシマザクラに似た形質，エドヒガンに似た形質および両品種の中間の形質などが認められ，これらの諸形質の類似点から，ソメイヨシノはオオシマザクラおよびエドヒガンと密接な関係があることがわかった。

　竹中（1959）によっても表8のような結果が発表されている。

c．ソメイヨシノとその類似品種との間の形質の比較

　竹中（1959，1962a，b，1965），その他の研究結果から，ソメイヨシノと同様，オオシマザクラとエドヒガンの雑種であろうとされている品種が数品種認められている。しかしながら，これらの品種は筑波大学，小石川植物園に無いものがあるために，主として日本花の会の資料（1982）によって比較することにした。

　比較検討用の資料を表9に示した。表中のアマギヨシはオオシマザクラ×エドヒガン，イズヨシノはエドヒガン×オオシマザクラの雑種として竹中が育成。命名したものである（竹中1962（a，b），田村ら1989）。

表7　エドヒガンとソメイヨシノ，オオシマザクラの諸形質の比較

形質 ＼ 品種名	エドヒガン	ソメイヨシノ	オオシマザクラ
樹 形 な ど	中木性斜上形	大木性・直立斜上開張形	大木性・直立斜上開張形
葉 色	緑	緑	濃緑
葉 形	楕円形	楕円形	広倒卵形
葉 の 長 さ*	3.3〜8.8	8.0〜12.0	9.0〜12.0
葉 の 幅*	1.8〜4.5	4.5〜6.8	6.5〜8.0
葉の基部の形	鈍形	鈍形	円形
開花期（東京）	3月下旬	4月上旬	4月中旬
花 の 大 き さ*	1.5〜2.0	3.1〜4.2	4.2〜5.5
花 弁 の 長 さ*	0.9〜1.5	1.6〜2.2	2.1〜2.5
花 弁 の 幅*	0.7〜1.1	1.0〜1.8	1.5〜2.1

※はcm.

資料編

表8　エドヒガン，ソメイヨシノ，オオシマザクラの諸形質の比較

	エドヒガン	ソメイヨシノ	オオシマザクラ
弁			
大　き　さ	小	中	大
形	さいづち頭型	楕円	やや長楕円
縦　　　長	1.3cm (1.0〜1.6)	1.69 (1.5〜1.9)	2.1 (1.9〜2.45)
横　　　幅	1.2cm (0.9〜1.4)	1.25 (1.0〜1.4)	1.5 (1.3〜1.9)
縦　横　比	1.08	1.35	1.4
色	淡　　　紅	淡　淡　紅	純　白　に　近　い
古くなったときの基部に色	無　　　色	赤	赤
同上の拡がり	／	基　部　だ　け	花弁の半に及ぶ
先端の色	紅	無　　　色	無　　　色
裏　面　の　色	表面よりやや濃	表面よりやや濃	表面よりやや濃
蕋			
花　糸　長	短（僅かに）	中	長（僅かに）
花糸の彎曲	内側に彎曲がいちじるしい	いちじるしくない	いちじるしくない
古くなったときの花糸の色	無色	赤	赤
1 花中の数	25	34	43
蕋			
子　房　長	2 mm (2〜2.5) 2.5はただ1回だけ	1.9mm (1.5〜2.5)	2.3mm (2〜3)
花　柱　長	1 cm (0.95〜1.1)	1.15 (1.1〜1.25)	0.95 (0.9〜1.05)
花　柱　の　毛	多　　　毛	有　　　毛	無　　　毛
子房上部の毛	有　　　毛	無	無
毛　の　長　さ	長	短	－
がく，花托，花梗の毛	有	存	無

※竹中（1959）遺伝13（4）：47より引用。

d．ソメイヨシノとイズヨシノとの形質の比較

　ソメイヨシノの類似品種中，特にイズヨシノは竹中がエドヒガンを母とし，オオシマザクラを父として交配・育成した品種である（竹中1962a，b，田村ら1989）。この事実から，ソメイヨシノとイズヨシノの形質を比較することは，ソメイヨシノもオオシマザクラとエドヒガンの雑種であろうといわれていることから，ソメイヨシノの母親の決定に関与する重要な資料がえられる可能性が考えられたために，特に注目してみた。

　諸形質の調査は小石川植物園と筑波大学の個体を用いて行なった。しかしながら，筑波大学の個体は樹齢が9年ほどであり，小石川植物園の個体は20年以上を経た個体であることから，小石川植物園の個体を用いた結果を表10に示した。なお，小石川植物園，筑波大学ともアマギヨシノが栽植されていないために，実験には用いることができなかった。

　表9からもわかるように，ソメイヨシノはエドヒガンを母としたイズヨシノより，オオシマザクラを母としたアマギヨシノに一層形質が似ていることが文献上から確認された。

60

また，実際に観察を行なってソメイヨシノとイズヨシノの間に認められた主要形質の違い
を表10に示した。表からもわかるように，ソメイヨシノとイズヨシノの間には著者が調査
した点だけでも20項目以上の形質に違いが認められた。

このように，ソメイヨシノはイズヨシノより，むしろアマギヨシノに似ている。一方，
ヒゴヨシノはアマギヨシノ以上にソメイヨシノに似ていることがわかった。また，ソトオ
リヒメはこれらのどの品種ともかなり形質に違いが認められた。

2．花粉粒の形態について
a．大小花粉粒の存在について

サクラの花粉粒を観察してみると，顕微鏡の同一視野内でありながら，明らかに大小の
花粉粒の存在が認められる（夏ら1986，岩崎ら1988ｂ，岩崎ら1991）。そのうち，オオシ
マザクラ系，エドヒガン系およびソメイヨシノとその類似品種にみられた大小花粉の混在
状態を表11と図16に示した。表からもわかるように，大小花粉粒の混在状態は供試した品
種のすべてに認められ，アカハタオオシマ，シラハタオオシマなど，突然変異によって生
まれたのでは無いかと考えられる品種は，大粒または小粒の一方の粒形のものが著しく少
ないか，または多いのに対して，ソメイヨシノ，イズヨシノなど，交雑によって生まれた

表9　ソメイヨシノとその類似品種の形質の比較

形質 ＼ 品種名	アマギヨシノ*	イズヨシノ	ヒゴヨシノ* （クラマザクラ）	ソメイヨシノ	ソトオリヒメ
樹　　　　高	亜高木性	亜高木性	高木性	高木性	亜高木性
葉　先　端	尾状鋭尖	尾状鋭尖	尾状鋭尖	鋭尖	尾状鋭尖
形　基　部	鈍	円	鈍	鈍	円
葉縁の鋸歯の 先端の形	芒	芒	鋭	鋭	芒
葉　の　長　さ	9.0〜12.2	7.8〜9.2	12.0〜13.4	8.0〜12.0	8.6〜11.8
成葉の裏面の色	淡緑色	緑色	淡緑色	淡緑色	淡緑色
葉柄の毛の多少	なし	なし	中程度	中程度	少
蕾　の　色	淡紅色	紫紅色	淡紅色	淡紅色	淡紅色
花　の　大　き　さ	大輪	大輪	大輪	中輪	大輪
花　弁　の　長　さ	長い	長い	長い	中程度	長い
花　弁　の　幅	広い	広い	広い	中程度	広い
オシベの長さ	中程度	短い	中程度	長い	中程度
花柱の毛の有無	無	無	有	有	無
花　　　　色	白色	白色	白色	淡紅色	淡紅色
花　の　香　り	有	有	－	ほとんど無し	有
ガク片の毛の多少	少	少	少	中程度	中程度
花　柄　の　色	淡緑色	緑色	淡緑色	淡緑紅色	淡緑紅色

※日本花の会（1982）の資料から引用した。

資料編

表10　ソメイヨシノとイズヨシノの形質の違い

形質＼品種名			ソメイヨシノ	イズヨシノ
樹		高	高木性	亜高木性
樹皮	樹	幹	灰褐色	赤褐色
	皮 目	数	中〜多い	中程度
葉形	先	端	鋭尖	尾状鋭尖
	基	部	鈍	円
葉縁の鋸歯の先端の形			鋭	芒
葉 の 長 さ (cm)			8.0〜12.0	7.8〜9.2
成 葉 の 裏 面 の 色			淡緑色	緑色
葉 柄 の 毛 の 多 少			中程度	無し
冬芽の色と枝への着生状態			灰褐色・付着	茶褐色・離れ
蕾 の 色			淡紅色	紫紅色
開 花 始 め (1988年)			4 月 2 日	3 月29日
花 の 大 き さ (cm)			3.1〜4.2	3.4〜3.9
花 弁 の 長 さ (cm)			1.6〜2.2	1.8〜2.2
花 弁 の 幅 (cm)			1.0〜1.8	1.5〜1.9
花 柱 の 毛 の 有 無			有	無し
花 色			淡紅色	白色
花 の 香 り			ほとんど無し	有
ガ ク 片 の 毛 の 多 少			中程度	少ない
小 花 柄 の 色			淡緑紅色	緑色
落 葉 完 了 (1984年)			11月26日	12月 3 日
落 花 弁 時 の 花 梗 長 (cm)			0.5以下	0.6〜1.0
冬芽重量(3月15日1粒宛)			3 mmg	6 mmg

とされる品種における大粒と小粒の数は1：1または2：1（あるいは1：2）ほどの比率を示している。さらに，花粉粒の大きさにも系統間および品種間に相違が認められた。

b．電子顕微鏡による花粉形態の比較

　本実験では走査型電子顕微鏡を用いて，花粉粒を500，2000倍に拡大するとともに，花粉粒の表面を1万倍に拡大してその形態的特性の調査を行なった。

　その結果，500倍に拡大した場合には，光学顕微鏡で観察されたように，供試したすべての品種で同一視野内に大粒と小粒の花粉が混在しているのが確認された。

　次に，2000倍に拡大した時の花粉粒の写真を図17に示した。サクラの花粉粒を2000倍に拡大した時に認められることは，先ず，品種によって花粉粒の大きさに違いがみられることである。このことは岩﨑ら（1991）が別に報告したが，ソメイヨシノとその近縁種との

表11　大小花粉粒の混在状態

品　種　名	粒数 大粒	粒数 小粒	粒数 合計	粒の直径（μ） 大粒	粒の直径（μ） 小粒
エドヒガンシダレ	2,170	1,002	3,172	45〜50	35〜40
エ　ド　ヤ　エ	1,266	1,907	3,173	45〜50	20〜30
ヤエベニシダレ	143	437	580	35〜40	25〜35
アカハタオオシマ	513	10	523	45〜50	20〜25
カンザキオオシマ	1,880	1,230	3,110	45〜50	25〜30
オオシマニオイ	372	189	561	30〜35	20〜30
オオシマザクラ	2,105	1,013	3,118	40〜45	20〜25
シラハタオオシマ	518	76	594	30〜35	20〜30
ウスガサネオオシマ	2,253	860	3,113	40〜50	25〜30
ヤエベニオオシマ	2,008	579	2,587	40〜45	25〜30
ヤエノオオシマ	2,327	877	3,204	25〜35	20〜25
イ　ズ　ヨ　シ　ノ	1,206	1,992	3,198	40〜50	15〜20
ミカドヨシノ	641	71	712	30〜40	15〜25
ソメイヨシノ	2,068	1,125	3,193	30〜35	15〜20
ソトオリヒメ	1,167	2,000	3,167	30〜40	20〜30

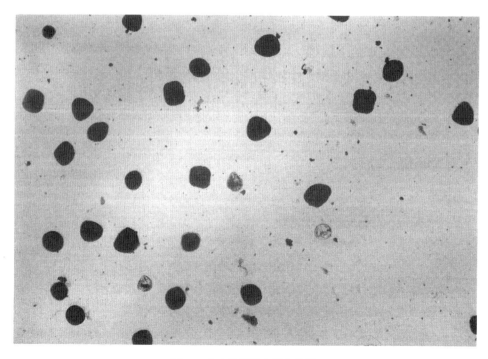

図16　大小花粉粒の混在状態
　　　品種名：ソメイヨシノ，×100。

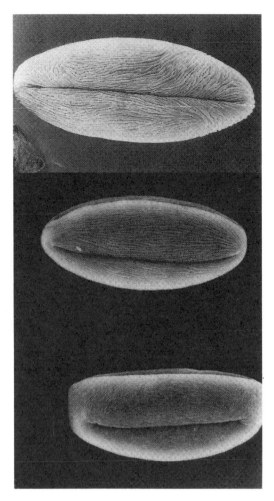
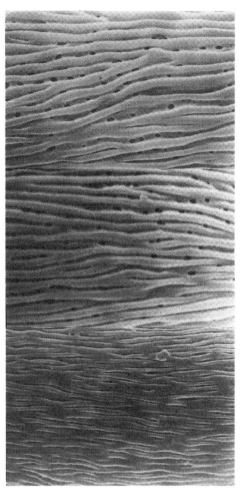

図17 電子顕微鏡による花粉粒の形態
上からオオシマザクラ（鋭形），ソメイヨシノ（鈍形），エドヒガン（截断形）
粒は2000倍，表面は1万倍。

間でもこれが認められた。

　第2に，花粉粒の長軸方向の両端の部分が鋭形のもの，鈍形のものおよび截断形の3つの形を示すものが認められ，オオシマザクラが鋭形，ソメイヨシノは鈍形であるのに対して，エドヒガンは截断形の花粉粒が観察され，粒形の大小とともにそれぞれの品種の特性を示していた。

　また，花粉粒の表面を1万倍に拡大した写真を図17に示した。1万倍に拡大したときにみられるRidgeの幅とその形態および表面に認められるPerforationの大きさと数にはその品種個有のものがあり，この特性によって種，品種の分類が行なわれている。図17の2000および1万倍に拡大したオオシマザクラ，ソメイヨシノおよびエドヒガンの花粉粒とその表面の写真からもわかるように，ソメイヨシノの花粉の粒形とその表面にみられるRidgeやPerforationの数などの特性はいづれもオオシマザクラの花粉に極めてよく似ていることがわかった。

3．上野公園，小石川植物園などのソメイヨシノの花器，花粉粒の特性

　岩﨑（1990 a ）は上野公園の精養軒前に列植されているソメイヨシノの中には早咲，中生咲，遅咲の個体が存在することを指摘したが，ここでは，これらの個体の花器，花粉などの形態にみられた特性について述べる。

　花器の特性については表12，図18に示した通りである。すなわち，早咲個体は他のソメイヨシノに比べて花色が淡く，花梗長は中生咲よりやや長く，花梗の色も緑色が濃いなど，小石川植物園のイズヨシノに似た形質が認められた。中生咲の個体は小石川植物園やその他の地区に栽植されているソメイヨシノと同様な形質が認められた。遅咲個体は中生咲個体との外観上の相違が開花始めの日以外はまだ認められなかった。なお，早咲個体（No. 8，No.23）は他のソメイヨシノより結実数が多い。

　都内各地に栽植されているソメイヨシノの花粉粒について調査した限りでは，表12および図19に示したものとほぼ同様な結果がえられた。ただ，小石川植物園の入口近くに栽植されているソメイヨシノの花粉は，採取する部位によっては他の地区の花粉より小さい傾

表12　上野公園の早咲，中性咲，遅咲ソメイヨシノの花器の特性

所属と個体番号など	花 色	花 タテ(cm)	花 ヨコ(cm)	ガク片 色	ガク片 長さ(cm)	ガク片 幅(cm)	メシベの長さ(cm)	花梗 色	花梗 長さ(cm)
上野公園　No.21 気象調査庁樹	白やや紅色	1.8	1.3	紅茶色	0.8	0.3	1.3	紅色強い	1.5
No. 8 早咲	白・へり紅色	1.4	1.2	やや紅茶色ややうすい	0.75	0.3	1.25	緑色強い	2.0
No.23 早咲	白・へり紅色ややうすい	1.3	1.3	やや紅茶色ややうすい	0.8	0.3	1.3	紅色強い	2.0
No.42 遅咲	白やや紅色	1.4	1.0	紅茶色	0.8	0.3	1.3	紅色	1.5
小石川植物園　入口の老樹	白やや紅色	1.4	1.2	紅茶色下部緑色	0.8	0.3	1.3		－
事務所近く高台	白やや紅色	1.4	1.1	紅茶色下部緑色	0.8	0.3	1.3		－
（エドヒガン）	淡紅色	1.1	0.9	紅緑色	0.7	0.2	1.0		－
（オオシマザクラ）	白やや紅色	1.9	1.4	紅緑色	1.0	0.3	1.7		－

　　※小石川植物園の個体は参考のために加えた。

図18 上野公園の早咲個体（No.8）向って左の個体（No.7）は未開花

向が認められた（異なる部位から採取した花粉粒は他の地区のものと殆んど同様であった）。

考　察

　表6に示した茎，葉，花器などに認められた個々の形質については，これまでに本田ら（1974），日本花の会の報告（1979，1982），その他によって述べられていることと同様であり，これら個々の形質について，改めてここで考察を加える必要は無いと思う。ここでは，本実験でえられた結果を総合的にとらえて，ソメイヨシノの本態に一歩でも近づくために考察を加えようとするものである。

1．形態形質からみたソメイヨシノとエドヒガンおよびオオシマザクラの類似性とソメイヨシノの両親の持つべき特性

　ソメイヨシノはWilsonによってオオシマザクラとエドヒガンの雑種であろうことが指摘され，村田（1954）がソメイヨシノの実生苗にオオシマザクラ，エドヒガンおよびソメイヨシノに似た形質を持つ個体が現われたことを報告してから，その可能性が一層強くなった。その後，竹中（1962a，b，1965b）がオオシマザクラとエドヒガンの交雑によってソメイヨシノに似た品種を人為的に作り出すことに成功したのに加えて，ソメイヨシノにオオシマザクラおよびエドヒガンをそれぞれ戻し交雑をすることによっていづれも1：1に形質が分離することを報告（1962a，b）するに及んで，ソメイヨシノはオオシマザクラとエドヒガンとの雑種であるということがほぼ確実視されるようになった。

しかしながら，オオシマザクラとエドヒガンの交雑によってソメイヨシノが生まれたとしても，オオシマザクラとエドヒガンには，現在，それぞれ数品種が存在しており，どの品種が真の両親であるのかについては依然として不明である。このようなことから，本実験ではオオシマザクラ系およびエドヒガン系に属する諸品種を用いて，形態的な特性について比較，検討を加えることにした。

その結果，表6表7からもわかるように，ソメイヨシノの形質の中にはオオシマザクラ系，エドヒガン系の品種が持っている形質と一致する形質が含まれていることがわかった。

表7はオオシマザクラ，エドヒガンおよびソメイヨシノの諸形質を対比させて示したものであるが，これらの品種は一層よく似た形質を持っていることがわかる。

このように，形態形質の立場から比較検討を加えた結果は，竹中（1962ａ，ｂ，1965ｂ）の一連の研究成果や他のサクラの研究者による報告でみられているように，本実験からもソメイヨシノはオオシマザクラ系とエドヒガン系の雑種であることが推定された。

一方，村田（1954），竹中（1962ａ，ｂ）の報告からもわかるように，ソメイヨシノの実生苗からは八重咲個体が出現していないことから考えると，八重咲および半八重咲を示す品種はソメイヨシノの両親にはなりえないことになる。このことから，筑波大学に栽植してある品種ではオオシマザクラ系ではカンザキオオシマ，オオシマニオイ，オオシマザクラ。エドヒガン系の品種ではエドヒガンとエドヒガンシダレのみがソメイヨシノの両親になりうる可能性があることになった。

2．ソメイヨシノとその類似品種との間の諸形質の比較

ソメイヨシノには，その類似品種として表9に示した品種が知られている。このうち，アマギヨシノはオオシマザクラを母としエドヒガンを父として，イズヨシノはエドヒガンを母にオオシマザクラを父として，それぞれ竹中によって交配・育成されたものである（竹中1963，田村ら1989）。この他の類似品種はオオシマザクラとエドヒガンの雑種であろうと推定されているのみである。このようなことから，アマギヨシノ，イズヨシノの両品種とソメイヨシノの形質を比較することは，ソメイヨシノの母親がオオシマザクラかエドヒガンかについての重要な資料がえられることになる。しかしながら，筑波大学，小石川植物園ともアマギヨシノが栽植されておらず，これら3品種の間の形質調査による比較はできなかった。このため，日本花の会の報告（1982）の中からこれらの3品種を含むソメイヨシノの類似品種の形質を利用させて頂き，比較を試みたのが表9である。この表からわかるように，ソメイヨシノはアマギヨシノに似ており，アマギヨシノと同様，オオシマザクラを母として生まれているように考えられた。また，筑波大学および小石川植物園に栽植されているソメイヨシノとイズヨシノについて諸形質の調査を行なって比較を行なった結果，表10に示したように，ソメイヨシノとイズヨシノの間にはかなりの形質に違いが認められた。

一方，ソメイヨシノとアマギヨシノの場合は，ソメイヨシノとイズヨシノの比較より，

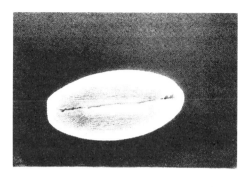
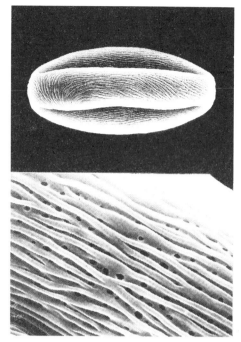
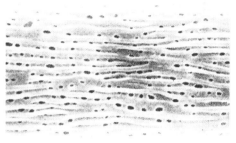

小石川植物園の老樹　　　　　　　筑波大学

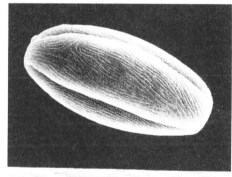
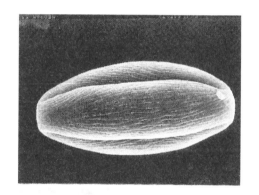

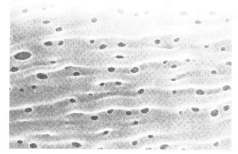

板橋区立公園　　　　　　　　　染井墓地

図19　各地のソメイヨシノの花粉の電子顕微鏡写真
　　　　花粉粒：2000倍，花粉表面：1万倍
　　　　＊1cm×1cm当りの花粉表面のPerforationの数は筑波大学7.2
　　　　染井墓地7.6　小石川植物園（老樹）19.3　板橋区立公園7.5。

68

よく似ている形質が多いが，まだかなり異なった性質が認められる。この形質の違いは，交配母本として用いられたオオシマザクラの形質を追求することで判明するのでは無いかと考えている。すなわち，竹中が1950年代にアマギヨシノ，イズヨシノを育成した時には三島のオオシマザクラを用いているが，その頃にはオオシマザクラには色々な形質の異なる個体が報告されている。例えば，伊豆半島の三島地方と房総半島のオオシマザクラとの間には形質の違う系統があることを竹中（1962b）は述べており，梅村（1936）も三重県でソメイヨシノに似たオオシマザクラが存在することを報告している。さらに，伊豆大島の桜株（樹齢800年）は青芽・純白であると尾川（1970）は述べているが，筑波大学のオオシマザクラとは形質が異なっている。このように，地方によって形質の異なるオオシマザクラが存在することが報告されていることを考えると，ソメイヨシノとアマギヨシノの形質の違いを誘起している要因には，アマギヨシノの育成に関与したオオシマザクラの形質に起因しているのでは無いかと考えた。なお，伊豆半島，三浦半島，房総半島および東京の一部で採取したオオシマザクラの特性については後で述べる。

次に，ソメイヨシノとヒゴヨシノとの関係はソメイヨシノとアマギヨシノ以上に形質がよく似ているが，このことについては後項で論議を行ないたい。また，ソトオリヒメは本実験の範囲内ではソメイヨシノおよび他のソメイヨシノの類似品種とはかなり離れた関係にあるものと推定された。

3．形態学的立場からみたソメイヨシノの両親および母親について

岩﨑（1990a）が行なった生態学的な特性調査とともに，本実験で行なった形態学的な調査結果からも，ソメイヨシノはオオシマザクラとエドヒガンとの雑種であろうということが推定された。これらの結果は，これまで村田（1954）および竹中（1962b，1965b）の一連の研究成果と同様な結論である。これに対して，ソメイヨシノは純系（独立した種）ではないかと口述している人（Jefferson, R. M）もいるが，村田（1954）によるソメイヨシノからとった種子の実生苗の形質の分離，竹中（1962a，b）によるソメイヨシノの人為合成と戻し交雑による形質の分離，著者が行なった生態学的，形態学的な調査結果や，特に本実験で認められたソメイヨシノの花粉粒に大粒と小粒が混在している状態はソメイヨシノが雑種であることを裏付けている。このような事実から，ソメイヨシノの純系説（独立した種）は誤りであると著者は考える。

一方，ソメイヨシノがオオシマザクラとエドヒガンとの雑種であろうことは，これまでの研究者の報告とともに，著者が行なった生態学的，形態学的な調査結果からも，ほぼ疑いの余地は無いように思われるが，オオシマザクラとエドヒガンのうち，いずれが母親となってソメイヨシノが生まれたのであろうか，という点についてはまだ不明である。

この問題に最初に言及した者は船津（1966）である。船津は"船津静作メモ"として「染井吉野は大島桜を母として……」と述べており，著者（1981）もアイソザイム，その他の研究結果に基づいて「ソメイヨシノの母親はオオシマザクラでは無いかと思われる」

資料編

と述べたことがある。これに対して，京都大学で「ソメイヨシノの母親はエドヒガンであることがわかった」と1983年頃に朝日新聞が報道した。また，1989年にはAERAに再びこのことを掲載した（朝日新聞社発行）。しかしながら，遺伝・育種，園芸関係，植物学会雑誌，その他の植物関係の専門誌で，著者が調査した限りでは1998年現在，京都大学の研究報告は見当らないので，まだ原文を読んでいない。京都大学で用いたソメイヨシノの樹齢はどのくらいなのか，上野公園の精養軒前に明治初年に植えたソメイヨシノには5系統あることが著者によって認められ，更に，伊豆半島以西には上野公園や小石川植物園のソメイヨシノと異なるソメイヨシノと呼ばれている個体が存在することを，1989年に土肥町（伊豆半島の）で著者は確認しており，これに似た個体が小豆島にも存在しているが，これらとの関係がどうであるのか，など，京都大学の報告は実験材料についての検討内容が全く不明であることから，ここでは論評できない。

　このようなことから，改めてソメイヨシノの母親の問題に検討を加えることにした。本研究では，これまでのように，オオシマザクラとエドヒガンの形質とソメイヨシノの形態形質を比較するのでは無く，竹中（1962 a，田村ら1989）の手によってオオシマザクラを母とし，エドヒガンを父として育成されたアマギヨシノとエドヒガンを母とし，オオシマザクラを父として生まれたイズヨシノとソメイヨシノの諸形質を比較して検討を加えることにした。

　その結果，開花の生態学的な調査結果からはオオシマザクラを母とする方が自然交雑，人為交雑のいづれの場合にも有利であることが推定された。また，本実験結果（表9）からもわかるように，ソメイヨシノとイズヨシノの間には，ソメイヨシノとアマギヨシノ以上に多くの形質に相違点がみられ，小石川植物園，筑波大学でソメイヨシノとイズヨシノの形質を比較した結果（表10）からも，ソメイヨシノはエドヒガンを母として生まれたとは考えられなかった。

　また，オオシマザクラ，エドヒガンおよびソメイヨシノの花粉粒の形態的特性を調査した結果，図17に示したように，ソメイヨシノの花粉粒の表面にみられるRidge（稜）やPerforation（穴）の数，RidgeとRidgeとの間の形態的特性はオオシマザクラの花粉に似ている。岡本ら（1970）はフラボンの一種であるSakuranetinが，オオシマザクラとソメイヨシノの樹皮に含まれていることを報告している。もちろん，ソメイヨシノの諸形質を調査してみると，表7に示したように，オオシマザクラに似た形質とエドヒガンに似た形質および両品種の中間の形質などが認められる。しかしながら，ソメイヨシノの外部形態にはオオシマザクラの形質が強く現われており，林（1980）は形態分類の立場からソメイヨシノをオオシマザクラ群に所属させている。

　このように，雑種個体の形質が母親に特異的に類似する現象は傾母性遺伝と呼ばれ，Kakizaki（1925）によって菜類の雑種個体を用いた実験で報告されており，徳増（1965）によってミズナでも報告され，著者（未発表）も菜類の交雑を行なっていた時に，数多くの傾母性遺伝の事例を観察した。

資料編

70

この傾母性遺伝の現象を念頭に置いて，形態学的立場からえられた結果に基づいて，ソメイヨシノの母親を考えてみると，ソメイヨシノはオオシマザクラを母として，エドヒガンを父として成立しているように推定された。

C．ソメイヨシノとその近縁種の2～3の生理的・遺伝的特性

緒　言

これまで文献による調査とともに，ソメイヨシノの近縁種を用いて，生態学的，形態学的な立場から検討を加えてきたが，著者は生物体にみられる生態的特性や形態的な差異は，それらの個体の体内代謝に相違が存在するために発現しているものと考えている。

このような考えに基づいて，ここではソメイヨシノとその近縁種を用いて，2～3の生理的および遺伝的な手法によってソメイヨシノの起源の問題を追求することにした。

実験材料

実験には筑波大学　農林技術センター，小石川植物園および日本花の会の結城農場などに栽植されているエドヒガン，オオシマザクラ，ソメイヨシノおよびソメイヨシノの類似品種や近縁種を主として用いた。また，上野公園，染井墓地，その他，東京都内の主要な公園に栽植されている個体も参考にした。なお，筑波大学のサクラ類は100m×100mほどの圃場に栽植されている樹齢の等しいもの（10年生樹）であり，接木に用いた台木も同じ品種を用いており，品種間の諸特性の比較には適したものといえる。また，その他の地区の個体も樹齢20年以上のものを用いた。

調査および実験方法

本実験では自殖性，結実性，花粉稔性，花粉発芽などの生殖生理学的特性と薬剤抵抗性，アイソザイムなどの生理的および遺伝的特性について調査を行なった。各調査事項とその実験方法は次記の通りである。

1．自殖性，結実性の調査

各品種とも2～4個体を用い3～4分咲ほどになった時に，それまでに開花した花房を除去して，一部は除雄をした後に袋かけをした。その翌日に同花受粉，隣花受粉および交雑を各処理区とも30花以上行ない，約1か月後に結実状態を調査した。また，ソメイヨシノの結実状態は東京都内の飛鳥山公園，染井墓地，上野公園，小石川植物園，千鳥ヶ淵および都内各地に植えられている個体についても調査した。

2．花粉稔性と花粉発芽特性について

各品種とも2～4個体から開花直前の花蕾を採り，カルノア変液（アルコール3mℓと氷酢酸1mℓの混合液）で24時間固定した後，75％アルコール中に保存しておき，その葯を取

資料編

り，スライドグラス上で葯中の花粉粒を出し，1％酢酸カーミンで染色して，呈色した花粉を稔性花粉とした。なお，花粉粒数と調査の反復回数は4回以上で，各品種とも合計で2000粒以上を観察して稔性率を算出した。

3．花粉発芽率の調査

寒天1％，蔗糖10％の発芽床上に，開花直前の葯から取り出した花粉粒を撒布し，22±1℃の温度条件下で4時間発芽させた後，1％酢酸カーミン液を滴下し，カバーグラスをかけて花粉の発芽状態を調査して発芽率を算出した。なお，調査回数は4回以上で各品種とも2000粒以上を調査した。

4．薬剤抵抗性

薬剤抵抗性は各品種の出葉（展葉）がほぼ完了する7月中旬から実験を始め，8月下旬には実験を打切った。実験に使用した葉片は展葉直後のものは避けて健全なものを用いた。

薬剤処理は直径1cm，高さ6cmの小型の試験管に諸薬剤を入れ，その中に葉柄を挿す方法で行なった。使用した薬剤は塩化ナトリウム（食塩），塩素酸カリ，硫酸銅および重クロム酸カリの水溶液で，濃度は1～10％までのものを使用した。なお，実験中の室温は22±1℃，湿度は50％とした。また，7月下旬に研究圃場の生育中の個体に1％の食塩水を葉面に撒布して，その影響も調査した。

5．アイソザイム法による特性調査

本実験では，デンプンゲル電気泳動法によって芽，茎のエステラーゼとパーオキシダーゼの活性を調査した。実験操作は岩﨑（1983）の報告と同様である。すなわち，水解デンプン60gをPH8.5の硼酸緩衝液50mlを加えた300mlの水に入れて加熱溶解し，泳動槽に流し込んで固化させた。

一方，乳鉢で材料をすりつぶし，出た液汁を東洋濾紙№50の小片に吸着させ，その濾紙をデンプンゲル中に埋没させた後，10℃，200Vの定電圧下で4時間通電した。発色は次のようにして行なった。

エステラーゼ：0.1Mのアルファーナフチールアセテートのアセトン溶液3mlと270ml，PH7.0のリン酸緩衝液30mlの混合液を作り，これに300mgのFast Blue RR塩を加えて攪拌し，ガラスロート内にガーゼを敷き，濾過しながら反応液をゲル上に注ぎ，そのまま90分間発色させた後に水洗した。30分以上水洗いをした後に酵素帯の調査を行なった。

パーオキシダーゼ：1％オルトジアニシジンのアセトン溶液を30mlとり，PH4.0のトリス酢酸緩衝液30mlを加えた後，水を加えて297mlとする。これをミニスターラー上で攪拌しながら，3％の過酸化水素水3mlを加え，さらに数秒間攪拌した後，それをゲル上に注ぎ，10分間発色させた後に水洗いをした。30分以上水洗いをした後に酵素帯の調査を行なった。

実験材料の芽および茎の採取月日や採取場所は年度によって異なるが，新梢枝の先端部を5cmほど切り取り，直ちに1mℓほどの蒸留水を入れた合成樹脂製のビンの中に入れ，−25℃の冷凍庫中に入れて保存しておき，実験時に芽，茎を必要な量だけ取り出して実験に用いた。また，材料の採取場所が大学から離れた所の場合は，ドライアイスを入れた箱の中に採取した芽・茎を入れて移動した。

実験結果および考察

1. 自殖性，結実性について

サクラ類で自家不和合性が強いことは渡辺（1969，1974）によって指摘されている。すなわち，渡辺（1974）は「染井吉野は自花，同じ木，ほかの木の花粉を交配しても1つも実がとれなかった。染井吉野×山桜は9.2%，染井吉野×大島桜は8.7%，染井吉野×糸桜は6.9%しか種子がとれなかった」と述べている。また渡辺は（1969）は「三好　学も染井吉野の自家受粉では実をとっていない」と述べている。三好（1967）もソメイヨシノは自花不和合であると述べており著者も1988，1989年に小石川植物園と筑波大学において，ソメイヨシノを含む20品種ほどを用いて自家受粉を行ったが種子は全くえられなかった。

日本のサクラの自家不和合性に関する研究報告は，渡辺以外には認めることができなかったが，特にオオシマザクラは低温期間中に開花し，訪花昆虫も余り認められないにも拘らず，その結実数はソメイヨシノに比較すると著しく多く，自家受精も起こっているのではないかと思われるほどである。

また，東京近郊の個体では殆んど結実が認められないエドヒガンや結実が極めて少ないソメイヨシノも，地方によってはかなり種子がえられていることが知られている。すなわち，Y・K・T（1958）は「大島の染井吉野は結実がよい」と述べており，船津（私信）も「興津の園芸試験場にあるソメイヨシノは結実がよい」と指摘している。このようなことから，1990年に東京都内の各地に栽植されているソメイヨシノの結実状態を調査した結果，小石川植物園，上野公園，染井墓地，飛鳥山公園その他の地区を含めて，調査したすべての個体で結実状態が極めて悪かった。しかしながら，上野公園の早咲個体（No.8と23）は他のソメイヨシノの個体より毎年開花が早いにも拘らず結実数が多いことも観察された。

以上のように，本研究で調査したサクラの結実率は，サクラより気温が低い時期に開花するウメや同じPrunus属に属する通称サクランボと呼ばれているaviumやcerasus種に比較しても極めて悪いがこの原因としては次の要因が推定された。

第1は低温時期に開花するために，花器や受精機能に低温障害が起こっていることが考えられる。事実，前項（生態学的研究）で指摘したように，低温によって枯死したとみられるメシベが，カンザクラやカンザキオオシマで観察された。このメシベの枯死率は3月上旬より，下旬に近づくに従って値が小さくなっていることから，低温による影響を推定させた。低温条件は花器の枯死という形態的なもののみではなく，受精現象に対する生理学的な影響もあることが指摘されている（野口1961）。これらのことから低温が結実率に

影響を及ぼしていることが考えられた。

　第2は，生態学的研究で述べたように訪花昆虫の数が少ないことである。サクラは開花時期が低温であるために訪花昆虫数が極めて少ない。特にエドヒガン系の品種が開花する時期は15℃以下の気温の日が多く，訪花昆虫が殆んど観察されなかった。エドヒガンの結実が殆んど認められず，エドヒガンより遅れて開花を始めるオオシマザクラ系の品種に結実数が多い原因には，訪花昆虫の多少が一つの要因となっていることも考えられた。

　一方，ソメイヨシノの結実状態は調査を行った各地区とも極めて悪い。特に，ソメイヨシノより数日早く開花を始めるイズヨシノの結実数はソメイヨシノの3倍ほどもあるように観察された。この事実は開花時の気温や訪花昆虫数の多少などでは解決できないその他の要因が存在していることを唆示している。事実，橋本（私信）によると，松戸市，その他にはかなり結実数が多いソメイヨシノや香りの強いソメイヨシノの個体が存在するとのことであるが，これらの問題は前述のY・K・T（1958），船津（私信）や上野公園の精養軒前で認められた早咲，中生咲・遅咲のソメイヨシノの結実性を含めて，生理学的および遺伝学的な立場から再検討を要する問題である。

　第3は遺伝的要因によって誘起されている結実不良である。先述の渡辺（1974）が指摘しているように，日本のサクラは自家不和合性が強い可能性がある。渡辺のみでなく，三好もソメイヨシノで種子がとれなかったいい。著者も，1988，1989年にソメイヨシノを含む20品種ほどを用いて自家受粉を行ったが種子は全くえられなかった。

　日本のサクラの自家不和合性に関する研究報告は，前述の報告以外にはまだ認めることができなかったが，サクラ類の自家不和合性については検討を要する問題である。

　一般作物の場合，遠縁交雑あるいは種間交雑を行ってえた雑種個体には不和合性の強い個体が現れることがある。このことを念頭に置いて日本のサクラの諸品種の育成過程に検討を加えてみると，日本のサクラの殆んどは庶民によって育成されたものであり，その品種の来歴は不明なものが多く，種間交雑や戻交雑が何回も行われて成立した品種もかなり存在するように推定される。そして，種間交雑によって起こっているとみられる花粉稔性の異常や同一葯内の大小花粉粒の混在状態については，すでに著者ら（1986，1988a）によって指摘されているが，その発生の機作などはまだ明らかではない。

　ところで，ソメイヨシノはオオシマザクラとエドヒガンとの雑種であるといわれているが，オオシマザクラとエドヒガンの交配は遺伝学的には種間交雑に属しており，種内交雑に比較して極めて種子をえ難い組合せになる。竹中（1962a，1963）は三島で「大島桜と江戸彼岸のどちらを母としてもほぼ100％近く交雑は成功する」と述べているが，この成功率は子房が肥大したことであり，えられた種子については言及していない。事実，渡辺のみでなく三好もサクラで種間交雑を行ったが種子はえられなかったと述べており，著者も1987，1988，1989年に小石川植物園でエドヒガン×オオシマザクラ，オオシマザクラ×エドヒガンの交雑を毎年各組合わせとも30花ほど行ったが，果実の肥大は起こっても，種子はオオシマザクラ×エドヒガンで3粒とれただけであった。

サクラの育種家の中にはオオシマザクラとエドヒガンの交雑は容易であるという人もいるが，それらの育種家は現在の自分の技術の上に立って論議を進めているものであり，一般の人達が種間交雑を行う場合には，種内交雑時には認められない困難を伴うものである。著者は昭和33年から昭和55年頃まで，菜類で種間交雑を行っていた。この間，昭和40年頃までは全く種子が採れなかったが，昭和50年頃には容易に，沢山採れるようになった。

文献調査の項で船津静作のメモ中に「数年間も苦労して作り出した…」と述べられていることを紹介したときに，「この文章は驚くほど科学的な意味を持つ言葉で表現されている」と述べたが，生態学的研究で述べたようにエドヒガンとオオシマザクラの開花期の重複が1週間ほどであり，その時期は低温で受精機能にも悪影響があるうえに，両品種の交配はカブとキャベツを交配するような種間交雑であったのである。確かに数年間も交雑法を工夫して努力すれば交雑は成功するが，それには大変な苦労が伴っていた筈である。つまり，船津静作のメモには種間あるいは属間交雑を行った者にしかわからない表現法が認められる。

2．花粉稔性，花粉発芽の特性について

結実性，特にソメイヨシノの結実状態が極めて悪いことから，ソメイヨシノとその近縁種を用いて，結実に影響を及ぼすとみられる花粉稔性および花粉発芽の状態について調査を行なった。

その結果，花粉稔性はエドヒガン90.6，オオシマザクラ75.7，ソメイヨシノ86.2，イズヨシノ64.1，ソトオリヒメ76.5%であった。また，花粉発芽率はエドヒガン39.0，オオシマザクラ48.0，ソメイヨシノ33.0，イズヨシノ33.0，ソトオリヒメ22.0%であった。このように，確かに花粉稔性や花粉発芽率には品種間に差が認められるが，この花粉稔性や花粉発芽率がソメイヨシノとその近縁種の結実状態に影響を与えている大きな要因になっているとは考えられないことから，結実の問題も今後，さらに検討を加える必要がある。何故ならばサクラで種子が出来るためには，メシベにつく花粉は2～3粒でよいからである。

3．薬剤抵抗性について

植物はその種類によって薬剤に対する抵抗性に違いが認められる。この薬剤に対する抵抗性の差を利用して作物を分類しようとする試みは，山崎守正の「塩素酸カリを利用する方法」によって開始された。その後，農薬による作物の薬害（杉山直儀）や作物のケミカルコントロール（山田　登）などの事項が農学の分野で注目されたが，これらの考え方の根底に流れているものは作物の種類によって薬剤に対する抵抗性に違いがあることに基づいている。山崎守正以降にこの薬剤抵抗性を品種の化学分類に利用しようと試みた者に岩崎がいる。岩崎（1980，1985）および岩崎ら（1983，1987b）は硫酸銅，重クロム酸カリなどの金属元素が酵素作用に影響を及ぼすことに着目し，一般に入手が容易な金属元素の水溶液を用いることによって，イチョウ，キウイ，ナツメヤシの雌・雄およびストックの

八重咲性の判別が可能であることを報告した。さらに，岩﨑（1985）は論議を一歩進めて，「他の育種形質の判別も薬剤抵抗性を利用することで，理論的には可能な筈である」と述べている。例えば，イネのアルミニューム耐性の検定法でみられるように，作物の耐寒性，耐旱性，耐塩性などの形質は特定の薬剤に対する抵抗性を検定することで判別が可能な筈である。ただ，現在までのところ，このような研究がやられていないだけである，というのが著者（岩﨑）の考えである。

このような考えから，サクラの種および諸品種の薬剤の対する抵抗性に検討を加えた文献を調査したのであるが，薬剤に対する特性のみでなく，サクラについてのいろいろな生理学的な特性についても殆んど研究が為されていないことがわかった。

著者ら（1989 a ）は薬剤抵抗性を利用して，サトザクラの分類が可能であることを報告したが，その中で食塩水に対するサクラの抵抗性については耐塩性との関係から論ずることができた。しかしながら，硫酸銅，重クロム酸カリなどに対する抵抗性の違いは，サクラ類の化学的分類には利用することはできても，これらの薬剤抵抗性の違いと，サクラ類の生理学的な形質との関連については全く不明である。このようなことから，本実験では改めて薬剤に対する抵抗性の差を利用して，ソメイヨシノとその近縁種との関係を明らかにすることを試みた。

まず，サクラ類の各種薬剤に対する葉片にみられる害徴の現われ方を観察してみると，出葉中，展葉中および展葉完了直後の若い葉片は，古い葉片に比較して薬剤に対して抵抗性が強く，害徴が現われにくいことがわかった。また，病害，虫害を受けた葉片には強い害徴が認められた。

これらの結果に基づいて，本実験では完全に展開している病虫害の無い葉片を用いた。さらに，薬剤も高濃度の場合や処理時間が長過ぎる場合には，品種間差異を識別することが不明確になることもわかったので，これらを考慮して実験を行なった。

実験結果を表13に示した。なお，他の系統との比較の意味から，ヤマザクラ，チョウジザクラなども表示した。表からもわかるように，サクラ類の葉片の薬剤に対する抵抗性は各系統間に著しい相違が認められるとともに，同一系統内でも品種による違いも認められた。すなわち，系統間では諸薬剤に対する抵抗性はオオシマザクラ系の品種は強く，エドヒガン系，チョウジザクラ系，ヤマザクラ系などに属する品種は弱い。また，雑種系ではオオシマザクラの遺伝子群を持つ品種は薬剤に対する抵抗性が強く，オオシマザクラの遺伝子群を持たない品種は弱い傾向が認められた。なお，サトザクラ系の品種でも同様な傾向が認められた（岩﨑ら1989 a ）。

次に，ソメイヨシノとその類似品種の間に認められた薬剤抵抗性について述べる。本実験で使用したソメイヨシノ，イズヨシノおよびソトオリヒメなどは，いづれもオオシマザクラとエドヒガンとの雑種であろうといわれている品種である。このうち，イズヨシノのみがエドヒガンを母とし，オオシマザクラを父として育成されたことが明らかになっている（竹中1962 a , b , 田村ら1989）。

表13　各種薬剤に対するサクラ品種の反応

薬品名	塩化ナトリウム			塩素酸カリ			硫酸銅			重クロム酸カリ		
品種名　濃度（%）	3	5	7	3	5	7	3	5	7	3	5	7
ヤマザクラ系												
イチハラトラノオ	+	+	⧺	⧺	⧻	⧻	⧺	⧻	⧻	+	⧺	⧻
キヌガサ	±	+	+	±	⧺	⧺	⧺	⧺	⧺	+	⧺	⧻
コトヒラ	⧺	⧻	⧻	⧺	⧻	⧻	+	⧺	⧻	⧻	⧺	⧻
ヨシノヤマザクラ	+	⧺	⧺	+	⧺	⧻	+	⧺	⧺	+	⧺	⧺
オオシマザクラ系												
オオシマザクラ	±	+	+	+	⧺	⧻	+	⧺	⧺	⧺	⧻	⧻
ウスガサネオオシマ	−	−	−	−	±	±	±	⧺	⧺	+	+	⧺
ヤエベニオオシマ	−	−	−	−	−	+	±	±	+	±	±	±
シラハタオオシマ	−	−	±	±	+	+	+	+	+	+	+	+
エドヒガン系												
ヤエベニシダレ	+	⧺	⧺	+	+	⧺	+	⧺	⧺	+	⧺	⧺
チョウジザクラ系												
オクチョウジキクザクラ	⧺	⧺	⧺	⧺	⧺	⧺	+	⧺	⧻	⧺	⧺	⧻
ヒナギクザクラ	⧺	⧺	⧺	+	⧺	⧺	+	⧻	⧻	+	⧺	⧺
タカネザクラ系												
タカネザクラ	+	⧺	⧺	⧺	⧺	⧺	⧺	⧺	⧺	⧺	⧺	⧻
カンヒザクラ系												
ヒカンザクラ	+	⧺	⧺	⧺	⧻	⧺	+	⧺	⧺	+	+	+
雑種系												
イズヨシノ	±	±	±	±	+	⧺	±	⧺	⧺	±	+	⧺
カンザクラ	±	±	±	±	⧺	⧺	+	⧺	⧻	±	+	+
ソトオリヒメ	±	±	±	+	⧺	⧺	±	+	+	±	+	⧺
ソメイヨシノ	+	+	+	+	⧺	⧻	⧺	⧺	⧻	+	⧺	⧻
フユザクラ	⧺	⧺	⧻	+	⧺	⧺	⧺	⧺	⧻	⧺	⧺	⧻
ジュウガツザクラ	⧺	⧺	⧻	+	⧺	⧺	⧺	⧺	⧻	⧺	⧺	⧻
サトザクラ系												
イチョウ	±	±	±	±	⧺	⧺	+	⧺	⧺	+	⧺	⧺
ウコン	−	−	−	±	+	+	⧺	⧻	⧻	±	⧺	⧻
コケシミズ	+	+	+	±	+	+	+	⧺	⧺	±	+	+
コシオヤマ	−	−	−	±	+	+	⧺	⧺	⧺	±	+	+
ショウゲツ	−	±	+	±	+	+	+	⧻	⧻	+	+	⧺

※塩化ナトリウムと塩素酸カリは5時間，硫酸銅と重クロム酸カリは4時間処理の結果を示した。
※−（無反応），±（反応不明瞭），+（反応あり），⧺（反応やや強い），⧻（反応著しい）。

　本実験結果から，ソメイヨシノとイズヨシノを比較してみると，表13からもわかるように，両品種の間には薬剤抵抗性がかなり違っていることが認められた。この事実は，ソメイヨシノがイズヨシノと同様にエドヒガンを母として生まれたと推定することができないことを示している。さらに，ソトオリヒメはソメイヨシノと同一組合せによって生まれたものであろうと斎藤（1980），日本花の会の報告（1979）などで述べられているが，少な

くとも本実験結果からはソトオリヒメはソメイヨシノおよびイズヨシノのいづれとも異なる薬剤抵抗性が認められたことから、さらに検討を加える必要がある。

　本実験中、特に塩化ナトリウム（食塩）に対するサクラの品種の抵抗性の相違は、海辺近くで潮風の吹く地域におけるサクラの栽植には参考になるものと考える。すなわち、食塩水に対する抵抗性が弱いチョウジザクラ系、エドヒガン系およびヤマザクラ系のサクラを海辺近くや潮風の吹く地域に植えることは不適当であることを本実験結果は示している。事実、東京都内においても台風などの際に東京湾から潮風が吹き込んだ場合には、海岸からかなり離れている豊島区の池袋駅付近でもエドヒガンの葉が枯死する現象が認められている。三好（1921）は「汐風の吹くところは桜が育たない」と述べており、尾川（1970）も「伊豆大島ではヤマザクラが育たない」と述べているが、これらのことはヤマザクラが塩分に対する抵抗性が弱いためと考えられる。

　この塩水に対する抵抗性を検証するために、1990年7月23日に生育中の数品種のサクラの葉片に1％の食塩水を撒布したところ、ヒナギクザクラ、エドヒガンは撒布後2時間で害徴が現われたのに対して、オオシマザクラとソメイヨシノは1日後でも殆んど害徴がみられなかった（図20参照）。

　この食塩水に対する実験結果から、エドヒガンは海辺や潮風の吹く地域では生育ができないことが推定された。

図20　食塩水（1％液）撒布後　1週間目の状態
左：エドヒガン，中：ソメイヨシノ，右：オオシマザクラ。

4．アイソザイム法による類似性の検討

アイソザイム法はそのザイモグラムに現われる酵素帯によって，個体間の遺伝的な関係に検討を加えることが出来る方法として，遺伝・育種の分野では早くから用いられて来た方法である。このアイソザイム法を用いて，岩﨑（1983）は菜類で各ゲノム間の遺伝的な関係をザイモグラムの立場から明らかにするとともに，交雑個体の早期判別法としてもこのアイソザイム法が利用できることを指摘した。

アイソザイム法によって品種または個体間の遺伝的な関係を検討する場合，まず，材料をいつ採取したらよいかが問題になる。この点については岩﨑ら（1986）によって常緑樹，落葉樹とも12～4月の冬の間に採取すればよいことが明らかにされている。さらに，サクラを用いた実験で，栽植地が異なると，同一品種でもザイモグラムに変動が起こる危険性があることも報告した（岩﨑ら1987ａ）。

このように，採取時期や栽植地の違いでザイモグラムに変動が起こることは，調査対象が酵素であることを考えればむしろ当然のことと考える。

そこで本実験では実験材料の採取には特に注意し，同一地区に栽植されている品種間で，しかも同じ年に伸長した類似した部位から枝を採って類縁関係を調べることにした。

ａ．ソメイヨシノの両親の推定に関する実験

竹中（1962ａ，ｂ，1965ｂ）による一連の研究によって，ソメイヨシノはオオシマザクラとエドヒガンとの雑種であることが明らかにされ，他の研究者によってもこれが容認されるようになった。しかしながら，現在ではオオシマザクラ，エドヒガンとも，それぞれ数品種の近縁種が存在しており，どの品種が真の両親であるかについては不明である。このようなことから，まず，オオシマザクラ系とエドヒガン系の諸品種とソメイヨシノを用いて，ザイモグラムによってそれらの品種間の遺伝的な関係に検討を加えた。

その結果のうち，日本花の会の結城農場の個体を用いたときのパーオキシダーゼのザイモグラムを図21ａ，ｂに示した。この茎，芽のザイモグラムによって，供試品種の間の類縁関係を検討してみると，茎のザイモグラムからはソメイヨシノはオオシマザクラとエドヒガンに関係があることがわかる。次に，芽のザイモグラムで検討した場合，ソメイヨシノの最も下の酵素帯は明らかにエドヒガン由来のものである。ソメイヨシノの片親がエドヒガンであることから，ソメイヨシノの上から二番目の酵素帯はオオシマザクラの遺伝子による発現であるといえる。

この茎，芽のザイモグラムから，本実験内ではソメイヨシノはオオシマザクラ（またはヤセイオオシマ）とエドヒガンと呼ばれている品種の雑種であることが推定された。それと同時に，本実験結果はWilsonの推定と竹中の研究結果をアイソザイム法の立場から裏付けたものとなった。なお，この実験結果は岩﨑（1981）がすでに報告した。その後，淺川実験林（現　森林総合研究所，多摩森林科学園）のソメイヨシノ，オオシマザクラおよびエドヒガンの茎，芽を用いて検討を加えたが，結城農場の個体を用いた上述の結果と同

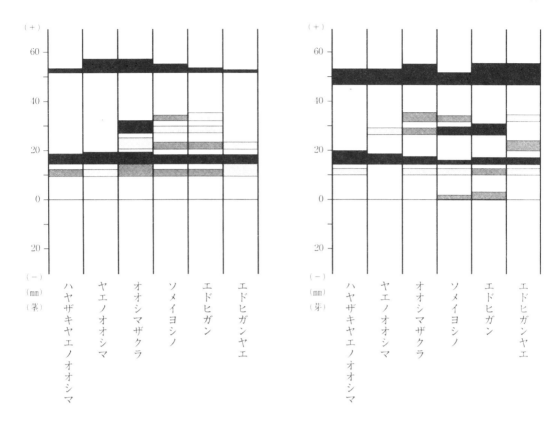

図21a ソメイヨシノとその近縁種のパーオキシダーゼザイモグラフ。
■濃色　▨中間色　□淡色

じ関係が認められた。

　一方, エステラーゼザイモグラムでも検討したが, 品種間の関係を明確に指摘することができなかった。

b. ソメイヨシノとその類似品種との間にみられたザイモグラムについて

　日本花の会の報告書 (1979) によると, アマギヨシノ, アメリカ, フナバラヨシノ, イズヨシノ, ヒゴヨシノ, ソメイヨシノおよびソトオリヒメはいずれもオオシマザクラとエドヒガンの雑種であると記述されており, 斎藤 (1980) も「衣通姫は大島桜と江戸彼岸の雑種で染井吉野と同じ親をもつものである。また, アメリカも大島桜と江戸彼岸の雑種といわれているが, 植松が発見した」と述べている。これに対して, 田村 (1982) は「衣通姫は染井吉野と大島桜の自然交雑によるものと考えられる」と述べ, 林 (1980) は「衣通姫は伊豆大島の大島公園に栽植されていた染井吉野の実生であるという」と述べており, 上述の品種のうち, 竹中が育成したアマギヨシノとイズヨシノ以外の品種は, 形態形質の点からはオオシマザクラとエドヒガンの交雑個体であろうと推定されながら, まだ, その真偽のほどは明確にされていない。

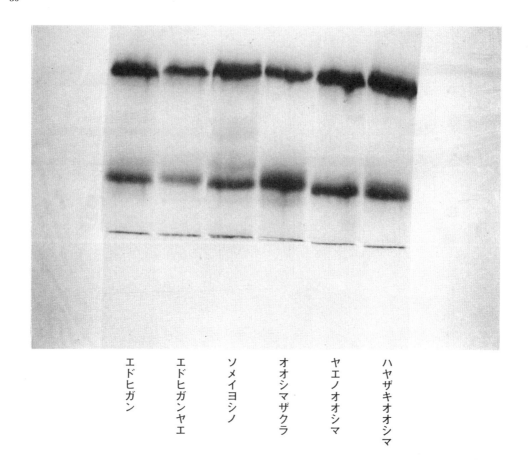

図21b　ソメイヨシノとその近縁種のパーオキシダーゼザイモグラム（茎）

　このようなことから，本実験ではこれらの品種を用いて，アイソザイム法によって，特にソメイヨシノとの類似性を明らかにするために実験を行なった。
　まず，日本花の会の結城農場の材料を用いた結果のうち，パーオキシダーゼのザイモグラムを図22に示した。図からもわかるように，茎のザイモグラムの40～60mmの部位に現われた酵素帯の数から，供試品種は2本のグループと3本のものに分けることができた。すなわち，酵素帯が2本の品種にはアメリカ，フナバラヨシノ，イズヨシノ，ソトオリヒメが入り，アマギヨシノ，ヒゴヨシノおよびソメイヨシノは3本の酵素帯のグループに入った。また，芽のザイモグラムの40～60mmの部位の酵素帯の数からも2本のものと3本のグループに分けることができたが，2本のものと，3本のグループに所属する供試品種はほぼ茎の場合と同様であった。しかしながら，ソトオリヒメだけは異なる酵素帯の数が認められた。
　筑波大学の材料を用いた場合には，イズヨシノ，ソメイヨシノおよびソトオリヒメはそれぞれ異なる3様のザイモグラムが観察された。「以上の実験結果から考えると，40～60mmの位置に現われるザイモグラムからは2つのグループに分けることができるが，その中

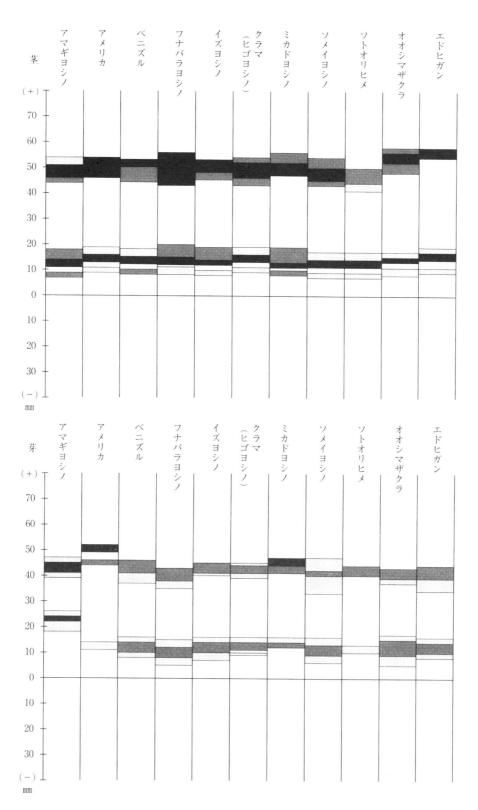

図22 ソメイヨシノとその類似品種のパーオキシダーゼザイモグラム
日本花の会 結城農場の個体。

には竹中が育成したイズヨシノ（エドヒガン×オオシマザクラ）とアマギヨシノ（オオシマザクラ×エドヒガン）が入っており少なくともソトオリヒメ以外の供試品種はオオシマザクラとエドヒガンの雑種であるように推定された。しかしながら，ソトオリヒメはこれまでの生態学的な調査結果に加えて前述の薬剤抵抗性も他のソメイヨシノの類似品種とは違った形質が認められることから，オオシマザクラとエドヒガンの単一組合せによる雑種であると断定し難い。すなわち，本実験結果からは田村（1982）が述べているように，ソトオリヒメはソメイヨシノとオオシマザクラが自然交雑して生まれたといえるように思われるが，今後，検討を加えるべきものと考える。

　以上の結果は，ほぼ10年間ほどに亘る調査結果に基づいて述べたものであるが，材料の採取年次によっては，これらのソメイヨシノの類似品種とソメイヨシノのザイモグラムの間には殆んど差が認められない年もあった。特に12〜1月の低温期に採取した材料を用いた場合には差が現われ難かった。これに対して，2月下旬から3月上旬に採取した芽のザイモグラムに相違が認められることが多かった。

　このことは，気温の上昇に伴ない，各品種の体内の酵素組成の違いが，温度に対する微妙な反応の違いとしてザイモグラムに現われたものと考える。このように，遺伝的要因の差異を温度反応と結びつけて明らかにする方法は，イネでは低温発芽性（岩﨑1962）と称して，品種間の微妙な遺伝的特性の差異を低温条件下で種子を発芽させて判別する方法として利用しているが，このアイソザイム法でも，ソメイヨシノとその類似品種のザイモグラムにみられる差異は，芽の活動が開始する頃が最も明瞭に確認された。

c．ソメイヨシノとアマギヨシノおよびイズヨシノにみられたザイモグラム

　ソメイヨシノがオオシマザクラとエドヒガンの雑種であることはほぼ疑う余地が無くなったが，この両品種のうち，どちらが母親であるのかという問題については依然として不明である。しかしながら，竹中によって交配・育成されたアマギヨシノはオオシマザクラ（母）とエドヒガン（父）の雑種であり，エドヒガン（母）とオオシマザクラ（父）の雑種個体はイズヨシノと命名されている（竹中1962ａ，ｂ，田村ら1989）。このようなことから，ソメイヨシノがアマギヨシノとイズヨシノのどちらに似たザイモグラムを示しているかによってソメイヨシノの母親を推定することにした。なお，筑波大学にはアマギヨシノが無いために，ソメイヨシノとイズヨシノの比較のみを試みた。

　その結果，筑波大学で12月に採った材料ではソメイヨシノとイズヨシノの間には殆んど差が認められなかったが，3月15日に採った材料では違ったザイモグラムがえられた。

　次に，日本花の会の結城農場の材料で調査を行なった結果，図22に示したようにソメイヨシノはアマギヨシノとかなりよく似たザイモグラムが認められたのに対して，イズヨシノはソメイヨシノ，アマギヨシノとは明らかに異なるザイモグラムが観察された。

　この実験結果から，少なくとも本実験からはソメイヨシノは，アマギヨシノと同様にオオシマザクラを母とし，エドヒガンを父として生まれたものと推定された。

資料編

著者は前項でもこの3品種間で形態的特性を比較した。その時にもソメイヨシノがアマギヨシノに似ていることを報告し，生態学的にもオオシマザクラを母として生まれる可能性が強いことを指摘した。これまで述べてきた本研究の結果から，ソメイヨシノはオオシマザクラを母とし，エドヒガンを父として生まれたものという結論になった。

d. 東京都内各地のソメイヨシノのザイモグラムについて

　東京都内には上野公園，小石川植物園の他，公園，個人の住宅地などに，樹齢が40年以上と思われるソメイヨシノの個体が数多く認められる。また，ソメイヨシノの命名の契機となった上野公園の精養軒前に列植されているソメイヨシノには，平年でも開花期が異なる3系統が存在することが明らかになった。

　本実験では，これらの個体のうち，材料を入手できたものについてアイソザイム法による遺伝的な特性の調査を行なった。

　その結果，エステラーゼのザイモグラムでは明瞭な傾向を見出すことはできなかった。

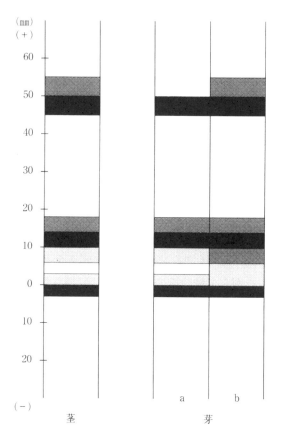

図23　1986年12月に採取した東京都内のソメイヨシノの
　　　パーオキシダーゼザイモグラム。
　　　■濃色　▨中間色　□淡色　0　原点

一方，パーオキシダーゼのザイモグラムでは，図23に示したように，茎では東京都内の各地から採取した全個体で同一のザイモグラムがえられたが，茎のザイモグラムでは小石川植物園と染井墓地のソメイヨシノにはa，bの2つの型のザイモグラムが認められた。上野公園のソメイヨシノ（No.40と43以外の個体）ではa型のザイモグラムのみが認められた（岩﨑1988a）。なお，これらの材料は1月中旬に採取したものである。

　この結果から，明治初年の染井の植木屋には，ザイモグラムの差として明瞭に認められるような遺伝形質が微妙に異なる2種類のソメイヨシノが存在したことが推定された。また，小石川植物園に植えられているソメイヨシノの個体ではa，bの2つの型のパーオキシダーゼのザイモグラムが認められたが，これらの調査個体中には1750年以前に入口近くに植えられ老個体も含まれている。このことは，明治初年には小石川植物園の入口近くに植えられているソメイヨシノの元木またはそれと同質のソメイヨシノの個体が染井の植木屋に存在していたことを示している。それと同時に，この入口近くの個体と違うザイモグラムを示す個体が認められたことは，明治初年に染井の植木屋に存在したソメイヨシノの元木は遺伝的には一種類で無かったことを小石川植物園の個体も暗示している。

　さらに，上野公園で認められた早，中，晩生咲のソメイヨシノの特性をザイモグラムの点から明らかにしようと試みたが，パーオキシダーゼのザイモグラムでは，早，中，晩生咲の間には全く差が認められなかった。一方，エステラーゼのザイモグラムでは早咲個体の酵素帯は中，晩生咲のものより強い反応が認められた。この開花特性の相違を誘起している要因については，他の分野からの検討も必要である。

D．ソメイヨシノとその近縁種の野生状態について

緒　　言

　竹中（1962b，1965b）が提唱した「染井吉野の伊豆半島発生説」は社会科学的，自然科学的にも数々の疑点があることを文献調査で指摘した。その後，ソメイヨシノとその近縁種を用いて，生態学的，形態学的な立場から検討を加えた。その結果，竹中（1959，1962a，b）が指摘した通り，ソメイヨシノはオオシマザクラとエドヒガンの雑種であることが追認された。しかしながら上野公園の精養軒前に列植されているソメイヨシノの開花生態や訪花昆虫の生態的特性などから，竹中が提唱した「染井吉野の伊豆半島発生説」の成立は極めて難しいことがわかった（岩﨑1996a）。

　また，ソメイヨシノはアマギヨシノと極めてよく似た形態的，生理的な特性が認められるにも拘らず，2～3の形質についてはまだ違いが認められる。著者（1990b，1991）は，この相違点は交配母本としてのオオシマザクラの形質の違いによるものと考えた。

　さらに，竹中（1962a，b）によると「染井吉野の実生苗を育成してみると，花托，花梗，ガク筒などに毛がある大島桜が分離してくるが，房州の大島桜には毛のある個体が認められた」と述べている。このことはソメイヨシノの片親であるオオシマザクラには花梗，ガク筒などに毛があるものと無いものが存在していることを暗示している。

これらのことから，これらの疑点を解明するために，伊豆半島，三浦半島（鎌倉を含む）および房総半島におけるソメイヨシノとその近縁種の野生状態を調査することにした。

調査地域と調査方法

調査地域は伊豆半島，三浦半島（鎌倉を含む）および房総半島とし，自家用車で移動しながら調査を行なった。

調査は1988，1989，1990，1991年の4月に行ない栽植個体とともに，特に開花中の野生個体の発見に力点を置いた。

調査地は図24の線で示した道路の周辺で，採取可能な個体からは花房と葉片を採取して形質調査の材料とした。（特にオオシマザクラの材料の採取に力点を置いた）。

形質調査は花蕾の色，花弁の色，幼葉の色およびガク筒と花梗の部分の毛の有無について行なった。ガク筒，花梗の部分の毛の有無は実体顕微鏡を用いて調べた。

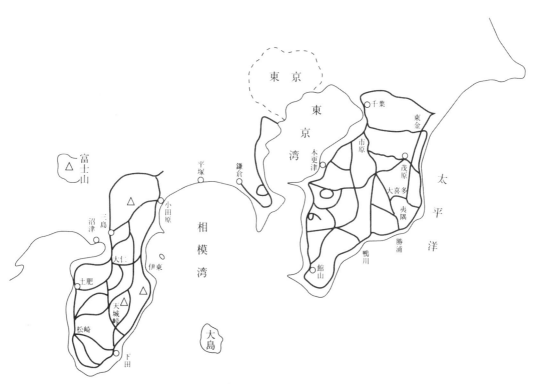

図24　野生状態調査地域（線の部分）。

調査結果および考察

1．サクラの野生および栽植状態について

a．伊豆半島

1988年の調査

△小田原−熱海−下多賀−大仁

　1988年は小田原，真鶴，熱海を経て下多賀から県道に入って山越えで大仁に向かった。

　熱海付近はソメイヨシノが満開であった。真鶴道路には苔の付着したオオシマザクラが数個体見受けられた。下多賀から県道に入ってからはサクラは殆ど認められなかった。山伏峠までには民家の庭と県道にオオシマザクラが各々1本あっただけである。尾根から大仁側では道路わきにオオシマザクラが栽植されていたが，付近の山中には開花中のサクラは認められなかった（オオシマザクラは3分咲程度であった）。

△大仁−湯ヶ島−船原峠

　大仁から湯ヶ島までの間では，民家にヤエベニシダレ，ヤエザクラが開花中であった。

　下船原から上船原を経て土肥町に至る道路の周辺では民家以外にはサクラは観察されなかった。

特に山林中の奥に注意したがサクラの開花個体は認められなかった。

△湯ヶ島−持越−天城牧場−西伊豆

　民家には開花中のオオシマザクラが認められたが，山中には開花中のサクラは認められなかった。仁科の国有林中にはエドヒガンらしい個体が遠望されたが未開花であった。

△松崎−道部−石部−雲見

　海岸に沿った道路にソメイヨシノが植えられ，その中にオオシマザクラも混植されている。共に樹齢20年以上とみられた。雲見付近の標高100mほどの山がオオシマザクラで覆われて満開の状態であった。

△マーガレットラインから下田まで

　オオシマザクラは開花中であったが，他のサクラは山中にも認められなかった。

△下田−箕作−河津−天城山頂

　松崎付近に比較するとオオシマザクラの数は著しく少ないが点在している。開花中の他のサクラは観察できなかった。天城トンネル付近には栽植されたオオシマザクラが開花中であったが，開花中の他のサクラは山中には無かった。山頂近くにマメザクラが開花中であったが，車から降りると寒かった。

△湯ヶ島−筏場−中伊豆町

　民家のオオシマザクラは開花中であったが，開花中の他のサクラは観察できなかった。伊豆スカイラインで熱海峠に向ったが，道路周辺と山中には開花中のサクラは認められなかった。

資料編

図25　船原峠付近の山中の状態（1988年4月）

1989年の調査
△宮の下－元箱根－箱根峠－三島市

　小田原から湯本, 宮の下へと進む。みられるサクラ並木はソメイヨシノ（葉桜）が殆どである。元箱根の関所跡に隣接したところのレストランにオオシマザクラ数本（数系統）が栽植されていた。箱根, 旧街道の両側にもサクラが植えられていた。接待茶屋と山中城跡の間に上野公園のNo.43のように開花後に花の中心部分が紅色になるサクラ（樹齢20年位）が見受けられたが材料を取ることができなかった。箱根峠から三島までの道路わきにはオオシマザクラが植えられたところがあるが, 山中には開花中のサクラはみられなかった。

△三島市－修善寺温泉郷－戸田村

　三島市, 修善寺温泉郷を通過し戸田村に向かう。家並を離れ戸田峠から戸田に向かう道路わきにはオオシマ系のサクラが多く植えられていた。中には開花後にかなり紅色になる個体もあったが, 何れも樹齢は5～6年ほどであった。土肥の恋人岬前のバス停付近の道路に開花後花の中心部分が紅色になるソメイヨシノが植えられていた。

△松崎－大沢温泉－箕作－下田－河津－天城トンネル

　松崎から大沢温泉に向かう道路わきと大沢温泉にはソメイヨシノの並木あり, オオシマザクラも認められたが, 他のサクラは認められなかった。特に, 天城トンネル付近ではオオシマザクラ（植えたもの）は開花していたが, 山中には開花しているサクラは無く, エドヒガンらしい個体も認められなかった。

△天城トンネル－修善寺－箱根

　修善寺, 湯ヶ島の民家には開花中のエドヒガンが観察されオオシマザクラも植えられているのが認められたが, 山中には開花しているサクラは認められなかった。

1990年の調査

△御殿場インター−沼津−三津浜−戸田村

　この海辺の道路周辺にはサクラは殆ど認められなかった。

△戸田村−戸田峠−修善寺

　戸田峠より山中寄りのところはヤマザクラが開花中であった。達磨山，キャンプ場の付近にオオシマザクラが認められた。達磨山の西側斜面には開花しているサクラはなかった。骨沢渓谷の山中にヤマザクラが多く開花していた。

△修善寺−下船原−上船原−土肥町

　上船原付近の民家にはヤエベニシダレが開花中であったが，山中や民家にエドヒガンは見当たらなかった。オオシマザクラも見受けられなかった。

△土肥町−賀茂村−西伊豆町−松崎

　オオシマザクラがポツポツ見受けられたが他のサクラは野生していないようであった。

△松崎−大沢温泉−北湯ヶ野−箕作

　松崎から大沢温泉まではソメイヨシノ並木があった。それより山中の入ると殆んどサクラは認められなかった。この後，北沢，河津町を通り天城トンネルのところへ行ったが，山中にサクラは認められなかった。

　以上のように，伊豆半島では元箱根から半島の南端まで，ほぼ全域に亘り，野生と栽植を含む，少なくとも4系統のオオシマザクラが観察された。特に眞鶴半島近くには，苔の付着したオオシマザクラが認められ，西伊豆南部の雲見付近では，山全体がオオシマザクラで覆われている光景も観察された。

　オオシマザクラは伊豆半島では各地に植えられているのが見受けられたが何れも樹齢は5〜6年のものが多かった。さらに，一般にオオシマザクラは民家近くに植えられており，海辺より離れて山中に向うに従って急激に減少する。

　ソメイヨシノは各地で多数栽植されているのが認められた。特に観光地では沢山植えられていた。土肥町の恋人岬のバス停近くに，開花後に花の中心部分が異常に紅色になる樹齢5〜6年のソメイヨシノが植えられていた。箱根の接待茶屋と山中城跡までの中間の所にも開花後，花の中心部分が紅色になるサクラ（樹齢20年位）が認められたが，資料を採ることができなかった。

　エドヒガンは半島の中央部の民家には認められたが，山中の場合は伊豆半島全体で開花中の個体は観察できなかった。これは山中に存在しても未開花のために観察できなかったのかも知れない。

　特に竹中（1962 a，1965 b）が「染井吉野の発生地」と推定した天城山の周辺では，最近栽植したオオシマザクラが開花中であったにも拘らず，山中には開花中のオオシマザクラ，エドヒガンともに観察されなかった。

　それに加えて竹中（1962 a，1965 b）がソメイヨシノの発生地と推定した天城山の周辺は，江戸時代には道路もなく，旅人は行くことができないところであったであろうと考え

資料編

られた。

　以上，伊豆半島におけるオオシマザクラとエドヒガンなどの野生状態を調査した結果，竹中がソメイヨシノの発生地と推定した地区ではオオシマザクラは海辺近くにあり，エドヒガンは存在したとしても山中にあり，開花期が合致していないのでオオシマザクラとエドヒガンの自然交雑は不可能であると推定した。

　半島の中央部（修善寺，湯ヶ島など）の民家にはオオシマザクラ，エドヒガンが植えられており，両品種が自然交雑する可能性はあるが，1900年以降に2〜3の科学者によって調査が行われ，ソメイヨシノの類似品が発見できなかったことが報告（竹中：1962 a）されており，今回もオオシマザクラとエドヒガンとの新しい交雑個体は観察できなかった。

b．三浦半島（鎌倉を含む）

1988年

　「鎌倉時代に源　頼朝が三浦半島に桜の園を作った」という指摘と，鎌倉時代に鎌倉に大島桜が存在した」という岡田ら（1975）の記述に基づいてこの地域の調査を行うことにした。

△横浜市街−金沢区−横須賀市

　金沢区まではサクラは全く見られなかった。田浦付近でヤマザクラが見られた。

　横須賀市の衣笠トンネルのところにオオシマザクラあり。付近の山中にもオオシマザクラが自生していたがエドヒガンは認められなかった。横須賀高校とその付近の団地に樹齢4〜5年のオオシマザクラが植えられていた。武山付近の山中にはヤマザクラが開花中であったがエドヒガンは認められなかった。

△横須賀市−葉山

　佐島の海辺の民家にオオシマザクラがあり，山中にもオオシマザクラがみられたがエドヒガンは観察できなかった。葉山近くにはサクラがなかった。

△葉山−逗子−鎌倉

　葉山，逗子はマツ，その他の樹が潮風のために曲がっていた。オオシマザクラは認められたが，ほかのサクラは見受けられなかった。

　相模湾側にはオオシマザクラも殆んど認められなかった。

△鎌倉

名城トンネル付近にヤマザクラが1本認められた。

長谷観音付近にはヤマザクラとオオシマザクラが認められた。

稲村ヶ崎の切通しのところ，大仏の切通しのところ，英勝寺の裏山（源氏山にも）などにヤマザクラがみられた。

　瑞泉寺にはエドヒガン，フユザクラ，オオシマザクラが植えてあった。

　この他，ソメイヨシノは学校，公園，寺院などに沢山植えられていた。しかしながら，エドヒガンが山中にみられなかったことから，江戸時代に，この地域でオオシマザクラと

90

エドヒガンの自然交雑が起こったと推定することができなかった。伊藤（1978）は「人工的に植えこんだ鎌倉山のサクラも美しいが鎌倉ではやはり自生するヤマザクラの姿が一番いい」述べているが，エドヒガン，オオシマザクラの野生種のことにふれていない。

1993年

　伊豆半島の伊豆高原周辺の調査のために4月10日に出発した。

東名高速道

　ソメイヨシノは満開，オオシマザクラも各地に点在している

伊豆スカイライン

　サクラは殆んど認められなかった。僅かにマメザクラの開花中の個体が発見された。頂上で降雪に遭った。

伊東市

　市内各所にソメイヨシノが植えられており満開の状態であった。

　サクラの里にはフユザクラ，ジュウガツザクラ，ソメイヨシノ，ヤマザクラ，ベニシダレザクラが開花中であった。八重咲の品種も見られたが不確実な名称のサトザクラの品種名も眼に止まった。

　大室山の東南方向の国道沿にソメイヨシノの桜道があり，ソメイヨシノが満開であった。

　一碧湖畔で宿泊し城ヶ崎に向う。各種のオオシマザクラが多数あり，ヤマザクラも開花中であった。

　城ヶ崎の南端から国道へ通ずる道はソメイヨシノが両側に植えられていた。ソメイヨシノにテングス病が目立った。

○城ヶ崎→河津町

　山中にヤマザクラが多数みられた。全山にヤマザクラが開花してアバタ状の山にみえる所もある。

　山中にエドヒガンらしいもの見受けられず。民家にはベニシダレ，エドヒガンンシダレが植えられて開花していた。

○大室山（南側）→天城高原

　中腹まではオオシマザクラ，ヤマザクラ，マメザクラの開花中の個体が見られた。頂上付近は未萠芽。

○天城高原－八代田－伊東市（北側）

　山を降りるにつれてマメザクラ，オオシマザクラ，ヤマザクラ，ソメイヨシノの開花中の個体がみられた。

○伊東市－網代－熱海

　この地区も全山花盛り，山にはヤマザクラが非常に多く，民家とその付近にはソメイヨシノとオオシマザクラが多かった。

○熱川－熱海

　山にヤマザクラが多く開花していて山全体がアバタ状にみえた。

資料編

今回の調査では全地域でオオシマザクラとヤマザクラの多さが目立ったが，エドヒガンらいしものが山中でも確認できなかった。ソメイヨシノは人家近くに極めて多く植えられていた。また，伊豆の他の地域よりサクラが多いという感じがした。

　更に今回，各地で採取したオオシマザクラのガク筒には全く毛が認められなかった。

ｃ．房総半島

1988年

△木更津－富津－鹿野山

　千葉市から木更津まではオオシマザクラは無かった。富津付近から山中および民家にオオシマザクラが認められた。山中にもかなりオオシマザクラが点在し，自生地の印象が強い。君津市の郊外の人見神社近くに白花とややピンクのオオシマザクラあり。青柳のオオシマザクラは花梗に毛があった。青堀で上野の早咲ソメイヨシノに似たオオシマザクラあり。富津岬には10〜15年の白花オオシマザクラとソメイヨシノが植えてあった。東京観音のところのオオシマザクラは白花であった。東京観音付近の山中にはヤマザクラが開花中であった。鹿野山の山頂にはヤマザクラ多数あり。オオシマザクラは50年樹ほどのものあり。白花や花蕾が白いものと開花後に花の中心がややピンクになるオオシマザクラもあった。ソメイヨシノの並木も認められた。

　マザー牧場の売店前にオオシマザクラの古木があり，開花中であったが材料を採ることはできなかった。

△館山－フラワーライン－白浜

　他のサクラは殆どないが，オオシマザクラはポツリポツリとみられた。

△白浜－千倉－鴨川

　サクラが殆ど見られなかった。

△天津小湊－養老渓谷

　途中にはサクラは見られなかったが，養老渓谷付近にはヤマザクラとオオシマザクラが見られ，ソメイヨシノも植えられていた。

△養老渓谷－木更津

　オオシマザクラは点在するが，他のサクラは殆ど見られなかった。

1989年

△市原市－ウル井戸－源氏山－牛久

　ウル井戸から源氏山にかけてはヤマザクラが多く，オオシマザクラも認められた。牛久市の中心街にソメイヨシノが植えられていた。

△牛久市－久留里

　山中にオオシマザクラが見られた。

△久留里－県民の森

　オオシマザクラが点在するが，他のサクラは見られなかった。

△県民の森－鹿野山

　オオシマザクラが多く眼に止まる。ソメイヨシノも植えられていた。

　鹿野山の周辺（特に東側の半島の中央部）はオオシマザクラの野生種が山の中や道路わき，谷間などに生えていた。

　千葉県の人達はオオシマザクラを伊豆の人達のように特に沢山植えているようには思われないが，生えているオオシマザクラは切り捨てないでそのまま残しているように推定された。

1990年

△姉崎－上泉－瓜谷－久留里

　姉崎から半島の中心部に入る。上泉付近にオオシマザクラがあり，その奥にもポツポツ見受けられた。瓜谷から久留里に向う途中にもオオシマザクラがポツポツ見受けられた。

△久留里－大野台－清和市場－（植畑）

　久留里から大野台に向う途中，過日の雨の道路が通行止めとなって山林中の道路に入ることになった。林道から本道に入る寸前に開花後，花の中心部分が著しく紅色になるオオシマザクラ（上野公園のNo.43個体によく似たもの）が2株あった（いずれも叢生であり，野生状態を示す）。林道から本道に出た大野台付近にも開花後に花の中心部が著しく紅色になるオオシマザクラが2個体叢生状態で認められた（図26）。

　大野台，清和市場，植畑付近にはオオシマザクラの色々な系統が野生している状態で認められた。この辺の人達は余りサクラに手をかけていないし民家にはサクラは植えられていない。

△清和市場－西粟倉－鹿野山

　この付近にはオオシマザクラと共にヤマザクラも多く咲いていた。

△鹿野山－マザー牧場－富津（更和）

　この区間は昨年に調べたと同様な状態であった。

△富津（更和）－大森－志駒－上畑－金束

　この地区にもオオシマザクラ，ヤマザクラが開花中であった。

△金束－平久里－三芳村－館山

　ポツポツ程度にオオシマザクラが見られたが，平久里から館山に近づくにつれてヤマザクラは見られなかった。

△館山－白浜－千倉－丸山町

　オオシマザクラは点在するが，他のサクラは認められなかった。

△丸山町－川谷－松尾寺－三島湖（県民の森）

　三島湖の周辺にはオオシマザクラ，ソメイヨシノなどが見られるが，途中の道路，山中には殆どサクラは認められなかった。

△三島湖－久留里

　殆どサクラが認められなかった。

資料編

千葉県八街市のオオシマザクラ

上野精養軒前のNo. 43のソメイヨシノ

図26　開花後中心部分が紅色になるオオシマザクラとソメイヨシノ。

△保田－鴨川（長狭街道）

　オオシマザクラ，ヤマザクラともに極めて少ない。特に410号線の東側の山中にはオオ
シマザクラも極めて少なかった。

△久留里－市原市

　前回通過した道路である。

1991年

△姉ヶ崎－迎田－立野－牛久

　この区間はオオシマザクラは2～3本認められただけであるが，他のサクラも殆ど無か
った。

△牛久－真ヶ谷－笠森－上茂原

　笠森付付近から上茂原にかけてオオシマザクラとともにヤマザクラも開花中であった。

△茂原－白子町－中里－一宮

　東茂原にヤエベニシダレ，ヤマザクラを確認した。

　白子町の海岸近くにピンクのヤエザクラあり。この辺一帯はサトザクラが意外に植えら
れていた。

△一宮－（海岸線を通り）－和泉－大原－御宿

　この地域にもオオシマザクラが点在する。ヤマザクラ，ヤエザクラも点在していた。

△勝浦から297号を松部まで南下。海岸にオオシマザクラが点在した。

△勝浦－関谷－佐野－大多喜

　ピンクの強いヤエザクラやカンザンらしい樹形のヤエザクラが民家にあり，ヤマザクラ
も山中に点在していた。中谷に花梗に僅かに毛のあるオオシマザクラが確認された。

△大多喜－夷隅町（神深谷農道）－睦沢村－茂原

　大多喜から大原方向に向う中程の国府台駅の所に開花直後に中心部が紅色になるオオシ
マザクラがあり。椎木のはずれにヤエベニシダレとヤエザクラあった。睦沢付近にヤマザ
クラがあった（オオシマザクラなし）。茂原市内にヤエベニシダレが認められた。

△茂原－大網白里町－東金市

　東金市にも意外にサクラが多かった。東金市青果市場，松郷の東金文化会館前にオオシ
マザクラあり。さらに八街町に向う松郷の所にガク筒に毛のあるオオシマザクラを確認し
た。

△東金市（126号）－大豆谷－八街町

　八街町駅近くにガク筒に毛のあるオオシマザクラを確認。他の地区にもオオシマザクラ
が点在していた。

△八街町－小間子－下泉－四街道－山王－殿台

　この区間でもオオシマザクラが点在していた。

　以上のように，房総半島では半島全域にオオシマザクラが認められた。特に木更津から
半島の先端部にかけては野生のオオシマザクラが多く観察された。なお，オオシマザクラ

資料編

は鹿野山を中心とする地区に特に多い。また山の東側，つまり半島の中心部の大野台，植畑地区には開花後，花色が著しく紅色化するオオシマザクラが認められるなど，少なくとも3～4系統のオオシマザクラが観察された。

　ソメイヨシノは牛久の中心街，鹿野山の山頂，三島湖，その他で認められたが意外に少なかった。

　エドヒガンは民家でも全く認めることができなかった（勿論，野生個体は半島全域になかった）。

　その他のサクラでは，開花中のサクラはヤマザクラが観られたが，ヤマザクラも養老渓谷，鹿野山の東南地区，東京観音眼下の谷間程度であった。

特に1988年に小湊付近から山中に入った時にはヤマザクラのみならずオオシマザクラも殆ど観察されなかったことから，1991年春の調査は余り乗り気では無かったのであるが一応まとめるために調査を，という気持ちで出向いたのである。ところがオオシマザクラのみでなくエドヒガン系のサクラや八重咲のサトザクラまでが，特に茂原から白子町の海に近いところに栽植されていたのには驚いた（サクラの樹齢は若い）。

　このように1991年春の調査は意外な結果になったが，房総半島のサクラの分布で特徴的なことは市原市－久留里－県民の森－千倉を結ぶ道路に近い東側の地区にはサクラが殆ど認められなかったことである。そして，オオシマザクラはこの道路の西側（東京湾側）に多く見られた。特に，鹿野山周辺にオオシマザクラが野生しているのが目立った。また，伊豆半島に比較して，栽植個体が少ない。つまり，人の手が加わったサクラが少ないということも特色といえる。

　以上のように，オオシマザクラは房総半島全域に野生しているのが観察されたが，エドヒガンが民家にさえ殆んど認められなかった。このことから房総半島でソメイヨシノが自然発生した可能性がない，と推定した。房総半島にエドヒガンが自生していないことは竹中（1962）や沼田（1984）の報告でも認められる。

　以上のように調査を行った三地域とも，オオシマザクラとエドヒガンの自然交雑は難しいと推定された。すなわち，三地域ともオオシマザクラの野生および栽植個体は認められるが，房総半島では民家においても殆んどエドヒガンは認められず，三浦半島，鎌倉地区では民家にエドヒガンは認められるが，その生育状態は極めて悪く，山中には全く認めることは出来なかった。最も自然交雑が起こる可能性が高い伊豆半島でも，最近栽植した個体を除くと，オオシマザクラは民家および海岸に近い所に多く見られ，民家から離れた山中には殆ど認められないのに対して，エドヒガンは海岸や海岸近くの民家には無く，海岸からかなり離れた所にしか生育していない。この現象は，前項の生理的検討のところで指摘したように，オオシマザクラは耐塩性が著しく強く，しかも，タキギザクラとして利用されていたために，伊豆地方では民家の近くに植えられていたのに対して，耐塩性が弱いエドヒガンは特に偏西風が強い伊豆半島の西海岸における自生地は山地に後退せざるをえない。ところが，この生育場所の違いは山が海岸に迫っている伊豆半島では，標高の違い

となり，標高の違いは両品種（オオシマザクラとエドヒガン）の開花期に変動を起こし，両品種の開花期の重複する期間が無くなっているように推定された。実際，1988年の調査時には，熱海ではソメイヨシノが満開であったのに，標高150〜200mの山の中腹では芽が堅く，山頂では5℃ほどの寒さであった。さらに，前項の生態学的検討のところで述べた訪花昆虫の特性からも，竹中（1962a，b，1965b）が指定した天城山の周辺でのオオシマザクラとエドヒガンの自然交雑は起こりえないという推論に達した。

三浦半島，房総半島も潮風の関係から耐塩性の弱いエドヒガンは江戸時代でも生育できなかったものと考えた（岩崎1991a）。

2．調査地域のオオシマザクラの特性について

野生状態の調査を行った三地域とも，オオシマザクラとエドヒガンの野生状態から，ソメイヨシノの発生地と推定することができなかった。しかしながら，両品種の交雑個体としてのソメイヨシノは実在しており，この両品種がどこかで交雑して生まれたことは事実である。

　このようなことから，改めて，異なった視点に立って調査を行うことにした。それは竹中（1962a，b）の指摘によった。竹中は「染井吉野の実生苗を育成してみると，花托，花梗，ガク筒などに毛がある大島桜が分離してくるが，房州の大島桜には毛のある個体が認められた」と述べている。

　このことは，ソメイヨシノの片親であるオオシマザクラは花梗，ガク筒などに毛がある系統であることを示している。今一つは，前項の形態学的調査で述べたように，ソメイヨシノは竹中（1962a）が育成したアマギヨシノに極めてよく似た形態的形質を示しながら，まだ相違点が認められる。著者にはこの相違点は交配母体となったオオシマザクラの違いに由来しているのではないかと推定しており，この点からも調査地域のオオシマザクラの特性調査を行う必要があった。

　その結果，伊豆半島の全域の52地点で採取したオオシマザクラの野生および栽植のすべての個体で，花梗，ガク筒などの何れの部分にも全く毛が認められなかった。三浦半島の場合は10地点で採取したが，衣笠トンネル付近の野生など9地点のものには毛がなかったが，横須賀高等学校近くの民家にあった樹齢4年ほどのオオシマザクラの花梗には毛が認められた。これに対して，房総半島の各地の62地点で採取したオオシマザクラには，毛のないオオシマザクラに混って，市原市の三和，鹿野山の山頂，三島湖畔，白浜の州崎バス停近くの藪の中に生えていたオオシマザクラ，中谷，八街駅近く，および東金市，松郷など半島全域に花梗，ガク筒に毛があるオオシマザクラが点在していることが確認された。房総半島に花梗，ガク筒などに毛があるオオシマザクラが野生していることは竹中（1962a，b）も報告している。

　以上の調査結果から，ソメイヨシノの片親であるオオシマザクラは房総半島由来のものと推定した。また，ソメイヨシノとアマギヨシノの形質の違いは，竹中（1962a）が伊豆

半島産の毛の無いオオシマザクラを用いてアマギヨシノを育成していることにも原因があることが考えられた。

　それと同時に，ソメイヨシノの片親のオオシマザクラが房総半島由来のものと推定されたことは，竹中（1962b，1965b）の「染井吉野の伊豆半島発生説」が遺伝学的な面からも成立が不可能であることを示すものである。

　なお，東京都内で採取したオオシマザクラの場合，小石川植物園のオオシマザクラは，コヒガンザクラの隣りからA，B，C，D（オオシマザクラと標示あり），E………と略号をつけて調査した結果，AとDには全く毛は無く，B，Cの個体には少し毛が認められた。

　長命寺近くの隅田川の堤上に残っているオオシマザクラ6個体のうち，2個体には花梗，ガク筒に僅かであるが毛が認められた。なお，対岸の隅田公園に植えられていた2個体のオオシマザクラには毛が無かった。

　上野公園の精養軒前に列植されているソメイヨシノの中のNo.40の個体はオオシマザクラであるが，この個体は長命寺近くの堤上のものと同様，僅かであるが花梗とガク筒に毛が認められた。その他，東京都内の豊島区，板橋区内で採取したオオシマザクラ（11個体）には毛が無かった。

　さらに，今回の調査で，房総半島の鹿野山の東側の大野台付近の山林中に，開花直後から花の中心部分が著しく紅色になるオオシマザクラが発見されたが，その開花状態は上野公園の精養軒前に列植されているソメイヨシノのうちのNo.43の個体に極めてよく似ている。著者は1990年の春までは，この上野公園のNo.43の個体は異なる品種が混植されたのではないかと疑っていたのであるが，房総地区の大野台付近や国府台駅近くなどで，開花直後から花の中心部が紅色化するオオシマザクラが存在することが確認されたことから，このNo.43の個体は大野台付近で発見されたようなオオシマザクラが片親となって生まれたのではないかと考えている。なお，この確定には両個体間の遺伝学的な検討な必要である。伊豆

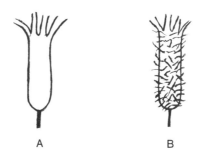

図27　ガク筒部位における毛様物の状態
　　　A：伊豆半島のオオシマザクラ
　　　B：房総半島の有毛オオシマザクラ
　　※上野公園のNo.40の個体と長命寺近くの堤上の
　　　オオシマザクラの毛様物は数が非常に少ない。

98

半島やその他の地域にあるオオシマザクラにも，開花後に花の中心部分がやや紅色化する個体が観察されたが（伊豆の修善寺近くでも）樹齢は若く，房総半島の大野台近くで発見された個体のように上野公園のNo.43のソメイヨシノに似た個体は観察されなかった。

資料編

IV. ソメイヨシノの江戸・染井発生の可能性について

緒　言

　これまで著者が行なってきた社会科学的，自然科学的な調査結果から，一般の人達や研究者にも，最も信用されてきた竹中（1962b，1965b）が提唱した「染井吉野の伊豆半島発生説」の成立が難しいことを指摘してきたが，著者が行った実地調査およびオオシマザクラの形質調査の結果から，ソメイヨシノの片親であるオオシマザクラが房総半島由来のものと判明したことは，竹中の伊豆半島発生説が遺伝的な立場からも学説として成立が不可能であることを示している。

　ソメイヨシノの片親であるオオシマザクラが房総半島由来のものであることが推定されたことから，エドヒガンが自生し難い房総半島においても潮風の及ばない地区や民家においてソメイヨシノが生まれた可能性も一応考慮する必要があるが，竹中（1962a）による房総地区の調査や，著者の今回の調査でもエドヒガンとソメイヨシノに似た野生個体が房総地区で発見されなかったことなどから，ここでは「染井吉野の江戸・染井発生説」について検討を加えることにした。

ソメイヨシノの江戸・染井発生説が成立するための条件

　ソメイヨシノが江戸時代の末期に染井の植木屋から売り出されていたことは前項の文献調査で指摘した通りであり，同時に「ソメイヨシノは江戸・染井の伊藤某によって作り出された」という指摘も船津（1950，1966）によって行われていることも述べた。しかしながら，江戸・染井発生説が成立するためには，著者がこれまで行った調査と研究からだけでも次のような疑問点を解明する必要がある。それらの疑問点とは，①これまで行った調査（1989b）から，1730年以前にオオシマザクラが江戸に存在しなければならないこと。②江戸にオオシマザクラが存在した場合，どのような経路で搬入されたのかについて納得できる解説が可能であるか。③前項の生態学的調査で指摘したように，上野公園の精養軒前に列植されているソメイヨシノはその開花特性から，江戸時代末期には江戸・染井の植木屋には接穂が採れる5本以上のソメイヨシノの個体が存在する必要がある。④ソメイヨシノは自然交雑個体か人為交雑によって生まれたのか。⑤ソメイヨシノの誕生に関与した人物は誰かなどである。このようなことから，これらの諸問題に検討を加えることにした。

調査方法

　調査は国会図書館，東京都内の図書館および近県の図書館などの資料によって，伊豆半島，三浦半島と鎌倉および房総半島の人達と江戸の人達との交流状態の調査を行うとともに，東京の染井地区などで聴きとり調査も行った。

調査結果および考察

Ａ．江戸においてオオシマザクラの存在が認められた時期について

　ソメイヨシノが江戸・染井で生まれたとした場合，伊豆大島の原産で伊豆半島と房総半島の南端にしか自生していなかったオオシマザクラが，江戸に存在していなければならないことになる。しかも，その時期は文献調査の結果で述べたように，1750年頃には小石川植物園の入口近くにあるソメイヨシノが植えられていたことが推定されたことから，サクラでの交雑が起こり，発芽して開花するまでの年月を考慮すると，少なくとも1730年頃には江戸にオオシマザクラが存在していなければならないことになる。

　このことを念頭に置いて調査を進めていたところ，1717年に隅田川の河畔にある長命寺で，川堤上のサクラの葉を用いて桜餅が完成されたという記録が認められた。稲垣（1988）によると「下総・銚子に生まれた山本新六は1691年に職を求めて江戸へ出たが，これといった職がなく，やむなく長命寺の寺男に住み込み，享保年間になり，土手に桜が植えられ，桜の花見の頃に花見客で賑わうようになった。そこで，ふと思いついて桜の落葉をかき集めて漬け込み，餅を包んで売り出したところ，たちまち“墨堤の桜餅”として名物になった」と述べている。篠田（1970）によると「桜餅は南北朝のはじめの延元元年（1336）には作られていた」と述べられているにも拘らず，矢田（1966），山本（1978），駒（1978），小島（1979），桜井（1980）などは何れも「長命寺の桜餅は享保2年（1717）に門番山本新六が見つけ出した」という表現を用いている。また，林（1938）は「長命寺の桜餅ばかりは名物で旨い。其の香りの佳いこと……」と述べている。このことは，それまでヤマザクラの葉を用いた桜餅とは全く違ったためと思われる（ヤマザクラの葉には芳香は殆ど無い）。1336年頃にはオオシマザクラは京都・奈良地方では存在しておらず，この頃以降のサクラモチはヤマザクラの葉が用いられていた。

　今一つ，長命寺で1717年に作られた桜餅の葉がオオシマザクラのものであろうと推定させる記事がある。それは長命寺のところにある植桜碑の碑文である。永峰（1922）は「隅田川堤に桜が存在したことについての最古の文献は太田道灌の頃に遡上る」といい，高柳（1984）は「家綱の1644〜48，1673〜80の時にも桜川から桜を移したという説がある」と述べている。ところが，山本（1978）は「築堤は1620年から行われ，1717年には桜が植えられていた」と述べている。

何故に著者によってこのように隅田川の堤上にサクラを植えた年代に違いが生じているのかについて検討を加えた結果，隅田川のみでなく，利根川を筆頭に，関東地方の川は2～3年に1回ほどの割合で洪水が起こっており，その度に，そこにあった大半のものが流失しているために，上述のような文章の違いが生じたのではないかと考えてみた。念のために長命寺のところにある植桜碑を調べたところ，「最初は家綱が植えたが1717年には吉宗が100本植え，1726年に桜，桃，柳を各150本植えた」と記されている。吉宗の命によってサクラを植えた筈である1717年の同じ年に，同じ場所で桜餅が完成されていることになる。この矛盾点を考えてみるとき，長命寺の桜餅に用いたサクラの葉はやはりオオシマザクラのように推定された。すなわち，吉宗のみでなく，江戸の庶民もまたオオシマザクラ（別名タキギザクラ）は観桜のためのサクラとは考えていなかった。そのために，1717年と1726年に川堤にあったオオシマザクラを除去して，改めて御苑のヤマザクラを移植したのであろう（現在もソメイヨシノの端に当たる川堤の最上流のところに，数本のオオシマザクラが残っている）。さらに，1717年以降に長命寺の桜餅に関する記述は多く認められるが，サクラの葉がオオシマザクラのものに変えられたという記述が見当たらないことから考えると，1717年に生まれた桜餅はオオシマザクラの葉を用いていたのであろうと推定した。

このように考えると，1717年に桜餅が完成した事実から，少なくとも1700年頃には江戸にオオシマザクラが存在していたことが推定された。

B．オオシマザクラの江戸への搬入の方法とその経路について

ソメイヨシノの片親であるオオシマザクラが，房総半島由来のものと推定されたのであるが，ソメイヨシノが江戸で生まれたとした場合，オオシマザクラがどのようにして房総から江戸に搬入されたのであろうか，このことについて検討を加えてみた。

先ず，搬入の方法としてはタキギザクラの苗として江戸近郊に搬入された場合と，薪として江戸に送られたオオシマザクラの生の枝が発根して生育した場合が考えられるが，そのいずれの場合についても明らかにすることはできなかった。そのために房総半島のオオシマザクラがどのような経路で江戸に搬入されたのかを，江戸の庶民と房総の庶民との関係から検討を加えた。

竹中（1962a，b，1965b）によって伊豆半島発生説が提唱されてから，伊豆半島からのタキギザクラ（オオシマザクラ）の江戸への搬入の事実が明らかにされ，鎌倉と江戸との関係も鎌倉街道が存在するなどの事実があり，両地区と江戸との関係はよく知られている。これに対して，江戸と房総との関係は殆ど知られていないように思われる。しかし，諸文献に検討を加えてみると，三浦半島・鎌倉と江戸との関係は徳川幕府とそれらの地区の武士との関係で色々と記述されているが，三浦半島・鎌倉地区の庶民と江戸の庶民との間の生活物資の供給などについての記録は殆ど認めることができなかった。伊豆半島の場合も，木材，石材の供給地として重要なところで（鈴木1978），特に天城山付近の天領は

木材の主要な生産地であったという記録があり，「江戸の薪用に庭の梨，柿の枝まで切った」と述べられているが（明治大学　地方史研究所1962），この文章からは庶民と庶民との関係ではなく，伊豆の庶民と武士との構図が想像される。庶民と庶民との関係ならば伊豆の庶民は庭の梨や柿の枝は切らないと思う。このように，伊豆の下田及び西海岸の土肥などと江戸との交流の記録は認められるが，伊豆半島の庶民と江戸の庶民との交流の記録は多く見ることができなかった。

　一方，房総地区と江戸との関係は，政治面での記録は伊豆，鎌倉と江戸との関係に比較すると極めて少ない。それのみではない，岡部（1978）は「江戸城は千葉氏に対する戦略上から重要なものだった」と述べており，上野から小松川，金町など，現在の千葉県寄りの地区には，旧豊臣家の家臣が多く逃げてきて住みついたところであると山本（1978）は述べている。入本（1979）も「葛西と豊嶋，板橋と豊嶋は兄弟が治めていた」と述べている。このような史実から考えると，上野付近および房総地区の武家・農民と徳川系の武家との関係は，伊豆・鎌倉と徳川氏との関係に比較して疎遠な間柄にあったものということができる。事実，徳川氏によって一応統一は為されてはいたものの，生活物資の搬入は水路の場合は品川・大森地区と浅草・千駄木・日暮里地区に分けられており，江戸城を境にして現在の港区，千代田区，品川区などは伊豆・鎌倉との交流が密であった。新倉（1978ａ，ｂ），杉山（1978）によると，「鎌倉と太田区の間は10里（約40km）であり，鎌倉街道が利用されていたと述べている。これに対して，豊島区，板橋区，北区，墨田区，足立区などは房総半島との交流が密であったと述べられている。

　政治的には上述のような実情であったが，西山（1973）その他が述べているように生産態勢ができていなかった1720年代の関東地方に，突如として世界最大の100万人都市となった江戸の人口を養うためには，近郊地域の協力が是非とも必要であった。地方史研究協議会（1973）によると，その状態は次のように述べられている。すなわち，「房総の人達の生活は江戸への物産の提供がなければ考えられなかった」といい，「生産物，木炭などは河口に集められ，五太刀船で江戸へ運んだ（これは昭和10年頃まで続いた）。また，房総の有名社寺は江戸市民の信仰によって支えられていたもので，江戸との交流を抜きにして房総の文化は考えられない」とも述べている。房総から江戸への出稼も多かったといわれ，長命寺で桜餅を考案した山本新六は銚子の生まれである（稲垣1988，山本1978）。このような庶民と庶民との交流を示す記録は，江戸と伊豆・鎌倉の関係ではまだ認められなかった。なお，1728年には鹿野山の東側の現在の丸山町に，吉宗の命によって我が国で最初の牧場が作られている。

　「房総からの物産の輸送は行徳方面からの陸路もあったが，主として海上輸送が行われていたようである。水路では現在の浅草，中里，王子，千駄木などに運ばれている（地方史研究協議会1973，西山1974，倉林1977，高田1978，芦原ら1986）。特に薪炭の集積地では１日千駄の薪が移動したといわれており，“千駄木”と称される地名が現在も残っている（１駄は36貫匁＝約133kgで，馬１頭に負わせた薪である）と桜井（1980）は述べてい

資料編

る。この千駄木は染井の植木屋から3kmほどしか離れていない。王子，中里も徒歩で数分の距離しか離れていない。

　以上の史実に基づいて推考してみると，房総からの物質が品川・大森地区に運ばれておらず，伊豆・三浦方面からの物産も江戸城を越えて上野，千駄木に運ばれていなかったような江戸時代の世相を考えるとき，オオシマザクラ（タキギザクラ）のみが伊豆半島から品川・・大森を経て染井に搬入されたと考えることは不自然であり，房総から薪またはタキギザクラの苗として王子，中里あるいは千駄木・日暮里付近に運ばれた後に，隅田川の長命寺付近に植えられるとともに，染井の植木屋の手にも渡ったのではなかろうかと考えた。綿谷（1973）も江戸と木更津との間に交流の事実があったことを述べている。

　ソメイヨシノの実生のオオシマザクラが房総のオオシマザクラの形質を示すこと，隅田川の堤上のオオシマザクラ，上野公園の№40のオオシマザクラが何れも房総由来の形質を示すこと，さらに，上野公園の№43の片親とみられるオオシマザクラが房総半島の大野台や国府台駅付近その他で発見されたことなどは，上述の推論を裏付けているように思う。

C．桜小路について

　前項の生態学的調査で，上野公園の精養軒前に列植されているソメイヨシノの開花特性から，明治初年には染井の植木屋には特性が微妙に異なる接穂が採れる5本以上のソメイヨシノの個体が存在する必要があることを指摘した。上野公園の開花特性の違う5種類のソメイヨシノだけでは無い。綿谷（1973）によると「明治16年には隅田川の枕橋のところに吉野桜を1千本植えた…」と述べられている。隅田川の堤のみでは無く，明治初年からは日本の各地に吉野桜（ソメイヨシノ）が沢山植えられた。これまではこれらのソメイヨシノが明治初年に染井の植木屋から売り出されたことだけが強調されて，数千本にも及ぶとみられる苗木（接穂）をどのようにして染井の植木屋が手にしていたのか，という問題に言及した文章は見受けられないが，1本の吉野桜（ソメイヨシノ）の元木から数千にも及ぶ接穂を採ることは不可能である。上野公園のソメイヨシノの開花特性からだけでは無く，接穂の点からも数本のソメイヨシノの原木が染井の植木屋に存在したであろうことが推定された。このことに関連して，1987年に西福寺の住職が「伊藤伊兵衛の畑は現在の東京外国語大学の左側（染井墓地から見て）にあった」と述べたことから調査を行っていたのであるが，その地区は現在は完全に宅地化しており，サクラは点在しているが問題点の解明には結びつけることができなかった。ところが，1989年末に，そこに住んでいる三田康久氏から「私の家の前の道路は昭和の初めは桜小路と呼ばれていたもので，ソメイヨシノが道路の両側の家にかなり点在していた。しかし，宅地化とともにサクラが切られ，現在は2～3本しか残っていない。それに，桜小路の名を知っている者も少なくなってきている」という証言があった。明治初年の古地図などで道路を調べた結果，この桜小路は西福寺の住職が伊藤伊兵衛の畑として指定した場所に当り，図28のように道路の長さは約500mである。その後，改めてソメイヨシノが植えられていた位置の調査を行った結果，

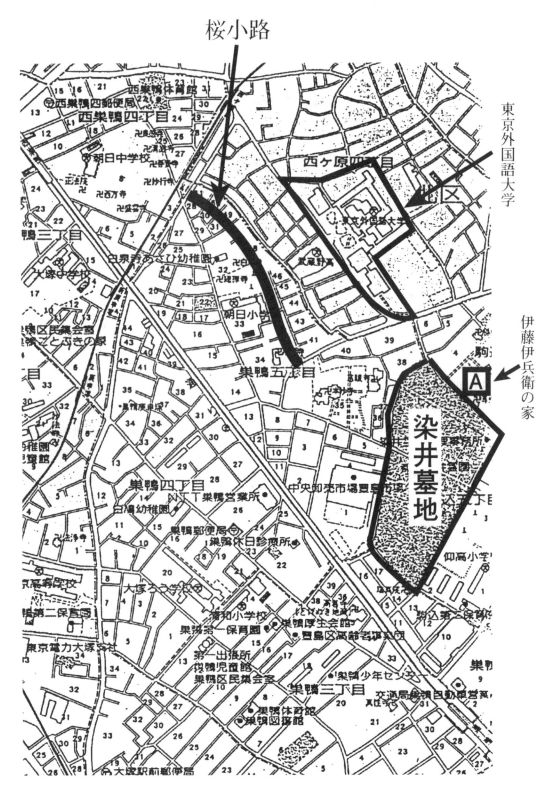

図28　桜小路

Ⓐは江戸時代に伊藤伊兵衛の家のあった位置。

桜小路の両側に少なくとも10本以上のソメイヨシノが昭和の初期に存在していたことが判明した。なお、これらのソメイヨシノは古くから植えられていたもので、現存しているソメイヨシノの持主の植田さんは「いつ植えられたのかについてはわからない」と述べている。また、この桜小路と昭和初期までのソメイヨシノの個体の存在は「巣鴨のむかしを語り合う会」の人達によっても確認された。

この桜小路に現在も残っているソメイヨシノは、アイソザイムによる調査からは上野公園の気象庁の開花予想樹と同じものが認められており、明治初年に日本各地に植えられたソメイヨシノは、桜小路の個体から採った接穂によって育成されたものと思われる。

D．ソメイヨシノが人為交雑個体と推定される事例について

ソメイヨシノとその近縁種の野生状態の調査から、ソメイヨシノの片親であるオオシマザクラが房総半島由来のものと判明したが、房総半島にはエドヒガンの野生および栽植個体が殆んど観察されなかったことから、江戸・染井発生説に検討を加えた。その結果、1700年頃には江戸にオオシマザクラとエドヒガンが存在しており、ソメイヨシノは江戸で生まれることができることが判明した。

このために、次にソメイヨシノは自然交雑個体か人為交雑個体かの問題に検討を加えることにした。著者はこれまでの調査結果から、ソメイヨシノは人為交雑によって生まれたものと考えている。以下、その理由を述べる。

先ず、前項の生態学的調査で指摘したように、開花時の気温が低く訪花昆虫が殆ど見受けられないことから自然交雑は期待できない。これに対して、人為交雑の場合もオオシマザクラとエドヒガンの交雑は遺伝的には種間交雑であることから、人為的に交雑を行っても種子を得るのは難しいが、交雑方法を工夫すれば種子は得ることができる。

第2に、上野公園の精養軒前に列植されているソメイヨシノの開花特性を調べた結果、前項の生態学的調査で述べたように、平年の気象条件下では気象庁の開花予想樹と同一日に開花しながら、異常気象の条件下では異なった日に開花する3つの群に分かれるソメイヨシノが存在することである。

このことは、これらの3つの群に分かれるソメイヨシノは、同一樹上で交雑して得た種子から育てた個体であろうと考えた。つまり、他の個体上で結実したものや枝変わりなどの変異が起こったものであるならば、もっと大きな特性の差が他の形質にも認められてよい筈である。

第3は、上野公園のNo.43のソメイヨシノの存在である。この個体の開花特性は異品種が混植されたものではないかと疑うほど、他のソメイヨシノと異なっている。しかしながら、房総半島でNo.43に極めてよく似たオオシマザクラが発見されたことから、No.43の個体は気象庁の開花予想樹とは形質が異なるオオシマザクラが片親となって成立したものであると考えた。

第4は、No.43の個体の他に、日本各地に植えられているソメイヨシノの中には、結実率

の高い個体（橋本1987，Y．K．T．1958），芳香性の強い個体（橋本1987）などの存在が指摘されているが，これらの事例は染井の植木屋が伊豆に旅して自然交雑個体を発見して殖やして販売したと考えるには，発見しなければならない原木が余りにも多くなり不自然である。

第5は，現在の日本各地には外部形態的にも明らかに異なる形質を示すソメイヨシノの存在が指摘されており，日本花の会の報告書（1982）のソメイヨシノの特性調査項目には2種類の形質が併記されている。著者（1988a，1991a）がアイソザイム法によって調査した小石川植物園や上野公園を含む東京地区のソメイヨシノも1系統ではないことを示している。

第6は，著者（1990a）はこれまでの調査から，ソメイヨシノの母親はオオシマザクラであろうと推定したが，京都大学では「ソメイヨシノの母親はエドヒガンである」と発表したという（尾関1989）。つまり，著者の調査，京都大学の調査が共に真実であるならば現在の日本には2種類の母から生まれたソメイヨシノが存在することになる。

以上述べてきたようなソメイヨシノの示す形質から「自然交雑個体を発見して持ち帰って，殖やして販売した」と推定したり，「江戸で自然交雑したものを発見して殖やした」と推定するには形質の違うソメイヨシノの数が多くて不自然である。

また，第6の点は，人為交雑を行う場合には，現在でも，A×B，B×Aの交配組合わせは試みる方法である。ソメイヨシノが人為交雑によって生まれたものであるならば，エドヒガンが母親になっているソメイヨシノが存在することも当然ありうることである。つまり，2種類の母親が主張されていることは，逆に，ソメイヨシノが自然交雑によるものではなくて，人為交雑によって成立した可能性が裏付けられているものと思う。

以上のような事実から，ソメイヨシノは人為交雑によって生まれたものと推定した。

ソメイヨシノがその特性から自然交雑によって生まれたもので無いだろうという考えは，著者のみでなく三好（1921）も「染井吉野は染井の植木屋が作り出したのでこの名がついた」と述べていた。また，本田（1963）は太陽（4月号）で「染井吉野は名前が示す通り東京染井の花戸でできた園芸種であって自生種では無い」と述べ，安田　勲も花の履歴書の中で「前川も人為交雑種であろうと述べている」と紹介している。Y・K・T（竹中要）（1958）も「ソメイヨシノはその特性から人為交雑種であろう」と述べたことがある。井下（1936）も「人為的に育成された一重桜である」と述べ牧野も「染井の植木屋が作った」と述べていた（佐竹1974）。このように人為交雑種であるという植物学者の指摘が存在していたにも拘らず，竹中の「伊豆半島発生説」が公表された後はこれらはすべて無視されてきた。

E．ソメイヨシノの交雑と育成に関与した人物について

これまでの調査と研究から，ソメイヨシノは江戸・染井で交配・育成された可能性が強くなったが，小石川植物園の入口近くにあるソメイヨシノが1750年頃には植えられていた

ことが推定された（岩﨑1989ｂ）。このことから，サクラで交雑が起こり，発芽・生長して開花した後に接木用の穂木を採るまでの過程を考慮すると，ソメイヨシノは1730年頃には生まれていなければならない。しかしながら，1730年頃は雌・雄や花粉・メシベの役割についても科学的には殆ど解明されていなかった時代である。すなわち，ダンネマンの大自然科学史によると，「ブラッドリーは1717年に12本のチューリップを植えて，付近にチューリップを無くしておき，花が開く前にそのオシベを取り去った結果，12本のチューリップのどれにも種子ができなかったことを報告したが，これが両性花での最初の実験である」と述べており，「フィリップミラーは1721年にミツバチが花粉を運ぶことを観察し，そのために種子ができることを確認している。そして，最初の交雑は1760年にケールロイターが2種類のタバコで成功した」と述べている（この2種類のタバコは*Nicotiana paniculata*と*N. rustiaca*である）。このような時代に，江戸・染井の植木屋に，植物の交配を行うことが出来る人が存在したのであろうかという問題がある。

　そのことについて調べた結果，1730年頃，江戸・染井には伊藤伊兵衛とその一族だけが植木屋を営んでいたことを知ることができた。この伊藤伊兵衛については林（1977），北豊島郡農会（1979），川添ら（1986）などによって詳述されているので，ここではソメイヨシノの起源に関連すると思われることのみについて述べることにする。鈴木ら（1977）によると「初代の伊藤伊兵衛は旧豊臣方の武士であったが，関が原の戦いに敗れて，植木屋になった。そのため，農民でありながら姓を持っていた」。そして古地図　図28によると，伊藤伊兵衛は現在の染井墓地の正面に向かって右側に居住していたことが認められている。豊島区郷土資料館（1985）の駒込・巣鴨の園芸史料によると，「伊藤伊兵衛の名は1655年頃から知られており，代々伊藤伊兵衛の名を世襲している。初代伊兵衛は万治2年（1658）に没したが，その頃にはすでに植木屋として大成していたと述べられている。三代目の伊兵衛は通称三之丞と呼ばれ，自称"きりしま伊兵衛"と名乗り，1710年頃にはツツジの中心的人物であることを自負し，ツツジ，サツキの接木や交配によって新種を作った」と述べられている。麓（1985）が「元禄時代（1688～1704年）にはボタンの品種改良が行われていた」と述べていることから考えると，伊藤伊兵衛が交配技術を身につけていたことは推定できる。川添ら（1986）は「三之丞が接木・挿木の技術を知っていた」と述べ，前田（1915）は「1760年頃までは，交配の分野では伊藤伊兵衛の独壇場であった」と述べている。

　三之丞の子・政武もよく知られており，三之丞と政武は単なる植木屋ではなく，園芸の技術者・研究家であり，各地から集めた花木を交配して多くの新品種・奇種を作り出していた。また，日本最初ともいうべき総合園芸書ないし，植物図鑑としてたかく評価されている一連の著書を残している（表14参照）。

　伊藤伊兵衛・三之丞と政武の業績に検討を加えてみると，少なくとも1717年頃まではサクラに関心が無かったようである。伊兵衛とサクラの関係が生じたのは将軍吉宗が飛鳥山に1720年（享保5年）から翌年にかけて江戸城内の吹上御所からサクラの苗木1270本を移

表14　伊藤伊兵衛（三之丞と政武）の著書

書　　　名	発　行　年		著　者
錦　繍　枕	元禄 5 年	1692	三之丞
花壇地錦抄	元禄 7.8 年	1695	〃
草花絵前集	元禄12年	1699	〃
増補地錦抄	宝永 7 年	1710	政　武
広益地錦抄	享保 4 年	1719	〃
地錦抄附録	享保18年	1733	〃

植した時である。この移植には当時将軍家の植木職になっていた政武が関与し，「1720年9月に赤芽桜70本を伊兵衛の畑（桜小路のところと推定される）に仮植した」と駒込・巣鴨の園芸史料（1985），綿谷（1973），川添ら（1986），その他によって記述されている。

　伊兵衛がサクラに関心を持ったのは，飛鳥山への移植に関与したことのみで無く，1717年に長命寺の山本新六によって考案され，爆発的に江戸中に知れわたり，物語まで生まれた「桜餅」の葉を取るためのオオシマザクラの苗木の販売と，将軍吉宗が庶民のために作った「花見の場所」へのサクラの苗木の供給のことなどが考えられる。とに角，1750年頃以降に日暮里，隅田川堤，伝通院その他，江戸の各地に植えられたサクラの苗木の供給地はすべて染井である（豊島区図書館 1978 豊島の歳時記）といわれていることから，伊藤伊兵衛一族が1720年以降にサクラの苗木を育成していたことは確かである。

　一方，前項の文献調査の中で述べた小平証言に基づいて，伊藤伊兵衛の家系に検討を加えた結果，図29の中の栄次郎は1987年には80才を越えており，小平氏の友人とはなりえない。このことから，小平氏の友人は義弘または恒夫に当たり，小平氏に話した人は寅之助または常太郎になる（義弘，恒夫とも現在は染井から引越して調査不能）。寅之助または常太郎が誰を基準にしてヒオジイサンといったかは不明であるが，寅之助または常太郎を基準とした場合には，ヒオジイサンは政武になる。一応，三之丞も考えることにしても，林（1977）によると三之丞は1695～1711年頃までに死去していると述べており，川添ら

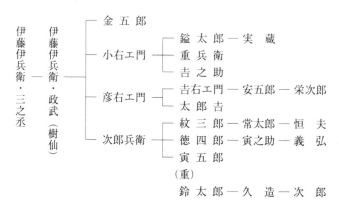

図29　伊藤伊兵衛家の家系図
　　　（西福寺所蔵の過去帳より転写）。

（1986）は「三之丞は1719年に死去した」と述べている。西福寺の過去帳で調べた点からも1719年に死去しているように推定された。何れにしても，三之丞はソメイヨシノの交配・育成に関しては無関係で，ソメイヨシノの交配・育成には政武が関与したように推定された。船津（1966）も「何代目かの伊藤伊兵衛が作ったかもしれない」と述べている。

そのうえ，1740年頃の観桜はヤマザクラが中心であり，「山桜にあらずんば桜にあらず」という世相の中にあって，幕府の直轄の薬草園（現在の小石川植物園）の入口近くに，名も無い雑種のサクラ（ソメイヨシノ）を植えることができた人物は，将軍吉宗の信頼が厚かった将軍家の植木職，伊藤伊兵衛・政武の他には考えられない。

なお，林（1977）によると「政武は1757年に死去しており吉宗将軍も1751年に死去している」と述べていることから，小石川植物園の入口近くに植えられているソメイヨシノは1750年以前に植えられたものであると考える。

F．ソメイヨシノの発生地について（染井吉野の江戸・染井発生説の提唱）

本研究は，ソメイヨシノの起源の問題を自然科学，社会科学の両面から検討を加えてきたのであるが，ソメイヨシノの発生地に関する諸学説に検討を加えてみると，前項でも述べたように，伊豆大島発生説，済州島発生説とも自然科学的な立場から成立が不可能なことがわかった。その後，竹中（1962b，1965b）によって提唱された「伊豆半島発生説」は伊豆半島にソメイヨシノの両親であるオオシマザクラとエドヒガンが生えていることに加えて，竹中の一連の研究結果がこの竹中の学説を裏付けているように思われたことから，一般の人達のみでなく，研究者も「竹中の伊豆半島発生説」を容認してきた。

しかしながら，著者（1989b，1990a，b，1991a）の一連の研究が進むに従って，伊豆半島発生説の自然科学的根拠に不自然さが認められるようになり，遂に，野生個体の調査から，片親のオオシマザクラが房総半島由来のものと判明し，伊豆半島発生説の成立は不可能になった。

著者は発生地に関する各種の疑問点に対して，納得できる説明が可能な土地こそ，その発生地としての可能性を示すものと考えている。このような考えに基づいて，これまでの学説に検討を加えた結果，それぞれの学説の不合理な諸点が指摘され，発生地とはなりえないことがわかった。このようなことから，学説としては提唱されていなかったが，船津（1950，1966），西福寺の住職や染井の植木屋および郷土史研究家たちが根強く主張し続けてきた「染井吉野の江戸・染井発生説」について自然科学的・社会科学的な立場から，その発生説として成立するための問題点に検討を加えてみた。

その結果，これまで述べてきたように「染井吉野の江戸・染井発生説」はいずれの問題点に対しても説明が可能であることがわかった。このことから，現時点では「ソメイヨシノは江戸・染井で1720〜1735年頃に伊藤伊兵衛・政武によってオオシマザクラを母とし，エドヒガンを父として交配・育成されたものであろう」という結論に達した。

Ⅴ．引用文献

足立　輝　1985．樹の文化誌．朝日新聞社，東京．

足立区史談会　1978 a．足立区の歴史．名著出版，東京．

足立区史談会　1978 b．東京史跡ガイド㉑．学生社，東京．

相川要一　1927．荒川堤栽桜記念碑の建設に因みて．桜 9 号：108～115．

相関芳郎　1981．東京のさくら名所　今昔．郷学舎，東京．

安藤隆夫　1986．東京の四季．農村漁村文化協会，東京．

朝日新聞社　1947．生き返った染井桜．朝日新聞　昭和22年 4 月11日．

朝日新聞社（尾関章）　1989．サクラのルーツ探し，遺伝子分析で分かったソメイヨシノの母親．AERA　№16：73．

浅利正俊　1989．北海道亀田郡七飯町に在住．多くのサクラの品種を育成している．

芦原義信ら編集　1986．季刊　東京人．東京都文化振興会，東京．

地方史研究協議会　1973．房総地方史の研究．雄山閣，東京．

中日新聞社・東海本社　1984．各駅停車　全国歴史散歩　㉓静岡県．河出書房新社，東京．

園芸文化協会監修　1964．日本の花．誠文堂新光社，東京．

藤野寄命　1926．染井吉野桜に就て．植物学雑誌 3（1）： 7 ～ 8 ．

船越昭治　1981．日本の林業・林政．農林統計協会，東京．

麓　次郎　1985．四季の花事典．八坂書房，東京．

船津金松　1950．サクラの話．採集と飼育12（4）：101～102．と113～114．

船津金松　1951．サクラ．遺伝 5（4）：142～145．

船津金松　1956 a．サクラの歴史．遺伝10（4）：12～16．

船津金松　1956 b．ソメイヨシノサクラの本体はまだわからない．採集と飼育18（2）：55～57．

船津金松　1966．ソメイヨシノの作出者．採集と飼育28（4）：95．

船津金松　1988．東京都足立区に在住．サクラの研究家．

FREE, J. B. and P. M. NUTTALL 1968. The pollination of oilseed rape （*Brassica napus*） and the behaviour of bees on the crop. Journal of Agricultural Science 71：91～94.

橋本昌幸　1987．盛岡市加賀野に在住．育種家．

林　英夫　1977．豊島区の歴史．名著出版，東京．

林　茂淳　1938．長命寺と桜餅．桜19号：32～36．

林　弥栄　1980．サクラ100選．ニューサイエンス社，東京．

林　弥栄　1982．近世桜栽培史．日本自身№23：53～55．

樋口清之　1980．日本人の歴史　第 7 巻　旅と日本人．講談社，東京．

広江美之助　1976．桜と人生．明玄書房，東京．

本田正次　1963．日本の花を守る．太陽４月号：72．

本田正次・林弥栄共編　1974．日本のサクラ．誠文堂新光社，東京．

本田正次　1978．郷野不二男著「桜と伝説」ジャパン．パブリッシャーズ，東京．の序文より引用．

本田正次　1982．日本のサクラ．日本自身№23：50～52．

本田正次　1988．植物学のおもしろさ．朝日新聞社，東京．

今井徹郎　1972．花ものがたり　続・花の歳時記．読売新聞社，東京．

稲垣史生　1988．考証　江戸を歩く．時事通信社，東京．

井上　靖・串田孫一監修　1979．ふるさとの旅路．日本の叙情５．伊豆・箱根．趣味と生活，東京．

入本英太郎　1979．葛飾区の歴史．名著出版，東京．

石川光春　1938．花．内田老鶴圃，東京．

井下　清　1936．染井吉野桜．桜17号：5～9．

居初庫太　1970．花の歳時記．淡交社，京都．

伊藤伊兵衛・三之丞　1695．花壇地錦抄．八坂書房，東京（復刻版）．

伊藤篤太郎　1932．染井吉野桜と其命名者　藤野寄命翁．桜22号：25～33．

岩﨑文雄　1962．水稲種子の発芽・初期生育と短日処理．農業技術17(11)：542～543．

岩﨑文雄　1975ａ．菜類の受精現象（Ⅰ）．農業技術30(4)：171～174．

岩﨑文雄　1975ｂ．菜類の受精現象（Ⅱ）．農業技術30(5)：219～222．

岩﨑文雄　1980．ザイモグラムによるイチョウの雌雄性の判別．農業技術35(7)：312～313．

岩﨑文雄　1981．ソメイヨシノの両親について．花の友　№11：35～37．

岩﨑文雄　1983．ザイモグラムからみた菜類の遺伝的関係．育種学雑誌33(2)：171～177．

岩﨑文雄・林　高見　1984．サクラ亜属の開花時にみられた品種間差異．農業および園芸59(10)：1291～1293．

岩﨑文雄　1985．薬剤抵抗性利用による育種形質の判別法─雌雄性の場合─．農業技術40(4)：166～167．

岩﨑文雄　1986ａ．ソメイヨシノの起源．採集と飼育48(4)：147～150．

岩﨑文雄・蘭牟田　泉　1986ｂ．2～3の常緑樹・落葉樹にみられたザイモグラムの年間変動．農業および園芸61(10)：1219～1221．

岩﨑文雄・夏　宝森　1987ａ．サクラの栽植地によるザイモグラムの変動．農業および園芸62(1)：65～66．

岩﨑文雄・阿部恒充・渡辺　弘1987ｂ．ストック八重咲個体の化学的判別．農業および園芸62(3)：435～436．

岩﨑文雄　1988ａ．小石川植物園，上野公園および染井墓地などのソメイヨシノ．採集と

飼育　50（4）：176〜179.

岩﨑文雄・神田勝弘　1988 b．サクラ花粉の大きさ．農業および園芸　63（4）：551〜552.

岩﨑文雄　1988 c．サザンカの花粉稔性と発芽．ABCレポート6：4.

岩﨑文雄・山本有子・孫　宝敏　1989 a．薬剤抵抗性利用によるサトザクラの検定。農業および園芸64（1）：73〜75.

岩﨑文雄　1989 b．ソメイヨシノの起源に関する諸文献の調査結果．筑波大学　農林技術センター研究報告　第1号：85〜103.

岩﨑文雄　1990 a．ソメイヨシノおよびその近縁種の生態学的検討．筑波大学　農林技術センター研究報告　第2号：95〜106.

岩﨑文雄　1990 b．ソメイヨシノおよびその近縁種の形態学的検討．筑波大学　農林技術センター研究報告　第2号：107〜125.

岩﨑文雄　1991 a．ソメイヨシノおよびその近縁種の2〜3の生理的・遺伝的特性．筑波大学　農林技術センター研究報告　第3号：81〜93.

岩﨑文雄　1991 b．ソメイヨシノとその近縁種の野生状態とソメイヨシノの発生地．筑波大学　農林技術センター研究報告　第3号：95〜110.

岩﨑文雄　1992．サクラのテングス病対策について．櫻の科学　2号：45〜47.

岩﨑文雄・桑原暁子　1993．サクラの関する文献目録（注釈付）．（1889〜1991）．カルテット社，東京.

岩﨑文雄　1994．ソメイヨシノを用いた研究について．桜の科学　4号：47〜48.

JEFFERSON, R. M. アメリカのサクラの研究家.

夏　宝森・河村重行・岩﨑文雄　1986．サクラの花粉稔性にみられた品種間差異．日本花粉学会誌　32（2）：75〜80.

Kakizaki, Y. 1925. A preliminary report of crossing experiments with cruciferous plants, with special reference to sexual compatibility and matroclinous hybrids. Japan. Journal of Genetics 3(2)：49〜82.

金山正好、1979．東京史跡ガイド②　中央区史跡散歩．学生社，東京.

片岡琴湖　1930．墨堤を想ふ．桜12号：78〜81.

川上幸男　1981．小石川植物園．郷学舎，東京.

川崎哲也　1956．ソメイヨシノの花型の変異．採集と飼育　18：53〜54.

川崎哲也解説　1993．山渓セレクション　日本の桜．山と渓谷社，東京.

川崎　敏　1975．富士箱根．木耳社，東京.

川添　登・菊池勇夫　1986．植木の里．ドメス出版，東京.

木村陽二郎　1987．私の植物散歩．筑摩書房，東京.

岸本定吉　1976．炭．丸の内出版，東京.

岸本定吉・杉浦銀造　1980．日曜炭やき師入門．総合科学出版，東京.

北島正元　1983．江戸時代．岩波書店，東京.

資料編

北豊島郡農会　1979．東京府・北豊島郡誌．名著出版，東京．

きよし　1918．荒川の八重桜．桜 1 号：87〜89．

小林萬寿男　1986．ソメイヨシノ（染井吉野）雑考．滝野川　第 5 号：8 〜13．

小林森己　1981．受粉と花粉媒介昆虫—その増殖と利用—．誠文堂新光社，東京．

児玉幸道ら　1981．江戸への道．集英社，東京．

小泉源一　1912．伊豆大島　野生ノ桜．植物学雑誌　26（305）：145〜146．

小泉源一　1913．そめゐよしのざくらノ自生地．植物学雑誌　27（320）：395．

小泉源一　1932．染井吉野桜の天生地分明す．植物分類地理　1（2）：177〜179．

小島惟孝　1979．東京史跡ガイド⑦　墨田区史跡散歩．学生社，東京．

駒　敏郎　1978．花と歴史の旅．毎日新聞社，東京．

小宮書之助　1943．東京市内に於ける染井吉野桜の開花状況．農業および園芸18（6）：
　678．

鴻森正三　1981．染井吉野桜の起源と学説．講談社，東京．

鴻森正三　1985．The　桜．続　染井吉野桜の起源．三菱信託銀行　池袋支店，東京．

小清水卓三　1970．万葉の草・木・花．朝日新聞社，東京．

工藤長政　1974．弘前城のサクラのこと．本田・林共編日本のサクラ．誠文堂新光社，東
　京より引用．

倉林正次　1977．日本の民俗　埼玉．第 1 法規出版，東京．

桑原万寿太郎・戸川幸夫・肥田与平　1982．全集　日本動物誌 7．講談社，東京．

桑原万寿太郎　1983．図説　生物の行動百科．朝倉書店，東京．

前田曙山　1915．明治年間　花卉園芸私考．日本園芸研究会　明治園芸史．有明書房，東
　京より引用．

前川文夫　1995．植物入門．八坂書房，東京．

牧野和春　1994．桜伝奇．工作社，東京．

牧野富太郎　1926 a．染井吉野トハ誰レガ命ゼシ桜ノ名カ．植物学雑誌 3（1）：6 〜 7．

牧野富太郎　1926 b．染井吉野ヲ大島桜ト間違ヘシ経緯．植物学雑誌 3（1）：8 〜 9．

松香光夫・佐々木正己　1988．花粉とミツバチ．日本花粉学会会誌34（1）：87〜94．

明治大学　地方史研究所　1962．伊豆下田．明治大学　地方史研究所，東京．

三田村鳶魚　1957．四季の生活．青蛙房，東京．

宮沢文吾　1940．花木園芸．八坂書房，東京（復刻版）．

三好　学　1919．江戸時代以来の桜．桜 2 号：2 〜13．

三好　学　1921．昔の桜と今の桜．桜 4 号：2 〜34．

三好　学　1925．桜の名所．桜 7 号：24〜30．

三好　学　1929．荒川の桜に就て　船津静作翁を想ふ．桜11号：40〜41．

三好　学　1930．桜の樹齢．桜12号：76〜77．

三好　学　1938．桜．冨山房，東京．

水沢清之・大貫昭彦　1985．鎌倉の花．真珠書院，東京．

村田　源　1954．ソメイヨシノの実生について．植物分類地理15（4）：116．

室田老樹斉　1920．東京府下の桜．桜3号：78〜82．

室田老樹斉　1925．震災後に於ける東京府内の桜．桜7号：86〜95．

永峰光寿　1922．向島の桜．桜5号：83〜85．

中井猛之進　1935．小石川植物園ノ染井よしの桜ノ老木ニツイテ．植物研究雑誌11（5）：
　　341〜346．

中村七郎　1938．美しく作り易い桜の品種とその培養法．桜19号：30〜44．

中尾佐助　1976．栽培植物の世界．中央公論社，東京．

日本花の会，1979．昭和54年度　種苗特性分類調査報告書　サクラ．日本花の会，東京．

日本花の会　1982．サクラの品種に関する調査研究報告．日本花の会，東京．

新倉善之　1978 a．東京史跡ガイド　大田区史跡散歩．学生社，東京．

新倉善之　1978 b．品川区の歴史．名著出版，東京．

西山松之助編　1974．江戸町人の研究　第3巻．吉川弘文館，東京．

丹羽鼎三　1955．庭の落葉，其の五．新都市3月号．

野口弥吉編　1961．農学大事典．養賢堂，東京．

沼田　真・小原秀雄編　1982．東京の生物史．紀伊国屋書店，東京．

沼田　真　1984．日本の天然記念物植物Ⅲ．講談社，東京．

岡部喜丸　1978．東京史跡ガイド①　千代田区史跡散歩．学生社，東京．

岡田　譲・本田正次・佐野藤右衛門　1975．桜大鑑．文化出版局，東京．

岡本敏彦・村上孝夫　1970．天然物化学．広川書店，東京．

尾川武雄　1970．オオシマザクラの優良品種．京都園芸63輯：11〜17．

奥村芳太郎　1972．東海道．毎日新聞社，東京．

大井次三郎　1961．日本のサクラ．遺伝　15（4）：15〜18．

大石慎三郎　1973．江戸時代の農村．鈴木勤編集　日本歴史　シリーズ15（文化・文政）．
　　世界文化社，東京より引用．

大石慎三郎　1977．江戸時代．中央公論社，東京．

太田洋愛　1980．さくら．日本書籍，東京．

尾関　章　1989．遺伝子分析でわかったソメイヨシノの母親．AERA　No.16：73．

盧　貞吉　1925．実験　花卉園芸　上巻．裳華房，東京．

斎藤正二　1980．日本人とサクラ．講談社，東京．

桜井正信編　1980．東京江戸　今と昔．八坂書房，東京．

佐野藤右衛門　1998．桜のいのち庭のこころ．草思社，東京．

笹部新太郎　1954．さくらの寿命．遺伝8（3）：34〜37．

佐竹義輔監修，中村　浩編　1974．牧野富太郎　植物記5．木の花．あかね書房，東京．

佐藤太平　1936．弘前公園の桜．桜17号：42〜45．

資料編

沢田武太郎　1927．そめゐよしの桜ノ間種起源説ニ関スル疑問．植物研究雑誌　4（3）：
　66～71．

品川区文化財研究会　1979．品川区の歴史．名著出版，東京．

篠田　統　1970．増訂　米の文化史．社会思想社，東京．

副島八十八　1930．櫻に就て．桜12号：103．

菅沼浩敏・岩﨑文雄　1983．ザイモグラムによる雌雄異株植物の雌雄判別法．熱帯農業27
　（2）：75～78．

杉山元衛　1978．郷土史事典　静岡県．昌平社，東京．

鈴木　馨・内田定夫1977．東京史跡ガイド㉓　江戸川区史跡散歩．学生社，東京．

鈴木理生　1978．千代田区の歴史．名著出版，東京．

鈴木　勤　1985．生物大図鑑　昆虫Ⅰ．世界文化社，東京．

高田隆生　1978．東京史跡ガイド⑱　荒川区史跡散歩．学生社，東京．

高柳金芳　1984．隅田川と江戸庶民の生活．国鉄厚生事業協会，東京．

竹中　要　1959．染井吉野の起源．遺伝　13（4）：47．

竹中　要　1962ａ．ソメイヨシノの合成．遺伝　16（4）：26～31．

竹中　要　1962ｂ．サクラの研究（第1報）　ソメイヨシノの起源．植物学雑誌　75：
　278～287．

竹中　要　1963．サクラのいろいろ①．遺伝　17（4）：36～38．

竹中　要　1965ａ．美しい桜の種類．遺伝　19（4）：28～31．

竹中　要　1965ｂ．サクラの研究（第2報）．続ソメイヨシノの起源．植物学雑誌　78：
　319～331．

竹内秀雄　1977．東京史跡ガイド⑫　世田谷区史跡散歩．学生社，東京．

田村仁一　1982．日本花の会：サクラの品種に関する調査研究報告集．日本花の会，東京
　より引用．

田村仁一・井山審也　1989．遺伝研のサクラ．国立遺伝学研究所，静岡．

徳増　智　1965．属間交配により得られたミズナの傾母個体，とくにその成因について．
　園芸学雑誌34（3）：223～231．

徳永重元　1961．サクラの起源．読売新聞3月25日版．

豊島区　1976．豊島風土記．豊島区，東京．

豊島区　図書館　1978．豊島の歳時記．豊島区，東京．

豊島区史編纂委員会　1981．豊島区史　通史編Ⅰ．豊島区，東京．

豊島区　郷土資料館　1985．駒込・巣鴨の園芸史料．豊島区教育委員会，東京．

豊島高等学校（都立）　1954．豊島区史年表．都立豊島高等学校，東京．

塚本洋太郎監修，本田正次・松田　修著　1982．花と木の文化　桜．家の光協会，東京．

梅村甚太郎　1936．桑名　鍋屋堤の大島桜．桜17号：4．

渡辺光太郎　1969．サクラにおける自家不和合性．植物と自然3（3）：6～11．

渡辺光太郎 1974. サクラの実生の秘密. 本田・林共編 日本のサクラ. 誠文堂新光社, 東京より引用.

綿谷 雪 1971. 考証 江戸八百八町. 秋田書店, 東京.

綿谷 雪 1973. 江戸名所 100選. 秋田書店, 東京.

山田菊雄 1957. 日本のサクラ. 農耕と園芸 12（5）：118〜123.

山田孝雄 1931. 桜史（現代の二）. 桜13号：8〜30.

山田孝雄 1942. 桜史. 桜書房, 東京.

山本 光 1961. 林業史・林業地理. 明文堂, 東京.

山本和夫 1977. 東京史跡ガイド⑩ 目黒区史跡散歩. 学生社, 東京.

山本純美 1978. 墨田区の歴史. 名著出版, 東京.

山崎守正 1977. 植物の塩素酸カリに対する抗毒性とその特性に関する研究論文集.

矢田挿雲 1966. 江戸から東京へ 第4集. 芳賀書店, 東京.

Y・K・T.（竹中要のペンネーム） 1958. 染井吉野というサクラ. 遺伝12（11）：41〜46.

吉原健一郎 1978. 江戸の情報屋 幕末庶民史の側面. 日本放送出版協会, 東京.

吉村武夫 1976. 大江戸趣味 風流名物くらべ（上）. 西田書店, 東京.

湯浅 明 1948. 日本植物学史. 研究社, 東京.

湯浅浩史 1982. 花の履歴書. 朝日新聞社, 東京.

湯浅浩史 1986. ソメイヨシノ. 図書（岩波書店） 7：38〜39.

湯川俊治 1929. 桜咲く伊豆の名勝. 桜11号：105〜108.

VI.（付記）ソメイヨシノをめぐる諸問題

　これまでの調査と研究から，竹中（1962 a，b，1965 b）の提唱した「染井吉野の伊豆半島発生説」はその片親のオオシマザクラの形質が房総半島由来のものと判明した結果，学説として成立が不可能になった。これに代って前項で述べたように，「ソメイヨシノは房総半島由来の複数のオオシマザクラを用いて，1720〜1735年までの間に江戸・染井の伊藤伊兵衛・政武の手によって交配・育成されたものと考える」という「染井吉野の江戸・染井発生説」を著者が1991年に提唱した。

　しかしながら，ソメイヨシノの発生地の問題はこの「江戸・染井発生説」の提唱によって終結できない問題が残されている。否，残されている，というよりも，これまでの項目では記述できなかった事項ともいうべきことがあり，これから述べる事項も考慮に入れたうえで「染井吉野の江戸・染井発生説」は提唱されたものであることを述べておきたい。

　記述しておかなければならない第1の点は，1730年頃に育成されていながら，何故にソメイヨシノは明治の初めまでその存在さえ知られていなかったのか，ということである。

　第2は，本研究の結果からみた現在の日本に植えられているソメイヨシノの実態についてである。以下，上記の諸点について著者の考えを述べる。

A．ソメイヨシノをめぐる社会的背景

　「自然科学の分野に於ける真理の追求も社会科学の分野の追求も行ってこそ，より真実なものに近ずきうるものと思う」と斎藤（1980）は述べている。この言葉は，少なくともソメイヨシノの起源の問題を追求する際には欠くことの出来ない手法であると考えて，追求する手段として用いた。

　確かに，ソメイヨシノの育成には自然科学の立場からはオオシマザクラとエドヒガンが存在すればよく，両者の交雑によってソメイヨシノと同じ形質を持つ品種を合成することができるし，竹中（1962 a）によってこれが立証された。しかしながら，一般作物の品種の普及と同様に，ソメイヨシノが庶民に受け入れられて現在のような隆盛期を迎えているのには，社会科学的な要因が加わっていることも事実なのである。従って，社会科学的要因に検討を加えない限り，ソメイヨシノの本態は解明できないものと考えた。

a．観桜の史的変遷

　1730年頃に生まれたと推定されたソメイヨシノが，何故に明治初年まで一般に知られなかったのであろうか，このことは誰れもが抱く疑問の1つであろう。このことを説明するためには日本人の観桜の風習について述べなければならない。

1．江戸時代の観桜とサクラの栽植の実情

　古代からの農耕民族としての日本人は，野や山に咲いていたサクラを見て，その年の豊

作を祈っていたのであり，一般庶民にはサクラの開花は田の神様がその年の作柄を教えているものとみられていた。そのため，毎年農民は作柄を占うために花見をしていたのである。そのことがやがて宮人・貴族などによる「花の宴」に変わっていくが，最初（450年頃）は野や山に咲くサクラを見に出かけていた。天智天皇（662〜671）の時になり，天皇が大津宮を作った時にその囲りにサクラを移植したという記事が認められ，この頃から居住地のところにサクラが植えられた。しかし，一般庶民にとってはサクラはまだ神木の域を脱していなかった。吉野山のサクラは650年頃から修験者たちが植えたものといわれているが，1,000年頃にはサクラの名所になっている。

　庶民に神木としてのサクラをお花見のためのサクラへと意識革命を起こさせたのは，中国の花の観賞についての思想の伝来もあるが，豊臣秀吉が1598年に行なった醍醐の花見では無いだろうか，しかしながら，徳川時代の初期はまだお花見は上流階級の行事であった。お花見を一般庶民にまで拡大する役割を演じたのは8代将軍吉宗である，といっても過言ではあるまい。吉宗は1716年に将軍になったが，翌1717年に御苑のサクラを隅田川堤に植え，1720，1721年には飛鳥山に，1725年には隅田川に，1732年には再び隅田川堤にサクラを植えるとともに，庶民にお花見を許した。この結果，江戸庶民の間に"お花見"の風習が確立していったのである。

　この日本における観桜の史的変遷をみるとき，少なくとも1750年頃までは観桜とはヤマザクラを見ることであり，吉宗その他の植桜もヤマザクラが殆んどである。確かに，1500年代にはフゲンゾウ，ナラノヤエザクラやイトザクラも知られているが，1780年頃までの観桜の中心的な役割りはヤマザクラが演じていた。

　このようなヤマザクラが観桜の中心であった世相の中の1730年頃に，無名のサクラとしてソメイヨシノは生まれ，そのうちの1本が1750年頃にまでに現在の小石川植物園の入口近くに植えられ，1780年頃には開花も最盛期に入っていた筈である。ところが，無名のサクラ（ソメイヨシノ）が最初に開花した時には，ヤマザクラと著しく開花の仕方が違っているのみで注目されず，1780年頃からは庶民の心はヤマザクラから八重咲のサクラに移り，一重咲のソメイヨシノは再びその存在すら認められない世相であった（多分，染井の畑で開花の最盛期を示しながら，名前さえ与えられていなかったものと思われる）。

2．明治以降のソメイヨシノ

　1868年に徳川幕府が崩壊し，明治時代に移ったのであるが，この時代の変化を敏感に感じとったのが染井の植木屋である。1750年から1800年にヤマザクラからヤエザクラへの転換に重要な役を演じた染井の植木屋は，徳川時代の末期にヤエザクラの趣向から，一転してこれまでのサクラとは著しく異なる咲き方をするサクラに「東京に居ながらにして吉野の桜の花を見ることが出来る」という宣伝とともに無名のサクラ（染井吉野）に「吉野桜」の名を付けて売り出したのである。この考え方は，1720年頃に江戸にサクラを植える傾向がみられるとサクラの苗木を生産し，1750年頃に江戸の庶民にお花見の風習が定着すると，

多くのサトザクラの販売に乗り出し，サクラの栽植が1段落したとみるや否や，盆栽，キク，キク人形やサクラソウへと販売する花卉の種類や趣向を変えていった染井の植木屋の商法と一脈通ずる考え方である。しかしながら，明治初年以降，庶民の間に有名になり好かれたソメイヨシノも，愛桜家や研究者には嫌われていたサクラでもあったことは著者の文献調査の結果で述べた通りである。

3．軍国主義の波に乗せられて

　明治の政変による人心の変化と染井の植木屋の宣伝のうまさから，日本の各地に植えられた吉野桜はソメイヨシノと命名されてからは昭和の初期からの軍国主義の波に乗せられ，一層有名になり兵舎や小学校などに植えられた。そして現在では日本に植えられている80%以上がソメイヨシノであろうといわれ，サクラといえばソメイヨシノを指すほどになり，日本を代表する花にもなった。

　だが，本来，花は女性美を表わすものとして古くから用いられてきていた言葉であり，武人あるいは軍人の心意気を示すものとしてサクラを用いたことは文化史上では誤りであった，ということを申し加えておきます。

ｂ．ソメイヨシノの出生が不明だった理由

　ソメイヨシノが有名になった時，研究者などによって育成者についての調査が行われている。小泉（1932），竹中（1962ｂ）は「何人かの研究者が染井吉野の来歴を知るために染井の花戸を尋ねたが，これを売り出した花戸はすでに無く，古老たちも皆死去してしまっており，これを知ることができなかった」と述べている。しかしながら，育成して30年ほどで誰れが作ったか不明になる，ということは通常は考えられないうえに，古老でなければソメイヨシノの出生のことが不明であるということも納得できないことである。従って，このソメイヨシノは染井から売り出された時点で，すでに育成者は一般には不明であった，と考えるのが適切な考えではなかろうか。そして，育成者が不明であったのは前述のような徳川時代の観桜の風習からみれば，むしろ当然であると著者は考えた。それと同時に，前項でも述べたように，「農家の人達は他人に話すことは無くとも，自分の家には真実のことを必らず伝えておくものである」このことを信じて探がし求め続けた著者に，この真の姿を示してくれたのがこれまで述べた研究結果の内容である。

　なお，小泉が述べた「これを売り出した花戸はすでに無く」とは，これを西福寺の住職の話しと照応すると，この花戸は伊藤伊兵衛の直系の子孫（本家）を指しているように思う。すなわち，「伊藤家（本家）は明治26年頃に絶えたが，その時，伊藤伊兵衛の本家は植木屋では無かった」と西福寺の住職は述べている。しかしながら，桜小路に植えられていたソメイヨシノの本数と上野の精養軒前に列植されているソメイヨシノの生態学的・生理学的な類似点から考えると，伊藤伊兵衛の子孫によって幕末から売り出されたもので無くとも，桜小路のソメイヨシノから接穂を採って苗木を売り出したと考えれば，明治の始めに日本各地に数千本のソメイヨシノが植えられたことは納得することができる。さらに，

120

伊藤伊兵衛の本家が無くなり，育成した本人の名は不明であってもソメイヨシノの苗木は売ることができる。そのため，一層，育成者の名前はわからなくなっていったものと考えた。

B．現在のソメイヨシノの問題点

a．ソメイヨシノの品種分化の現状

1998年現在，日本の各地に植えられているサクラの80％以上がソメイヨシノであるといわれており，日本においてサクラといえばソメイヨシノを指すまでになっている。しかしながら，本研究でソメイヨシノの起源の問題について追求した結果，一般の人達には余り関心の無いことではあるが，サクラの研究を行なおうとする人達に伝承しておかなければならない幾つかの問題点がソメイヨシノには存在する。

第1に，現在，日本に植えられているソメイヨシノは竹中が主張したように，1本の原木から接木によって殖やされたものでは無く，複数のオオシマザクラの系統が片親となって育成されたものであることが本研究の結果判明したのであるが，この真偽のほどを著者以外の研究者によっても再検討して頂きたいことである。

第2は，ソメイヨシノが1730年頃に生まれたとした場合，この世に出てから250年以上の歳月を経ていることから，全国のソメイヨシノの個体を生理・生態・遺伝・分類などの専門分野から調査を行なってはどうか，ということである。

例えば，「上野公園の精養軒前に列植されているソメイヨシノには，複数のオオシマザクラが片親になって育成されていることや，開花生態からは早咲，中生咲，遅咲の系統が存在している（岩﨑1990ａ）。これらの事実が判明したことから「竹中の伊豆半島発生説には疑問がある」と著者が研究を開始したのであるが，これらのうち複数のオオシマザクラの存在や早咲，遅咲個体の遺伝学的な立場からの裏付けは行なわれていないのである。しかも，早咲，遅咲系のソメイヨシノの個体数は東京都内でも極めて数が少ない。多分，日本全体で調べても早咲・遅咲を合わせたその数はソメイヨシノの全数の0.5～1％にも達しないのでは無いかと考えられる。とすると，この早咲，遅咲はどのようにして生じたのであろうか。

生まれてから250年を経ているソメイヨシノには数々の変異が起こっている事実もある。著者も1987年に小石川植物園のイズヨシノの隣りに植えられているソメイヨシノの1本の枝に"枝変り"が起こり，他の枝より明らかに遅咲になっている枝を発見している。また，川崎（1956）はソメイヨシノの花型に変異が認められることを報告している。さらに，隅田川の桜橋の長命寺と反対側の川堤に"里帰りのソメイヨシノ"が植えられているが，このソメイヨシノの開花生態は他のソメイヨシノとは著しく違っていた（1990年春）。この点についてはさらに調査を要する点ではあるが，アメリカに移植してから100年以上も経たために，新らしい生態型を示すようになっているのかも知れない（1993年春には開花生態のズレは見られなくなっていた）。

資料編

第3は，これまでややもすると1系統，または純系などと考えた人も認められたソメイヨシノであるが，現在日本に植えられているソメイヨシノは微妙に色々な特性に違いが認められる系統の集まったものに与えられた名称であると理解しなければならなくなったのであるが，呼び方はこれまでと同じでよいのであろうか。さらに，これら微妙な形質の違いが発現した機作の追求も必要である。また，ソメイヨシノの実生苗からえられたソメイヨシノに似た個体やオオシマザクラに似た個体もソメイヨシノやオオシマザクラとして存在するのでは無いかと思わせる個体も認められる。

　最後に，上野公園の精養軒前に列植されているソメイヨシノのことである。このソメイヨシノは小石川植物園のソメイヨシノが斉一に近い形質を示しているのに比較して余りにも不斉一さが目立っているが，これは何を意味し何を我々に話しかけているのであろうか。著者（1990ａ）が竹中の"伊豆半島発生説"に疑問を抱いたのは，このソメイヨシノの中に早咲・中生咲・遅咲の3系統が含まれていたことからであるが，この竹中説の成立を不可能にしたのはNo.40の個体がオオシマザクラであり，このオオシマザクラの花梗に毛が認められることにも原因がある。さらにNo.43の個体が違う品種のような花の咲き方を示すソメイヨシノであることもそうである。それに加えて，まだ未解決の問題としてNo.40のオオシマザクラの花梗の毛の状態が長命寺の近くの堤にあるオオシマザクラの花梗の状態に極めてよく似ていることである。そのうえ，この2か所のオオシマザクラの花梗の毛は房総地区で採集した有毛のオオシマザクラに比べて毛の数が極めて少ない。

　以上述べたように，現在日本に栽植されているソメイヨシノはかなり品種分化が起こっているのがみられるのであるが，これに関連しているのでは無いかと思われる記述がみられるのでここに述べたいと思う。

　それは川崎（1993）が解説を行なった「日本の桜」の中のソメイヨシノの起源の所の文である。川崎はソメイヨシノの起源の問題を①伊豆大島説（これは否定された）②小泉の済州島説（これは否定された）③竹中の伊豆半島発生説④著者の江戸・染井発生説の存在を述べた後⑤荻沼一男の染色体分析の結果と⑥アメリカの学者の「ソメイヨシノの独立種説」を挙げソメイヨシノの起源の問題はまだ当分の間続きそうだ」と述べている。

　しかしながら，⑤の荻沼説はソメイヨシノの発生地（生まれた場所）の問題を論じているのでは無く，（生まれ方）を論じているのである。この点，小泉，竹中や著者らとは同一に論ずべき問題ではない。著者はまず前述のようなソメイヨシノの品種分化の問題の中で論じたうえで必要ならば起源の問題に結びつけた方がよいと考える。

　さらに⑥のソメイヨシノの独立種説は著者（1990ｂ）が遺伝学的には誤りであると指摘しておいた説である。著者の報告（前項の68ページでも述べた）を読めば，その誤りは高等学校で生物学を学んだ者であれば誰れでも納得できる筈である（岩﨑1994でも述べた）。

　牧野（1994）は川崎の文章をそのまま掲載しており，川崎と同じ誤りを侵している。

　なお，著者は荻沼の「染色体の核型分析云々」という報告をまだ読んでいないので詳細な論評は行なうことができない。荻沼の報告は1991年以前の遺伝学雑誌，育種学雑誌のほ

か，農業および園芸などの専門誌には掲載されていなかったように思うし，それ以降にも科学関係の誌上には荻沼の報告を見ていない。

ここに申し述べておきたいことがある。それは「たとえ研究発表会で口頭発表を行なっても，学会誌や専門誌などに正式に掲載しない限り研究業績とは認めないのが研究者間の了解事項である」ということである。この基準に従えば⑥のアメリカの学者のソメイヨシノの独立種説は口頭発表または口述であり，学説として採りあげるべきものでは無い（著者は口述と記して論評した）。

荻沼の報告がどのような所で行なわれたのかについては不明であるが，著者は菜類を用いて25年間ほど染色体の観察を行なって来たことから，核型分析のことについては他のサクラの研究家より知っている心算である。このようなことから，考えられた2〜3の事項について述べる。

①著者の研究結果からは前述のように，現在日本に植えられているソメイヨシノにはかなりの数の変異（品種分化）が認められており，荻沼が主張しているような個体も確認しているが，荻沼が実験に用いたソメイヨシノはどのような個体なのであろうか。ソメイヨシノの研究で実験材料の選び方が重要であることは著者（1994）がすでに指摘しておいた。

②「ソメイヨシノはエドヒガンとオオシマザクラのF_1の自家交配またはオオシマザクラの戻し交雑の結果と考える」（川崎1993，牧野1994より引用）と主張されているようであるが，最初に生まれたエドヒガンとオオシマザクラのF_1には品種名はついていないのであろうか。F_1個体に名前もつけないでF_1個体の自家交配またはオオシマザクラの戻し交雑をした理由はどのようにお考えになっているのであろうか。

③それに，この荻沼の主張がソメイヨシノの起源の点で真実なものであるとした場合，これまでのソメイヨシノについての研究の村田（1954）や竹中の主要な研究成果および著者の一連の研究にみられるかなりの成果を否定することになるが，これまでのソメイヨシノの研究にみられるこれらの研究結果を否定できる成果を荻沼はえているのであろうか。

荻沼の発表には先ずこのような3つの大きな疑問点が存在することを述べておきたい。

ソメイヨシノの起源についての研究を行ないながら，日本のサクラの研究家のこれまでの記述の傾向を調べてみると，偉い人やその途の権威者といわれる人が「××であろう」と推定事項を述べると，仮令，それが科学的な根拠に基づいた発言でなくとも，それに検討を加えること無く信用して記述している傾向が余りにも多く認められた。

しかしながら，推定事項までも検討を加えることなく書き並べていった場合には，文頭で述べたように科学的に正しい記述が行なわれる以前に，誤まった考えが一般庶民の中に形成されることになり，その記述数が増加すればするほどサクラに関する事項は混頓として真実の姿が見えなくなる危険さえ感ぜられる。このようなことに配慮したうえで記述をしていかなければならないと思った。

b．ソメイヨシノとヒゴヨシノ・ミドリヨシノとの関係について

　ソメイヨシノには，これまで同じ親を持っているのでは無いかといわれてきた品種にアマギヨシノ，アメリカ，フナバラヨシノ，ヒゴヨシノ，イズヨシノ，ミカドヨシノ，ミドリヨシノおよびソトオリヒメなどがあげられている。このうち，ヒゴヨシノとミドリヨシノ以外の品種とソメイヨシノとの関係については，その品種の出生が明らかなものもあり，前項までに述べたので，ここではヒゴヨシノ，ミドリヨシノとソメイヨシノとの関係についてのみ述べることにする。

　先ず，ヒゴヨシノはクラマザクラとも呼ばれており，日本花の会の報告（1982）によると「熊本の木村義夫の庭に祖父の代から植えられていたと伝えられ，竹中はオオシマザクラとエドヒガンの雑種であろうと推定している」と述べている。また，林（1980）は「クラマザクラは，もとは熊本市にあったサクラで，ソメイヨシノの実生からできたものという」と述べている。一方，竹中（1965 b）は「クラマザクラは徳川時代に伊豆国あるいはその付近で発見されて肥後国に渡ったのであろう」と推定している。竹中は同時にミドリヨシノについて，「毛利重就公（1789年死去）が参勤交代の途中で，東海道の街道筋でその美しいサクラを見て，その接木苗を所望して萩に持ち帰ったものと思う」と推定している。

　本研究では，ミドリヨシノは文献以外に接することができなかったので，主としてヒゴヨシノを中心に論議を進めることにする。

　上述の竹中，その他の記述から，ヒゴヨシノは徳川時代のかなり早い時期に熊本県に植えられていることが推定された。その時期はミドリヨシノの植えられたのが毛利重就（1789年に死去）のことから考えると1780年以前にもなるように考えられる。林（1980）の「ソメイヨシノの実生説」にはその元木のソメイヨシノが熊本にいつどのようにして植えられたのかについては全く述べられていない。しかしながら，前項の形態および生理的・遺伝的検討のところで述べたようにヒゴヨシノがソメイヨシノに非常に形質がよく似ていることは事実であり，竹中（1965 b）のいうように，ヒゴヨシノはソメイヨシノと同様，オオシマザクラとエドヒガンの雑種であるといえる。

　一方，前項の形態および生理・遺伝の立場から検討を加えた時も指摘したように，同じ組合わせの親を持つとみられるソメイヨシノとアマギヨシノも，なおかなりの形質に相違が認められた。，これは，アマギヨシノが伊豆半島産のオオシマザクラを用い，ソメイヨシノが房総半島由来のオオシマザクラが片親になっていることにも原因があることがわかった。

　これらのことを念頭に置いて，ヒゴヨシノの発生地およびソメイヨシノとの関係に検討を加える時，オオシマザクラが伊豆大島，伊豆半島および房総半島以外には自生していなかったことから，九州，中国地方でソメイヨシノと同じ組合せの個体が生まれることは不可能であり，竹中が指摘したようにヒゴヨシノは「伊豆地方」あるいは江戸で買い求めて持ち帰ったものでなければならない。ところが，ヒゴヨシノ，ミドリヨシノともにその時

期は江戸時代の1780年頃までに植えられたと推定されたために，来歴が不明になっていたのである。

　しかしながら，本研究結果が示すように，ヒゴヨシノは，アマギヨシノ以上にソメイヨシノに近い形態的・生理的な形質が認められたことから考えると，九州で生まれたり，伊豆で生まれたのでは無く，江戸にあったソメイヨシノの接木苗（分身）を買い求めて持ち帰ったように考えられる。

　すなわち，これまでの研究者は「ソメイヨシノは幕末頃に発見されて売り出された」とする前提に立って論議を進めていたために，1780年頃までに中国地方に植えられたミドリヨシノや，同じように江戸時代に植えられたヒゴヨシノとソメイヨシノとの関係の解明が不可能になっていたものと思う。

　ところが，本研究の結果が示すように，ソメイヨシノは1730年頃に生まれ，1750年頃にはすでに染井の植木屋にはソメイヨシノの原木が存在し，開花していたと考えられるに至っている。この研究結果に基づけば，将軍が度々出向いて行くほど有名になっていた植木屋に，参勤交代の時に花の好きな大名（例えば熊本および中国の毛利重就1780年頃）が染井の植木屋に行き，珍しいサクラ（ソメイヨシノ）を買い求めて持ち帰ったと推定しても決して不自然な推理では無いと思う。それほどソメイヨシノとヒゴヨシノのアイソザイムによる分析結果などがよく似ている。少なくともヒゴヨシノについてはこのように考えることができる。

　一方，ミドリヨシノは，その名称が示すように，ソメイヨシノとはかなり形質に違いがあるうえに，著者はミドリヨシノの現物を見ていないので正確な推理は不可能であるが，前項で述べたようにソメイヨシノには開花直後から花の中心部分が著しく紅色になる個体（No.43）が上野公園の精養軒前に存在するが，著者の調査から，このNo.43は他のソメイヨシノとは異なるオオシマザクラが片親になっていることが推定された。この事実から考えると，このミドリヨシノも他のソメイヨシノと異なるオオシマザクラ（またはエドヒガン）が片親になっていることが考えられる。これを裏付けるためには，特に房総半島に野生しているオオシマザクラやエドヒガンの変異個体を調査する必要がある。もちろん，ミドリヨシノが突然変異個体として生まれたとする考え方もあるが，何れの場合でも今後の検討に待たなければならない（静岡県の御殿場市付近の山中にガクが緑色をしたリョクガクザクラが渡辺健二氏によって発見されている）。

C. ソメイヨシノのてんぐす病罹病性にみられた特性について

（この課題は1997年11月に日本さくらの会主催の「サクラ研究発表会」で発表を行なった概要である。）

　著者はこれまで青森県から京都，奈良地方までの各地に植えられているソメイヨシノのてんぐす病に罹病している個体を調査した結果，注目すべき点が認められたので報告する。

観察地区および観察方法

　これまでに観察した主な地区は青森，岩手，秋田，山形，福島，茨城，栃木，群馬，埼玉，千葉，東京，神奈川，静岡，山梨，長野，新潟，岐阜，愛知，京都および奈良などの都府県である。

　調査方法は東京都と新潟県，埼玉県以外は自動車道路または鉄道の沿線に沿った場所に植えられているソメイヨシノについて調べた。勿論，主要なお花見の名所や名木は見落さないように心掛けた。東京23区内の場合は主要な公園とともに，私有地などに植えられている個体についても調べた。新潟県は新潟市近郊と中越，下越地方の公園やお花見の名所について調査した。埼玉県は志木市，和光市など，東京都に近い地区では公園とともに宅地内に植えられた個体についても観察を行なった。

調査結果および考察

1．てんぐす病罹病個体の地域による差異について

　てんぐす病はソメイヨシノだけが罹病するといってもよいほど，ソメイヨシノとてんぐす病の関係は特異的なものである。そのソメイヨシノのてんぐす病罹病個体を調べてみると，東京都の23区内では植えられているソメイヨシノの数が著しく多いにも拘らず，てんぐす病に侵されている個体は確認したのは5〜6本である。見落したものを考慮しても23区内ではてんぐす病罹病個体は20個体ほどと推定される。それに加えて，罹病した後，その枝から他の枝にてんぐす病が伝染しないで罹病した枝がそのまま枯れている個体さえ認められた（この現象はイネのイモチ病抵抗性品種にみられる過敏性反応に似た現象と考えてみた）。これに対して，東京から南・北に離れるに従って，てんぐす病罹病個体が増加する傾向が認められた。

　東京23区内のソメイヨシノにてんぐす病罹病個体が少ないのは樹の手入れや管理が良いからだという人もいるが，東京のソメイヨシノをみていると，毎年幹や根元，根などから著しく萌芽が起こり，これらを切除しなければならず確かに手入れは行なっているが，てんぐす病それ自体の発生が認められていない。この現象は農学の立場からは，東京に生まれ，東京で育ったソメイヨシノは適地適作の概念からみた場合は当然であると思う。

2．てんぐす病罹病個体は暖地より寒地に，平地より山間地に多く認められた

　てんぐす病は東京を離れると増加する。事実，千葉県の松戸市では殆んど眼に止まらなかったが，茨城県の土浦市やつくば市では認められるようになった。福島県や新潟県の新潟市以北になると一般道路や公園などでもてんぐす病罹病個体が認められた。福島，山形以北では植えられているソメイヨシノの50％ほどがてんぐす病に侵されている。確かに弘

前城その他のお花見の名所といわれている所はてんぐす病罹病個体は殆んど認められないが，お花見の名所から少し，離れると沢山のてんぐす病罹病個体が認められる。

新潟県の場合，新潟市の中心部は数本しか認められなかったが，中心部から離れると罹病個体は増加している。特に分水町の堤防上の個体は100％ほど罹病しており，このままでは10年以内で樹全体が罹病枝になるだろうと推定された。新潟市近郊の罹病状態はその一部を岩﨑（1992）が報告した。長野県，群馬県，栃木県などの山間部でも罹病枝が切除されないで残っている個体がかなりの数認められた。

一方，東京から京都，奈良に向うとソメイヨシノ自体がその数が東京やそれ以北の地域に比べると少ないが，市街地では殆んどてんぐす病罹病個体は眼に止まらなかった。京都や奈良の市内でも同様であった。ところが，京都や奈良でも市街地から離れると，観光地であってもてんぐす病に侵されている個体が多い。

すなわち，京都の常照皇寺入口近くの道路沿えの10本ほどの個体はこのままでは10年以内で樹全体が罹病枝になると思われる。また大原の里の三千院，寂光院近くのソメイヨシノの罹病枝もひどい状態であった。

さらに，数年前から吉野山のサクラが大変だといわれていたので是非とも見たいと思っていたが，1997年春に行くことが出来た。

確かに1985年頃に比較するとヤマザクラの樹勢の衰えはわかる。しかしそれ以上にヒドイのが吉野山のヤマザクラの中に混って植えられているソメイヨシノのてんぐす病罹病個体である。ほぼ100％の個体がてんぐす病に侵されていた。

以上のように暖地より寒地，平地より山地にてんぐす病に罹病した個体が多いように観察されたが，その典型的な場所が御殿場線の沿線で認められた。

御殿場線の沼津駅付近ではソメイヨシノも少ないが，てんぐす病罹病個体は殆んど認められなかったが，御殿場市に向うに従っててんぐす病罹病個体が認められるようになり，御殿場南駅の近くの道路わきのソメイヨシノは100％罹病個体であった。この100％罹病の状態は谷峨駅近くまで続いた。その後，山北駅近くに移るとてんぐす病罹病個体は50％ほどになり，山北駅から新松田駅の間ではてんぐす病罹病個体は殆んど認められなかった。これらの事実から，ソメイヨシノのてんぐす病罹病性は気温，特に低温に関係があるように推定された。

最後に，著者は植物病理学を専攻した者では無い。そのうえ，この著書は「ソメイヨシノの発生地」のことを取扱ったものである。しかしながら，ソメイヨシノを取り巻く諸問題のことを考えた時，発生地の問題では無いが，切実な問題として「ソメイヨシノとてんぐす病」との特異的な関係を記述せざるをえなかった。

ソメイヨシノのてんぐす病罹病個体とその対策については，古くから研究者によって指摘されて来た。著者も桜の科学第2号（1992）に述べた。てんぐす病を防ぐには冬から春の開花時までに罹病枝を切って焼き捨てるだけでよい。日本各地のサクラに関係する人達の努力によって少しでも多くのてんぐす病罹病枝が切除されることを期待したい。

資料編

オオシマザクラ

エドヒガン

ソメイヨシノ

ソメイヨシノの親子。

〔著者略歴〕

岩﨑 文雄（いわさきふみお）

1929 年（昭和 4 年）新潟市赤塚で生まれる

現在、東京都板橋区在住

元・筑波大学農林学系 教授

〔最終学歴〕

東京大学農学部大学院修士課程修了、農学博士

〔研究歴〕

1960 年（昭和 35 年）から菜類の抽苔に関する研究に入り、1985 年（昭和 60 年）
に菜類の文献目録を公表

1980 年（昭和 55 年）に日本花の会に依頼されて桜の研究に入る

1987 年（昭和 62 年）に『染井吉野の江戸・染井発生説』を提唱

その他の研究報告は 200 編余り

※「熱帯農業」「桜の科学」、その他の学術誌の編集幹事を 40 年間担当

サ ク ラ の 文 化 誌

サクラノブンカシ

平成 30 年 10 月 25 日　初版発行

〈図版の転載を禁ず〉

当社は，その理由の如何に係わらず，本書掲載の記事（図版・写真等を含む）について，当社の許諾なしにコピー機による複写，他の印刷物への転載等，複写・転載に係わる一切の行為，並びに翻訳，デジタルデータ化等を行うことを禁じます。無断でこれらの行為を行いますと損害賠償の対象となります。

また，本書のコピー，スキャン，デジタル化等の無断複製は著作権法上での例外を除き禁じられています。本書を代行業者等の第三者に依頼してスキャンやデジタル化することは，たとえ個人や家庭内での利用であっても一切認められておりません。

連絡先：㈱北隆館 著作・出版権管理室
Tel. 03 (5720) 1162

JCOPY 〈㈳出版者著作権管理機構 委託出版物〉

本書の無断複写は著作権法上での例外を除き禁じられています。複写される場合は，そのつど事前に，㈳出版社著作権管理機構（電話：03 - 3513 - 6969，FAX：03 - 3513 - 6979，e-mail：info@jcopy.or.jp）の許諾を得てください。

著　者　岩﨑　文　雄

発行者　福　田　久　子

発行所　株式会社　北隆館

〒 153-0051　東京都目黒区上目黒 3-17-8
電話 03 (5720) 1161　振替 00140-3-750
http://www.hokuryukan-ns.co.jp/
e-mail：hk-ns2@hokuryukan-ns.co.jp

印刷・製本　株式会社　東邦

© 2018 HOKURYUKAN Printed inJapan
ISBN978-4-8326-0745-3 C3020